COLEÇÃO CIÊNCIA, TECNOLOGIA,
ENGENHARIA DE ALIMENTOS
E NUTRIÇÃO

Química e Bioquímica dos Alimentos

Volume 2

Coleção Ciência, Tecnologia, Engenharia de Alimentos e Nutrição

Vol. 1   Inocuidade dos Alimentos

Vol. 2   Química e Bioquímica de Alimentos

Vol. 3   Princípios de Tecnologia de Alimentos

Vol. 4   Limpeza e Sanitização na Indústria de Alimentos

Vol. 5   Processos de Fabricação de Alimentos

Vol. 6   Fundamentos de Engenharia de Alimentos

Vol. 7   A Qualidade na Indústria dos Alimentos

Vol. 8   Efeitos dos Processamentos sobre o Valor Nutritivo dos Alimentos

Vol. 9   Análise Sensorial dos Alimentos

Vol. 10 Toxicologia dos Alimentos

Vol. 11 Análise de Alimentos

Vol. 12 Biotecnologia de Alimentos

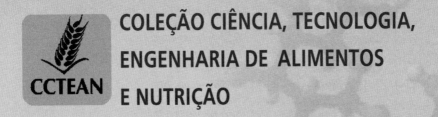

COLEÇÃO CIÊNCIA, TECNOLOGIA,
ENGENHARIA DE ALIMENTOS
E NUTRIÇÃO

Química e Bioquímica dos Alimentos

Volume 2

Editores

Franco Maria Lajolo

Adriana Zerlotti Mercadante

Atheneu

EDITORA ATHENEU

São Paulo —   Rua Jesuíno Pascoal, 30
Tel.: (11) 2858-8750
Fax: (11) 2858-8766
E-mail: atheneu@atheneu.com.br

Rio de Janeiro —   Rua Bambina, 74
Tel.: (21)3094-1295
Fax: (21)3094-1284
E-mail: atheneu@atheneu.com.br

Belo Horizonte —   Rua Domingos Vieira, 319 — conj. 1.104

CAPA: Equipe Atheneu

PRODUÇÃO EDITORIAL/DIAGRAMAÇÃO: Rosane Guedes

CIP-BRASIL. CATALOGAÇÃO NA PUBLICAÇÃO
SINDICATO NACIONAL DOS EDITORES DE LIVROS, RJ

Q61

Química e bioquímica dos alimentos / editado por Franco Maria Lajolo, Adriana Zerlotti
Mercadante ; coordenação Anderson de Souza Sant'ana. - 1. ed. - Rio de Janeiro :
Atheneu, 2018.
    il. (Ciência, Tecnologia, Engenharia de Alimentos e Nutrição ; v. 2)

 Inclui bibliografia
 ISBN 978-85-388-0851-0

 1. Alimentos - Análise. 2. Alimentos - Composição. I. Lajolo, Franco Maria. II.
Mercadante, Adriana Zerlotti. III. Série.

17-45352   CDD: 646.07
          CDU: 646

11/10/2017 16/10/2017

LAJOLO, F. M.; MERCADANTE, A. Z.

Série Ciência, Tecnologia, Engenharia de Alimentos e Nutrição – Volume 2 – Química e Bioquímica
dos Alimentos

© *EDITORA ATHENEU*

São Paulo, Rio de Janeiro, Belo Horizonte, 2018

Sobre o Coordenador/Editores

Coordenador

Anderson de Souza Sant'Ana

Graduação em Química Industrial pela Universidade Severino Sombra (USS). Mestre em Ciência de Alimentos pela Universidade Estadual de Campinas (Unicamp). Doutor em Ciência dos Alimentos pela Universidade de São Paulo (USP). Pós-doutor pela USP. Professor Doutor no Departamento de Ciência de Alimentos da Faculdade de Engenharia de Alimentos da Unicamp, desenvolvendo atividades de ensino, pesquisa e extensão na área de microbiologia de alimentos.

Editores

Franco Maria Lajolo

Farmacêutico-Bioquímico. Doutor em Ciências dos Alimentos pela Universidade de São Paulo (USP). Pós-doutorado no Massachusetts Institute of Technology (MIT). Professor Titular Sênior do Departamento de Alimentos e Nutrição Experimental da USP. Pesquisador do Food Research Center (FoRC/FAPESP).

Adriana Zerlotti Mercadante

Graduação em Engenharia de Alimentos. Mestre e Doutor em Ciência de Alimentos pela Universidade Estadual de Campinas (Unicamp), tendo realizado parte deste na Universidade de Liverpool, Inglaterra. Pós-doutorado na Universidade de Berna, Suíça, e na Universidade Técnica de Braunschweig, Alemanha. Professor Titular no Departamento de Ciência de Alimentos da Faculdade de Engenharia de Alimentos da Unicamp. Pesquisador do Food Research Center (FoRC/FAPESP).

Sobre os Colaboradores

Beatriz Rosana Cordenunsi-Lysenko
Química, Departamento de Alimentos e Nutrição Experimental, FCF-USP, SP. NAPAN – Núcleo de Apoio à Pesquisa em Alimentos e Nutrição da USP. Food Research Center (FoRC) – Centro de Pesquisas em Alimentos CEPID-FAPESP

Carmen Tadini
Professora Titular, Laboratório de Engenharia de Alimentos, Escola Politécnica, Universidade de São Paulo (USP). NAPAN – Núcleo de Apoio à Pesquisa em Alimentos e Nutrição. Food Research Center (FoRC) – Centro de Pesquisas em Alimentos CEPID-FAPESP

Eduardo Purgatto
Farmacêutico-Bioquímico, Departamento de Alimentos e Nutrição Experimental, FCF-USP, SP. NAPAN – Núcleo de Apoio à Pesquisa em Alimentos e Nutrição da USP. Food Research Center (FoRC) – Centro de Pesquisas em Alimentos CEPID-FAPESP

Eliana Badiale Furlong
Laboratório de Ciência de Alimentos, Escola de Química e Alimentos, Universidade Federal do Rio Grande (UFRG), Rio Grande, RS

Inar Alves de Castro
Graduada em Engenharia Agronômica (ESALQ/USP). Mestre em Ciência de Alimentos (UEL). Doutora e Pós-doutorada em Nutrição Humana Aplicada (FCF/USP). Professora-associada na FCF-USP

João Roberto Oliveira do Nascimento
Farmacêutico-Bioquímico, Departamento de Alimentos e Nutrição Experimental, FCF-USP, SP. NAPAN – Núcleo de Apoio à Pesquisa em Alimentos e Nutrição da USP. Food Research Center (FoRC) – Centro de Pesquisas em Alimentos CEPID-FAPESP

Marta de Toledo Benassi
Professora-associada da Universidade Estadual de Londrina. Engenheira de Alimentos pela Universidade Estadual de Campinas (Unicamp). Mestre e Doutora em Ciência de Alimentos pela Unicamp

Neura Bragagnolo
Química pela Pontifícia Universidade Católica do Rio Grande do Sul (PUC-RS). Mestre e Doutora em Ciência de Alimentos pela Universidade Estadual de Campinas (Unicamp) e Pós-doutorada em Química de Alimentos pela The Royal Veterinary and Agricultural University da Dinamarca e pela Universidade de Porto, Portugal. Professora Titular do Departamento de Ciência de Alimentos, Faculdade de Engenharia de Alimentos na Unicamp

Neuza Mariko Aymoto Hassimotto
Graduada em Farmácia-Bioquímica. Mestre em Ciência dos Alimentos pela Universidade Estadual de Londrina. Doutora em Ciências dos Alimentos pela Universidade de São Paulo. Professora Doutora na FCF-USP. Food Research Center (FoRC) – Centro de Pesquisas em Alimentos CEPID-FAPESP

Apresentação

Este livro trata dos fundamentos da "Química do Alimento". É destinado a alunos do ensino superior da área de alimentos e nutrição, bem como de áreas afins, como química, bioquímica, engenharia química e para profissionais que trabalham nessas mesmas áreas, nas indústrias, instituições de ensino ou agências governamentais.

Os seus conteúdos estão organizados de modo a dar uma compreensão da natureza e das propriedades dos principais componentes dos alimentos e matérias-primas, e de como são transformados e interagem desde a colheita até o armazenamento.

O livro inicia-se com conceitos sobre a "atividade da água", pela importância que tem na compreensão da ocorrência dos mecanismos e cinética de reações químicas, enzimáticas e microbianas associadas à deterioração dos alimentos.

Seguem-se os capítulos sobre a química de carboidratos, lipídeos e proteínas alimentares. Nesses capítulos, descrevem-se as propriedades necessárias à compreensão do seu comportamento em alimentos, como a composição, organização estrutural, interações que influem na textura e no seu valor biológico. Descrevem-se também as reações químicas que ocorrem no armazenamento ou são causadas pelo processamento, como aquelas associadas à formação de radicais livres na oxidação lipídica.

O capítulo de pigmentos, flavonoides e carotenoides considera suas propriedades químicas e também a sua atividade biológica.

Ao lado da função como corantes de alimentos sabe-se hoje que essas classes de compostos são importantes na redução de risco de doenças através de vários mecanismos – campo ativo de pesquisa, de interesse industrial e de saúde pública.

Inclui-se, ainda, um capítulo sobre alimentos geneticamente modificados, pela sua importância e atualidade, e para mostrar que as tecnologias envolvem em boa parte "pura química", procurando familiarizar o leitor e procurando desmistificar as críticas não científicas a esses produtos.

A qualidade de frutas e vegetais depende de transformações químicas e bioquímicas que ocorrem nos diferentes órgãos e tecidos durante o armazenamento pós-colheita.

A carne e os pescados, do mesmo modo, sofrem transformações que determinam a sua qualidade. Além disso, ocorrem outras reações decorrentes do transporte e processamento que afetam a qualidade dos alimentos, como o escurecimento enzimático. Ao mesmo tempo, enzimas têm sido cada vez mais utilizadas no processamento de alimentos, sendo, portanto, importante entender os seus modos de ação.

Enfim, os tipos de processamento e de armazenamento necessários à qualidade e conservação dependem da compreensão e do controle dessas transformações, o que motivou os capítulos sobre bioquímica pós-colheita e *post-mortem* e sobre enzimas.

Não é exagero mencionar que as transformações de frutas, carnes, sementes e diversas matérias-primas alimentares em alimentos processados ou *in natura*, de boa qualidade e conservação, e a inovação tecnológica, tão necessária hoje para garantir soluções para a necessidade cada vez maior de segurança alimentar e nutricional num contexto de sustentabilidade, dependem do conhecimento fundamental de mecanismos e propriedades possibilitado pela química e bioquímica de alimentos.

Os Editores

Sumário

capítulo 1 Água 1
Carmen Tadini

capítulo 2 Carboidratos 37
Beatriz Rosana Cordenunsi-Lysenko

capítulo 3 Lipídeos 63
Neura Bragagnolo

capítulo 4 Proteínas 117
Inar Alves de Castro

capítulo 5 Enzimas 173
João Roberto Oliveira do Nascimento
Beatriz Rosana Cordenunsi-Lysenko
Eduardo Purgatto

capítulo 6 Vitaminas 195
Marta de Toledo Benassi
Adriana Zerlotti Mercadante

capítulo 7 Pigmentos Naturais 241
Adriana Zerlotti Mercadante

capítulo 8 Compostos Fenólicos 281
Neuza Mariko Aymoto Hassimotto
Adriana Zerlotti Mercadante

capítulo 9 Sabor 311
Adriana Zerlotti Mercadante

capítulo 10 Biotecnologia de Alimentos 347
João Roberto Oliveira do Nascimento
Franco Maria Lajolo

capítulo 11 Fisiologia Pós-colheita 363
Eduardo Purgatto
Beatriz Rosana Cordenunsi-Lysenko
João Roberto Oliveira do Nascimento

capítulo 12 Transformações Bioquímicas dos Tecidos Animais Empregados
na Alimentação Humana 387
Eliana Badiale Furlong

Índice Remissivo 405

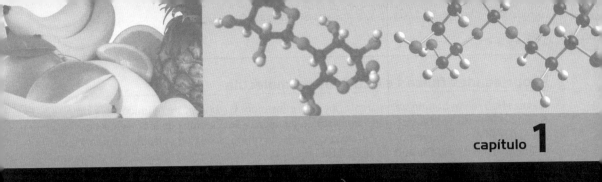

capítulo 1

Água

- Carmen Tadini

Objetivos

O objetivo deste capítulo é introduzir o leitor no conceito de atividade de água e em todos os aspectos que a água, como constituinte principal, exerce sobre as propriedades dos alimentos, e apresentar as possíveis interações entre essa pequena molécula e os outros constituintes, ressaltando a importância do conhecimento dessas interações para a adequada manipulação e armazenamento dos produtos.

Introdução

A água ou umidade é o constituinte predominante em muitos alimentos. É meio para as reações químicas, substrato para o desenvolvimento de micro-organismos e para a atividade das enzimas. Sabe-se que hoje há uma relação direta entre o conteúdo de água de um alimento e sua relativa tendência à deterioração. Por isso, a retirada parcial da água do alimento retarda muitas reações e inibe o crescimento dos micro-organismos, aumentando, assim, a vida de prateleira dos produtos. Os cientistas também começaram a entender que o potencial químico da água está relacionado a sua pressão de vapor relativa à pressão de vapor da água pura.

O alimento é um sistema multicomponente e multifásico que normalmente não está em equilíbrio termodinâmico. Esta falta de equilíbrio causa mudanças físicas e químicas durante o armazenamento de alimentos. No processamento, ocorrem outras mudanças alterando a concentração dos seus constituintes. Gradientes de concentração resultam em difusão, que, por sua vez, promovem contato entre substratos e podem facilitar as reações químicas. A redistribuição de constituintes, sobretudo a água, influencia as propriedades reológicas dos produtos, em especial a textura.

De fato, o alimento é um sistema dinâmico, longe do seu estado de equilíbrio, e que sofre alterações durante o armazenamento. Pesquisas conduzidas ao longo dos anos comprovam que o curso e a dinâmica de todas essas mudanças estão relacionados com o estado termodinâmico da água no material.[1]

O estado termodinâmico da água em alimentos vem de propriedades incomuns da água e de sua habilidade de formar ligações de hidrogênio fortes. Um entendimento dessas interações da água com os outros constituintes presentes no alimento, bem como o seu estado termodinâmico, será apresentado neste capítulo.

Propriedades físicas e químicas da molécula

A água (H_2O) é um líquido transparente, inodoro e insípido. É o composto químico mais simples de dois elementos reativos comuns, consistindo de apenas dois átomos de hidrogênio ligados a um único átomo de oxigênio. Embora sua composição química seja universalmente conhecida, a simplicidade de sua fórmula dá uma falsa impressão sobre a complexidade de seu comportamento.

Na água, cada núcleo de hidrogênio está ligado ao átomo central de oxigênio por um par de elétrons compartilhados entre eles, ou seja, por uma ligação química covalente. Os seis elétrons do oxigênio estão hibridizados em quatro orbitais sp^3, que estão alongados formando um tetraedro imaginário. Dois orbitais híbridos formam ligações covalentes O-H com um ângulo de 104,5° para H-O-H (Figura 1.1a), enquanto os outros dois orbitais mantêm os pares de elétrons não ligados (n-elétrons). Como consequência, o oxigênio apresenta-se como dipolo negativo enquanto os hidrogênios como dipolos positivos. As ligações covalentes O-H, devido ao oxigênio altamente eletronegativo, têm um caráter iônico parcial (40%).

Cada molécula de água de estrutura tetraédrica é coordenada com outras quatro moléculas por ligações de hidrogênio. Os pares de elétrons não compartilhados (n-elétrons ou orbitais sp^3) do oxigênio atuam como sítios receptores de ligações de hidrogênio e os orbitais das ligações covalentes atuam como sítios doadores (Figura 1.1b). A energia de dissociação dessa ligação de hidrogênio é cerca de 25 kJ·mol^{-1}. A presença simultânea de dois sítios receptores e dois doadores na água possibilita a formação por meio de ligações de hidrogênio de uma rede tridimensional estável. Essa estrutura explica as propriedades físicas diferenciadas da água em relação às outras pequenas moléculas.

Já é conhecido que a água exibe muitas propriedades físicas que a distinguem de outras pequenas moléculas de massa comparável. Os químicos costumam mencionar "propriedades únicas da água"; entretanto, apesar do nome, são bastante conhecidas e previsíveis. Por exemplo, a água é uma das poucas substâncias conhecidas que no estado sólido apresenta densidade menor do que a do líquido. Na Figura 1.2, a variação do volume específico, que é o inverso da densidade, é mostrada em função da temperatura; o aumento maior (cerca de 90%) no congelamento mostra porque o gelo flutua sobre a água e porque tubulações podem ser rompidas se ocorre o congelamento da água. A expansão entre (–4 e 0) °C é devida à formação de agregados de liga-

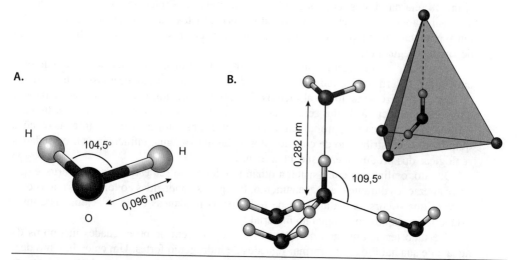

Figura 1.1 Estrutura química da água: ligações covalentes O-H com um ângulo de 104,5° (A); tetraedro imaginário com cada molécula de água coordenada com outras quatro moléculas por pontes de H (B).

ções de hidrogênio. Acima de 4 °C, a expansão térmica se estabelece e as vibrações das pontes O-H tornam-se mais vigorosas, e as moléculas tendem a ficar mais distantes.

As ligações de hidrogênio não ocorrem unicamente na água. Elas são formadas entre a água e diferentes estruturas químicas, bem como entre outras moléculas (intermolecular), ou ainda dentro da molécula (intramolecular), e ocorrem sempre que um átomo eletronegativo (oxigênio ou nitrogênio) e um átomo de hidrogênio ligado covalentemente a outro átomo eletronegativo estão próximos. Na Figura 1.3, estão representadas algumas ligações de hidrogênio de importância biológica.[2]

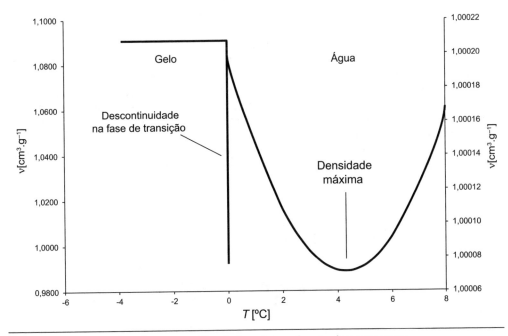

Figura 1.2 Variação do volume específico da água (v) em função da temperatura.

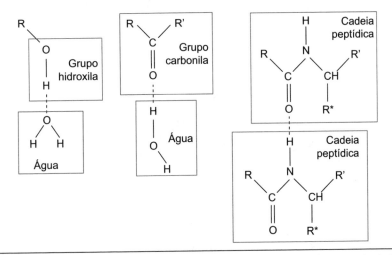

Figura 1.3 Exemplos de ligações de hidrogênio existentes em moléculas de importância biológica.

Propriedades físicas

Para entender a estrutura da água nos estados sólido e líquido é necessário entender o conceito das ligações de hidrogênio. No estado sólido, no cristal de gelo cada molécula forma quatro ligações de hidrogênio com as suas vizinhas mais próximas, como ilustrado na Figura 1.4. A estrutura do cristal de gelo (hexagonal comum) ocupa mais espaço que o mesmo número de moléculas H_2O na água líquida. Como já comentado, a densidade do gelo é menor que a da água líquida, quando seria lógico pensar que a estrutura sólida seria mais fortemente ligada e mais densa que a líquida. O gelo é menos denso que a água a 0 °C porque ocorre uma reconformação das ligações intermoleculares à medida que ele derrete, de modo que, em média, uma molécula de água está ligada com mais de quatro de suas vizinhas, aumentando, portanto, a densidade. Por outro lado, conforme a temperatura da água líquida aumenta, as distâncias intermoleculares também aumentam, resultando em uma diminuição da densidade. Estes dois efeitos opostos explicam o fato de a água líquida apresentar um valor máximo de densidade à temperatura de 4 °C (Figura 1.2). À temperatura ambiente, cada molécula de água forma ligações de hidrogênio com 3,4 outras moléculas, em média. A energia cinética média rotacional e translacional da molécula de água é quase 7 kJ·mol^{-1}, da mesma ordem que é necessário para quebrar uma ligação de H; portanto, as ligações de hidrogênio estão em um contínuo estado de fluxo, rompendo e formando com alta frequência em uma escala de tempo de pico segundos (10^{-12} s).

Na água líquida, à temperatura de 100 °C, há ainda um número significativo de ligações de hidrogênio que conferem grande coesão interna, e mesmo no vapor de água ocorre forte atração

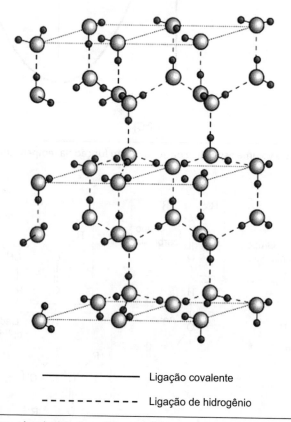

———————— Ligação covalente

- - - - - - - - - Ligação de hidrogênio

Figura 1.4 Estrutura molecular hexagonal do cristal de gelo.
Fonte: Adaptado de *Practical Chemistry*.[3]

Tabela 1.1 Constantes físicas da água.

Propriedade	Valores
Peso molecular	18,01534
Ponto de fusão a 101,32 kPa (1 atm)	0 °C
Ponto de ebulição a 101,32 kPa (1 atm)	100 °C
Temperatura crítica	374,15 °C
Ponto triplo	0,0099 °C e 610,4 kPa
Calor de fusão a 0 °C	334,0 kJ·kg^{-1}
Calor de vaporização a 100 °C	2.257,2 kJ·kg^{-1}
Calor de sublimação a 0 °C	2.828,3 kJ·kg^{-1}

Fonte: Rahman[4].

entre as moléculas de água. Essa estrutura fornece uma explicação lógica para muitas das suas propriedades únicas, como, por exemplo, os altos valores da capacidade calorífica, do ponto de fusão, da tensão superficial e o calor de várias transições de fase, todos relacionados com uma energia extra, necessária para romper as ligações de H intermoleculares. Na Tabela 1.1 pode ser observada que, mesmo a temperaturas muito baixas, essa energia é necessária.

Propriedades coligativas: tipos de interação água e diferentes solutos

Água como solvente

Diversos parâmetros moleculares, como ionização, estrutura eletrônica e molecular, tamanho e estereoquímica, influenciam a interação entre um soluto e um solvente. A adição de qualquer substância à água resulta em propriedades diferentes daquelas da substância e as da própria água. Os solutos podem causar uma mudança nas propriedades da água porque as estruturas hidratadas que são formadas ao redor das moléculas dissolvidas são mais organizadas e, portanto, mais estáveis. As propriedades das soluções dependem do soluto e de sua concentração, e são diferentes daquelas da água pura, como é o caso da depressão do ponto de congelamento, da elevação do ponto de ebulição e do aumento da pressão osmótica de soluções.

Como exemplo, para ilustrar esse fenômeno, considere o soluto cloreto de sódio, em que a atração eletrostática de Na$^+$ e Cl$^-$ é superada pela atração de Na$^+$ com a carga negativa do oxigênio e de Cl$^-$ com a carga positiva dos íons hidrogênio (Figura 1.5). O grande número de interações fracas entre a água e os íons Na$^+$ e Cl$^-$ é suficiente para separar os dois íons carregados eletricamente da estrutura do cristal.

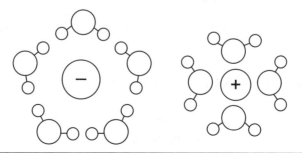

Figura 1.5 Esquema ilustrando a hidratação ao redor dos íons Na$^+$ e Cl$^-$.

6 Água

A natureza polar da molécula de água e a sua habilidade em formar ligações de hidrogênio determinam as suas propriedades como solvente. A água é um bom solvente para compostos polares e é um solvente relativamente pobre para apolares, como os hidrocarbonetos. Os compostos hidrofílicos interagem fortemente com a água por um mecanismo íon-dipolo ou dipolo-dipolo, causando mudanças na estrutura e mobilidade da água e na estrutura e reatividade dos solutos. Essa interação da água com os vários solutos é conhecida como hidratação, cuja extensão e tenacidade dependem de vários fatores, como a natureza do soluto, a composição salina do meio, pH e temperatura.

Quase todos os alimentos são ou contêm soluções e, portanto, o conhecimento de suas propriedades é de suma importância. Para compreender bem as propriedades das soluções, aspectos termodinâmicos serão abordados a seguir.

Potencial químico

Muitas das relações anteriormente mencionadas tornam-se mais simples se o conceito de *atividade de água* (a_w) é entendido como o potencial químico da água (μ_w) em uma dada solução. Genericamente, o potencial químico de cada componente i (μ_i), em uma mistura homogênea, é definido como a energia molar parcial daquele componente e é dado pela Equação 1:[5]

$$\mu_i \equiv \left(\frac{\partial G}{\partial n_i} \right)_{T,p,n_j} \equiv \mu_i^0 + RT \ln a_i \qquad \text{Equação 1}$$

em que: μ_i é o potencial químico do componente i [J·mol⁻¹]; G é a energia de *Gibbs* [J]; n_i é a quantidade de matéria do componente i [mol]; T é a temperatura absoluta [K]; p é a pressão [Pa]; n_j é a quantidade de matéria dos outros componentes j [mol]; μ_i^0 é o potencial químico padrão da substância química pura i [J·mol⁻¹]; R é a constante universal dos gases perfeitos [8,314 J·K⁻¹·mol⁻¹]; e a_i é a atividade do componente i [adimensional]. O estado padrão é normalmente denominado como o sistema que existe quando i tem atividade unitária à pressão de 1 atm e à temperatura de 25 °C.

A atividade a também é conhecida como a concentração efetiva ou termodinâmica. Note que a Equação 1 só é válida para a pressão normal (1 atm), ou em soluções em que as propriedades da fase líquida podem ser consideradas independentes da pressão.

A atividade está diretamente relacionada com a concentração: para concentração zero, $a = 0$; para substância pura, $a = 1$. Para soluções ideais, a atividade iguala a concentração se esta estiver expressa como fração molar (x). O Exemplo 1 ilustra essa relação.

Para todos os casos em que x não é igual à atividade a, arbitrariamente um coeficiente de atividade (γ) é introduzido e definido como:

$$a_i \equiv x_i \times \gamma_i \qquad \text{Equação 2}$$

EXEMPLO 1. Relação entre atividade e concentração

Para compreender melhor a relação entre atividade e concentração, na Figura 1.6 está mostrada a atividade do etanol (a_2) em função de sua fração molar (x_2) em uma mistura aquosa (água = 1). Determine o valor da atividade correspondente às frações molares de 0,25, 0,50 e 0,75.

Resolução

Para a resolução, basta interpolar no diagrama e obter os valores da atividade de água correspondente:

$$x_2 = 0,25 \rightarrow a_2 = 0,54$$
$$x_2 = 0,50 \rightarrow a_2 = 0,65$$
$$x_2 = 0,75 \rightarrow a_2 = 0,78$$

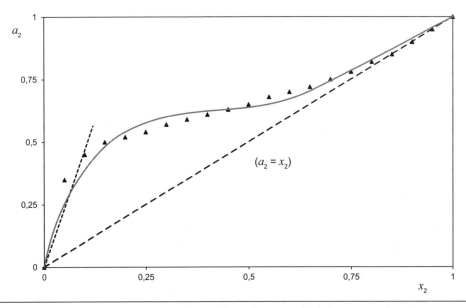

Figura 1.6 Atividade do etanol (a_2) em função da sua fração molar (x_2) em uma mistura aquosa.

Comentários

No diagrama apresentado, um grande desvio da idealidade é observado. Note que para altas concentrações de etanol a atividade do solvente (água) é proporcional à sua fração molar, portanto $1 - x_2$; aqui a solução é idealmente diluída para o solvente.

O potencial químico determina a reatividade de um componente, ou seja, a composição de uma mistura no equilíbrio químico e a força motriz (do inglês *driving-force*) para uma reação química, mas não a sua taxa. A transferência de um componente de uma fase ou posição para outra sempre ocorrerá no sentido do menor potencial químico, se esta transferência for por meio de difusão, evaporação, cristalização, dissolução ou outro processo. Se a temperatura e a pressão são constantes, é conveniente utilizar a atividade para determinar as relações de equilíbrio. A atividade, mais que a concentração, está relacionada com a solubilidade, a distribuição de um componente sobre várias fases, a adsorção de um componente sobre a superfície, entre outros. Se por alguma razão o coeficiente de atividade de um componente em um dado processo diminui, sem alteração da sua concentração, a reatividade desse soluto se tornará menor e sua solubilidade aumentará.

EXEMPLO 2. Recalculando as concentrações

Considere uma mistura binária de dois componentes 1 (solvente) e 2 (soluto). A fração mássica do soluto é dada por X, a massa molecular M é dada em daltons [Da] e ρ é a densidade da solução. Expresse a concentração molar $\hat{c}$, a molalidade m e a fração molar x.

Resolução

A concentração molar $\hat{c}$ [mol·L^{-1}] será expressa como a razão entre a fração mássica do soluto e a sua massa molecular e o resultado multiplicado pela densidade da solução:

$$\hat{c} = \rho \frac{X_2}{M_2}$$

A molalidade m [mol de soluto/kg de solvente] será expressa como:

$$m = \frac{X_2}{1-X_2} \times \frac{1}{M_2} = \frac{\hat{c}}{\rho - \hat{c}M_2}$$

Água

Enquanto a fração molar x será dada por:

$$x_2 = \frac{\dfrac{X_2}{M_2}}{\dfrac{(1-X_2)}{M_1} + \dfrac{X_2}{M_2}}$$

Comentários

Se o sistema contém mais que um soluto, a primeira equação ainda é válida para o componente 2, mas as outras duas equações não serão válidas.

Qual é a relação entre termodinâmica e potencial químico?

A termodinâmica descreve as mudanças de energia (ou **entalpia** H) e da **entropia** (S) de um sistema; a entropia é uma medida da desordem. Estes parâmetros são combinados na expressão da *Energia de Gibbs* ($G = H - TS$). Todo sistema tende a mudar para o nível mais baixo de energia livre ou de *Gibbs*; se esse nível é atingido, o sistema é estável.

Uma substância em solução apresenta um **potencial químico**, que é a energia livre parcial molar da substância, que determina sua reatividade. À pressão e temperatura constantes, a reatividade é dada pela atividade termodinâmica da substância; e no sistema ideal, isso iguala a fração molar.

Muitos alimentos são sistemas não ideais, portanto a atividade iguala a fração molar vezes o **coeficiente de atividade** (γ).

Solubilidade

Para uma mistura que se comporta idealmente, pode ser inferido que não há mudança na entalpia (energia) quando os componentes são misturados, ou seja, não há calor liberado nem consumido. A diminuição na energia livre devido à mistura é então puramente decorrente do aumento da entropia (grau de desordem no sistema). Tal situação pode ocorrer para misturas de componentes com propriedades muito similares, por exemplo, a mistura de triacilgliceróis com propriedades similares. Entretanto, se um dos componentes é um sólido à temperatura da mistura, é necessário um aumento da entalpia correspondente à entalpia de fusão para ocorrer a mistura (a entalpia de mistura neste caso ainda é assumida ser zero). Isso sugere que há uma solubilidade limitada dada pela Equação de *Hildebrand* (Equação 3):

$$\ln x_s = \frac{\Delta_{fus}H}{R}\left(\frac{1}{T_f} - \frac{1}{T}\right) \qquad \text{Equação 3}$$

em que: x_s é a solubilidade expressa em fração molar [mol·mol^{-1} total]; $\Delta_{fus}H$ é a entalpia de fusão [J·mol^{-1}]; e T_f é a temperatura de fusão [K].

Além disso, deve ser notado que o volume de uma mistura de dois componentes não é igual à soma dos volumes de cada um. Para muitas misturas aquosas, o volume diminui, o que se conhece como contração.

Uma substância pode apresentar solubilidade limitada em dois solventes mutuamente imiscíveis (água e óleo), como, por exemplo, muitos flavorizantes e substâncias bactericidas em alimentos. Portanto, é importante conhecer a concentração (ou melhor, a atividade) em cada fase. Para baixas concentrações, a separação ou a lei de distribuição de *Nernst* com frequência aplica-se (Equação 4):

$$\frac{\hat{c}_\alpha}{\hat{c}_\beta} = \text{constante} \qquad \text{Equação 4}$$

em que: $\hat{c}$ é a concentração molar [mol·L^{-1}]; e α e β referem-se às duas fases.

Água 9

Essa lei é facilmente derivada da termodinâmica, assumindo ambas as soluções serem idealmente diluídas.

EXEMPLO 3. Uso da Equação de Hildebrand para o cálculo da proporção molar

Considere uma gordura natural com o ponto final de derretimento de 40 °C. Assumindo que a tripalmitina (triacilglicerol com três ácidos palmíticos) seja o componente presente de ponto de derretimento mais alto ($\Delta_{fus}H = 165$ kJ·mol^{-1}; $T_f = 339$ K), calcular a solubilidade expressa em fração molar da tripalmitina.

Resolução

Aplicando a Equação 3, obtém-se diretamente a solubilidade expressa em fração molar:

$$\ln x_s = \frac{\Delta_{fus}H}{R}\left(\frac{1}{T_f} - \frac{1}{T}\right) = \frac{165 \times 10^3}{8,314}\left(\frac{1}{339} - \frac{1}{313}\right)\left[\frac{J}{mol} \frac{K \cdot mol}{J}\right]\left[\frac{1}{K}\right]$$

$$x_s = 0,008$$

Comentários

Em outras palavras, a mistura contém menos que 1% de tripalmitina. Na prática, a situação é bem mais complexa, uma vez que não se trata de uma mistura binária.

Determinação da atividade

Quando se prepara uma solução, normalmente conhece-se a concentração do soluto. A maioria dos métodos analíticos fornece dados de concentração e não de atividade. Métodos de equilíbrio, por outro lado, fornecem dados de atividade. Um bom exemplo é a medida do potencial elétrico por meio de um eletrodo iônico-seletivo, como a determinação do pH. O equilíbrio de partição entre duas fases também fornece dados de atividade.

Portanto, uma maneira fácil de determinar a atividade de uma substância volátil, pois terá o mesmo potencial químico na fase gasosa que o em solução, e geralmente se apresenta como um gás de comportamento ideal à temperatura ambiente, é aplicar a conhecida lei do gás ideal (Equação 5):

$$pV = nRT \qquad\qquad \text{Equação 5}$$

em que: p é a pressão [Pa]; V é o volume [m^3]; n é o número de moles no sistema [mol]; R é a constante universal dos gases [8,314 J·K^{-1}·mol^{-1}]; e T é a temperatura absoluta [K].

A melhor aplicação desse método é a determinação da atividade de água de uma solução. Devido à idealidade na fase gasosa, ou seja, $a_1 = x_1$, a atividade a_1, universalmente designada como a_w, é igual à umidade relativa do ar com a qual a solução encontra-se em equilíbrio, e que pode ser facilmente medida.

Para uma solução de um soluto não volátil em água, cuja atividade de água é conhecida sobre um intervalo de concentração, a atividade do soluto pode ser derivada da relação *Gibbs-Duhem* (Equação 6), que, para este caso, pode ser expressa como:

$$x_1 d \ln a_1 + x_2 d \ln a_2 = 0 \qquad\qquad \text{Equação 6}$$

Da Equação 6, por meio de integração (numérica ou gráfica), a_2 pode ser derivada.

Na Figura 1.7 está ilustrada como a atividade da sacarose e da água em uma mistura binária varia em função da fração molar. Note que a altas concentrações a atividade desvia significativamente da fração molar.

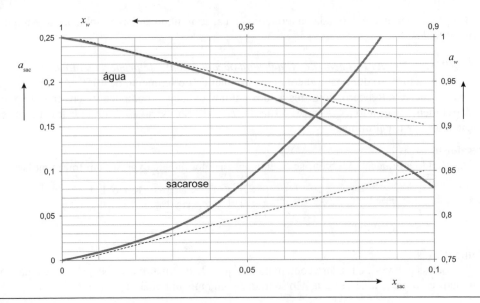

Figura 1.7 Variação da atividade da sacarose (a_{sac}) e da atividade de água (a_w) em função das respectivas frações molares (x_{sac} e x_w).

EXEMPLO 4. Determinação da atividade de água por meio do diagrama de mistura

Considere o diagrama da mistura sacarose e água, ilustrado na Figura 1.7. Calcular o coeficiente de atividade da água e o coeficiente de atividade da sacarose na mistura com a fração molar da sacarose $x_2 = 0,05$.

Resolução

O coeficiente de atividade da água nesta mistura poderá ser calculado aplicando a Equação 2, a partir dos dados extraídos do diagrama: para $x_2 = 0,05$ o valor correspondente de x_1 é 0,95 que pela curva da atividade da água equivale nesta mistura a uma atividade $a_w = 0,924$; portanto, o coeficiente de atividade da água será:

$$\gamma_1 = \frac{a_1}{x_1} = \frac{0,924}{0,95} = 0,9726$$

O mesmo raciocínio vale para o coeficiente de atividade da sacarose:

$$\gamma_2 = \frac{a_2}{x_2} = \frac{0,085}{0,05} = 1,7$$

Comentários

Para misturas com mais de dois componentes, as atividades não podem ser derivadas dessa maneira.

Propriedades coligativas

O abaixamento do potencial químico de um solvente pela presença de um soluto causa mudanças em várias propriedades físicas: pressão de vapor, ponto de ebulição, ponto de congelamento, pressão osmótica, entre outras. Em uma solução diluída, as magnitudes dessas mudanças são todas proporcionais à fração molar do soluto e são conhecidas como propriedades coligativas da solução.

Neste capítulo somente será considerado como solvente a água e a solução diluída, de modo que o subscrito 1 refere-se ao solvente (água), e o subscrito 2, ao soluto.

Água 11

O abaixamento da pressão de vapor a qualquer temperatura segue então a Lei de *Raoult* (Equação 7):

$$p_1 = x_1 p_1^0 = (1 - x_2) p_1^0$$ Equação 7

em que: p_1 é a pressão de vapor [Pa]; e p_1^0 é a pressão de vapor da água pura [Pa].

A elevação no ponto de ebulição à pressão normal (1 atm) é dada por (Equação 8):

$$\Delta T_b = \frac{T_{b,1}^2}{\Delta_{vap} H_1} R \ln x_1 \approx -28 \ln x_1 \approx 28 x_2 = 0,51 \hat{c}_2$$ Equação 8

em que: $T_{b,1}$ é o ponto de ebulição do solvente puro (K); $\Delta_{vap} H_1$ é a entalpia de vaporização (40,6 kJ·mol^{-1} para água a 100 ºC); e $\hat{c}_2$ é a concentração molar do soluto [mol·L^{-1}]. As aproximações realizadas valem para uma diluição infinita. Na maioria das vezes, a elevação do ponto de ebulição é dada por (Equação 9):

$$\Delta T_b = K_b \hat{c}_2$$ Equação 9

sendo K_b a constante de equilíbrio (0,51 K·L·mol^{-1} para água). Note que essa mudança é fortemente dependente da pressão.

O abaixamento do ponto de congelamento é dado por (Equação 10):

$$\Delta T_f = \frac{T_{f,1}^2}{\Delta_{fusão} H_1} R \ln x_1 \approx 103 \ln x_1 \approx -103 x_2 \approx -1,86 \hat{c}_2$$ Equação 10

em que $T_{f,1}$ é o ponto de congelamento do solvente puro (K); $\Delta_{fusão} H_1$ é a entalpia de fusão (6,020 J·mol^{-1} para água). Note que a depressão do ponto de congelamento é consideravelmente maior que a elevação do ponto de ebulição, uma vez que a entalpia molar de fusão é muito menor que a entalpia de vaporização.

EXEMPLO 5. Determinação do abaixamento do ponto de congelamento

Considere uma solução aquosa de 5 mmol·L^{-1} de cloreto de sódio puro. Determine o abaixamento do ponto de congelamento e a atividade de água. O que acontecerá se esta solução for resfriada até – 0,1 ºC?

Resolução

O cloreto de sódio se dissocia completamente à baixa concentração. Então uma solução de 5 mmol·L^{-1} produzirá uma concentração de 0,01 mol·L^{-1} de íons. Assim $\hat{c}_2 = 0,01$ na Equação 10:

$$\Delta T_f = -1,86 \hat{c}_2 = -0,0186 \text{ K}$$

Considerando que a atividade de água é $a_w = x_1$ e aplicando novamente a Equação 10:

$$\Delta T_f = -1,86 \hat{c}_2 = 103 \ln x_1$$

$$\ln x_1 = \frac{\Delta T_f}{103} = -\frac{0,0186}{103}$$

$$x_1 = a_w = 0,9982$$

Comentários

Se a solução for resfriada até – 0,1 ºC, como essa temperatura é inferior ao abaixamento do ponto de congelamento, conclui-se que haverá significativa concentração da solução por congelamento.

A pressão osmótica (Π) de uma solução é aquela que deve ser aplicada na solução para aumentar o potencial químico do solvente para atingir o valor do solvente puro à pressão normal.

A pressão osmótica é tanto maior quanto maior é a concentração do soluto. Para entender melhor esse conceito, na Figura 1.8 solvente e solução estão separados por uma membrana semipermeável que possibilita que o solvente atravesse, mas não o soluto. O solvente passa para o compartimento da solução até que a pressão osmótica seja compensada pela diferença em altura, uma vez que ambos os compartimentos estão sob a ação da pressão gravitacional (Equação 11):

$$\Pi = \rho g h \qquad \text{Equação 11}$$

em que: Π é a pressão osmótica [Pa]; ρ é a densidade da solução [kg·m^{-3}]; g é a aceleração devido à gravidade [9,81 m·s^{-2}]; e h é a altura [m].

Se for aplicada sobre a solução uma pressão superior à pressão osmótica, o solvente pode ser removido da solução, aumentando a concentração do soluto; esse processo é conhecido como osmose reversa.

A pressão osmótica de uma solução aquosa diluída é dada por (Equação 12):

$$\Pi = 55.510 RT \ln x_1 \approx 55.510 RT x_2 \approx 10^3 \hat{c}_2 RT \qquad \text{Equação 12}$$

em que o fator 55.510 representa o número de moles de água por m^3. Desde que $\hat{c}_2 = n/V$, em que n é o número de moles no volume V, a Equação 12 pode ser reescrita (Equação 13):

$$\Pi \times V \approx nRT \qquad \text{Equação 13}$$

As propriedades coligativas são importantes por elas mesmas, mas também podem ser utilizadas para determinar a massa molar de um soluto, como, por exemplo, na determinação da depressão do ponto de congelamento. Para validar as expressões dadas anteriormente, na Tabela 1.2 estão apresentados para alguns solutos valores estimados de ΔT_f em comparação ao valor determinado.

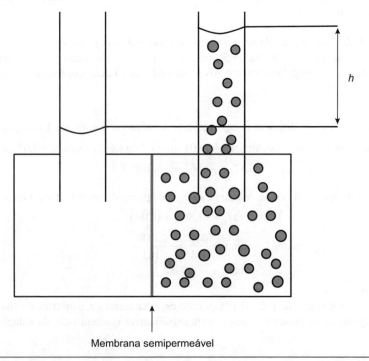

Figura 1.8 Representação esquemática de dois componentes separados por uma membrana semipermeável que possibilita a passagem do solvente, mas não do soluto.

Água **13**

Tabela 1.2 Valores estimados e determinados da depressão do ponto de congelamento (ΔT_f) de algumas soluções aquosas à concentração de 20 g/100 g.

Soluto	M [Da]	$\hat{c}$ [mol·L⁻¹]	$1,86\hat{c}$ [K]	$103x_2$ [K]	$-103\ln x_1$ [K]	ΔT_f [K]
Etanol	46,1	4,20	7,8	9,2	9,6	10,9
Glicerol	92	2,27	4,2	4,8	4,9	5,5
D-glicose	180	1,20	2,2	2,5	2,5	2,6
Sacarose	342	0,63	1,9	1,3	1,4	1,5
NaCl*	58,4	7,85	14,6	15,4	16,7	16,5

*Assumindo a concentração molar efetiva o dobro da nominal.
M é a massa molar; $\hat{c}_2$ é a concentração molar; x_1 é a fração molar da água; x_2 é a fração molar do soluto.
Fonte: Walstra.[5]

Observa-se na Tabela 1.2 que o ajuste foi razoável, sobretudo se as equações são utilizadas na sua forma rígida. Entretanto, o desvio permanece, o que implica que a concentração considerada não configura uma solução diluída. De fato, pode ser observado na Figura 1.7 que valores da fração molar da sacarose x_2 superiores a 0,03 já indicam desvio da idealidade. No exemplo da Tabela 1.2, a concentração de sacarose de 20 g/100 g resulta em uma fração molar de $x_2 = 0,013$ e, portanto, dentro da faixa da idealidade.

Desvios da idealidade

Em alimentos, ocorrem na maioria das vezes situações em que as concentrações são muito diferentes das atividades, ou seja, os coeficientes de atividade podem apresentar valores muito distantes da unidade (para $\gamma = 1$, $a_w = x_w$). Isso causa importantes consequências no equilíbrio de partição, no equilíbrio de reação, e muitas vezes nas taxas de reação. Resumidamente, serão abordadas as principais causas para esse desvio da idealidade:[5]

- *Nem todas as espécies presentes são reativas*: hipoteticamente parece trivial, mas as implicações práticas podem ser consideráveis. Um exemplo é a presença de açúcares redutores, como a D-glicose, com várias formas em equilíbrio:

$$\alpha\text{-glicose} \rightleftharpoons \text{forma de cadeia aberta} \rightleftharpoons \beta\text{-glicose}$$

  Somente a forma de cadeia aberta, que corresponde a menos que 1% do total de glicose presente, participa da reação de *Maillard* ou de outras reações envolvendo o grupo aldeído.

  Outro exemplo é um ácido orgânico que se dissocia de acordo com a reação:

$$HAc \rightleftharpoons H^+ + Ac^-$$

  A forma dissociada Ac^- pode reagir com cátions, enquanto a não dissociada HAc pode ser ativa como um agente antimicrobiano. As atividades de cada um dependem não somente da concentração total mas também da constante de dissociação (que depende por sua vez da temperatura), do pH, da presença e da concentração de outros cátions etc.

- *Alta concentração*: a altas concentrações de um soluto, seu coeficiente de atividade sempre desvia da unidade. Isso acontece por duas razões: primeiro, a qualidade do solvente afeta o coeficiente de atividade e o efeito aumenta com o acréscimo da concentração do soluto. E, como segunda razão, ocorre exclusão do volume, o que sempre causa aumento no coeficiente de atividade do soluto se as moléculas deste tem maior peso molecular que o do solvente.

- *Adsorção*: outra causa do desvio da idealidade é que várias moléculas podem adsorver sobre superfícies ou ligar outras macromoléculas, diminuindo seus coeficientes de atividade. Neste caso, a ligação de moléculas com outras macromoléculas não deve ser entendida como formação de ligações covalentes ou iônicas. De fato, muitos componentes do aroma dos alimentos são moléculas moderadamente hidrofóbicas e se apresentam adsorvidas sobre as proteínas. Por isso, a conhecida análise *head-space* para componentes do aroma faz sentido, pois as concentrações dos vários componentes na fase gasosa (que está, em princípio, em equilíbrio com o alimento) são comprovadamente proporcionais às respectivas atividades no alimento.
- *Associação*: moléculas que consistem de uma parte hidrofílica (ou polar) e de uma hidrofóbica (ou apolar) frequentemente associam-se em um ambiente aquoso. Bons exemplos são sabões e outras pequenas moléculas surfactantes, que formam micelas, ou seja, formam agregados em que sítios hidrofóbicos ficam no interior, enquanto os hidrofílicos ficam no exterior.
- *Campo elétrico*: por último, a atividade de íons diminui na presença do campo elétrico. A força total iônica, mais do que a concentração, determina o coeficiente de atividade.

Atividade de água

Como comentado anteriormente, a água é um constituinte importante nos alimentos e sua presença está fortemente relacionada com a tendência de deterioração dos alimentos, e que o potencial químico da água está relacionado com a pressão relativa de vapor. Essa pressão relativa de vapor é nomeada como atividade de água (a_w). Portanto, é possível desenvolver regras e limites para predizer a estabilidade dos alimentos aplicando o conceito de atividade de água, que são mais simples do que aquelas que consideram o conteúdo de água do alimento.

Definição

Considerando a Equação 14 para o solvente água, o potencial químico da água na solução será dado por:

$$\mu_w = \mu_w^0 + RT \ln a_w \qquad \text{Equação 14}$$

em que: μ_w é o potencial químico da água [J·mol⁻¹]; μ_w^0 é o potencial químico da água pura [J·mol⁻¹]; R é a constante universal dos gases [8,314 J·K⁻¹·mol⁻¹]; T é a temperatura absoluta [K]; e a_w é a atividade de água, que varia entre 0 e 1. A reatividade química da água em uma reação é exatamente proporcional a a_w e não ao conteúdo de água.

Além disso, a_w é frequentemente considerada um indicador muito melhor para a dependência das propriedades dos alimentos, como, por exemplo, a sua estabilidade, do que o controle gravimétrico do conteúdo de água. Isso pode ser mais bem compreendido se aplicamos o conceito para uma solução ideal em que a atividade de água é igual à fração molar da água (Equação 15):

$$a_{w\,(\text{solução ideal})} = x_w \equiv \frac{n_w}{n_w + \Sigma n_{s,i}} \qquad \text{Equação 15}$$

em que: n_w é a quantidade molar da água [mol]; e n_s é a quantidade molar dos solutos [mol]. Muitas moléculas grandes, como o amido, exercem muito pouco efeito sobre a fração molar de água (x_w) e aquelas substâncias insolúveis em água, como gorduras, praticamente não exercem nenhum efeito sobre x_w.

Importante destacar que a Equação 15 é frequentemente chamada de *Lei de Raoult*. No entanto, essa lei só se aplica para o abaixamento da pressão de vapor pela presença do soluto.

Na Figura 1.9 estão apresentadas curvas da atividade de água (a_w) em função da fração molar de água (x_w) para algumas soluções simples. Observa-se que a relação expressa na Equação 15

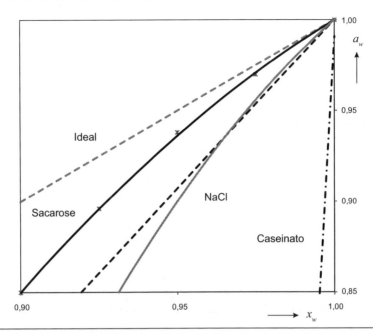

Figura 1.9 Atividade de água (a_w) em função da fração molar de água (x_w) para algumas soluções simples em comparação com a solução ideal.

é obedecida com pouca frequência, exceto para soluções de sacarose a valores muito baixos da fração molar do soluto (x_s). Causas importantes da não idealidade são dissociação de um soluto, tamanho molecular do soluto e interação soluto-solvente.

No caso da dissociação de um soluto, por exemplo para o cloreto de sódio (NaCl), a concentração molar do soluto ($\hat{c}_s$) pode ser substituída pela soma das concentrações molares de cada íon ($\hat{c}_{Na} + \hat{c}_{Cl}$), assumindo completa dissociação, representada pela linha pontilhada na Figura 1.9. Verifica-se que a dissociação explica em grande parte a não idealidade para a solução de NaCl.

Na Figura 1.9, uma curva aproximada é mostrada para uma solução de caseinato, ou seja, uma proteína, que apresenta uma grande massa molar (cerca de 23 kDa), implicando em um valor alto da razão volumétrica molar entre soluto e solvente. Isto resulta em uma grande não idealidade, pois, apesar de ocorrer a interação solvente-soluto, é difícil a sua determinação, uma vez que alguns grupos da proteína (sobretudo os ionizados) apresentam boa solubilidade em água, enquanto os grupos hidrofóbicos apresentam baixa solubilidade. Além disso, é sabido que as moléculas de caseína tendem a se associar formando aglomerados.

A maioria dos alimentos apresenta notadamente a não idealidade e o cálculo da a_w a partir da sua composição não é geralmente viável. Para uma solução mista, o cálculo pode ser realizado conforme a conhecida Equação de *Ross* (Equação 16):

$$a_w = a_{w,1} \times a_{w,2} \times a_{w,3} \times \cdots \qquad \text{Equação 16}$$

em que $a_{w,i}$ significa a atividade de água determinada para o soluto i a mesma razão molar de i para a água na mistura. A Equação 16 pode ser derivada da relação *Gibbs-Duhem* (Equação 6), assumindo que as interações entre moléculas de diferentes solutos são desprezíveis. Essa equação fornece bons resultados para valores de a_w superiores a 0,8, com um erro relativo menor que 10%.

EXEMPLO 6. Cálculo da atividade de água

Calcular a atividade de água de 1.000 g de uma solução contendo 200 g de sacarose, assumindo comportamento ideal. A atividade de água medida nesta solução foi de 0,960. Explicar a diferença.

Resolução

O peso molecular da sacarose é 342 kg·mol^{-1}, enquanto o da água é 18 kg·mol^{-1}. Então a quantidade de matéria será:

$$n_w = \frac{800}{18} = 44,44 \text{ moles de água}$$

$$n_s = \frac{200}{342} = 0,58 \text{ moles de sacarose}$$

Aplicando a Equação 1.15:

$$a_{w \text{ (solução ideal)}} = x_w \equiv \frac{n_w}{n_w + \Sigma n_s} = \frac{44,44}{44,44 + 0,58} = 0,987$$

Comentários

O valor calculado é diferente do valor observado, justamente porque a solução de sacarose não apresenta comportamento ideal. Como se observa na Figura 1.9, a curva da sacarose desvia da idealidade, possivelmente devido à influência do tamanho da molécula do soluto, o que implica em interação solvente-soluto.

Determinação da atividade de água (a_w)

A atividade de água é geralmente determinada expondo o alimento em um ambiente sob condições controladas (umidade relativa e temperatura) até atingir o equilíbrio, no qual os valores de a_w nas fases aquosas do alimento e no ar são iguais. Desde que o ar úmido apresente comportamento ideal a temperatura e pressão ambientes, a relação expressa pela Equação 17 é válida:

$$a_{w,a} = a_{w,v} = \frac{p_v}{p_{v,\text{sat}}} \qquad \text{Equação 17}$$

em que $a_{w,a}$ é a atividade de água do alimento; $a_{w,v}$ é a atividade de água no ar úmido; p_v é a pressão de vapor [Pa]; e $p_{v,sat}$ é a pressão de vapor da água pura à temperatura da medida. Assim, a atividade da água do alimento é igual a umidade relativa (UR), expressa como fração molar do ar acima dele, desde que o equilíbrio foi atingido.

Exemplos de atividade de água para vários alimentos em relação à fração molar de água estão apresentados na Figura 1.10. Duas exceções são observadas: a primeira refere-se à a_w da salmoura (solução quase saturada de NaCl), que, por causa da pequena massa molar de suas moléculas e íons dissolvidos, a fração molar efetiva (x_w) é relativamente pequena. Alimentos com alto conteúdo de gordura formam o grupo da outra exceção: o leite desnatado e o creme de leite têm exatamente a mesma fase aquosa e, portanto, a mesma a_w, apesar da grande diferença da fração molar de água. A margarina tem um conteúdo menor de fase aquosa (o caso extremo é o óleo de cozinha, com cerca de um conteúdo de água de 0,15% a temperatura ambiente), mas não apresenta substâncias que se dissolvem na água, o que justifica o valor da a_w ser próximo da unidade.[5]

Valores de atividade de água de alimentos podem ser encontrados na literatura em função da concentração e da temperatura. Lewicki[1] apresenta uma revisão desses valores relatados em diversos trabalhos científicos.

Isotermas de sorção

As isotermas de sorção de água são curvas que relacionam a quantidade de água de um alimento com a sua atividade de água, ou em função da umidade relativa da atmosfera que circunda o alimento, uma vez alcançado o equilíbrio e a uma temperatura constante.

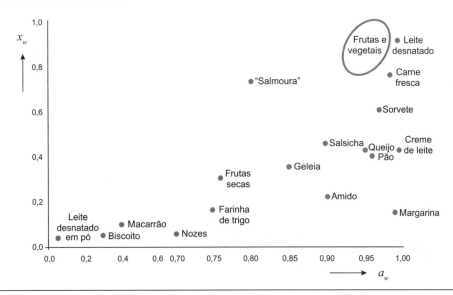

Figura 1.10 Valores de atividade de água (a_w) em função da fração molar de água (x_w) para vários alimentos (adaptado de Walstra[5]).

Os físico-químicos distinguem entre adsorção e dessorção. A adsorção é um fenômeno de superfície. Para quaisquer combinações de adsorvente, adsorvido e temperatura é possível obter a isoterma de adsorção, uma curva que fornece o equilíbrio entre a quantidade adsorvida por unidade de superfície e a atividade do adsorvido. Materiais sólidos em pó em contato com ar úmido podem adsorver água. A quantidade de água adsorvida aumenta com o aumento da umidade relativa do ar (a_w). Note que a quantidade de água adsorvida por unidade de massa do adsorvente será proporcional à área superficial específica do adsorvente, ou seja, da granulometria do pó.

Materiais amorfos ou líquidos podem também apresentar absorção. Na maioria dos alimentos secos, não é claro qual mecanismo ocorre, adsorção ou absorção; em alimentos líquidos sempre ocorre a absorção.

É comum construir as isotermas de sorção ou isotermas de pressão de vapor de alimentos, em que o conteúdo de água (que pode ser expresso como fração mássica ou como quantidade de água por unidade de matéria seca) é plotado em função da a_w. Na Figura 1.11 estão apresentadas as curvas de sorção obtidas de peras desidratadas osmoticamente a 55 °Brix e a temperatura de 40 °C.[6] As isotermas foram construídas em três temperaturas diferentes (40 °C, 60 °C e 80 °C) e o conteúdo de água foi expresso como umidade de equilíbrio (X_{eq}) em quantidade de água por unidade de massa de matéria seca [kg água/kg matéria seca].

Uma isoterma de sorção é, em princípio, determinada colocando uma pequena amostra do alimento de conteúdo de água conhecido em contato com o ar a uma dada umidade e temperatura constantes. Em intervalos regulares, determina-se o peso dessa amostra, e quando o peso constante é atingido, que ocorre quase sempre após vários dias, o conteúdo de umidade da amostra nessa condição é considerado como o conteúdo de umidade de equilíbrio (X_{eq}). Realizando o experimento em um intervalo de umidade do ar (a_w), é possível construir uma isoterma. O experimento pode ser conduzido com amostras que são sucessivamente submetidas a conteúdos de água crescentes ou decrescentes, porém as curvas obtidas não serão idênticas, fenômeno conhecido como histerese entre a isoterma de adsorção e a de dessorção. Portanto, o equilíbrio termodinâmico não é obtido, pelo menos a baixo conteúdo de água. Muitos alimentos apresentam forte histerese e a explicação para isso ainda não é totalmente elucidada; afirma-se que a desidratação

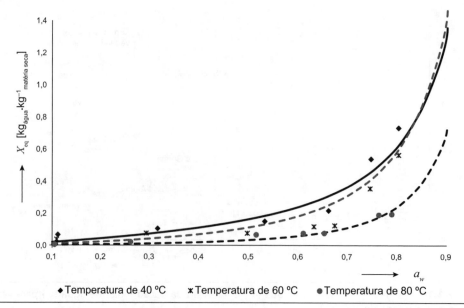

Figura 1.11 Curvas de sorção obtidas em três temperaturas (40, 60 e 80) °C osmoticamente a 55 °Brix e à temperatura de 40 °C em função da umidade de equilíbrio (X_{eq}) (adaptado de Park et al.[6]).

envolvida na determinação da isoterma altera o estado físico do alimento, de tal maneira que não recupera o estado físico original quando submetido à umidificação.

Na Figura 1.12, estão apresentadas as curvas de adsorção e dessorção de resíduo seco de camarão-rosa (*Peneaus subtilis*) à temperatura constante de 40 °C.[7] Nesse caso, observa-se nitidamente o fenômeno da histerese; no entanto, em altos valores de atividade de água (a_w), as curvas convergem e o mesmo ocorre em baixos valores de a_w. Na maioria das vezes, a isoterma de dessorção é desenhada da origem, mas de fato este ponto nunca é alcançado na desidratação à temperatura ambiente, e o conteúdo de água mais baixo atingido usualmente é um valor menor que 10%. Para se obter o ponto zero de conteúdo de água, a desidratação deve ser conduzida a alta temperatura, geralmente 100 °C, quando o coeficiente de difusão é quase sempre muito maior do que a temperatura ambiente. Além disso, a força motriz para a remoção da água (a diferença do potencial químico entre a amostra e o ar) é tão maior que exige que a desidratação ocorra sob vácuo. Por outro lado, submeter a amostra por um longo período à alta temperatura causará reações químicas ou vaporização de compostos de menor peso molecular, inviabilizando a determinação adequada do conteúdo de umidade de equilíbrio do alimento.

Quando a água é removida do produto, calor é consumido, pois conteúdos baixos de água ocorrem com baixos valores de atividade de água, e a água tem que ser removida em direção oposta ao gradiente da a_w, ou seja, contra o aumento da pressão osmótica. A entalpia ou calor de sorção ($\Delta_{sor}H$) geralmente aumenta com a diminuição da a_w, o que implica que a remoção da água torna-se muito mais difícil no curso de uma desidratação. Entretanto, $\Delta_{sor}H$ é pequeno, raramente superior a 20 kJ·mol^{-1} de água e seu valor médio integrado ao longo de todo o processo de desidratação situa-se no intervalo entre (0,2 e 2) kJ·mol^{-1}, que é um valor muito pequeno se comparado ao da entalpia de vaporização da água ($\Delta_{vap}H$ = 43 kJ·mol^{-1} a 40 °C). Importante ressaltar que a dificuldade de remoção da última gota d'água não é devido à forte ligação envolvida mas, sim, em razão de a difusão ser muito lenta.[8]

Há na literatura diversos modelos empíricos que matematicamente descrevem as curvas isotermas de sorção, tanto de dois parâmetros, sendo o mais amplamente utilizado o modelo BET

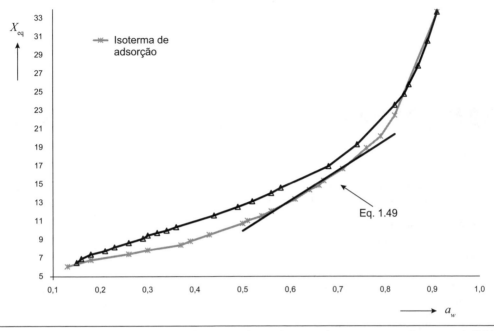

Figura 1.12 Curvas de adsorção e de dessorção de resíduo seco de camarão-rosa (*Peneaus subtilis*) à temperatura constante de 40 ºC (adaptado de Assunção; Pena.[7]).

(proposto por Brunauer et al.[9]), quanto modelos de três parâmetros, sendo o mais utilizado o modelo GAP (*Guggenheim-Anderson-de Boer*) que é um modelo semiteórico. Esses modelos podem ser empregados tanto para as isotermas de adsorção quanto para as de dessorção.[4]

Métodos de determinação

Na literatura estão disponíveis diversos trabalhos que foram conduzidos para verificar a precisão de vários equipamentos de medida da atividade de água,[10-13] sendo encontradas diferenças. A precisão da maioria dos métodos está na faixa de 0,01–0,02 unidades de a_w.[4] A escolha de uma técnica ou outra depende da faixa, precisão, custo, tempo de resposta, adequabilidade, portabilidade, simplicidade, necessidades de manutenção e calibração, e tipo de alimento.[8,13,14] Os métodos de medida da atividade de água podem ser classificados de acordo com o apresentado na Tabela 1.3.

Diferentes métodos de determinação de atividade de água estão bem descritos na literatura[4,14] e utilizam os mesmos princípios dos métodos descritos na Tabela 1.3. Entretanto, o método isobárico estático é o mais amplamente utilizado devido a sua simplicidade e baixo custo; os tipos com sensores eletrônicos são também populares devido a sua simplicidade, velocidade e portabilidade. Mais recentemente, o sistema DVS (método de sorção de vapor dinâmico) também tem sido empregado devido a suas aplicações multidimensionais para sorção, taxa de desidratação, atmosfera controlada e outras mudanças estruturais.

A seleção de um método ou equipamento apropriado para um material alimentício específico é muito importante para obter resultados significativos e confiáveis. Os métodos manométricos, volumétricos, isotermas de sorção e os de taxa de sorção não oferecem requerimentos como os de portabilidade, velocidade, custo e simplicidade, uma vez que exigem equipamentos fixos em laboratório. Os métodos baseados na umidificação de sais higroscópicos ou nas mudanças de cor de sais de cobalto estão livres dessas limitações e são adaptáveis por serem baratos, relativamente rápidos e com procedimento adequado para muitas aplicações. Para medidas mais precisas,

Tabela 1.3 Métodos de determinação de isotermas de sorção conforme o método empregado.

Métodos das propriedades coligativas
1. Medida da pressão de vapor
2. Medida do ponto de congelamento
3. Medida do ponto de ebulição
Métodos gravimétricos

1. Métodos com registro descontínuo da mudança de massa
  a. Sistemas estáticos (método isobárico)
  b. Sistemas evacuados
  c. Sistemas dinâmicos

2. Métodos com registro contínuo da mudança de massa
  a. Câmara estática
  b. Sistemas dinâmicos
  c. Sistemas evacuados

3. Sistemas higrométricos
  a. Higrômetros mecânicos
  b. Higrômetros de bulbo seco e úmido
  c. Higrômetros do ponto de orvalho
  d Higroscopicidade de sais
  e. Higrômetros com sensores eletrônicos

Outros métodos

Fonte: Rahman; Sablani.[15]

os higrômetros elétricos disponíveis no mercado atendem a essas necessidades; entre eles, os instrumentos mais promissores são os sensores de alumínio anodizados.

Métodos de predição

A atividade de água de soluções e de alimentos líquidos depende da concentração, da natureza química dos solutos e da temperatura. Na maioria dos alimentos frescos, a a_w é próxima da unidade e sua medida apresenta algumas dificuldades. Como já comentado anteriormente, o desvio das propriedades de uma solução real em relação à ideal é expresso pelo coeficiente de atividade (γ).

Combinando as Equações 14 e 17, é possível obter a relação entre o potencial químico da água e a pressão de vapor (Equação 18):

$$\mu_w = \mu_w^0 + RT \ln \frac{p_v}{P_{v,sat}} \qquad \text{Equação 18}$$

Em sistemas reais, as propriedades dos gases desviam da idealidade, e para quantificar esse desvio *Lewis* propôs o conceito de fugacidade (f), de modo que a Equação 18 pode ser reescrita (Equação 19):

$$\mu_w = \mu_w^0 + RT \ln \frac{f_w}{f_w^0} \qquad \text{Equação 19}$$

em que f_w é a fugacidade da água [Pa]; f_w^0 é a fugacidade da água pura [Pa].

Portanto, verifica-se que a razão entre fugacidades é a atividade de água. Os valores de fugacidade da água no equilíbrio líquido-vapor foram calculados e publicados por Hass.[16] Na Tabela 1.4, estão apresentados os valores da fugacidade e da atividade do vapor de água em

Tabela 1.4 Fugacidade (f_w) e atividade do vapor d'água (a_w) em equilíbrio com o líquido à saturação e à pressão de 0,01 MPa, em função da temperatura (T) e da pressão (p).

T [°C]	p [kPa]	(f_w) [adimensional]	(a_w) [adimensional]
0,01	0,611	0,611	0,9995
10	1,227	1,226	0,9992
20	2,337	2,334	0,9988
40	7,376	7,357	0,9974
60	19,920	19,821	0,9950
80	47,362	46,945	0,9912
100	101,325	99,856	0,9855
120	198,53	194,07	0,9775
140	361,35	349,43	0,9670
160	618,04	589,40	0,9537
180	1002,7	939,93	0,9374

Fonte: Adaptado de Hass.[16]

equilíbrio com o líquido, no intervalo de temperatura de importância para o processamento de alimentos. Observa-se que o vapor de água desvia do gás ideal em uma magnitude não superior a 6%; e à temperatura e pressão ambientes, o desvio é inferior a 0,2%. Isso mostra que, sob condições experimentais envolvendo processos de alimentos e de armazenamento, a atividade do vapor de água na saturação pode ser considerada igual à unidade e expressa como na Equação 20:

$$\frac{f_w}{f_w^0} = \frac{p_w}{p_w^0}$$

Equação 20

em que p_w e p_w^0 são as pressões de vapor de água no sistema e a da água pura a mesma temperatura e pressão total [kPa], respectivamente. Admitindo que o alimento está em equilíbrio com a fase gasosa, a atividade da fase gasosa calculada da Equação 20 é considerada a atividade da água (a_w) no alimento sólido ou líquido de acordo com a Equação 17.

Em líquidos, desvios da idealidade são significativos e aumentam devido às forças eletrostáticas entre dipolos permanentes, forças de atração e repulsão entre moléculas não polares e interações específicas, como as ligações de hidrogênio. Para levar em conta essas interações, como já mencionado, foi introduzido o coeficiente de atividade (Equação 2). Portanto, para calcular a atividade de água em uma solução, a Equação 14 pode ser aplicada, reescrita da seguinte forma (Equação 21):

$$\mu_w - \mu_w^0 = RT \ln \gamma_w x_w$$

Equação 21

Entretanto, o coeficiente de atividade da água (γ_w) deve ser conhecido; sendo ele função da temperatura e composição da matriz, na prática é de difícil determinação.

A não idealidade da solução pode ser caracterizada por uma função em excesso da termodinâmica. As funções em excesso são propriedades termodinâmicas das soluções que estão em excesso em relação às da solução ideal à mesma temperatura, pressão e concentração. Portanto, a função em excesso é expressa pelo coeficiente de atividade (Equação 22):

$$\mu_w - \mu_w^0 = RT \ln \frac{a_w}{x_w} = RT \ln \gamma_w$$

Equação 22

Então a predição da atividade de água pode ser resolvida se o coeficiente de atividade da água na solução é conhecido. Várias abordagens têm sido aplicadas para calcular γ de soluções líquidas, como equações empíricas baseadas na composição da solução, equações derivadas pela termodinâmica, e ainda equações baseadas em soluções teóricas.[1] Coeficientes de atividade para alguns açúcares foram determinados, pelo método de comparação isobárico a 25 °C, por Miyajima et al.[17]

Para uma mistura simples de dois componentes, as equações de *Wohl* para ambos os componentes são obtidas combinando a energia de *Gibbs* em excesso com a equação de *Gibbs-Duhem* (Equações 23 e 24):

$$\ln \gamma_w = z_s^2 \left[A + 2z_w \left(B\frac{q_w}{q_s} - A \right) \right]$$

Equação 23

$$\ln \gamma_s = z_w^2 \left[B + 2z_s \left(A\frac{q_s}{q_w} - B \right) \right]$$

Equação 24

em que: γ_w e γ_s são os coeficientes de atividade da água e do soluto [adimensional], respectivamente; z_w e z_s são as frações volumétricas efetivas da água e do soluto [L·L^{-1}], respectivamente; q_w e q_s são os volumes molares efetivos da água e do soluto [L·mol^{-1}]; e A e B são constantes.

A equação de *Wohl* para o coeficiente de atividade da água é simplificada na seguinte forma (Equação 25):

$$\ln \gamma_w = x_s^2 \left[A + kx_w \right]$$

Equação 25

em que: x_w e x_s são as frações molares da água e do soluto [mol·mol^{-1}]; e A e k são constantes.

Admitindo que as moléculas são similares em tamanho, formato e natureza química ($q_w = q_s$) e que A e B são iguais, as Equações de *Margules* são obtidas das Equações 23 e 24:[18]

$$\ln \gamma_w = \frac{A}{RT} x_s^2$$

Equação 26

$$\ln \gamma_s = \frac{A}{RT} x_w^2$$

Equação 27

As equações de *van Laar* são derivações que também podem ser consideradas (Equações 28 e 29):

$$\ln \gamma_w = A \left(1 + \frac{A}{B}\frac{x_w}{x_s} \right)^{-2}$$

Equação 28

$$\ln \gamma_s = B \left(1 + \frac{B}{A}\frac{x_s}{x_w} \right)^{-2}$$

Equação 29

Cindio et al.[19] determinaram por meio de medidas calorimétricas a quantidade de água não congelável de soluções de açúcar a baixas temperaturas e utilizaram os dados experimentais para testar a validade de alguns modelos semiempíricos existentes na literatura que levam em conta a não idealidade das soluções de açúcar em um amplo intervalo de temperatura.

Para soluções de glicose e de sacarose foram obtidos os valores de A das Equações 26 e 27 de -2,217 e -5,998, respectivamente, enquanto para a glicose os parâmetros A e B das Equações 28 e 29 foram -8,494 e -3,866, e para a sacarose foram -2,064 e -3,948, respectivamente.

Outras equações e soluções teóricas podem ser vistas em detalhe na literatura.[1,20]

Equações semiempíricas

As equações semiempíricas são baseadas na Lei de *Raoult* para uma solução ideal. A atividade de água é descrita como Equação 30:

$$a_w = \frac{n_w}{n_w + n_s}$$

Equação 30

em que: n_w é o número de moles da água [mol]; e n_s é o número de moles do soluto [mol].

A *Lei de Raoult* pode ser escrita em termos de fração molar (Equação 31):

$$a_w = \frac{1 - X_s}{1 - X_s + EX_s}$$

Equação 31

em que: X_s é a fração mássica do soluto [kg/kg total da solução]; e E é a razão entre o peso molecular da água (M_w) e o peso molecular do soluto (M_s) (Equação 32):

$$E = \frac{M_w}{M_s}$$

Equação 32

Admitindo que uma parte da água se apresenta como água ligada, Schwartzberg[21] propôs uma modificação (Equação 33) da *Lei de Raoult*:

$$a_w = \frac{1 - X_s - bX_s}{1 - X_s - bX_s + EX_s}$$

Equação 33

sendo b a quantidade de água ligada [kg/kg sólidos].

Uma modificação da *Lei de Raoult* foi apresentada por Palnitkar; Heldman,[22] em que o peso efetivo molecular dos solutos foi introduzido (Equação 34):

$$a_w = \frac{\left(\dfrac{X_w}{M_w}\right)}{\left(\dfrac{X_w}{M_w}\right) + \left(\dfrac{X_s}{M_{s,ef}}\right)}$$

Equação 34

em que: X_w e X_s são as frações mássicas da água e do soluto [kg/kg de solução], respectivamente; M_w é o peso molecular da água [18 kg·kmol⁻¹]; e $M_{s,ef}$ é o peso molecular efetivo dos sólidos [kg·kmol⁻¹].

Caurie[23] derivou uma equação baseada na *Lei de Raoult* em que a atividade de água de uma solução é expressa como a diferença entre o valor calculado para uma solução ideal e o superestimado devido a interações entre o solvente e os solutos (Equação 35):

$$a_w = \frac{55,5}{m_s + 55,5} - \frac{m_s}{m_s + 55,5}(1 - a_w)$$

Equação 35

em que: m_s é a concentração molal do soluto [moles soluto/kg de solvente].

Chen[24] desenvolveu uma equação simples para predizer a atividade de água de soluções de uma ampla faixa de solutos com uma precisão de $\pm 0,001$ a_w (Equação 36):

$$a_w = \frac{1}{1 + 0,018\left(\beta + Bm^\delta\right)m}$$

Equação 36

em que: m é a concentração molal [moles soluto/kg de solvente]; e β, B e δ são constantes, apresentadas para alguns solutos na Tabela 1.5.

Equações empíricas

As equações empíricas são aquelas obtidas a partir de dados experimentais em condições específicas. Por isso, sua aplicação é limitada e cuidados devem ser tomados nas extrapolações.

Grover[25] utilizou dados reais de pressão de vapor relativa de soluções de açúcar para propor uma equação empírica da forma polinomial (Equações 37 e 38):

$$a_w = 1,04 - 0,10E_s + 0,0045E_s^2$$

Equação 37

Tabela 1.5 Valores das constantes β, B e δ da Equação 1.40 para alguns solutos, em função da concentração molal do soluto (m).

Solução	β	B	δ	m
Glicose	1	0,0424	0,926	< 7,5
Glicerol	1	0,0250	0,855	< 14
Sacarose	1	0,1136	0,955	< 6
NaCl	1,868	0,0582	1,618	< 6

Fonte: Chen.[24]

sendo:

$$E_s = c_{sac} + 1,3c_{ai} + 0,8c_g$$

Equação 38

em que: c_{sac}, c_{ai} e c_g são as concentrações da sacarose, açúcar invertido e glicose [kg/kg água], respectivamente. A pressão relativa é predita pela Equação 37 dentro de uma precisão de ± 0,5%.

Norrish[26] derivou uma equação para predizer a atividade de água de soluções não eletrolíticas em base termodinâmica (Equação 39):

$$a_w = x_w \exp\left(kx_s^2\right)$$

Equação 39

em que: k é uma constante experimental.

Para eletrólitos, o desvio da linearidade é observado e pode ser eliminado pela introdução de um coeficiente linear (Equação 40):

$$\log\frac{a_w}{x_w} = kx_s^2 + b$$

Equação 40

Quando o peso molecular do soluto não é conhecido, a Equação 40 foi modificada por Chuang & Toledo[27] (Equações 41 e 42):

$$\log\frac{a_w}{x_w} = k\left(\frac{c_s}{M_s m_s}\right)^2 + b$$

Equação 41

$$\log\frac{a_w}{x_w} = Kc_s^2 + b$$

Equação 42

em que: x_w é a fração molar da água; c_s é a concentração do soluto [g/100 g solução]; M_s é o peso molecular do soluto; e k, K e b são constantes.

Quando o peso molecular do soluto não é conhecido, outra maneira de usar a Equação de *Norrish* foi proposta por Rahman & Perera[28] (Equação 43):

$$a_w = \frac{X_w}{X_w + EX_s}\left[\exp\left[k\left(1 - \frac{X_w}{X_w + EX_s}\right)^2\right]\right]$$

Equação 43

em que: $E = M_w/M_s$ é a razão entre o peso molecular da água e o peso molecular do soluto; X_w e X_s são as frações mássicas da água e do soluto [kg/kg total], respectivamente. Os parâmetros da equação de *Norrish* estão disponíveis na literatura para uma série de produtos.[1]

Estudos foram conduzidos para calcular a atividade de água da solução baseada na depressão do ponto de congelamento. Chen[29] derivou a seguinte equação baseada na *Lei de Raoult* e no peso molecular efetivo dos sólidos dissolvidos (Equação 44):

$$a_w = \frac{1}{1 + 0,0097\Delta T + C\Delta T^2}$$

Equação 44

em que: ΔT é a depressão do ponto de congelamento [K]; e C é uma constante (5×10^{-5} K^{-2}, para sistemas gelo-água). A atividade de água calculada da Equação 44 é aquela medida na temperatura do ponto de congelamento, e esta equação fornece um simples e preciso modo de calcular a a_w da solução no intervalo de temperatura entre -40 °C e 0 °C. A diferença entre a atividade de água medida e a calculada foi menor que 0,01. Para aplicar essa equação, a precisão da medida do ponto de congelamento é importante e erros na temperatura de $\pm$ 0,2 °C resultam em variação da a_w de $\pm$ 0,022.

Lerici et al.[30] utilizaram a Equação de *Claperyon-Clausius* para sistemas sólido-vapor e sólido-líquido e combinaram com a equação *Robinson* e *Stokes* para a relação entre o ponto de congelamento e a atividade de água, derivando, então, a seguinte equação (Equação 45):

$$-\ln a_w = 27,622 - 528,373\left(\frac{1}{T}\right) - 4,579 \ln T \qquad \text{Equação 45}$$

em que T é o ponto de congelamento [K]. Medidas obtidas com um higrômetro elétrico mostraram que diferenças entre a atividade de água experimental e a calculada foram menores que 0,01. Como nos métodos anteriores, a determinação precisa do ponto de congelamento deve ser apropriadamente obtida, e agitação contínua da solução durante o resfriamento é essencial para garantir a precisão da medida.

Aplicando os métodos descritos anteriormente ou qualquer outro, é fundamental a medida precisa do ponto de congelamento, que, neste caso, significa a temperatura inicial de congelamento, ou seja, aquela em que ocorre a formação do primeiro cristal de gelo.

A atividade de água de uma solução está relacionada com sua pressão osmótica. Assim, relações para calcular o coeficiente osmótico da pressão osmótica foram propostas para estimar a a_w (Equação 46):

$$-\ln a_w = \frac{\Pi \tilde{V}_w}{RT} \qquad \text{Equação 46}$$

em que: Π é a pressão osmótica [Pa]; e $\tilde{V}_w$ é o volume molar parcial [L·mol^{-1}].

Os modelos apresentados anteriormente para predizer a atividade de água são relacionados com soluções reais de moléculas pequenas. Em alguns experimentos, substâncias de alto peso molecular foram também estudadas e sua influência sobre a atividade de água da solução. Entretanto, a única maneira de se verificar essa influência é calcular o peso molecular efetivo proposto por Chen & Karmas.[31]

Recapitulação

Atividade de água: a reatividade da água em um alimento é precisamente dada pela sua atividade de água, que é frequentemente expressa como fração molar, variando entre 0 e 1.

Nas soluções diluídas e nas ideais, a atividade de água $a_w = x_w$; mas em alimentos ocorre a não idealidade e por isso é muito difícil predizer a sua atividade de água.

A determinação da atividade de água pode ser realizada pela medida da pressão de vapor relativa do ar em equilíbrio com o alimento.

Muitas propriedades dos alimentos são mais bem correlacionadas com a atividade de água do que com o seu conteúdo de água.

A relação entre a_w e x_w a uma dada temperatura constante é chamada de isoterma de sorção. É uma relação útil fornecendo informações sobre a higroscopicidade e sobre as condições de secagem a serem aplicadas. Além disso, é quase sempre observado que, a valores decrescentes de a_w (dessorção), uma curva de sorção significativamente diferente ocorre em relação à obtida para valores crescentes de a_w (adsorção).

Aplicações da atividade de água

O entendimento do conceito de atividade de água nos alimentos é bastante útil em diversas aplicações: determinação da estabilidade do produto, projeto e controle de processo, seleção de ingredientes, seleção de embalagens, e na predição de propriedades termodinâmicas.

Determinação da estabilidade do produto

A isoterma de sorção de umidade é uma ferramenta valiosa para a determinação da estabilidade do produto, pois para a maioria dos alimentos há um valor de conteúdo de umidade cujas taxas de perda de qualidade são desprezíveis. A perda de qualidade pode ser relacionada com o desenvolvimento e produção de toxinas por micro-organismos ou pela deterioração de um atributo sensorial. Na Figura 1.13, estão apresentadas algumas taxas de reação que podem alterar a estabilidade de um alimento em função da atividade de água.

Reatividade química e atividade enzimática nos alimentos

As reações químicas que ocorrem nos alimentos são: escurecimento não enzimático (reação de *Maillard*), oxidação lipídica, degradação das vitaminas, reações enzimáticas, desnaturação de proteínas, gelificação do amido e retrogradação do amido. Exemplos da dependência da velocidade de reações químicas, como uma catalisada por enzima, estão apresentados na Figura 1.14 em que as velocidades apresentadas são relativas à velocidade máxima. Verifica-se que as reações podem variar significativamente devido a importantes fatores, como atividade da água, difusividade, concentração dos reagentes, coeficientes de atividade dos reagentes, atividade enzimática e a presença de catalisadores ou inibidores.

A água pode influenciar a reatividade química de diferentes maneiras: como um reagente (como na hidrólise da sacarose); como um solvente diluente reduzindo a taxa de reação; a água

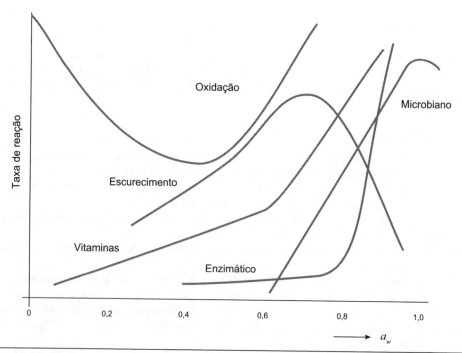

Figura 1.13 Variação das taxas de reações típicas que podem ocorrer nos alimentos em função da atividade de água (a_w).

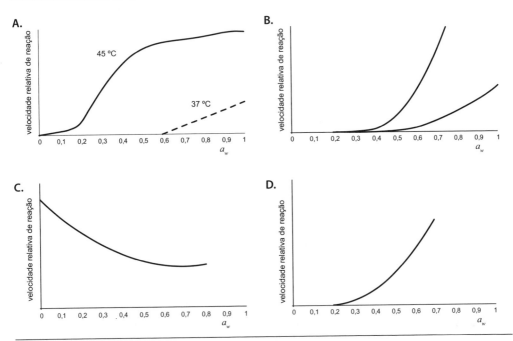

Figura 1.14 Velocidades relativas de reação em função da atividade de água (a_w): perda de tiamina em duas temperaturas diferentes (A); perda de ácido ascórbico em dois alimentos distintos (B); oxidação do caroteno em páprica seca (C); e atividade da polifenoloxidase (escurecimento enzimático) (D).

pode mudar a mobilidade dos reagentes afetando a viscosidade do sistema alimentício; a água pode formar ligações de hidrogênio ou complexos com espécies reagentes (como o efeito da taxa de oxidação lipídica pela hidratação de traços de metal ou por ligações de hidrogênio de hidroperóxidos com água); pode mudar a estrutura da matriz sólida com alterações do conteúdo de umidade; além disso, influencia a conformação da proteína e a transição de estados amorfo-cristalinos de açúcar e amido.[32]

Se a água é o reagente, a taxa de reação diminuirá com o abaixamento da a_w. Por exemplo, se a a_w = 0,5, a taxa será menor por um fator de 2 em relação a da a_w próxima de 1, se nada mais ocorre.

A perda de qualidade de um alimento aumenta a a_w > 0,3 para a maioria das reações químicas e para a maioria dos alimentos desidratados. Um aumento na atividade de água de 0,1 unidade na região (a_w < 0,4) diminui a vida de prateleira de duas ou três vezes.[33]

Como pode ser observado na Figura 1.14, as velocidades das reações químicas (p. ex., perda de vitamina) e enzimáticas aceleram com o aumento da a_w, devido ao aumento da mobilidade dos reagentes, exceto para a oxidação lipídica. Neste caso, a água complexa com hidroperóxidos e/ou traços de metal que são catalisadores da oxidação ou da reação da Fenton (Capítulo 3).

A atividade enzimática (Figura 1.14D) pode mudar (diminuir) porque a concentração dos componentes afetando a conformação proteica aumenta, sobretudo se afeta o sítio ativo da enzima; isso envolve força iônica, pH e qualidade do solvente.

Crescimento microbiano

É bem conhecido que os micro-organismos não proliferam em alimentos desidratados e, portanto, não causam deterioração. Isso depende, naturalmente, de quanto desidratado o alimento está; na Figura 1.15, podem ser observadas as curvas de crescimento de alguns micro-organismos em função da a_w. O conhecimento da taxa de crescimento do micro-organismo de interesse pode

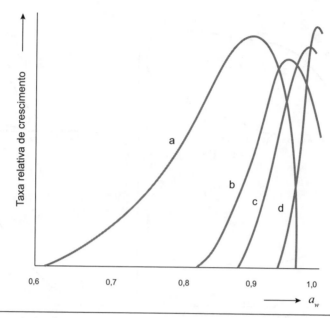

Figura 1.15 Taxa relativa de crescimento microbiano em função da atividade de água (a_w): fungo *Xeromyces bisporus* (a); fungo *Aspergillus flavus* (b); levedura *Saccharomyces cerevisae* (c); e bactéria *Salmonella* sp. (d) (adaptado de Walstra.[5]).

viabilizar a manutenção adequada do alimento sem o uso intensivo de tratamento térmico ou a adição de grandes quantidades de agentes bactericidas.

Projeto e controle de processo

A atividade de água pode ser diminuída por diversos mecanismos: remoção da água (como na desidratação ou concentração); adição de soluto ao alimento (como salga); e pela remoção de água e adição de soluto no processo conhecido como desidratação osmótica. Portanto, para ambos os desenvolvimentos do produto e do processo e controle, a predição da atividade de água é necessária. Ambas as isotermas de adsorção e de dessorção podem ser necessárias, dependendo do caso. Em operações de secagem, as isotermas de dessorção à temperatura do processo são necessárias para o correto desenvolvimento do processo e controle. O ponto final da secagem ou da desidratação osmótica pode ser determinado pelo conteúdo de umidade de equilíbrio. Nos processos de secagem, os alimentos entram em equilíbrio com a umidade relativa de equilíbrio do ar, e no processo de desidratação osmótica ou salga, o alimento entra em equilíbrio com a atividade de água da solução osmótica.

A atividade de água exerce também papel fundamental nos processos de congelamento, concentração por congelamento e osmose reversa. Além disso, a heterogeneidade da atividade de água no alimento também influencia o processo, como secagem por ar e aglomeração. A água pode ser removida por evaporação (concentração) e por difusão (secagem). A água no alimento começará a evaporar quando a pressão de vapor de água atinge a pressão total, e a pressão de vapor d'água pode ser predita da atividade de água. No caso da secagem por difusão, a força motriz é a diferença entre a pressão de vapor de água na interface do alimento e a pressão parcial da água no gás (em geral, ar). Fenômeno intermediário também pode ocorrer, no qual a evaporação e a difusão coexistem sobretudo em secagem por atomização e por tambor de alimentos líquidos. Portanto, a taxa de secagem depende fortemente da atividade de água dos alimentos durante o processo.[4]

Seleção de ingredientes

Um método de desenvolver produtos alimentícios de umidade intermediária é adicionar solutos, como, açúcar, sal ou polióis, para abaixar a a_w. A predição da atividade de água em soluções de único soluto estabelece a habilidade de diminuir a atividade de água do produto e permite a efetiva seleção do soluto para obter uma qualidade sensorial e vida de prateleira satisfatórias. A predição da atividade de água de alimentos com múltiplos solutos torna possível a efetiva formulação do produto final para uma a_w desejada.

Seleção da embalagem

Quando os alimentos são embalados em filmes semipermeáveis, o alimento ganhará umidade se a_w < URE (URE: umidade relativa de equilíbrio) do ar ou perderá umidade se a_w > URE (Figura 1.16). A isoterma de sorção pode ser utilizada para predizer a taxa de transferência de umidade por meio do filme de embalagem e, assim, predizer a vida de prateleira do alimento.

A migração da umidade no alimento embalado é controlada por dois fatores: a permeância do próprio alimento e a permeância do filme de embalagem.

Se a permeância do alimento é muito maior do que a do filme, a principal resistência à migração da umidade será a permeância do filme, então a equação de estado pseudoestável pode ser escrita[4] (Equações 47 e 48):

$$w \frac{dX_w}{dt} = \frac{\kappa}{e} A_S \left(p_{w,p} - p_{w,\text{amb}} \right) \qquad \text{Equação 47}$$

ou

$$\frac{dX_w}{p_{w,sat} \left(a_{w,\text{eq.}} - a_w \right)} = \frac{\kappa A_S}{e \; w} dt \qquad \text{Equação 48}$$

em que: $\frac{dX_w}{dt}$ é a taxa de transferência de umidade [kg água/kg sólido seco·h]; w é a massa de sólido seco do alimento na embalagem [kg]; A_s é a área superficial da embalagem [m²]; $\frac{\kappa}{e}$ é a permeância do filme à umidade [kg água·h⁻¹·m⁻²·kPa⁻¹]; $p_{w,p}$ e $p_{w,amb}$ são as pressões parciais de vapor de água na embalagem e no ambiente [kPa], respectivamente; $p_{w,sat}$ é a pressão de vapor de água saturado à temperatura do alimento e do ambiente [kPa].

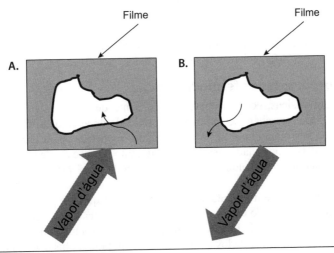

Figura 1.16 Desenho esquemático ilustrando os mecanismos de migração de umidade entre o alimento e o interior da embalagem: quando o alimento ganha umidade (A); e quando perde umidade (B).

A Equação 48 relaciona a vida de prateleira do produto com a área superficial (A_s) e a espessura (e) da embalagem, a massa de sólido seco do produto (w) e as condições de armazenamento.

Se a isoterma de sorção não é linear, a solução da Equação 48 é obtida por integração numérica. No entanto, sob o aspecto prático, é possível simplificar a solução linearizando a parte de interesse da curva de sorção (Figura 1.12), conforme segue (Equação 49):

$$x_{eq} = a + ba_w$$

Equação 49

Aplicando então a Equação 49 na integração da Equação 48, resulta na estimativa da vida de prateleira de um produto[34] (Equação 50):

$$t = \frac{ew}{\kappa A_s\, p_{w,sat}\, b} \ln \frac{\left(UR_{amb} - URE_{i,t=0} \right)}{\left(UR_{amb} - URE_{i,t} \right)}$$

Equação 59

em que: b é o coeficiente linear da reta da Equação 49; UR_{amb} é a umidade relativa do ambiente; e URE_i é a umidade relativa de equilíbrio no *head-space*, sendo a inicial quando $t = 0$.

A Equação.50 é válida se sujeita mas não limitada às seguintes condições:[14]

O equilíbrio entre o produto e as condições internas da embalagem é atingido rapidamente;

O atraso para atingir a condição de estado estacionário da permeabilidade através da embalagem é desprezível;

A temperatura e a umidade relativa externas à embalagem são constantes durante a vida de prateleira do produto;

A permeância do material não é afetada por outro permeante.

Se a permeância do alimento é muito menor do que a da embalagem, a principal resistência à migração da umidade será a difusão dentro do alimento. A equação diferencial é (Equação 51):

$$\frac{\delta X_w}{\delta t} = D_{ef} \frac{\delta^2 X_w}{\delta e^2}$$

Equação 51

em que: D_{ef} é a difusividade efetiva da umidade [$m^2 \cdot h^{-1}$]; e e é a espessura [m].

A solução analítica aproximada da Equação 51 para longos períodos pode ser escrita como[35] (Equação 52):

$$\ln \frac{\left(X_w - X_{w0} \right)}{\left(X_{w,eq} - X_{w0} \right)} = \frac{D_{ef}\, \pi^2}{4\left(\frac{e}{2} \right)^2} + \ln \frac{\pi^2}{8}$$

Equação 52

Quando ambos os mecanismos são importantes, técnicas numéricas podem ser empregadas para resolver as equações diferenciais com as condições de contorno.

Predição das propriedades termodinâmicas

As propriedades termofísicas, como a depressão do ponto de congelamento e o aumento do ponto de ebulição, podem também ser preditas da atividade de água de alimentos. O ponto de congelamento é uma das mais importantes propriedades requeridas para projetar um processo de congelamento. Outras propriedades termofísicas durante o processo de congelamento, como o calor específico, entalpia e conteúdo de gelo, podem também ser preditas do ponto inicial de congelamento.

Inúmeras publicações podem ser citadas da literatura em que a equação de *Clausius-Claperyon* tem sido empregada para o cálculo das entalpias de adsorção e dessorção a duas temperaturas próximas. Isto fornece uma indicação da força de ligação das moléculas de água ao sólido.

Deve-se ter cuidado ao utilizar dados de isotermas da literatura, pois a atividade de água dos alimentos depende consideravelmente de vários fatores, como origem, composição, história do material e metrologia.[36]

RESUMO

Neste capítulo foram abordadas as relações que a água, como constituinte principal nos alimentos, exerce sobre os outros componentes, sob os aspectos físicos e termodinâmicos. O conceito de atividade de água bem como uma revisão dos métodos de determinação e de predição, e diferentes aplicações do conceito de atividade de água, foram apresentados.

❓ QUESTÕES PARA ESTUDO

1.1. Considere uma solução aquosa de 50 mmol·L^{-1} de lauril sulfato de sódio. Determinar o abaixamento do ponto de congelamento e a atividade de água. O que ocorrerá se essa solução for resfriada a temperatura inferior a $-0,5$ °C?

1.2. Indicar qual mudança na atividade de água ocorrerá em um alimento líquido (aumento, diminuição ou permanece constante) em cada uma das seguintes mudanças: i) adição de cloreto de sódio; ii) adição de amido nativo (grânulos); iii) aquecimento do alimento com amido, seguido de resfriamento à temperatura original sem perda de água; iv) hidrólise enzimática da proteína presente; v) formação de emulsão com óleo; vi) congelamento de parte da água. Justificar as suas respostas.

1.3. Considere um pó recentemente obtido de um alimento líquido submetido ao processo de secagem por aspersão (do inglês *spray dryer*). À temperatura ambiente, a atividade de água observada foi de 0,3. Que alteração ocorrerá na atividade de água desse pó se: i) aumentar a temperatura até 80 °C; ii) manter a esta temperatura por alguns dias, e novamente resfriar à temperatura ambiente; iii) em seguida, colocar o pó em ambiente úmido à temperatura ambiente até atingir o peso original; iv) manter este pó em um recipiente fechado por um mês.

1.4. Na literatura são encontrados relatos de vários métodos de determinação da atividade de água. Os métodos gravimétricos baseados na taxa de equilíbrio de sorção são bastante utilizados. Selecionar e descrever dois métodos baseados nesse princípio, sendo que um apresente condições estáticas de medida, enquanto o outro seja conduzido em condições dinâmicas. Explique a diferença entre os dois métodos.

1.5. Calcular a atividade de água de uma fruta em conserva contendo 65% de sólidos solúveis, 2% de sólidos insolúveis, e o restante, água. A composição dos sólidos solúveis é 50% de hexose e 50% de sacarose. A presença de sólidos insolúveis interfere na atividade de água? Justificar a sua resposta.

1.6. Qual parâmetro pode ser considerado para determinar a estabilidade de um alimento a uma dada condição de estocagem?

1.7. Explicar o fenômeno da hidratação. O que difere do fenômeno da sorção?

1.8. Uma massa de pão será produzida a partir de 1 kg de farinha de trigo, 600 g de água e 15 g de sal. A farinha de trigo é composta de 14% de água. Suponha que a massa de pão é um sistema bifásico; a atividade de água foi medida e o valor de 0,945 foi encontrado. O sistema bifásico é constituído de uma fase contendo amido e parte da água (0,4 g de água/g de amido seco), enquanto a outra fase contém os outros componentes, na qual o glúten faz parte da matéria seca. Em que temperatura iniciará a formação de gelo quando a massa for submetida ao processo de congelamento?

32 Água

1.9. Estimar a vida de prateleira de pacotes de 200 g de biscoitos tipo *Cream Cracker* embalados com polietileno de alta densidade (HDPE, densidade 0,949 g/cm^3), considerando: peso de sólido seco: 35 g sólidos secos/100 g de biscoitos; espessura do material da embalagem: 15 μm; permeabilidade do material a 25 °C: 7,8 kg μm/m^2 d kPa; área superficial da embalagem: 0,050 m^2; umidade relativa de equilíbrio inicial: 20%; umidade relativa de equilíbrio final: 70%; condições de armazenamento: 23 °C e 85% de UR; coeficiente angular da isoterma de sorção: $b = 9{,}0$ kg$_{\text{água}}$·kg^{-1}$_{\text{matéria seca}}$. **NOTA IMPORTANTE:** nesse caso, a permeabilidade do material foi dada por unidade de espessura.

1.10. Se os biscoitos forem embalados em celofane de mesma espessura nas mesmas condições de armazenamento (permeabilidade = $1{,}6 \times 10^4$ kg μm/m^2 d kPa), qual será o impacto sobre a vida de prateleira desse produto?

Nomenclatura, abreviações e unidades

a	atividade [adimensional]
a_w	atividade da água [adimensional]
A_S	área superficial [m^2]
b	quantidade de água ligada [kg/kg sólidos]
c	concentração [kg·L^{-1}] ou [kg·m^{-3}]
$\hat{c}$	concentração molar [mol·L^{-1}]
D_{ef}	difusividade efetiva da umidade [m^2·h^{-1}]
e	espessura [m]
E	razão entre o peso molecular da água e o peso molecular efetivo dos sólidos [adimensional]
E_s	parâmetro da Eq. 1.37 [kg·L^{-1}]
f	fugacidade [Pa]
g	aceleração da gravidade [9,81 m·s^{-2}]
G	energia de *Gibbs* [J]
h	altura [m]
H	entalpia [J]
K_b	constante de equilíbrio [K·L·mol^{-1}]
m	concentração molal [moles soluto/kg de solvente]
M	massa molecular [Da] ou peso molecular [kg·mol^{-1}]
n	quantidade de matéria [mol]
p	pressão ou pressão de vapor [Pa]
p^0	pressão de vapor da substância pura [Pa]
q	volume molar efetivo [L·mol^{-1}]
R	constante universal dos gases [8,314 J·K^{-1}·mol^{-1}]
S	entropia [J·K^{-1}]
T	temperatura [°C] ou [K]
V	volume [m^3]

$\tilde{V}$	volume molar parcial [L·mol^{-1}]
x	fração molar [mol·mol^{-1}]
x_s	solubilidade expressa em fração molar [mol/mol total]
X	fração mássica [kg·kg^{-1}] ou [kg$_{água}$·kg$^{-1}_{matéria\ seca}$]
w	massa de sólido seco do alimento [kg]
z	fração volumétrica efetiva [L·L^{-1}]

Letras gregas

α	fase alfa
β	fase beta
γ	coeficiente de atividade [adimensional]
$\Delta_{fus}H$	entalpia de fusão [J·mol^{-1}]
$\Delta_{sor}H$	entalpia de sorção [J·mol^{-1}]
$\Delta_{vap}H$	entalpia de vaporização [J·mol^{-1}]
$\dfrac{\kappa}{e}$	permeância do filme à umidade [kg água·h^{-1}·m^{-2}·kPa^{-1}]
μ	potencial químico [J·mol^{-1}]
μ^0	potencial químico padrão da substância pura [J·mol^{-1}]
Π	pressão osmótica [Pa]
ρ	densidade [kg·L^{-1}] ou [kg·m^{-3}]
υ	volume específico [m^3·kg^{-1}]

Subscritos

a	alimento
ai	açúcar invertido
amb	ambiente
b	ebulição
ef	efetivo
eq	equilíbrio
f	fusão
g	glicose
i	componente
j	outros componentes
p	embalagem
s	soluto
sac	sacarose
sat	saturado
v	vapor
w	água

Referências bibliográficas

1. Lewicki PP. Data and models of water activity. I: Solutions and liquid foods. In: Rahman MS (ed.), Food Properties Handbook, 2nd ed., CRC Press, Boca Raton: 2009;33-67.
2. Gal S. The need for and practical applications of sorption data. In: Physical Properties of Foods, Jowitt R, Escher F, Hallstrom B, Meffert HFT, Spiess WEL, Vos G (eds.). Applied Science Publishers, London: 1983;13-25.
3. Practical Chemistry – The density of ice. Disponível em: http://www. practicalchemistry.org/experiments/the-density-of-ice,203,EX.html
4. Rahman MS. Food Properties Handbook. CRC Press, Boca Raton, 1995.
5. Walstra P. Physical chemistry of foods. Marcel Dekker Inc., New York, 2003.
6. Park KJ, Bin A, Brod FPR. Obtenção das isotermas de sorção e modelagem matemática para a pera Bartlett (*Pyrus* SP.) com e sem desidratação osmótica. Ciência e Tecnologia de Alimentos 2001;21(1):73-77.
7. Assunção AB, Pena, RS. Comportamento higroscópico do resíduo seco do camarão-rosa. Ciência e Tecnologia de Alimentos 2007;27(4):786-793.
8. Rizvi SSH. Thermodynamic properties of foods in dehydration. In: Rao MA, Rizvi SSH, Datta A. (eds.). Engineering Properties of Foods, 2nd ed., CRC Press, Boca Raton, 1995.
9. Brunauer S, Emmett PH, Teller E. The adsorption of gases in multimolecular layers. Journal of American Chemistry Society 1938;60:309-319.
10. Labuza TP, Acott K, Tatini SR, Lee RY, Flink J, McCall W. Water activity determination: a collaborative study of different methods. Journal of Food Science 1976;41:910.
11. Smith PR. The determination of equilibrium relative humidity or water activity in foods. A literature review. The British Food Manufacturing Industries Research Association, England, 1971.
12. Stoloff L. Calibration of water activity measuring instruments and devices: collaborative study. Journal of Association of Official Analytical Chemists 1978;61:1166.
13. Wiederhold P. Humidity measurements. In: AS Mujundar, Handbook of Industrial Drying. Marcel Dekker Inc., New York, 1987.
14. Rahman MS, Al-Belushi RH. Dynamic isopiestic method (DIM): Measuring moisture sorption isotherm of freeze-dried garlic powder and other potential uses of DIM. International Journal of Food Properties 2006;9(3):421-437.
15. Rahman MS, Sablani SS. Water activity measurement methods of foods. In: Rahman MS (ed.), Food Properties Handbook, 2nd ed., CRC Press, Boca Raton: 2009;9-32.
16. Hass JL. Fugacity of H_2O from 0 °C to 350 °C at liquid–vapor equilibrium and at 1 atmosphere. Geochimica et Cosmochimica Acta 1970;34:929-934.
17. Miyajima K, Sawada M, Nakagaki M. Studies on aqueous solutions of saccharides. I. Activity coefficients of monosaccharides in aqueous solutions at 25 °C. Bulletin of the Chemical Society of Japan 1983;56:1620-1623.
18. Prausnitz JM, Tavares FW. Thermodynamics of fluid-phase equilibria for standard chemical engineering operations. Journal of American Institute of Chemical Engineers 2004;50(4):739-761.
19. Cindio B, Correra S, Hoff V. Low temperature sugar-water equilibrium curve by a rapid calorimetric method. Journal of Food Engineering 1995;24:405-415.
20. Sereno AM, Hubinger MD, Comesaña JF, Correa A. Prediction of water activity of osmotic solutions. Journal of Food Engineering 200149:103-114.
21. Schwartzberg H. Effective heat capacities for the freezing and thawing of foods. Journal of Food Science 1976;41(1):152.
22. Palnitkar MP, Heldman DR. Direct prediction of heat of sorption for dry food from moisture equilibrium data. Journal of Food Science 1970;36:1015.
23. Caurie MA. Research note: Raoult's law, water activity and moisture availability in solutions. Journal of Food Science 1983;48:648-649.
24. Chen CS. Water activity-concentration models for solutions of sugars, salts and acids. Journal of Food Science 1989;54:1318-1321.

25. Grover DW. The keeping properties of confectionary as influenced by its water vapour pressure. Journal of the Society of Chemical Industry 1947;66:201-205.

26. Norrish RS. An equation for the activity coefficients and equilibrium relative humidities of water in confectionery syrups. Journal of Food Technology 1966;1:25-39.

27. Chuang L, Toledo RT. Predicting the water activity of multicomponent systems from water sorption isotherms of individual components. Journal of Food Science 1976;41:922-927.

28. Rahman SM, Perera CO. Evaluation of the GAB and Norrish models to predict the water sorption isotherms in foods. In: Engineering & Food at ICEF 7, R Jowitt (ed.), Sheffield Academic Press, Sheffield, U.K., A101-A104, 1997.

29. Chen CS. Relationship between water activity and freezing point depression of food systems. Journal of Food Science 1987;52:433-435.

30. Lerici CR, Piva M, Dalla Rosa M. Water activity and freezing point depression of aqueous solutions and liquid foods. Journal of Food Science 1983;48:1667-1669.

31. Chen ACC, Karmas E. Solute activity effect on water activity. Lebensmittel Wissenschaft und Technologie 1980;13:101-104.

32. Leung HK. Influence of water activity on chemical reactivity. In: Water Activity: Theory and Applications to Food, Rockland LB, Beuchat LR (eds.). Marcel Dekker Inc., New York, 1987.

33. Labuza TP. The effect of water activity on reaction kinetics of food deterioration. Food Technology 1980;34:36.

34. Hernandez RJ. Food packaging materials, barrier properties, and selection. In: Handbook of Food Engineering Practice, Rotstein E, Singh RP, Valentas KJ (eds.). CRC Press, Boca Ranton, 1997.

35. Crank J. The mathematics of diffusion. 2nd ed. Oxford University Press, New York, 1975.

36. Cybulska EB, Doe PE. Water and food quality. In: ZE Sikorski, Chemical and functional properties of food components, 3rd ed., CRC Press, Boca Raton 2007;20-60.

Sugestões de leitura

Meireles MAA, Pereira CG. Fundamentos de Engenharia de Alimentos, Atheneu, São Paulo: 2013.

Rahman MS (ed.), Food Properties Handbook, 2nd ed., CRC Press, Boca Raton: 2009.

Rockland LB, Beuchat LR (eds.). Water Activity: Theory and Applications to Food, Marcel Dekker Inc., New York, 1987.

Sikorski ZE. Chemical and functional properties of food components, 3rd ed., CRC Press, Boca Raton: 2007.

Walstra P. Physical chemistry of foods. Marcel Dekker Inc., New York, 2003.

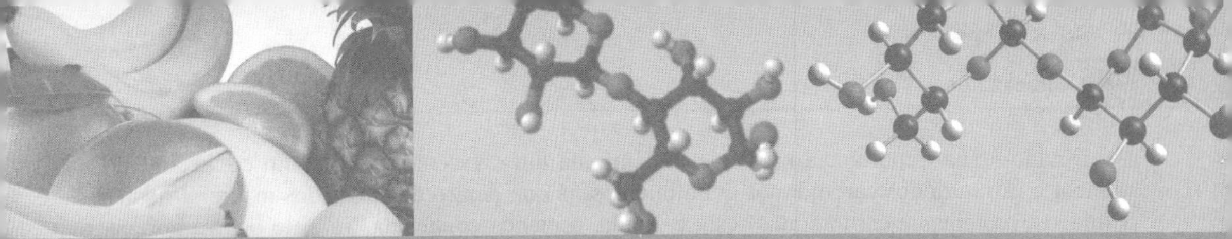

capítulo **2**

Carboidratos

• Beatriz Rosana Cordenunsi-Lysenko

Objetivos

Este capítulo tem como objetivo apresentar conceitos sobre carboidratos em alimentos, sua classificação baseada em tamanho de cadeia, a nomenclatura mais utilizada e as principais reações químicas e bioquímicas que ocorrem. Além disso, objetiva também familiarizar o leitor com carboidratos que não são comumente vistos como tal, como os derivados de polissacarídeos, propositalmente modificados para atingir as especificidades necessárias para a indústria de alimentos.

Definição

Carboidratos são os componentes alimentares mais abundantes e mais amplamente distribuídos na natureza. Eles representam a maior fonte de energia metabólica tanto para plantas como para animais. Pelo homem são utilizados como adoçantes e matérias-primas para vários produtos de fermentação e, além disso, afetam as propriedades reológicas da maioria dos alimentos de origem vegetal.

Os carboidratos têm função estrutural para plantas, como a celulose, por exemplo, além de fazerem parte da composição de moléculas essenciais para os seres vivos. Como exemplo, a ribose é um dos componentes do ATP (Figura 2.1), um nucleotídeo com múltiplas funções, além de ser um dos três componentes das unidades monoméricas do DNA e RNA.

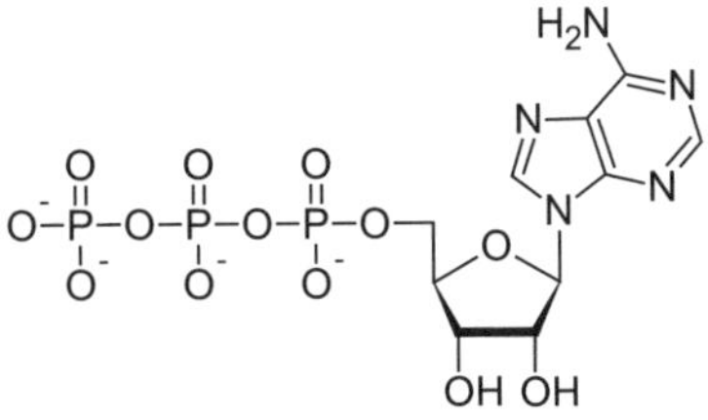

Figura 2.1   Adenosina-5'-trifosfato (ATP). Nucleotídeo com múltiplas funções localizado no interior das células vivas.

37

Devido à sua importância na saúde humana, há um crescente interesse no conhecimento do teor e estrutura dos carboidratos em alimentos, já que dentro da classe dos macronutrientes (lipídeos, proteínas e carboidratos) esta é, ainda, a menos conhecida. Tal fato ocorre porque, em função da complexidade e diversidade da sua estrutura, não existe um método analítico que avalie, mesmo grosseiramente, o teor total de carboidratos em um alimento. Portanto, ainda hoje, o teor de carboidratos de um alimento é estimado por diferença entre a soma dos outros componentes (umidade + proteínas + lipídeos + cinzas − 100 = carboidratos). Este procedimento carrega todos os erros de análise destes componentes e deixa de lado informações importantes em termos nutricionais, como "carboidratos rapidamente assimiláveis" ou "carboidratos lentamente assimiláveis", ou mesmo "não assimiláveis", para consumidores que querem ou precisam controlar seu consumo de carboidratos.

Quimicamente, carboidratos são poli-hidroxialdeídos ou poli-hidroxicetonas, e seus derivados, desoxi-açúcares, açúcares-álcoois, açúcares-ácidos e amino-açúcares. Carboidratos são denominados sacarídeos ou açúcares se forem relativamente pequenos.

Classificação dos carboidratos de acordo com sua estrutura

Os carboidratos são classificados em dois grupos principais de acordo com sua complexidade estrutural. Os carboidratos simples ou monossacarídeos, e os carboidratos complexos, representados pelos oligossacarídeos e polissacarídeos.

Monossacarídeos

Os monossacarídeos são as menores estruturas dentro dos carboidratos e, como não são polimerizados, não sofrem hidrólise. Os monossacarídeos são poli-hidroxialdeídos ou poli-hidroxicetonas e derivados que contêm um grupo carbonílico e todos os outros carbonos têm grupos hidroxílicos ligados. Podem ser constituídos de três a nove átomos de carbono.

O gliceraldeído e di-hidroxiacetona são os monossacarídeos mais simples apresentando em suas estruturas apenas três átomos de carbono. Com base no número de carbonos, os monossacarídeos podem ser denominados trioses (3C), tetroses (4C), pentoses (5C) e hexoses (6C) (Figura 2.2). A glicose e a galactose, por exemplo, são aldo-hexoses de seis carbonos que contêm um grupo aldeído. A frutose é uma ceto-hexose.

Com base na localização do grupo carbonílico na sua estrutura, podem ser classificados em aldoses ou cetoses, designado pelos prefixos ald ou cet, respectivamente. Se o grupo carbonílico estiver no final da cadeia é uma aldose, mas em qualquer outra posição é uma cetose (Figura 2.2). O sufixo ose designa um açúcar, exceto pelas trioses, que não seguem essa norma.

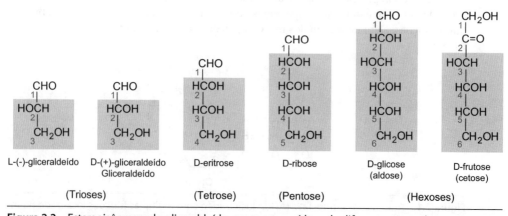

Figura 2.2 Estereoisômeros do gliceraldeído e monossacarídeos de diferentes tamanhos.

Todos os monossacarídeos, exceto a di-hidroxiacetona, contêm um ou mais átomos de carbono assimétrico ou carbono quiral, o que confere atividade óptica à molécula. O carbono quiral pode ser definido como um átomo de carbono com quatro diferentes grupos substituintes ligados a ele. O gliceraldeído possui um enantiômero, ou seja, um composto com sua imagem especular. Para tal, é necessário que tenha um carbono assimétrico. Os carbonos (C) assimétricos conferem aos monossacarídeos a propriedade de desviar as ondas unidirecionais da luz polarizada para a direita (atividade dextrorrotatória (+)) ou esquerda (atividade levorrotatória (-)) (Figura 2.2).

Os carbonos (C) assimétricos conferem aos monossacarídeos a propriedade de desviar as ondas unidirecionais da luz polarizada para a direita ou esquerda. Eles são enantiômeros, ou seja, um é a imagem especular do outro. Estereoisômeros que não são enantiômeros são chamados de diastereoisômeros, como os açúcares D-ribose e D-arabinose, por exemplo. Os diastereoisômeros que diferem na configuração ao redor de um único carbono são denominados epímeros. Os anômeros são formas isoméricas dos monossacarídeos que diferem entre si ao redor do átomo de carbono pertencente ao hemiacetal.

As aldo-hexoses apresentam quatro centros de assimetria, com 16 possíveis estereoisômeros (oito na série D e oito na série L). A forma usual da glicose encontrada na natureza é dextrorrotatória e a da frutose é levorrotatória, porém ambas são D porque suas configurações absolutas estão relacionadas com o D-gliceraldeído (Figura 2.2). Nos açúcares que apresentam dois ou mais átomos de C assimétricos, D e L referem-se ao C assimétrico mais afastado do átomo de C carbonílico, ou seja, ao de maior numeração.

A D-glicose pode existir em duas formas isoméricas geométricas, com propriedades físico-químicas diferentes, que diferem na rotação específica. As hidroxilas dos carbonos 1 e 2 podem se orientar espacialmente nas formas *cis* (α) ou *trans* (β).

Ciclização

As primeiras estruturas de carboidratos foram descritas como sendo cadeias lineares de poliois-aldeído ou poliois-cetona, em estruturas sistematizadas por Fischer (Figura 2.3). Neste modelo, numa cadeia linear de glicose, o aldeído estaria no topo e o álcool primário no final da cadeia (Figura 2.4, D-glicose). Mais tarde, diante de várias evidências que apontavam incoerências no modelo único de estrutura aberta, foram introduzidas as formas cíclicas de Haworth com anel de cinco carbonos (furano) ou seis carbonos (pirano) (Figura 2.4). As incoerências no modelo de estrutura aberta são: (1) os açúcares não reagem com o reagente de Shiff (teste para aldeídos); (2) soluções de açúcares recém-preparadas exibem mudanças na rotação óptica, indicando mudanças na assimetria do açúcar; e (3) purificação de formas cristalinas dos isômeros α e β.

Calcula-se que, após certo tempo em solução aquosa, somente cerca de 1% das estruturas dos açúcares estão em cadeia aberta. A maioria dos monossacarídeos com mais de cinco carbonos ciclizam formando hemiacetais (aldoses) ou hemicetais (cetoses) entre o grupo carbonil e um álcool da mesma molécula do açúcar.

Na ciclização da D-glicose, quando a reação ocorre entre o C-1 e o oxigênio-4, forma-se um anel de cinco membros, denominado α-glicose furanósica (os grupos OH dos carbonos 1 e 2 estão em posição *cis*) ou β-glicose furanósica (os grupos OH dos carbonos 1 e 2 estão em posição *trans*). Se a reação ocorrer entre o C-1 e o oxigênio-5, é formado um anel de seis membros, com a α-glicose piranósica ou a β-glicose piranósica. Os dois anômeros (α- e β-glicose) ocorrem porque com a ciclização forma-se um novo carbono quiral, chamado anomérico, no C-1 (Figura 2.4). Podem ocorrer interconversões entre os anômeros, denominadas mutarrotação. Todas essas formas podem estar presentes em solução após certo tempo, mas as formas piranósicas da glicose são as mais estáveis, e provavelmente vão prevalecer. A mutarrotação é catalisada por ácidos diluídos, por soluções alcalinas ou pela enzima mutarrotase.

Portanto, normalmente quando um composto orgânico é dissolvido em um solvente, irá produzir somente um composto, mas a solução resultante dos açúcares redutores dissolvidos em

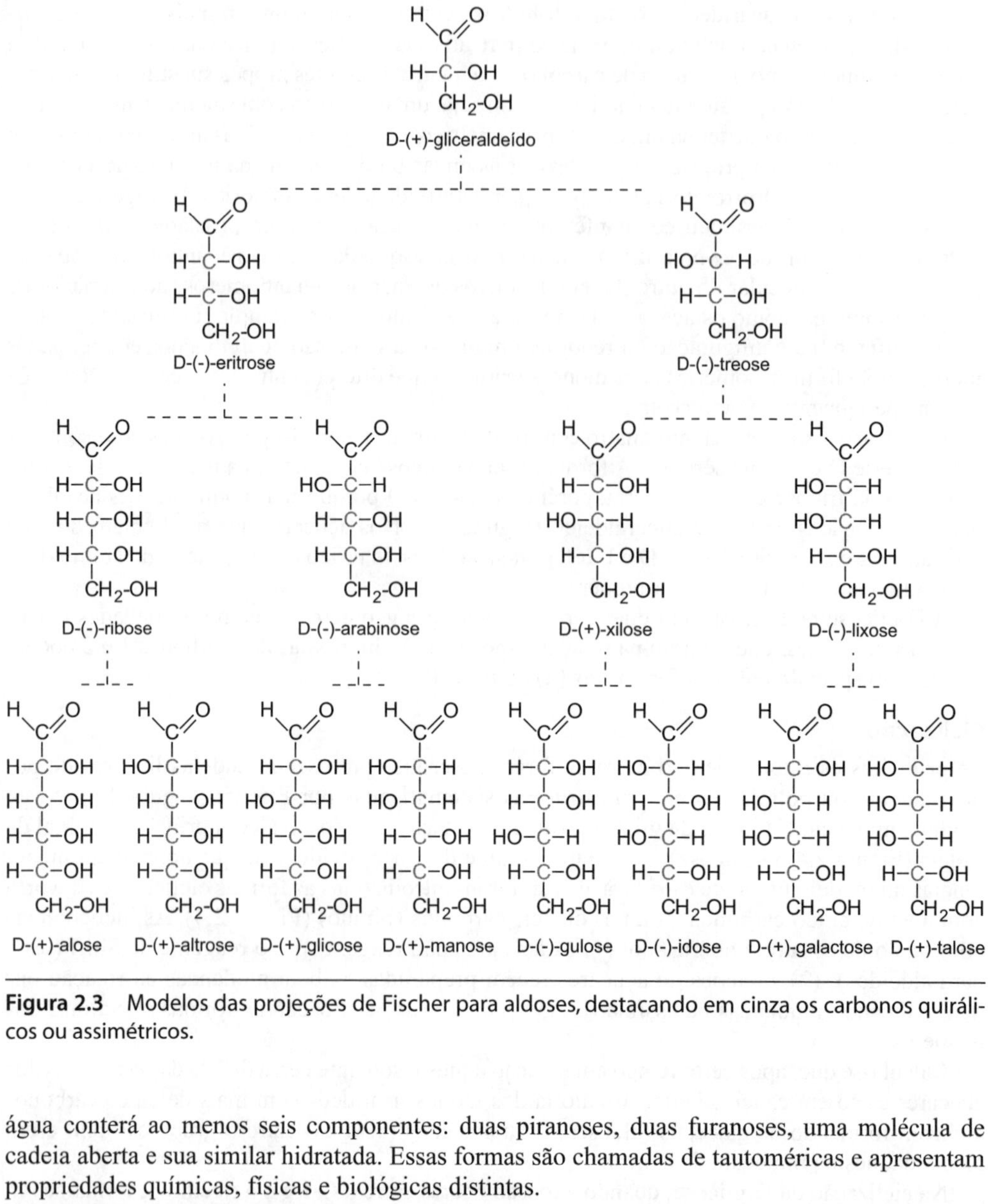

Figura 2.3 Modelos das projeções de Fischer para aldoses, destacando em cinza os carbonos quirálicos ou assimétricos.

água conterá ao menos seis componentes: duas piranoses, duas furanoses, uma molécula de cadeia aberta e sua similar hidratada. Essas formas são chamadas de tautoméricas e apresentam propriedades químicas, físicas e biológicas distintas.

A Tabela 2.1 mostra um resumo de monossacarídeos com exemplos de alimentos que os contêm.

Reações dos monossacarídeos
Reações do grupo carbonil: oxidação

Os centros reativos dos monossacarídeos são os grupos carbonila e hidroxila. Todos os carboidratos que tenham um grupo aldeído ou cetônico livres são classificados como açúcares redutores. A base dessa classificação é a redução, pelos açúcares, dos reagentes de Fehling, Benedict e Tollens (à base de cobre ou prata, respectivamente) para sua forma insolúvel. Se o açúcar é oxidado por esses reagentes, ele é chamado de redutor. Estão assim classificados todos os monossacarídeos e a maioria dos dissacarídeos (oligossacarídeos compostos de duas unidades

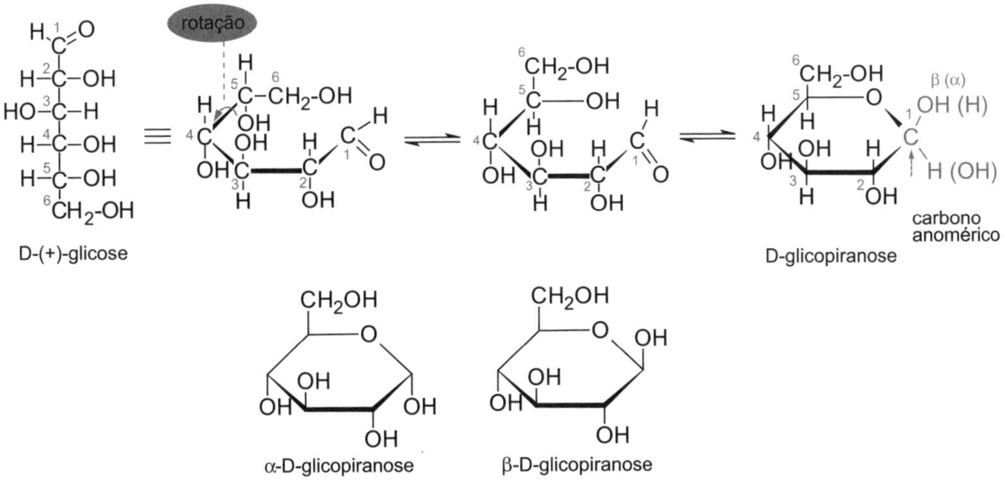

Figura 2.4 Esquema de formação do anel de hemiacetal (piranose) para a molécula de D-(+)-glicose e moléculas resultantes (projeção de Haworth).

Tabela 2.1 Alguns monossacarídeos encontrados em alimentos com mais frequência.

Características gerais	Os monossacarídeos são, em grande parte, sólidos, cristalinos, sem coloração, solúveis em água e insolúveis em solventes não polares. Grande parte deles apresenta diferentes intensidades de gosto doce.
Arabinose	É a pentose mais comum em vegetais e em alguns animais e componente de gomas, pectinas, mucilagens e hemiceluloses. Faz parte da composição de maçãs, figo e algumas cultivares de uva.
Dextrose ou glicose	É a hexose mais comumente encontrada na natureza, por conta do seu envolvimento em processos bioquímicos. Na forma livre, é encontrada em todos os órgãos das plantas e no sangue da maioria dos animais. Na forma combinada, faz parte de oligossacarídeos e polissacarídeos importantes, como a sacarose e o amido.
Frutose ou levulose	É uma ceto-hexose levorrotatória comumente presente em frutas e mel. Existe em duas formas estruturais e, quando livre, está majoritariamente com estrutura de piranose. Quando combinada, está na forma de furanose (como sacarose e inulina).
Galactose	Na forma livre, é encontrada somente em quantidades muito pequenas, mas é constituinte de muitos oligossacarídeos, como a lactose, e polissacarídeos estruturais de plantas.

monossacarídicas), com a notória exceção da sacarose. O reagente de Tollens é utilizado para detectar funções aldeído, mas, em razão da fácil interconversão de aldoses para cetoses em meio alcalino, as cetoses como a frutose reagem e são classificadas como redutores.

Quando os açúcares estão em soluções alcalinas, podem ocorrer três tipos de reações: isomerização, reações de oxidação-redução internas com rearranjos nas moléculas e clivagem em pequenos fragmentos. Quando em soluções alcalinas diluídas, situação comum aos reagentes mencionados anteriormente, os açúcares redutores tautomerizam formando sais de enedióis (Figura 2.5).

A formação de enedióis destrói a assimetria do carbono 2, formando o mesmo sal de enediol a partir de glicose, frutose e manose, porque os últimos quatro átomos de carbono têm a mesma

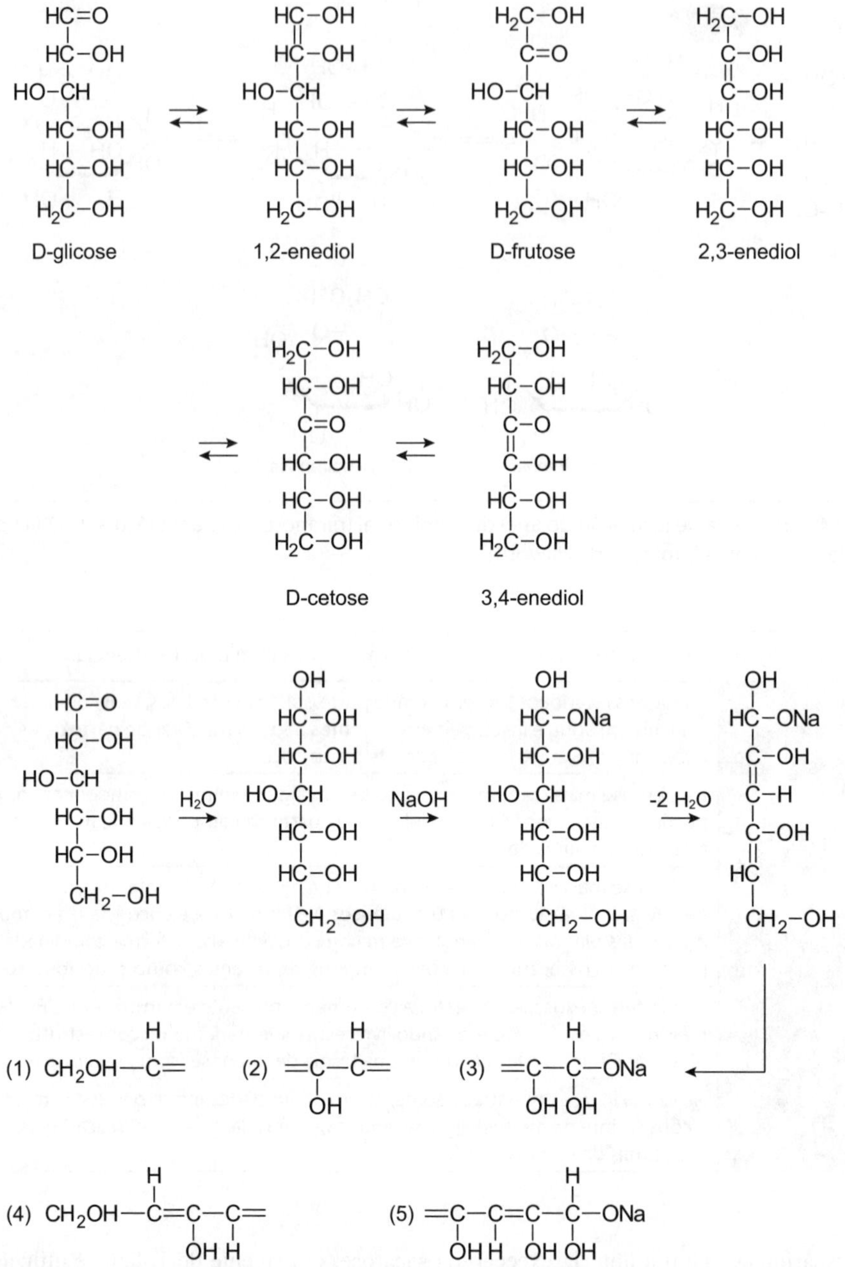

Carboidratos

HC=O   HC–OH   H₂C–OH   H₂C–OH
(Esquema de enolização)

D-glicose   1,2-enediol   D-frutose   2,3-enediol

D-cetose   3,4-enediol

$$HC=O \xrightarrow{H_2O} \quad \xrightarrow{NaOH} \quad \xrightarrow{-2\,H_2O}$$

(1) $CH_2OH-\overset{H}{\underset{}{C}}=$

(2) $=\overset{H}{\underset{OH}{C}}-\overset{}{C}=$

(3) $=\overset{H}{\underset{OH}{C}}-\overset{}{\underset{OH}{C}}-ONa$

(4) $CH_2OH-\overset{H}{\underset{OH}{C}}=C-\overset{}{\underset{H}{C}}=$

(5) $=\overset{H}{\underset{OH}{C}}-\overset{}{\underset{H}{C}}=C-\overset{}{\underset{OH}{C}}-ONa$

Figura 2.5 Esquema da enolização da molécula de glicose em sistema aquoso com base fraca, com fragmentos de moléculas redutoras resultantes.

configuração. Quando açúcares redutores são tratados com bases fortes, isomerizações adicionais podem ocorrer por uma continuação do processo de enolização ao longo da cadeia carbônica. A quebra das ligações duplas dos enedióis resulta em uma mistura complexa de produtos que são facilmente oxidados por oxigênio ou outros agentes oxidantes. Portanto, açúcares em soluções alcalinas reduzem íons oxidantes, como Ag^+, Hg^{2+}, Cu^{2+} e $Fe(CN)^{3-}$, sendo esta a base dos métodos analíticos mencionados anteriormente. Essa capacidade redutora dos açúcares é utilizada para sua determinação qualitativa e quantitativa. Soluções de cobre (Cu^{2+}) são as mais comumente utilizadas para análises de açúcares.

Quando o carbono terminal da cadeia (lado oposto ao do grupo aldeído) de um mono, oligo ou polissacarídeo é oxidado, ocorre a formação de um ácido carboxílico. No caso de uma aldo-hexose, o ácido carboxílico é denominado ácido urônico e, por exemplo, no caso da galactose, o composto é um ácido D-galacturônico, o principal componente da pectina.

Reações do grupo carbonila: redução

A redução ou hidrogenação de uma aldose ou cetose ocorre pela adição de um átomo de hidrogênio à ligação dupla do grupo carbonílico (o grupo aldeído –CHO é reduzido a –CH_2OH) produzindo açúcares alcoóis ou polióis (Figura 2.6). A redução da D-glicose por gás hidrogênio em uma reação catalisada por uma liga de níquel-alumínio produz D-glucitol ou D-sorbitol, um açúcar álcool (sufixo -ol), encontrado, por exemplo, na forma livre em frutas como a maçã e a ameixa. O D-sorbitol tem como características apresentar 50% do poder adoçante da sacarose, ser lentamente absorvido pelo organismo humano e não causar cáries. Na indústria de alimentos, é utilizado como antiumectante, edulcorante ou espessante.

Pelo mesmo princípio, a hidrogenação da D-manose e da D-xilose vai produzir D-manitol e D-xilitol, respectivamente, ambos utilizados como aditivo na indústria de alimentos em produtos de baixa caloria. O xilitol (utilizado em balas de sabor menta) em contato com a saliva produz, por uma reação endotérmica, a sensação de frescor na boca.

A hidrogenação da D-frutose produz os isômeros ópticos D-sorbitol e D-manitol, que apresentam diferentes configurações no segundo átomo de carbono, devido à formação de um carbono assimétrico adicional durante o processo de redução.

O poliol formado pelo gliceraldeído, o glicerol, ocorre em gorduras e outros lipídeos. Os polióis em geral são sólidos, cristalinos, solúveis em água e com capacidade de adoçamento variando entre fracamente e muito doces. Sua distribuição na natureza se reduz às plantas, nas formas livre ou combinadas.

Reações do grupo hidroxila: formação de glicosídeos

Uma das reações mais comuns que envolvem os grupos hidroxila é a relacionada com a formação de glicosídeos, quando um átomo de hidrogênio de um aldeído ou cetona em potencial (hemiacetal) é substituído por um grupo orgânico para formar um acetal. Se o grupo açúcar for uma D-glicose, a molécula resultante será um glicosídeo; se o grupo açúcar for uma frutose, a molécula resultante será um frutosídeo.

A ligação glicosídica é a ligação básica por meio da qual oligossacarídeos ou polissacarídeos são formados e, dependendo da posição da hidroxila do carbono anomérico, acima (-β) ou abaixo (-α) do plano da molécula de açúcar, o glicosídeo será classificado como β-glicosídeo ou α-glicosídeo.

As ligações glicosídicas não são hidrolisadas por soluções diluídas alcalinas, mas são clivadas por soluções ácidas e por enzimas específicas. A α-amilase (Capítulo 5), por exemplo, presente na saliva humana, atua em ligações glicosídicas α-(1,4), e a celulase, presente em bactérias do rúmen de vacas, atua em ligações glicosídicas β-(1,4), típicas da celulose. Não há celulase no trato digestivo do homem, por isso não somos aptos a metabolizar as moléculas de β-glicose presentes na parede celular de células vegetais.

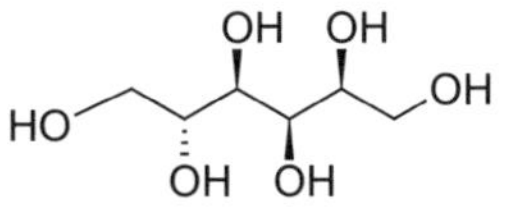

Figura 2.6 Estrutura de uma molécula de D-glucitol ou D-sorbitol.

Reações do grupo hidroxila: formação de ésteres e éteres

Os grupos hidroxila dos carboidratos podem formar ésteres com ácidos orgânicos e alguns ácidos inorgânicos. Acetatos e outros ésteres de ácido carboxílico são encontrados como componentes de polissacarídeos e açúcares fosfatados, comuns nos metabólitos intermediários dos animais e vegetais. Os açúcares em geral são metabolizados, quase exclusivamente, na forma fosforilada e, apesar da possibilidade de serem sintetizados quimicamente, os ésteres de açúcares fosfatos têm como origem bioquímica a síntese enzimática.

Assim como ésteres, os grupos hidroxila podem formar éteres, que não são comuns na natureza, mas polissacarídeos são esterificados comercialmente para modificar suas propriedades de maneira a torná-los mais utilizáveis.

Reações de escurecimento não enzimático

Reações de Maillard

As reações de Maillard têm grande impacto nas propriedades nutricionais e sensoriais dos alimentos e podem ocorrer durante o processamento a altas temperaturas e também durante o seu armazenamento. O processamento de alimentos contendo açúcares redutores e grupos amina primários, como aminoácidos livres, produz numerosos compostos de baixo peso molecular, relativos ao gosto e aroma, e a materiais poliméricos escuros, como ocorre, por exemplo, em molho de soja e crosta de pão assado. O grupo reativo carbonila dos açúcares redutores reage com o grupo nucleofílico amino formando uma mistura complexa e ainda pouco conhecida de moléculas responsáveis por uma gama variada de sabores e cores. Essas reações, denominadas reações de Maillard[1] descritas por Louis-Camille em 1912, fazem parte de um grupo de processos denominado escurecimento não enzimático.

As reações de Maillard envolvem várias etapas que começam com a reação do amino grupo de aminoácidos, peptídeos ou proteínas com o grupo hidroxila envolvido na ligação glicosídica de açúcares, e terminam com a formação de polímeros nitrogenados marrons chamados melanoidinas. As etapas iniciais (Figura 2.7) são de condensação, envolvendo a formação de glicosilamina (base de Schiff) e, a seguir, de cetosamina, quando o açúcar é uma aldose, pelo rearranjo de Amadori. Por meio de mecanismos similares, quando o açúcar é uma cetose, há formação de aldosamina pelo rearranjo de Heyns. As etapas intermediárias são de desidratação e degradação do amino-açúcar responsável pela enolização, com formação de vários compostos α-dicarbonílicos. Nas etapas finais, estes compostos seguem vias simultâneas: condensação e polimerização, com a produção de melanoidinas, e também fragmentação e rearranjo formando vários compostos de baixo peso molecular, como hidroximetilfurfural, maltol, piridinas e furanos.

A degradação de Strecker, Figura 2.8 (reação de um aminoácido com um composto α-dicarbonílico), resulta na degradação do aminoácido. Cada aminoácido origina um aldeído característico, que por sua vez contribui para um aroma característico (Capítulo 9). Portanto, a degradação de Strecker resulta em um dos principais componentes do aroma e em perdas nutricionais devido à destruição do aminoácido (Capítulo 4).

A velocidade da reação de Maillard depende de diversos fatores, como açúcar redutor, tipo de aminoácido, atividade de água (a_w), pH do meio, quantidade de oxigênio, presença de metais, dióxido de enxofre, fosfatos e da temperatura a que o alimento está exposto. Em consequência disso, cada alimento pode apresentar um padrão diferente de escurecimento.

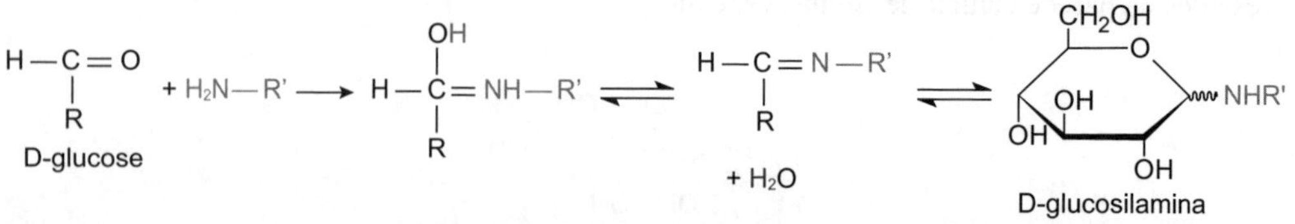

Figura 2.7 Etapas iniciais da reação de Maillard: formação de glicosilamina (condensação).

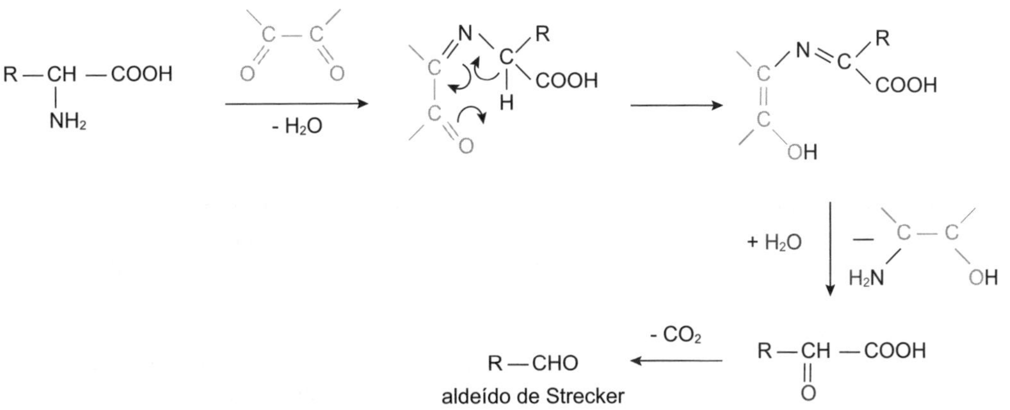

Figura 2.8 Degradação de Strecker.

Por exemplo, a glicose reage mais rapidamente que a frutose em pH 6, enquanto em pH 2 a frutose reage mais rapidamente que a glicose. O tipo de radical do aminoácido presente também determina a velocidade da reação; os aminoácidos básicos reagem mais rapidamente que os ácidos (Capítulo 4). Além disso, a estreita relação entre o tipo de aminoácido participante e o aroma resultante da reação está na base da indústria de aromas para alimentos (Capítulo 9). A velocidade da reação é máxima em meio neutro e mais lenta tanto em meio ácido, devido à forma protonada do grupo amino, como em alcalino, devido à degradação dos carboidratos. Em atividade de água (a_w) de 0,3 a 0,7 as reações de Maillard são favorecidas e, acima, são inibidas (Capítulo 1). Quanto mais alta a temperatura do processamento ou do armazenamento dos alimentos, maior velocidade terão as reações de Maillard.

Por outro lado, o escurecimento que ocorre na carne vermelha quando assada, frita ou grelhada é devido mais à quebra do anel tetrapirrólico da mioglobina presente nos músculos do que a reações de Maillard, já que a carne tem poucos açúcares redutores livres.

Embora tenham sido encontradas pequenas quantidades de compostos derivados das reações de Maillard em leite submetido a aquecimento, não se sabe ainda a importância dessas reações, já que a lactose sob aquecimento pode se tornar indisponível por conta da sua possível isomerização à lactulose, seguida da degradação, e as fases finais das reações de Maillard em leite, com os respectivos produtos, são pouco conhecidas. Um estudo da cinética das reações da lactose,[2] quando o leite é submetido ao aquecimento, mostrou que a isomerização da lactose é quantitativamente mais importante que as reações de Maillard (80% *versus* 20%, respectivamente), sendo a isomerização mais dependente da temperatura que as reações de Maillard. Por outro lado, em leite em pó armazenado em temperaturas levemente elevadas, ocorre a cristalização de parte da lactose, liberando água ligada com consequente aumento da aw, o que favorece a formação de melanoidinas, escurecendo o leite. Esses fatores, junto com a perda da lisina e aumento da taxa de oxidação de lipídeos, provocam perdas nutricionais e diminuem a vida de prateleira do leite em pó.

Portanto, as reações de Maillard podem ser desejáveis ou não. Entre as desejáveis estão as mudanças de cor da casca do pão ou da carne e formação de aroma durante o processamento térmico. Entre as indesejáveis:

1. desenvolvimento de coloração escura em alimentos processados como leite com baixo teor de lactose, leite evaporado ou em pó;
2. perdas nutricionais, como vitaminas, proteínas e aminoácidos, como a lisina, que é a mais reativa porque apresenta um ε-amino grupo livre. Por ser um aminoácido essencial, sua destruição acarreta perda nutricional importante (Capítulo 2).

Nesse processo, altas temperaturas podem resultar na formação de acrilamida,[3] conhecida por ser uma neurotoxina potencialmente carcinogênica para humanos. A acrilamida é um composto altamente polar, solúvel em água, que se forma quando um alimento que contém açúcares redutores e o aminoácido asparagina é submetido a altas temperaturas, como as que ocorrem na fritura. Os produtos derivados de batata têm sido associados aos mais altos níveis de acrilamida (maiores que 1.000 µg/kg), supostamente por terem níveis relativamente altos dos precursores da acrilamida: asparagina (4.200 µg/kg) e açúcares redutores. É preciso reafirmar que essa reação ocorre somente em alimentos que tenham sido submetidos ao processo de fritura ou assadas (crua e cozida não), pela utilização de altas temperaturas. Para a batata frita, o tempo de fritura, a temperatura e o cultivo utilizado parecem ser cruciais, enquanto o tipo de óleo, não. Altos níveis de substâncias fenólicas parecem ser inversamente proporcionais à formação de acrilamida.

Não só a batata é alvo de estudos sobre a formação de acrilamida. Já foi encontrada acrilamida também em café torrado e em pães. Estudos mostraram que o café torrado médio contém mais acrilamida (10 mg/L) do que o café torrado escuro, e o modo de preparo da bebida não parece interferir na extração da acrilamida.

Por outro lado, estima-se que 16% da exposição à acrilamida das populações de países como a Holanda e Suíça advêm do consumo de pão de especiarias, em que foram detectados altos níveis de acrilamida (260 a 1.410 µg/kg), em contraste com os baixos níveis de asparagina das farinhas de cereais (70-300 mg/kg) que compõem esse tipo de pão. Portanto, mecanismos alternativos de formação de acrilamida estão sendo pesquisados. Os resultados indicam que um agente de panificação, o bicarbonato de amônio, aumenta bastante a formação de acrilamida em um sistema modelo para produtos de panificação. Quando o bicarbonato de amônio foi substituído pelo bicarbonato de sódio, a formação de acrilamida foi reduzida em mais de 60%. A asparagina livre continua sendo fundamental na formação de acrilamida, mas outros fatores podem contribuir para abaixar seus níveis em produtos de panificação, como a utilização de sacarose em vez de glicose, a adição de ácidos orgânicos, e tempos prolongados de alta temperatura devem ser evitados.

Caramelização

O aquecimento da sacarose ou açúcares redutores na ausência de compostos nitrogenados produz um grupo complexo de reações denominado caramelização.[4] A reação é catalisada por pequenas quantidades de ácidos e sais específicos. Trata-se de um processo de lise térmica que causa desidratação severa da molécula de açúcar com introdução de ligações duplas ou formação de anéis anidros, como os furanos. Quando as ligações duplas se encontram conjugadas, absorvem luz na região do visível e produzem cor, enquanto os anéis com insaturações podem condensar para polímeros e produzir corantes. Essa reação, sob catálise, é utilizada para a produção de tipos específicos de corantes chamados de caramelo, com diferentes graduações de amarelo escuro a marrom e estabilidade diante de pH e acidez.

O caramelo marrom, por exemplo, é formado por moléculas poliméricas com estruturas complexas e desconhecidas, e a sacarose ou o amido hidrolisado aquecidos na presença de bissulfito de amônio produzem um caramelo marrom estável em meio ácido (pH 2 a 4), que contém partículas com carga negativa, adequado para ser utilizado em refrigerantes do tipo cola, bebidas ácidas, xaropes e produtos de confeitaria. O número que segue o corante caramelo indica o modo de produção: o caramelo I é produzido sem aditivo; o caramelo II é produzido com o auxílio de sulfito cáustico; o caramelo III, com amônia; e o caramelo IV, no processo sulfito-amônia. Esses corantes têm diferentes aplicações na indústria de alimentos devido à cor e sabor conferidos, à estabilidade e solubilidade em diferentes pHs e temperaturas que esses alimentos serão submetidos.

Monossacarídeos são estáveis a ácidos minerais diluídos, porém quando aquecidos em soluções de ácidos fortes desidratam formando **furanos** e derivados (Figuras 2.9 e 2.10). Nesse processo, as pentoses são convertidas em furfurais e a hexoses reagem de maneira similar produzindo hidroximetilfurfural (HMF). Os furanos são coloridos, variando de amarelo a marrom, e muito solúveis em água.

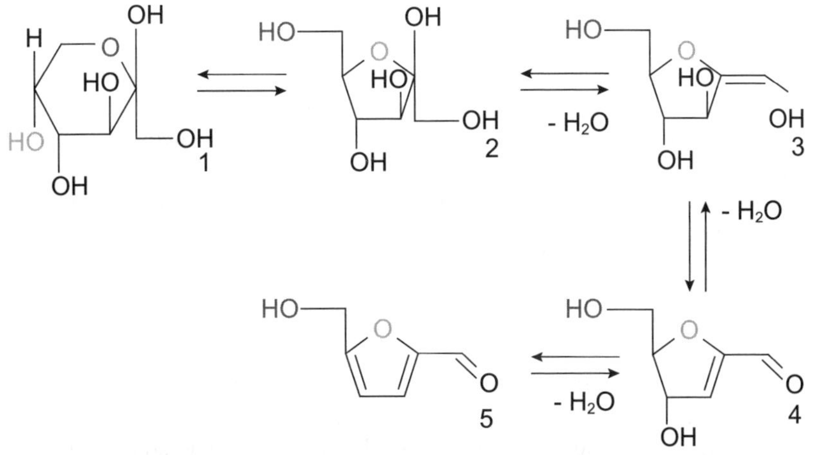

Figura 2.9 Representação da desidratação da D-frutose por aquecimento em meio ácido (HCl): (1) frutopiranose, (2) frutofuranose, (3 e 4) dois diferentes estágios de desidratação e (5) hidroximetilfurfural.

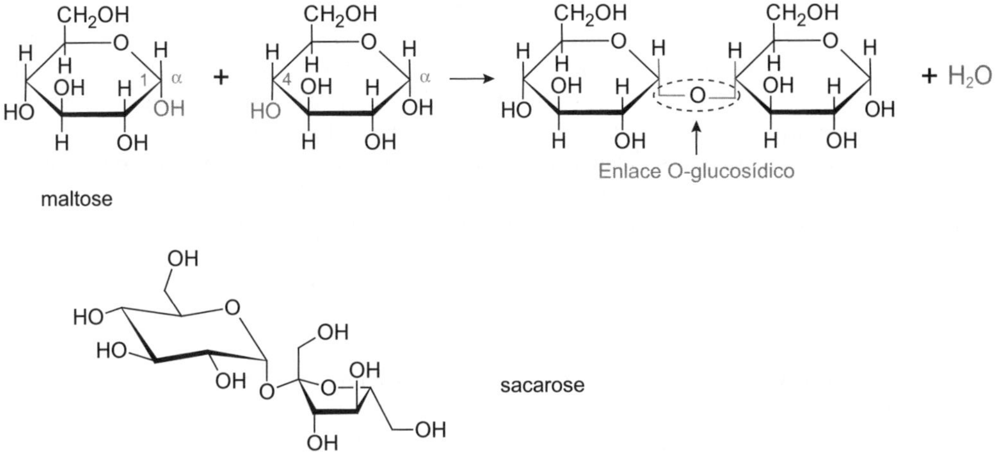

Figura 2.10 Esquema da formação de ligação glicosídica com a formação de uma molécula de maltose com a saída de uma molécula de água e uma molécula de sacarose.

Em alimentos, os HMF são mais frequentes por serem produtos de açúcares comumente presentes em alimentos como a glicose e, sobretudo, a frutose.[5] A sacarose em meio ácido aquecido também pode ser fonte de HMF, uma vez que pode sofrer hidrólise e, em sequência, sofrer desidratação. Além disso, o ácido ascórbico pode ser desidratado produzindo furanos e em condições menos drásticas que as necessárias para os monossacarídeos.

Os HMF são produzidos em alimentos que contêm açúcares processados a altas temperaturas e podem ser decorrentes tanto das reações de Maillard (degradação de Strecker) quanto do processo de caramelização. Condições ácidas favorecem a produção de furanos, tanto durante o processamento a quente quanto durante o posterior armazenamento do alimento.

Já se sabe que mel com altos níveis de HMF são tóxicos às abelhas, que por isso não podem ser alimentadas com este mel em apiários. Os furanos são considerados carcinogênicos para ratos e camundongos e "potencialmente" carcinogênico para humanos. Níveis de furanos em alimentos são monitorados no Brasil em decorrência de processamentos não permitidos pela Agência de Vigilância Sanitária (ANVISA). Existem limites legais para quantidades de HMF em alimentos como o mel,[6] por exemplo. Níveis muito altos de HMF podem indicar que o mel sofreu processamento com aquecimento durante a sua produção; procedimento não permitido porque indica problemas de higiene na produção do mel. O processamento do leite do tipo UHT também pode ser monitorado mediante os níveis de HMF.

O café torrado é o alimento que apresenta os níveis mais altos de furanos e o tipo de obtenção da infusão influi nos níveis de HMF na bebida final − café expresso contém mais, e café artesanal, menos, pela proporção de pó de café e água e consequente diluição do composto na bebida. Contudo, leite processado, frutas secas, alimentos infantis contidos em embalagens metálicas ou em vidro também podem ter níveis consideráveis de furanos , dependendo do tipo de processamento que sofreram.

Metodologias de determinação de açúcares, como o fenol-sulfúrico, por exemplo, são baseados nessa reação. Além disso, oligossacarídeos e polissacarídeos podem ser quantificados por esses métodos, já que a ligação glicosídica é hidrolisada em meio ácido à quente, condição de desidratação de monossacarídeos.

Oligossacarídeos

Oligossacarídeos são polímeros de baixo peso molecular constituídos por duas ou mais (até 10) unidades de monossacarídeos ligados covalentemente por meio de ligações glicosídicas com perda de água (Figura 2.10). A ligação glicosídica pode ser formada pelo grupo hidroxila de um carbono anomérico de um monossacarídeo com outra hidroxila em qualquer outra posição de outro monossacarídeo. A ligação glicosídica dos oligossacarídeos é estável a bases e pode ser hidrolisada por soluções de ácidos fortes a altas temperaturas ou por glicosidases.

Os oligossacarídeos são classificados em redutores e não redutores. Exemplos de oligossacarídeos importantes em alimentos são os dissacarídeos maltose e lactose (redutores) e sacarose (não redutor). Outros exemplos são os trissacarídeos não redutores, rafinose e gentianose, presentes em leguminosas.

A Tabela 2.2 apresenta um resumo dos oligossacarídeos mais frequentes em alimentos.

Polissacarídeos

Mais de 90% dos carboidratos encontrados na natureza estão na forma de polissacarídeos, também denominados glicanos, que quando hidrolisados por ácidos ou por enzimas resultam em monossacarídeos. Poucos são compostos por menos de 100 unidades de monossacarídeos (GP graus de polimerização ou, em inglês, DP *degree of polimerization*). A celulose, por exemplo, tem entre 7.000 e 15.000 GP. Polissacarídeos que são compostos por monômeros idênticos de carboidratos são denominados homopolissacarídeos (ou homoglicanos), e os que são compostos por mais de um tipo de monômero, heteropolissacarídeos (heteroglicanos). Os mais importantes homopolissacarídeos em alimentos são os compostos por unidades de D-glicose, como amido, glicogênio, celulose e dextrinas (Tabela 2.3). Exemplos de importantes heteropolissacarídeos em alimentos são as pectinas, as hemiceluloses e as inulinas.

Polímeros de glicose
Amido

O amido é o principal carboidrato de reserva da maioria das plantas, encontrado em sementes, frutos, raízes e folhas, de onde provém mais de 70% das calorias consumidas pelo homem em todo o mundo. É um polímero composto de dois polissacarídeos diferentes de α-D-glicose, a amilose e a amilopectina.

A amilose é um polímero solúvel em água constituído de 250-2.000 resíduos de α-glicose em ligação α-D-(1→4), com peso molecular ao redor de 10^6. Embora seja essencialmente linear,

Carboidratos   49

Tabela 2.2   Alguns dos oligossacarídeos mais encontrados em alimentos.

Sacarose	A sacarose (O-α-D-glucopiranosil-(1→2) β-D-frutofuranosídeo), açúcar presente na cana-de-açúcar, açúcar de beterraba ou açúcar de mesa, é o oligossacarídeo mais amplamente distribuído na natureza. Está presente na maioria dos frutos, na cana de açúcar (15 a 20%) e na beterraba (14 a 18%). Como é um açúcar não redutor, não sofre mutarrotação, a sacarose não é afetada por fervura com álcalis e pode ser hidrolisada por ácidos diluídos e altas temperaturas ou por invertases.
Lactose	A lactose (O-β-D-galactopiranosil-(1→4)-α-D-glucopiranose e O-β-D-galactopiranosil-(1→4)-β-D-glucopiranose) existe somente no leite de vaca (~4,5%) e humano (~6%). Dos açúcares comuns é o menos doce e o mais solúvel. É um açúcar redutor e pode ser hidrolisado por soluções diluídas de ácidos fortes e enzimaticamente pela lactase.
Maltose	A maltose (O-α-D-glucopiranosil-(1→4)-α-D-glucopiranose e O-α-D-glucopiranosil-(1→4)-β-D-glucopiranose) ocorre naturalmente em folhas, em sementes e em extrato de malte. É produzida pela hidrólise do amido e hidrolisada por ácidos a 80 °C e pela maltase. É um açúcar redutor.
Rafinose	A rafinose (O-α-D-galactopiranosil-(1→6)-O-α-D-glucopiranosil-(1→2)-β-D-frutofuranosídeo) é encontrada em leguminosas, como o feijão e a soja, e nas crucíferas em geral, como repolho, couve-de-bruxelas e brócolis. Não é redutor. Hidrólise com ácidos fortes resulta em dextrose, frutose e galactose. Hidrólise com ácidos fracos resulta em frutose e melibiose. A rafinose é considerada um fator-de-flatulência porque não é digerida, chegando ao intestino grosso onde é fermentada produzindo gases.
FOS	Os frutooligossacarídeos (FOS) são da família dos frutanos, ou polímeros de frutose ligados a uma molécula de sacarose. Os frutanos são divididos em inulinas e FOS, de acordo com o tamanho da cadeia: FOS são considerados os frutanos com 1 a 7 moléculas de frutose. Os mais comuns são a 1-cestose [β-D-Fru-(2→1)$_2$-α-D-glicopiranosideo, GF$_2$], a nistose [β-D-Fru-(2→1)$_3$-α-D-glicopiranosideo, GF$_3$], e a frutofuranosilnistose [β-D-Fru-(2→1)$_4$-α-D-glicopiranosideo, GF$_4$], nos quais as unidades de frutose estão ligadas na posição β (2→1) da sacarose.

Tabela 2.3   Alguns dos polissacarídeos de glicose mais encontrados em alimentos.

Amido	O amido é um homopolímero de α-D-glicose, constituído de amilose e amilopectina com ligações α-(1→4) e α-(1→6). É o principal carboidrato de reserva da maioria dos vegetais, presente em tubérculos, raízes, sementes e muitos frutos, de onde provém mais de 70% das calorias consumidas pelo homem em todo o mundo.
Celulose	A celulose é um homopolímero linear de β-D-glicose, com ligações β-(1→4). É um polímero estrutural das plantas, com peso molecular que pode variar de 100 mil a 2 milhões.
Glicogênio	O glicogênio é um homopolímero de α-D-glicose, semelhante à amilopectina [ligações α-(1→4) e α-(1→6)], com maior grau de ramificações mais curtas, o que o torna um polissacarídeo mais solúvel. O glicogênio é a principal forma de armazenamento de carboidratos em animais, constituindo uma fonte de reserva de glicose no sangue e forma de energia para a contração muscular.

a molécula de amilose pode conter até 0,5% de ligações α-D-(1→6) em alguns tipos de amido (Figura 2.11). A amilose complexa com solução de iodeto formando uma estrutura helicoidal com o iodeto incluído no seu centro, formando um composto de coloração azul intensa. A amilose também complexa com ácidos graxos, surfactantes e agentes polares como álcool butílico, o amil álcool etc. Várias metodologias de separação, identificação e quantificação de amilose e amilopectina foram desenvolvidas utilizando estas características.

A maior parte do grânulo de amido é constituída pela amilopectina, uma molécula com cerca de um milhão de unidades de glicose unidas por ligações α-D-(1→4) e ramificações de até 25 unidades de glicose unidas à cadeia principal por ligações de tipo α-D-(1→6) (Figura 2.12). A amilopectina tem peso molecular ao redor de 10^7 a 5×10^8, constituindo-se na maior molécula encontrada na natureza. A amilopectina adicionada de iodeto resulta em cor vermelho violeta. A molécula de amilopectina confere cristalinidade ao grânulo de amido.

A estrutura do grânulo de amido ainda não é inteiramente conhecida. As teorias vigentes explicam parte das características encontradas nos amidos, mas ainda existem muitas especulações e dúvidas.[7] Nelas, a amilose e a amilopectina estão arranjadas de maneira a formar estruturas concêntricas, semicristalinas e insolúveis em água (Figura 2.13). As regiões amorfas perfazem cerca de 70% da massa dos grânulos e seriam constituídas de amilose e amilopectina. Nesse caso, a amilose estaria entremeada nas cadeias cristalinas da amilopectina, conferindo a característica amorfa a essas regiões. As regiões cristalinas dos grânulos seriam constituídas somente por amilopectina. O obstáculo à aceitação plena dessa teoria é que quando a amilose é dissolvida do grânulo, o chamado "fantasma" do grânulo, continua com características semicristalinas. Além disso, grânulos de amido constituídos somente de amilopectina também são semicristalinos. Como consequência da organização das moléculas de amilose e amilopectina dentro do grânulo e da cristalinidade, e na maioria dos grânulos de amido aparece a Cruz de Malta quando observados sob luz polarizada.

Os grânulos têm diferentes formatos (redondos e alongados), com tamanhos variando de 2 a 200 μm, e características físico-químicas que são dependentes da origem botânica (Figura 2.13). Apesar de insolúveis, os grânulos podem absorver água e inchar ligeiramente quando tratados com água fervente, tornando-se uma pasta, num processo chamado de gelatinização. Amidos comuns contêm de 10 a 30% de amilose, mas algumas variedades de milho, sorgo e arroz não contém amilose e são conhecidas como *waxy starches* ou amidos cerosos. Em solução aquosa, as moléculas de amilose se associam formando precipitados insolúveis.

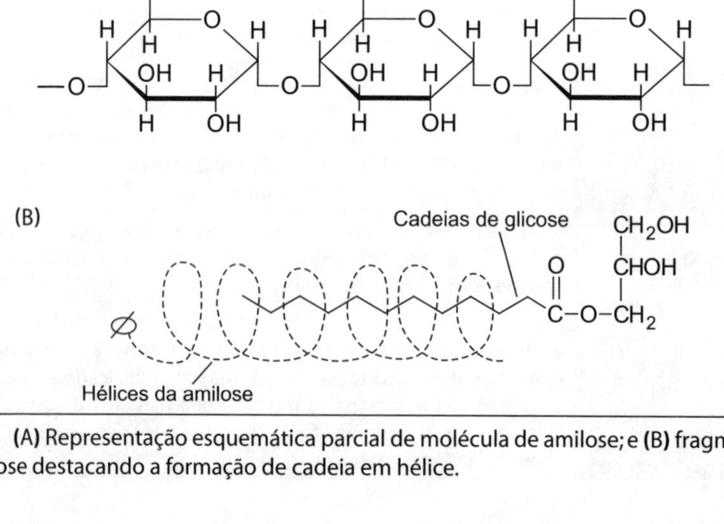

Figura 2.11 (A) Representação esquemática parcial de molécula de amilose; e (B) fragmento de molécula de amilose destacando a formação de cadeia em hélice.

Carboidratos 51

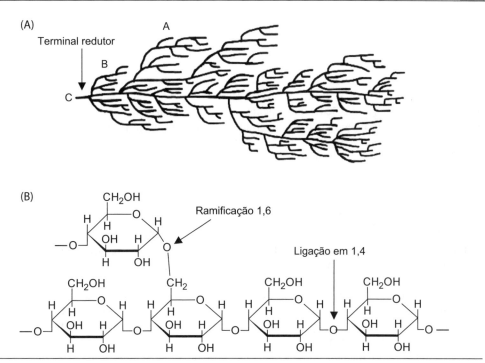

Figura 2.12 **(A)** Representação esquemática parcial de molécula de amilopectina; e **(B)** fragmento de molécula de amilopectina destacando as ligações α-D-(1→4) e α-D-(1→6).

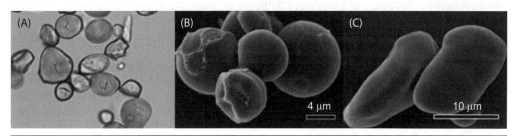

Figura 2.13 Microscopia óptica de (A) grânulos de amido de pinhão (aumento de 40x) e microscopia eletrônica de varredura de grânulos de amido de (B) manga Keith e de (C) banana Nanicão.

Além dos polissacarídeos amilose e amilopectina, os grânulos de amido são compostos por pequenas quantidades de proteínas, lipídeos e fosfatos, que conferem ao amido diferentes propriedades tecnológicas.[7] As proteínas podem afetar propriedades, como digestibilidade, solubilização, retrogradação e integridade do grânulo, sem deixar de mencionar que grande parte das proteínas ligadas ao grânulo de amido são enzimas associadas aos processos de síntese e degradação do amido, quando ainda no tecido vegetal vivo. Por exemplo, sabe-se que a friabilina, uma proteína de baixo peso molecular (~15 kDa), está presente em quantidades muito maiores associadas ao amido de trigo duro do que no trigo brando. A implicação tecnológica é que a farinha de trigo duro pode ser utilizada para fabricar biscoitos, mas não para pães.

Outro exemplo é o teor de fosfatos que um amido pode conter, tanto associado ao grânulo quanto ligado covalentemente aos resíduos de glicose e, dependendo da forma (éster de monofosfato, fosfolipídeo ou fosfato inorgânico) e de sua associação ao grânulo, o composto pode tanto influenciar na clareza e na viscosidade da pasta formada pelo amido quanto na temperatura de gelatinização e na taxa de retrogradação do amido.

Gelatinização e retrogradação do amido

Os grânulos de amido nativos são insolúveis quando suspensos em água fria, mas quando aquecidos ocorre um inchamento irreversível dos grânulos de até 40% do seu tamanho original, produzindo uma pasta viscosa. Se o aquecimento prosseguir a uma dada temperatura, característica de cada tipo de amido denominada temperatura de gelatinização, a viscosidade da suspensão aumenta abruptamente. Ao mesmo tempo, parte da amilose de menor peso molecular sai do grânulo para a solução e os grânulos se rompem de maneira irreversível, num processo chamado de gelatinização.

A gelatinização é entendida como a ruptura da ordem molecular dentro do grânulo de amido manifestada por mudanças irreversíveis nas propriedades, como aumento de tamanho granular, fusão de cristais, perda da birrefringência e solubilização do amido. Ocorre acima de uma determinada temperatura, com grânulos maiores gelificando primeiro, e os menores, depois. Os amidos de diferentes origens botânicas têm diferentes temperaturas (de iniciação, do meio e do fim do processo) de gelatinização. Um amido nativo quando aquecido em condições adequadas forma um gel firme e rígido ao ser resfriado.

O processo de gelatinização depende não somente das características do amido e da temperatura utilizada mas também da quantidade de água utilizada no processo (Figura 2.14). Se o amido for mantido em suspensão em água por algum tempo a temperaturas abaixo da temperatura de gelatinização, esta sofre um aumento, provavelmente por haver uma reorganização das estruturas do grânulo promovida pela entrada de água. O tratamento do amido com baixas quantidades de água e altas temperaturas resulta na estabilização dos cristalitos, tendo como consequência a diminuição da capacidade de inchamento do grânulo.

As mudanças que ocorrem nos grânulos de amido durante a gelatinização e retrogradação são os principais determinantes do comportamento de pasta desses amidos, as quais têm sido medidas sobretudo pelas mudanças de viscosidade durante o aquecimento e resfriamento de dispersões de amido utilizando equipamentos, como o viscoamilógrafo Brabender ou o rápido viscoanalizador (RVA).

No RVA, durante a fase inicial de aquecimento da suspensão aquosa de amido, a viscosidade é aumentada quando os grânulos começam a inchar. Um pico de viscosidade é registrado durante o empastamento, momento em a maioria dos grânulos encontra-se totalmente inchada. Durante a fase de temperatura constante (95 °C) os grânulos começam a se quebrar e a solubilização dos

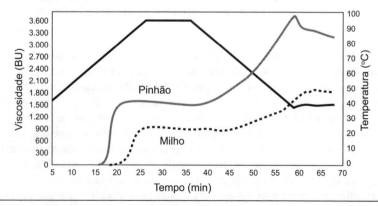

Figura 2.14 Perfil viscoamilográfico de amidos de pinhão e de milho. A curva superior é a relativa à temperatura que o equipamento (amilógrafo) fornece para determinar as características dos amidos.

polímeros continua. Neste ponto ocorre uma quebra na viscosidade seguida de diminuição. Durante a fase de resfriamento, polímeros de amilose e amilopectina solubilizados começam a se reassociar e outro aumento na viscosidade é registrado. Este segundo aumento da viscosidade é conhecido como tendência à retrogradação ou *set-back* (Figura 2.14).

Se a solução viscosa formada pelo amido gelatinizado é resfriada ou armazenada a baixas temperaturas por um período de tempo adequado, as moléculas lineares da amilose e as ramificações lineares da amilopectina se rearranjam, expulsando as moléculas de água que foram incorporadas na gelatinização, formando novamente uma estrutura mais cristalina. As cadeias lineares se alinham de maneira paralela formando pontes de hidrogênio. A expulsão das moléculas de água da estrutura do gel é denominada sinérese e pode ser vista em pudins feitos com amidos nativos e armazenados em geladeira ou *freezer*. O envelhecimento do pão tem relação direta com a retrogradação do amido do trigo.[8]

A modificação química ou enzimática do amido nativo é feita, em parte, para prevenir a possibilidade de retrogradação e a consequente diminuição da vida de prateleira do alimento.

Amidos modificados

Os amidos de milho, batata, trigo e mandioca são os mais utilizados na indústria de alimentos como ligantes, agentes de textura ou, eventualmente, como substitutos de lipídeos em alimentos dietéticos. Porém, a utilização de amidos nativos em alimentos esbarra na necessidade de processamento do alimento, o que pressupõe a estabilidade do gel formado pelo amido na matriz alimentar quando submetido a altas e baixas temperaturas, além de pHs extremos ou altas forças mecânicas. Para que atinjam essas especificações, os amidos são geralmente modificados por meio de métodos físicos, químicos ou enzimáticos (entre eles despolimerização e derivatização).

As modificações físicas, como a extrusão e o *spray drying*, produzem amidos pré-gelatinizados e amidos que solubilizam em água fria, utilizados, por exemplo, em sobremesas instantâneas, com a adição de água fria ou leite.

As modificações químicas são as que produzem as maiores mudanças na funcionalidade dos alimentos e, portanto, ampliam sua utilização na indústria alimentícia. Há também amidos modificados por mais de um processo.

Despolimerização ou hidrólise: dextrinas

A hidrólise do amido por ácidos a quente é utilizada comercialmente para a produção de amidos mais solúveis e com viscosidade mais baixa que o amido nativo. Os grânulos de amido secos ou com baixa umidade são tratados com ácidos minerais a quente, de maneira controlada, para que a despolimerização desejada possa ser alcançada. Depois de lavado e seco, esse amido é ainda granular, mas se desintegra mais facilmente quando aquecido em água, produzindo pastas mais claras e menos viscosas. Esse tipo de amido é considerado "amido modificado por ácidos" e é utilizado, por exemplo, na indústria de balas de goma na produção de géis firmes.

Quando a hidrólise do grânulo de amido é mais extensiva, o tratamento com ácidos pode produzir dextrinas, com graus variados de polimerização, com o mesmo tipo de utilização que o amido modificado por ácidos. Na mesma concentração que os amidos modificados, produzem géis com menor firmeza.

As dextrinas são encontradas na forma de pós brancos, amarelos ou marrons, com alto grau de polimerização que continuam formando géis fortes. As dextrinas em geral formam filmes com alta adesividade que podem ser utilizados na indústria de confeitaria, por exemplo. A amilodextrina, ou amido solúvel, é o produto mais complexo de degradação, resultando em cor azul com o iodeto. A eritrodextrina é um produto de degradação menos complexo e resulta em cor vermelha quando adicionada de iodeto, ao contrário da acrodextrina, que não fica colorida.

Dentre outros tipos de dextrinas estão as ciclodextrinas, as amilodextrinas e a maltodextrina. A maltodextrina é nome comercial para o produto resultante da hidrólise incompleta do amido por ácidos ou enzimas, resultando em uma mistura de malto-oligossacarídeos com 3 a 19 unidades de glicose, facilmente digerível e moderadamente doce.

É importante definir a "equivalência em dextrose" (ED) (em inglês, *dextrose equivalence*, DE), relacionada com o poder relativo de adoçamento dos açúcares, oligossacarídeos, ou misturas quando comparados à dextrose, expressa em porcentagem. A glicose, utilizada como referência, tem ED de 100%; a sacarose, de 1,2; e o amido, próximo de zero. Para produtos da hidrólise do amido, a ED indica o grau aproximado de conversão amido-dextrose: quanto maior o grau de hidrólise, maior o número de moléculas pequenas e de açúcares redutores. Quanto maior o valor de ED, menores são as cadeias do glicano, maior o poder adoçante e maior é a solubilidade do derivado da hidrólise do amido. Quando o valor de ED é acima de 20, denomina-se xarope de glicose, enquanto abaixo de 10 é classificado como dextrina. Portanto, o ED das dextrinas varia entre 1 e 13; o das maltodextrinas, entre 3 e 20; e os xaropes de glicose contêm um mínimo de 20% de açúcares redutores. Para exemplificar, uma maltodextrina com ED de 20 terá 20% do poder adoçante da dextrose. Para calcular o ED de derivados da hidrólise parcial do amido, podem ser utilizados testes que medem o teor de açúcares solúveis, como o reagente de Benedict e o de Fehling.

Hidrólise enzimática do amido

A hidrólise industrial do amido é feita também por enzimas, entre elas as α-amilases, β-amilases, glicoamilases e enzimas desramificadoras (Capítulo 5).

As α-amilases são endoamilases que hidrolisam as ligações α-D-(1→4), de maneira aleatória, tendo como produto inicial oligossacarídeos de 6 ou 7 unidades de glicose (Figura 2.15). A hidrólise resulta em uma mistura de maltose, malto-oligossacarídeos, glicose e trissacarídeos. Já que a enzima não atua em ligações α-D-(1→6), também existe como produto final dextrinas limite de vários tamanhos.

As β-amilases hidrolisam o amido a partir do terminal não redutor da cadeia polimérica produzindo unidades de β-maltose e β-dextrinas limite (Figura 2.16). As amiloglicosidases atuam, em conjunto com uma α-amilase, tanto nas ligações α-D-(1→6) quanto nas α-D-(1→4), degradando completamente o amido a xaropes de D-glicose ou a D-glicose cristalina. Além disso, existem enzimas específicas para as ligações α-D-(1→6) das cadeias do amido, as enzimas desramificadoras. Dentre elas as isoamilases e as pululanases, que produzem cadeias lineares de D-glicose, mas de baixo peso molecular (Capítulo 5).

A amiloglicosidase (glicoamilases) é utilizada na produção de xaropes de glicose (dextroses) e D-glicose cristalina (Figura 2.17). Ela tem atuação exógena tanto em ligações α-D-(1→4) quanto em α-D-(1→6), a partir da extremidade não redutora do amido ou da amilose e amilo-

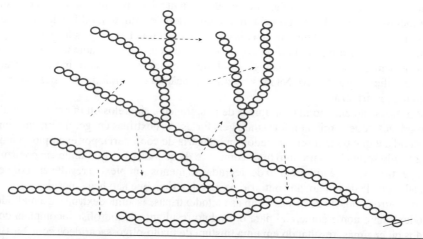

Figura 2.15 Representação esquemática da ação das α-amilases em uma cadeia de amilopectina.

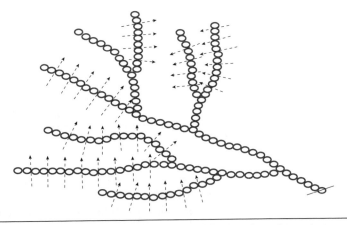

Figura 2.16 Representação da ação das β-amilases numa cadeia de amilopectina.

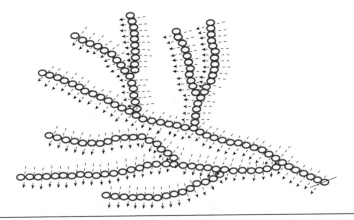

Figura 2.17 Representação da ação das amiloglicosidases numa cadeia de amilopectina.

pectina. A amiloglicosidase geralmente é utilizada de maneira combinada com a α-amilase ou de maneira sequencial: primeiro utiliza-se a α-amilase para gerar maior quantidade de extremidades redutoras e depois a amiloglicosidase. A hidrólise controlada do amido de milho produz um xarope líquido, constituído por glicose em sua maioria, chamado comercialmente de xarope de milho. Na indústria de alimentos este xarope é utilizado como adoçante, como inibidor de cristalização e coadjuvante de textura, de volume e de aroma.

Amidos modificados

A substituição do hidrogênio das hidroxilas das moléculas de glicose, ou das hidroxilas das cadeias do amido por ésteres ou éteres, produz amidos com propriedades, como reduzida gelatinização em água quente e alta estabilidade a ácidos e álcalis, úteis quando o alimento está em meio ácido ou enlatado e sujeito a sofrer tratamento térmico. A adição de grupos volumosos, como os do carboximetil e carboxietil, tem a finalidade de reduzir a tendência à recristalização do amido (Figura 2.18).

A ligação cruzada (*cross-linking*, em inglês) entre um grupo hidroxil (OH) de uma cadeia com o grupo hidroxil de uma cadeia adjacente produz amidos duros que resistem a ácidos e álcalis. Essa ligação cruzada pode ser obtida pelo aquecimento ou por reação com fosfatos ou glicerol.

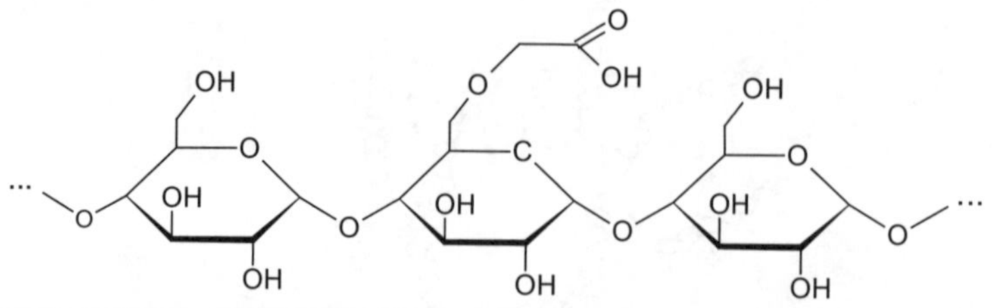

Figura 2.18 Esquema de amido modificado quimicamente, amido carboximetilado ou amido éter.

Quando uma suspensão aquosa de amido é tratada com hipoclorito de sódio a baixas temperaturas, pode ocorrer sua hidrólise e oxidação. Os produtos obtidos têm uma média de um grupo carboxílico a cada 25 a 50 resíduos de glicose. Amidos oxidados são utilizados como espessantes em molhos de salada ou maionese, porque não retrogradam e nem ficam opacos.

Celulose

A celulose é um homopolímero linear constituído por D-glicose, unidas por ligações $\beta(1\rightarrow4)$ com peso molecular que pode variar de 100 mil a 2 milhões, conferindo dureza e força, de acordo com a idade e o tipo da planta. O que confere dureza e força à celulose são as pontes de hidrogênio inter- e intracadeias e as ligações cruzadas com lignina e outros compostos fenólicos (Figura 2.19). As cadeias lineares de celulose são mantidas juntas, por ligações de hidrogênio entre os grupos OH, de maneira tridimensional, resultando em estruturas cristalinas (microfibrilas) que são insolúveis em água e resistentes à maioria das enzimas e ácidos e álcalis diluídos. Existem segmentos da microfibrila que são mais suscetíveis, com ligações mais fracas, denominadas regiões amorfas.

A celulose e seus subprodutos, como a celulose microcristalina e a carboximetilcelulose, são considerados na classe das fibras dietéticas quando utilizados na indústria de alimentos como adjuvantes ou aditivos de alimentos.

A celulose purificada em pó é utilizada pela indústria como ingrediente alimentar, como em pães, para dar "corpo" a um alimento sem aumentar o teor calórico, uma vez que não é absorvido pelo corpo humano; por isso é considerada parte da fibra dietética.

A celulose pode ser transformada em gomas solúveis, via derivatização, mediante a quebra das inúmeras pontes de hidrogênio que impedem sua solubilidade em água.

Celulose modificada

A celulose microcristalina (MCC em inglês) é produzida pela hidrólise ácida parcial de regiões amorfas da cadeia da celulose obtida de maneira a liberar microcristais. Com o objetivo de

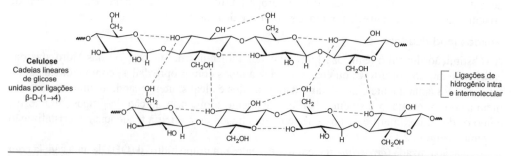

Figura 2.19 Representação de um fragmento de microfibrilas evidenciando as ligações inter e intracadeia entre moléculas de celulose.

diminuir o tamanho das longas cadeias do polímero, a celulose é imersa em banho quente de ácido mineral que rompe as ligações β-D-$(1{\to}4)$ nas regiões amorfas. Os compostos de baixo peso molecular produzidos, solúveis em água, são removidos por lavagens e filtrações. A massa remanescente contém apenas as regiões cristalinas puras de celulose.

A hidrólise controlada produz microcristais celulósicos estáveis, que são compostos de feixes firmes de cadeias de celulose em arranjos lineares rígidos, ainda insolúveis em água, incolor e inodoro, e resistentes a ácidos e ao calor, constituindo um produto microbiologicamente seguro. Vários tipos de celulose microcristalinas são produzidos com características que permitem que sejam utilizados de maneira multifuncional na indústria de medicamentos, de cosméticos e de alimentos.

Na indústria de alimentos, de maneira geral, a MCC é utilizada como estabilizante, sobretudo como controlador de viscosidade, adjuvante de textura, desengordurante, inibidor da formação de cristais de gelo, agente não adesivo etc. Além disso, tem função similar à das gomas solúveis em água, com a vantagem de produzir baixa viscosidade, sendo também utilizada no sentido de aumentar o teor de fibra alimentar de um alimento.

A carboximetilcelulose (CMC) é obtida pela substituição de alguns grupos hidroxil da cadeia glicopiranosídica da celulose alcalina por grupos carboximetil. É utilizada na indústria alimentícia como espessante, sem, contudo, interferir no sabor. Funciona também como estabilizante, uma vez que melhora a suspensão de ingredientes, atuando como emulsificante.

Pectinas

As pectinas fazem parte da estrutura da parede celular das plantas, em combinação com a celulose. A porção branca próxima à casca de frutas, como o limão e a laranja, chamada de albedo, contém até 30% de pectina. Esses polissacarídeos têm grande importância tecnológica por sua capacidade de formar géis, aproveitada na fabricação de geleias. A composição e as propriedades das pectinas como espessante e estabilizante de alimentos dependem da fonte da qual foi extraída, do processo de extração e das fases posteriores de preparação. A extração comercial da pectina da casca ou polpa de frutas, como a maçã ou cítricos, com ácidos fracos pode acarretar na despolimerização da pectina e a desesterificação dos grupos metil, influindo na sua capacidade de formar géis.

As pectinas são copolímeros formados por blocos ramificados contendo uma cadeia principal de ácido D-galacturônico em ligação α-D-$(1{\to}4)$ intercaladas por unidades de $(1{\to}2)$-α-L-ramnose, que produzem uma torção na molécula. Essas cadeias ramificadas são alternadas por cadeias lineares nas quais a ramnose é raramente encontrada (Figura 2.20). Na maioria das vezes, a molécula de ramnose carrega cadeias laterais de polissacarídeos formados por açúcares neutros (ou polissacarídeos neutros de D-galactose e L-arabinose), como D-galactopiranose e L-arabinofuranose.

As moléculas de ácido galacturônico são, em graus variados, metil esterificadas no grupo carboxil, sendo as pectinas comerciais classificadas de acordo com o grau de esterificação. Acima de 50% (até 80%) são classificadas como de alto grau de metoxilação (ATM), e de 25 a 50%, como baixo grau de metoxilação (BTM). Assim, um TM de 0,6 indica 60% de esterificação.

A propriedade das pectinas de formar géis na presença de Ca^+ ou de açúcar e ácido depende de três fatores: zonas de junção onde os polímeros podem, por interações hidrofóbicas, se juntar; segmentos onde os polímeros têm mobilidade; e a capacidade de retenção de água pelo polímero.

As pectinas ATM formam géis quando em meio ácido (abaixo de 3,6), na presença de sacarose (concentração maior que 55%). A função da sacarose é ligar água e estabilizar as zonas de junção dos polímeros, enquanto o ácido é adicionado para neutralizar as cargas negativas, promovendo interações hidrofóbicas entre grupos metilesterificados, o que pressupõe a dependência da geometria da molécula do açúcar e das interações com as moléculas de água.

As pectinas BTM formam géis na presença de íons Ca^{2+} que atuam como ponte entre pares de grupos carboxílicos de moléculas de pectina. O pH deve ser maior na gelatinização das pectinas BTM porque somente grupos carboxílicos dissociados podem fazer parte da ligação entre polímeros-Ca^{2+}. Nesse caso, as junções são formadas entre os blocos não esterificados das galacturonanas em ligações não covalentes.

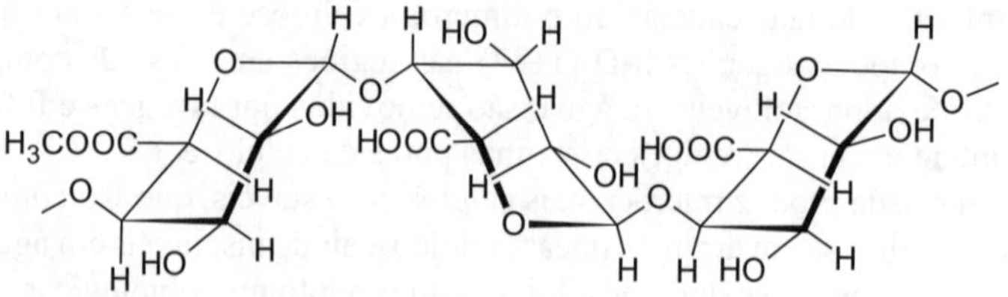

Figura 2.20 Representação de um fragmento de estrutura de pectina.

Polímeros de frutose

As inulinas são polímeros lineares de moléculas de D-frutose unidas por ligações β-D-(2→1), que pertencem à classe dos frutanos (Figura 2.21). Têm como característica serem ligeiramente solúveis em água quente e não produzirem coloração com solução de iodeto. São hidrolisadas por ácidos, mas não por enzimas do trato gastrointestinal, o que explica o fato de não serem consideradas nutrientes. As inulinas, assim como os frutooligossacarídeos (FOS), são consideradas fibras solúveis e adicionadas aos alimentos com a denominação "prebióticos" e "funcionais", sendo consideradas como fibras ativas para a saúde do intestino (Capítulo 13). Algumas das fontes naturais de FOS indicadas pela literatura são aspargos, alho, cebola, alcachofra, chicória e algumas frutas.

Gomas

Muitas gomas de origem vegetal são utilizadas como espessantes em alimentos, entre elas as gomas guar, xantana, carragenanas, goma arábica e agar. Pela extensão da classe das gomas, somente algumas delas serão brevemente descritas a seguir para dar uma ideia da sua estrutura química e do seu uso em alimentos.

A **goma guar** é um polissacarídeo constituído principalmente de galactomanana, extraído do endosperma de sementes de *Cyamopsis tetragonolobus* (*guar bean*). As cadeias de galactomananas são lineares e constituídas por moléculas de β-D-manose unidas por ligações (1→4). A cadeia principal é ramificada a cada duas moléculas de manose, por uma molécula de D-galactose e ligações α(1→6). A goma guar tem a capacidade de formar soluções de mais alta viscosidade entre as gomas naturais, sendo por isso considerada um espessante barato. É utilizada como espessante em uma variada gama de alimentos e, muitas vezes, em combinação com outros

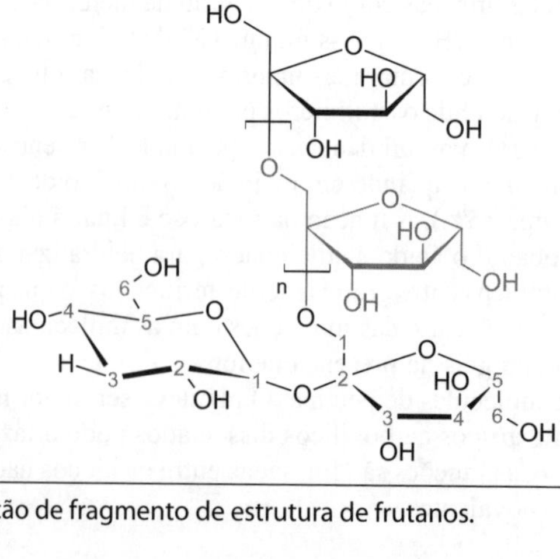

Figura 2.21 Representação de fragmento de estrutura de frutanos.

espessantes. A utilização mais comum é na formulação de sobremesas geladas, como o sorvete, por sua propriedade de retardar o crescimento de cristais de gelo e ter boa estabilidade a baixas temperaturas e valores de pH de 5 a 7.

A **goma xantana** é produzida pela fermentação de glicose e sacarose pela bactéria *Xanthomonas campestris* e tem uma cadeia polissacarídica principal idêntica à da celulose, constituída de unidades de β-D-glicose. A cada dois resíduos de glicose, uma ramificação constituída do trissacarídeo β-D-manopiranose (1→4)-β-ácido D-glucurônico(1→2)-α-D-manopiranose é ligada na posição C3. A xantana tem grande capacidade de produzir soluções de alta viscosidade e pode ser utilizada em quantidades muito pequenas (~0,5% ou menos). Essa goma apresenta uma característica muito importante em alimentos, como molhos de saladas, por exemplo, denominada pseudoplasticidade. Quando o alimento que contém a goma xantana é agitado, mexido ou batido, a viscosidade da solução decresce, mas ela retoma a viscosidade original assim que cessa a força exercida sobre a solução.

Fibra alimentar

A fibra alimentar (FA) é um termo coletivo para uma variedade de substâncias vegetais que são resistentes à digestão por enzimas humanas no trato gastrointestinal. Partes comestíveis das plantas contendo polissacarídeos da parede celular, lignina e substâncias associadas formam o grosso da fração fibra. O amido resistente, farelo de trigo, farelo de aveia e frutooligossacarídeos estão incluídos na categoria de fibra.

A terminologia e a classificação da fibra alimentar podem ser diferentes, considerando os diferentes países e os conhecimentos sobre os componentes dos alimentos resistentes à digestão humana. Por exemplo, o termo "polissacarídeos não amido" tem sido utilizado na rotulagem nutricional em vez de FA no Reino Unido. Recentemente, a "fibra total" foi classificada como

Tabela 2.4 Solubilidade em água dos compostos da fibra alimentar.

	Carboidrato constituinte	Fontes
Solúvel	pectinas solúveis	Frutas (maçã, limão, laranjas, pomelo), vegetais, legumes e batata
	β-glicanos	Grãos (aveia, cevada e centeio)
	hemiceluloses solúveis	Grãos de cereais e em boa parte das plantas comestíveis
	gomas	Exsudatos de plantas, como as gomas utilizadas como espessantes que incluem as de sementes, como a guar e a xantana
	mucilagens	
	amido resistente	Bananas verdes, batata (cozida/ resfriada), amido modificado
	frutanos	Alcachofra, cevada, centeio, raiz de chicória, cebola, banana, alho, aspargo
Insolúvel	celulose	Vários farelos e em todas as plantas comestíveis
	hemiceluloses	Grãos de cereais e em uma boa parte das plantas comestíveis
	pectinas	Frutas (maçã, limão, laranjas, pomelo), vegetais, legumes e batata
	lignina	Plantas maduras
	mucilagens	

fibras dietéticas e fibras funcionais. O primeiro foi definido como "carboidratos não digeríveis e lignina que são intrínsecas e intactas em plantas", e o segundo, "isolados de carboidratos não digeríveis que têm efeitos benéficos em seres humanos".

A fibra alimentar pode ser classificada em solúvel e insolúvel. Fazem parte da fibra insolúvel os polissacarídeos celulose, uma parte das hemiceluloses e uma parte das pectinas. A fibra solúvel é constituída das hemiceluloses solúveis e das pectinas solúveis (Tabela 2.4).

RESUMO

Não obstante todo o conhecimento acumulado ao longo do tempo sobre a classe dos carboidratos, ele ainda está longe de ser completo nos carboidratos presentes *in natura* em alimentos. Isso ocorre em função do desconhecimento da estrutura de grande parte dos carboidratos nativos e da natureza das reações químicas e bioquímicas que estão sujeitos estes carboidratos. Daí advém também dificuldades analíticas para identificar e quantificar toda sorte de carboidratos que um alimento contém. A ingestão de carboidratos simples e complexos atingiu grande importância para a saúde humana, por isso é necessário que o progresso se acelere com a ajuda de todos.

? QUESTÕES PARA ESTUDO

2.1. Qual é a diferença entre açúcares simples e carboidratos complexos?
2.2. Quantas unidades monossacarídicas compõem um oligossacarídeo?
2.3. Qual o açúcar redutor mais comum em alimentos?
2.4. Qual característica faz com que seja relativamente fácil saber se um alimento contém amido?
2.5. Por que a maioria dos alimentos industrializados contém em sua formulação polissacarídeos que tiveram sua estrutura modificada?
2.6. Por que as fibras alimentares foram contempladas neste capítulo?
2.7. O que são frutooligossacarídeos?
2.8. Construir uma tabela contendo pelo menos 10 alimentos que sejam fonte de fibra alimentar.
2.9. Construir uma tabela com pelo menos 10 alimentos que um indivíduo diabético deva evitar o consumo.
2.10. Quais são as condições imprescindíveis para que a reação de Maillard ocorra?

Referências bibliográficas

1. Billaud C, Adrian, J. Louis-Camille Maillard, 1878-1936. Food Reviews International 2003;19:345-374.
2. Boekel MAJS van. Effect of heating on Maillard reactions in milk. Food Chemistry 1998;62(4).
3. Foot RJ, Haase NU, Grob K, Gondé P. Acrylamide in fried and roasted potato products: a review on progress in mitigation. Food Additives and Contaminants 2007;24:37-46.

4. Purlis E. Browning development in bakery products – A review. Journal of Food Engineering 2010;99:239-249.
5. Subramanian R, Hebbar HU, Rastogi NK. Processing of honey: A review. International Journal of Food Properties 2007;10:127-143.
6. http://portal2.saude.gov.br/saudelegis/leg_norma_pesq_consulta.cfm.
7. Pérez S, Bertoft E. The molecular structures of starch components and their contribution to the architecture of starch granules: A comprehensive review Starch/Stärke 2010;62:389-420.
8. Fennema OR. Food Chemistry, 4n Ed. New York, 2008.

Sugestões de leitura

Bouhnik Y, Raskine L, Simoneau G, Paineau D, Francis Bornet F. The capacity of short-chain fructo-oligo-saccharides to stimulate faecal bifidobacteria: a dose-response relationship study in healthy humans. Nutrition Journal 2006;5:1-6.

Guzmán-Maldonado H, Paredes-López O. Amylolytic enzymes and products derived from starch: a review. Crit Rev Food Sci Nutr 1995;35:373-403.

Trock B, Lanza E, Greenwald P. Dietary fiber, vegetables, and colon cancer: critical review and meta-analysis of the epidemiologic evidence. Journal of National Cancer Institute 1990;18:650-61.

Butterworth PJ, Warren FJ, Ellis, PR. Human α-amylase and starch digestion: An interesting marriage. Starch/Stärke 2011;63:395-405.

capítulo 3

Lipídeos

• Neura Bragagnolo

Objetivos

O presente capítulo tem por objetivo apresentar a composição, as propriedades e as estruturas dos compostos lipídicos presentes nos alimentos e as transformações que ocorrem com estes compostos durante o processamento, transporte e estocagem dos alimentos. Os mecanismos das reações de rancificação e da ação dos antioxidantes naturais e sintéticos também serão abordados bem como os aspectos positivos e negativos da presença dos compostos lipídicos na alimentação humana.

Introdução

Os lipídeos, juntamente com os carboidratos e proteínas, são os principais constituintes dos alimentos, sendo encontrados na natureza tanto nos vegetais como nos animais. Abrangem um número muito grande de compostos com funções químicas diversas que têm em comum a solubilidade em solventes orgânicos e a insolubilidade em água. No entanto, há algumas exceções quanto à solubilidade desses compostos, uma vez que os ácidos graxos de cadeia muito curta (até 4 carbonos) são completamente solúveis em água e insolúveis em solventes apolares. Desse modo, os lipídeos são definidos como ácidos graxos e seus derivados, e substâncias, relacionadas biossinteticamente ou funcionalmente a esses compostos.[1]

Os lipídeos são fonte de energia (cada grama de lipídeo fornece 9 kcal) e desempenham importantes funções biológicas e tecnológicas. São constituintes de todas as membranas celulares; auxiliam no transporte e absorção das vitaminas lipossolúveis (A, D, E e K); influenciam na expressão gênica; protegem o organismo das mudanças bruscas de temperatura e atuam como mensageiros por serem precursores dos eicosanoides. Portanto, são importantes para o crescimento, desenvolvimento e manutenção da saúde. No entanto, o excesso e a ingestão inadequada de alguns componentes lipídicos, como os ácidos graxos saturados e os ácidos graxos insaturados *trans*, estão relacionados com o aumento do risco de doenças cardiovasculares. Além disso, alguns compostos formados durante o processo de oxidação lipídica são considerados maléficos à saúde humana, como os óxidos de colesterol, o malonaldeído, o *trans*-4-hidroxi-2-nonenal (HNE), o *trans*-4-hidroxi-2-hexanal (HHE) e os monômeros e dímeros cíclicos dos ácidos graxos.

Dentre as funções tecnológicas, podemos destacar sua marcante influência nas propriedades organolépticas, pois os lipídeos conferem sabor e textura. Os componentes da classe dos lipídeos também incluem algumas substâncias impactantes para o aroma dos alimentos ou precursores que são degradados em compostos de aroma. Outra função tecnológica relevante dos lipídeos é a propriedade física do polimorfismo muito importante na formulação de produtos, como margarinas, maioneses e sorvetes. Alguns compostos lipídicos são indispensáveis, como os emulsificantes alimentícios, enquanto outros são importantes, como os pigmentos solúveis em óleos ou gorduras ou corantes alimentares.

Classificação

Os lipídeos podem ser classificados sob várias formas. Com base nas propriedades físicas, em gorduras quando sólidos e óleos quando líquidos à temperatura de 25 ºC. Segundo a polaridade, em lipídeos polares e lipídeos neutros,[2] conforme apresentado na Tabela 3.1; e em ácidos graxos essenciais e não essenciais. Os ácidos graxos essenciais são os ácidos graxos que não são produzidos bioquimicamente pelos seres humanos e devem ser adquiridos da dieta.

Segundo a classificação baseada na estrutura, que é a mais utilizada, os lipídeos podem ser classificados em simples, complexos e derivados.[3] Os lipídeos simples são os que por hidrólise resultam em dois diferentes componentes, usualmente em álcool e ácido graxo, enquanto a hidrólise dos lipídeos complexos resulta em três ou mais diferentes compostos, como álcool, ácido graxo, ácido fosfórico, carboidrato e grupos contendo nitrogênio. Os lipídeos derivados incluem compostos que são lipídeos pela definição de serem solúveis em solvente apolares e que não são lipídeos simples ou compostos (Tabela 3.2). Outra classificação também baseada na estrutura é em lipídeos saponificáveis e não saponificáveis (Tabela 3.3).

Uma nova classificação foi proposta em 2005 com o objetivo de facilitar a comunicação internacional sobre lipídeos[4]. Este sistema classificou os lipídeos em oito categorias (ácidos graxos, glicerolipídeos, glicerofosfolipídeos, esfingolipídeos, lipídeos esteróis, lipídeos prenóis, sacarolipídeos e policetídeos). Em 2009, esse sistema foi revisado com a inclusão de novas estruturas de lipídeos provenientes de plantas, bactérias e fungos.[5]

Ácidos graxos

Os ácidos graxos são ácidos monocarboxílicos alifáticos com diferentes estruturas químicas que podem ser classificados de acordo com o comprimento da cadeia, posição e configuração das ligações duplas e da ocorrência de grupos funcionais adicionais ao longo da cadeia carbônica.

Os ácidos graxos são chamados de ácidos graxos saturados (AGS ou *SFA = saturated fatty acids*) quando as ligações entre os átomos de carbono são covalentes simples, e de ácidos graxos insaturados (AGI ou *UFA = unsaturated fatty acids*) quando apresentam uma ou mais ligações duplas na molécula. Quando os ácidos graxos contêm uma ligação dupla são denominados áci-

Tabela 3.1 Classificação dos lipídeos de acordo com a polaridade.

Lipídeos neutros	Lipídeos polares
ácidos graxos (> C12)	glicerofosfolipídeos
mono, di, e triacilglicerídeos	gliceroglicolipídeos
esteroides	esfingofosfolipídeos
ceras	esfingoglicolipídeos
tocoferóis	
carotenoides	

Fonte: Belitz et al.[2]

Tabela 3.2 Classificação de lipídeos de acordo com a estrutura.

Lipídeos simples	
Acilglicerídeos	glicerol + ácidos graxos
Ceras	ácidos graxos de cadeia longa + álcool de cadeia longa
Lipídeos compostos	
Fosfolipídeos	
Glicerofosfolipídeo	glicerol + ácidos graxos + ácido fosfórico + grupo contendo N
Esfingofosfolipídeo	esfingosina + ácidos graxos + ácido fosfórico + grupo contendo N
Glicolipídeos	
Gliceroglicolipídeos	glicerol + ácidos graxos + carboidratos
Esfingoglicolipídeos	esfingosina + ácidos graxos + carboidratos
Sulfolipídeos	contém enxofre na molécula
Lipídeos derivados	Exemplo: esteróis, vitaminas lipossolúveis, carotenoides

Fonte: Bloor[3]

Tabela 3.3 Classificação de lipídeos de acordo com as características do grupo acil.

Lipídeos simples (livres, fração não saponificável)	Acil lipídeos (ligados, fração saponificável)	
ácidos graxos livres	mono, di, e triacilglicerídeos	ácidos graxos e glicerol
esteróis	fosfolipídeos	ácidos graxos, glicerol ou esfingosina, ácido fosfórico, grupo contendo N
carotenoides	glicolipídeos	ácidos graxos, glicerol ou esfingosina, mono, di ou oligossacarídeos
monoterpenos	ceras	ácidos graxos, álcool
tocoferóis	ésteres de esteróis	ácidos graxos e esteróis

Fonte: Belitz et al.[2]

dos graxos monoinsaturados (AGM ou *MUFA = monounsaturated fatty acids*) e duas ou mais ligações duplas são denominados ácidos graxos poli-insaturados (AGP ou *PUFA = polyunsaturated fatty acids*).

Quanto ao número de carbonos na molécula, os ácidos graxos podem ser de cadeia curta quando apresentam até seis carbonos, de cadeia média por apresentarem de oito a 14 átomos de carbono, e de cadeia longa por conterem mais de 14 carbonos na molécula.[6]

Os ácidos graxos insaturados apresentam isomeria geométrica designada pelo sistema de nomenclatura *cis-trans,* utilizado para indicar a posição dos átomos de hidrogênio ligados aos átomos de carbono com ligação dupla; *cis* quando os átomos de hidrogênio estão no mesmo lado e *trans* quando estão em lados opostos (Figura 3.1). A configuração das ligações duplas nos ácidos graxos é naturalmente *cis*, embora a configuração *trans* seja termodinamicamente mais estável.

Nomenclatura dos ácidos graxos

A terminologia dos ácidos graxos pode ser considerada complicada devido à existência de vários diferentes sistemas de nomenclatura. A nomenclatura de acordo com a *International Union of Pure and Applied Chemists* (IUPAC),[7-9] nomes comuns e abreviatura numérica ou simbologia

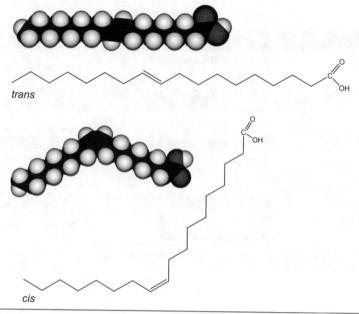

Figura 3.1 Exemplo de um ácido graxo *cis* e de um ácido graxo *trans*.

dos ácidos graxos mais comuns encontrados nos alimentos, inclusive na forma geométrica *trans*, são apresentados na Tabela 3.4.

Nomenclatura de acordo com a IUPAC

A terminologia sistemática de ácidos graxos segundo a IUPAC[7-9] é derivada dos hidrocarbonetos com substituição do sufixo **o** do hidrocarboneto com o mesmo número de carbonos na cadeia, pelo sufixo **oico** devido à presença da função ácido. Por exemplo, o hidrocarboneto contendo 16 átomos de carbono denominado hexadecan**o** passa a ser nomeado de ácido hexadecan**oico** quando ácido carboxílico.

A localização das ligações duplas são designadas usando a letra grega delta (Δ), que representa o primeiro número do carbono em que ocorre a ligação dupla, contando a partir do grupo carboxila, o qual recebe o número um (1). Por exemplo, Δ9 representa a ligação dupla entre os carbonos 9 e 10, numerados a partir do grupo carboxila (Figura 3.2). Quando o ácido graxo apresenta uma ou mais ligações duplas, a terminologia muda, sendo a designação **anoico** substituída por **enoico** e os termos di, tri, tetra, e assim por diante, adicionados de acordo com o número de ligações duplas. Por exemplo, o ácido graxo de 18 carbonos denominado ácido octadecanoico, quando apresentar uma ligação dupla entre os carbonos 9 e 10, passa a ser denominado ácido Δ9-octadecenoico ou simplesmente ácido 9-octadecenoico (nomenclatura mais usualmente empregada). O símbolo Δ é assumido e muitas vezes não é especificado na estrutura. Quando apresentar duas ligações duplas, por exemplo, entre os carbonos 9-10 e 12-13, é denominado ácido Δ9,12-octadeca**dienoico** ou simplesmente ácido 9,12-octadeca**dienoico**. Quando apresentar

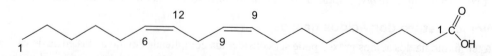

Figura 3.2 Sistema de numeração de acordo com a IUPAC (superior) e com abreviação ômega (inferior).

Lipídeos **67**

Tabela 3.4 Nome comum, sistemático e abreviação dos ácidos graxos mais encontrados em alimentos.

Nome comum	Nome sistemático	Abreviação	
		IUPAC	ômega
saturados			
ác. butírico	ác. butanoico	4:0	
ác. caproico	ác. hexanoico	6:0	
ác. caprílico	ác. octanoico	8:0	
ác. cáprico	ác. decanoico	10:0	
ác. láurico	ác. dodecanoico	12:0	
ác. mirístico	ác. tetradecanoico	14:0	
ác. palmítico	ác. hexadecanoico	16:0	
ác. esteárico	ác. octadecanoico	18:0	
monoinsaturados			
ác miristoleico	ác. 9-tetradecenoico	14:1Δ9	14:1n5
ác. palmitoleico	ác. 9-hexadecenoico	16:1Δ9	16:1n7
ác. oleico	ác. 9-octadecenoico	18:1Δ9	18:1n9
ác. elaídico	ác. *trans*-9-octadecenoico	18:1(*trans*9)	
	ác. *tr*-9-octadecenoico	18:1(*tr*9)	
	ác. *t*-9-octadecenoico	18:1(*t*9)	
poli-insaturados			
ác. linoleico	ác. 9,12-octadecadienoico	18:2 Δ9,12	18:2n6
ác. linolelaídico	ác. *t*-9,*t*-12-octadecadienoico	18:2(*t*9,*t*12)	
ác. α-linolênico	ác. 9,12,15-octadecatrienoico	18:3 Δ9,12,15	18:3n3
ác. α-eleosteárico	ác. 9,*t*-11,*t*-13-octadecatrienoico	18:3(9,*t*11,*t*13)	
ác. β-eleosteárico	ác. *t*-9,*t*-11,*t*-13-octadecatrienoico	18:3(*t*9,*t*11,*t*13)	
ác. γ-linolênico	ác. 9,12,15-octadecatrienoico	18:3 Δ6,9,12	18:3n6
ác. araquidônico	ác. 5,8,11,14-eicosatetraenoico	20:4 Δ5,8,11,14	20:4n6
EPA (ác. eicosapentaenoico)	ác. 5,8,11,14,17-eicosapentaenoico	20:5 Δ5,8,11,14,17	20:5n3
DHA (ác. docosahexaenoico)	ác. 4,7,10,13,16,19-docosahexaenoico	22:6 Δ4,7,10,13,16,19	22:6n3

Fonte: Belitz et al.[2], O'Keefe[9].

três ligações duplas, por exemplo, entre os carbonos 9-10, 12-13 e 15-16, é denominado ácido Δ9,12,15-octadeca**trienoico** ou simplesmente ácido 9,12,15-octadeca**trienoico.**

As ligações duplas nos ácidos graxos poli-insaturados são, em geral, ligações duplas não conjugadas estando separadas por um carbono metilênico (Figura 3.3). Desse modo, as ligações duplas da maioria dos ácidos graxos insaturados estão afastadas por três átomos de carbono, sendo possível deduzir a localização de todas as ligações duplas se a localização da primeira ligação dupla for conhecida.

De acordo com a IUPAC, os ácidos graxos são também reportados por uma abreviatura numérica ou simbologia. Por exemplo, o ácido Δ9-octadecadienoico é representado por 18:2Δ9 que

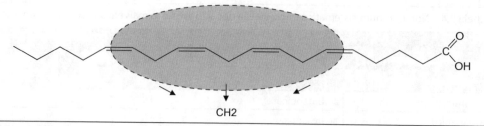

Figura 3.3 Sistema de ligações duplas não conjugadas.

indica o número de átomos de carbono na cadeia do ácido graxo (no caso 18 carbonos), o número de ligações duplas (2 ligações duplas), a posição das ligações duplas (a primeira ligação dupla está no carbono 9, e a segunda, no carbono 12, pois é um ácido não conjugado e, portanto, as duplas estão afastadas por três átomos de carbono) e a configuração da ligação dupla é *cis*. Outra abreviação muito comum encontrada na literatura é omitir o Δ e colocar a posição das ligações duplas entre parênteses ou não. Assim, o ácido Δ9-octadecadienoico será expresso como 18:2(9,12) ou 18:2 9,12 ou 18:2(*cis*-9, *cis*-12) ou 18:2*cis*-9,*cis*-12. Os prefixos *cis* e *trans* podem ser abreviados para *c* e *t* ou *tr*, ser colocados antes ou depois do número que indica a ligação dupla e, quando omitidos, são considerados como configuração *cis*. Portanto, a simbologia do ácido graxo contendo 18 carbonos com duas ligações duplas sendo uma *cis* no carbono 9 e outra *trans* no carbono 12 será 18:2(9,*tr*12) ou 18:2(9,*t*12). No entanto, a recente proposta de nomenclatura sistemática para uso em base de dados lipidômica e bioinformática requer o uso de *Z* para *cis* e de *E* para *trans*.[4]

Nomenclatura ômega

A nomenclatura ômega, outra abreviatura numérica muito comum, surgiu da importância nutricional da indicação da posição da última ligação dupla dos ácidos graxos insaturados em relação ao grupo metila terminal da cadeia e utiliza o termo ômega, representado pela letra grega ω ou n (Figura 3.2). Nessa nomenclatura, o grupo metila recebe o número um (1), a última letra do alfabeto grego é ω (portanto, o final) e as letras n ou ω são seguidas do número que indica o carbono onde está a ligação dupla a partir do grupo metila terminal. Por exemplo, a abreviatura 18:2Δ9 (segundo IUPAC[7-9]) na representação ômega é 18:2n6, significando que o ácido graxo é formado por 18 carbonos, apresenta 2 ligações duplas, sendo que a primeira está localizada no carbono 6 contado a partir do grupo metila terminal. Embora a IUPAC tenha recomendado eliminar o termo ω e usar exclusivamente a letra n, ambos são comumente utilizados na literatura e são equivalentes. Nessa abreviatura, assume-se que os ácidos graxos insaturados têm ligação *cis*, e se o ácido graxo for poli-insaturado as ligações duplas são interrompidas por um grupo metileno. A simbologia ômega não pode ser utilizada para ácidos graxos *trans* ou ácidos graxos contendo grupos funcionais adicionais ou com sistema de ligações duplas conjugadas. Por essa terminologia, os ácidos graxos são agrupados em séries ou famílias (n3, n6 e n9) com base em sua atividade biológica e sua origem biossintética, já que muitas enzimas reconhecem os ácidos graxos a partir da terminação metila da molécula, quando esterificados com glicerol.[10]

Muitas vezes os ácidos graxos poli-insaturados são designados pela abreviatura sem o termo n, como, por exemplo, 18:3. Entretanto, essa notação é ambígua, desde que 18:3 possa representar 18:3n3, 18:3n6 ou 18:3n9; ácidos graxos completamente diferentes, sobretudo em relação à origem e significância nutricional.

Nomenclatura comum

Nomes comuns foram introduzidos através dos anos, e para certos ácidos graxos os nomes comuns são mais conhecidos do que a terminologia sistemática da IUPAC. Por exemplo, ácido oleico é muito mais comum que ácido *cis*-9-octadecenoico. Muitos dos nomes comuns foram originados botânica ou zoologicamente, como o ácido mirístico, que é encontrado em óleo de semente da família *Myristicaceae*. A denominação ácido margárico para o 17:0, devido à sua presença na margarina, foi errônea, já que mais tarde foi descoberto que o suposto ácido margárico ou 17:0 era, na verdade, uma mistura de ácido palmítico e esteárico.

Ácidos graxos *trans*

Ácidos graxos insaturados com estrutura não usual são aqueles com uma ou mais ligações duplas *trans* e/ou ligações duplas conjugadas. Eles são formados em baixas concentrações pela bio-hidrogenação por meio de enzimas (isomerases e hidrogenases) presentes na microbiota do rúmen de animais poligástricos, e são portanto encontrados em leite, carne bovina e ovina e seus derivados. Os ácidos graxos *trans* podem também ser formados como artefatos do processamento industrial de óleos na etapa de desodorização e podem estar presentes em quantidades maiores em óleos vegetais ou gorduras parcialmente hidrogenadas, bem como nos alimentos que utilizam esses produtos na formulação. Os ácidos graxos *trans* são indesejáveis, uma vez que elevam os níveis de lipoproteínas de baixa densidade (LDL = *low density lipoprotein*) e reduzem os de lipoproteínas de alta densidade (HDL = *high density lipoprotein*), aumentando a razão LDL/HDL.[11]

Ácidos graxos conjugados

Os ácidos graxos insaturados que apresentam as ligações duplas conjugadas são denominados ácidos graxos conjugados (Figura 3.4). O ácido linoleico conjugado (ALC ou *CLA = conjugated linoleic acid*) é um termo coletivo para o ácido octadecadienoico (18:2) com isômeros geométricos e de posição contendo insaturações conjugadas. Os CLA são de especial interesse desde que estão relacionados com efeitos anticarginogênicos, antidiabético, antiaterogênico, além de prevenirem ou diminuírem a adiposidade do corpo.[12] Entretanto, não há um consenso na literatura com relação aos seus efeitos em organismos animais e humanos, nem com relação à liberação do seu uso em diferentes países. Isso reforça a necessidade de mais estudos na área, a fim de estabelecer recomendações com relação ao seu uso por humanos.[13,14]

Os CLA são produzidos predominantemente durante o metabolismo dos animais ruminantes como primeiro intermediário da bio-hidrogenação do ácido linoleico ou pela conversão endógena do ácido vacênico por meio da enzima $\Delta 9$-desaturase.[15] Mais de nove isômeros de CLA já foram identificados; no entanto, apenas dois apresentam comprovadamente atividade biológica, 18:2(9,*t*11) e 18:2(*t*10,12), sendo o 18:2(9,*t*11) predominante nos alimentos (Tabela 3.5), representando mais de 90% de CLA consumido na dieta.

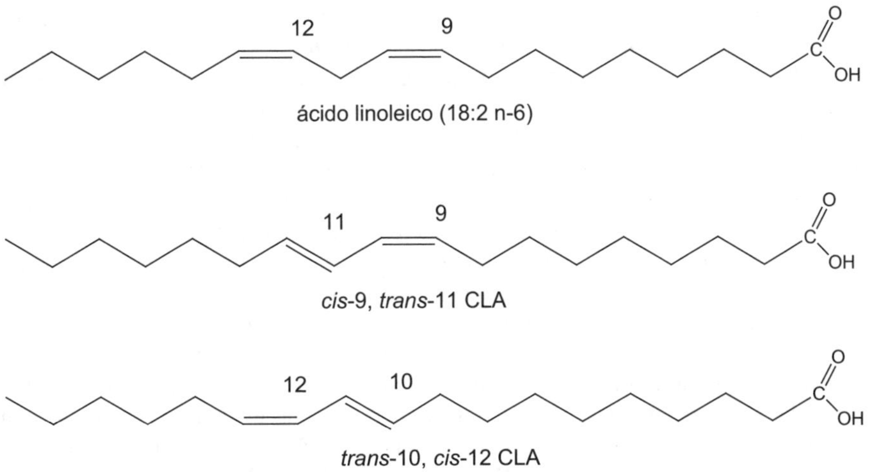

ácido linoleico (18:2 n-6)

cis-9, *trans*-11 CLA

trans-10, *cis*-12 CLA

Figura 3.4 Estruturas do ácido linoleico e de exemplos de ácido linoleico conjugado.

Tabela 3.5   Teores de ácido linoleico conjugado (CLA) em alimentos.

Alimento	Total de CLA (mg/g lipídeo)	18:2(9,t11) (% total de CLA)
Leite	2-30	90
Manteiga	9,4-11,9	91
Queijo	0,6-7,1	17-90
Queijo processado	3,2-8,9	17-90
Sorvete	3,8-4,9	73-76
Iogurte	5,1-9,0	82
Carne bovina, cozida	4,7-9,9	65
Óleos vegetais	0,2	45

Fonte: O'Shea et al.[15]

Ácidos conjugados do α-linolênico (ACLN ou CLNA = *conjugated linolenic acid*) é um termo coletivo para descrever os isômeros posicionais e geométricos do ácido octadecatrienoico (18:3) com duplas ligações conjugadas, que podem apresentar-se em ambas as formas *cis* e *trans*. Os CLNA estão presentes em lipídeos vegetais, especialmente óleos de sementes, em quantidades elevadas (40-80% do total de ácidos graxos). Cinco isômeros de CLNA ocorrem como componentes principais de óleos das sementes de diferentes plantas: ácido α-eleosteárico (9,t11,t13), ácido punícico (9,t11,13), ácido calêndico (t8,t10,12), ácido jacárico (8,t10,12) e ácido catálpico (t9,t11,13); isso porque cada semente tem uma enzima conjugase específica, que converte o ácido linoleico em um único isômero de CLNA. Por exemplo, o ácido punícico está presente em cerca de 70% no óleo de semente de romã. Assim como os CLA, os CLNA também podem ser formados durante o processamento de óleos vegetais contendo os ácidos linoleico e α-linolênico. Alguns estudos mostram que esses isômeros atuam como potente supressor do crescimento de células tumorais humanas e como modelador do metabolismo lipídico em animais. Além disso, há evidências mostrando que os CLNA são metabolizados a CLA e incorporados em tecidos animais. Entretanto, os estudos sobre seus efeitos fisiológicos são ainda mais limitados que os CLA.[13,14]

Ácidos graxos essenciais

O processo evolutivo propiciou aos animais e plantas diferentes habilidades para o metabolismo dos ácidos graxos. Nos mamíferos, as células não são capazes de promover a conversão dos ácidos graxos n6 em n3 porque não possuem a enzima de conversão denominada n3 dessaturase.[10] Desse modo, como o ácido linoleico e o ácido α-linolênico não podem ser sintetizados pelos animais, são considerados essenciais, devendo ser obtidos exclusivamente por meio de dieta. Os ácidos graxos essenciais afetam a fluidez, a flexibilidade e a permeabilidade das membranas, são precursores de eicosanoides e estão envolvidos no transporte e metabolismo do colesterol. Nas dietas ocidentais, o ácido linoleico é o principal ácido graxo essencial, seguido do ácido α-linolênico. As principais fontes de ácido linoleico são castanhas, óleos vegetais, como girassol, milho e soja, enquanto o α-linolênico é encontrado em óleo de semente de linhaça, canola e soja.

Após o consumo, os ácidos graxos essenciais são metabolizados por meio de uma sequência de reações químicas. Como o alongamento e a dessaturação do ácido linoleico (precursor da família n6, ácido araquidônico) e do ácido α-linolênico (precursor da família n3, EPA e DHA) são realizados pelas mesmas enzimas, ocorre uma competição pelas enzimas e o excesso de um tipo de ácido graxo resulta em diminuição importante da conversão do outro.[10] Embora uma parte do ácido α-linolênico seja convertido em EPA e posteriormente em DHA, a extensão dessa conversão é moderada e controversa. Emken, Adlof e Gulley[16] reportaram taxas de conversão variando entre 11 e 18,5%, enquanto Pawlosky et al.[17] encontraram 0,2% de conversão. A atividade das dessaturases pode ainda ser alterada por fatores como tabagismo, consumo de álcool, estresse, ingestão elevada de gorduras *trans* e envelhecimento. Portanto, o ácido araquidônico e o EPA são considerados também ácidos graxos essenciais, e as principais fontes são peixes, como atum, sardinha e salmão.

Sob a ação de ciclo-oxigenases e lipoxigenases, o ácido araquidônico e o EPA são convertidos em derivados cíclicos chamados de eicosanoides (prostaglandinas, prostaciclinas, leucotrienos e tromboxanas), os quais influenciam de maneira significativa as atividades biológicas.[10] Os eicosanoides derivados da família n6 apresentam características pró-inflamatórias e pró-agregatórias. Quando produzidos em excesso, podem induzir um estado inflamatório que é a base de inúmeras doenças crônico-degenerativas, como doença cardíaca coronária, diabetes, artrite, câncer, osteoporose, doença mental, xeroftalmia e degeneração macular relacionada com a idade.[10] Por outro lado, aos eicosanoides derivados da família n3 são atribuídas propriedades anti-inflamatórias, antitrombóticas e vasodilatadoras que previnem doenças, como dislipidemias, hipertensão arterial, além de reduzir o risco de acidente vascular cerebral isquêmico.[10] Esses ácidos graxos também estão envolvidos no desenvolvimento e funcionamento de neurônios e da visão, especialmente durante a gravidez, lactação e infância.[18,19] Desse modo, a relação dos ácidos graxos n6/n3 afeta fortemente a produção de eicosanoides, e o consumo desses ácidos graxos deve ser equilibrado para a normalidade do metabolismo. No entanto, nas dietas ocidentais ocorre alta ingestão de ácidos graxos da família n6 e baixo consumo de ácidos graxos da família n3. A relação de ácidos graxos n6/n3 varia entre 15:1 e 20:1,[10] quando as recomendações da Organização das Nações Unidas para Alimentação e Agricultura (FAO) são de 5:1 a 10:1.[20]

Ácidos graxos de cadeia ramificada

Ácidos graxos de cadeia ramificada são ácidos graxos em que um ou mais átomos de hidrogênio foram substituídos por um grupo metila. São denominados iso-, quando o grupo metila está localizado no penúltimo carbono da cadeia (ou n2), e de anteiso-, quando o grupo metila está localizado no antepenúltimo carbono da cadeia (ou n3) (Figura 3.5). Portanto, ao nome comum adiciona-se o prefixo iso ou anteiso, por exemplo, ácido isomirístico (nome comum) ou ácido 12-metil-tridecanoico (IUPAC) e ácido anteisomirístico (nome comum) ou ácido 11-metil-tridecanoico (IUPAC). A simbologia consiste em adicionar a letra i- ou ai- antes do número de carbonos, por exemplo, i-14:0 para o ácido isomirístico e ai-14:0 para o ácido anteisomirístico. São ácidos graxos com número ímpar e par de carbonos, comuns em bactérias e gorduras animais, sobretudo de ruminantes, e raramente são encontrados em óleos vegetais.

Os micro-organismos do gênero *Mycobacterium* produzem uma variedade de ácidos graxos com grupos metila localizados no meio da cadeia carbônica e também com vários grupos metilas na cadeia carbônica conhecidos coletivamente como ácido micólico. Este é formado por cadeias longas contendo de 60 a 90 carbonos e pode conter, além de grupos metila, grupos hidroxila e carbonila e também ligações duplas isoladas. Um exemplo de ácido micólico é mostrado na Figura 3.6.

Outros ácidos de cadeia ramificada são derivados da biossíntese dos isoprenoides, como o ácido pristânico (ácido 2,6,10,14-tetrametilpentadecanoico) e fitânico (ácido 3,7,11,15-tetrametilhexadecanoico), que já foram detectados em gordura de leite, sendo provenientes da degradação do fitol presente na molécula de clorofila.

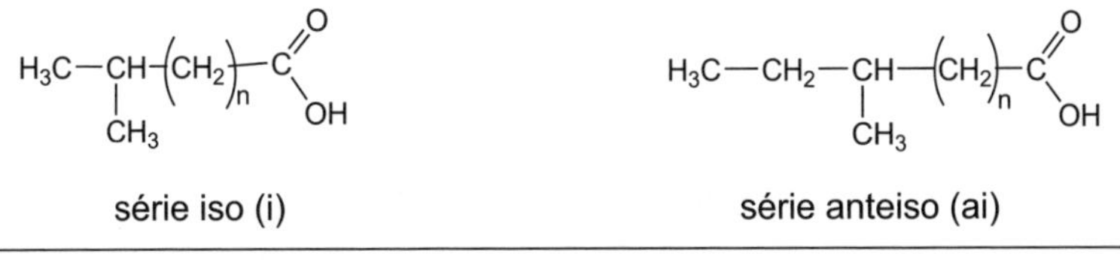

série iso (i)

série anteiso (ai)

Figura 3.5 Exemplo de ácido graxo da série iso e da série anteiso.

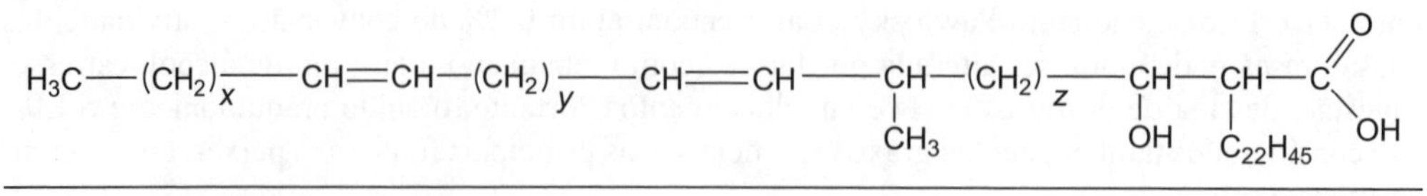

Figura 3.6 Exemplo de um ácido micólico.

Ácidos graxos oxigenados

Ácidos graxos saturados e insaturados contendo oxigênio em grupos funcionais como hidroxila e cetona já foram identificados. O ácido ricinoleico (Figura 3.7) é o mais conhecido dos hidroxiácidos graxos (ácidos graxos insaturados com um grupo hidroxila), cuja estrutura é 12-OH, 18:1(9). É encontrado sobretudo no óleo de rícino perfazendo mais de 90% dos ácidos graxos totais e por isso é utilizado como marcador da presença deste óleo em misturas de óleos comestíveis. Além deste, o ácido graxo saturado 2-OH contendo entre 16 e 25 átomos de carbono é encontrado em lipídeos de folhas verdes de um grande número de vegetais.

Naturalmente, os ácidos graxos contendo grupo cetona (cetoácidos graxos) são menos comuns que os hidroxiácidos graxos. Em torno de 1% dos lipídeos do leite consiste em cetoácidos graxos saturados contendo entre 10 e 24 átomos de carbono, sempre com número par de carbonos e com o grupo cetona localizado entre os carbonos 5 e 13. A estrutura de um cetoácido graxo está apresentada na Figura 3.8.

Ácidos graxos furanoides

Os ácidos graxos furanoides (Figura 3.9) apresentam a estrutura de furano na molécula e estão presentes no óleo de fígado de bacalhau na faixa de 1 a 6% e acima de 25% em alguns peixes. Também podem estar presentes em menor quantidade em alguns óleos vegetais e manteiga, além de frutas, como limão e morango, vegetais, como batata e repolho, e em cogumelos.

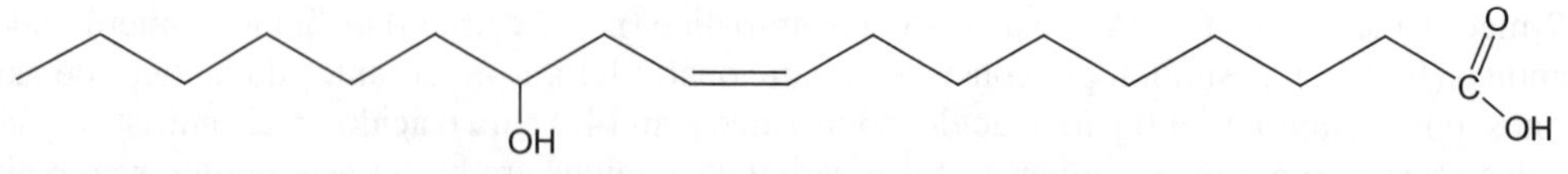

Figura 3.7 Exemplo de um hidroxiácido graxo, estrutura do ácido ricinoleico.

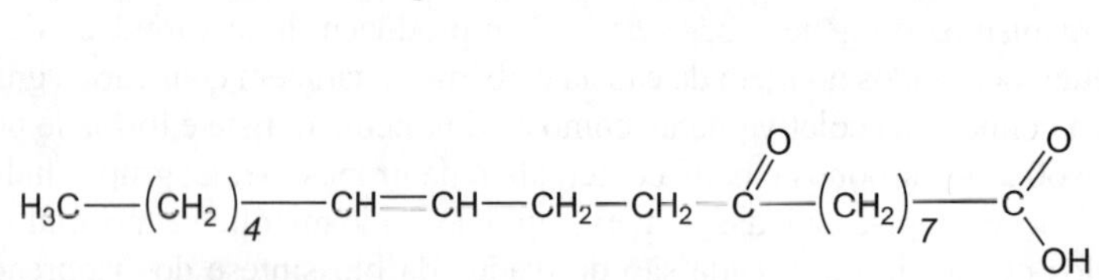

Figura 3.8 Exemplo de um cetoácido graxo.

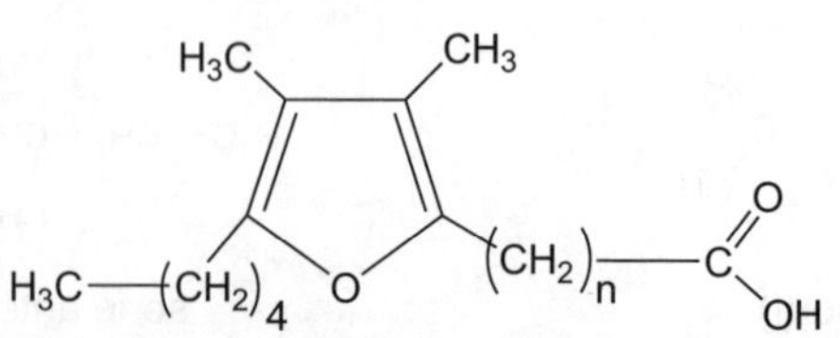

Figura 3.9 Exemplo de um ácido furanoide.

Principais ácidos graxos encontrados em alimentos

Mais de 1.000 ácidos graxos são conhecidos, mas apenas em torno de 20 são encontrados em quantidades significativas em óleos e gorduras. Os principais ácidos graxos saturados encontrados nos alimentos são de cadeia linear, não ramificados e com número par de átomos de carbono. Os ácidos graxos de cadeia curta (< 8:0), portanto, de baixo peso molecular, são constituintes dos triacilglicerídeos, sobretudo da gordura do leite, uma vez que na glândula mamária as bactérias apresentam a propriedade de fermentar os carboidratos a acetato e β-hidroxibutirato, os quais são convertidos em ácidos graxos. Ácidos graxos de cadeia média (8:0, 10:0, 12:0 e 14:0) ocorrem em gordura de leite, em óleo de coco, de palma e do babaçu. Estes ácidos graxos, na forma livre ou esterificada com álcool de baixo peso molecular, estão presentes em pequenas quantidades na natureza, principalmente em alimentos de origem vegetal ou em alimentos produzidos por micro-organismos, sendo responsáveis pelo aroma. Os óleos de coco, de palma e do babaçu são ricos em ácido láurico (12:0) e mirístico (14:0), enquanto a manteiga de cacau apresenta altas quantidades de ácido palmítico (16:0) e esteárico (18:0).

O teor de ácidos graxos saturados em gorduras e tecidos animais, em geral, segue a seguinte ordem: gordura de leite > ovelha > boi > suíno > frango > peru > peixes marinhos. O ácido palmítico é o ácido graxo mais abundante na dieta humana, estando presente em plantas, animais e micro-organismos, seguido pelos ácidos esteárico e mirístico. Alguns ácidos graxos com mais de 18 carbonos são encontrados em manteiga de amendoim. Ácidos graxos com número ímpar de carbono, como os ácidos pentadecanoico (15:0) e heptadecanoico (17:0), estão presentes em leite e em óleos vegetais, porém em pequenas quantidades.

Os principais ácidos graxos insaturados encontrados em alimentos apresentam 18 carbonos. Os óleos vegetais, como azeite de oliva e óleo de canola, são ricos em ácido oleico, enquanto os óleos de soja, algodão e milho apresentam grandes quantidades de ácido linoleico e o óleo de semente de linhaça apresenta alto teor de ácido linolênico (Tabela 3.6).

Os óleos vegetais apresentam, em geral, 80% dos seus ácidos graxos na forma insaturada, enquanto as carnes de frango, bovina e suína, 60% de ácidos graxos insaturados. Os principais ácidos graxos insaturados encontrados em carne bovina, suína e de frango são os ácidos oleico e linoleico; por outro lado, em peixes os ácidos linolênico, EPA e DHA são predominantes (Tabela 3.7). Como apenas algumas espécies de algas são capazes de sintetizar EPA e DHA, os ecossistemas aquáticos são as principais fontes desses dois ácidos graxos. Portanto, para obtê-los, os seres humanos devem consumir peixes de origem marinha, sobretudo de regiões frias. A composição de ácidos graxos das gorduras e tecidos animais depende do sistema digestivo de cada animal, mas nos animais não ruminantes (p. ex., frango, suínos e pescados) é somente dependente da composição dos ácidos graxos da dieta. Por outro lado, nos ruminantes, como os bovinos e ovi-

Tabela 3.6 Principais ácidos graxos (%) de óleos comestíveis.

Ácidos graxos	colza	linhaça	girassol	soja	milho	arroz	algodão	oliva
14:0	-	-	-	traços	-	traços	1	-
16:0	4	6	6	10	12	13	22	11
18:0	-	-	6	3	2	2	2	3
18:1n9	56	17	18	21	34	43	19	75
18:2n6	26	14	69	55	47	36	52	6
18:3n3	10	60	-	7	1	1	-	-
saturado	4	6	12	13	14	15	25	14
insaturado	92	91	87	83	82	80	71	81

Fonte: Mercadante & Rodriguez-Amaya,[21] Scrimgeour.[6]

Tabela 3.7 Principais ácidos graxos (%) de carnes e camarão.

Ácidos graxos	bovina*	suína**	frango***	camarão****
Mirístico (14:0)	3,5	1,8	0,7	1,6
Palmítico (16:0)	24,8	26,2	23,3	14,9
Esteárico (18:0)	16,2	12,1	9,6	8,6
Palmitoleico (16:1n7)	2,4	3,2	4,3	6,3
Oleico (18:1n9)	20,6	33,5	36,2	7,9
Linoleico (18:2n6)	5,0	10,1	14,0	1,5
Linolênico (18:3n3)	6,7	0,5	0,9	0,5
Araquidônico (20:4n6)	0,5	0,6	2,2	5,2
total saturado	45	40	33	30
total monoinsaturado	40	44	46	23
total poli-insaturado	7	14	21	45
EPA + DHA				32

*contrafilé, **lombo, ***carne branca, ****rosa tamanho médio.
Fonte: Bragagnolo & Rodriguez-Amaya.[22-24]

nos, os ácidos graxos poli-insaturados são bio-hidrogenizados a ácidos graxos monoinsaturados e a saturados por meio das enzimas microbianas do rúmen, e portanto a composição de ácidos graxos de ruminantes é parcialmente dependente da dieta. As bactérias do rúmen também promovem a formação de cetoácidos, hidroxiácidos e ácidos graxos ramificados.[25]

Propriedades físicas dos ácidos graxos

Ponto de ebulição e fusão

Ácidos carboxílicos apresentam grande tendência a formar dímeros que são estabilizados por duas ligações de hidrogênio (Figura 3.10) e, portanto, irão apresentar ponto de ebulição mais elevado que os alcoóis de mesma massa molecular. Por exemplo, o álcool propílico tem ponto de ebulição de 97,2 °C, enquanto o ácido acético, composto de mesma massa molecular, de 118 °C. Similarmente, o álcool etílico tem ponto de ebulição de 78,5 °C, enquanto o ácido fórmico, ambos com a mesma massa molecular, de 100,5 °C.

Os pontos de fusão e de ebulição dos ácidos graxos dependem do comprimento da cadeia, da presença de ramificação e substituintes e do número e posição das ligações duplas. O conteúdo de energia da cadeia carbônica dos ácidos graxos saturados tem revelado que, à temperatura ambiente, a maioria das ligações C-C estão presentes na configuração ziguezague. O ponto de fusão e de ebulição dos ácidos graxos saturados aumenta com o aumento do número de carbonos (Figura 3.11)

Ácidos graxos insaturados de cadeia linear sempre apresentam pontos de ebulição e fusão mais baixos do que os ácidos graxos saturados de mesmo número de carbono. A configuração de um ácido graxo com ligação dupla *trans* é menos arqueada do que a configuração de um ácido graxo com ligação dupla *cis*. Por exemplo, o ácido oleico que possui uma ligação dupla *cis*

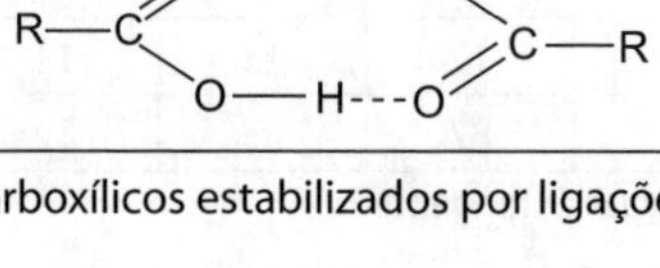

Figura 3.10 Dímero de ácidos carboxílicos estabilizados por ligações de hidrogênio.

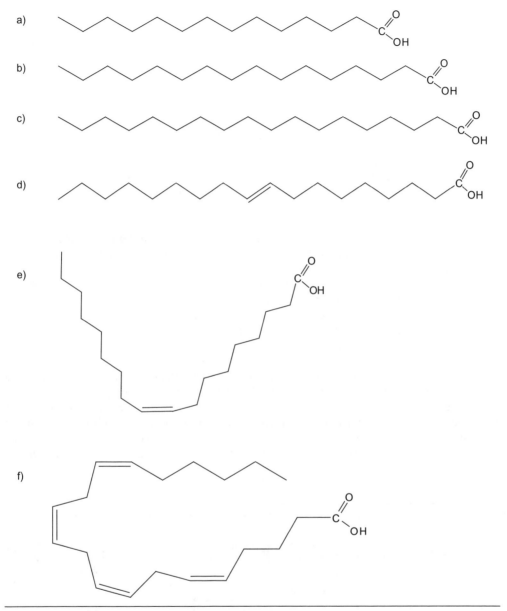

Figura 3.11 Estruturas de ácidos graxos saturados e insaturados e respectivos pontos de fusão (p.f.). 14:0, p.f. = 54,4 °C; b) 16:0, p.f. = 62,9 °C; c) 18:0, p.f. = 69,6 °C; d) 18:1 (t9), p.f. = 46 °C; e) 18:1 (9), p.f. = 13,4 °C; f) 20:4 (5,8,11,14), p.f. = -49,5 °C.

apresenta uma configuração com ângulo de 40° (Figura 3.11), enquanto o correspondente ácido elaídico, com uma ligação dupla *trans*, tem a cadeia carbônica similar à forma linear do ácido esteárico (Figura 3.11). O aumento do número de ligações *cis* torna a cadeia carbônica cada vez mais arqueada. Assim, a cadeia carbônica do ácido araquidônico com quatro ligações duplas *cis* apresenta um ângulo de 165° (Figura 3.11).

A estrutura cristalina dos ácidos graxos é estabilizada por ligações hidrofóbicas e, portanto, a temperatura requerida para a fusão do cristal aumenta com o aumento do número de carbonos na

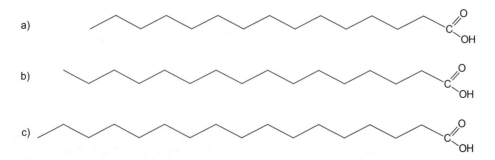

Figura 3.12 Estruturas de ácidos graxos saturados com número par e ímpar de carbonos e respectivos pontos de fusão (p.f.). a) 15:0, p. f. = 52,1 °C; b) 16:0, p. f. = 62,9 °C; c) 17:0, p. f. = 61,3 °C.

cadeia. Ácidos graxos com número ímpar de carbono, bem como ácidos graxos insaturados, não podem ser uniformemente empacotados na estrutura cristalina como os saturados e os de número pares de carbono. Os ácidos graxos de cadeia ímpar são ligeiramente afetados por seus grupos metila terminal. A consequência da menor simetria é que o ponto de fusão de ácidos graxos com número par de carbono (Cn) é maior que o ponto de fusão do subsequente ácido graxo de número de carbono ímpar (Cn+1). Como os ácidos graxos com número par de carbonos apresentam o grupo metila terminal em lado oposto ao grupo carboxila, o empacotamento é melhor e, logo, mais intensa são as interações hidrofóbicas (Figura 3.12).

O arranjo molecular da estrutura cristalina dos ácidos graxos insaturados não é fortemente influenciado pelas ligações *trans,* mas, sim, pelas ligações *cis.* Por exemplo, o ponto de fusão do 18:0 será maior que o 18:1(*t*9) e este maior que 18:1(9). Entretanto, esta propriedade depende da posição das ligações duplas dentro da molécula. Quando a ligação dupla está no início da cadeia carbônica, por exemplo, no ácido graxo 18:1(2), o ângulo formado na cadeia carbônica não é tão grande quanto no 18:1(9). Assim, o ponto de fusão do ácido graxo 18:1(2) é maior que o do 18:1(*t*9) (Tabela 3.8). O ponto de fusão decresce com o aumento do número de ligações duplas

Tabela 3.8 Efeito do número, configuração e posição das ligações duplas no ponto de fusão dos ácidos graxos.

Ácido graxo		Ponto de fusão (°C)
17:0	Ácido margárico	61,3
18:0	Ácido esteárico	69,6
19:0	Ácido n-nonadecílico	68,7
18:1(2)	Ácido *cis*-2-octadecenoico	51
18:1(*t*9)	Ácido elaídico	46
18:1(9)	Ácido oleico	13,4
18:2(9,12)	Ácido linoleico	-5
18:2(*t*9, *t*12)	Ácido linolelaídico	28
18:3(9,12,15)	Ácido α-linolênico	-11
20:0	Ácido araquídico	75,4
20:4(5,8,11,14)	Ácido araquidônico	-49,5

Fonte: Belitz et al.,[2] Knothe & Dunn.[26]

(Tabela 3.8) devido à geometria das moléculas, como pode ser visto quando comparamos as estruturas geométricas do ácido oleico e do ácido araquidônico (Figura 3.11).

Solubilidade

A solubilidade dos ácidos graxos depende do número de carbonos e da configuração geométrica. Ácidos graxos de menor massa molecular são solúveis em água devido às ligações de hidrogênio que se formam entre os grupos carboxílicos dos ácidos graxos e a água, facilitando sua solubilização. Os ácidos graxos de cadeia grande são insolúveis em água e formam um filme na superfície da água onde o grupo carboxílico fica orientado na direção da água e a cauda hidrofóbica fica orientada para a fase gasosa (ar). Desse modo, as cadeias de ácidos graxos ficam perpendiculares à superfície da água e paralelas entre si.

Com a diminuição da solubilidade dos ácidos graxos em água, aumenta a solubilidade em solventes orgânicos. O éter etílico é o melhor solvente para o ácido esteárico e outros ácidos graxos saturados de cadeia longa, uma vez que este solvente é suficientemente polar para atrair os grupos carboxílicos. A solubilidade dos ácidos graxos em solventes orgânicos aumenta com o aumento do número de ligações duplas *cis*.

Absorção na região do ultravioleta

Todos os ácidos graxos insaturados com ligações duplas *cis* isoladas absorvem luz na região do ultravioleta em comprimento de onda próximo a 190 nm e, portanto, não podem ser distinguidos entre si espectrofotometricamente. Ácidos graxos com ligações duplas conjugadas absorvem luz, em vários comprimentos de onda, dependendo do número de ligações duplas conjugadas e da isomeria dessas ligações.

Propriedades químicas

Metilação do grupo carboxila

Uma das reações mais importantes dos ácidos graxos é a reação de esterificação que consiste na reação dos ácidos graxos com alcoóis, catalisada por prótons, formando éster mais água. O grupo carboxila dos ácidos graxos é despolarizado por metilação transformando os ácidos graxos em derivados mais voláteis para facilitar a sua separação por cromatografia gasosa ou por destilação fracionária. Dependendo da aplicação, outros ésteres menos voláteis podem ser preparados, como o etílico, o butírico ou o isopropílico. A reação pode ser catalisada com trifluoreto de boro (BF_3) em excesso de metanol (Figura 3.13). No entanto, muitos procedimentos podem ser utilizados para a preparação de ésteres metílicos e cada método tem vantagens e limitações dependendo do óleo ou gordura a ser analisado.[27]

Formação de sais

Todos os ácidos graxos formam sais com metais fortemente eletropositivos ou por reação com álcalis (Figura 3.14), tornando-os solúveis em água.

Reações de ácidos graxos insaturados

Várias reações envolvendo ácidos graxos insaturados apresentam papel importante nas análises de identidade e qualidade de produtos alimentícios e no processamento de lipídeos.

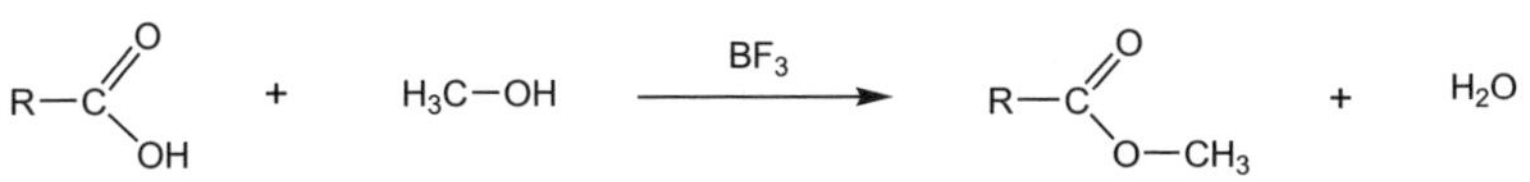

Figura 3.13 Reação de esterificação.

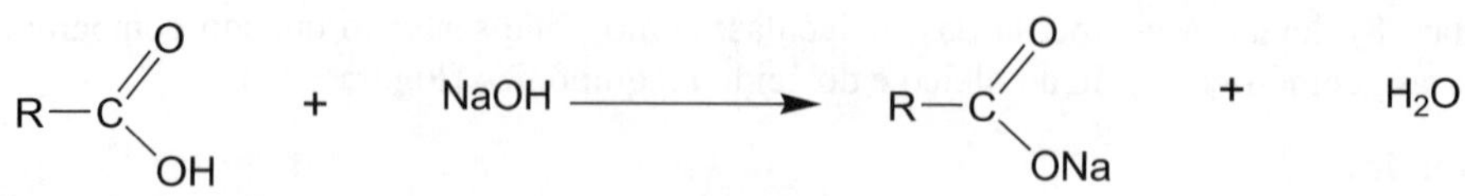

Figura 3.14 na imagem mostra uma reação química:

$$R-C\overset{O}{\underset{OH}{}} + NaOH \longrightarrow R-C\overset{O}{\underset{ONa}{}} + H_2O$$

Figura 3.14 Reação de formação de sais alcalinos de ácidos graxos.

Reação de adição de halogênios

O número de ligações duplas presentes em óleos e gorduras pode ser determinado mediante o índice de iodo. A gordura ou o óleo é tratado com reagente halogenado, o qual reage apenas com as ligações duplas, como pode ser observado na Figura 3.15. Óleos com elevado índice de iodo apresentam grande número de ligações duplas.

Hidrogenação

A hidrogenação de óleos envolve a adição de hidrogênio nas ligações duplas dos ácidos graxos. O processo é de grande importância para as indústrias de óleos e gorduras, pois converte o óleo líquido em gordura semissólida ou plástica, o que é mais desejável para aplicações, alterando o comportamento de cristalização, tornando a composição dos triacilglicerídeos mais homogênea e aumentando a sua estabilidade à oxidação.

A reação de hidrogenação necessita de um catalisador para aumentar a velocidade de reação, na maioria das vezes o níquel metálico; gás hidrogênio para fornecer o substrato; agitação para dissolução do hidrogênio em uma mistura uniforme de catalisador com óleo e para ajudar a dissipar o calor da reação e aquecimento (110-220 °C) para liquefazer o óleo.[28,29] O níquel é incorporado a um suporte poroso a fim de proporcionar maior superfície de contacto. O tempo de reação é de 40 a 60 minutos e o curso da reação é monitorado pela alteração do índice de refração, o qual está relacionado com o grau de saturação do óleo. A remoção das ligações duplas e conversão de *cis* para *trans* causam redução do índice de refração. Quando o ponto final é atingido, o óleo é resfriado, e o catalisador, removido por filtração.

O mecanismo de hidrogenação envolve a complexação do catalisador em cada extremidade da ligação dupla do ácido graxo.[30] Em seguida, o hidrogênio é absorvido ao catalisador rompendo um dos complexos metal-carbono e forma um estado semi-hidrogenado, uma vez que o outro carbono permanece ligado ao catalisador. O final da reação dá-se quando o estado semi-hidrogenado interage com outro hidrogênio, rompendo a outra ligação carbono-catalisador, produzindo, assim, um ácido graxo saturado. Para que isso aconteça, a quantidade de hidrogênio associada ao catalisador deve ser suficiente, caso contrário, a ligação dupla é regenerada no mesmo átomo de carbono, podendo apresentar-se nas configurações *cis* ou *trans*, sendo predominantemente na forma *trans* devido à sua maior estabilidade termodinâmica, ou migrar para o carbono adjacente (Figura 3.16). Para que o processo resulte em baixas concentrações de ácidos graxos *trans*, nutricionalmente indesejáveis, é necessário o emprego de alta pressão de hidrogênio, elevada agitação, baixa temperatura e menor concentração de níquel.[25] Além disso, novos processos de hidrogenação apresentaram resultados promissores com teores de ácidos graxos *trans* abaixo de 8% e poderão ser uma alternativa viável ao processo de hidrogenação convencional catalisada por níquel.[31]

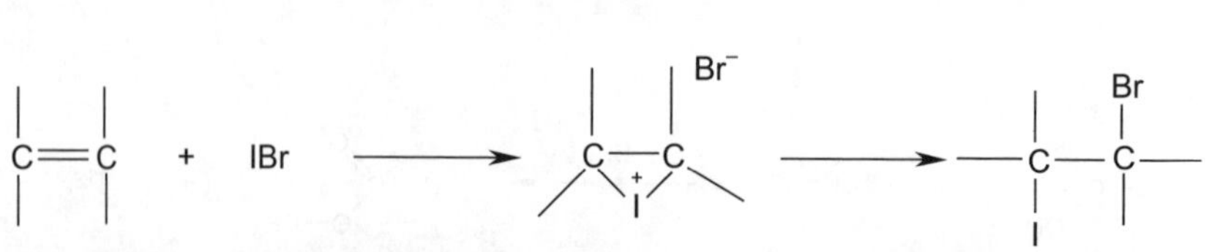

Figura 3.15 Reação de adição de halogênios.

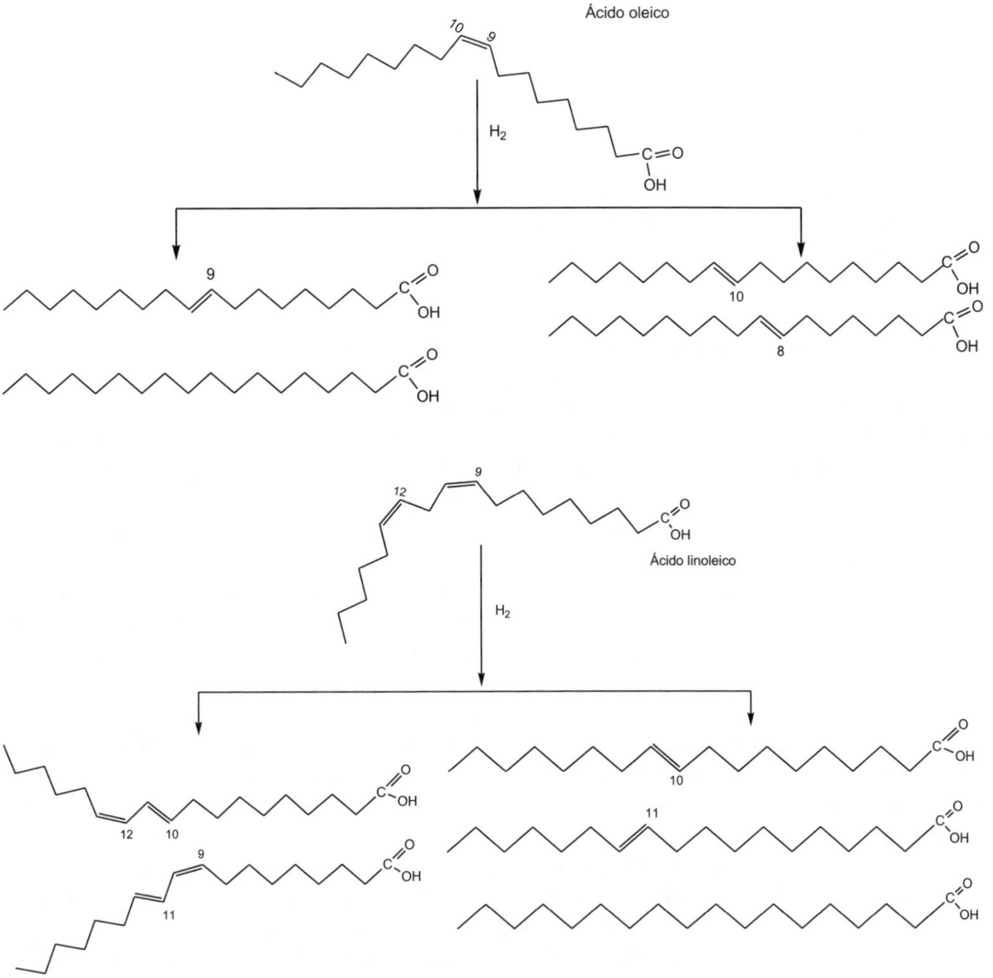

Figura 3.16 Reação de hidrogenação do ácido oleico e do ácido linoleico.

Quando a hidrogenação é parcial, pode ocorrer a formação de uma mistura relativamente complexa de produtos dependendo de quais ligações duplas são hidrogenadas, o tipo e o grau de isomerização e as taxas relativas dessas várias reações. A hidrogenação ocorre de maneira seletiva e sequencial. Ácidos graxos poli-insaturados são hidrogenados mais rapidamente que ácidos graxos monoinsaturados. De acordo com Albright,[32] a razão de seletividade de um ácido mais insaturado para um menos insaturado corresponde, por exemplo, à taxa de hidrogenação do ácido linoleico para o ácido oleico (K_2) dividido pela taxa de hidrogenação do ácido oleico para o ácido esteárico (K_3). As constantes das taxas de reações podem ser calculadas a partir da composição de ácidos graxos iniciais e finais e o tempo de hidrogenação. A taxa de seletividade para a reação mencionada (K_2/K_3) é 12,2, significando que o ácido linoleico é hidrogenado 12,2 vezes mais rápido que o ácido oleico.

Acilglicerídeos ou acilglicerois

Acilglicerídeos ou acilglicerois compreendem os mono, di e triésteres do glicerol com ácidos graxos sendo denominados monoacilglicerídeos, diacilglicerídeos e triacilglicerídeos, respectivamente. O grupo OH em cada ácido graxo é ligado a um grupo OH no glicerol formando uma ligação éster (-O-) e liberando uma molécula de água. Os ácidos graxos encontrados em plantas e animais apresentam-se em sua maioria (~98%) esterificados com glicerol. Ácidos graxos na forma livre não são comuns em tecidos vivos, uma vez que apresentam a capacidade de romper a organização da membrana celular. No entanto, quando esterificados com glicerol, essa atividade citotóxica diminui. Os ácidos graxos ligados ao glicerol são neutros e o triacilglicerídeo é insolúvel em água (hidrofóbico). Os lipídeos neutros podem ser transportados com segurança no sangue e armazenados nas células de gordura (adipócito) como uma reserva de energia.[14]

A nomenclatura de acordo com a IUPAC possibilita diferentes nomes para cada triacilglicerídeo. Por exemplo, um triéster formado com três resíduos de ácido palmítico será denominado tripalmitina ou tripalmitoil glicerol ou tri-*0*-palmitoil glicerol. Mais comumente, a nomenclatura utiliza a designação **ina** para indicar o triacilglicerídeo, ou seja, tripalmitina.

Nos triacilglicerídeos há um centro quiral quando os ácidos graxos nas posições 1 e 3 são diferentes (Figura 3.17). Para diferenciar esses estereoisômeros, os átomos de carbono do glicerol são indicados estéreo-especificamente (*sn*). Nesse sistema, fórmulas de projeção de Fischer são utilizadas, nas quais o grupo hidroxila secundário está à esquerda e as designações *sn*-1, *sn*-2 e *sn*-3 correspondem, respectivamente, às hidroxilas do topo (C1), do meio (C2) e do final (C3). A nomenclatura nesse caso substitui o **ico** por **oil**, assim um triacilglicerídeo contendo ácido palmítico (P), esteárico (E) e oleico (O) é designado por 1-palmitoil-2-oleoil-3-estearoil-*sn*-glicerol. No entanto, outras nomenclaturas são também utilizadas como *sn*-1-palmito-2-óleo-3-estearina ou, ainda, *sn*-glicerol-1-palmitato-2-oleato-3-estearato, considerando o mesmo exemplo. Quando dois dos ácidos graxos são idênticos, o nome incorpora a designação di, por exemplo, 1,2-dipalmitoil-3-oleoil-*sn*-glicerol e 1-estearoil-2,3-dilinolenoil-*sn*-glicerol.

Com o intuito de facilitar a descrição dos triacilglicerídeos, os ácidos graxos podem ser abreviados utilizando uma ou duas letras.[9] A abreviatura *sn*-POE significa 1-palmitoil-2-oleoil-3-estearoil-*sn*-glicerol. Se o *sn* é omitido significa que a posição dos ácidos graxos na molécula do glicerol é desconhecida. Assim, POE pode ser a mistura de *sn*-POE, *sn*-EOP, *sn*-PEO, *sn*-OEP ou *sn*-EPO.

Os triacilglicerídeos são também, algumas vezes, denominados com a nomenclatura ômega. Por exemplo, *sn*-18:0-18:2n6-16:0 que representa 1-estearoil-2-linoleoil-3-palmitoil-*sn*-glicerol.

A distribuição dos ácidos graxos nos triacilglicerídeos pode se dar ao acaso nas posições *sn*-1 e *sn*-3 que são idênticas, mas não na posição 2, que é mais impedida estericamente. Em geral, a posição *sn*-2 é ocupada por ácidos graxos de cadeia curta e ácidos graxos insaturados.

Propriedades e reações dos triacilglicerídeos

Polimorfismo

Polimorfismo é a propriedade que os mono, di e triacilglicerídeos apresentam de se cristalizarem em diferentes e vários arranjos com a mesma composição química. O polimorfismo de triacilglicerídeos é classificado em três arranjos cristalinos: α, β' e β (Figura 3.18). Essas formas diferem em relação aos seus pontos de fusão (Tabela 3.9) e propriedades cristalográficas.

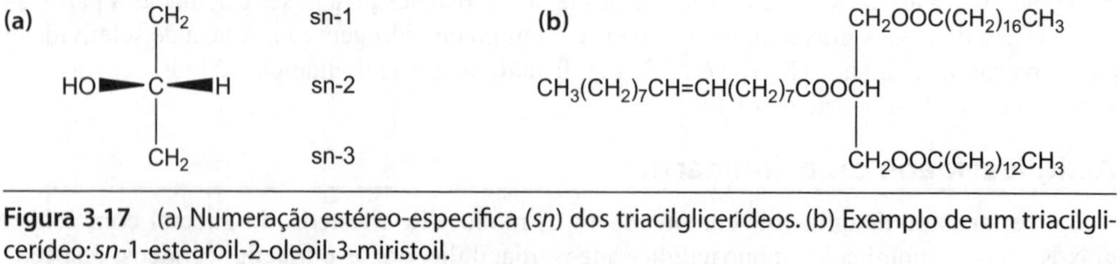

(a)

$$CH_2 \quad sn\text{-}1$$
$$HO\blacktriangleright C\blacktriangleleft H \quad sn\text{-}2$$
$$CH_2 \quad sn\text{-}3$$

(b)

$$CH_2OOC(CH_2)_{16}CH_3$$
$$CH_3(CH_2)_7CH=CH(CH_2)_7COOCH$$
$$CH_2OOC(CH_2)_{12}CH_3$$

Figura 3.17 (a) Numeração estéreo-especifica (*sn*) dos triacilglicerídeos. (b) Exemplo de um triacilglicerídeo: *sn*-1-estearoil-2-oleoil-3-miristoil.

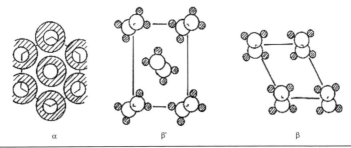

Figura 3.18 Distribuição dos triacilglicerídeos nas formas α, β' e β. Adaptado de Nawar[33].

Tabela 3.9 Triacilglicerídeos e suas formas polimórficas.

Triacilglicerídeos	Ponto de fusão (°C)		
	α	β'	β
Triestearina	55	63,2	73,5
Tripalmitina	44,7	56,6	66,4
Trimiristina	32,8	45,0	58,5
Trilaurina	15,2	34	46,5
Trioleína	-32	-12	4,5-5,7
1,2-dipalmitooleína	18,5	29,5	34,8
1,3- dipalmitooleína	20,8	33	37,3
1-palmito-3-estearo-2-oleína	18,2	33	39
1-palmito-2-estearo-3-oleína	26,3	40,2	
2-palmito-1-estearo-3-oleína	25,3	40,2	

Fonte: Belitz et al.[2]

Na forma α, os triacilglicerídeos estão distribuídos ao acaso, sendo, portanto, a menos estável, a que apresenta o menor ponto de fusão e aspecto ceroso. Os triacilglicerídeos costumam cristalizar primeiro nessa forma devido à menor energia de ativação necessária para a formação dos núcleos. Em seguida, os cristais se transformam na forma β', a mais comum, na qual os triacilglicerídeos orientam-se em sentidos opostos e são mais estáveis do que na forma α. A passagem da forma β' para β é mais difícil, pois envolve a reorganização dos triacilglicerídeos, os quais se orientam em um mesmo sentido sendo, portanto, a mais estável e a que apresenta o maior ponto de fusão. O tipo de forma cristalina adotada depende de uma série de fatores, como estrutura molecular, composição de ácidos graxos, pureza dos triacilglicerídeos, temperatura de resfriamento, taxa de resfriamento, presença de núcleo cristalino, tipo de solvente e modo de agitação.

A propriedade do polimorfismo dos triacilglicerídeos é muito importante e determina as propriedades físico-químicas e sensoriais de muitos alimentos. Por exemplo, para que a textura e aparência de margarina, chocolates e produtos assados sejam desejáveis, a forma β' é a preferida, pois apresenta aspecto finamente granuloso resultando em produtos com maciez e brilho. A forma β, com textura áspera e dura, é a preferida para produtos de panificação e para garantir a estabilidade da manteiga de cacau no chocolate.

Hidrólise ácida

Os triacilglicerídeos em meio ácido sofrem hidrólise total originando glicerol e ácidos graxos, ou hidrólise parcial formando mono- ou diacilglicerídeos e ácidos graxos. A hidrólise química

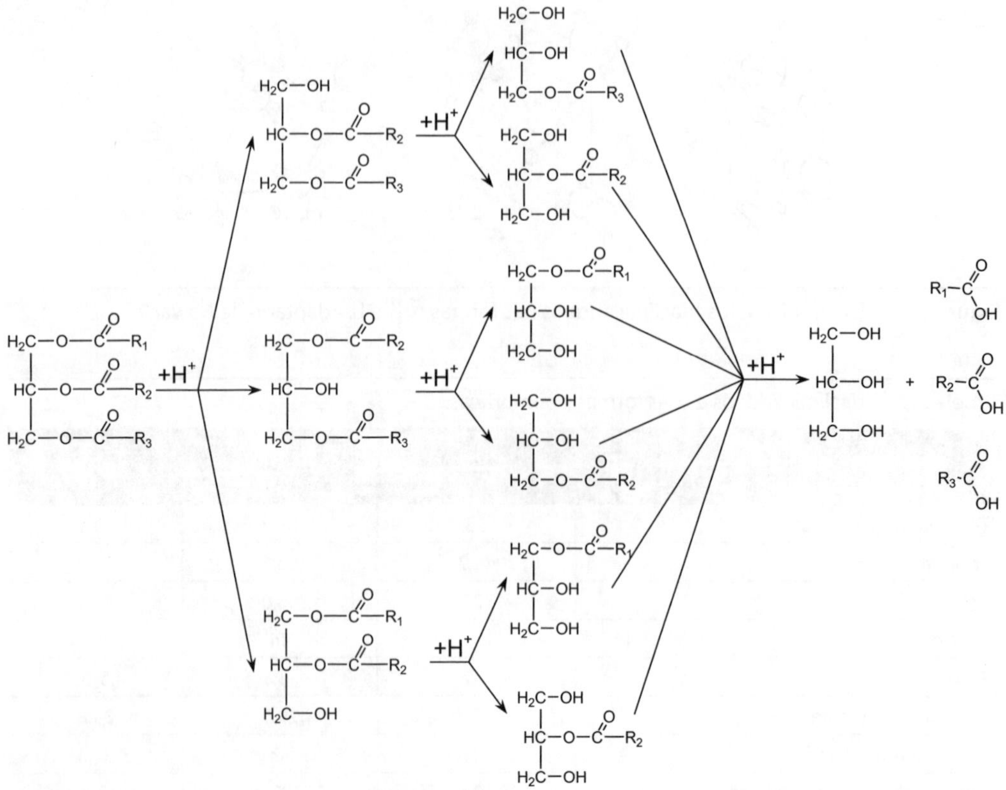

Figura 3.19 Hidrólise ácida dos triacilglicerídeos.

total ocorre de modo indiscriminado, produzindo uma variedade de mono- e diacilglicerídeos intermediários até a formação de glicerol e três moléculas de ácidos graxos, como pode ser visto na Figura 3.19.

Hidrólise alcalina

Os óleos e gorduras são hidrolisados por tratamento com álcali, ou seja, na presença de KOH ou NaOH alcoólico (Figura 3.20). Esta é uma das reações mais importantes dos triacilglicerídeos, também denominada reação de saponificação.

Quando os lipídeos são aquecidos com soluções concentradas de álcalis, são separados em duas frações denominadas fração saponificável e fração insaponificável. A fração saponificável é constituída de triacilglicerídeos que, durante a saponificação, são hidrolisados em sais alcalinos de ácidos graxos e glicerol. Os ácidos graxos são obtidos por acidificação dos sais. A fração insaponificável é constituída sobretudo de esteróis, pigmentos, terpenos e vitaminas lipossolúveis,

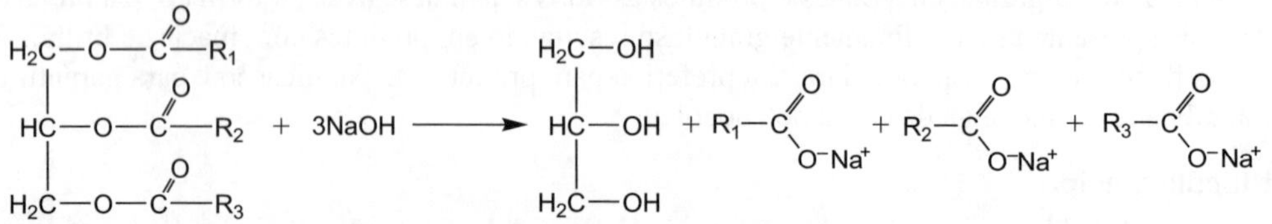

Figura 3.20 Hidrólise alcalina dos triacilglicerídeos.

podendo conter também substâncias com grupos de nitrogênio, carboidratos e fosfatos dependendo dos compostos presentes no lipídeo.

Hidrólise enzimática

A hidrólise dos triacilglicerídeos também ocorre pelo uso de lípases que hidrolisam lipídeos sob condições controladas. Por exemplo, a lípase pancreática, a principal enzima da digestão de triacilglicerídeos, hidrolisa as ligações éster nas posições *sn*-1 e *sn*-3 da molécula do glicerol, mas não os ácidos graxos ligados na posição *sn*-2 dos triacilglicerídeos. A hidrólise pela lipase pancreática é extremamente rápida, de modo que a produção de monoacilglicerídeos e de ácidos graxos é mais rápida que sua subsequente incorporação nas micelas. Desse modo, os ácidos graxos presentes nas posições *sn*-1 e *sn*-3 são menos biodisponíveis porque, após serem hidrolisados, podem reagir formando sais de cálcio insolúveis e serem secretados nas fezes.[14]

Interesterificação

A interesterificação é a reação que ocorre entre diferentes triacilglicerídeos em que os ácidos graxos são redistribuídos na molécula de glicerol sem alteração da estrutura química dos ácidos graxos. No entanto, a reorganização dos ácidos graxos na molécula do glicerol irá resultar em mudança das propriedades físicas dos óleos, gorduras e suas misturas.[34] Desse modo, o processo consiste na quebra simultânea das ligações éster existentes e formações de novas ligações éster na molécula do glicerol (Figura 3.21). A interesterificação produz os chamados lipídeos estruturados que são produzidos com o propósito de modificar características físicas, como polimorfismo, ponto de fusão, conteúdo de gordura sólida, viscosidade e consistência, e/ou propriedades químicas, como estabilidade oxidativa, ou para modificar uma ou mais propriedades nutricionais, como ausência de ácidos graxos saturados ou presença de insaturados de fácil absorção e digestão. Além disso, podem apresentar características favoráveis quanto à resposta imunológica, síntese de eicosanoides e ação anti-inflamatória.

A interesterificação pode ser realizada por via química ou enzimática e é utilizada na indústria de óleos e gorduras para a fabricação de margarinas e *shortenings*. A interesterificação química pode ocorrer de duas formas:[2] 1) ao acaso, com completa randomização dos ácidos graxos nos triacilglicerídeos – é o método mais atrativo em termos de custo e aplicação em larga escala. No entanto, a reação não tem especificidade e oferece pouco ou nenhum controle sobre a distribuição posicional dos ácidos graxos no produto final;[34] e 2) na interesterificação direcionada – a temperatura é diminuída até o maior ponto de fusão e menor solubilidade das moléculas de triacilglicerídeos na mistura cristalina. Essas moléculas não irão mais participar de futuras reações e, portanto, o equilíbrio muda constantemente. Desse modo, a gordura ou óleo é fracionado em alto e baixo ponto de fusão.

A interesterificação química, largamente utilizada, é catalisada com maior frequência por metóxido de sódio (CH_3ONa), embora outras bases, ácidos e metais também sejam utilizados. Normalmente é realizada em temperaturas entre 50 e 90 °C, e a matéria-prima deve apresentar baixos teores de umidade, acidez e peróxidos. A reação é conduzida por um intervalo de tempo predeterminado (30 a 60 minutos) sendo interrompida pela adição de água que inativa o catalisador. O processo pode ocorrer em um mesmo triacilglicerídeo (intraesterificação) ou entre triacilglicerídeos diferentes (interesterificação).

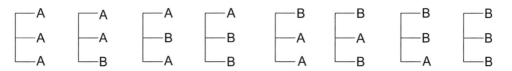

Figura 3.21 Interesterificação dos triacilglicerídeos.

Ceras

A interesterificação enzimática utiliza, em geral, as lipases como biocatalisadores para a modificação dos triacilglicerídeos com a vantagem de permitir grande controle sobre a distribuição posicional dos ácidos graxos do produto final devido à seletividade e especificidade das lipases (Capítulo 5).

Ceras

São ésteres de ácidos graxos de cadeia longa e mono-hidroxialcoóis de alto peso molecular. Apresentam alto ponto de fusão e são mais resistentes à hidrólise do que os triacilglicerídeos. São amplamente encontradas na superfície de animais, plantas e insetos formando uma camada protetora que impede a perda de água e a infecção por micro-organismos devido a sua insolubilidade em água e grande resistência à decomposição.

A nomenclatura destes compostos consiste na substituição do **ico** do ácido por **ato** e a substituição do **ol** do álcool por **il**. Por exemplo, a cera constituída por 1-hexadecanol ($C_{16}H_{34}O$) e o ácido oleico (18:0) é denominada hexadecil oleato (Figura 3.22). Como 1-hexadecanol é comumente chamado cetil álcool, cetil oleato é também um nome aceitável para este composto. Outros exemplos de cera são a lanolina (mistura de palmitato, estearato e oleato de colesterila), cera de abelhas (palmitato de miricila) e cera das folhas de repolho (álcool com 12 e 18-28 átomos de carbono esterificado com ácido palmítico e outros ácidos).

As ceras são adicionadas aos alimentos como aditivos, como a cera de abelha e de carnaúba. Na extração de óleos vegetais, as ceras são extraídas junto com os óleos pelo solvente de extração e são solúveis no óleo devido às temperaturas elevadas, mas na temperatura ambiente cristalizam-se causando turbidez no óleo. Desse modo, as ceras devem ser removidas na etapa de refino dos óleos.

Fosfolipídeos

Os fosfolipídeos são encontrados em todas as células animais e vegetais e têm em comum o ácido fosfórico. São divididos em duas principais classes: os glicerofosfolipídeos, compostos formados de glicerol, ácidos graxos, ácido fosfórico e uma base nitrogenada ou carboidratos e os esfingofosfolipídeos, quando apresentam esfingosina (Figura 3.23), um aminoálcool com uma cadeia monoinsaturada de 18 carbonos (2-amino-4-octadeceno-1,3-diol) ou um aminoálcool relacionado em vez de glicerol e outros componentes, como ácido fosfórico e monossacarídeos.

O glicerofosfolipídeo mais simples é o ácido fosfatídico que apresenta, quase sempre, o ácido fosfórico ligado na posição *sn*-3 do glicerol (Figura 3.24). Os principais glicerofosfolipídeos encontrados nas células animais e vegetais são fosfatidilcolina (grupo fosfato esterificado com o grupo OH da colina), fosfatidilserina (grupo fosfato esterificado com o grupo OH da serina), fosfatidiletanolamina (grupo fosfato esterificado com o grupo OH da etanolamina) e fosfatidil

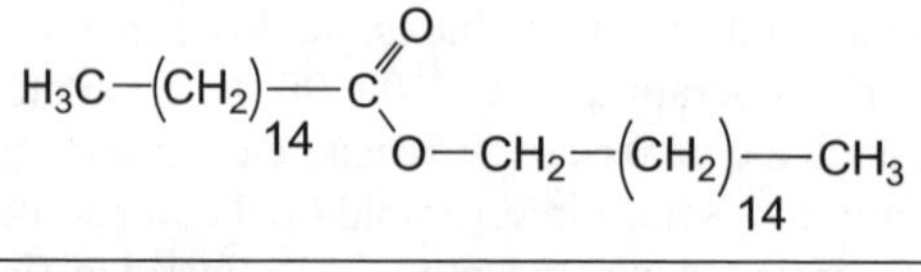

Figura 3.22 Exemplo de cera, estrutura do hexadecil oleato.

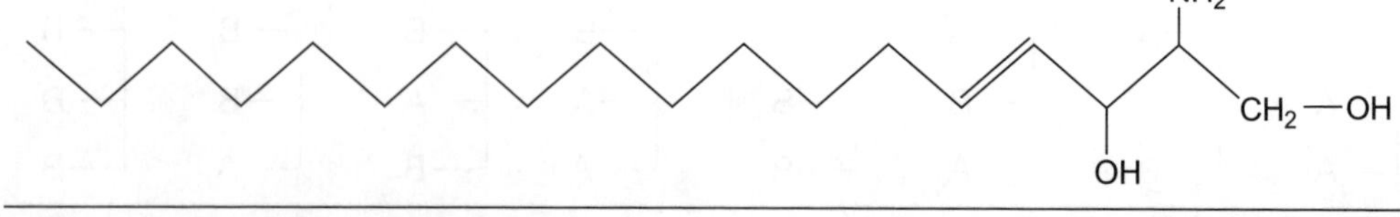

Figura 3.23 Estrutura da esfingosina.

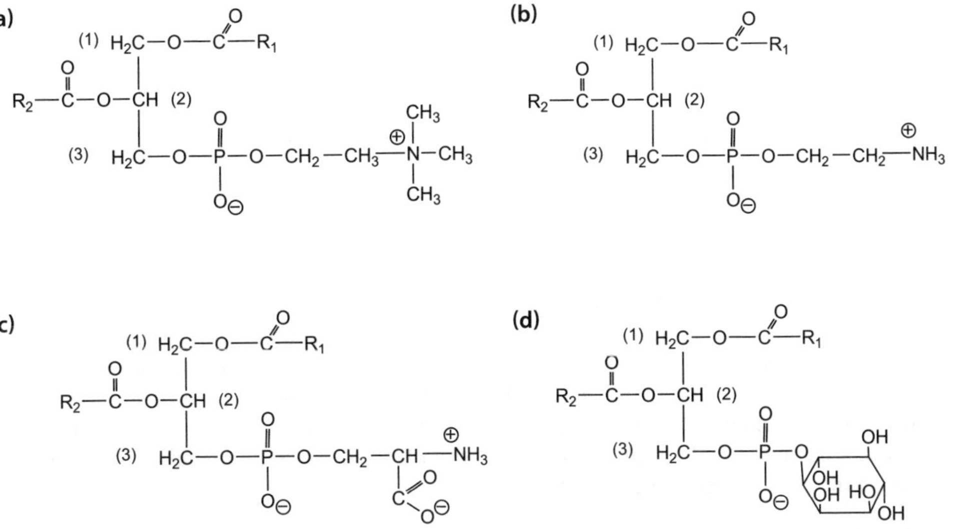

Lipídeos

(a), (b), (c), (d)

Figura 3.24 Exemplos de fosfolipídeos, estruturas de (a) fosfatidil colina, (b) fosfatidil etanolamina e (c) fosfatidil serina, e exemplo de fosfoglicolipídeo, estrutura de (d) fosfatidil inositol.

inositol (grupo fosfato esterificado com o grupo OH do monossacarídeo inositol). A mistura de fosfatidilserina e fosfatidiletanolamina é conhecida como cefalina.

A nomenclatura dos glicerofosfolipídeos é análoga à dos triacilglicerídeos com exceção do grupo acil na posição *sn*-3. Por exemplo, a fosfatidil colina (nomenclatura abreviada), um glicerofosfolipídeo contendo um ácido oleico na posição *sn*-1, um ácido linolênico na posição *sn*-2 e um ácido fosfórico e a colina na posição *sn*-3, deve ser nomeada como 1-oleoil-2-linolenoil-*sn*-glicerol-3-fosfocolina. No entanto, a nomenclatura abreviada é a mais utilizada. Quando um ácido graxo é removido do glicerofosfolipídeo, utiliza-se o termo liso. Lisoglicofosfolipídeo ou lisofosfolipídeo, na indústria de alimentos, significa um glicerofosfolipídeo em que o ácido graxo foi removido da posição *sn*-2.

Os fosfolipídeos contêm em sua estrutura grupos hidrofílicos (ácido fosfórico) e hidrofóbicos (resíduo acil) que os torna compostos surfactantes ou emulsificantes. Como moléculas de superfície ativa, possibilitam que os fosfolipídeos se organizem em bicamadas, as quais são determinantes para as propriedades das membranas biológicas. As membranas celulares precisam manter fluidez e, portanto, os ácidos graxos presentes nos fosfolipídeos são geralmente insaturados, evitando a cristalização na temperatura ambiente. Os ácidos graxos na posição *sn*-2 são mais insaturados que na posição *sn*-1. Os ácidos graxos na posição *sn*-2 podem ser liberados por fosfolipases, podendo tornar-se substratos das enzimas lipoxigenases ou ciclo-xigenases.

A lecitina apresenta um papel importante como agente de superfície ativa na produção de emulsão. A lecitina bruta, especialmente isolada da soja e da gema de ovo, é disponível comercialmente e apresenta como componentes principais uma mistura complexa de fosfatidil colina, fosfatidil etanolamina e fosfatidil inositol.

O mais comum e mais abundante esfingofosfolipídeo é a esfingomielina encontrada na mielina revestindo as fibras nervosas (Figura 3.25). A estrutura da esfingomielina é composta por esfingosina na qual o grupo amino está ligado a um ácido graxo e o grupo hidroxila primário está esterificado ao ácido fosfórico e este ao aminoácido colina. Embora represente o maior lipídeo em certas membranas de animais, é de menor importância nos vegetais e provavelmente ausente nas bactérias.

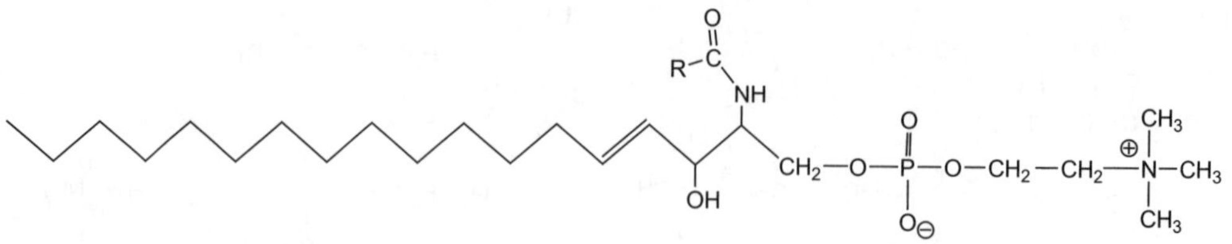

Figura 3.25 Estrutura da esfingomielina.

O grupo amino da esfingosina (ou aminoálcool relacionado) pode estar ligado a um ácido graxo formando uma carboxiamida – neste caso o composto é denominado ceramida. O grupo hidroxila primário da esfingosina pode estar esterificado com o ácido fosfórico, denominado esfingofosfolipídeo (ceramida fosfatada), ou ligado glicosidicamente a um mono, di ou oligossacarídeo, sendo chamado esfingoglicolipídeo ou cerebrosídeo (ceramida com carboidoidrato). Além disso, a ceramida pode estar ligada a um grupo fosfato e este a um carboidrato, a qual é denominada fitoglicolipídeo e encontrada em vegetais.

Glicolipídeos

São compostos lipídicos que apresentam na estrutura carboidratos ligados ao glicerol ou à esfingosina (ou outro aminoálcool relacionado), mas que não apresentam ácido fosfórico na molécula. São divididos em duas classes: gliceroglicolipídeos e esfingoglicolipídeos. Os gliceroglicolipídeos são formados quando 1,2-diacil-*sn*-3-glicerol estiver ligado na posição *sn*3 a um carboidrato. O carboidrato pode ser um mono-, di ou, menos frequentemente, tri ou tetrassacarídeo (Figura 3.26). A D-galactose é o açúcar predominante entre os gliceroglicolipídeos presentes em plantas; no entanto, a D-glucose é também frequentemente encontrada. Os nomes monogalactosildiacilglicerol e digalactosildiacilglicerol são utilizados na nomenclatura comum. A nomenclatura da IUPAC identifica a estrutura e as ligações do anel dos carboidratos. Por exemplo, digalactosildiacilglicerol na nomenclatura IUPAC é 1,2-diacil-3-(α-D-galactopiranosil-1,6-β-D-galactopiranosil)-L-glicerol. Normalmente, são encontrados em grandes quantidades nas membranas do cérebro, nas células nervosas, e em menores quantidades no fígado, nos rins e no baço.

Os esfingoglicolipídeos que apresentam o grupo hidroxila primário da esfingosina ou outro aminoálcool relacionado ligado a um mono, di ou oligossacarídeo são encontrados em tecidos de origem animal, leite e plantas, sobretudo em cereais.

Sulfolipídeos

São gliceroglicolipídeos altamente solúveis em água devido à presença de uma molécula de açúcar esterificado com ácido sulfônico.[2] Um exemplo de sulfolipídeo é mostrado na Figura 3.27,

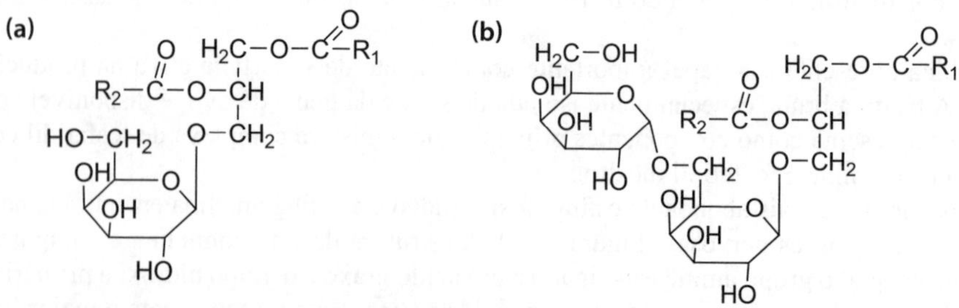

Figura 3.26 Exemplos de estruturas de gliceroglicolipídeos, (a) monogalactosil diacilglicerol e (b) digalactosil diacilglicerol.

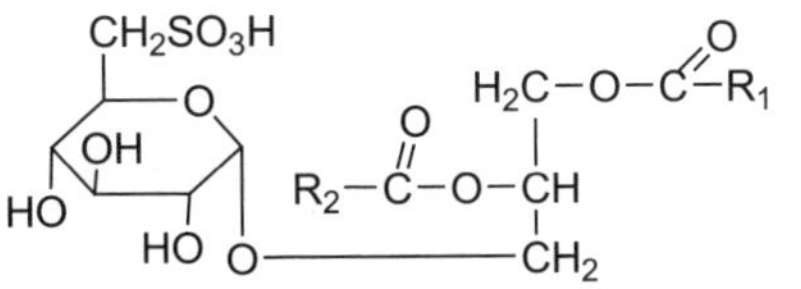

Figura 3.27 Exemplo de sulfolipídeo, estrutura do 1,2-diacil(6-sulfo-α-D-quinovosil-1,3)-L-glicerol.

na qual a molécula de açúcar é 6-sulfoquinovose. Os sulfolipídeos ocorrem em cloroplastos, mas foram detectados também em batata. Eles contêm grandes quantidades de ácidos graxos saturados, sobretudo o ácido palmítico.

Esteróis

Os esteróis são derivados dos esteroides e estão presentes na fração insaponificável dos óleos e gorduras. São compostos constituídos por quatro anéis condensados (A, B, C e D), sendo os anéis A, B e C formados por seis átomos de carbono, e o anel D, por cinco. Apresentam uma hidroxila no carbono 3, uma ligação dupla entre os carbonos 5 e 6, grupos metila nos carbonos 10 e 13, e no carbono 17 uma cadeia lateral com 8, 9 ou 10 carbonos. A hidroxila do C3 pode estar esterificada com ácidos graxos saturados ou insaturados formando os ésteres de esteróis. De acordo com sua origem, os esteróis são denominados fitoesteróis quando presentes em plantas, zooesteróis, de origem animal e micoesteróis quando provenientes de micro-organismos (Figura 3.28). O colesterol é o principal esterol presente no reino animal, sendo encontrado em maior quantidade no cérebro[35] e em gema de ovos[36] e em quantidades mínimas no reino vegetal.[37] A Tabela 3.10 apresenta o teor de colesterol nos principais alimentos brasileiros de origem animal.

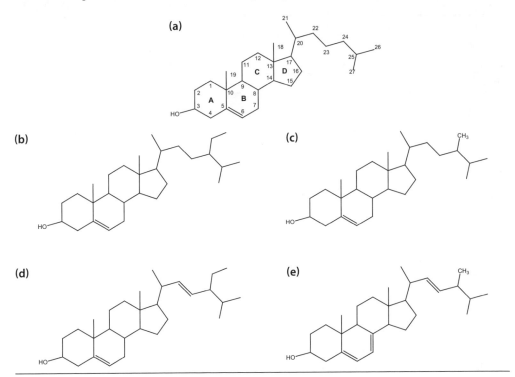

Figura 3.28 Estruturas dos principais esteróis, (a) colesterol, (b) β-sitosterol, (c) campesterol, (d) estigmasterol, (e) ergosterol.

88 Lipídeos

Tabela 3.10 Teores de colesterol em alimentos comercializados no Brasil.

Alimentos	Colesterol (mg/100 g)		
Carne bovina	52		
Carne suína	50		
Toucinho	54		
Carne de frango			
Peito	58		
Coxa	80		
Pele	104		
Camarão			
Rosa grande	114		
Gigante da malásia	139		
Queijos			
Minas frescal	61		
Mussarela	70		
Prato/provolone/requeijão	76		
Requeijão "light"	46		
Ricota fresca	66		
Peixes			
Atum	80		
Bacalhau	44		
Cavalinha	60		
Dourado	40		
Linguado	50		
Merluza	25		
Pintado	50		
Salmão	57		
Sardinha	80		
Tilápia	40		
Ovos	mg/100 g de gema	mg/ovo	peso (g)
Codorna	1.210	39	9,8
Pequeno branco	1.130	158	52
Extra branco	1.230	233	64
Extra vermelho	1.230	234	67

Fonte: Bragagnolo,[38] Bragagnolo & Rodriguez-Amaya,[24,36,39,40] Souza & Visentainer.[41]
OBS.: valores para alimentos frescos em base úmida.

Em plantas, mais de 200 diferentes tipos de fitosteróis foram identificados, sendo os mais abundantes o β-sitosterol, o campesterol e o estigmasterol, que estão naturalmente presentes em sementes, óleos vegetais comestíveis, cereais, castanhas, legumes e frutas. A Tabela 3.11 mostra o teor de fitosteróis em alguns alimentos, como frutas, cereais e óleos vegetais.[42] Os óleos vege-

Tabela 3.11 Teor de fitosteróis totais em alimentos.

Alimentos	Fitosteróis totais (mg/100 g) *
Brócolis congelado	44
Ervilhas verdes congeladas	25
Laranja	24
Maçã	13
Tomate	5
Pepino	6
Farelo de trigo	200
Aveia	39
Pão de trigo	29
Óleo de milho	912
Óleo de canola	668
Margarina	522
Óleo de girassol	213
Azeite de oliva	154

*Fitosteróis totais = β-sitosterol, campesterol, estigmasterol, β-sitostanol e campestanol.
Fonte: Ellegard et al.[42]

Tabela 3.12 Concentração de esteróis (mg/100 g) em óleos vegetais e azeites.

Óleo/Azeite	Campesterol	Estigmasterol	β-Sitosterol	Avenasterol	Total*
Amendoim	24 - 38	12 - 22	115 - 169	ND - 13	167 - 229
Canola	164 - 300	ND - 16	358 - 395	14 - 36	639 - 767
Girassol	27 - 55	18 - 32	194 - 257	19 - 56	263 - 376
Milho	123 - 164	46 - 59	454 - 543	10 - 41	686 - 773
Oliva	2 - 5	ND - 3	122 - 130	16 - 60	156 - 193
Oliva (EV)	4,5 - 5	0,9 - 1,3	118 - 133	17 - 22	144 - 162
Soja	34 - 82	37 - 64	124 - 173	4 - 14	203 - 328

EV= extravirgem; *Total = campesterol + estigmasterol + β-sitosterol + avenasterol + sitostanol; ND = não detectado.
Fonte: Piironen & Lampi.[43]

tais apresentam também o Δ-5-avenasterol como fitosterol principal; no entanto, o β-sitosterol é predominante, variando de 115 a 543 mg/100 g dependendo do óleo,[43] como pode ser observado na Tabela 3.12. Os fitosteróis podem estar esterificados, além de com ácidos graxos, com ácido ferrúlico ou açúcares.

O ergosterol (Figura 3.28), precursor da vitamina D_2, é o principal esterol produzido por fungos, podendo ser também encontrado em bactérias e leveduras e, portanto, pode ser utilizado como um identificador de contaminação fúngica em cereais e seus produtos.[44]

O colesterol desempenha importantes funções no organismo humano, como constituinte das membranas celulares, precursor dos ácidos biliares, dos hormônios esteroides e da vitamina D. Além disso, é necessário para o crescimento e viabilidade das células.[35,38] No entanto, alto nível de colesterol nas LDL está relacionado com o aumento do risco de doenças cardiovasculares.

Tabela 3.13 Composição de lipídeos* de alguns alimentos.

	Leite	Soja	Trigo	Ovo
Lipídeos totais (g/100 g)	3,6	23	1,5	10
triacilglicerídeos	94	88	41	63
mono e diacilglicerídeos	1,5	-	1	-
esteróis	< 1	-	1	5
ésteres de esteróis	-	-	1	1
fosfolipídeos	1,5	10	20	30
glicolipídeos	-	1,5	29	-
sulfolipídeos	-	-	-	-
outros	-	0,5	7	1

Fonte: Belitz et al.[2]
*% do total de lipídeos.

Por outro lado, os fitosteróis presentes na dieta reduzem a absorção do colesterol no intestino, sendo adicionados aos alimentos com o objetivo de diminuir os níveis sanguíneos de colesterol.[45]

A Tabela 3.13 apresenta o teor de lipídeos e os principais compostos lipídicos presentes no leite, soja, trigo e ovo.

Alterações químicas de lipídeos

A alteração química mais comum que ocorrem com os lipídeos presentes nos alimentos durante o processamento, transporte e armazenamento é a rancificação, que pode ser por hidrólise ou por oxidação.

A rancificação por hidrólise pode ser química, quando na presença de ácidos ou bases e aquecimento, ou enzimática, quando na presença de enzimas, como lipases e hidrolases que podem ser inibidas ou inativadas pelo calor. Nesse tipo de rancificação, ocorre principalmente a liberação de ácidos graxos de baixo peso molecular, como ácido butírico (4:0), caproico (6:0), caprílico (8:0), cáprico (10:0) e láurico (12:0) da molécula de glicerol, e que serão responsáveis pela produção de aroma e gosto desagradáveis conhecidos como ranço (Capítulo 9). Os alimentos que sofrem essa alteração são principalmente leite, coco e seus produtos derivados. Por outro lado, durante o processamento de queijos é desejável uma ligeira hidrólise enzimática, uma vez que os ácidos graxos de baixo peso molecular contribuem na formação de aroma e gosto. Além disso, os ácidos linoleico e linolênico, mesmo quando em baixa concentração, também podem ser liberados desenvolvendo sabor de sabão nos alimentos. No processo de fritura de alimentos com óleo, devido às altas temperaturas e à introdução de água liberada do alimento, também irá ocorrer a liberação de ácidos graxos dos triacilglicerídeos produzindo aroma e gosto desagradáveis que também serão transferidos ao alimento.

A rancificação por oxidação ocorre tanto na presença do oxigênio triplete como de oxigênio singlete e o alvo da oxidação lipídica são os ácidos graxos insaturados, resultando na formação de uma série de produtos responsáveis pela alteração do sabor e consistência dos alimentos. Ocorre também a diminuição da vida de prateleira do produto, perda de valor nutricional devido à degradação de ácidos graxos essenciais, desnaturação de proteínas com consequente perda de propriedades funcionais, degradação de vitaminas A, D, E e C, e finalmente formação de compostos nocivos à saúde humana, como os óxidos de colesterol e os monômeros e dímeros cíclicos.

O termo oxidação lipídica é geralmente utilizado para descrever a sequência de interações químicas complexas que ocorre com os ácidos graxos insaturados. Os ácidos graxos insaturados ligados aos triacilglicerídeos e fosfolipídeos têm baixa volatilidade e não contribuem para o aroma dos alimentos. Entretanto, os ácidos graxos insaturados irão se decompor durante a oxidação lipídica formando moléculas pequenas e voláteis que produzem aromas desagradáveis associados à rancificação oxidativa.

Mecanismos de oxidação lipídica

Oxidação pelo oxigênio singlete ou foto-oxidação

Para entender o mecanismo da foto-oxidação é necessário conhecer os níveis de energia da configuração eletrônica do orbital molecular do oxigênio. No estado fundamental, o oxigênio é triplete ($^3O_2$), e um di-radical apresentando dois elétrons, com um elétron em cada orbital com mesma direção de spin. Essa forma é estável e com menor energia. De acordo com o princípio de exclusão de Pauli, dois elétrons com a mesma direção de spin não podem existir no mesmo orbital eletrônico. Quando o oxigênio triplete recebe energia, passa para o estado singlete ($^1O_2$) em que os dois elétrons do orbital antiligante 2p têm rotações opostas e podem estar no mesmo orbital (singlete 1) ou em orbitais distintos (singlete 2), dependendo do nível de energia recebido (Figura 3.29). O oxigênio singlete 2 tem um tempo de meia-vida muito curto, portanto ele não participa das reações de oxidação de lipídeos. A multiplicidade de spin é definida como $2S + 1$, em que S é o total de número quântico de spin. O número quântico de spin está associado à rotação do elétron, o qual pode ter apenas dois sentidos (+1/2 ou -1/2). Desse modo, o total de número quântico de spin (S) do oxigênio triplete é 1, resultando em multiplicidade de spin igual a 3 ($^3O_2$), enquanto da molécula de oxigênio singlete é zero, resultando em multiplicidade de spin igual a 1 ($^1O_2$).

A geração de oxigênio singlete ocorre na presença de fotossensibilizadores, como, por exemplo, clorofila, mioglobina e riboflavina. O fotossensibilizador é uma substância que absorve luz e passa para um nível de energia mais alta, para o estado excitado, e quando retorna ao nível de energia mais baixo libera energia e calor. A energia liberada pode ser absorvida pelo oxigênio triplete passando, então, para o estado singlete. O oxigênio singlete pode ser formado também na presença de metais (Figura 3.30), enzimaticamente e pela decomposição de hidroperóxidos; no entanto, a produção via fotossensibilizador é a principal responsável pela formação do oxigênio singlete em alimentos.

O oxigênio singlete formado, por ser mais eletrofílico que o triplete, age diretamente nos ácidos graxos insaturados por meio do mecanismo de cicloadição (Figura 3.31), formando hidroperóxidos lipídicos. O oxigênio singlete é 1.500 vezes mais reativo que o oxigênio triplete.[46] Os hidroperóxidos são formados nos carbonos envolvidos na ligação dupla com consequente mudança de posição e isomerização da ligação dupla.

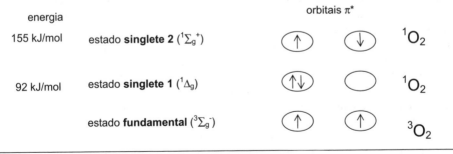

Figura 3.29 Configuração dos elétrons na molécula de oxigênio.

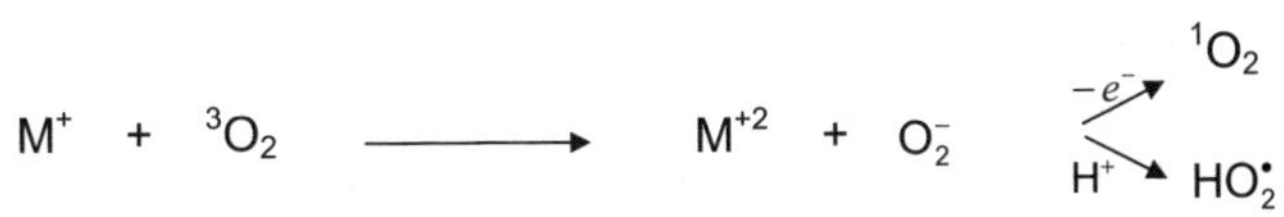

Figura 3.30 Reação de geração de oxigênio singlete por metais.

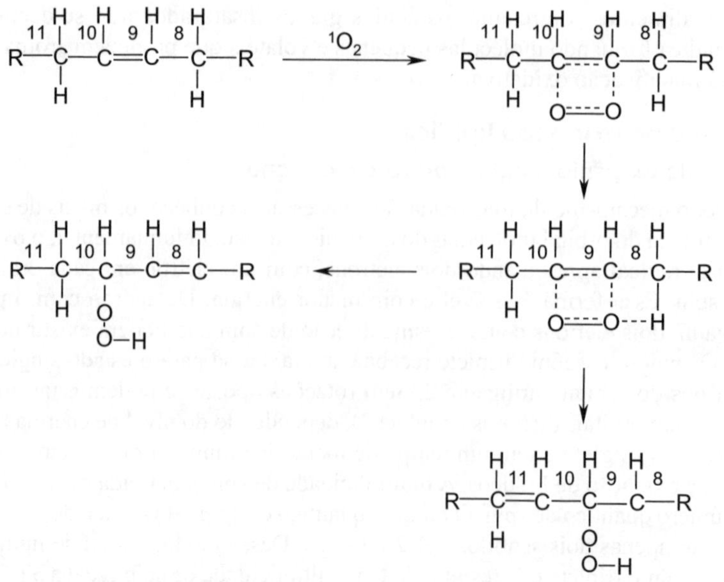

Figura 3.31 Mecanismo de oxidação de ácido graxo por oxigênio singlete.

O ácido oleico produz dois hidroperóxidos; o ácido linoleico, quatro; e o ácido linolênico, seis hidroperóxidos diferentes (Figura 3.32). O ácido linoleico forma dois hidroperóxidos conjugados e dois hidroperóxidos não conjugados, enquanto o ácido linolênico forma quatro hidroperóxidos conjugados e dois hidroperóxidos não conjugados.

Oxidação pelo oxigênio triplete

A oxidação pelo oxigênio triplete é complexa pois envolve um grande número de reações inter-relacionadas e intermediárias. Estudos em sistemas modelo demonstram que a taxa de oxidação é afetada pela composição de ácidos graxos, pelo número de insaturações, pela presença e atividade pró ou antioxidantes, pressão parcial de oxigênio, natureza da superfície exposta ao oxigênio e pelas condições de transporte e estocagem, como temperatura e exposição à luz. A posição do ácido graxo na molécula do triacilglicerídeo também influencia a taxa de oxidação; triacilglicerídeos com ácidos graxos insaturados nas posições 1 ou 3 oxidam muito mais rápido que triacilglicerídeos com ácidos graxos insaturados na posição 2, a qual é mais protegida.

Os produtos iniciais da oxidação lipídica são detectados somente após um período de estocagem, chamado de período de indução, e após este período de indução ocorre aumento das taxas de reações. A duração do período de indução e as taxas de oxidação dependem, entre outras coisas, da composição de ácidos graxos do lipídeo. A oxidação pelo oxigênio triplete é um processo de reações em cadeia induzido por radicais livres (Figura 3.33) que podem ser provenientes das espécies reativas de oxigênio (ERO ou ROS = *reactive oxygen species*) e das espécies reativas de nitrogênio (ERN ou RNS = *reactive nitrogen species*).

As espécies reativas de oxigênio incluem radicais de oxigênio, como o radical ânion superóxido ($O_2^{\cdot-}$), radical hidroperoxila ($HOO^{\cdot}$), radical peroxila ($ROO^{\cdot}$), radical alcoxila ($RO^{\cdot}$) e radical hidroxila ($HO^{\cdot}$), e derivados de oxigênio não radicalares, como peróxido de hidrogênio (H_2O_2), oxigênio singlete ($^1O_2$) e ácido hipocloroso ($HOCl$). As espécies reativas de nitrogênio incluem principalmente os radicais óxido nítrico ($NO^{\cdot}$) e a espécie não radicalar ânion peroxinitrito ($ONOO^-$).[47] As ERO e ERN são produtos do metabolismo celular normal e podem ser nocivas ou benéficas para os sistemas vivos. O excesso de ERO pode causar danos nos lipídeos celulares, proteínas ou DNA, inibindo sua função normal. As ERO são as principais responsáveis

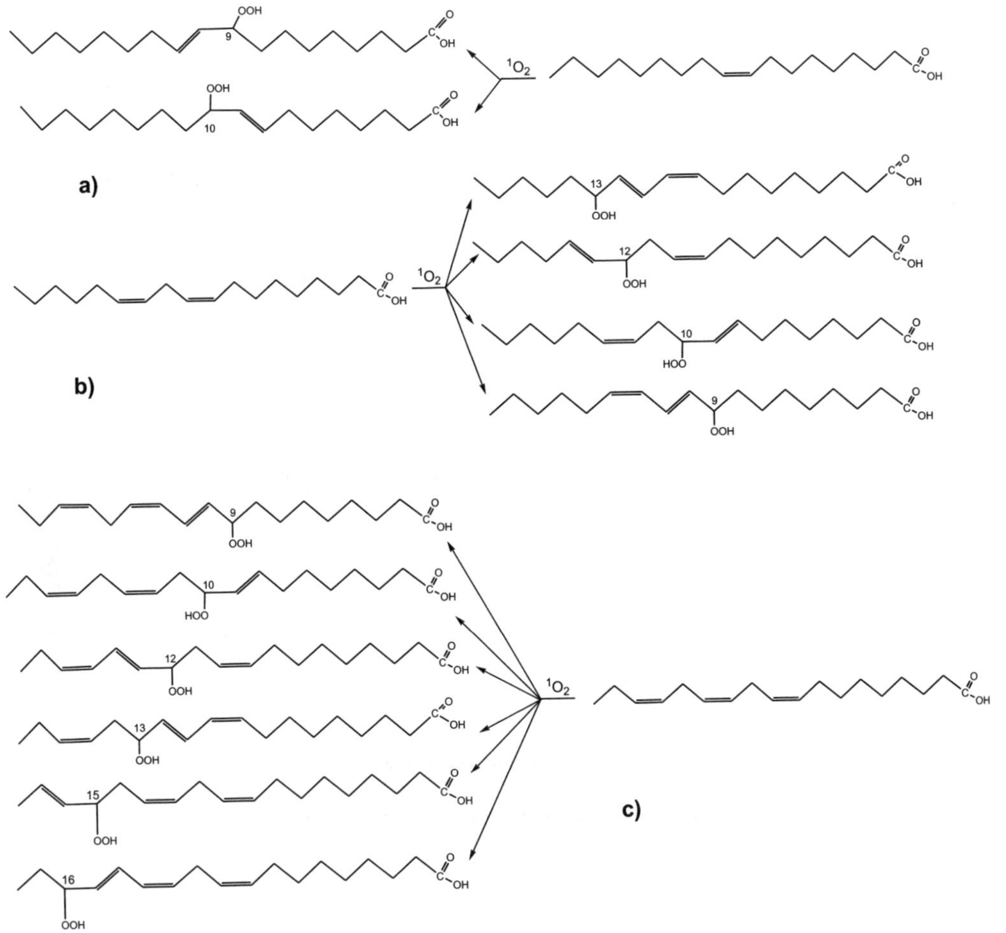

Figura 3.32 Hidroperóxidos derivados dos ácidos: (a) oleico, (b) linoleico e (c) linolênico na oxidação por oxigênio singlete.

pela iniciação das reações de oxidação em alimentos. Dentre estas espécies, o radical hidroxila (HO$^\bullet$) e as espécies não radicalares, oxigênio singlete ($^1O_2$) e ânion peroxinitrito (ONOO$^-$) são extremamente reativos, apresentando energia elevada que pode oxidar qualquer molécula, causando abstração do hidrogênio. A formação de ERO e de ERN em sistemas biológicos está apresentada no Capítulo 8.

O mecanismo da oxidação lipídica pelo oxigênio triplete pode ser descrito por três etapas principais: iniciação, propagação e terminação, como visto na Figura 3.34.

Na etapa da iniciação, ocorre a formação de radicais alquila (R$^\bullet$), pela abstração de um átomo de hidrogênio da molécula de ácidos graxos insaturados. Luz, calor, metais e espécies reativas de oxigênio podem facilitar a formação dos radicais livres. A formação do radical irá ocorrer no carbono que necessita da menor quantidade de energia para a abstração do átomo de hidrogênio. Como a ligação covalente carbono-hidrogênio é enfraquecida por duas ligações duplas, a energia necessária para a dissociação é menor. Desse modo, são necessários, 100 kcal/mol para a remoção de um átomo de hidrogênio de um carbono saturado; 75 kcal/mol para a abstração do átomo de hidrogênio do carbono adjacente a uma insaturação; e apenas 50 kcal/mol para a abstração do átomo de hidrogênio de carbono entre duas insaturações.[48] Quanto maior o número

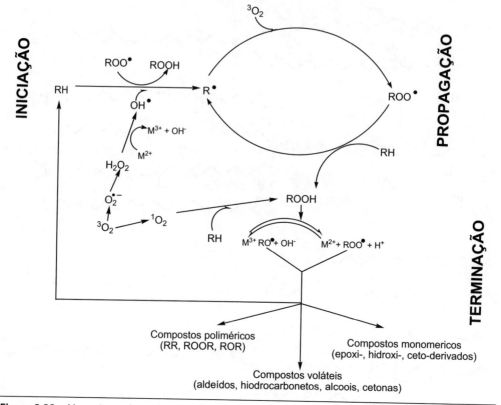

Figura 3.33 Mecanismo de oxidação de ácido graxo por oxigênio triplete e singlete.

1. Iniciação: formação de radicais livres

    RH + Iniciador → R$^\bullet$ + H

2. Propagação: formação de peróxidos, hidroperóxidos e novos radicais livres

    R$^\bullet$ + O$_2$ → ROO$^\bullet$

    ROO$^\bullet$ + RH → ROOH + R$^\bullet$

    RO$^\bullet$ + RH → ROH + R$^\bullet$

3. Terminação: formação de compostos radicalares

    R$^\bullet$ + R$^\bullet$

    ROO$^\bullet$ + ROO$^\bullet$ } produtos estáveis não radicalares de alto e baixo peso molecular

    ROO$^\bullet$ + R$^\bullet$

Figura 3.34 Etapas principais do mecanismo de autoxidação de compostos lipídicos.

de insaturações, mais rápida é a oxidação de lipídeos; portanto, o ácido linoleico é 40 vezes mais reativo que o oleico, e o ácido linolênico é 2,4 vezes mais reativo que o ácido linoleico.[46] A etapa da abstração do átomo de hidrogênio é lenta e depende da taxa de formação do radical alquila (R·), sendo acelerada pelos radicais formados na decomposição dos hidroperóxidos.

A fase da propagação ocorre quando o oxigênio triplete reage com os radicais alquila (R·), formando uma ligação covalente entre o radical alquila e o oxigênio, produzindo, assim, radicais peroxila (ROO·), que por sua vez abstraem átomos de hidrogênio de outras moléculas de ácidos graxos, propagando a formação de novos radicais alquila e hidroperóxidos. Esse mecanismo de reações acelera a oxidação, pois os hidroperóxidos formados são instáveis e se decompõem produzindo radicais alcoxila. Além disso, a decomposição dos hidroperóxidos é acelerada na presença de metais, como o ferro, que é o maior responsável pela decomposição dos hidroperóxidos em alimentos.[48]

A etapa da terminação ocorre com a combinação de dois radicais para a formação de produtos estáveis, espécies não radicalares. Em condições atmosféricas, as reações de terminação podem ocorrer entre radicais peroxila e alcoxila. Em ambiente com pouco oxigênio, como, por exemplo, nos óleos de fritura, as reações de terminação irão ocorrer entre radicais alquila, formando compostos de alto peso molecular, como dímeros ou polímeros de ácidos graxos. Além disso, pode ocorrer a decomposição dos hidroperóxidos de ácidos graxos levando à formação de compostos de baixo peso molecular, como hidrocarbonetos, aldeídos, alcoóis e cetonas[48] (Tabela 3.14). Dentre os aldeídos formados, podemos citar o *trans*-4-hidroxi-2-nonenal (HNE), derivado da oxidação lipídica dos ácidos graxos poli-insaturados n6, e o *trans*-4-hidoxi-2-hexanal (HHE), derivado da oxidação lipídica dos ácidos graxos poli-insaturados n3, os quais são considerados citotóxicos.[49] Ácidos graxos, preferencialmente com três ou mais insaturações, podem formar malonaldeído (Figura 3.35), um dos compostos responsáveis pelo odor de ranço. Os compostos de baixo peso

Tabela 3.14 Produtos secundários formados da autoxidação de metil ésteres de ácidos graxos.

	Ácido oleico	Ácido linoleico	Ácido linolênico
Aldeídos	Octanal	Pentanal	Propanal
	Nonanal	Hexanal	Butanal
	2-Decenal	2-Octenal	2-Pentanal
	Decenal	2-Nonenal	2-Hexanal
		2,4-Decadienal	3,6-Nonadienal
			Decatrienal
Ácidos carboxílicos	Metil heptanoato	Metil heptanoato	Metil heptanoato
	Metil octanoato	Metil octanoato	Metil octanoato
	Metil 8-oxo-octanoato	Metil 8-oxo-octanoato	Metil 8-oxo-octanoato
	Metil 9-oxo-nonanoato	Metil 9-oxo-nonanoato	Metil 9-oxo-nonanoato
	Metil 10-oxo-decanoato	Metil 10-oxo-decanoato	Metil 10-oxo-decanoato
	Metil 10-oxo-8 decanoato		Metil 10-oxo-8-decanoato
	Metil 11-oxo-9-undecanoato		
Álcoois	1-Heptanol	1-Pentanol	
		1-Octeno-3-ol	
Hidrocarbonetos	Heptano	Pentano	Etano
	Octano		Pentano

Fonte: Kim & Min.[48]

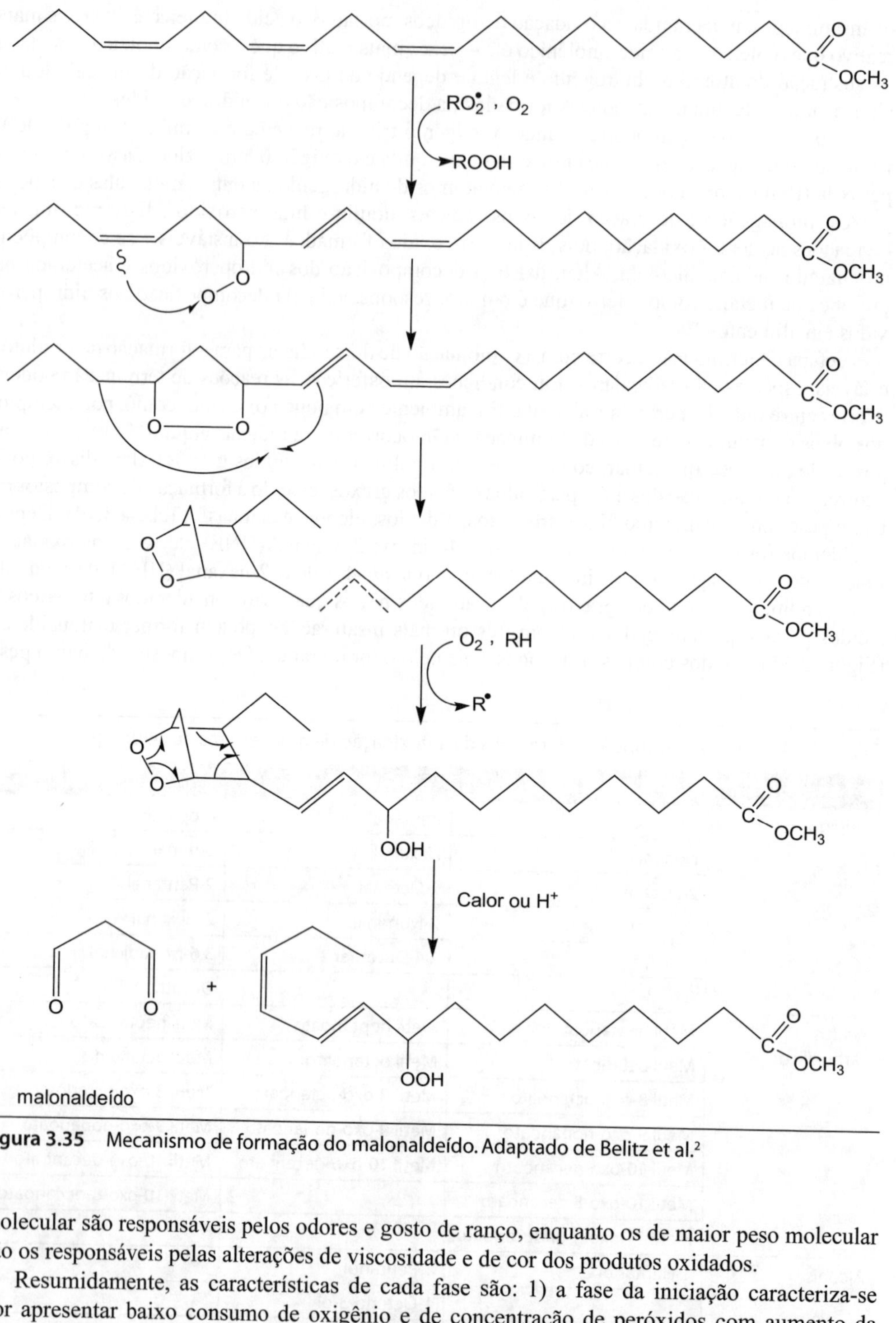

Figura 3.35 Mecanismo de formação do malonaldeído. Adaptado de Belitz et al.[2]

molecular são responsáveis pelos odores e gosto de ranço, enquanto os de maior peso molecular são os responsáveis pelas alterações de viscosidade e de cor dos produtos oxidados.

Resumidamente, as características de cada fase são: 1) a fase da iniciação caracteriza-se por apresentar baixo consumo de oxigênio e de concentração de peróxidos com aumento da concentração de radicais livres. Nesta fase não há alterações organolépticas e físicas; 2) na fase da propagação ocorre alto consumo de oxigênio e a concentração de peróxidos aumenta rapidamente com início das alterações organolépticas. No entanto, não há alteração física; 3) na fase da terminação, o consumo de oxigênio tende a cair, diminui a concentração de peróxidos, aumento das alterações organolépticas e ocorre o início das alterações físicas.

Oxidação do ácido oleico

A etapa de iniciação do ácido oleico (Figura 3.36) ocorre com a abstração de hidrogênio do carbono metilênico adjacente à ligação dupla, ou seja, nos carbonos 8 e 11, formando radicais alquila estabilizados pelo deslocamento da ligação dupla e consequente formação de radicais alquila nos carbonos 9 e 10. O deslocamento da ligação dupla pode produzir ligações duplas nas configurações *cis* ou *trans* e há predominância da forma geométrica *trans* devido a sua maior estabilidade. A configuração das ligações duplas depende da temperatura – a 25 °C, 30% das ligações duplas estão na configuração *cis*, e 70%, na configuração *trans*.[46]

Em seguida, irá ocorrer a etapa da propagação (Figura 3.37), na qual o oxigênio triplete irá combinar-se com os quatro radicais alquila formando quatro peróxidos, os quais irão reagir com outra molécula de ácido graxo, abstraindo um hidrogênio formando novos radicais alcoxila e quatro hidroperóxidos: (I) 11-hidroperóxido ácido 9-octadecenoico, (II) 9-hidroperóxido ácido 10-octadecenoico, (III) 10-hidroperóxido ácido 8-octadecenoico e (IV) 8-hidroperóxido ácido 9-octadecenoico.

A decomposição dos hidroperóxidos formados para produzir compostos voláteis pode ocorrer de várias maneiras, como demonstrado na Figura 3.38 e normalmente ocorre pela reação de β-clivagem produzindo aldeídos e um radical na cadeia alifática.[50] A primeira etapa que ocorre é a clivagem homolítica entre os oxigênios (44 kcal/mol) resultando em um radical alcoxila e um radical hidroxila, em vez da clivagem heterolítica entre o oxigênio e o hidrogênio (90 kcal/mol) devido às energias de ativação. A segunda etapa é a β-clivagem que pode ocorrer por meio de dois mecanismos. A clivagem A forma um radical alquila e um composto oxo insaturado; o radical alquila pode se combinar com um radical hidroxila para produzir um álcool ou reagir com outro ácido graxo formando um hidrocarboneto e um novo radical livre. A clivagem B forma um composto alquila oxo e um radical 1-oleofina. O radical 1-oleofina poderá se converter em 1-enol que, por equilíbrio de tautomerização, forma um aldeído, ou reagir com outro ácido graxo abstraindo um hidrogênio. Assim, a decomposição do 8-hidroperóxido proveniente do metil oleato produz, pela clivagem A, undecenal e metil heptanoato e, pela clivagem B, decanal

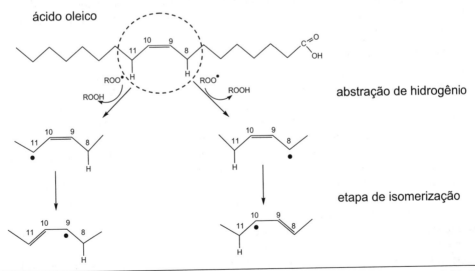

Figura 3.36 Etapa da iniciação da oxidação do ácido oleico por oxigênio triplete. Adaptado de McClements e Decker.[25]

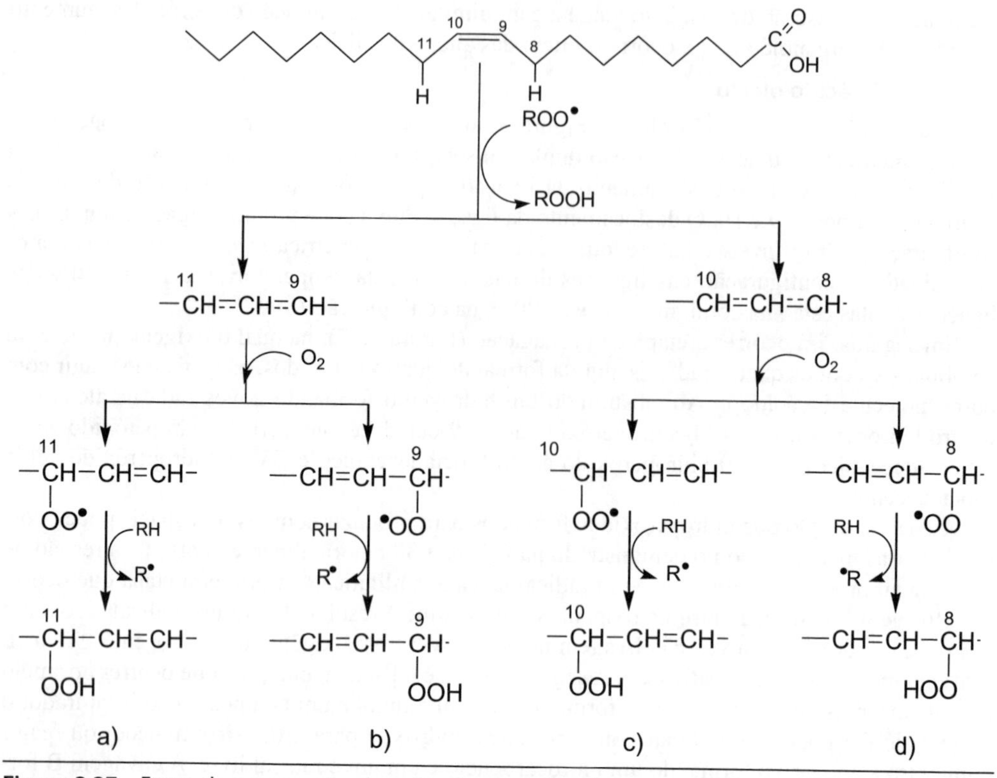

Figura 3.37 Etapa da propagação da oxidação do ácido oleico por oxigênio triplete. Adaptado de Belitz et al.[2]

e metil-8-oxo-octanoato; o 9-hidroperóxido, pela clivagem A, 2-decenal e metil octanoato e pela clivagem B, nonanal e metil-9-oxononaoato; o 10-hidroperóxido, seguindo o caminho A, nonanal e metil 9-oxononanoato e o caminho B, octano e metil-10-oxo-8-decenaoato e finalmente, o 11-hidroperóxido forma, pela clivagem A, octanal e metil-10-oxa-decanoato e, pela clivagem B, heptano e metil-11-oxo-9-undecenoato.[33]

Oxidação do ácido linoleico

A oxidação do ácido linoleico na etapa da iniciação (Figura 3.39) ocorre com a abstração de um hidrogênio no carbono metilênico, 11, ativado especialmente pelas duas ligações duplas vizinhas, com formação de um radical pentadienila entre os carbonos 9 e 13, resultando em dois radicais livres nas posições 9 e 13, com isomerização das ligações duplas.[25] Os radicais livres formados poderão reagir com o oxigênio molecular formando peróxidos, os quais poderão reagir com outra molécula de ácido graxo abstraindo o hidrogênio, formando hidroperóxidos e um novo radical livre, compostos característicos da etapa da propagação.

Os hidroperóxidos formados podem sofrer reações de β-clivagem. Por exemplo, o radical do carbono 9 do ácido linoleico por β-clivagem irá produzir 2,4-decadienal e um radical alquila, que poderá reagir com outros radicais como OH•, H• ou oxigênio triplete, formando vários compostos (Figura 3.40). Os hidroperóxidos formados apresentam um sistema de dienos conjugados e absorvem na região do UV em comprimento de onda máximo de 235 nm.

Os carbonos 8 e 14 também reagem, porém em menor extensão, dando 4 hidroperóxidos, 8-, 10-, 12- e 14-OOH, que apresentam ligações duplas isoladas. A proporção desses hidroperóxidos totaliza cerca de 4%.[2]

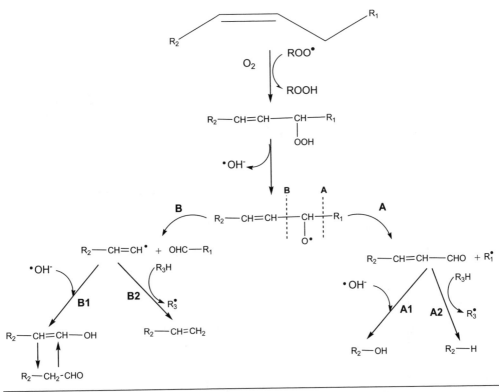

Figura 3.38 Decomposição de hidroperóxido lipídico. Adaptado de Min e Boff.[50]

Na etapa da terminação, os radicais livres formados do ácido linoleico poderão reagir formando dímeros de ácidos graxos (Figura 3.41), desde que estejam em condições de baixa concentração de oxigênio.[25]

Oxidação do ácido linolênico

O ácido linolênico tem dois grupos metilênicos e reage duas vezes mais rápido com oxigênio do que o linoleico. A abstração de H irá ocorrer nos carbonos alílicos às ligações duplas nas posições 11 e 14, resultando em dois radicais pentadienila (Figura 3.42). A reação com o oxigênio irá formar uma mistura de 4 hidroperóxidos dienos conjugados (9-, 12-, 13- e 16-OOH) contendo a terceira ligação dupla cis isolada.[46] Os isômeros 9- e 16- são predominantes e a configuração das ligações duplas depende das condições de reação – cis-hidroperóxidos são os principais produtos quando a reação ocorre abaixo de 40 °C.[2,46] A distribuição desigual dos hidroperóxidos é atribuída à relativa facilidade de 1,3-ciclização dos hidroperóxidos internos (12 e 13-OH) em hidroperóxidos cíclicos peróxidos.[46]

Lipoxigenase

A enzima lipoxigenase está presente em muitas plantas e também em eritrócitos e leucócitos e catalisa a oxidação de alguns ácidos graxos insaturados para seus correspondentes hidroperóxidos semelhantes aos obtidos pela autoxidação. Como é uma reação catalisada por enzimas, depende da especificidade do substrato, da seletividade da peroxidação, da ocorrência de um pH ótimo, da suscetibilidade ao tratamento térmico e da alta taxa de reação na faixa de 0 a 20 °C[2] (Capítulo 5). A lipoxigenase apenas oxida ácidos graxos que contenham o sistema 1-cis-4-cis-pentadieno, portanto os substratos preferidos são os ácidos linoleico e linolênico nas plantas e o ácido araquidônico nos animais, mas o ácido oleico não é oxidado.

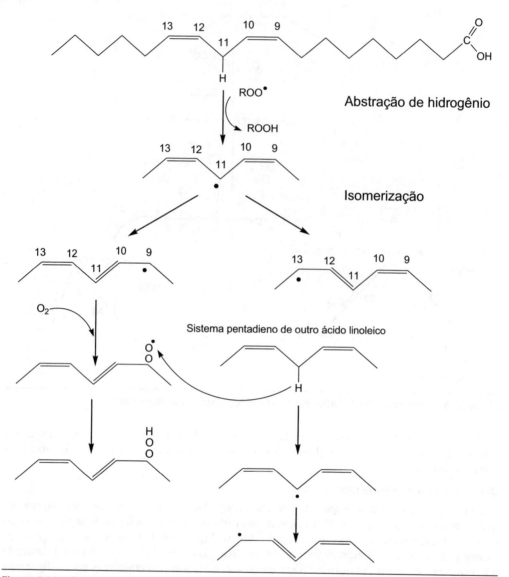

Figura 3.39 Etapa da iniciação e propagação da oxidação do ácido linoleico por oxigênio triplete. Adaptado de McClements e Decker.[25]

A enzima lipoxigenase é uma proteína ligada a um átomo de ferro (Fe^{2+}) e ativada por peróxidos; durante a ativação o Fe^{2+} é oxidado a Fe^{3+} (Figura 3.43). A enzima catalisa a abstração do hidrogênio do carbono metilênico do sistema 1,4-pentadieno e o Fe^{3+} da enzima retorna para o estado reduzido Fe^{2+}. O radical pentadienila forma um complexo com a enzima, com a entrada de oxigênio, seguido de um rearranjo formando um sistema de dieno conjugado. O íon ferroso (Fe^{2+}) doa um elétron ao radical peroxila, convertendo-se em Fe^{3+} e formando um ânion peroxila que irá reagir com o hidrogênio para formar o hidroperóxido com consequente liberação da enzima. Com a remoção do oxigênio do sistema, a enzima abstrai um hidrogênio de um ácido graxo e o Fe^{3+} é convertido a Fe^{2+}. Como não há oxigênio, o radical alquila é liberado e a enzima volta a sua forma inativa.

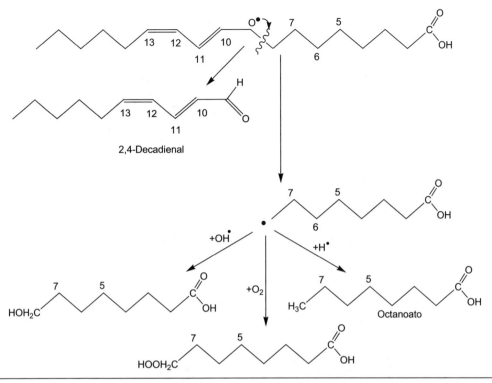

Figura 3.40 Etapa da terminação da oxidação do ácido linoleico com formação de compostos de baixo peso molecular. Adaptado de McClements e Decker.[25]

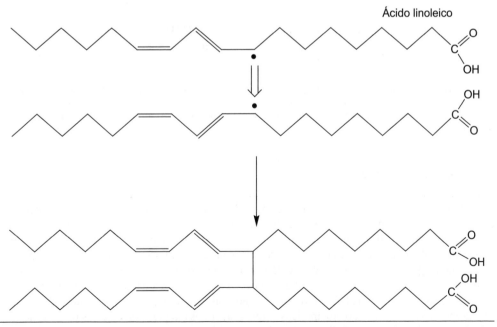

Figura 3.41 Etapa da terminação da oxidação do ácido linoleico com formação de compostos de alto peso molecular. Adaptado de McClements e Decker.[25]

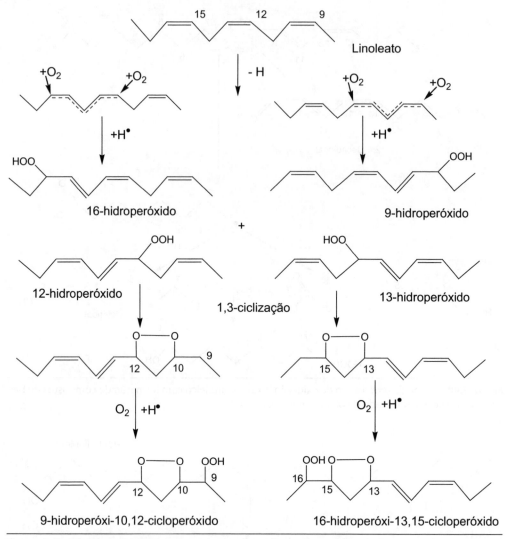

Figura 3.42 Etapa da iniciação e propagação da oxidação do ácido linolênico por oxigênio triplete. Adaptado de Frankel.[46]

Oxidação do colesterol

O colesterol é suscetível à oxidação por conter uma insaturação em sua estrutura química e mais de 60 produtos de oxidação do colesterol são conhecidos.[51] Os produtos de oxidação do colesterol são um grupo de esteróis com estrutura similar à do colesterol (Figura 3.44), contendo um grupo adicional que pode ser hidroxila, cetona ou epóxido no núcleo do esterol ou um grupo hidroxila na cadeia lateral. Nos tecidos humano e animal, os óxidos de colesterol podem ser formados por oxidação enzimática e não enzimática do colesterol ou serem obtidos através da dieta. A oxidação enzimática do colesterol ocorre por inúmeras enzimas do citocromo P-450 do fígado, como a colesterol 7α-hidrolase, 26-hidrolase, 27-hidroxilase, 7-cetodesidrogenase e 5α,6α-epoxidase. As vias não enzimáticas compreendem os ataques por espécies reativas de oxigênio e de nitrogênio, como radicais peroxila e alcoxila provenientes da peroxidação de lipídeos e sistema leucócito/H_2O_2/HOCl.

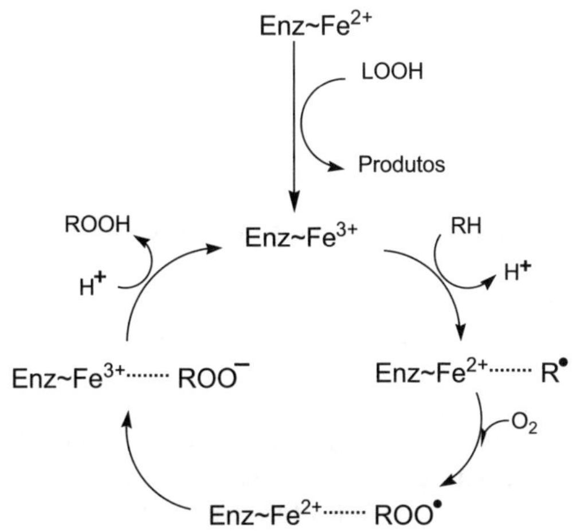

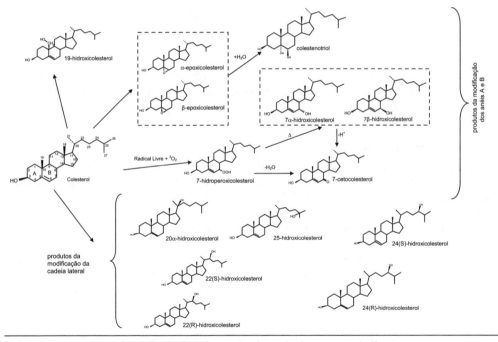

Figura 3.43 Mecanismo de autoxidação de ácido graxo insaturado pela ação da lipoxigenase. Adaptado de Belitz et al.[2]

Figura 3.44 Produtos da oxidação do colesterol. Adaptado de Bragagnolo.[38]

A oxidação do colesterol envolve reações em cadeia com a formação de radicais livres, de forma semelhante à oxidação de lipídeos insaturados. Portanto, os mesmos fatores que influenciam a oxidação dos ácidos graxos (a presença de luz, oxigênio, radiação, calor, metais de transição e ácidos graxos) podem desencadear a oxidação não enzimática do colesterol, e o calor é o principal fator da degradação do colesterol.[52]

Por conter uma dupla ligação no carbono 5, os pontos susceptíveis à oxidação são os carbonos das posições 4 e 7. Entretanto, o carbono 4 é impedido estericamente devido à possível influência do grupo metila do carbono 19 e raramente é atacado pelo oxigênio. Desse modo, a oxidação do colesterol pode ser iniciada pela retirada do hidrogênio no carbono 7, que é o carbono α-alílico à ligação dupla, formando um radical livre que reage rapidamente com o oxigênio triplete ($^3O_2$) levando à formação de 7α- e 7β-hidroperoxicolesterol (7-OOH), que são considerados os produtos primários dessa reação (Figura 3.44). A decomposição dos hidroperóxidos resulta na formação de seus alcoóis correspondentes, o 7α- e 7β-hidroxicolesterol (7α-OH e 7β OH). A desidrogenação dos alcoóis ou a desidratação dos hidroperóxidos produz o 7-cetocolesterol (7-ceto).[51]

A epoxidação do colesterol (Figura 3.44) ocorre pelo ataque dos radicais dos 7-hidroperóxidos já formados a outra molécula de colesterol. Em meio aquoso, estes compostos podem resultar na formação do colestanotriol (Figura 3.44).

A oxidação na cadeia lateral também pode originar o 20-, 22-, 24-, 25- e 26-hidroxicolesterol (Figura 3.44) e seus produtos de decomposição, alcoóis, cetonas, aldeídos e ácidos carboxílicos.[51]

Os principais produtos de oxidação encontrados em alimentos são 7α-OH, 7β-OH, 7-ceto, α-epóxido e β-epóxido, bem como os óxidos formados pela cadeia lateral como o 25-OH e o 20-OH.[38] Os óxidos de colesterol são encontrados principalmente em produtos de origem animal, como carnes e seus derivados,[38] ovos,[53,54] peixes e frutos do mar[55-57] e leite e seus derivados,[58] e os maiores teores são encontrados em produtos obtidos por processamento térmico ou estocados por um longo período.

A associação entre o colesterol sanguíneo e a aterosclerose tem sido um tópico de diversas pesquisas durante décadas e continua sendo um importante campo de investigação. No entanto, os óxidos de colesterol apresentam, possivelmente, uma maior contribuição na formação de placas ateroscleróticas do que o próprio colesterol. Além disso, os óxidos de colesterol são apontados como sendo carcinogênicos, citotóxicos, mutagênicos e aterogênicos.[38] Estes compostos também estão associados ao desenvolvimento de doenças degenerativas, como Parkinson e Alzheimer e inibição da atividade da enzima 3-hidroxi-3-metil-glutaril-CoA redutase envolvida na síntese do colesterol.

Alterações em óleos de fritura

Os alimentos fritos em óleos e gorduras contribuem significativamente para a média da ingestão de calorias na dieta. A fritura consiste na interação dos alimentos com o óleo ou a gordura numa temperatura em torno de 180 °C e parcialmente com o ar durante um período de tempo. Desse modo, a fritura é, entre todos os processos de produção de alimentos, a que causa as maiores mudanças químicas na gordura, e uma quantidade considerável dessa gordura é absorvida pelo alimento (5-40% de gordura por peso).[33]

Durante a fritura são formados produtos voláteis e não voláteis (Figura 3.45), e os principais fatores que influenciam a formação desses produtos são temperatura, presença de oxigênio, luz, tempo, relação superfície/volume, tipo de óleo ou gordura, de alimento e de fritura.

As reações que ocorrem durante a fritura são responsáveis por uma variedade de mudanças químicas e físicas, como aumento da viscosidade e conteúdo de ácidos graxos livres, desenvolvimento de cor escura e aumento na tendência de formar espuma. Além disso, pode ocorrer destruição das vitaminas termossensíveis, diminuição do conteúdo mineral e formação de substâncias indesejáveis à saude humana, como aminas heterocíclicas, malonaldeído, ácidos graxos *trans*, monômeros e dímeros cíclicos, acrilamida, acroleína e óxidos de colesterol.[59,60] Os compostos voláteis são resultantes das reações oxidativas envolvendo a formação e decomposição de hidroperóxidos. Os compostos formados são aldeídos saturados e insaturados, cetonas, hidrocarbonetos, lactonas, alcoóis, ácidos e ésteres.[61] Além destes, são formados também ácidos graxos livres pela hidrólise dos triacilglicerídeos na presença de água liberada do alimento e calor. O aquecimento do óleo a 180 °C por 30 minutos na presença do ar é suficiente para a formação de produtos voláteis primários da oxidação. A quantidade de produtos formados varia grandemente devido principalmente ao tipo de óleo, tipo de alimento e tratamento térmico. No entanto, atin-

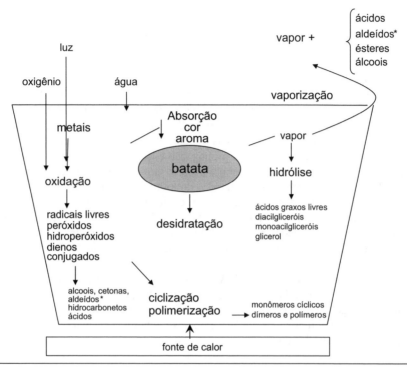

Figura 3.45 Reações que ocorrem durante a fritura. Adaptado de Warner.[62]

gem quase sempre um platô, provavelmente por causa do balanço entre a formação de voláteis e as perdas por evaporação ou decomposição.

Os compostos não voláteis são os monômeros, dímeros e polímeros. Os monômeros são compostos polares de volatilidade moderada produzidos nas várias etapas do processo oxidativo. Os dímeros e os polímeros ocorrem da combinação dos radicais produzidos no processo oxidativo e na degradação térmica. Os polímeros formados são responsáveis pelo aumento de viscosidade. Ácidos graxos *trans* e monômeros cíclicos são formados também em menores quantidades.

Antioxidantes

Os antioxidantes são compostos que inibem ou retardam os processos oxidativos responsáveis pela deterioração dos lipídeos. De acordo com a definição proposta por Halliwell e Gutteridge[47] antioxidante consiste em "substância que retarda, previne ou remove os danos oxidativos da molécula alvo". Os antioxidantes podem ser substâncias naturalmente presentes nos alimentos, ou adicionadas aos produtos ou formadas durante o processamento. A adição de antioxidantes em alimentos não tem por objetivo melhorar a qualidade dos produtos, mas sim manter a qualidade e estender o tempo de validade, além de reduzir perdas nutricionais. Os antioxidantes utilizados em alimentos processados devem ser de baixo custo, atóxicos, efetivos em baixas concentrações, estáveis, e a adição de cor e aroma deve ser a mínima possível.

Classificação

Os antioxidantes podem ser classificados em primários e secundários, de acordo com o mecanismo de ação.[63] Alguns antioxidantes podem exibir mais de um mecanismo de atividade e são denominados antioxidantes de múltiplas funções. Além disso, podem ser classificados como sintéticos ou naturais.

Antioxidantes primários

Os antioxidantes primários controlam a propagação da reação em cadeia (Figura 3.46), desativando os radicais livres, como os radicais alquila (R·), alcoxila (RO·), peroxila (ROO·) e outras espécies reativas de oxigênio, como os radicais superóxido ($O_2^{·-}$) e hidroxila (HO·), inibindo, portanto, as reações nas etapas de iniciação e propagação.

O antioxidante primário doa um átomo de hidrogênio para os radicais lipídicos e produz lipídeos derivados e radicais antioxidantes (A·) que são mais estáveis e menos reativos e não irão promover outras reações de autoxidação. Como doadores de hidrogênio, os antioxidantes primários têm maior afinidade por radicais peroxila e alcoxila do que por lipídeos, portanto, os radicais peroxila formados durante a etapa de propagação e decomposição dos hidroperóxidos são inibidos pelos antioxidantes primários, embora possam também interagir com radicais lipídicos.

O antioxidante radical produzido pela doação do hidrogênio tem baixa reatividade com lipídeos e isto faz com que a taxa de propagação seja reduzida uma vez que a reação do antioxidante radical com oxigênio ou lipídeos é muito lenta. O A· é estabilizado pela deslocalização do elétron desemparelhado no anel fenólico para formar híbridos de ressonância que são estáveis.[64] O radical fenólico pode ainda reagir com outro radical lipídico ou antioxidante, formando compostos não radicalares (Figura 3.47).

Os antioxidantes sintéticos, como o BHA (*terc*-butil hidroxianisol), BHT (di-*terc*-butilhidroxitolueno), PG (galato de propila) e TBHQ (*terc*-butil hidroquinona), são exemplos de antioxidantes primários (Figura 3.48). Estes antioxidantes são eficientes, têm baixo custo e apresentam alta estabilidade quando adicionados em alimentos. No entanto, a suspeita de que podem causar carcinogênese tem diminuído seu uso.[63]

$$AH + ROO· \rightarrow ROOH + A·$$

$$AH + RO· \rightarrow ROH + A·$$

$$AH + R· \rightarrow RH + A·$$

$$A· + ROO· \rightarrow AOOR$$

$$A· + RO· \rightarrow AOR$$

$$A· + A· \rightarrow AA$$

Figura 3.46 Mecanismos de ação de um antioxidante como desativador de radical livre.

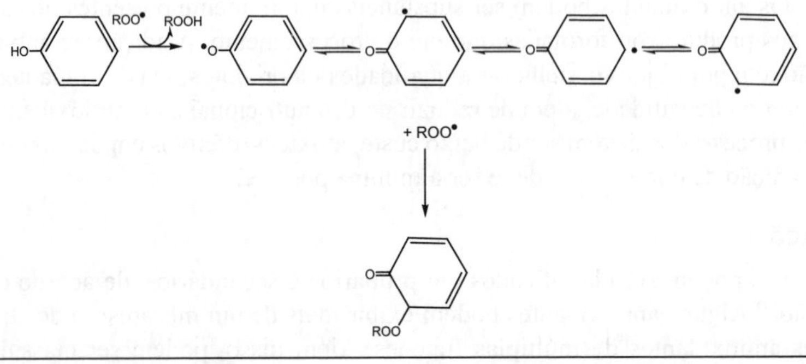

Figura 3.47 Mecanismo de ação dos antioxidantes primários. Adaptado de Shahidi & Wanasundara.[64]

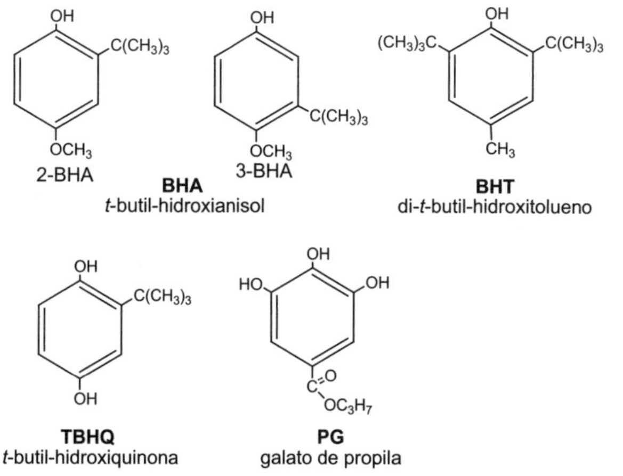

Figura 3.48 Estruturas dos principais antioxidantes sintéticos.

A atividade antioxidante desses compostos depende da estrutura fenólica, assim, os fenóis que apresentam grupos alquila no anel aromático são antioxidantes extremamente efetivos. O BHA é usualmente utilizado como a mistura dos isômeros (Figura 3.48), e o 3-BHA apresenta maior atividade antioxidante do que o 2-BHA. O BHA é um antioxidante mais efetivo em gorduras animais do que em óleos vegetais e apresenta pouca estabilidade diante de temperaturas elevadas. BHA e BHT são extremamente lipofílicos e são comumente utilizados em conjunto desde que apresentem maior atividade antioxidante do que quando usados individualmente. Portanto, os alimentos contêm uma mistura de BHA/BHT ao nível de 0,02%. O mecanismo de ação sinergístico do BHA/BHT envolve a interação do BHA com o radical peroxila para produzir radical BHA (Figura 3.49), o qual se acredita abstrai um hidrogênio do grupo hidroxila do BHT. O BHT age regenerando o BHA e o radical BHT pode reagir com um radical peroxila.[2]

O TBHQ é moderadamente solúvel em óleo e gorduras e ligeiramente solúvel em água. É muito estável ao calor, sendo utilizado em óleos altamente insaturados para frituras e apresenta sinergismo junto com o ácido cítrico em óleos vegetais.

O PG é altamente solúvel em água, sendo largamente utilizando em alimentos no qual a solubilização de BHA, BHT e TBHQ não é possível. Não é apropriado para uso em altas temperaturas, pois sofre decomposição a 148 °C. Age sinergisticamente com outros antioxidantes primários e alguns antioxidantes secundários e muitas vezes são incluídos em preparações de misturas de antioxidantes.

Os tocoferóis e tocotrienóis são exemplos de antioxidante natural que atuam como antioxidante primário. Por exemplo, o α-tocoferol doa um hidrogênio para o radical peroxila, tornando-se um radical α-tocoferoxila (Figura 3.50), o qual poderá interagir com outros compostos ou entre si para formar uma variedade de produtos. O tipo e a quantidade destes produtos dependem das taxas de oxidação, das espécies de radicais, do sistema lipídico e da concentração de tocoferol. Em condições de baixa taxa de oxidação de lipídeos em membranas, dois radicais de α-tocoferoxila poderão interagir formando α-tocoferilquinona e a regeneração do α-tocoferol.[65] Além disso, qualquer α-tocoferilquinona formada pode ser regenerada por agentes redutores, como ácido ascórbico e glutationa. A atividade antioxidante dos tocotrienois como desativador de radicais é maior do que os tocoferois em sistemas heterogêneos.[66] Dentre os tocoferois, a atividade antioxidante aumenta de α → δ, sendo o inverso da atividade da vitamina E (Capítulo 6) e da velocidade de reação com radicais peroxila.[2] O α-tocoferol reage com radicais peroxila muito mais rápido que outros tocoferóis e que BHA e BHT. A maior eficiência do γ-tocoferol em comparação com o α-tocoferol é baseada na maior estabilidade do γ-tocoferol e na diferença dos produtos formados durante a reação antioxidativa.

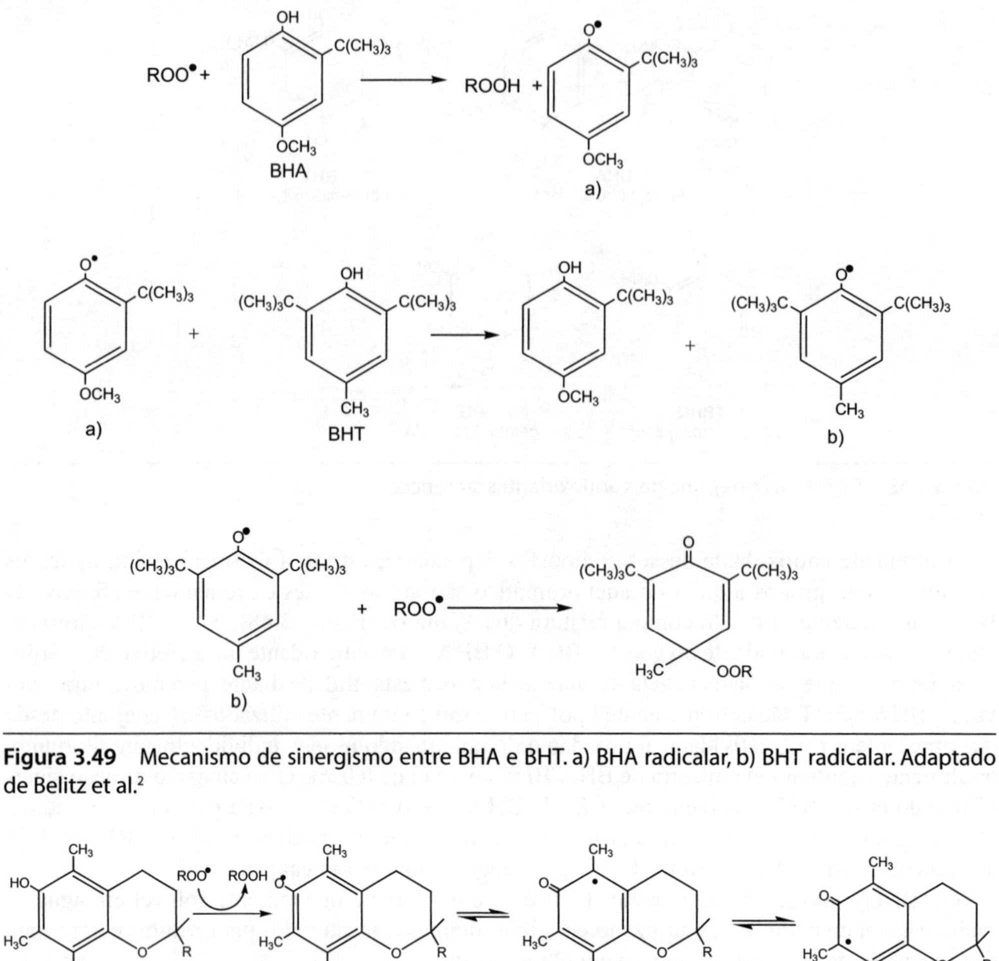

Figura 3.49 Mecanismo de sinergismo entre BHA e BHT. a) BHA radicalar, b) BHT radicalar. Adaptado de Belitz et al.[2]

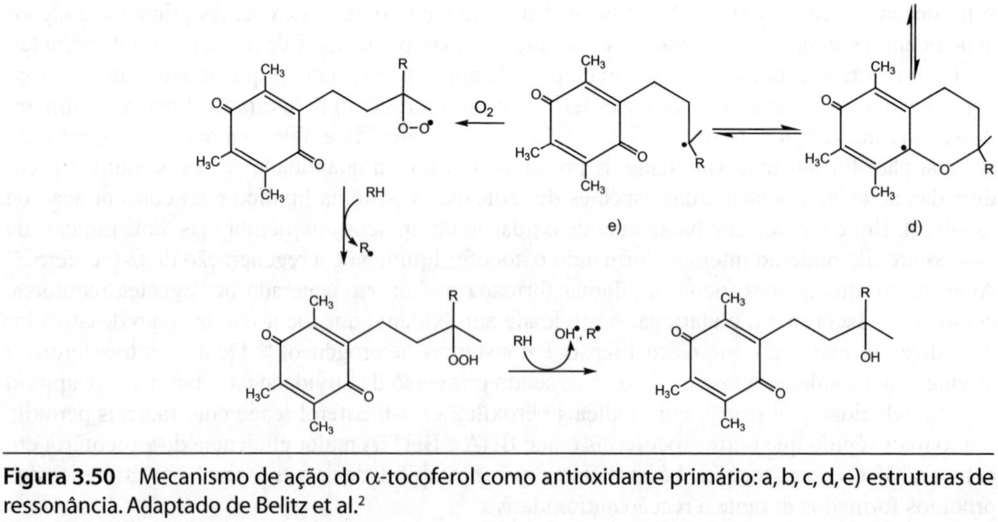

Figura 3.50 Mecanismo de ação do α-tocoferol como antioxidante primário: a, b, c, d, e) estruturas de ressonância. Adaptado de Belitz et al.[2]

Antioxidantes secundários

Os antioxidantes secundários diminuem a taxa de oxidação lipídica por meio de diferentes modos de ação, podendo quelar metais pró-oxidantes e desativá-los, regenerar antioxidantes primários, suprimir $^1O_2$ e sensibilizadores no estado excitado e desativar $^3O_2$. No entanto, não podem converter compostos radicalares em produtos mais estáveis.

O ácido cítrico e seus derivados lipofílicos, ácido fosfórico e seus derivados polifosfatos e o ácido etilenodiaminotetraacético (EDTA) podem quelar metais formando um complexo estável. A habilidade de quelar metais dos oligofosfatos aumenta a partir de seis grupos fosfatos. No ácido cítrico, os grupos carboxila são os responsáveis por quelar os metais e formar complexos. Os ácidos málico, tartárico, oxálico e succínico quelam metais da mesma maneira.[63]

O ácido ascórbico, o palmitato de ascorbila, o ácido eritórbico, o eritorbato de sódio e os sulfitos atuam como desativadores de oxigênio molecular e como agentes redutores. Os agentes redutores atuam doando átomos de hidrogênio. O ácido ascórbico e os sulfitos reagem diretamente sobre o oxigênio molecular eliminando-o dos alimentos. O ácido ascórbico sofre oxidação transferindo um ou dois elétrons.[63] A reação que envolve a transferência de um elétron forma um radical de ácido L-ascórbico (ácido semidesidroascórbico); o próton é perdido formando um radical bicíclico, o qual é um intermediário do ácido desidroascórbico que será formado. A transferência de dois elétrons ocorre quando metais de transição catalisam a autoxidação do L-ascorbato, em que o L-ascorbato e o oxigênio molecular formam um complexo terciário com o metal catalisador. No entanto, o ácido ascórbico (Capítulo 6) pode agir como antioxidante primário ou secundário.[63] *In vivo*, o ácido ascórbico doa átomos de hidrogênio, agindo como um antioxidante primário, além de desativar radicais convertendo hidroperóxidos em produtos estáveis. Em tecidos de plantas, é um importante antioxidante e é essencial para a prevenção da oxidação celular pelo peróxido de hidrogênio. Em alimentos, é um antioxidante secundário com múltiplas funções, agindo como supressor de oxigênio singlete, redutor de radicais livres e radicais antioxidantes primários, desativador de oxigênio molecular na presença de íons metálicos e regenerador de antioxidantes primários, como o tocoferol.

O ácido eritórbico (ácido D-ascórbico) e o eritorbato de sódio são, respectivamente, estereoisômeros do ácido ascórbico e ascorbato de sódio. São geralmente reconhecidos como seguros (GRAS = *generally recognized as safe*) pelo *Food and Drug Administration* (FDA), mas não são um constituinte natural dos alimentos e têm mínima atividade de vitamina C. O ácido eritórbico é capaz de impedir a oxidação por meio do mecanismo de supressão de oxigênio singlete, doação de átomos de hidrogênio e como agente redutor.[17] No processamento de carne curada, sua adição tem três funções principais: reduzir nitrito em óxido nítrico, acelerando a formação da cor rósea na carne; agir como um antioxidante, contribuindo para a estabilidade de cor e sabor de produtos; e ajudar na prevenção da formação de nitrosaminas, que apresentam ação cancerígena. O eritorbato de sódio, além de possuir baixo custo quando comparado aos seus isômeros, não interfere no pH natural do alimento após sua adição.

Os supressores de oxigênio singlete agem dissipando seu excesso de energia na forma de calor. Carotenoides, como β-caroteno, licopeno e luteína (Capítulo 7), são ativos supressores de oxigênio singlete quando em baixa pressão parcial de oxigênio. Os carotenoides podem agir como antioxidantes primários, sequestrando radicais livres, ou como antioxidantes secundários, suprimindo oxigênio singlete. Em alimentos, os carotenoides atuam principalmente como antioxidantes secundários. No entanto, em ausência de oxigênio singlete (baixa pressão parcial de oxigênio) os carotenoides podem prevenir a oxidação por desativar radicais livres, bloqueando a reação em cadeia. Na presença de β-caroteno, oxigênio singlete irá reagir preferencialmente, transferindo energia por meio do mecanismo de transferência de elétron para o β-caroteno produzindo β-caroteno no estado triplete (Figura 3.51). Nesta transferência, o oxigênio singlete passa para oxigênio triplete. O estado triplete do β-caroteno libera a energia na forma de calor e o carotenoide retorna ao seu estado fundamental. Os carotenoides são muito efetivos em suprimir oxigênio singlete, uma vez que uma molécula de carotenoide é capaz de interagir com grande número de oxigênio singlete. Uma molécula de β-caroteno, por exemplo, pode suprimir acima de 1.000 moléculas de oxigênio singlete.

Os dois tipos de antioxidantes, primários e secundários, podem agir de forma sinérgica, aumentando a capacidade antioxidante total. A Figura 3.52 mostra a interação dos antioxidantes no processo da oxidação lipídica.

$$\beta\text{-caroteno} + {}^1O_2 \rightarrow {}^3\beta\text{-caroteno*} + {}^3O_2$$

$$^3\beta\text{-caroteno*} \rightarrow \beta\text{-caroteno} + \text{calor}$$

Figura 3.51 Mecanismo de ação do β-caroteno como supressor de oxigênio singlete. Adaptado de Reische et al.[63]

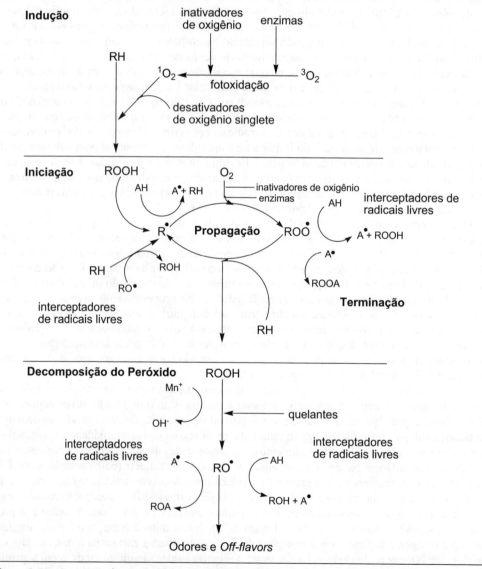

Figura 3.52 Interação dos antioxidantes na oxidação lipídica. Adaptado de Reische et al.[63]

Todas as classes de compostos fenólicos (Capítulo 8) apresentam estruturalmente os requerimentos para desativar radical livre. No entanto, a atividade antioxidante desses compostos varia grandemente e muitos exibem atividade pró-oxidante. Por exemplo, os flavonoides apresentam atividade antioxidante devido à habilidade de quelar metais formando complexos, por agirem como antioxidantes primários e desativarem ânion superóxido.[63] Os fatores que influenciam a atividade antioxidante de compostos fenólicos incluem a posição e o grau de hidroxilação, polaridade, solubilidade, potencial de redução, estabilidade do composto fenólico no processamento de alimentos e estabilidade do radical fenólico.

RESUMO

Os lipídeos abrangem um grande número de compostos com funções energéticas, estruturais e hormonais e são, em geral, solúveis em solventes orgânicos. Eles podem ser classificados considerando as propriedades físicas, a polaridade, a essencialidade e a estrutura. Os ácidos graxos são ácidos monocarboxílicos, integrantes de quase todos os lipídeos e classificados de acordo com o comprimento de cadeia, número de carbono, posição e configuração das ligações duplas e da ocorrência de grupos funcionais adicionais ao longo da cadeia carbônica. A hidrogenação dos ácidos graxos insaturados e a interesterificação dos triacilglicerídeos produzem gorduras com diferentes texturas, embora a hidrogenação produza uma quantidade de ácidos graxos *trans* considerados prejudiciais à saúde humana. Os fosfolipídeos, por conterem em sua estrutura grupos hidrofílicos e hidrofóbicos, são muito utilizados como surfactantes ou emulsificantes. O colesterol e os fitosteróis são esteróis presentes principalmente no reino animal e vegetal, respectivamente, que apresentam a mesma estrutura básica com pequenas diferenças na cadeia lateral da molécula, o que lhes confere grandes diferenças nas funções biológicas. Os ácidos graxos insaturados por apresentarem ligações duplas na sua estrutura são facilmente oxidados por meio dos mecanismos de autoxidação e foto-oxidação, resultando na formação de uma série de produtos responsáveis pela alteração do aroma e consistência dos alimentos. Como resultado dessas reações há diminuição da vida de prateleira dos produtos que contêm lipídeos, perda de valor nutricional devido à degradação de ácidos graxos essenciais, desnaturação de proteínas com consequente perda de propriedades funcionais e degradação de vitaminas A, D, E e C. Além disso, ocorre a formação de compostos nocivos à saúde humana, como os óxidos de colesterol e os monômeros e dímeros cíclicos. Uma das maneiras de retardar os processos oxidativos responsáveis pela deterioração dos lipídeos é pela adição de antioxidantes, seja naturais, seja sintéticos.

❓ QUESTÕES PARA ESTUDO

3.1. Colocar os ácidos graxos 24:1(11); 24:6(6); 25:0; 24:1(*t*11); 24:0, 22:0 e 23:0 em ordem decrescente de acordo com o ponto de fusão.

3.2. Escrever a abreviatura dos ácidos graxos representando as insaturações do tipo *trans* quando houver.

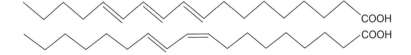

3.3. Demonstrar detalhadamente a formação de todos os hidroperóxidos que possam ser formados na rancificação por oxidação na presença de oxigênio triplete a partir do ácido graxo 14:1n9, numerando sempre todos os átomos de carbono de acordo com a IUPAC.

3.4. Demonstrar detalhadamente a formação de todos os hidroperóxidos que possam ser formados na rancificação por oxidação na presença do oxigênio singlete a partir do ácido graxo 18:1(9), numerando sempre todos os átomos de carbono de acordo com a IUPAC.

3.5. Um analista avaliou o conteúdo de ácidos graxos em 5,00 g de amostra de óleo de milho. A quantidade de ácidos graxos insaturados obtida foi de 4,7 g e de ácidos graxos saturados de 0,3 g. Qual a porcentagem (%) de ácidos graxos saturados e insaturados presentes na amostra de óleo de milho?

3.6. Explicar como a rancidez hidrolítica e a oxidativa de lipídeos levam ao desenvolvimento de sabores indesejáveis.

3.7. Quais são as etapas do processo de rancificação por oxidação na presença de oxigênio triplete e as características de cada etapa.

3.8. Indicar, na molécula abaixo, os sítios onde ocorre a rancificação por oxidação e a rancificação por hidrólise.

$$H2C-O-C{\overset{O}{\Bumpeq}}[CH_2]_6-CH_2-CH=CH-[CH_2]_7-CH_3$$
$$HC-O-C{\overset{O}{\Bumpeq}}[CH_2]_6-CH_2-CH=CH-[CH_2]_7-CH_3$$
$$H2C-O-C{\overset{O}{\Bumpeq}}[CH_2]_6-CH_2-CH=CH-[CH_2]_7-CH_3$$

3.9. Explicar 3 maneiras de evitar ou retardar a oxidação dos lipídeos.

3.10. Explicar os processos de hidrogenação e interesterificação e especifique os produtos formados em cada processo.

Referências bibliográficas

1. Christie WW. The lipid library, 2006. Disponível na internet: http://www.lipidlibrary.co.uk/infores/lipids.htm. (16 mar 2011).
2. Belitz H-D, Grosh W, Schieberle P. Lipids. In: Food Chemistry, 4[th]ed. Berling, Springer-Verlag 2009;158-247.
3. Bloor WR. Outline of a classification of the lipids. Proceedings of the Society for Experimental Biology and Medicine 1920;17:138-140.
4. Fahy E, Subramaniam S, Brown HA, Glass CK, Merril AH, Murphy RC et al. A comprehensive classification system for lipids. Journal of Lipid Research 2005;46:839-86.
5. Fahy E, Subramaniam S, Brown HA, Glass CK, Merril AH, Murphy RC et al. Update of the LIPID MAPS comprehensive classification system for lipids. Journal of Lipid Research April Supplement 2009;S9-14.
6. Scringeour C. Chemistry of fatty acids. In: Bailey's industrial oil and fat products, 6th, John Wiley & Sons, Inc, vol 1, cap. 1, 1, 1-43, 2005.
7. IUPAC – Guia IUPAC para a nomenclatura de compostos orgânicos, Porto, Libel: 2002;107-110.
8. IUPAC – Nomenclature of lipids. Disponível na internet: hhtp://chem.qmul.ac.uk/iupac/lipid (11 mar 2011).

9. O'Keefe SF. Nomenclature and classification of lipids. In: Food Lipids, Chemistry, Nutrition and Biotechnology, 3ᵗ ed. Boca Raton, CRC Press Taylor & Francis Group: cap. 1, 2008.

10. Simopoulos AP. The importance of the omega-6/omega-3 fatty acid ratio in cardiovascular disease and other chronic diseases. Experimental Biology Medicine 2008;233:674-88.

11. Mazaffarian D, Katan MB, Ascherio A, Stampfer MJ, Willett WC. Trans fatty acids and cardiovascular disease. The New England Journal of Medicine 2006;354:1601-13.

12. Bhattacharya A, Banu J, Rahman M, Causey J, Fernandes G. Biological effects of conjugated linoleic acids in health and disease. Journal of Nutritional Biochemistry , 2006;17:789-810.

13. Carvalho EBT, Melo ILP, Mancini Filho J. Chemical and physiological aspects of isomers of conjugated fatty acids. Ciência e Tecnologia de Alimentos 2010;30:295-307.

14. Melo ILP, Silva AMOE, Mancini-Filho J. Lipídeos. In: Bases Bioquímicas e Fisiológicas da Nutrição, 1ed. Barueri, Manole: 2013;75-107.

15. O'Shea M, Van Der Zee M, Mohede I. CLA sources and human studies. In: Healthful lipids, Urbana, AOCS Press: 249-72, 2005.

16. Emken EA, Adlof RO, Gulley RM. Dietary linoleic acid influences desaturation and acylation of deuterium-labeled linoleic and linolenic acids in young adult males. Biochimica et Biophysica Acta (BBA) − Lipids and Lipid Metabolism 1994;1213:277-88.

17. Pawlosky RJ, Hibbeln JR, Novotny JA, Salem N. Physiological compartmental analysis of α-linolenic acid metabolism in adult humans. Journal of Lipid Research 2001;42:1.257-65.

18. Brenna JT, Diau GY. The influence of dietary docosahexaenoic acid and arachidonic acid on central nervous system polyunsaturated fatty acid composition. Prostaglandins, Leukotrienes and Essential Fatty Acids 2007;77:247-50.

19. San Giovanni JP, Chew EY. The role of omega-3 long chain polyunsaturated fatty acids in health and disease of the retina. Progress in Retinal Eye Research 2005;24:87-138.

20. FAO. Food and Agriculture Organization of the United Nations. Fats and oils in human nutrition. Report of expert consultation. Paper 91, Roma, 2010. Disponível na internet: http://www. fao.org (07 mar 2011).

21. Mercadante AZ., Rodriguez-Amaya DB. Avaliação da composição de ácidos graxos de óleos comestíveis. Boletim da Sociedade Brasileira de Ciência e Tecnologia de Alimentos 1986;20:29-40.

22. Bragagnolo N, Rodriguez-Amaya DB. New data on the total lipid, cholesterol and fatty acid composition of raw and grilled beef *longissimus* dorsi. Archivos Latinoamericanos de Nutricion 2003; 53:312-9.

23. Bragagnolo N, Rodriguez-Amaya DB. Simultaneous determination of total lipid, cholesterol and fatty acids in meat and backfat of suckling and adults pigs. Food Chemistry 2002;79:255-60.

24. Bragagnolo N, Rodriguez-Amaya DB. Total Lipid, cholesterol, and fatty acids of farmed freshwater prawn (*Macrobrachium rosenbergii*) and wild marine shrimp (*Penaeus brasiliensis, Penaeus schimitti, Xiphopenaeus kroyeri*). Journal of Composition and Analysis 2001;14:359-69.

25. McClements DJ, Decker EA. Lipids, In: Fennema's Food Chemistry, 4th ed. Boca Raton, CRC Press Taylor & Francis Group: 155-216, 2008.

26. Knothe G, Dunn RO. A comprehensive evaluation of the melting points of fatty acids and esters determined by differential scanning calorimetry. Journal of the American Oil Chemists' Society 2009;86:843-56.

27. Milinsk MC, Matsushita M, Visentainer JV, Oliveira CC, Souza NE. Comparative analysis of eight esterification methods in the quantitative determination of vegetable oil fatty acid methyl esters (FAME). Journal Brazilian Chemistry Society 2008;19:1475-83.

28. Dijkstra AJ. Modification processes and food uses. In: The Lipid handbook, 3rd ed., Boca Raton, CRC Press Taylor& Francis Group 2007;263-354.

29. Johnson LA. Recovery, refining, converting and stabilizing edible oils. In: Food Lipids, Chemistry, Nutrition and Biotechnology, 2nd ed. New York, Marcel Decker, Inc.: 2002;223-74.

30. Allen RR. Hydrogenation. Journal of the American Oil Chemists' Society 1981;58:166-169.

31. Jung MY, Min DB. Novel hydrogenation for low *trans* fatty acids in vegetable oils. In: Healthful lipids, Urbana, AOCS Press: 2005;65-77.

32. Albright LF. Quantitative measure of selectivity of hydrogenation of triglycerides. Journal American Oil Chemistry Society 1965;42:250-3.

33. Nawar WW. Lipids. In: Food Chemistry, 3rd ed. New York, Marcel Dekker, Inc, , 1996;225-314.

34. Martin D, Reglero G, Señoráns FJ. Oxidative stability of structured lipids. European Food Research and Technology 2010;231:635-53.

35. Bragagnolo N. Analysis of Cholesterol in Edible Animal By-Products. In: Handbook of Analysis of Edible Animal By-Products. Boca Raton, CRC Press 2011;43-63.

36. Bragagnolo N, Rodriguez-Amaya DB. Comparasion of the cholesterol content of Brazilian chicken and quail eggs. Journal of Food Composition and Analysis 2003;16:147-53.

37. Behrman EJ, Gopalan V. Cholesterol and plants. Journal of Chemical Education 2005;82:1791-3.

38. Bragagnolo N. Cholesterol and cholesterol oxides in meat and meat products. In: Handbook of Muscle Foods Analysis. Boca Raton, CRC Press 2009;187-219.

39. Bragagnolo N, Rodriguez-Amaya DB. Teores de colesterol em carne de frango. Revista de Farmácia e Bioquímica da Universidade de São Paulo 1992;28:122-31.

40. Bragagnolo N, Rodriguez-Amaya DB. Teores de colesterol em carne suína e bovina e efeito do cozimento. Ciência e Tecnologia de Alimentos 1995;15:11-7.

41. Souza NE, Visentainer JV. Colesterol da mesa ao corpo, São Paulo, Livraria Varela, 2006, 85 p.

42. Ellegard HL, Andersson SW, Normen LA. Dietary plant sterols and cholesterol metabolism. Nutrition Reviews 2007;65:39-45.

43. Piironen V, Lampi AM. Occurrence and levels of phytosterols in foods. In: Phytosterols as functional food components and nutraceuticals, New York, Marcel Dekker, Inc.: 1-33, 2004.

44. De Castro MFPM, Leitão M, Bragagnolo N, Alves AB. Determinação de ergosterol, por CLAE, em milho em grãos. Brazilian Journal of Food Technology 2001;4:49-55.

45. Patel MD, Thompson PD. Phytosterols and vascular disease. Arterosclerosis 2006;186:12-9.

46. Frankel EN. Lipid oxidation. 2nd ed. Dundee, The Oils Press: 469 p., 2005.

47. Halliwell B, Gutteridge JMC. Free radicals in biology and medicine, 4 th ed. New York, Oxford University Press Inc.: 2010;32:80-188.

48. Kim HJ, Min DB. Chemistry of lipid oxidation. In: Food Lipids, Chemistry, Nutrition and Biotechnology, 3rt ed. Boca Raton, CRC Press Taylor & Francis Group: cap. 11, 2008.

49. Long EK, Picklo Sr. MJ. *Trans*-4-hydroxy-2-hexenal, a product of n-3 fatty acid peroxidation: make some room HNE...Free Radical Biology & Medicine 2010;49:1-8.

50. Min DB, Boff JM. Lipid oxidation of edible oil. In: Food Lipids, Chemistry, Nutrition and Biotechnology, 2nd ed. New York, Marcel Decker, Inc.: 335-63, 2002.

51. Smith LL. Review of progress in sterol oxidations: 1987-1995. Lipids 1996;31:453-87.

52. Nogueira GC, Bragagnolo N. Cholesterol degradation in food: effects of temperature. In: Lipids: categories, biological functions and metabolism, nutrition and health, New York, Nova Science Publishers, Inc: 181-98, 2010.

53. Mazalli MR, Bragagnolo N. Effect of storage on cholesterol oxide formation and fatty acid alterations in egg powder. Journal of Agricultural and Food Chemistry 2007;55: 2.743-8.

54. Mazalli MR, Bragagnolo N. Increase of cholesterol oxidation and decrease of PUFA as a result of thermal processing and storage in eggs enriched with n-3 fatty acids. Journal of Agricultural and Food Chemistry 2009;57:5028-34.

55. Saldanha T, Benassi MT, Bragagnolo N. Fatty acid contents evolution and cholesterol oxides formation in Brazilian sardines (*Sardinella brasiliensis*) as a result of frozen storage followed by grilling. LWT - Food Science Technology 2008;4:1301-9.

56. Saldanha T, Bragagnolo N. Cholesterol oxidation is increased and PUFA decreased by frozen storage and grilling of Atlantic hake fillets (Merluccius hubbsi). Lipid 2007;42:671-8.

57. Sampaio GR, Bastos DHM, Soares RAM, Queiroz YS, Torres EAFS. Fatty acids and cholesterol oxidation in salted and dried shrimp. Food Chemistry 2006;95:344-51.

58. Stanton C, Devery R. Formation and content of cholesterol oxidation in milk and dairy products. In: Cholesterol and phytosterol oxidation products: analysis, occurrence, and biological effects. Champaign, AOCS Press 2002;147-61.

59. Choe E, Min DB. Chemistry of deep-fat frying oils. Journal of Food Science 2007;72: R77-86.

60. Saguy IS, Dana D. Integrated approach to deep fat frying: engineering, nutrition, health and consumer aspects. Journal of Food Engineering 2003;56:143-52.

61. Chang SS, Peterson RJ, Ho C. Chemical reactions involved in the deep-fat frying of foods. Journal of the American Oil Chemists Society 1978;55:718-27.

62. Warner K. Chemistry of frying oils. In: Food Lipids, Chemistry, Nutrition and Biotechnology, 3ʳᵗ ed. Boca Raton, CRC Press Taylor & Francis Group: cap. 7, 2008.

63. Reische DW, Lillard DA, Eitenmiller RR. Antioxidants In: Food Lipids, Chemistry, Nutrition and Biotechnology, 3ʳᵗ ed. Boca Raton, CRC Press Taylor & Francis Group: cap. 15, 2008.

64. Shahidi F, Wanasundara PD. Phenolic antioxidants. Critical Reviews in Food Science and Nutrition 1992;32:67-103.

65. Elias RJ, Decker EA. Antioxidants and their mechanisms of action. In: Food Lipids, Chemistry, Nutrition and Biotechnology, 4th ed. Boca Raton, CRC Press Taylor & Francis Group. 2017; 543-566.

66. Yoshida Y, Saito Y, Jones LS, Shigeri Y. Chemical reactivities and physical effects in comparison between tocopherols and tocotrienols: Physiological significance and prospects as antioxidants. Journal of Bioscience and Bioengineering 2007;104:439-45.

Sugestões de leitura

Da Silva RC, Gioielli LA. Structured lipids: alternatives for the production of human milk fat substitutes. Quimica Nova 2009;32:1253-61.

Finley JW, Kong AN, Hintze KJ, Jeffery EL, Ji LL, Lei XG. Antioxidants in foods: state of the science important to the food industry. Journal of Agricultural and Food Chemistry 2011;59:683-46.

Ribeiro APB, Moura JMLN, Grinaldi R, Gonçalves LAG. Interesterificação química: alternativa para obtenção de gorduras zero *trans*. Química Nova 2007;30:1.295-300.

Ribeiro APB, Grinaldi R, Gioielli LA, Goncalves LAG. Zero *trans* fats from soybean oil and fully hydrogenated soybean oil: physico-chemical properties and food applications. Food Research International 2009;42:401-10.

Steel CJ, Dobarganes MC, Barrera-Arellano D. Formation of polymerization compounds during thermal oxidation of cottonseed oil, partially hydrogenated cottonseed oil and their blends. Grasas y Aceites 2006;57:284-91.

capítulo 4

Proteínas

- Inar Alves de Castro

Objetivos

Este capítulo aborda aspectos básicos da química de aminoácidos e proteínas direcionados a aplicações na área de alimentos. Desse modo, um enfoque especial é dado às propriedades funcionais das proteínas, e em especial às propriedades de interface, responsáveis pelas características sensoriais dos alimentos proteicos consumidos na dieta humana.

Introdução

Proteínas são polímeros complexos, caracterizados pela presença de nitrogênio na sua estrutura química. A incorporação do nitrogênio na molécula está associada ao início da vida no planeta, conforme demonstrado no famoso experimento conduzido por Miller-Urey.[1] Nesse experimento, Stanley Miller e Harold Urey, ambos pesquisadores da Universidade de Chicago, simularam a síntese de aminoácidos a partir de H_2O, CH_4, NH_3 e H_2, sob condições similares às condições atmosféricas presentes no início da vida no planeta. As proteínas são cadeias de tamanho e configuração variadas, formadas pela ligação de 20 diferentes aminoácidos. A sequência desses aminoácidos na cadeia é determinada pelo DNA (ácido desoxirribonucleico), por meio dos processos de transcrição e tradução. Desse modo, os diferentes tipos de moléculas proteicas presentes no organismo, assim como todas as funções que desempenham nas mais variadas e complexas vias metabólicas, foram determinados pelo processo evolutivo das espécies. Ou seja, proteínas são moléculas essenciais à vida,[2] sendo sua síntese no organismo uma decorrência da evolução.

Cerca de 17% do peso corporal humano é composto por proteínas distribuídas nos tecidos,[3] apresentando diferentes estruturas, como colágeno, queratina, albumina, actina, miosina e outras, que exercem função estrutural, enzimática, hormonal, de transporte, imunológica e contrátil.[4] Para sintetizar as proteínas necessárias à manutenção e ao crescimento, deverá ocorrer, a princípio, uma sinalização decorrente da necessidade específica daquela proteína que resultará no processo de transcrição e tradução.

Em resumo, na transcrição, uma sequência específica de bases (gene) de uma das fitas do DNA que forma a dupla hélice é utilizada como molde, gerando no núcleo uma nova cadeia de mRNA (mensageiro) que migra para o citoplasma onde será decodificado. A combinação de nucleotídeos determina qual aminoácido deverá ser incorporado à cadeia.

Cada trinca de bases nitrogenadas (códon) codifica um aminoácido específico. O mRNA acopla-se à organelas (ribossomos), onde receberá um t-RNA (transportador) contendo a tríade oposta (anticódon). Os aminoácidos transportados pelo t-RNA unem-se uns aos outros por meio de ligações peptídicas, no processo de tradução.[5,6] Ao final do sequenciamento, a cadeia será separada, e poderá sofrer várias alterações na busca de uma conformação estrutural que promova sua maior estabilidade ao menor gasto energético possível. Nessa conformação, a proteína alcança os sítios onde exercerá sua função metabólica específica. Da mesma forma como foi produzida, poderá ser degradada de acordo com a necessidade funcional do organismo. Esse processo de síntese e degradação é conhecido por *turnover proteico*.[3]

Entre os 20 aminoácidos existentes, 12 deles são essenciais, ou seja, não podem ser sintetizados pelo organismo humano a partir de outros compostos, devendo ser ingeridos por meio dos alimentos. A falta desses aminoácidos leva o organismo a inicialmente paralisar o crescimento e funções não vitais como a reprodução, para enfim resultar na falência de órgãos vitais, como cérebro e coração. Portanto, desde o nascimento, o ser humano precisa ingerir proteínas, sendo as principais fontes proteicas da dieta caracterizadas pelo leite, carne, ovos, cereais e leguminosas. O Banco Mundial estima que existam cerca de 967 milhões de indivíduos desnutridos no mundo, sendo que o consumo insuficiente de proteínas ainda causa o retardo do crescimento de metade das crianças na região centro-sul asiática e no leste da África.[7]

A maior parte dos alimentos proteicos sofre algum tipo de processamento antes de sua ingestão, que promoverá alterações nas propriedades físico-químicas de suas proteínas, com consequências nutricionais. Desse modo, a compreensão dos mecanismos bioquímicos envolvidos nos diferentes tipos de processamento, como cozimento, fritura, congelamento, extrusão e outros, nas características químicas e funcionais das proteínas, é de extrema importância tanto para a manutenção da máxima biodisponibilidade de seus aminoácidos como para a inativação de propriedades indesejáveis associadas a alguns desses polipeptídeos.

Outro aspecto relevante refere-se à capacidade potencial de alguns peptídeos em promover alterações de vias metabólicas no organismo, reduzindo o risco de desenvolvimento crônico de doenças não transmissíveis ou melhorando o bem-estar geral do indivíduo. Sabe-se que tais efeitos, conhecidos por "propriedades funcionais", dependem de alterações estruturais dessas moléculas, tornando o conhecimento dessas alterações essencial à manutenção ou melhora dessa funcionalidade.

Aminoácidos

Aminoácidos são compostos orgânicos que apresentam um resíduo amina (-NH$_2$) e um resíduo ácido (-COOH) ligados ao mesmo átomo de carbono, designado como "carbono alfa (α)". Portanto, tem-se de um lado do carbono α um resíduo amina e do outro um resíduo ácido, que os químicos abreviaram chamando de "aminoácido". O carbono-α liga-se também a um hidrogênio (H) e a outros diferentes resíduos (radicais -R), conforme apresentado na Figura 4.1.

Classificação dos aminoácidos

A Figura 4.2 apresenta estrutura dos 20 aminoácidos mais comuns, classificados segundo o caráter iônico do grupamento radical.[5,8]

Um novo aminoácido conhecido por selenocisteína foi recentemente reconhecido como natural, e está presente em várias enzimas essenciais ao metabolismo de organismos procariontes e

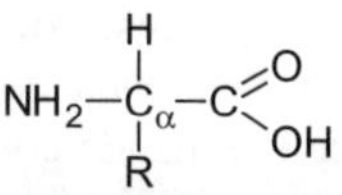

Figura 4.1 Estrutura química geral dos aminoácidos.

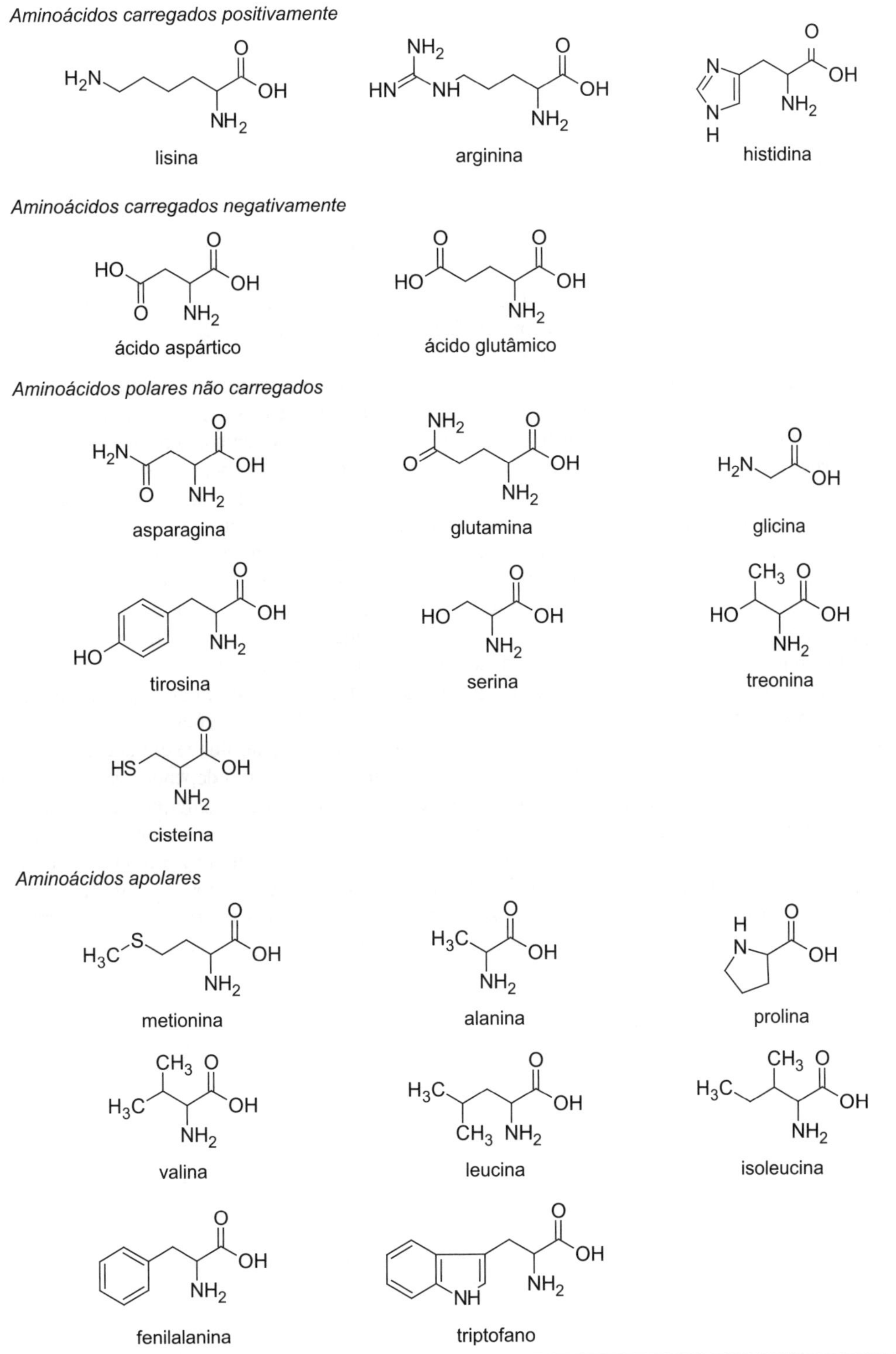

Aminoácidos carregados positivamente

lisina

arginina

histidina

Aminoácidos carregados negativamente

ácido aspártico

ácido glutâmico

Aminoácidos polares não carregados

asparagina

glutamina

glicina

tirosina

serina

treonina

cisteína

Aminoácidos apolares

metionina

alanina

prolina

valina

leucina

isoleucina

fenilalanina

triptofano

Figura 4.2 Estrutura química geral de 20 aminoácidos, classificados segundo o caráter iônico do grupamento radical.[8]

Figura 4.3 Enantiômeros de aminoácidos.

eucariontes.[9] A combinação desses 21 aminoácidos em diferentes sequências dá origem a todas as proteínas existentes na natureza. Observa-se que, exceto na Gly, o carbono-α é assimétrico, pois está ligado a quatro grupamentos diferentes (COOH, NH_2, H e R), conferindo capacidade de rotação no plano de luz polarizada, formando 2 enantiômeros: L-aminoácidos e D-aminoácidos,[4] como pode ser observado na Figura 4.3.

As proteínas naturais são sintetizadas apenas com L-aa. Entretanto, D-aa também podem ser encontrados em proteínas alimentícias após tratamento térmico. Considerando-se que o organismo humano absorve L-aa, a formação de D-aa durante o processamento dos alimentos contribui para a redução do valor nutricional da proteína. Aminoácidos que também possuem o carbono β assimétrico, apresentam 4 em lugar de 2 formas enantioméricas, como, por exemplo, Ile e Thr.[4]

Além da carga elétrica, o grupamento radical dos aminoácidos é responsável pela polaridade da molécula, e portanto por sua solubilidade, reatividade química e potencial para fazer ligações com o hidrogênio. Em geral, aminoácidos apolares alifáticos (Ala, Ile, Leu, Met, Pro e Val) e os que têm anel aromático (Phe, Trp, and Tyr) são hidrofóbicos. Aminoácidos polares carregados (Lys, Arg, His, Asp e Glu) são altamente solúveis em água, enquanto os polares não carregados apresentam solubilidade intermediária, dependendo da presença de grupamentos hidroxila e de grupos fenólicos ionizáveis. Por exemplo, Ser e Thr apresentam grupamentos hidroxila que podem se ligar a moléculas de água por meio de ligações de hidrogênio. Sob condições ácidas ou alcalinas, alguns aminoácidos podem ser ionizados, aumentando, assim, a solubilidade em água.[4] Portanto, é fácil deduzir que a carga elétrica e a polaridade de uma proteína irão depender da natureza do grupamento radical dos aminoácidos que a compõe, nas condições de pH em que ela se encontra.

A prolina é o único aminoácido (iminoácido) cujo grupamento radical une-se diretamente ao carbono alfa por meio de uma ligação covalente, formando um anel pirrolidina (Figura 4.2). Como veremos a seguir, essa configuração afeta a estrutura proteica, uma vez que limita a rotação espacial entre os átomos envolvidos nessa ligação. A cisteína ocorre na maior parte das proteínas na forma oxidada (Figura 4.4), formando um dímero conhecido como cistina.[4]

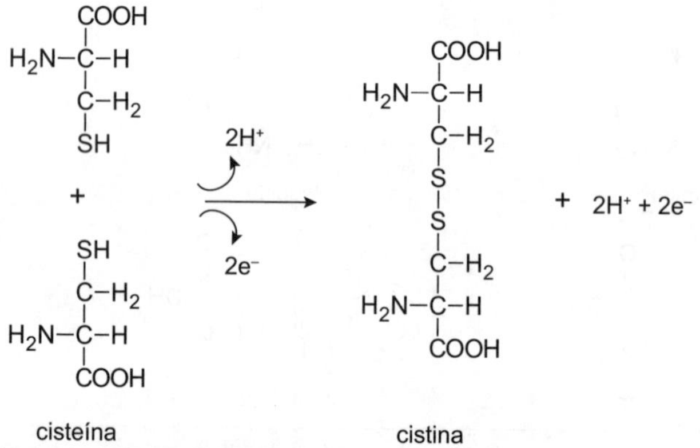

Figura 4.4 Formação de cistina pela oxidação de dois resíduos de cisteína.

Proteínas conjugadas são aquelas que apresentam outros tipos de aminoácidos derivados dos originais. Além da cistina, podemos citar outros exemplos, como a desmosina, isodesmosina, di ou tri-tirosina, 4-hidroxiprolina, 5-hidroxilisina, encontradas em proteínas estruturais, como elastina e colágeno, e a fosfoserina e fosfotreonina, encontradas na caseína.[4]

Propriedades ácido-base dos aminoácidos

Os aminoácidos são moléculas anfóteras, apresentando um terminal ácido (COOH) e um terminal básico (NH_2) ligados ao carbono alfa (Figura 4.1). Em pH neutro, os dois grupamentos encontram-se ionizados (COO^- e NH_3^+) tornando a molécula dipolar (*zwitteríon*). O valor de pH no qual as cargas positivas e negativas se anulam é chamado de "ponto isoelétrico (pI)" (Figura 4.5).

Quando uma molécula dipolar é colocada em meio ácido (H^+), seus grupamentos (COO^-) ficam protonados (COOH), sobrando assim as cargas positivas dos grupamentos amina (NH_3^+). O valor de pH no qual metade dos grupamentos carboxila (COOH) encontra-se protonado, e a outra metade, desprotonado, ou seja: [COOH] = [COO^-], é conhecido como pKa_1. Ao contrário, quando o aminoácido está em meio básico (OH^-), seus grupamentos amida permanecem desprotonados (NH_2), sobrando cargas negativas do grupamento carboxila (COO^-). Do mesmo modo, o valor de pH no qual metade dos grupamentos amida (NH_2) encontra-se desprotonada e metade protonada, [NH_2] = [NH_3^+] é conhecido como pKa_2 ou pK_b. Na Tabela 4.1, entram-se valores de pK dos grupos ionizáveis.

Quando os radicais são constituídos por aminoácidos polares (Lys, His, Arg, Glu e Asp) ou com grupamentos ionizáveis (Cys e Tyr), tem-se o valor de pK_{a3} no qual metade desses resíduos está desprotonada, e a outra metade, protonada[4] (Tabela 4.1).

Portanto, com base nas características do grupamento radical e nos valores de pK, pode-se estimar o ponto isoelétrico (pI) dos aminoácidos:
- Aminoácidos com grupamento radical ácido → pI = (pK_{a1}+pK_{a3})/2
- Aminoácidos com grupamento radical básico → pI = (pK_{a2}+pK_{a3})/2
- Aminoácidos com grupamento radical ionizável não carregado → pI = (pK_{a1}+pK_{a2})/2

O grau de ionização de um grupamento sob um determinado pH pode ser estimado pela equação de *Henderson-Hasselbach* (Equação 1):

$$pH = pKa + \log \frac{[\text{base conjugada}]}{[\text{ácido conjugado}]} \qquad \textit{Equação 1}$$

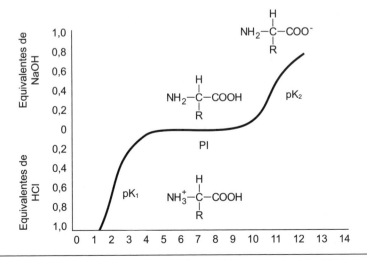

Figura 4.5 Curva de titulação de um aminoácido, desconsiderando-se o radical (R).[4]

122 Proteínas

Tabela 4.1 Valores de pI e de hidrofobicidade (kcal/mol) dos grupamentos radicais dos aminoácidos a 25 °C.

Aminoácido	pI	Polaridade	$\Delta Gt_{(Octanol \to água)*}$	pK_{a1} (-COOH)	pK_{a2} (-NH$_3^+$)	pK_{a3} (-R)
Ácido glutâmico	3,22	Polar negativo	2,09	2,19	9,67	4,25
Ácido aspártico	2,77	Polar negativo	2,09	1,88	9,60	3,65
Lisina	9,74	Polar positivo	-	2,18	8,95	10,53
Arginina	10,76	Polar positivo	1,40	2,17	9,04	12,48
Histidina	7,59	Polar positivo	2,09	1,82	9,17	6,00
Asparagina	5,41	Polar não carregado	0,08	2,02	8,80	-
Glutamina	5,65	Polar não carregado	-0,42	2,17	9,13	-
Glicina	5,97	Polar não carregado	0,00	2,34	9,60	-
Serina	5,58	Polar não carregado	-1,25	2,21	9,15	-
Treonina	5,60	Polar não carregado	1,67	2,09	9,10	-
Cisteína	5,07	Polar não carregado	4,18	1,96	10,13	8,18
Tirosina	5,66	Polar não carregado	9,61	2,20	9,11	10,07
Alanina	6,00	Apolar	2,09	2,34	9,69	-
Metionina	5,74	Apolar	5,43	2,28	9,21	-
Valina	5,96	Apolar	6,27	2,32	9,62	-
Leucina	5,98	Apolar	9,61	2,36	9,60	-
Fenilalanina	5,48	Apolar	10,45	1,83	9,13	-
Prolina	6,30	Apolar	10,87	1,999	10,60	-
Isoleucina	6,02	Apolar	12,54	2,36	9,60	-
Triptofano	5,89	Apolar	14,21	2,38	9,39	-

*Valores de ΔGt relativos à glicina em sistemas octanol-água. Valores obtidos de Damodaran[4] e Fauchere & Pliska.[10]

na qual a base conjugada é a molécula remanescente após o ácido ter perdido um próton, e o ácido conjugado é a molécula resultante quando a base recebe um próton.[4]

Hidrofobicidade dos aminoácidos

Quando colocado em uma solução aquosa, o aminoácido dispende uma determinada quantidade de energia para manter-se estável nesse sistema. Essa energia necessária para sua estabilidade é chamada de "energia livre (G)", e é medida pelo potencial químico da molécula em um determinado sistema (μ). Imagine que o aminoácido é colocado em um meio aquoso – seu potencial químico ($\mu_{AA,água}$) é dado pela equação 2:

$$\mu_{AA,água} = \mu^0_{AA,água} + RT\ln\gamma_{AA,água}C_{AA,água} \qquad \textit{Equação 2}$$

em que $\mu^0_{AA,água}$ representa o potencial químico padrão do aminoácido, R é a constante dos gases, T é a temperatura absoluta, $\ln\gamma_{AA,água}$ coeficiente de atividade e $C_{AA,água}$ representa a concentração do aminoácido na solução.

Agora imagine a mesma situação, sendo o aminoácido adicionado em uma solução preparada com um solvente orgânico como, por exemplo, o octanol. Teremos (Equações 3 e 4):

$$\mu_{AA,octanol} = \mu^0_{AA,octanol} + RT\ln\gamma_{AA,octanol}C_{AA,octanol} \qquad \textit{Equação 3}$$

Em soluções saturadas: $\mu_{AA,\text{água}} = \mu_{AA,\text{octanol}}$, portanto:

$$\mu^0_{AA,octanol} + RT \ln \gamma_{AA,octanol} C_{AA,octanol} = \mu^0_{AA,água} + RT \ln \gamma_{AA,água} C_{AA,água} \qquad \textit{Equação 4}$$

Nesse caso, a diferença $[\mu^0_{AA,octanol} - \mu^0_{AA,água}]$ representa a diferença de potencial químico do aminoácido dissolvido em octanol e em água. Essa diferença expressa quanto de energia livre (ΔG_t) é necessária aplicar no sistema para fazer o aminoácido migrar do octanol para a água:

$$\mu^0_{AA,octanol} - \mu^0_{AA,água} = \Delta RT_{octanol+água} = -RT \ln(S_{AA,água}/S_{AA,octanol}) \qquad \textit{Equação 5}$$

em que S é dada pela solubilidade do aminoácido nos dois sistemas.[4] Pode-se deduzir que quanto mais hidrofóbico for o aminoácido, maior será a diferença de energia necessária para deslocá-lo do meio orgânico para o meio aquoso.

Principais reações envolvendo aminoácidos

As principais reações químicas que envolvem aminoácidos ocorrem também quando essas moléculas estão fazendo parte da cadeia polipeptídica. São reações naturais, decorrentes do processamento, ou induzidas com objetivo de alterar a funcionalidade de uma proteína específica. Três dessas reações são utilizadas para quantificar aminoácidos: reação com a ninidrina, com *O-ftalaldeído* e com a fluorescamina.[4]

A reação com ninidrina é utilizada para quantificar aminoácidos livres. A ninidrina (2,2-di-hidroxi-hidrindeno-1,3-diona) em excesso reage com os aminoácidos livres formando amônia e hidrindantina (Figura 4.6). A amônia liberada reage subsequentemente com 1 mol de ninidrina e 1 mol de hidrindantina, formando CO_2, aldeído (RCOH) e um composto púrpura (*Púrpura de Ruhemann*) que absorve luz a 570 nm. Nesta reação, a prolina e hidroxiprolina formam um composto que apresenta absorção máxima a 440 nm.

A reação com o *O*-ftalaldeído na presença de 2-mercaptoetanol (Figura 4.7) produz um derivado que apresenta excitação máxima a 380 nm, e emissão de fluorescência máxima a 450 nm.

Por outro lado, a reação de aminoácidos contendo aminas primárias (NH_2) com fluorescamina (Figura 4.8) torna possível a quantificação de aminoácidos, peptídeos ou proteínas.

Estrutura proteica

As proteínas apresentam quatro formas estruturais designadas como primária, secundária, terciária e quaternária, conforme esquematizado na Figura 4.9. O objetivo final do enovelamento proteico é de reduzir a exposição de aminoácidos hidrofóbicos, e de aumentar a concentração de aminoácidos hidrofílicos na superfície, quando a proteína está dissolvida em solventes polares,

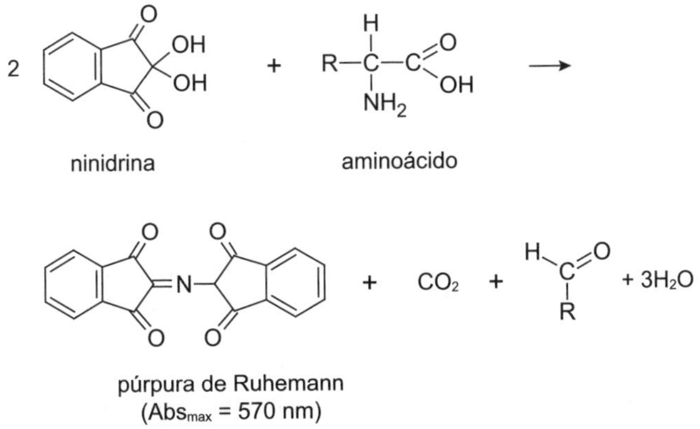

Figura 4.6 Reação de aminoácido com ninidrina.

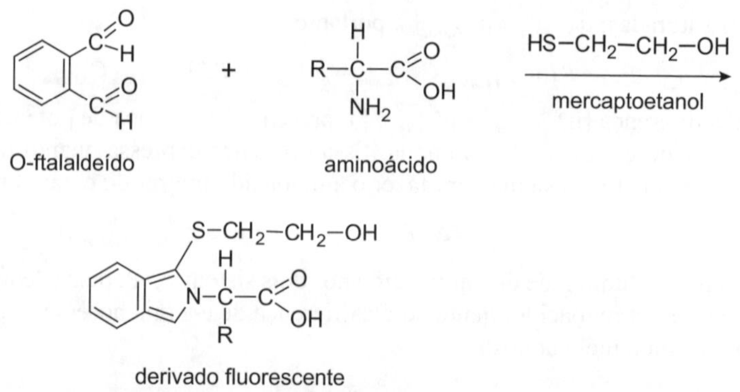

Figura 4.7 Reação de aminoácido com o O-ftalaldeído.

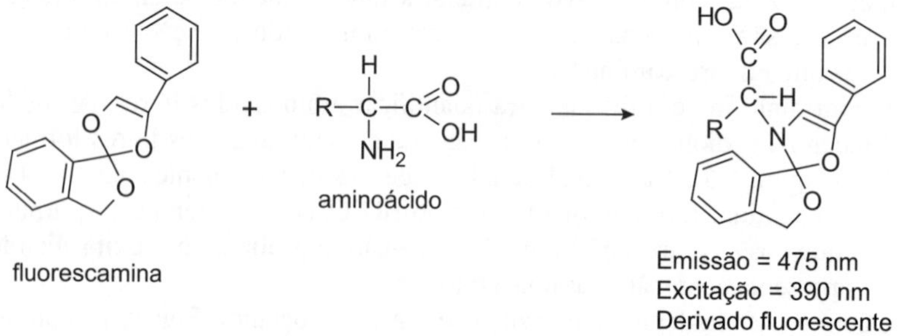

Figura 4.8 Reação com fluorescamina.

como a água. Essa configuração termodinâmica que maximiza as interações favoráveis e minimiza as desfavoráveis possibilita que a energia livre da proteína atinja seu menor valor possível.

Estrutura primária

A sequência de aminoácidos caracteriza a forma primária de estrutura proteica, na qual os aminoácidos estão ligados linearmente por meio das ligações peptídicas (Figura 4.10). Nessa reação, ocorre a condensação do grupamento carboxila de um L-aminoácido com o grupamento amina do outro, resultando na liberação de uma molécula de água.[4]

Por convenção, a estrutura molecular de uma proteína, caracterizada pela cadeia polipeptídica, inicia-se com o resíduo amida e termina com o resíduo carboxila: $NH_2 - CHR_1 - CO-NH-CHR_2-COOH$. O comprimento da cadeia e a sequência de aminoácidos que a compõe irão determinar suas propriedades físico-químicas, estruturais, biológicas e funcionais. O tamanho da cadeia determina o peso molecular da proteína (expresso em Daltons), e pode variar de poucos milhares a milhões de Daltons (Da). Em média, a maior parte das proteínas tem seu peso molecular compreendido entre 20 e 100 mil Da.[4]

Embora a ligação –CO-NH- entre dois aminoácidos seja uma ligação covalente simples, ela apresenta um caráter de ligação dupla devido a ressonância causada pelo deslocamento dos elétrons, como mostrado na Figura 4.11.

Em consequência dessa ressonância, ocorre polarização e restrição da rotação da ligação CO-NH a no máximo 6°. A polarização facilita a formação de ligações de hidrogênio com a água, enquanto a limitação de rotação faz com que cada segmento contendo seis átomos (-C_α-CO-NH-C_α-) da estrutura peptídica permaneça no mesmo plano.[4]

Proteínas 125

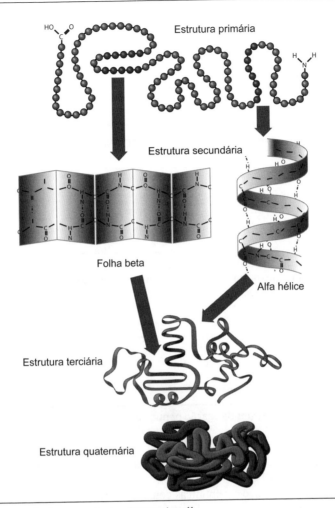

Figura 4.9 Esquema das formas estruturais proteicas.[11]

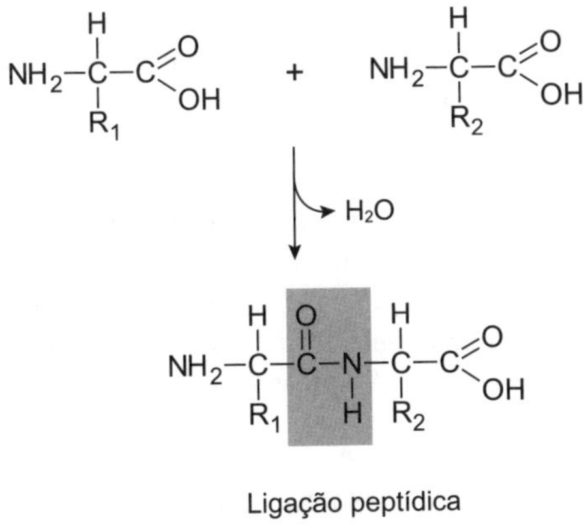

Figura 4.10 Ligação peptídica.

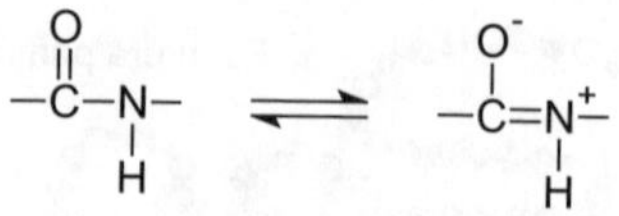

Figura 4.11 Ligação –CO-NH- entre dois aminoácidos.

$$\cdots -NH-C_{\alpha_1}-CO-NH-C_{\alpha_2}-CO-NH-C_{\alpha_3}-\cdots$$

Ligação	Ângulo	Rotação
CO-NH	(ômega) ω	6°
NH-C_α	(phi) φ	360°*
C_α-CO	(psi) ψ	360°*

Figura 4.12 Possibilidades de rotação da estrutura proteica. *rotação teórica. O impedimento estérico das cadeias laterais reduz essa rotação.

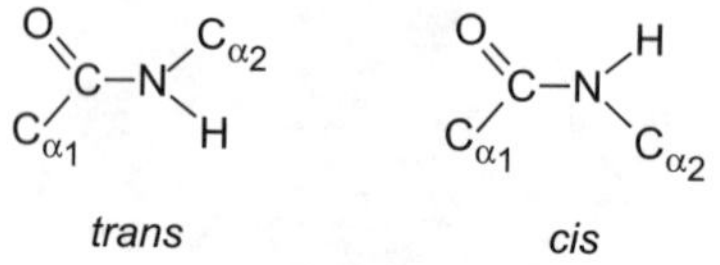

trans   *cis*

Figura 4.13 Configuração *cis* e *trans* da ligação peptídica.

As principais ligações na estrutura proteica apresentam as seguintes possibilidades de rotação apresentadas na Figura 4.12.

Considerando-se que as ligações peptídicas constituem cerca de 1/3 do total de ligações covalentes da molécula proteica, a restrição de rotação reduz significativamente a flexibilidade das cadeias polipeptídicas.[4] Os quatro átomos envolvidos na ligação peptídica podem apresentar configuração *cis* ou *trans* (Figura 4.13).

A maior parte dos aminoácidos encontra-se na configuração *trans* por essa ser mais estável. Reações de isomeria *trans→cis* não ocorrem em proteínas, exceto na presença de prolina, em que a energia livre *trans→cis* passa de 34,8 kcal/mol para apenas 7,8 kcal/mol, fazendo com que, sob alta temperatura, a isomerização possa ocorrer.[4]

Estrutura secundária

No sequenciamento da estrutura primária, a presença de aminoácidos com diferentes polaridades induz a uma rotação nos ângulos formados entre os átomos que compõem o peptídeo. Essa torção nos ângulos φ e ψ proporciona uma redução na energia livre local necessária para manter aquele segmento estável em solução.[4] Em geral duas formas de estrutura secundária são encontradas em proteínas: helicoidal e folha β. A Figura 4.9 apresenta um exemplo dessas duas estruturas.

Estrutura helicoidal

Ocorre quando ângulos φ e ψ consecutivos sofrem a mesma torção, formando três tipos básicos de subestrutura: α-hélice, 3_{10}-hélice e π-hélice. A estrutura α-hélice (Figura 4.9) é a mais estável das três, e por essa razão é a predominante. Cada rotação helicoidal envolve 3,6 aminoácidos e tem um comprimento axial de 1,5 angstrons (Å). Os grupamentos laterais são orientados perpendicularmente ao eixo da hélice, e a estrutura é estabilizada por ligações de hidrogênio. Polipeptídeos que apresentam a seguinte sequência entre aminoácidos polares (P) e apolares (A): -P-A-P-P-A-A-P- tendem a formar α-hélice em solução aquosa, proporcionando que um lado da hélice seja ocupado por cadeias hidrofóbicas, enquanto o outro concentra as cadeias hidrofílicas, conferindo um caráter anfifílico à molécula. As subestruturas 3_{10}-hélice e π-hélice são bem menos estáveis, e ocorrem em pequenos segmentos da cadeia.[4]

Quando resíduos de prolina aparecem na sequência primária, ocorre uma quebra da estrutura de α-hélice, em função da limitação de rotação do ângulo φ fixado em 70°, e da ausência de hidrogênio ligado ao carbono α (Figura 4.2), impedindo a formação de ligações de hidrogênio. Proteínas que apresentam alta proporção de resíduos prolina tendem a apresentar estrutura desordenada, como é o caso da β-caseína (17% de prolina) e da α_{s1}-caseína (8,5% de prolina).

Estrutura folha β

Na estrutura β, os grupamentos –C=O– e -N-H são orientados perpendicularmente à direção da cadeia (Figura 4.9), fazendo com que as ligações de hidrogênio ocorram apenas entre e não dentro das cadeias. As fitas β apresentam de 5 a 15 aminoácidos, e associam-se por meio de ligações de hidrogênio formando uma estrutura parecida com uma folha pregueada. Nessa associação, as cadeias podem estar orientadas no sentido paralelo (⇓ ⇓ ⇓) e em sentidos opostos (⇑ ⇓ ⇑). Polipeptídeos que apresentam a seguinte sequência binária: -A-P-A-P-A-P-A-P- tendem a formar estrutura em folha β, pois possibilita a menor exposição dos resíduos hidrofóbicos, conferindo maior estabilidade. Por essa razão, proteínas com alta proporção de estrutura folha β apresentam maior temperatura de desnaturação, ou seja, mais energia precisa ser disponibilizada ao sistema para desestabilizar essa estrutura. Essa maior estabilidade da estrutura folha β também explica porque proteínas com segmentos em α-hélice, quando depois de aquecidas e resfriadas, convertem-se em folha β sem nunca ocorrer o contrário.[4]

Estrutura terciária

A estrutura terciária configura-se como o enovelamento da cadeia polipeptídica contendo segmentos com estrutura secundária (Figura 4.9), com objetivo de minimizar a energia livre da molécula. O enovelamento possibilita esconder ainda mais os resíduos hidrofóbicos, reduzindo o contato destes com a água. A estrutura globular é mantida por diversos tipos de interações, como eletroestáticas, dissulfeto, hidrofóbicas, forças de Van de Waals e ligações de hidrogênio. Entretanto, devido à complexidade da cadeia polipeptídica, é impossível esconder a totalidade dos resíduos apolares hidrofóbicos assim como expor na superfície todos os resíduos polares e hidrofílicos.[4] Porém, essa distribuição "imperfeita" do ponto de vista de estabilidade pode proporcionar características interessantes de interface sob o aspecto de funcionalidade.

A forma mais alongada ou globular conferida pela estrutura terciária irá depender da sequência de aminoácidos polares e apolares na cadeia. Se a proporção de resíduos hidrofóbicos for elevada, a proteína adquire uma forma globular mais esférica, enquanto uma forma mais alongada, como um bastonete, é comum nas proteínas que apresentam maior proporção de resíduos hidrofílicos, permitindo, assim, que uma maior parte possa posicionar-se à superfície. Alguns segmentos da cadeia na estrutura terciária enovelam-se de modo independente, configurando um "domínio" naquela região. Esses "domínios" interagem para formar uma única estrutura terciária. O número de "domínios" é maior em cadeias com maior peso molecular, como as imunoglobulinas.[4]

Estrutura quaternária

Esta estrutura refere-se ao rearranjo espacial de duas ou mais cadeias polipeptídicas com estrutura terciária (Figura 4.9). O objetivo novamente é de reduzir a exposição de resíduos hidrofóbicos ao meio aquoso. As ligações que estabilizam a estrutura quaternária são sobretudo as ligações de hidrogênio, ligações hidrofóbicas e eletrostáticas.

A tendência em formar estrutura quaternária é dada pela maior proporção de aminoácidos hidrofóbicos. Em geral, proteínas dos cereais ricas em resíduos hidrofóbicos (>35%) apresentam-se na forma oligomérica. A β-conglicinina encontrada na soja, contendo cerca de 41% de aminoácidos hidrofóbicos, associa-se e dissocia-se em trímeros, de acordo com a força iônica e pH da solução.[4]

Desnaturação

Desnaturação é definida como a alteração da estrutura da cadeia proteica sem ruptura de ligações peptídicas. Por essa razão, antes de tratarmos da desnaturação, vamos revisar as principais interações envolvidas na manutenção da estrutura proteica.

Principais interações responsáveis pela estabilidade estrutural

Forças de Van der Waals

Quando dois átomos se aproximam, cada um induz uma interação dipolo no outro por meio da polarização da nuvem de elétrons (Figura 4.14).

Essas interações são muito fracas e decrescem mais ainda com o aumento da distância entre os átomos,[12] e além de 6 Å passam a ser desprezíveis. A energia envolvida nas forças de *Van der Waals* entre pares de átomos varia abaixo de 1,0 kcal/mol. Apesar de baixa, a contribuição dessas interações dipolo-dipolo para a estrutura proteica é expressiva devido ao grande número de pares de elétrons envolvidos.[4]

Ligações de hidrogênio

São interações que ligam dois átomos eletronegativos através do hidrogênio (H): D-H⋯R, em que D e R representam respectivamente o doador e o receptor de átomos eletronegativos. A energia envolvida nessas ligações também é baixa, da ordem de 8,4 a 33 kcal/mol, porém sua contribuição para a manutenção sobretudo da estrutura secundária é grande devido a sua alta frequência na molécula (Figura 4.15). O maior número de ligações de hidrogênio ocorre entre grupamentos N-H e C=O das ligações peptídicas, com uma força média de 18,8 kcal/mol.[4]

Considerando-se que a água compete pela ligação nos grupamentos N-H e C=O, sugere-se que as ligações de hidrogênio sejam formadas em decorrência de um posicionamento desses átomos favorecido por outras interações, e não o contrário. Em geral, a estrutura secundária está envolta em um meio de baixa constante dielétrica proporcionada pelas interações hidrofóbicas, e permanecerão estáveis enquanto estiverem protegidas da água.[4]

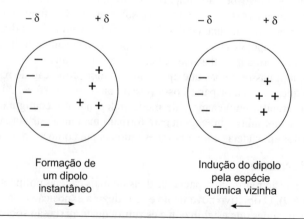

Figura 4.14 Forças de Van der Waals ou dipolo induzida.

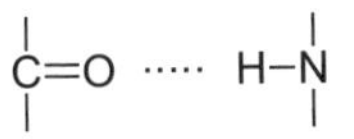
Entre grupos peptídicos

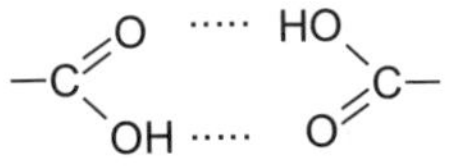
Entre grupos carboxílicos não ionizados

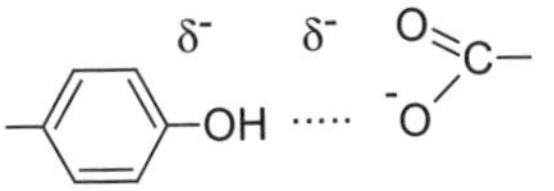
Entre grupamentos fenólicos ou hidroxila e os grupos carboxila ionizados

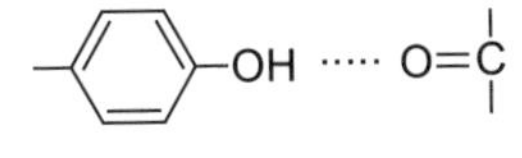
Entre os grupamentos fenólicos ou hidroxila e o grupo carbonila do peptídeo

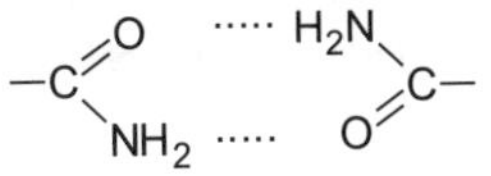
Entre grupos amida laterais

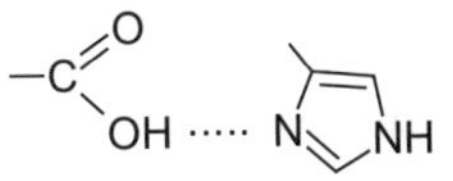
Entre o grupo carboxílico lateral e o nitrogênio da cadeia lateral da histidina

Figura 4.15 Principais ligações de hidrogênio em proteínas.[13]

Interações iônicas ou eletroestáticas

Tratam-se de interações que ocorrem entre dois átomos, sendo atrativa se as cargas forem diferentes e repulsiva se as cargas forem iguais. A energia de interação eletroestática (E) entre duas cargas elétricas fixas *q1* e *q2* é dada por:

$$E = \frac{(q_1 \cdot q_2)}{\varepsilon \cdot r} \qquad \textit{Equação 6}$$

onde ε representa a permissividade do meio e r a distância que separa as duas cargas. Considerando-se que a maior parte dos aminoácidos polares carregados encontra-se na superfície externa da molécula, e que há maior proporção de aminoácidos ácidos que básicos em pH neutro, esperaria-se uma forte repulsão entre as cadeias, com consequente desestabilização da cadeia. Porém, na realidade, isso não ocorre devido à alta permissividade da água, que reduz o impacto das forças iônicas repulsivas.[4] Ou seja, o elevado valor de ε na água promove expressiva redução na energia quando comparado ao vácuo, por exemplo ($\varepsilon = 1$). Por essa razão, a repulsividade das cargas negativas dos aminoácidos localizados na superfície em contato com a água pouco altera sua estabilidade. Em geral, a energia das interações iônicas varia entre 3,5 e 460 kcal/mol dependendo da distância e da permissividade do meio onde se encontram diluídas.[4]

Interações hidrofóbicas

As principais forças que conduzem o enovelamento das cadeias polipeptídicas são as interações hidrofóbicas entre grupamentos apolares (Figura 4.16).

Nas soluções aquosas, os aminoácidos apolares tendem a agregarem-se buscando minimizar a área de contato com a água. Diferente dos outros tipos de interação, as ligações hidrofóbicas

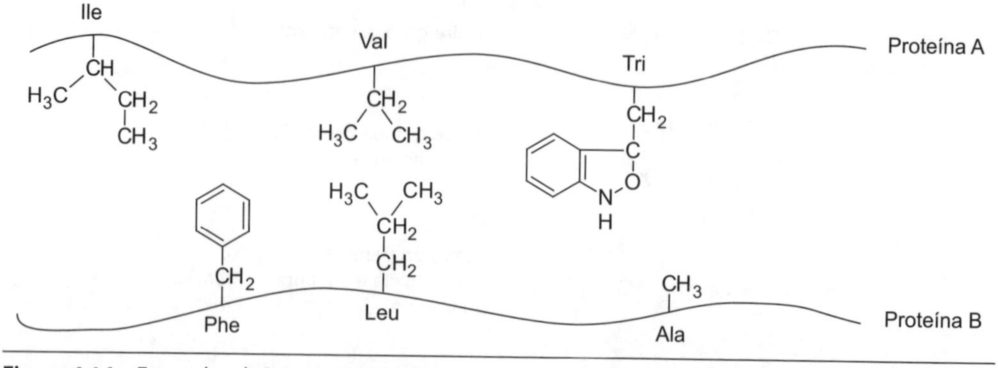

Figura 4.16 Exemplos de interações hidrofóbicas.

são endotérmicas, ou seja, tornam-se mais estáveis com o aumento da temperatura. A variação da energia das interações hidrofóbicas segue um modelo quadrático em relação à temperatura:

$$\Delta G_{H0} = a + bT + cT^2 \qquad \qquad Equação\ 7$$

na qual, a, b e c são constantes e T é a temperatura absoluta. Além disso, as interações hidrofóbicas são efetivas mesmo a distâncias mais longas, como 10 nm. A energia livre média envolvida nesse tipo de interação em proteínas globulares é da ordem de 2,5 kcal/mol.[4]

Pontes dissulfeto

Ocorrem quando dois resíduos de cisteína aproximam-se suficientemente sob condições de oxidação (Figura 4.4). São as únicas ligações covalentes intra e intercadeias que ocorrem naturalmente, contribuindo para a estabilidade da cadeia polipeptídica.[4] Nesse caso, a energia livre envolvida é da ordem de 60 kcal/mol.

A energia livre na estabilidade estrutural

As ligações dissulfeto, hidrofóbicas, eletrostáticas atrativas, ligações de hidrogênio e as forças de Van der Waals contribuem para a manutenção da estabilidade proteica no meio no qual ela se encontra. A estabilidade estrutural é definida como a diferença de energia livre (ΔG_D) entre as formas nativa (enovelada) e desnaturada, e para a maioria das proteínas está na faixa de 5-20 kcal/mol, o que equivale de uma a quatro ligações de hidrogênio, ou de duas a oito interações hidrofóbicas, evidenciando, assim, a grande flexibilidade das cadeias polipeptídicas.

Entre as forças que causam desestabilização estrutural, como limitações estéricas e forças eletrostáticas repulsivas, a entropia conformacional da cadeia (T/S_{conf}) é a mais intensa. Quando uma molécula se enovela, ocorre perda nos movimentos translacionais, rotacionais e vibratórios dos grupamentos, reduzindo a entropia conformacional e consequentemente a energia livre.[4] Essa diferença entre as formas nativa e desnaturada é dada por:

$$\Delta G_D = (\Delta G_{Ligações\ H} + \Delta G_{Eletr} + \Delta G_H + \Delta G_{Waals}) - T\Delta S_{conf} \qquad Equação\ 8$$

Sendo assim, em qualquer sistema cuja energia oferecida for maior que a ΔG_D, tem-se a ruptura de algumas poucas interações não covalentes, iniciando-se a desnaturação da proteína.

Desnaturação e adaptabilidade conformacional

A estrutura nativa é aquela na qual há menor demanda de energia livre para manter a proteína estável em determinado ambiente. Porém, qualquer alteração nas condições desse ambiente, em função de pH, temperatura, força iônica ou composição do solvente, induzirá a molécula a assumir uma nova conformação, novamente como o objetivo de minimizar a energia livre necessária à sua estabilidade. Portanto, mudanças que não alterem de forma expressiva a estrutura da proteína são vistas apenas como uma "*adaptabilidade conformacional*" a pequenas alterações do meio. Porém, quando houver perda da estrutura ordenada sem ruptura de ligação peptídica, tem-se a desnaturação.[4,12] Alimentos proteicos são em geral processados pelo tratamento térmico, com consequente desnaturação.[14]

A desnaturação proteica pode ter um caráter positivo ou negativo dependendo da sua função no sistema em que se encontra. Alguns exemplos:

- Negativos
  - Perda da atividade biológica
  - Perda das propriedades funcionais
  - Insolubilização.
- Positivos
  - Inibição de fatores antinutricionais
  - Melhora na digestibilidade
  - Melhora nas propriedades de interface
  - Inibição de enzimas que reduzem a qualidade sensorial dos alimentos
  - Melhora na versatilidade para produção de novos alimentos.

A desnaturação é determinada indiretamente por meio de alterações nas propriedades físicas ou químicas da proteína que dependem da estrutura nativa original da cadeia. Para a maior parte das proteínas, não há alteração perceptível na estrutura até que a ΔG_D seja atingida. A partir desse ponto, ocorre uma alteração abrupta, e a desnaturação passa a ser um processo cooperativo no qual a transição entre os dois estados torna-se muito rápida. Portanto, para a maioria das proteínas globulares, só há dois estados físicos: nativo e desnaturado.[4] A desnaturação irreversível ocorre quando a cadeia peptídica desenovelada é estabilizada por interações com outras cadeias (p. ex., clara de ovo durante o aquecimento). Entretanto, a desnaturação proteica pode ser reversível, dependendo do tipo e intensidade dos agentes desnaturantes. Em geral, quando o agente desnaturante é removido do sistema, a proteína volta a enovelar-se, readquirindo sua estrutura nativa original, recuperando sua atividade biológica e propriedades funcionais.[4]

Principais agentes desnaturantes

Temperatura

Elevando-se gradualmente a temperatura de uma solução proteica, a cadeia passa do estado nativo para o desnaturado. A temperatura na qual ocorre essa transição de estado é chamada de "Temperatura de desnaturação (T_D)".

Todas as ligações exotérmicas (ligações de hidrogênio, iônicas, Van de Waals e dissulfeto) perdem estabilidade com o aumento da temperatura, enquanto as endotérmicas (hidrofóbicas) tornam-se mais estáveis. Entretanto, acima de 60-70 °C, mesmo as interações hidrofóbicas começam a perder estabilidade. Isso ocorre porque elevadas temperaturas causam aumento da entropia conformacional ($T\Delta S_{conf}$), compensando a energia livre das outras interações até anular o valor de ΔG_D (equação 8). Em outras palavras, temperatura de desnaturação (T_D) é a temperatura na qual $\Delta G_D=0$. Isso sugere que sob baixas temperaturas todas as cadeias polipeptídicas sejam estruturalmente estáveis. Porém, isso não ocorre. Algumas proteínas podem sofrer desnaturação pelo frio. A explicação é que a temperatura de máxima estabilidade depende da contribuição relativa entre as interações polares e apolares. A Tabela 4.2 apresenta a T_D de algumas proteínas.

Em geral, proteínas com maior proporção de aminoácidos hidrofóbicos, em especial Val, Ile, Leu e Phe, são mais termoestáveis que proteínas contendo maior proporção de aminoácidos hidrofílicos. Entretanto, essa relação não é linear, sugerindo que outros fatores, como a presença de pontes dissulfeto e de interações eletroestáticas nos compartimentos com domínio hidrofóbico, possam influenciar a termoestabilidade da cadeia.[4]

Tabela 4.2 Valores da temperatura de desnaturação (T_D) de algumas proteínas.

Proteína	T_D (°C)
Tripsinogênio	55
Quimiotripsina	57
Elastase	57
Álcool desidrogenase	64
Soroalbumina bovina	65
Hemoglobina	67
Lisozima	72
Insulina	76
Ovoalbumina	76
Inibidor de tripsina	77
Glicinina da soja	92

Fonte: Bull & Breese.[15]

A distribuição dos grupamentos hidrofóbicos e hidrofílicos na estrutura da proteína é determinante para sua estabilidade térmica. Distribuições que permitam maximizar as interações intramoleculares, reduzindo a flexibilidade, contribuem para a resistência da proteína à desnaturação térmica. Ou seja, quanto menos flexível for a cadeia, maior resistência ela terá para a desnaturação decorrente do aumento da temperatura. As proteínas readquirem sua estrutura nativa quando resfriadas após desnaturação térmica. Entretanto, caso a temperatura seja muito elevada, acima de 90-100 °C por um período longo, a desnaturação passa a ser irreversível. Isso ocorre em função de degradação de resíduos cisteína e cistina, desaminação da asparagina e ruptura de ligações peptídicas.[4]

Os valores de T_D decrescem na presença de água. Proteínas secas são extremamente estáveis ao calor. A partir do início do intumescimento (0,0 a 0,35 g de água/g proteína), ocorre uma rápida redução da T_D. A hidratação, continuando de 0,35 para 0,75 g de água/g proteína, proporciona um decréscimo apenas marginal, enquanto acima de 0,75 g de água/g proteína a T_D é a mesma da proteína diluída em solução aquosa. Esse efeito é decorrente da perda de mobilidade da cadeia na proteína seca. Sais e açúcares que reduzem a atividade de água também aumentam a T_D, protegendo a proteína contra a desnaturação térmica.[4]

Pressão hidrostática

A desnaturação por elevação da pressão hidrostática (1-12 kbar) pode ocorrer à temperatura ambiente, e a pressão de transição ocorre em geral na faixa de 4-8 kbar. Embora as cadeias possam estar enoveladas e compactadas, sempre ocorrem pequenos espaços vazios na estrutura que permitem a compressão e consequente redução de volume. O volume específico parcial (V^o) médio das proteínas globulares no estado hidratado é dado por:

$$V^0 = V_A + V_{Cav} + \Delta V_{Sol}$$

Equação 9

em que V_A, V_{Cav} e ΔV_{Sol} representam a soma dos volumes atômicos, soma dos volumes das cavidades ou espaços vazios e a alteração do volume devido à hidratação, respectivamente. Para a maior parte das proteínas globulares V^o é da ordem de 0,75 mL/g. Obviamente, as proteínas fibrosas, por terem menos espaços vazios em suas estruturas, são mais resistentes à desnaturação por pressão hidrostática que as globulares. Porém, mesmo sob pressão de 10 kbar, as proteínas não chegam a desnaturar completamente, como tem sido observado, comparando-se a redução de volume teórica e experimental.[4]

A desnaturação por pressão é altamente reversível, embora em alguns casos possa levar algumas horas para a reestruturação completa da cadeia. Trata-se de um processo interessante para a conservação de alimentos, embora ainda de alto custo, uma vez que pressões da ordem de 2-10 kbar são suficientes para causar danos irreversíveis a membranas de micro-organismos sem alterar aspectos sensoriais e nutricionais do alimento.[4]

Força de cisalhamento

Muitas proteínas desnaturam quando agitadas vigorosamente. A agitação promove a incorporação de bolhas de ar na solução proteica, criando uma interface "ar-água". Uma vez que a energia na interface é maior que na fase água, a cadeia polipeptídica tende a alterar a conformação na interface, dependendo da sua flexibilidade, causando rompimento da estrutura e desnaturação, expondo os resíduos hidrofóbicos para a fase ar e os hidrofílicos para a fase água. A combinação de cisalhamento com elevação da temperatura causa irreversibilidade na desnaturação proteica.[4]

pH

As proteínas em alimentos apresentam em geral uma maior proporção de aminoácidos com carga negativa que positiva. Por essa razão, em pH neutro, as cadeias ficam eletricamente negativas. Porém, como as forças repulsivas são relativamente fracas em comparação com o conjunto de interações favoráveis, a proteína tende a permanecer estável em pH neutro. Em pHs extremos, as forças repulsivas tornam-se mais intensas causando o desenrolamento da cadeia. Em meio alcalino, ocorre ionização dos grupamentos carboxílicos, fenólicos e sulfidrilas, expondo esses resíduos ionizados ao meio aquoso, resultando na desnaturação proteica. Em meio ácido, a protonação dos resíduos amina promove repulsão pelo aumento de cargas positivas, também resultando em desnaturação. Ao contrário, no ponto isoelétrico, as cargas elétricas dos resíduos se anulam, a estabilidade estrutural torna-se máxima enquanto a solubilidade torna-se mínima. A desnaturação por alteração de pH é reversível, desde que não tenha ocorrido hidrólise de ligações peptídicas.[4]

Solventes orgânicos

Solventes orgânicos desestabilizam as interações hidrofóbicas. Por outro lado, a menor permissividade do meio pode, em alguns casos, favorecer a estabilidade das ligações de hidrogênio entre as ligações peptídicas. Por exemplo, o 2-cloroetanol causa aumento na quantidade de estrutura α-hélice em proteínas globulares. A menor permissividade também pode diminuir a competitividade da água e estimular as interações eletroestáticas, tanto no sentido de atração como de repulsão, sendo o efeito líquido dependente da quantidade relativa de interações polares e apolares da cadeia. Entretanto, sob elevada concentração, todos os solventes orgânicos causam desnaturação proteica devido ao seu efeito na redução das interações hidrofóbicas.[4]

Solutos orgânicos

Ureia e hidrocloreto de guanidina (GuHCl) induzem a desnaturação proteica. Proteínas globulares desnaturam sob concentrações de 4-6 M de ureia e 3-4 M de GuHCl à temperatura ambiente, com completa transição em 8 e 6 M, respectivamente.[12]

Dois mecanismos estão envolvidos nesse tipo de desnaturação. No primeiro, o equilíbrio da reação: Estrutura Nativa (N) $\leftrightarrows$ proteína desnaturada (D) é deslocado para a direita, porque tanto a ureia como a GuHCl ligam-se preferencialmente à proteína desnaturada. O segundo mecanismo refere-se à solubilização dos aminoácidos hidrofóbicos em soluções com ureia e GuHCl, uma vez que esses solutos tem capacidade de quebrar a ligação de hidrogênio da água, alterando sua permissividade. A remoção desses solutos reverte a desnaturação, porém a completa reversibilidade é muitas vezes dificultada pela conversão da ureia em amônia e cianato que se ligam aos grupamentos amina alterando a carga elétrica da cadeia.[4]

Detergentes

Detergentes como o SDS (dodecil sulfato de sódio) são potentes desnaturantes proteicos, capazes de desnaturar proteínas globulares de forma irreversível em concentrações de 3-8 mM, cerca de mil vezes menores que àquelas necessárias para desnaturar utilizando-se solutos orgânicos. Esse forte efeito desnaturante deve-se ao fato do SDS ligar-se à proteína desnaturada, causando um deslocamento do equilíbrio N $\leftrightarrows$ D.[4,12]

Força iônica

Sais podem aumentar ou reduzir a estabilidade estrutural das proteínas. Em baixas concentrações, os sais neutralizam as cargas, reduzindo a repulsão, contribuindo para estabilizar a estrutura. Completa neutralização ocorre em concentrações abaixo de 0,2 M, independente da natureza do sal. Entretanto, em maiores concentrações (> 1,0 M), a natureza do sal vai definir seu comportamento como agente de desnaturação. Sais como Na_2SO_4 e NaF aumentam, enquanto NaSCN e $NAClO_4$ reduzem a estabilidade, sendo conhecidos como potentes desnaturantes capazes de reduzir a T_D. Os cátions têm pouca influência sobre a estrutura proteica quando comparados aos ânions.

A capacidade dos ânions em influenciar a estabilidade estrutural da proteína segue em geral a série de *Hofmeister* ou série caotrópica: $F^- < SO_4^{2-} < Cl^- < Br^- < I^- < ClO_4^- < SCN^- < Cl_3CCOO^-$. Flúor, sulfatos e cloro estabilizam enquanto os demais desestruturam a cadeia. Os mecanismos pelos quais ocorrem essas reações envolvem a capacidade do sal em se ligar à cadeia e alterar sua hidratação. Se a ligação for fraca e a hidratação da cadeia aumentar, observa-se aumento da estabilidade, enquanto ligações fortes com decréscimo da hidratação refletem perda da estabilidade estrutural da cadeia polipeptídica. Outro aspecto relevante é a influência do sal na própria estrutura da molécula de água, alterando sua permissividade com consequente desestabilização das interações hidrofóbicas.[4]

Propriedades funcionais

As propriedades funcionais de uma proteína no alimento podem ser definidas como "todas as propriedades químicas e físicas que afetam o comportamento da proteína no alimento durante seu processamento, acondicionamento, preparo e consumo",[16] com consequências nos aspectos sensoriais, como cor, sabor e textura. Exemplos de funcionalidade tecnológica de proteínas e alimentos proteicos são a capacidade de formar emulsões e espumas, gelificação e espessamento.[14]

As propriedades físicas e químicas que governam a funcionalidade das proteínas podem ser separadas em hidrodinâmicas e de interface, e dependem do tamanho e forma da cadeia polipeptídica, composição e sequência de aminoácidos, carga e distribuição das cargas elétricas, relação hidrofobicidade/hidrofilicidade, flexibilidade molecular e capacidade para interagir com outros compostos.[7] Essas propriedades diferem quando a proteína é analisada de forma isolada ou como parte do alimento, em função da interação da proteína com os outros compostos presentes nos alimentos.[4]

Propriedades funcionais hidrodinâmicas

Hidratação

A água liga-se a vários grupos incluindo resíduos polares e também apolares. A "capacidade de ligação da água" ou "capacidade de hidratação" de proteínas é definida como: "g de água/g de proteína", ou seja, volume de água que pode ser absorvido/g de proteína,[7] estando a proteína em equilíbrio com a umidade relativa (entre 90-95%). A Tabela 4.3 apresenta a capacidade de hidratação dos aminoácidos classificados conforme a respectiva polaridade.

Desse modo, a capacidade de hidratação (CH) de uma proteína pode ser calculada empiricamente com base na composição de aminoácidos, de acordo coma equação 10.

$$CH = f_c + 0,4f_P + 0,2f_A \qquad \text{\textit{Equação 10}}$$

Tabela 4.3 Capacidade de hidratação dos aminoácidos.

Aminoácido	Hidratação (moles de água/mol de aminoácido)
Polar	
Asn	2
Gln	2
Pro	3
Ser, The	2
Trp	2
Asp (não ionizado - COOH)	2
Glu (não ionizado - COOH)	2
Tyr	3
Arg (não ionizado)	3
Lys (não ionizado)	4
Iônico	
Asp (COO⁻)	6
Glu (COO⁻)	7
Tyr (O⁻)	7
Arg (NH₃⁺)	3
His (NH₃⁺)	4
Lys (NH₃⁺)	4
Apolar	
Ala	1
Gly	1
Phe	0
Val	1
Ile	1
Leu	1
Met	1

Fonte: Kuntz.[17]

em que f_C, f_P e f_A representam as frações de resíduos carregados, polares e apolares, respectivamente. Entretanto, essa equação só é válida para proteínas monoméricas, uma vez que nas estruturas oligoméricas ocorre indisponibilização parcial de resíduos ao acesso à água, superestimando os valores calculados.[4]

A ligação da água aos resíduos ocorre em várias etapas, iniciando-se com a hidratação dos aminoácidos iônicos sob condições de baixa atividade de água (aw), até completar a hidratação total. A Figura 4.17 apresenta esquematicamente as principais etapas da hidratação dos aminoácidos na cadeia polipeptídica.

As proteínas exibem hidratação mínima no ponto isoelétrico (pI), quando as interações "proteína-proteína" estão favorecidas, minimizando a interação "proteína-água". O contrário ocorre em meio alcalino (pH 9-10), devido à ionização dos resíduos sulfidrila e tirosina. Sob baixas concentrações (<0,2M), os sais aumentam a capacidade de ligação com a água, uma vez que

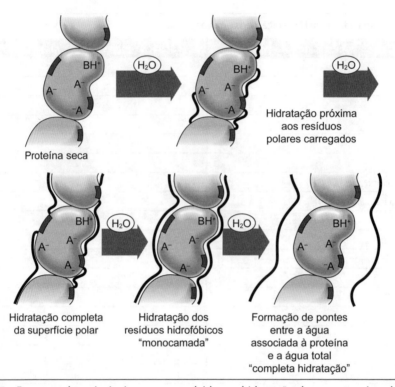

Figura 4.17 Esquema das principais etapas envolvidas na hidratação de uma proteína globular, em que A⁻ e BH⁺ representam, respectivamente, resíduos carregados negativa e positivamente, e ■ representam domínios hidrofóbicos.

Fonte: Adaptado de Rupley e colaboradores.[18]

ligam-se fracamente aos resíduos carregados da cadeia, promovendo sua hidratação. Entretanto, em concentrações mais elevadas, os sais promovem desidratação da molécula proteica.[4]

A capacidade de hidratação aumenta com o aumento de temperatura devido à desestabilização das ligações de hidrogênio e da hidratação dos grupos iônicos, desde que esse aumento de temperatura não seja suficiente para causar agregação das cadeias e perda da solubilidade. A capacidade de ligação da água na proteína desnaturada é cerca de 10% maior que na proteína nativa porque a estrutura aberta possibilita o acesso aos grupamentos hidrofóbicos antes inacessíveis.

Em aplicações alimentícias, a capacidade de retenção de água é mais importante que a capacidade de hidratação ou de ligação com água. Capacidade de retenção de água (CRA) é definida como a habilidade da proteína em reter a água em sua matriz contra a ação da força gravitacional. Essa água refere-se à soma da água ligada + água hidrodinâmica (livre) + água retida fisicamente na estrutura. Essa última é proporcionalmente muito maior que as demais, e é responsável pelo aspecto sensorial de textura e suculência dos alimentos.[4] O método proposto por Quinn & Paton[19] em 1979 para avaliar a capacidade de retenção de água ainda é utilizado, e baseia-se na saturação da amostra proteica com excesso de água, não sendo dessa forma afetado pela solubilidade. O método é simples e altamente reprodutível. A Tabela 4.4 apresenta a CRA observada em amostras proteicas, determinada pelo método de saturação.

Solubilidade

A solubilidade de uma proteína depende de outras propriedades termodinâmicas, além da capacidade de hidratação. A solubilidade varia basicamente em função da hidrofobicidade/hidrofili-

Tabela 4.4 Capacidade de retenção de água (CRA) de algumas proteínas, determinada pelo método de saturação.

Amostra	CRA (mL/g)
Concentrado proteico de ervilha	1,31
Concentrado proteico de soja	3,00
Isolado proteico de soja	3,85
Caseinato	2,33
Albumina	0,67
Concentrado proteico de soro	0,97

Fonte: Quinn & Paton.[19]

cidade da superfície da molécula exposta ao solvente. Em resumo, trata-se da manifestação do equilíbrio entre as interações: "proteína–proteína" ⇆ "proteína–solvente".[4]

As principais interações que alteram a solubilidade são as hidrofóbicas e iônicas. As hidrofóbicas favorecem a interação "proteína-proteína", promovendo a agregação e reduzindo a solubilidade. As iônicas favorecem a interação "proteína-solvente", aumentando a solubilidade, por meio de dois mecanismos: (1) pela repulsão entre resíduos carregados com cargas iguais, e (2) formando uma barreira de água entre as cadeias em função do aumento da hidratação dos resíduos carregados.

De acordo com a solubilidade, as proteínas são classificadas principalmente como:

- Albuminas → totalmente solúveis em água em pH neutro (6,6) e coaguláveis pelo calor. Exemplos: albumina sérica, ovoalbumina e α-lactoalbumina.
- Globulinas → solúveis em soluções salinas diluídas (2 a 10%) em pH neutro (7,0), e coaguláveis pelo calor. Exemplos: faseolina e β-lactoglobulina.
- Glutelinas → solúveis apenas em pH ácido (2,0) e pH alcalino (12,0). Exemplos: glutelinas do trigo (gluteninas) e glutelinas do arroz.
- Prolaminas → solúveis em etanol 70-80%. Exemplos: zeína do milho, gliadinas do trigo.

A Figura 4.18 apresenta a morfologia estrutural de frações proteicas obtidas por microscopia eletrônica de varredura.[20]

Um exemplo sequencial de separação das diferentes frações proteicas de uma amostra de farinha de arroz de acordo com a solubilidade é apresentado na Figura 4.19.

Solubilidade e pH

Quando a solubilidade da proteína é avaliada em função da alteração de pH da solução, observa-se uma curva típica em formato de U (Figura 4.20), na qual a mínima solubilidade ocorre no pI, e a máxima, nos extremos ácido e alcalino, sendo um pouco maior em pH alcalino.[4]

Seguindo-se o caráter ácido-básico já discutido anteriormente, tem-se o seguinte perfil:

- pH ácido → excesso de prótons (H^+). Protonação dos grupamentos carboxila (COO^- →$COOH$) e dos grupamentos amina (NH_3^+). Os resíduos polares estão ionizados com carga igual e positiva, produzindo repulsão eletrostática entre as cadeias, favorecendo a interação "proteína-solvente".
- pH alcalino → excesso de ânions (OH^-). Desprotonação dos grupamentos carboxila (-$COOH$→COO^-) e dos grupamentos amina (NH_3^+→NH_2). Os resíduos polares estão ionizados com carga igual e negativa, provocando repulsão eletrostática entre as cadeias, favorecendo a interação "proteína-solvente". Como as proteínas em alimentos apresentam proporção maior de aminoácidos polares com carga negativa, a solubilidade em meio alcalino é maior que em meio ácido. Por essa razão, a extração de proteínas vegetais costuma ser realizada em pH alcalino, com posterior precipitação no pI.

Figura 4.18 Morfologia estrutural de frações proteicas obtidas por microscopia eletrônica de varredura. A) farinha de ervilha; B) isolado proteico de ervilha, frações; C) albuminas; D) globulinas; E) prolaminas; e F) glutelinas.

Fonte: Chavan e colaboradores.[20]

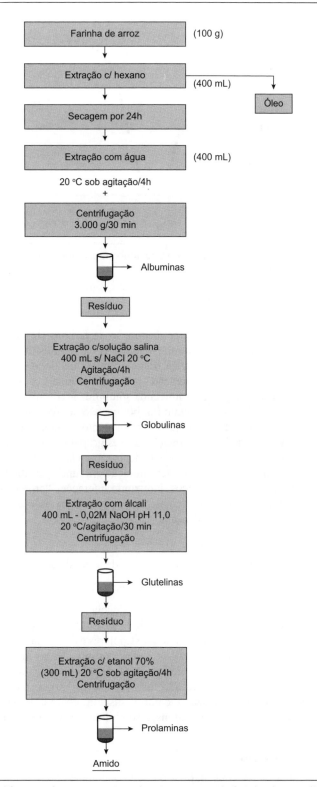

Figura 4.19 Separação das diferentes frações proteicas de uma amostra de farinha de arroz.[21]

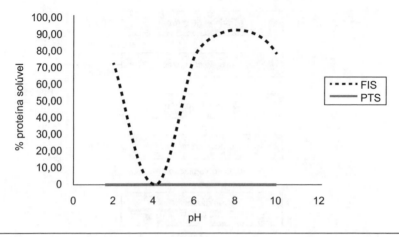

Figura 4.20 Curva de solubilidade de uma amostra de farinha integral de soja (FIS) e proteína texturizada de soja (PTS).
Fonte: Resultados da aula prática da disciplina FBA 0402 (2010).

- pI → Ponto Isoelétrico. A concentração de prótons (H⁺) e ânions (OH⁻) encontra-se na proporção exata para neutralizar todas as cargas positivas (NH$_3^+$) e negativas (COO⁻). É o pH onde a carga elétrica líquida é nula, anulando a repulsão eletrostática entre as cadeias, favorecendo a interação "proteína-proteína", causando agregação e precipitação das cadeias, com perda completa da solubilidade. Entretanto, algumas proteínas como as β-lactoglobulinas e soroalbumina bovina são solúveis no pI. Em geral, essas proteínas apresentam elevada proporção de grupamentos polares na superfície em relação aos apolares. A capacidade de hidratação desses grupamentos supera a atração das raras interações hidrofóbicas, mantendo as cadeias separadas e solúveis, mesmo no pI.[4] Em geral, a solubilidade decresce com a desnaturação em função da abertura das cadeias com exposição de resíduos hidrofóbicos, induzindo interações "proteína-proteína".[22] Sob condições de extrusão, algumas proteínas tornam-se insolúveis e agem como uma fase dispersa dentro de uma fase condensada.[23]

Solubilidade e força iônica

Em uma solução salina, a força iônica é definida segundo a Equação 11,

$$\mu = 0,5 \Sigma C_i \cdot Z_i^2 \qquad \text{Equação 11}$$

em que C_i é a concentração do íon e Z_i sua valência.

Em soluções salinas com baixa força iônica ($\mu<0,5$), a presença de sais reduz a solubilidade das cadeias com alta proporção de resíduos apolares e a aumenta nas cadeias com alta proporção de resíduos polares. A redução deve-se à maior proporção das interações hidrofóbicas diante da neutralização das cargas de superfície promovida pela presença de sais.[4]

Em soluções salinas com elevada força iônica ($\mu>1,0$), a solubilidade aumenta ou diminui em função do tipo de sal utilizado, como já discutido para a desnaturação, seguindo a série de *Hofmeister* para os ânions. Nos cátions, a solubilidade decresce na seguinte ordem: NH$_4^+$ < K⁺ < Na⁺ < Li⁺ < Mg²⁺ < Ca²⁺.

Solubilidade e temperatura

Sob pH e força iônica constantes, a solubilidade aumenta com o acréscimo da temperatura na faixa de 0 a 40 °C para a maioria das proteínas. Acima de 40 °C, a desnaturação promove a exposição de resíduos apolares, favorecendo as interações hidrofóbicas e, portanto, promovendo a agregação e precipitação. Dessa forma, a medida da solubilidade proteica por meio do PDI (*Protein Dispersibility Index*) representa uma forma útil de avaliação do tratamento térmico pelo qual a proteína foi submetida.[24]

Solubilidade e solvente orgânicos

Solventes orgânicos como etanol alteram a permissividade da água, solubilizando interações hidrofóbicas, que passam a ter pouca influência na solubilidade da cadeia. A redução da polaridade da água pela adição de solventes orgânicos aumenta as forças eletrostáticas tanto repulsivas como atrativas inter e intracadeias, causando a abertura da estrutura proteica. A menor permissividade da água favorece a formação de ligações de hidrogênio nas ligações peptídicas e o aumento das forças eletrostáticas atrativas entre cargas opostas, ambos contribuindo para a agregação e perda da solubilidade.

Considerando-se que a solubilidade é uma propriedade altamente dependente da distribuição e exposição de resíduos polares e apolares na superfície em contato com a água, sua medida pode ser utilizada para caracterizar a extensão da desnaturação proteica. Um dos índices mais utilizados pela indústria alimentícia é o "índice de solubilidade proteica (ISP)" que expressa a porcentagem de proteína solúvel presente na amostra. Isolados proteicos comerciais apresentam ISP entre 25 e 80%.

Propriedades funcionais de interface

A mistura de duas fases imiscíveis como água-óleo ou água-ar numa solução é possível apenas na presença de um composto anfifílico que apresente grupamentos apolares e polares em sua estrutura fazendo uma "ponte" entre as duas fases, permitindo, assim, que a solução constitua uma única fase estável (Figura 4.21).

Essa interface entre as duas fases imiscíveis precisa ser coberta em toda a sua extensão por um filme flexível, capaz de manter essa estrutura unificada contra a ação de choques mecânicos durante o processamento e estocagem do alimento. As proteínas apresentam esse caráter anfótero, e migram espontaneamente para a interface, onde sua energia livre será menor que a energia livre na solução.[4,25] Sendo assim, as proteínas apresentam um importante papel como surfactantes macromoleculares em alimentos emulsionados ou contendo espuma, como o sorvete de massa.

A capacidade de uma proteína em realizar essa tarefa irá depender da "atividade de superfície", ditada pela sua conformação. Os principais fatores que influem na atividade de superfície são: a relação estabilidade/flexibilidade da cadeia, facilidade de adaptação às mudanças do meio e a distribuição dos grupamentos hidrofóbicos e hidrofílicos na superfície da molécula. Em resumo, a "atividade de superfície" de uma proteína é determinada por três principais fatores:

1. Habilidade e rapidez da cadeia polipeptídica em deslocar-se para a interface;
2. Flexibilidade da cadeia em reorientar-se na interface;
3. Uma vez aberta na interface, habilidade da cadeia em interagir por meio de interações intramoleculares, formando um filme forte, coeso e viscoelástico que proteja essa nova estrutura contra a ação de agentes térmicos e mecânicos de desestabilização.[4]

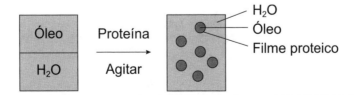

Figura 4.21 Esquema representativo da formação de uma emulsão óleo em água (solução proteica).

O padrão de distribuição de grupamentos hidrofóbicos/hidrofílicos na superfície é determinante para a agilidade da cadeia em deslocar-se para a interface (Figura 4.22).

No primeiro caso (Figura 4.22A), os grupamentos polares e apolares estão compartimentalizados em regiões distintas, com os polares na superfície externa e os apolares inacessíveis dentro da estrutura globular enovelada. Obviamente que não há interesse da molécula em migrar para a interface, uma vez que a energia livre para essa molécula se manter é muito menor no meio polar da água. Conforme a distribuição entre grupamentos polares e apolares torna-se menos compartimentalizada (Figura 4.22B), melhora a agilidade da proteína em migrar para a interface. Ressalta-se que a capacidade de deslocamento para a interface depende mais da distribuição dos resíduos apolares na superfície que da sua proporção na cadeia (Figura 4.22C).

Ao chegar na interface, a tenacidade com a qual a cadeia se mantém depende do número de peptídeos ancorados nessa superfície, que por sua vez irá depender da flexibilidade da cadeia. Moléculas altamente flexíveis, como a caseína, sofrem rápidas alterações de conformação, possibilitando que outras cadeias também se liguem à interface, enquanto moléculas globulares mais rígidas, como a lisozima e as proteínas da soja, não sofrem extensa modificação na interface.

As cadeias polipeptídicas podem assumir três diferentes configurações na interface: *train*, *loop* e *tail* (Figura 4.23).

Usualmente, os terminais carboxila e amida posicionam-se nas caudas voltadas para a fase aquosa. Quanto maior a proporção de peptídeos na forma *train*, mais forte é a ligação da cadeia na interface e menor é a tensão interfacial. A qualidade do filme formado na interface depende das interações intermoleculares, como as forças eletrostáticas atrativas, ligações de hidrogênio, interações hidrofóbicas e pontes dissulfeto. O balanço entre essas interações é que irá definir o caráter viscoelástico do filme formado.

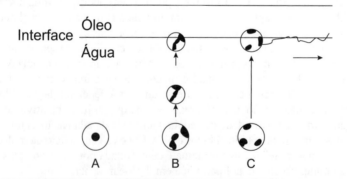

Figura 4.22 Distribuição de resíduos hidrofóbicos em uma proteína globular: A) resíduos hidrofóbicos concentrados apenas no interior da molécula proteica; B) resíduos hidrofóbicos concentrados no interior, mas com alguns grupamentos na superfície; C) resíduos hidrofóbicos distribuídos na molécula.

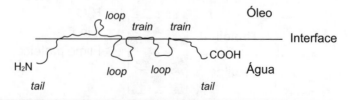

Figura 4.23 Configurações adotadas pela cadeia polipeptídica na interface.

Emulsão

Emulsões são misturas termodinamicamente instáveis devido à elevada energia livre presente na interface entre as fases água e óleo,[26] sendo os emulsificantes compostos capazes de retardar a separação das duas fases. Vários alimentos naturais ou processados, como leite, maionese, cremes, margarinas, embutidos, sorvetes e bolos são emulsões,[27] nas quais a proteína tem papel fundamental tanto para a formação como para a estabilidade desses alimentos. As proteínas podem formar um filme ou uma película em volta do glóbulo de gordura disperso na água, evitando alterações estruturais, como a coalescência, floculação e sedimentação.[7] A capacidade emulsificante pode ser definida como o volume de óleo (mL) que pode ser emulsificado por unidade de massa (g) de proteína, até o ponto da inversão. Ou seja, óleo é adicionado a uma solução proteica de concentração conhecida sob agitação constante formando uma única fase até o momento em que as fases separam-se, causando alteração na resistência elétrica, viscosidade ou coloração.

A capacidade emulsificante das proteínas pode ser avaliada por diferentes métodos, muito aplicados na prática industrial. Um dos índices utilizados é conhecido por "*emulsifying activity index (EAI)*", proposto por Pearce & Kinsella.[28]

$$EAI = \frac{2T}{(1-\phi)\cdot C} \qquad \text{Equação 12}$$

em que T é a medida espectrofotométrica da turbidez ($\lambda = 500$ nm), φ é o volume da fração óleo e C é a quantidade de proteína por unidade de volume da fase aquosa, expressa em %, antes de formar a emulsão.[26] O fundamento da medida é de que a turbidez de uma solução diluída contendo partículas globulares está relacionada com a sua área de interface, e é constante em uma emulsão estável:[28]

$$T = \frac{2,303\cdot Abs}{l} \qquad \text{Equação 13}$$

em que Abs é absorbância da amostra a 500 nm e l é o comprimento do caminho óptico da cubeta. A limitação dessa medida é dada pela baixa acuracidade em se determinar turbidez por espectrofotometria. Uma outra opção seria fazer o cálculo da EAI com base no tamanho médio dos glóbulos formados, como proposto por Cameron e colaboradores.[26] As dimensões dos glóbulos podem ser determinadas por microscopia eletrônica por meio do gráfico de dispersão dos glóbulos, como pode ser visualizado na Figura 4.24. Nesse caso, o diâmetro do glóbulo é caracterizado como $D_{3,2}$ e expresso em μm.[22]

A partir da medida do tamanho médio do glóbulo, pode-se estimar a área interfacial:

$$A = \frac{3\phi}{R} \qquad \text{Equação 14}$$

sendo φ o volume de óleo, e R o raio médio do glóbulo. Tendo-se a massa da proteína (m), o cálculo da EAI é dado por:

$$EAI = \frac{3\phi}{Rm} \qquad \text{Equação 15}$$

A Tabela 4.5 apresenta os valores de EAI de algumas proteínas alimentícias obtidos em pH 8,0.

A camada de interface da maior parte das emulsões óleo/água em alimentos contém proteínas misturadas a outros surfactantes. A quantidade de proteína que adere à interface também pode ser estimada por técnicas como *dynamic light scattering*, elipsometria ou ressonância de nêutrons.[30] Na prática, centrifuga-se a emulsão separando-se a fase aquosa. O creme remanescente é lavado e novamente centrifugado. Esse procedimento é repetido várias vezes. A diferença entre a proteína adicionada e extraída na fase aquosa indica quanto ficou aderido à interface. Sabendo-se o valor da área interfacial, pode-se estimar a quantidade de proteína/área de interface. Para a maior

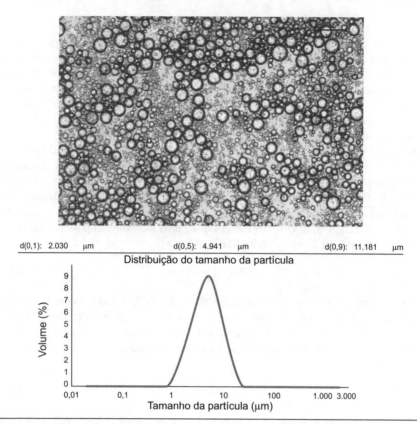

Figura 4.24 Microfotografia de uma emulsão óleo em água preparada em uma solução contendo proteína isolada de soja[49] e gráfico de dispersão dos glóbulos ou *laser light scattering*.
Fonte: Obtido no *Mastersizer*; Malvern Instruments Ltd., Malvern, England.[29]

Tabela 4.5 Índice de atividade emulsificante (EAI) de algumas proteínas alimentícias em pH 8,0.

Proteína	EAI (m^2/g)
Caseinato de sódio	166
β-lactoglobulina	153
Isolado proteico de soja	92
Lisozima	50

Fonte: Pearce & Kinsella.[28]

parte das proteínas esse valor varia de 1 a 3 mg/m^2. Obviamente, quanto menor for o tamanho do glóbulo, maior será a área interfacial, e mais proteína será necessária para cobrir essa superfície adequadamente.[4]

Várias forças físicas afetam a estabilidade cinética das emulsões causando *creamming*, floculação e coalescência,[28] que podem ser definidas como:

- *Creammimg*: tendência dos glóbulos de óleo de alcançarem o topo da solução contra a ação da gravidade, devido à diferença de densidade entre os dois meios (a fase dispersa e a fase contínua).

- Floculação: tendência dos glóbulos de óleo de aglutinarem-se, em função das forças de atração (Van de Waals e eletrostáticas), formando flocos. Pode ser revertida com adição de SDS.
- Coalescência: refere-se à fusão de dois glóbulos de gordura menores formando um glóbulo maior, reduzindo a área interfacial.

As proteínas são um importante grupo de agentes capazes tanto de formar como de estabilizar emulsões, em função de sua conformação estrutural.[22] As proteínas, e em alguns casos os polissacarídeos, promovem a estabilização estérica e são emulsificantes preferenciais em diversos sistemas alimentícios. As proteínas mais utilizadas para essa função têm sido as caseínas, proteínas do soro de leite, principalmente as β-lactoglobulinas, ovoalbuminas, soroalbumina bovina, lisozima e as proteínas da soja. Essas proteínas apresentam forte caráter anfifílico, sendo capazes de reduzir a tensão interfacial e serem adsorvidas na interface.[31] Emulsões estabilizadas por proteínas podem ficar estáveis por períodos que variam de alguns minutos a vários dias. Como as proteínas adsorvidas à interface em pH 5-7 estão normalmente carregadas negativamente, elas estabilizam os glóbulos na emulsão tanto por mecanismos estéricos como eletrostáticos,[30] sendo também capazes de ligarem-se a íons. Por essa razão, é comum a aplicação de agentes que desestabilizam as emulsões, como centrifugação, para comparar a capacidade de estabilização de emulsões (ES) conferida por diferentes proteínas, sendo essa medida expressa como:

$$ES = \frac{\text{Volume da camada de óleo*}}{\text{Volume total da emulsão}} \times 100 \qquad Equação\ 16$$

*determinado após a aplicação do agente de desestabilização

Fatores intrínsecos, como pH, força iônica, temperatura, presença de compostos surfactantes de baixo peso molecular, açúcares, volume da fase óleo, tipo de proteína e ponto de fusão do óleo, assim como fatores extrínsecos, como tipo de equipamento utilizado para preparar a emulsão (agitador), velocidade e energia empregada no batimento, contribuem para caracterizar as emulsões estabilizadas por proteínas.[4] Complexos entre proteínas e polissacarídeos exibem melhores propriedades de interface que aqueles apresentados pelas mesmas proteínas e polissacarídeos isoladamente. Uma excelente revisão sobre esse tipo de interação pode ser encontrada em Benichou e colaboradores.[31]

Em geral, proteínas solúveis no pI exibem boa capacidade emulsificante nesse valor de pH. O equilíbrio das cargas no pI favorece a formação do filme na interface. Entretanto, a ausência de repulsão elétrica associada à baixa hidratação também pode contribuir para a floculação e coalescência dos glóbulos, desestabilizando a emulsão. Como a maior parte das proteínas não segue esse perfil, sendo pouco solúveis ou mesmo insolúveis no pI, são consideradas pobres agentes emulsificantes no ponto isoelétrico.[4]

Surfactantes de baixo peso molecular, mais hidrossolúveis, podem deslocar completamente as proteínas da interface quando adicionados antes da formação da emulsão, enquanto os mais lipossolúveis causam deslocamento parcial quando adicionados após a emulsão estar formada.[27,30,32] As propriedades emulsificantes das proteínas não correlacionam-se com a hidrofobicidade média da cadeia, mas apresentam alguma correlação com a hidrofobicidade de superfície, definida como a porção de resíduos apolares que está exposta à água. Entretanto, a medida da hidrofobicidade de superfície determinada pela ligação com o ácido *cis*-parinárico, reagente que se liga apenas aos resíduos hidrofóbicos presentes nas cavidades formadas na superfície da molécula, é questionável porque tais cavidades são acessíveis a compostos apolares mas não à água. Consequentemente, não se obtém uma informação acurada sobre a flexibilidade da cadeia. A desnaturação proteica antes da emulsificação, desde que não cause perda da solubilidade, melhora as propriedades emulsificantes das proteínas, aumentando tanto a hidrofobicidade de superfície como a flexibilidade da molécula.[7,32] Muitas, se não todas as proteínas adsorvidas à interface, apresentam conformação estrutural diferente de seu estado nativo.[30]

Espumabilidade

Espuma consiste numa fase gasosa (ar) dispersa, numa fase aquosa contínua ou em uma emulsão. A instabilidade das espumas é muito maior que a das emulsões, sendo mais difícil mantê-las num estado definido.[30] Exemplos de espuma em alimentos incluem cremes aerados, sorvetes, suflês, merengues, pães, bolos e *mousses*. Espumas são formadas pela agitação, batimento ou aeração de soluções proteicas. Do mesmo modo como discutido para as emulsões, quanto maior for a capacidade da proteína em migrar e reposicionar-se na interface água-ar, formando um filme viscoelástico, maior quantidade de bolhas podem ser incorporadas e estabilizadas no alimento. Entretanto, enquanto a capacidade emulsificante apresenta alta correlação positiva com a hidrofobicidade de superfície, a capacidade de formação de espuma correlaciona-se com a hidrofobicidade média, uma vez que no caso da espuma, a desnaturação imposta pelo contato água/ar é determinada pelo comportamento da proteína nessa interface.[32] A desnaturação parcial também melhora a espumabilidade das proteínas. Nesse caso, parte do enovelamento ainda é mantido, contribuindo para formar filmes densos, espessos e mais estáveis que aqueles formados por uma proteína completamente alinhada na superfície.[32] Esse enovelamento parcial forma *loops* na superfície que interagem entre si por meio de ligações não covalentes, formando uma estrutura "acolchoada" em volta do glóbulo com características viscoelásticas essenciais para a estabilidade de toda a estrutura.[4]

A capacidade de formação de espuma refere-se à quantidade de área interfacial que a proteína é capaz de formar, e é expressa como *overrun* ou "poder espumante":

$$Overrun = \left(\frac{\text{Volume de espuma} - \text{Volume inicial da solução}}{\text{Volume inicial da solução}} \right) \times 100 \qquad \textit{Equação 17}$$

$$\text{Poder espumante} = \left(\frac{\text{Volume de gás incorporado na solução}}{\text{Volume de solução}} \right) \times 100 \qquad \textit{Equação 18}$$

A capacidade da proteína em estabilizar a espuma formada contra a ação da gravidade é calculada como o tempo necessário para que ocorra uma redução de 50% do volume de espuma. De acordo com o princípio de *Laplace*, a pressão interna da bolha é maior que a pressão externa (atmosférica), e sob condições de estabilidade a diferença de pressão é dada por:

$$\Delta P = P_i - P_o = \frac{4\gamma}{R} \qquad \textit{Equação 19}$$

em que P_i e P_o são as pressões interna e externa à bolha respectivamente, R é o raio da bolha e γ é a tensão superficial. A pressão interna da bolha (P_i) irá aumentar até o colapso total. A área interfacial inicial (A_o) da bolha é dada por:

$$A_o = \frac{3V \cdot \Delta P\infty}{2\gamma} \qquad \textit{Equação 20}$$

em que V é o volume total do sistema e ΔP_∞ é a diferença líquida de pressão quando toda a espuma do sistema estiver colapsada. Portanto, a taxa de decréscimo da área interfacial pode ser, com o tempo, utilizada para medir a estabilidade da espuma.[4]

Os principais fatores que afetam a capacidade de formação e estabilidade de espumas em soluções proteicas são pH, sais, açúcares, lipídeos e a concentração proteica. A grande instabilidade da espuma deve-se a vários fatores, como a desproporção de tamanho das bolhas causada por diferença de pressão, facilidade de difusão dos gases no meio aquoso e a expressiva diferença de densidade entre os dois meios (ar e água). A estabilidade das espumas é favorecida pelo pH no ponto isoelétrico, porque a ausência de repulsão eletrostática favorece a interação "proteína-proteína" e a formação de um filme viscoso na interface. Em outras faixas de pH, a capacidade de formação de espuma é usualmente adequada, porém a estabilidade acaba sendo prejudicada. Um exemplo bem conhecido é oferecido pelas proteínas da clara de ovo (pI 4-5), que apresentam excelente capacidade de formação de espuma em pH 8-9, porém baixa estabilidade da espuma formada.[4] Entretanto, há casos nos quais tanto a formação como a estabilidade da espuma é reduzida no pI em função da elevada solubilidade de algumas proteínas nesse pH.[33]

A capacidade de formação e estabilidade das espumas das principais proteínas globulares aumenta com o aumento da concentração de sal, em função da neutralização das cargas elétricas. Cátions bivalentes, como Ca^{2+} e Mg^{2+}, aumentam significativamente, tanto a capacidade de formação como a estabilidade das espumas em concentrações de 0,02 a 0,40 M, devido à formação de ligações cruzadas intermoleculares, possibilitando, assim, a formação de um filme com melhores propriedades viscoelásticas.[4]

A adição de açúcares à solução proteica impede a formação da espuma, porém melhora a estabilidade da espuma já formada pelo aumento da viscosidade do meio aquoso. Desse modo, recomenda-se que sua adição seja realizada após ou na última etapa do batimento. Lipídeos impedem também a formação da espuma por causa da maior afinidade destes pela fase apolar comparado às proteínas, causando o deslocando das proteínas da interface.

Em geral, o poder espumante aumenta com o aumento da concentração proteica até alcançar um ponto de saturação. Quanto maior a concentração de proteínas na solução, menores são as bolhas e mais alta é a viscosidade, tornando a espuma mais espessa. A maior parte das proteínas apresenta máxima espumabilidade em concentrações de 2 a 8%, com concentração na interface da ordem de 2-3 mg/m^2.

A forma empregada para produzir as bolhas de ar na solução também interfere na formação e estabilidade da espuma. O batimento a uma velocidade baixa a média resulta em bolhas grandes e instáveis, enquanto empregando-se uma velocidade mais alta obtém-se bolhas menores, cujo revestimento pelo filme proteico é favorecido pela desnaturação, promovida pela liberação de energia proveniente do próprio batimento. Entretanto, o excesso de intensidade pode levar à desnaturação completa, agregação das cadeias e precipitação.[4] Alguns alimentos como *marshmallow*, suspiros, bolos, pães e *soufflés* sofrem aquecimento após a formação da espuma. No aquecimento ocorre evaporação da fase aquosa, com aumento da viscosidade, ruptura e colapso das bolhas. Entretanto, caso a proteína que está formando o filme já esteja gelificada, a integridade da bolha é mantida conferindo textura porosa a esses alimentos.

A exigência em termos de agilidade para o deslocamento entre fases, flexibilidade da cadeia e capacidade de interação formando um filme coeso em torno de glóbulo é muito maior para formação da espuma que para a formação da emulsão, uma vez que a energia na interface "ar-água" é significativamente mais alta que na interface "óleo-água".[4]

Uma proteína que apresenta boa capacidade de formação de espuma não necessariamente apresenta boa capacidade de evitar o colapso entre as bolhas e assim estabilizar a espuma formada, uma vez que as condições necessárias para formar são, em geral, antagônicas às condições ideais para estabilizar. Por exemplo, a β-caseína exibe excelente capacidade de formar espuma mas tem baixa estabilidade, enquanto a lisozima, ao contrário, apresenta baixa capacidade de formar espuma, mas forma espumas muito estáveis. Isso ocorre porque a espumabilidade é afetada pela taxa de adsorção, flexibilidade e hidrofobicidade dos resíduos, e a estabilidade depende basicamente das propriedades reológicas do filme formado. A vantagem é que a fração proteica do alimento é composta por uma mistura de proteínas diferentes. Por exemplo, a excelente espumabilidade da clara de ovo é conferida por interações entre a ovoalbumina, conalbumina e lisozima.[4]

Ligação com compostos com aroma

Proteínas são moléculas inodoras. Entretanto, podem se ligar a compostos com aroma, afetando as propriedades sensoriais dos alimentos, pois os aromas desses compostos podem ser agradáveis ou não. Por exemplo, no caso da soja, o hexanal formado a partir da degradação de compostos primários da oxidação de lipídeos insaturados (Capítulo 3) liga-se à proteína, resiste à extração com solventes, e confere o aroma desagradável conhecido por "*beany flavor*", característico de feijão cru, aos produtos proteicos derivados de soja.

O mecanismo pelo qual os compostos com aroma ligam-se às proteínas depende do teor de umidade das proteínas, sendo as interações normalmente não covalentes. Sem umidade, os compostos voláteis ligam-se às proteínas pelas forças *Van der Waals*, ligações de hidrogênio e interações elestrostáticas. Em alimentos úmidos, a ligação envolve interação entre compostos apolares e sítios hidrofóbicos, inicialmente distribuídos na superfície da cadeia e, posteriormente, nos resíduos hidrofóbicos no interior da molécula. Nesse caso, os compostos apolares podem romper interações hidrofóbicas entre cadeias, desestabilizando a estrutura. Em geral, interações entre compostos com aroma e proteínas são completamente reversíveis. Entretanto, aldeídos podem se ligar de forma covalente à resíduos lisina numa reação irreversível.

A desnaturação melhora as interações entre os componentes voláteis com aroma e as proteínas, enquanto a proteólise reduz tais interações. Além disso, a hidrólise da cadeia pode gerar peptídeos com gosto amargo. Essa característica está associada a hidrofobicidade da molécula. Em geral, o gosto amargo presente em peptídeos obtidos da hidrólise de caseínas e proteínas de soja pode ser minimizado pela adição de endo- e exopeptidases que possibilitem a obtenção de fragmentos com hidrofobicidade média menor que 5,3 kcal/mol e que não apresentam sabor amargo.[4]

Viscosidade

Viscosidade é definida como a resistência de uma solução ao escoamento sob ação de uma força que empurre essa solução numa direção, ou seja *shear stress*. Para uma solução ideal, a *shear stress* (força/unidade de área ou F/A) é diretamente proporcional a *shear rate* (gradiente de velocidade entre as camadas de líquido ou *dv/dr*), expresso como:

$$\frac{F}{A}(shear\ stress) = \eta \frac{dv}{dr}(shear\ rate) \qquad Equação\ 21$$

em que η é conhecido como coeficiente de viscosidade. Fluidos que obedecem essa expressão são chamados de "fluidos Newtonianos". Por outro lado, em soluções contendo polímeros de alto peso molecular, como proteínas, o coeficiente de viscosidade decresce quando a *shear rate* aumenta. Esse comportamento caracteriza os "fluidos pseudoplásticos":

$$\frac{F}{A}(shear\ stress) = m \left(\frac{dv}{dr} \right)^{n} \qquad Equação\ 22$$

em que *m* representa o coeficiente de consistência e *n* o "índice de comportamento do fluxo". O comportamento pseudoplástico das proteínas decorre da tendência da molécula em orientar-se na direção da força de escoamento, proporcionando um fluxo com consequente redução da resistência. Quando essa força é removida, a solução proteica pode ou não retornar a sua viscosidade original, caracterizando um comportamento respectivamente pseudoplástico ou tixotrópico, dependendo da taxa de relaxamento das moléculas sem uma orientação definida. Soluções contendo proteínas fibrosas usualmente permanecem orientadas, não retornando facilmente à viscosidade original. No caso das proteínas globulares, o comportamento depende da concentração, temperatura e do pH. Por exemplo, entre 20-40 °C, o concentrado proteico de soro é pseudoplástico em concentrações de 14 a 16% e tixotrópico em concentrações mais elevadas.[14] Por outro lado, proteínas globulares, como as proteínas da soja, rapidamente retornam à viscosidade original quando a força é removida, caracterizando um comportamento tixotrópico.[4]

Gelificação

Um gel é uma fase intermediária entre um sólido e um líquido, definido como "um sistema substancialmente diluído mas que não exibe escoamento equilibrado". Trata-se de uma rede de polímeros capazes de aprisionar água e compostos de baixo peso molecular em sua estrutura. A transformação de uma proteína do estado solúvel (SOL) para o estado gelificado (GEL), sob determinadas condições, é facilitada pelo calor, enzimas e presença de cátions bivalentes.

A maior parte dos géis proteicos é preparada mediante aquecimento de uma solução contendo proteínas. No aquecimento ocorre uma desnaturação parcial e polimerização de algumas cadeias, com a formação de um líquido viscoso conhecido como PROGEL (Figura 4.25). Essa etapa é necessária para que grupamentos hidrofóbicos e ligações de hidrogênio internas sejam expostos, permitindo a ocorrência de ligações cruzadas entre as cadeias formando a rede.

A alteração da solução do estado SOL para PROGEL é irreversível porque muitas interações "proteína-proteína" ocorrem entre as moléculas abertas. Quando o PROGEL é resfriado, a redução da energia cinética térmica favorece a formação de ligações estáveis não covalentes entre os grupamentos de várias cadeias, resultando na estrutura do GEL.

As interações mais envolvidas na formação de GEL são as ligações de hidrogênio e as hidrofóbicas, exceto na presença de cátions bivalentes, na qual as interações iônicas assumem maior importância. Embora a repulsão eletrostática seja prejudicial à formação da rede, a presença de resíduos carregados é importante por favorecer a interação "proteína-água" e a capacidade de retenção de água do gel.[4]

Géis mantidos essencialmente por ligações de hidrogênio são termicamente reversíveis, ou seja, sob aquecimento o GEL volta ao estado PROGEL (p. ex., gelatinas). Por outro lado, géis mantidos principalmente por interações hidrofóbicas, que aumentam sua estabilidade com o aumento da temperatura, são irreversíveis (p. ex., clara de ovo). Proteínas que contém resíduos cisteína e cistina podem sofrer polimerização via ligações dissulfeto durante o aquecimento, formando uma rede contínua e covalente durante o resfriamento. Esses géis também são termicamente irreversíveis (p. ex., ovalbumina, β-lactoglobulinas e proteínas do soro).

As proteínas formam dois tipos de géis em função das propriedades moleculares e condições da solução: coágulos opacos ou géis translúcidos (Figura 4.25). Proteínas contendo alta concentração de aminoácidos apolares sofrem agregação hidrofóbica após a desnaturação, formando um coágulo irreversível. A opacidade desses coágulos é devido ao desvio da luz causado pela rede desordenada dos agregados insolúveis proteicos. Por outro lado, proteínas contendo alta concentração de aminoácidos polares formam complexos solúveis após a desnaturação. Nesse caso, a rede é estabilizada principalmente por ligações de hidrogênio. Esses géis ficam translúcidos porque, sob resfriamento, são formadas redes ordenadas.[4]

O mecanismo de gelificação e a aparência do gel são essencialmente controlados pelo balanço entre interações hidrofóbicas atrativas e eletrostáticas repulsivas. Trata-se, em outras palavras, do balanço ente interações "proteína-proteína" e "proteína-água". Se as primeiras são muito mais efetivas, forma-se um precipitado. Se por outro lado as interações "proteína-água" são predominantes, o sistema não forma gel. Portanto, um coágulo ou um gel translúcido irão ocorrer quando houver um equilíbrio entre esses dois tipos de interação.

Géis são estruturas altamente hidratadas, contendo mais que 98% de água. Sua estabilidade contra choques mecânicos ou instabilidade térmica dependerá da quantidade e do tipo de ligações cruzadas formadas entre as cadeias. Para formar um gel estável, é necessário uma concentração mínima de proteína na solução. Um importante índice utilizado para avaliar a capacidade de gelificação das proteínas é conhecido como "menor concentração necessária para formar um gel estável"; quanto menor for esse índice, melhor é a capacidade de gelificação da proteína.[7]

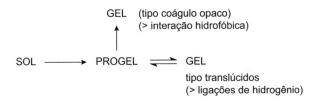

Figura 4.25 Tipos de géis formados em soluções proteicas.

Essa concentração pode variar de 0,6% para gelatina, 3% para ovoalbumina a 8% para proteínas da soja. Próximo ao ponto isoelétrico, as proteínas tendem a forma um coágulo, enquanto em valores de pH extremos géis instáveis são formados em decorrência da repulsão eletrostática. O pH 7-8 costuma ser o ideal para a formação de gel da maioria das proteínas encontradas em alimentos. Limitada proteólise pode favorecer a formação de gel. Por exemplo, a adição de renina às micelas de caseína promove a quebra da k-caseína liberando a porção hidrofílica conhecida como glicomacropeptídeo. A micela restante da hidrólise parcial (*para*-caseína) tem uma superfície altamente hidrofóbica que interage formando o coágulo.[4]

Transglutaminases, enzimas que catalisam ligações cruzadas entre cadeias, podem ser utilizadas no preparo de géis altamente elásticos e irreversíveis. Do mesmo modo, cátions bivalentes, como o Ca^{2+} e o Mg^{2+}, podem ser aplicados para essa proposta ligando resíduos com carga negativa (p. ex., preparo de *tofu* a partir da proteína de soja).

Propriedades viscoelásticas

As únicas proteínas capazes de formar uma massa com características viscoelásticas são as proteínas do trigo. Ao misturar-se farinha de trigo e água na proporção 3:1, após o batimento, uma massa adequada para panificação será formada.[34] As prolaminas são responsáveis pela viscosidade e extensibilidade da massa, enquanto as gluteninas ou glutelinas do trigo respondem pela elasticidade.[35]

As demais proteínas do trigo consistem de uma fração solúvel (albuminas, globulinas e glicoproteínas) da ordem de 20%, que não participam da formação da massa. As prolaminas e as gluteninas interagem por meio de ligações covalentes e não covalentes para formar o complexo do glúten. O glúten apresenta uma composição de aminoácidos especial, com uma relação de Glu/Gln e Pro maior que 50%. A baixa solubilidade do glúten é devido também à baixa concentração de resíduos de Lys, Arg, Glu e Asp. Cerca de 30% dos grupamentos presentes nas cadeias das proteínas do glúten são hidrofóbicos, capazes de ligarem-se a lipídeos e outros compostos apolares. Entretanto, a ligação com a água também é essencial para as propriedades de coesão e adesão da massa, e é obtida por meio de resíduos de glutamina e de aminoácidos hidroxilados. Resíduos de cisteína e cistina são extremamente importantes nesse processo. O glúten apresenta de 2 a 3% de resíduos sulfidrila (SH). Durante o batimento, as ligações dissulfeto (SS) são rompidas e as cadeias são alinhadas. A seguir, novas ligações dissulfeto são formadas, resultando em extensiva polimerização das cadeias, essenciais para a formação do filme viscoelástico que irá recobrir as bolhas de ar aprisionadas nessa rede proteica. Interações hidrofóbicas e ligações de hidrogênio também contribuem para a formação da rede proteica viscoelástica, capaz de reter o gás produzido durante a fermentação.[36] A subsequente fermentação irá promover um aumento do volume de gás retido na matriz proteica. Por essa razão, o filme formado na interface "água-ar" precisa apresentar características ideais de viscoelasticidade, de modo a permitir o aumento de volume das bolhas, sem ocorrer ruptura (Figura 4.26A). As características viscoelásticas podem ser visualizadas por meio do alveograma (Figura 4.26B), em que o índice H ou P (ordenada) representa a resistência da massa e a abscissa (índice L) representa a extensibilidade. Nesse exemplo, a farinhas com maior valor H (ou P) seriam mais indicadas para compor a formulação de pães, enquanto farinhas com maio valor de L poderiam compor formulações de massas (p. ex., macarrão).

A importância das ligações SH-SS na estrutura do filme foi extensivamente comprovada tanto pela adição de compostos oxidantes, como os bromatos e ascorbatos, como pela adição de bloqueadores de ligação SS, como a N-etilmaleimida. No primeiro caso, os compostos catalisam a reação de oxidação SH-SS, favorecendo as ligações cruzadas inter e intramolecular, observando-se aumento do volume dos pães. No segundo caso, resultado oposto é observado.[37] Entretanto, atualmente, mesmo partindo-se de uma farinha de trigo com um equilíbrio adequado entre as

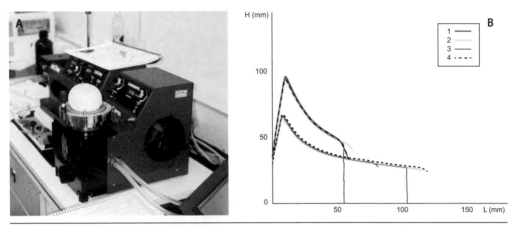

Figura 4.26 Avaliação da força do glúten pelo alveógrafo (A): Chopin modelo MA95 (Chopin, Villeneuve-la-Garenne, França). A relação entre a elasticidade da massa (H ou P) e a extensibilidade (L), observada no gráfico (B), determina a aplicabilidade da farinha de trigo.[35]

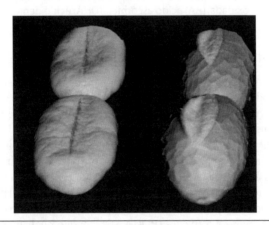

Figura 4.27 Pão francês produzido com farinha de trigo sem aditivos oxidantes (A). Pão francês produzido com a mesma farinha de trigo com aditivos oxidantes (B). As duas amostras foram preparadas simultaneamente, sendo a adição do aditivo oxidante a única diferença entre elas.[35]

frações de gliadinas e gluteninas, (Figura 4.27A), é necessário a adição de agentes oxidantes para que se obtenha um pão com a qualidade sensorial característica (Figura 4.27B).

Os mecanismos de fortalecimento da cadeia do glúten foram inicialmente propostos por Grosch & Wieser.[37] A hipótese dos autores era baseada na rápida oxidação da glutationa reduzida (GSH) formando glutationa dissulfito (GSSG) catalisada pela enzima GSH-desidro-ascorbato redutase, que utiliza o ácido ascórbico como substrato (Figura 4.28).

A interconversão SS/SH com as proteínas do glúten causam um rápido bloqueio dos resíduos SH do glúten. Quando o ácido ascórbico é adicionado, a maior parte da glutationa reduzida é rapidamente oxidada, porque o ácido ascórbico na presença de ferro e lipoxigenase age na massa como pró-oxidante reduzindo a concentração de GSH livre para reagir com os resíduos dissulfeto das proteínas do glúten. Desse modo, a rede estabilizada pelas ligações dissulfeto fica mantida na estrutura final da matriz. As pesquisas posteriores desenvolvidas por Koehler[38,39] confirmaram a hipótese proposta por Grosch & Weiser.[37]

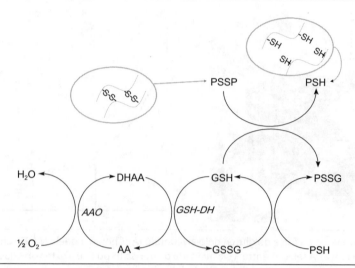

Figura 4.28 Ação do ácido ascórbico no fortalecimento da cadeia do glúten, (-S-S-) pontes dissulfeto, (-SH) resíduos sulfidrila, (PSSP) proteína polimerizada, (PSH) proteína não polimerizada, (GSH) glutationa reduzida, (GSSG) glutationa oxidada, (AA) ácido ascórbico, (DHA) ácido dehidroascórbico e (AAO) ascorbato oxidase.[35]

Propriedades nutricionais das proteínas

As proteínas apresentam diferente qualidade nutricional em função de sua composição de aminoácidos e digestibilidade. A ingestão diária recomendada para adultos é da ordem de 0,8 g/kg de peso,[40] ou seja, um indivíduo adulto deveria ingerir cerca de 56 g de proteína/dia. Com relação ao aspecto nutricional, considera-se que a qualidade de uma proteína seja função de sua concentração fisiologicamente disponível de aminoácidos essenciais.[41] Portanto, o valor nutritivo de uma proteína irá depender da sua capacidade em fornecer nitrogênio e aminoácidos essenciais nas quantidades adequadas às necessidades de cada organismo específico, com a finalidade de síntese proteica e de manutenção da estrutura celular. Em 1991, a FAO/WHO[42] recomendou como metodologia para avaliação da qualidade proteica de alimentos o método conhecido por "*Protein Digestibility-Corrected Amino Acid Score* (PDCAAS)", para o qual sugeriu-se como padrão de referência (exceto para alimentos substitutos do leite materno) as necessidades de aminoácidos essenciais para crianças de dois a cinco anos. O método considera a capacidade da proteína em fornecer aminoácidos essenciais nas quantidades necessárias para o crescimento e a manutenção do organismo humano.[43]

A ingestão de uma dieta proteica também confere maior saciedade que a ingestão de uma dieta rica em carboidratos, com o mesmo valor calórico.[44] Proteínas de origem animal apresentam melhor qualidade nutricional que proteínas vegetais.[2] Enquanto proteínas dos cereais (como arroz) são limitadas em lisina e triptofano e ricas em metionina, as proteínas de leguminosas e oleaginosas (p. ex., soja e feijão) são deficientes em metionina e adequadas em lisina.[7,45] Portanto, dietas nas quais haja um consumo proporcional de cereais e leguminosas oferecem um balanço proteico nutricionalmente adequado.[2]

Dividindo-se a concentração biodisponível de aminoácidos essenciais da proteína com a respectiva concentração recomendada pela FAO, é possível identificar qual é o aminoácido limitante. Esse índice, conhecido como escore químico, pode ser aplicado para comparar a qualidade de diferentes proteínas. No escore químico, a digestibilidade é calculada com base na digestão *in vitro*, submetendo-se a proteína à ação de pepsina, tripsina, quimiotripsina e peptidases. Nesse caso, alguns desvios podem ocorrer em relação aos valores obtidos *in vivo*.[43]

Métodos biológicos também podem ser aplicados para comparar a qualidade nutricional de diferentes proteínas. Esses métodos são baseados no crescimento do animal em decorrência única do consumo de uma proteína específica. Em geral, a proteína é oferecida na ração em porcentagem na qual ela será totalmente utilizada para o crescimento, sendo o peso do animal acompanhado por um período médio de 28 dias. Um grupo recebendo dieta aproteica é incluído no protocolo. Os índices mais utilizados são o "Net Protein Ratio (NPR)" e o "True Digestibility (TD)". O NPR informa a capacidade da proteína em promover o crescimento e a manutenção do animal, enquanto o TD representa a real digestibilidade da proteína avaliada:[2]

$$NPR\text{(Net Protein Ration)} = \frac{(\text{ganho de peso} - \text{perda de peso do grupo aproteico})}{\text{proteina ingerida}} \qquad \textit{Equação 23}$$

$$TD = \left\{ \frac{I - (F_N - F_{k,N})}{I} \right\} \times 100 \qquad \textit{Equação 24}$$

em que I, F_N, $F_{k,N}$ representam a quantidade de nitrogênio ingerido, nitrogênio fecal total e nitrogênio fecal do grupo aproteico.[2]

As vantagens dos métodos biológicos sobre o escore químico referem-se à distinção entre as formas D e L dos aminoácidos. Uma vez que apenas a forma L é utilizada para síntese proteica, o escore químico é superestimado. Esse fato compromete a comparação dos resultados, sobretudo em proteínas processadas termicamente em condições alcalinas, onde ocorre a racemização com a interconversão entre as formas D e L. Outro aspecto refere-se ao desequilíbrio promovido quando uma alta concentração de um aminoácido essencial compromete a biodisponibilidade de outro. A correlação entre métodos biológicos e o escore químico é, em geral, elevada para proteínas com maior qualidade nutricional.[43]

Alterações físicas, químicas e nutricionais das proteínas decorrentes do processamento

Tratamento térmico moderado

A maior parte das proteínas desnatura sob tratamento térmico moderado (60-90 °C/1 h ou menos que 1 h). Extensiva desnaturação promove insolubilização. Sob o aspecto nutricional, a desnaturação parcial devido ao tratamento térmico melhora a digestibilidade sem desenvolver compostos tóxicos. Além disso, inativa enzimas, como proteases, lipoxigenases, lipases, amilases, polifenoloxidases e outras enzimas hidrolíticas e oxidativas, responsáveis por danos funcionais e sensoriais em alimentos proteicos. Um exemplo clássico é a inativação da lipoxigenase nos grãos de soja. Essa enzima catalisa a oxidação dos ácidos graxos poli-insaturados que resultam na formação de hidroperóxidos (Capítulo 3). Estes por sua vez são decompostos, formando produtos secundários responsáveis pelo sabor desagradável característico de derivados de soja. O tratamento térmico moderado nos grãos ainda intactos possibilita a inativação da lipoxigenase, reduzindo, assim, a formação desses sabores indesejáveis no produto final.

Outro aspecto importante do tratamento térmico moderado é a inativação dos fatores antinutricionais proteicos, como os inibidores de tripsina, quimiotripsina e lectinas. Os dois primeiros estão associados à produção excessiva de enzimas pancreáticas durante a digestão das proteínas, podendo inclusive levar a um quadro de hipertrofia pancreática. Já as lectinas são fito-hemaglutininas responsáveis pela aglutinação de eritrócitos, que impedem a digestão proteica e reduzem a absorção intestinal de outros nutrientes, podendo alterar a morfologia da mucosa. Sendo termolábeis, o simples processamento térmico doméstico dos grãos é suficiente para inativá-los.[4]

Proteínas de origem animal também contêm inibidores. A ovomucoide, com atividade antitripsina, constitui cerca de 11% da albumina encontrada nos ovos, enquanto a ovoinibidor, que inibe tripsina e quimiotripsina, representa 0,1%.

Tratamento térmico intenso

As proteínas sofrem uma série de reações quando processadas sob altas temperaturas, como racemização, hidrólise, dessulfuração e desaminação. A maioria dessas reações é irreversível, e algumas podem levar à formação de compostos tóxicos.

Racemização

O processamento térmico de proteínas sob alta temperatura (> 200 °C) em condições alcalinas pode causar a racemização de L-aminoácidos para D-aminoácidos (Figura 4.29).

O mecanismo inicia-se com a abstração do próton do carbono alfa pelo íon hidroxila (Figura 4.29), resultando em um carbânion tetraédrico assimétrico. A subsequente adição de um próton da solução pode ocorrer tanto na parte superior como na inferior, reconstituindo assim um L-aminoácido ou um D-aminoácido, respectivamente.

Resíduos de Asp, Ser, Cys, Glu, Phe, Asn e Thr são racemizados mais rapidamente que outros aminoácidos. A taxa de racemização depende da concentração de íons hidroxila, mas é independente da concentração proteica, e é cerca de dez vezes mais rápida em proteínas que em aminoácidos livres, sugerindo que as forças intramoleculares reduzam a energia de ativação dessa reação. Além disso, o carbânion formado pode sofrer β-eliminação produzindo uma desidroalanina (Figura 4.30).

A racemização causa redução da digestibilidade porque os peptídeos contendo resíduos com D-aminoácidos são menos hidrolisados pelas proteases gástricas, reduzindo a disponibilidade desses à absorção na mucosa intestinal. Além disso, mesmo que absorvidos, os D-aminoácidos não são utilizados para síntese proteica.[4]

Pirólise

Quando proteínas são aquecidas em temperaturas superiores a 200 °C, comum em superfícies expostas diretamente ao forno ou chama na grelha, os aminoácidos podem sofrer pirólise, com formação de compostos mutagênicos. Os carcinogênicos/mutagênicos mais comuns são formados da pirólise dos resíduos de Trp e Glu. Nas carnes processadas nessas condições encontram-se as imidazo-quinolinas (IQ), produtos da condensação de creatinina, açúcares e alguns aminoácidos, como Gly, Thr, Ala e Lys (Figura 4.31).

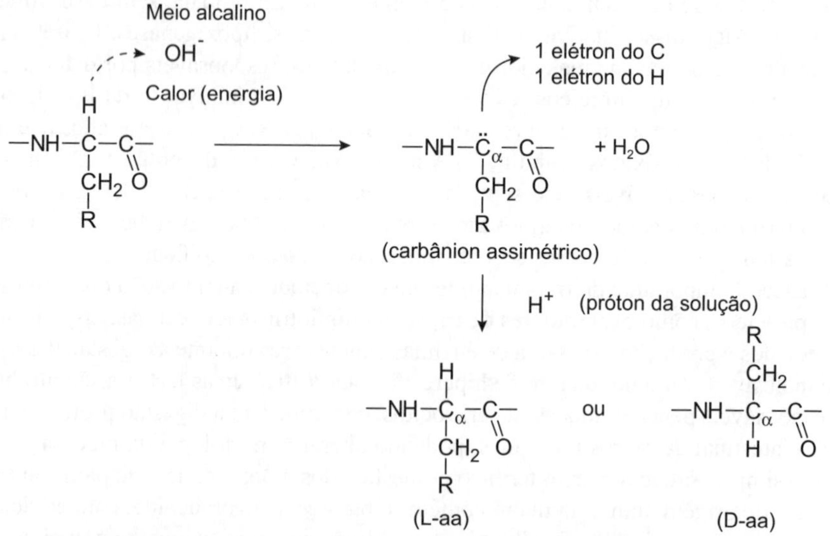

Figura 4.29 Racemização de L-aminoácidos.

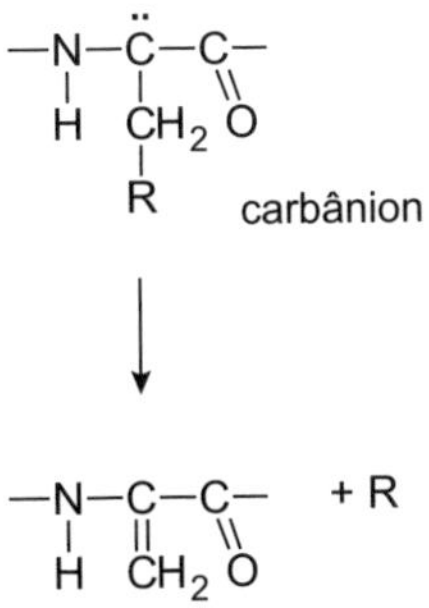

$$-\overset{\underset{\displaystyle H}{|}}{N}-\overset{\displaystyle \cdot\cdot}{\underset{\underset{\displaystyle R}{\overset{\displaystyle |}{CH_2}}}{C}}-\overset{\underset{\displaystyle O}{\parallel}}{C}-\qquad \text{carbânion}$$

$$-\overset{\underset{\displaystyle H}{|}}{N}-\overset{\underset{\displaystyle CH_2}{\parallel}}{C}-\overset{\underset{\displaystyle O}{\parallel}}{C}-\quad +\ R\qquad \text{desidroalanina}$$

Figura 4.30   Reação de β-eliminação do carbânion.

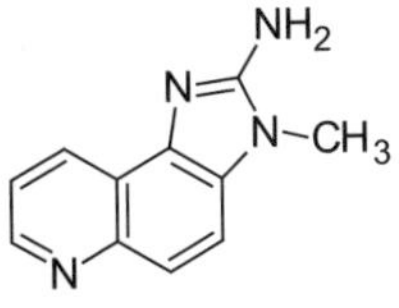

2-amino-3-metil imidazo
[4,5-f] quinolina

Figura 4.31   Estrutura de imidazo-quinolinas (IQ).

As IQ são formadas em extratos cárneos, carnes e peixes grelhados.[8] Entretanto, sob condições moderadas de processamento, baixas concentrações de IQ são observadas.[4]

Ligações cruzadas

Várias proteínas em alimentos apresentam ligações cruzadas intra e intermoleculares cuja função na proteína nativa é a de minimizar a proteólise metabólica. O processamento térmico sob condições alcalinas, ou altas temperaturas (> 200 ºC) em pH neutro, induz a formação de ligações cruzadas via β-eliminação produzindo uma desidroalanina (Figura 4.30). Uma vez formada, a desidroalanina reage rapidamente com o ε-amino grupo da lisina, ou grupo tiol da cisteína, formando lisinoalanina (em maior proporção) e lantionina respectivamente, ligando uma mesma cadeia em diferentes posições ou ligando cadeias diversas (Figura 4.32).

As ligações cruzadas reduzem a qualidade nutricional da proteína pela inabilidade da tripsina em hidrolisar peptídeos do tipo lisinoalanina, inviabilizando a absorção da lisina. Sob condições de elevada temperatura e pH alcalino, toda a cistina e parte da arginina, lisina, serina e treonina são degradadas, sendo essas perdas acompanhadas do aparecimento de lisinoalanina.[45]

Efeitos toxicológicos decorrentes da ingestão de lisinoalanina observados em ratos não foram descritos em humanos. Entretanto, medidas que previnam a formação dessas ligações cruzadas durante o processamento devem ser conduzidas em função da redução da qualidade nutricional. Uma dessas medidas pode ser a adição de compostos nucleofílicos de baixo peso molecular, como cisteína, N-acetil cisteína, glutationa reduzida, cobre ou glicose.[45] Esses compostos reagem com a desidroalanina cerca de mil vezes mais rápido do que, por exemplo, os grupamentos amino.[4] A formação de lisinoalanina é seguida da racemização, na qual L-aminoácidos são convertidos em D-aminoácidos, reduzindo o aproveitamento biológico desses aminoácidos.[45]

Um outro tipo de ligação cruzada que envolve a transaminação entre Lys, Gln ou Asn (Figura 4.33) ocorre pelo excessivo aquecimento de soluções proteicas puras ou de alimentos proteicos com baixo teor de carboidratos, com consequente redução do valor nutricional.

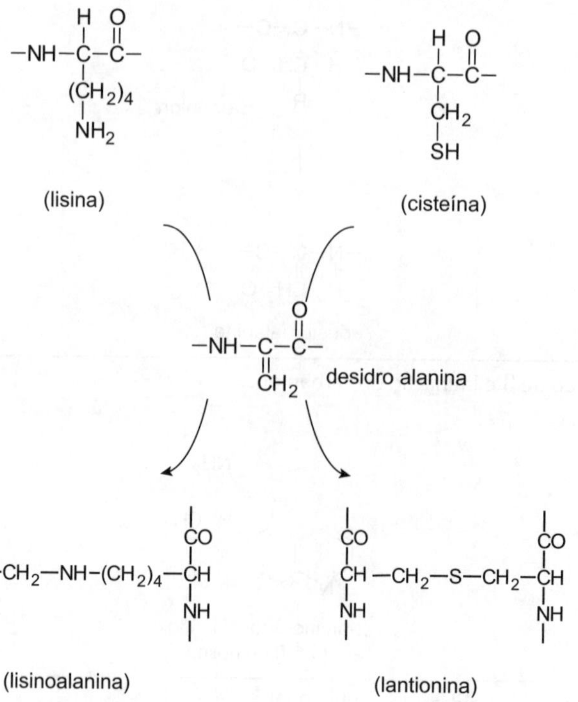

156 Proteínas

Figura 4.32 Ligações cruzadas envolvendo o grupo ε-amino da lisina ou o grupo tiol da cisteína.

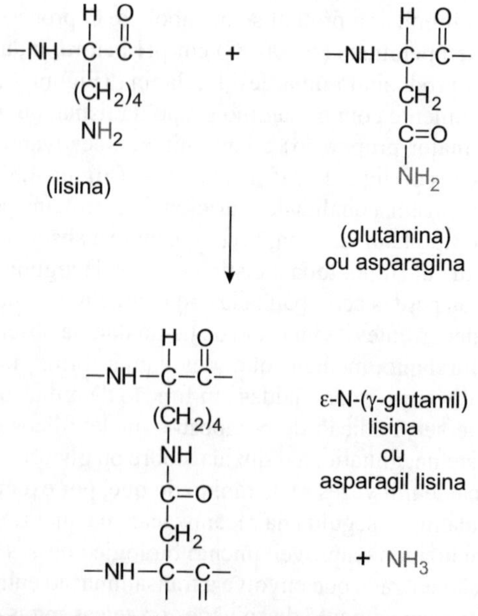

Figura 4.33 Ligações de transaminação entre Lis e Gln.

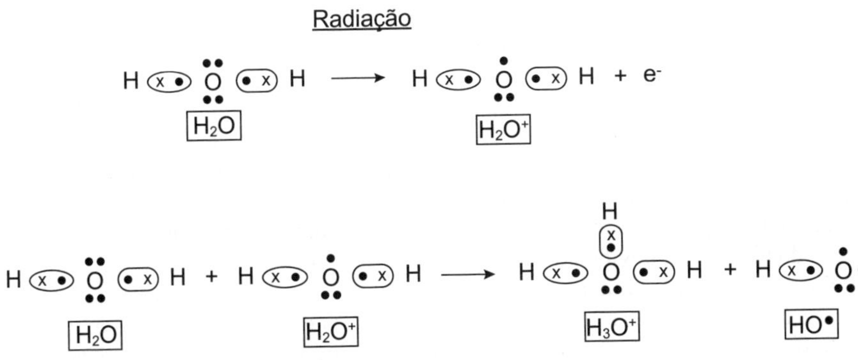

Radiação

Figura 4.34 Radiólise da água e polimerização de cadeias polipeptídicas.

A radiação ionizante promove a polimerização das cadeias pela formação de compostos radicalares decorrentes da radiólise da água (Figura 4.34).

Entretanto, esse tipo de ligação cruzada não impede o acesso e a ação das proteases, não reduzindo, dessa forma, a qualidade nutricional da proteína polimerizada.[4]

Oxidação

Vários agentes oxidantes, como peróxido de hidrogênio, peróxido de benzoíla e hipoclorito de sódio, são adicionados aos alimentos com função bactericida e de despigmentação. Compostos oxidantes naturais também podem formar peróxidos durante o processamento e estocagem do alimento. Esses agentes oxidam aminoácidos sob condições específicas, levando à polimerização da cadeia. Os aminoácidos mais susceptíveis à oxidação são Met, Cys/cistina, Trp, His e Tyr. A Figura 4.35 apresenta os principais produtos da oxidação da metionina.

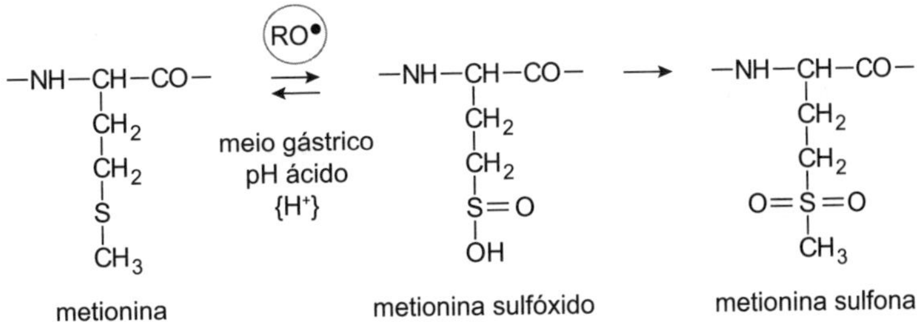

Figura 4.35 Principais produtos da oxidação da metionina.

A reação torna a metionina biologicamente indisponível a partir da formação de derivados sulfona. A redução da forma sulfóxido ocorre em meio ácido (gástrico), embora essa reação *in vivo* costume ser lenta.

Sob condições alcalinas, cisteína e cistina sofrem β-eliminação produzindo desidroalanina (Figura 4.30). Entretanto, em meio ácido, vários produtos da oxidação são formados (Figura 4.36).

Mono- e dissulfóxidos de L-cisteína ainda são biologicamente viáveis. Porém, os derivados dissulfona são indisponíveis ao organismo.

Uma das maiores preocupações no processamento de alimentos proteicos relaciona-se com a preservação do triptofano, devido ao seu papel em várias funções biológicas no organismo e sua susceptibilidade à oxidação, que pode produzir produtos com atividade mutagênica. Por exemplo, a exposição do triptofano à luz e oxigênio na presença de um composto fotossensibilizador como a riboflavina causa a fotoxidação (Capítulo 3), levando à formação de N-formilquinurenina e quinurenina, que são carcinogênicos em animais. Porém, nas condições normais de processamento, tais compostos ocorrem em concentrações muito baixas. Soluções contendo tirosina e peróxidos promovem a formação de ditirosina (Figura 4.37).

Essa reação também ocorre naturalmente em proteínas como resilina, queratina e colágeno. Nesse último caso, esse tipo de ligação cruzada está associada à maior dureza da carne proveniente de animais mais velhos (Capítulo 11).[4]

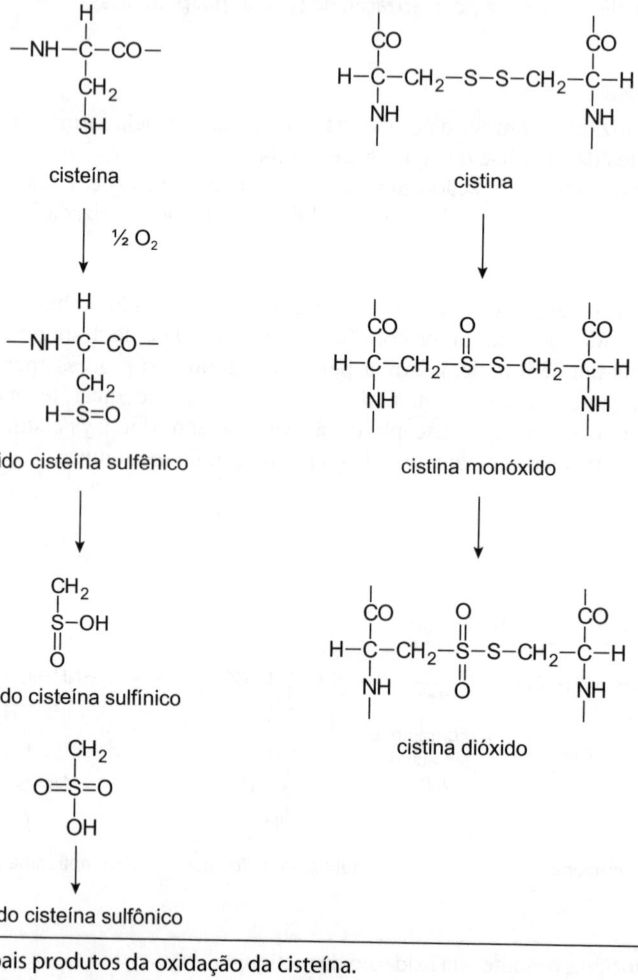

Figura 4.36   Principais produtos da oxidação da cisteína.

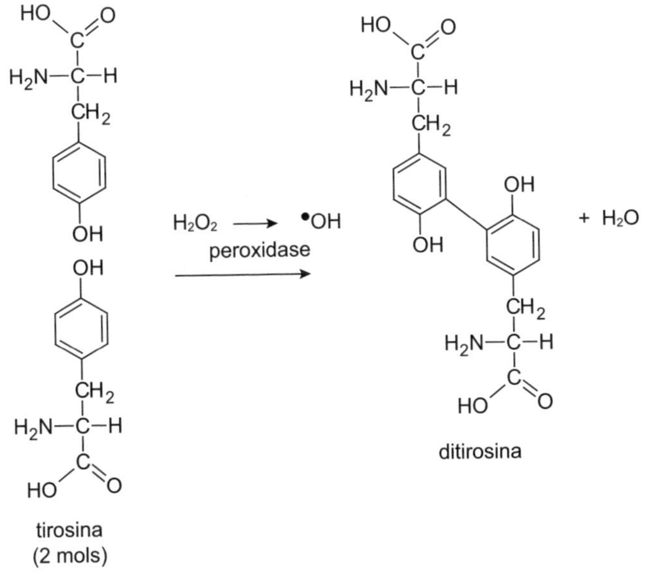

Figura 4.37 Soluções contendo tirosina e peróxidos promovem a formação de ditirosina.

Reação de Maillard

O escurecimento não enzimático ou reação de Maillard configura o processo de maior impacto sobre as propriedades sensoriais e nutricionais dos alimentos proteicos. Trata-se de um complexo de reações que inicia-se com a reação entre um grupamento amina e um açúcar redutor (aldoses ou cetoses), ácido ascórbico ou compostos carbonilas provenientes da oxidação lipídica. Essa reação também está discutida no Capítulo de Carboidratos (Capítulo 2).

A primeira etapa da reação de Maillard é a formação da Base de Schiff e dos produtos de Amadori, ambos estabilizados nas configurações cíclicas de furanose e piranose (Figura 4.38).

A seguir, os produtos de Amadori podem sofrer diversas reações, sendo a formação de desoxiozonas uma das mais comuns. As ozonas também podem ciclizar ou sofrer desidratação sob elevada temperatura. Em condições mais ácidas (pH < 5), podem formar furanos intermediários, como o hidroximetil furfural (HMF). Em meio menos ácido (pH > 5), esses compostos cíclicos polimerizam-se resultando em moléculas nitrogenadas insolúveis, de coloração escura, conhecidas como melanoidinas.[4]

Em altas temperaturas, algumas carbonilas derivadas da reação de Maillard reagem sequencialmente com aminoácidos livres, resultando na degradação destes a aldeídos, amônia e CO_2, numa reação chamada de Degradação de Strecker (Capítulo 2). Esses aldeídos são responsáveis pelo desenvolvimento de aromas típicos, como, por exemplo, o odor de pão durante o assamento[12] (Capítulo 9).

Compostos carbonílicos intermediários, formados durante a segunda etapa da Reação de Maillard, podem, por sua vez, reagir com resíduos de lisina e arginina nas proteínas, produzindo uma série de compostos conhecidos como AGEs (*advanced glycation end-products*), ou formando novas ligações cruzadas.[46] A Reação de Maillard também reduz o valor nutricional das proteínas porque reduz a biodisponibilidade dos aminoácidos envolvidos, principalmente a lisina, que é o aminoácido que mais participa dessa reação por meio do seu grupamento ε-amino. A extensão de perda da lisina depende do estágio da reação. Nas fases iniciais, até a etapa da formação das bases de Schiff (Figura 4.38), a lisina ainda está biodisponível, porque a ligação com o açúcar redutor pode ser hidrolisada nas condições ácidas do estômago. Entretanto, após a

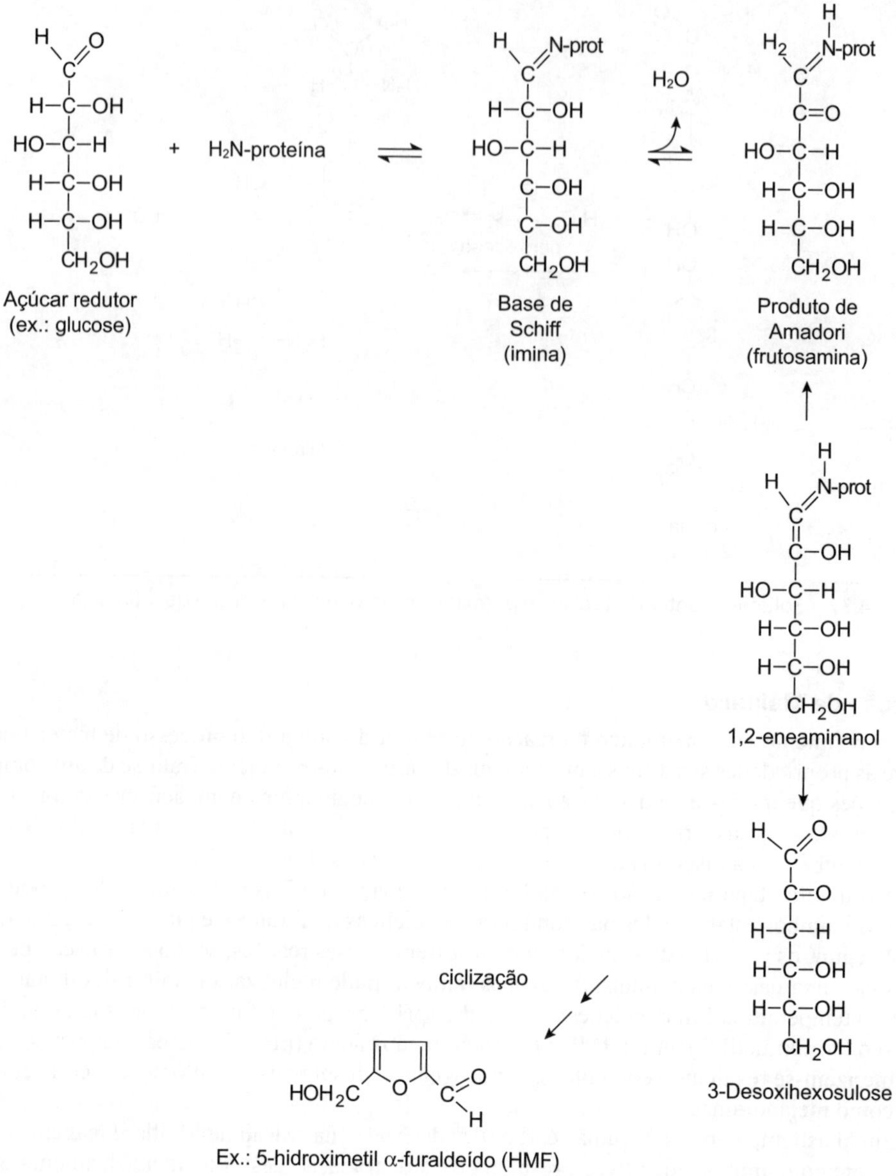

Figura 4.38 Etapas iniciais da reação de Maillard e formação de HMF.

Fonte: Adaptado de Thorpe & Baynes.[46]

formação dos compostos de Amadori ou de Heyns, a partir de hexoses e cetoses, respectivamente, a lisina perde sua biodisponibilidade. Ressalta-se que nessa fase ainda não há formação de compostos escuros. Embora sulfitos evitem a formação desses compostos escuros, não evitam a perda de biodisponibilidade da lisina. Carbonilas insaturadas e espécies reativas formadas durante a reação de Maillard podem oxidar outros aminoácidos, formando ligações cruzadas que irão impedir a absorção destes pelo organismo.[4]

$$LH + R^\bullet \rightarrow RH + L^\bullet$$

$$L^\bullet + \tfrac{1}{2} O_2 \rightarrow LO^\bullet$$

$$L^\bullet + O_2 \rightarrow LOO^\bullet$$

$$LO^\bullet + PH \rightarrow LOH + P^\bullet$$

$$LOO^\bullet + PH \rightarrow LOOH + P^\bullet$$

$$P^\bullet + P^\bullet \rightarrow P–P^\bullet$$

$$P–P^\bullet + PH \rightarrow P–P–P^\bullet$$

Figura 4.39 Complexos proteína-lipídeo-radicais.

Reações com lipídeos

A oxidação de ácidos graxos polinsaturados por espécies reativas presentes nos alimentos produz radicais alcoxila ($LO^\bullet$) ou peroxila ($LOO^\bullet$), como demonstrado no Capítulo 3, que podem reagir com proteínas formando complexos "proteína–lipídeo–radicais", que por sua vez sofrem polimerização por meio de ligações cruzadas (Figura 4.39). Além dos radicais lipídicos, resíduos de cisteína e histidina também sofrem polimerização.[4]

Reações com compostos fenólicos

Durante a maceração dos tecidos vegetais, os compostos fenólicos podem ser oxidados em meio alcalino formando quinonas. Essa reação também ocorre pela ação da polifenoloxidase naturalmente presente nesses tecidos (Capítulo 5). Essas quinonas são altamente reativas e podem reagir de forma irreversível com resíduos sulfidrila. Além disso, as quinonas também podem sofrer condensação, formando produtos de alto peso molecular conhecidos como taninos, que reagem rapidamente com grupamentos sulfidrila das proteínas. Os taninos são os principais compostos responsáveis pela sensação de adstringência (Capítulo 9), facilmente percebida na degustação de vinhos. As ligações "quinona-aminoácidos" reduzem a digestibilidade da proteína e a biodisponibilidade dos resíduos de lisina e cisteína envolvidos ou localizados próximos a essas ligações.[4]

Reações com nitritos

A reação de nitritos (NO_2) especialmente com aminas secundárias (R_1NHR_2) resultam na formação de N-nitrosaminas, as quais configuram-se como um dos compostos mais carcinogênicos presentes nos alimentos.[8] Os nitritos são geralmente adicionados às carnes para melhorar o desenvolvimento da cor, controlar a oxidação e prevenir o crescimento bacteriano. O nitrito (NO_2) é parcialmente oxidado a nitrato (NO_3), agindo como antioxidante. Parte do NO_2 liga-se à mioglobina (NO-mioglobina) conferindo coloração típica de carnes curadas, enquanto a outra parte liga-se às proteínas e a outros compostos. Microrganismos podem reduzir o nitrato a nitrito.[47] Os aminoácidos que mais se envolvem em ligações com nitritos são: Pro, His, Trp, Arg, Tyr e Cys[4], e os alimentos nos quais as concentrações de nitrosaminas costumam ser mais elevadas são os embutidos, peixes defumados, queijos, salames, presuntos e bacon.[8]

A reação ocorre em meio ácido sob elevada temperatura (Figura 4.40).

A dose letal oral de NO_3 é de 80-800 mg/kg de peso e a de NO_2 é de 33-250 mg/kg.[47,48] Aminas secundárias produzidas pela reação de Maillard, como os produtos de Amadori ou Heyns, também reagem com nitritos formando nitrosaminas estáveis. Ácido ascórbico e ácido eritórbico são efetivos na prevenção dessa reação.[47]

$$NaNO_3 + H^+ \rightarrow HNO_2 + Na^+$$

$$HNO_2 + H^+ \rightarrow H_2O + NO^+$$

$$2HNO_2 \rightarrow N_2O_3 + H_2O$$

$$N_2O_3 \rightarrow NO + NO_2$$

$$NO + M^+ \rightarrow NO^+ + M$$

amina 1ária $\quad NO^+ + RNH_2 \rightarrow RNH-N=O + M^+ \rightarrow ROH + N_2$

amina 2ária $\quad NO^+ + RNHR \rightarrow R_2N-N=O + H^+$

amina 3ária $\quad NO^+ + R_3N \rightarrow$ não há formação de nitrosamina

$NaNO_3$ = nitrato de sódio

HNO_2 = ácido nitroso

Na_2O_3 = óxido dissódico

NO = óxido nítrico

NO_2 = dióxido nítrico

M^+ = metal de transição (ex.: Fe^{2+} / Fe^{3+})

Figura 4.40 Formação de nitrosaminas a partir da adição de nitrato de sódio à carne.[47]

Alterações físicas e químicas induzidas com objetivo de melhorar a funcionalidade proteica

As propriedades físico-químicas das proteínas podem ser alteradas com objetivo de melhorar sua funcionalidade ou valor nutricional. Os ε-resíduos da lisina e o grupamento SH da cisteína são os grupos nucleofílicos mais reativos das proteínas, e portanto os mais envolvidos nas reações descritas a seguir.

Alquilação

Alquilação é a transferência de um grupamento alquila ((C_nH_{2n+1})—, formado pela remoção de um átomo de hidrogênio de um hidrocarboneto saturado) de uma molécula para outra. O grupo alquila pode ser transferido como um carbocátion alquídico, um radical livre, um carbânion ou um carbeno (ou seus equivalentes).

A alquilação dos grupamentos SH com iodoacetato (I-CH_2-COOH) ou iodoacetamida (I-CH_2-CO-NH_2) visam a eliminação das cargas positivas da lisina, com a introdução de cargas negativas tanto na lisina como na cisteína (Figura 4.41).

O aumento da eletronegatividade altera a solubilidade da proteína em função do pH, causando desnaturação. Essa reação também é usada para bloquear os resíduos sulfidrila, evitando a polimerização das proteínas. Grupos amino também podem ser alquilados com aldeídos e cetonas na presença de um agente redutor, como o tetra-hidroboreto de sódio ($NaBH_4$). A redução da Base de Schiff por alquilação interrompe a reação de Maillard, formando uma glicoproteína

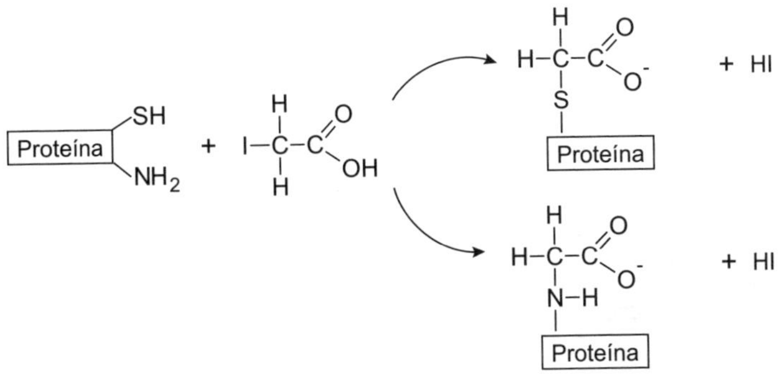

Figura 4.41 Modelo de reação de alquilação de proteínas.

como produto final.[4] A hidrofobicidade de uma proteína pode ser elevada se um aldeído apolar é utilizado nessa reação. Por outro lado, se a reação ocorre com um açúcar redutor, a hidrofilicidade aumenta, tornando-se possível manipular essa propriedade funcional da proteína.

Acilação

Acilação cobre todas as reações que resultem na introdução de um grupo acila em um composto orgânico. Em proteínas, trata-se da reação entre aminoácidos e ácidos anidros, sendo o ácido succínico e o ácido acético os mais comuns (Figura 4.42). Nesse caso, o objetivo também é de eliminar cargas positivas da lisina aumentando a eletronegatividade da proteína.

Proteínas aciladas são, em geral, mais solúveis que proteínas nativas. Podem exibir baixa capacidade de fomação de gel pela excessiva repulsão eletrostática, e dificuldade em migrar para a interface devido à elevada hidrofilicidade. A irreversibilidade da reação reduz a quebra hidrolítica pelas enzimas pancreáticas, reduzindo a digestibilidade e o valor nutricional das proteínas aciladas.[4]

Fosforilação

Várias proteínas em alimentos são fosfoproteínas. Proteínas fosforiladas tornam-se muito sensíveis à coagulação induzida pelo cálcio. A fosforilação ocorre sobretudo pela reação com o oxicloreto de fósforo ($POCL_3$) envolvendo os grupamentos hidroxila da serina ou da treonina e os resíduos de lisina (Figura 4.43), aumentando muito a eletronegatividade da proteína.

Sob certas condições, a fosforilação leva à polimerização da proteína, minimizando a eletronegatividade e a reatividade ao cálcio. A ligação N-P é ácido-lábil. Portanto, nas condições ácidas do estômago, as proteínas fosforiladas sofrem desfosforilação disponibilizando os resíduos de lisina para a absorção. Dessa forma, a fosforilação não altera a digestibilidade e o valor nutricional da proteína.[4]

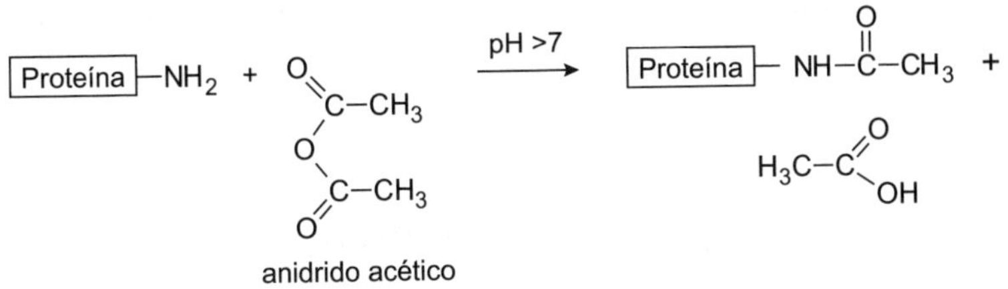

anidrido acético

Figura 4.42 Modelo de reação de acilação de proteínas.

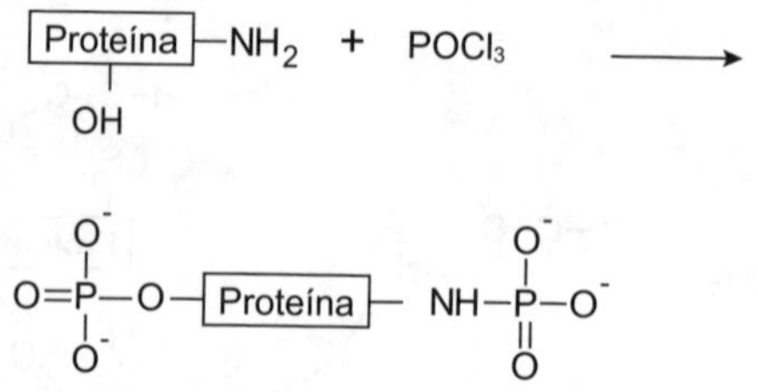

$$\boxed{\text{Proteína}} \!\!-\!\! NH_2 \ + \ POCl_3 \longrightarrow$$
$$|$$
$$OH$$

$$O=\overset{O^-}{\underset{O^-}{\overset{|}{P}}} - O - \boxed{\text{Proteína}} - NH - \overset{O^-}{\underset{O}{\overset{|}{P}}} - O^-$$

Figura 4.43 Modelo de reação de fosforilação de proteínas.

Sulfitólise

Trata-se da conversão de pontes dissulfeto das proteínas em derivados *S*-sulfonatos por meio de um sistema redox contendo cobre (Cu^{2+}) ou outros oxidantes (Figura 4.44).

A adição de íons sulfito às proteínas inicialmente rompe as ligações dissulfeto, formando um derivado S-sulfocisteína ($PS\text{-}SO_3^-$) e um grupo tiol livre ($P\text{-}S^-$). Na presença de um agente oxidante, os grupos tióis recém-liberados sofrem oxidação, formando novas pontes dissulfeto inter e intramoleculares.[4]

Esterificação

Trata-se da reação química na qual os dois reagentes, em geral um álcool e um ácido formam um éster. Os grupamentos carboxila do ácido aspártico e do ácido glutâmico nas proteínas não são altamente reativos. Entretanto, em meio ácido, esses resíduos podem ser esterificados com alcoóis, formando ésteres estáveis em pH ácido, mas rapidamente hidrolisados em pH alcalino. A esterificação altera as propriedades de solubilidade da proteína sem comprometer o valor nutricional.[4]

Principais proteínas alimentares

Leite

O leite contém em média 3,0 a 3,6 g/100 mL de proteínas de alto valor nutricional. As principais proteínas do leite estão apresentadas na Tabela 4.6. Elas são classificadas como caseínas (80%) e proteínas do soro (20%).

Caseínas

As caseínas formam um complexo hidratado esférico na presença de fosfato de cálcio com diâmetro variando de 30 a 300 nm, conhecido como micela.[4] A separação das caseínas das outras proteínas do soro é obtida pela precipitação no ponto isoelétrico (pH 4,6) ou pela ação de enzimas (renina) que induzem a aglomeração das caseínas.

As α- e β-caseínas apresentam uma distribuição de aminoácidos específica que sofre fosforilação pós-translacional, ou seja, após a formação da estrutura primária, adquirindo cargas negativas, e formando *clusters* aniônicos altamente sensíveis à presença de cálcio. Os domínios polares da região sensível ao cálcio das caseínas são caracterizados pela presença de resíduos

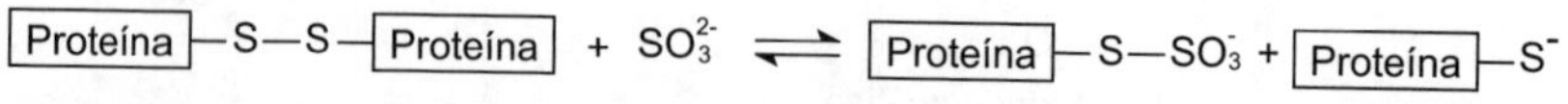

$$\boxed{\text{Proteína}} \!\!-\!\! S \!\!-\!\! S \!\!-\!\! \boxed{\text{Proteína}} \ + \ SO_3^{2-} \rightleftharpoons \boxed{\text{Proteína}} \!\!-\!\! S \!\!-\!\! SO_3^- + \boxed{\text{Proteína}} \!\!-\!\! S^-$$

Figura 4.44 Modelo de reação de sulfitólise de proteínas.

Tabela 4.6   Principais proteínas do leite.

Proteínas	Concentração g/100 mL	% total
Caseínas	**2,4 a 2,8**	**80**
α_{s1}-Caseína	1,2 a 1,5	34
α_{s2}-Caseína	0,3 a 0,4	8
β-Caseína	0,9 a 1,1	25
κ-Caseína	0,3 a 0,4	9
γ-Caseína	0,1 a 0,2	4
Proteínas do soro		**20**
β-lactoglobulinas	0,2 a 0,4	9
α-lactoalbuminas	0,10 a 0,15	4
Proteose-peptonas	0,06 a 0,18	4
Albuminas séricas	0,01 a 0,04	1
Imunoglobulinas	0,06 a 0,10	2
Total	**3,0 a 3,6**	**100%**

Fonte: Belitz e colaboradores.[8]

fosfoserina, carregados negativamente no pH do leite. As β-caseínas são as mais hidrofóbicas das caseínas, o que as tornam muito sensíveis à temperatura. Diferentemente das demais caseínas, as κ-caseínas não contém *clusters* aniônicos, mas apresentam regiões polares e hidrofóbicas distintas, conferindo um caráter anfipático a essas proteínas. De modo geral, a prevalência de resíduos prolina justifica a elevada flexibilidade das caseínas.[4]

Como consequência da fosforilação e da estrutura anfifílica, as caseínas interagem entre si e com fosfato de cálcio, formando micelas esféricas de tamanho variado (Figura 4.45).

A dispersão da luz causada pela micela é que confere a cor branca ao leite. As micelas contém cerca de 92% de proteínas, α_{s1}:α_{s2}:β:κ-caseínas na proporção aproximada de 3:1:3:1 além de 8% de sais, sobretudo fosfato de cálcio, magnésio e citrato. As micelas são estruturas alta-

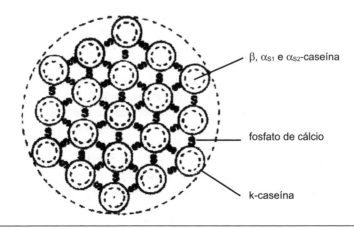

Figura 4.45   Micela de caseína.

mente hidratadas, contendo cerca de 3,7 g de água/g de caseína. As α_S e β-caseínas encontram-se predominantemente no interior da micela, enquanto as κ-caseínas posicionam-se na superfície. Portanto, quanto maior for a quantidade de κ-caseína, maior será o número de micelas menores. Uma característica fundamental das micelas é de não coalescerem quando muito próximas. Isso só é possível porque as κ-caseínas são altamente solvatadas e não reativas. Entretanto, quando hidrolisadas, por exemplo pelas quimosinas, sofrem desestabilização com formação de um coágulo.[4] A adição de ácido, pH 4,6, aumenta a atividade do cálcio, resultando em associações intermicelares e subsequente precipitação.[12] Na produção de iogurte, a estabilidade de coágulos formados a partir do leite integral é menor que do leite desnatado, porque a rede proteica é interrompida pelos glóbulos de gordura.[8]

As condições impostas pelo processamento alteram o equilíbrio com o sistema salino e entre os sais e as caseínas. Por exemplo, as micelas tornam-se mais instáveis na presença de álcool ou com o aumento da atividade do cálcio. A pasteurização (71,7 °C/15 s) e em especial a esterilização (142-150 °C/3-6 s) do leite aumentam irreversivelmente a quantidade de cálcio coloidal, ou seja, aquele que não se dissocia no meio aquoso, afetando o tamanho e a distribuição das micelas.[4]

Proteínas do soro

As estruturas das β-lactoglobulinas e das α-lactoalbuminas são tipicamente globulares e correspondem a 70-80% das proteínas totais do soro.[12] Como as caseínas, as proteínas do soro também apresentam carga negativa no pH do leite, entretanto a sequência de distribuição de aminoácidos hidrofóbicos, polares e resíduos carregados é mais uniforme. Uma característica das proteínas do soro é a maior proporção de aminoácidos sulfurados na cadeia.

Vegetais

As plantas sintetizam proteínas com diversas finalidades, e uma parte delas fica armazenada como "proteína de reserva". Essa proteína é classificada de acordo com a solubilidade, e sua extração pode ser dificultada pela complexação com taninos.

Proteínas dos cereais

Os cereais, como trigo, aveia, cevada e arroz, apresentam cerca de 10 a 15% de proteínas,[12] sendo a maior parte delas prolaminas solúveis em solução alcoólica (70-90%) e glutelinas solúveis apenas em soluções ácidas e alcalinas. Essas proteínas constituem de 80 a 85% das proteínas presentes no endosperma e têm importância relevante na alimentação humana. As proteínas do trigo são divididas em proteínas de reserva (glúten) e as proteínas solúveis em soluções salinas.[12] O glúten é um complexo formado por 75% de proteínas (gliadinas e gluteninas), 15% de carboidratos, 6% de lipídeos e 0,8% de minerais.[12] As proteínas do glúten, em associação com lipídeos, são responsáveis pelas propriedades de coesividade e elasticidade da massa.[8] As gliadinas do trigo compreendem uma mistura heterogênea de proteínas com massa molecular de cerca de 36 kD, existindo predominantemente na forma de cadeia polipeptídica isolada ou associada a outras unidades. Apresentam elevada proporção de glutamina, seguida de ácido glutâmico e prolina. As gluteninas do trigo apresentam peso molecular variando de 12 a 133 kD. Quando associadas através de pontes dissulfeto intra e intermoleculares, podem atingir até 3.000 kD. Da mesma forma que as gliadinas, os aminoácidos em maior proporção são a glutamina e a prolina. Enquanto as gluteninas de alto e baixo peso molecular se correlacionam positivamente com a força, as gliadinas são associadas à viscosidade da massa panificável.[8] Entretanto, as propriedades reológicas ideais da massa são conferidas pela exata proporção entre as diferentes frações proteicas do trigo.[8]

Cada proteína de cada cultivar de trigo apresenta um padrão eletroforético específico. Como mencionado no item 6.6, a especificidade das gliadinas e gluteninas do trigo é que torna possível a obtenção da massa panificável, que resulta nos pães com as características sensoriais que conhecemos. Nenhum outro tipo de combinação de gliadinas e gluteninas possibilita esse resultado.

Proteínas das leguminosas

As leguminosas de maior importância econômica na alimentação, como feijões, soja, ervilhas, amendoim, grão de bico e lentilhas, caracterizam-se por um elevado teor proteico, que varia de 20 a 40%, sendo a maior parte constituída por globulinas (60-90%) e albuminas.[7,45] As globulinas são separadas em frações de acordo com a sedimentação após centrifugação. Na soja, a fração 11S (350 kD) representa 40% das proteínas e contém uma proteína conhecida como glicinina, enquanto a fração 7S (190 kD) representa cerca de 30% das proteínas da soja, contendo uma glicoproteína denominada conglicinina. Entre as frações menores, como as 2S e 15S que representam 17 e 5%, respectivamente, encontram-se os fatores antinutricionais, como o inibidor Kunitz′s, o inibidor Bowman-Birk e glicoproteínas, como as hemaglutininas ou lectinas.

Cerca de 80% das proteínas da soja podem ser extraídas em pH 6,8 e precipitadas em pH 4,5. A digestibilidade *in vitro* das leguminosas pode variar de 48 a 79%, dependendo da variedade e das condições de processamento. As proteínas das leguminosas são aplicadas tanto no consumo humano como na ração animal, e em ambos os casos os fatores antinutricionais devem ser inativados pelo processamento térmico previamente ao consumo.[8] A maior parte das farinhas de leguminosas processadas termicamente ainda contém de 5 a 20% dos inibidores de tripsina e quimiotripsina presentes no grão integral.[2,45]

Ovos

Os ovos de galinha são compostos por casca, gema e clara, contendo respectivamente 4,0, 17,4 e 10,5% de proteínas.[12] A ovoalbumina é a principal proteína da clara (54%). Trata-se de uma fosfoglicoproteína, com uma ponte dissulfeto e quatro grupamentos tiol livres, protegidos em regiões hidrofóbicas. Os carboidratos associados à ovoalbumina são a D-manose e a N-acetilglicosamina. É facilmente desnaturada pela agitação, mas resiste ao tratamento térmico em pH neutro.[12]

As ovotransferrinas representam 12% das proteínas da clara e ligam-se ao ferro em sítios específicos adquirindo uma coloração vermelha com absorbância a 465 nm. A complexação com ferro (2 mols de Fe^{3+}/mol proteína) confere à proteína maior estabilidade estrutural e propriedades bacteriostáticas. Cerca de 11% das proteínas da clara são representadas pelas ovomucoides que são glicoproteínas termorresistentes contendo galactoses, glicoses, manoses e ácido siálico. Contém oito pontes dissulfeto e um resíduo cistina a cada onze aminoácidos. As ovomucoides são inibidoras específicas de tripsina. As demais proteínas da clara são ovoinibidor, ovomucina, lisozima, ovoglicoproteína, ovoflavoproteína, ovomacroglobulina e avidina.[12]

A gema de ovo é uma emulsão na qual gotículas de lipídeos estão dispersas numa fase contínua aquosa. As proteínas da gema contêm cerca de 50% de sólidos, com uma relação lipídeo:proteína da ordem de 2:1.[25] A centrifugação permite obter três frações de proteínas contidas na gema: proteínas de baixa densidade, de alta densidade e da fração aquosa. A fração de baixa densidade parece apresentar uma estrutura micelar formada por fosfolipoproteínas, estabilizadas por interações hidrofóbicas e forças de Van de Waals.[12] Essa fração também é considerada um bom agente emulsificante, sofrendo baixa influência do pH e da concentração salina.[25] As lipovitelinas e fosfovitinas constituem a fração de alta densidade, enquanto as livetinas representam as proteínas da fração aquosa.[12]

As proteínas dos ovos apresentam elevado valor nutricional em função da elevada digestibilidade e da adequação de seus aminoácidos essenciais às necessidades humanas. Entretanto, as proteínas dos ovos devem ser desnaturadas antes do consumo, em função das propriedades antinutricionais conferidas pelos inibidores enzimáticos (ovomucoide e ovoinibidor), a quelação de metais (ovotransferrina) e a complexação com biotina (avidina).[12]

RESUMO

Proteínas são moléculas sintetizadas por animais e vegetais formadas por uma sequência de aminoácidos ditada pelo DNA e unidos por meio de ligações peptídicas. As propriedades de polaridade dos aminoácidos, na sequência em que se apresentam, irão definir a estrutura proteica, de modo a maximizar a exposição dos resíduos polares e hidrofílicos na superfície e manter os resíduos hidrofóbicos no interior da molécula. Quando essa estrutura otimizada em termos de energia livre é rompida, sem ruptura das interações peptídicas, tem-se a desnaturação proteica. O caráter anfifílico das proteínas, com diferentes padrões de distribuição entre os aminoácidos hidrofílicos e hidrofóbicos, confere a essas moléculas interessantes propriedades funcionais, tanto hidrodinâmicas como de interface. Tais propriedades definem os aspectos sensoriais dos alimentos proteicos, como, por exemplo, a capacidade de formação de géis, emulsões, espumas, formação de massa em panificação, ligação a compostos de aroma, retenção de água em produtos cárneos e viscosidade. Desse modo, o conhecimento dos mecanismos químicos envolvidos nessas reações é essencial para que elas possam ser manipuladas, resultando em alimentos proteicos de elevada qualidade sensorial. Nesse sentido, várias reações, como alquilação, acilação, fosforilação e outras, podem ser induzidas visando melhorar as propriedades funcionais e nutricionais das proteínas. Por outro lado, um cuidado especial deve ser tomado durante o processamento de alimentos proteicos, sobretudo quando a temperatura elevada é aplicada em condições alcalinas. Nesses casos, reações indesejáveis podem ocorrer, como pirólise, ligações cruzadas, reação de Maillard, reduzindo o valor nutricional da proteína e ainda levando à formação de compostos potencialmente tóxicos. Parte dos aminoácidos é essencial, devendo, portanto, ser ingeridos através da dieta, e entre as principais fontes proteicas para o consumo humano destacam-se o leite e os ovos, apresentando proteínas com elevado valor nutricional e funcionalidade. Com relação às proteínas vegetais, destacam-se os cereais, em especial trigo e arroz, em função do alto consumo destes na dieta humana, e as leguminosas, como a soja e o feijão. Embora nutricionalmente incompletas, a combinação entre os cereais e as leguminosas oferece uma complementação em termos de aminoácidos essenciais, respondendo pelo maior aporte proteico humano. A excelente funcionalidade das proteínas vegetais também contribui para que estas sejam incorporadas a um número cada vez maior de alimentos, sem prejuízo à qualidade sensorial destes.

❓ QUESTÕES PARA ESTUDO

- **4.1.** Apresentar a estrutura química dos aminoácidos agrupados em polares, apolares e polares não carregados.
- **4.2.** Descrever uma curva típica de titulação de um aminoácido.
- **4.3.** Apresentar um esquema de ligação peptídica entre dois aminoácidos (Ala e Gly). Qual a diferença entre cisteína e cistina?
- **4.4.** Quais são as principais forças envolvidas na manutenção da estrutura proteica? Defina desnaturação proteica. Como temperatura, presença de interfaces, pH, força iônica e solventes podem agir como agentes de desnaturação proteica?
- **4.5.** Quais são as principais consequências biológicas e funcionais da desnaturação proteica?
- **4.6.** Como o pH, força iônica, temperatura e solventes orgânicos alteram a solubilidade de proteínas?

4.7. Quais são as três principais características que uma proteína precisa apresentar para ser um bom agente de interface?

4.8. Por que o tratamento térmico moderado pode favorecer as propriedades funcionais e nutricionais das proteínas?

4.9. Descrever o modelo proposto para a micela de caseína. Como podem ser separadas as proteínas do soro e as caseínas?

4.10. Quais os principais tipos de proteínas encontradas nos cereais? Como podem ser isoladas? Quais são as principais proteínas das leguminosas? Por que não devemos ingerir essas proteínas sem tratamento térmico prévio?

Referências bibliográficas

1. Miller SL. A Production of Amino Acids Under Possible Primitive Earth Conditions. Science , 1953;117: 528-9.

2. Friedman M. Nutritional value of proteins from different food sources. A review. J. Agric. Food Chem 1996;44:6-29.

3. Tirapegui J. Rogero M.M. Proteínas. In: Nutrição Fundamentos e Aspectos Atuais. 2nd ed. São Paulo, Ateneu: 1-33, 2006.

4. Damodaran S. Amino Acids, Peptides, and Proteins. In: Food Chemistry, 3nd ed. Fennema, OR. New York: Marcel Dekker Inc. 1996;321-430.

5. Lehninger AL. Bioquímica. 4ª ed. São Paulo, Editora Edgard Blucher Ltda: 49-65, 1984.

6. http://en.wikipedia.org/wiki/Protein_biosynthesis

7. Boye J, Zare F, Pletch A. Pulse proteins: processing, characterization, functional properties and applications in food and feed. Food Res Int 2010;43:414-31.

8. Belitz HD, Grosch W, Schieberle P. Amino acids, peptides, proteins. In: Food Chemistry, 3rd revised ed. Berlin, Springer-Verlag 2004;8-88.

9. Bock A, Forchhammer K, Heider J, Baron C. Selenoprotein synthesis: an expansion of the genetic code. Trends Biochem 1991;Sci 16:463-7.

10. Fauchere JL., Pliska V. Hydrophobic parameters of aminoacid side-chains from the pationing of n-acetyl-amino-acids. Eur J Med Chem 1983;18:369-75.

11. http://academic.brooklyn.cuny.edu/biology/bio4fv/page/3d_prot.htm

12. Sgarbieri VC. Proteínas em alimentos protéicos: propriedades, degradações, modificações. São Paulo, Livraria Varela: 517 p., 1996.

13. Scheraga HA. In: The Proteins, 2nd ed (Neurath, H., Ed). New York, Academic Press 1963;478-594.

14. Purwanti N, Goot AJ, Boom R, Vereijken J. New directions towards structure formation and stability of proteinrich foods from globular proteins. Trends Food Sci Technol 2010;21:85-94.

15. Bull H B, Breese K. Thermal stability of proteins. Arch Biochem Biophys 1973;158:681-6.

16. Kinsella JE. Relationship between structural and functional properties of food protein. In: Food Proteins. P.F. Fox and J.J. Condon (Ed). London, Applied Science Publishers: 51-60, 1982.

17. Kuntz ID. Hydration of macromolecules. III. Hydration of polypeptides. J Am Chem Soc 1971;93: 514-16.

18. Rupley JA, Yang PH, Tollin G. Thermodydamic and related studies of water interacting with proteins. In: Water in Polymers (S P Rowland ed) ACS Symp. Ser. 127, Washington, DC: American Chemical Society, 91-139, 1980.

19. Quinn JR, Paton D. A practical measurement of water hydration capacity of protein materials. Cereal Chem 1979;56:38-9.

20. Chavan UD, McKenzie DB, Shahidi F. Protein classification of beach pea (*Lathyrus maritimus* L.). Food Chem 2001;75:145-53.

21. Ju ZY, Hettiarachchy NS, Rath N. Extraction, denaturation and hydrophobic properties of rice flour proteins. J Food Sci 2001;66:229-32.

22. Bueno AS, Pereira CM, Menegassi B, Arêas JAG., Castro IA. Effects of extrusion on the emulsifying properties of soybean proteins and pectin mixtures modelled by response surface methodology. J Food Eng 2009;90:504-10.

23. Areas JA. Extrusion of food proteins. Crit Rev Food Sci Nutr 1992;32:365-92.

24. Hsu JT, Satter LD. Procedures for measuring the quality of heat-treated soybeans. J Dairy Sci 1995;78:1353-61.

25. Chung SL, Ferrier LK. Partial lipid extraction of egg yolk powder: effects on emulsifying properties and soluble protein fraction. J Food Sci 1991;56:1255-1258.

26. Cameron DR, Weber ME, Idziak ES, Neufeld RJ, Cooper DG. Determination of interfacial areas in emulsions using turbidimetric and droplet size data: correction of the formula for emulsifying activity index. J Agric Food Chem 1991;39:655-9.

27. Cornec M, Wilde PJ, Gunning PA, Mackie AR, Husband FA, Parker ML et al. Emulsion stability as affected by competitive adsorption between an oil-soluble emulsifier and milk proteins at the interface. J Food Sci 1998;63:39-43.

28. Pearce KN, Kinsella JE. Emulsifying properties of proteins: evaluation of a turbidimetric technique. J Agric Food Chem 1978;26:716-23.

29. http://www.fluidinova.pt

30. Dalgleish DG. Food emulsions—their structures and structure-forming properties. Food Hydrocolloids 2006;20:415-22.

31. Benichou A, Abraham A, Garti N. Protein-polysaccharide interactions for stabilization of food emulsions. J Dispers Sci Technol 2002;123:23-93.

32. Damodaran S. Protein-stabilized foams and emulsions. J Food Sci 2005;70:54-66.

33. Akintayo ET, Oshodi AA, Esuoso KO. Effects of NaCl, ionic strength and pH on the foaming and gelation of pigeon pea (*Cajanus cajan*) protein concentrates. Food Chem 1999;66:51-6.

34. Dobraszczyk BJ, Morgenstern MP. Rheology and the bread-making process. J Cereal Sci 2003;38:229-45.

35. Junqueira RM. Estudo da interação entre lipoxigenase da soja e ácido ascórbico nas propriedades reológicas e sensoriais de pães. Dissertação de Mestrado. Faculdade de Ciências Farmacêuticas, Universidade de São Paulo, São Paulo, 2007.

36. Doxastakis G, Zafiriadis I, Irakli M, Marlani H, Tananakic. Lupin, soya and triticale addition to wheat flour doughs and their effect on rheological properties. Food Chem 2002;77:219-27.

37. Grosch W, Wieser H. Redox reactions in wheat dough as affected by ascorbic acid. J Cereal Sci 1999;29:1-16.

38. Koehler P. Concentrations of low and high molecular weight thiols in wheat dough as affected by different concentrations of ascorbic acid. J Agric Food Chem 2003;51:4.948-53.

39. Koehler P. Effect of ascorbic acid in dough: reaction of oxidized glutathione with reactive thiol groups of wheat glutelin. J Agric Food Chem 2003;51:4954-59.

40. Scrimshaw NS, Schurch B, Eds. Protein-Energy Interactions; Nestle Foundation: Lausanne, Switzerland, 437 pp, 1992.

41. Young VR, Pellett PL. Plant Proteins in Relation to Human Protein and Aminoacid Nutrition. Am J Clin Nutr 1994;59:1203S-12S.

42. FAO/WHO. *Protein Quality Evaluation*. Food and Agricultural Organization of the United Nations: Rome, Italy p 66, 1991.

43. Castro IA, Tirapegui J. Qualidade nutricional de misturas protéicas. In: Nutrição Fundamentos e Aspectos Atuais. 2nd ed. São Paulo, Ateneu 2006;221-227.

44. Bertenshaw EJ, Lluch A, Yeomans MR. Satiating effects of protein but not carbohydrate consumed in a between-meal beverage context. Physiol Behav 2008;93:427-36.

45. Friedman M, Brandon DL. Nutritional and health benefits of soy proteins. J Agric Food Chem 2001;49:1069-86.

46. Thorpe SR, Baynes JW. Maillard reaction products in tissue proteins: New products and new perspecttives. AminoAcids 2003;25:275-81.
47. Honikel KO. The use and control of nitrate and nitrite for the processing of meat products. Meat Science 2008;78:68-76.
48. Schuddeboom LJ. Nitrates and nitrites in foodstuffs. Council of Europe Press, Publishing and Documentation Service. ISBN 92-871-2424-6, 1993.
49. Bueno AS, Pereira CM, Menegassi B, Arêas JA, Castro IA. Effect of extrusion on the emulsifying properties of soybean proteins and pectin mixtures modelled by response surface methodology. J Food Eng 2009; 90:504-10.

Sugestões de leitura

Damodaran S. Amino Acids, Peptides, and Proteins. In: Food Chemistry, 3nd ed. Fennema, OR. New York: Marcel Dekker Inc. 1996;321-430.

Belitz HD, Grosch W, Schieberle P. Amino acids, peptides, proteins. In: Food Chemistry, 3rd revised ed. Berlin, Springer 2004;8-88.

capítulo **5**

Enzimas

- João Roberto Oliveira do Nascimento
- Beatriz Rosana Cordenunsi-Lysenko • Eduardo Purgatto

Objetivos

Este capítulo tem por objetivo apresentar conceitos relativos às enzimas em alimentos. Algumas características gerais, a importância dos cofatores para a catálise, noções básicas de cinética enzimática bem como os principais fatores que afetam a atividade das enzimas são discutidos. São apresentados aqui os principais tipos de enzimas exógenas utilizadas para a modificação de matérias-primas alimentares e também o controle da atividade de enzimas endógenas.

Introdução

Enzimas são proteínas com a característica intrínseca de promover a catálise de reações químicas. A presença de enzimas é uma característica indissociável dos tecidos vivos, pois as reações que compõem o metabolismo se processam em condições fisiológicas graças à sua ação facilitadora sobre os reagentes.

Uma vez que as matérias-primas alimentares são basicamente órgãos, tecidos ou partes de animais e plantas, as enzimas são um importante componente dos alimentos e estão diretamente envolvidas em processos de deterioração e de modificação de características físico-químicas dos alimentos. As enzimas geralmente preservam suas funções catalíticas mesmo após a perda da homeostase dos tecidos, depois do abate de animais ou da colheita de vegetais, trazendo consequências para a conservação e para as propriedades organolépticas e nutricionais. Exemplos típicos de alterações físico-químicas mediadas por enzimas são os processos de amadurecimento de frutas (Capítulo 12) e a reversão do *rigor mortis* em tecido muscular após o abate (Capítulo 13).

O fato de as enzimas poderem manter suas propriedades catalíticas mesmo depois da perda da homeostase dos tecidos de origem possibilita que elas sejam utilizadas intencionalmente para modificação dos alimentos. Enzimas podem ser extraídas de vegetais, animais ou de micro-organismos e utilizadas sob condições controladas para promover modificações específicas em matérias-primas alimentares. Desse modo, enzimas exógenas representam um importante recurso para o processamento de alimentos.

Qualquer que seja a origem, endógena ou exógena, é importante conhecer os fatores e condições que afetam a atividade enzimática, pois isso torna possível exercer algum controle sobre sua atuação. Desse modo, processos deteriorativos podem ser retardados ou minimizados, enquanto a aplicação industrial pode ser efetuada de modo mais preciso. Isso faz com que o conhecimento a respeito das condições que favorecem ou prejudicam a catálise enzimática seja extremamente relevante.

Uma medida da importância das enzimas para a qualidade dos alimentos pode ser tomada pelo fato de que grande parcela da contribuição da biotecnologia moderna para a área de alimentos reside em intervenções na expressão de genes de enzimas (Capítulo 10). O controle sobre processos deteriorativos ou a alteração dos níveis de nutrientes em matérias-primas vegetais pode ser alcançado por modificações genéticas envolvendo a manipulação de enzimas das vias metabólicas. Do mesmo modo, a transferência de genes entre organismos possibilita que enzimas de interesse industrial sejam produzidas em grandes quantidades em organismos de fácil crescimento, como bactérias e fungos, ou ainda que sejam obtidas versões dessas enzimas com propriedades catalíticas mais compatíveis com a aplicação industrial.

Ao longo deste capítulo serão discutidas algumas características das enzimas bem como os principais fatores ambientais que podem afetar a sua atividade, seguida da apresentação do uso de enzimas exógenas para a modificação dos principais macrocomponentes dos alimentos e, finalmente, comentários sobre o controle da atividade enzimática endógena relacionada com processos deteriorativos.

Características gerais e classificação

Enzimas são proteínas e, como tal, são produtos de genes contidos no genoma dos organismos de origem. São constituídas pelos mesmos aminoácidos utilizados na síntese das demais proteínas celulares, unidos por ligações peptídicas e compondo polímeros de variados tamanhos (Capítulo 4). Devido à complexidade de funções desempenhadas por essas moléculas, é comum que os organismos apresentem diferentes versões de uma mesma enzima.

De modo geral, essa variabilidade de uma mesma enzima pode ser resultado da expressão de diferentes genes ou de modificações do polipeptídeo depois da etapa de tradução, como, por exemplo, remoção proteolítica de parte da cadeia ou modificações das cadeias laterais dos resíduos de aminoácidos. Essa multiplicidade de formas pode ser entendida como uma maneira de garantir a catálise mesmo na ocorrência de mutações que podem resultar em versões defeituosas ou inativas, ou, ainda, como forma de oferecer versões com distintos graus de especificidade para substratos ou de eficiência catalítica adequada à determinada condição fisiológica.

As enzimas podem ser resultado da combinação de mais de uma cadeia polipeptídica idêntica ou da associação de cadeias diferentes. Podem, ainda, ter uma fração não proteica lábil ou fortemente ligada, importante para a catálise ou para a solubilidade e localização subcelular. Portanto, uma enzima pode ter um íon metálico associado à sua cadeia polipeptídica e este ser essencial para a interação do substrato no sítio ativo, contribuindo para a catálise. Da mesma forma, a associação de uma cadeia sacarídica ou lipídica ao polipeptídeo pode proporcionar solubilidade mais favorável à interação com o seu substrato, como, por exemplo, com um lipídeo.

As enzimas são organizadas em seis classes principais, de acordo com o tipo de reação química catalisada, e essa classificação serve de base para a sua nomenclatura. As principais classes de enzimas são: 1) oxidorredutases; 2) transferases; 3) hidrolases; 4) liases; 5) isomerases; e 6) ligases.

As oxidorredutases oxidam ou reduzem substratos pela transferência de hidrogênio ou elétrons, ou, ainda, oxigênio. Exemplos típicos dessa classe são a oxidase do ácido ascórbico, presente em vegetais, e a catalase do leite. No segundo grupo, o das transferases, estão incluídas as enzimas que transferem grupos químicos, que não o hidrogênio ou próton, para moléculas aceptoras, que não a água. As transglutaminases, que transferem grupos acil de aminas primárias (Doador) para o grupo carboxiamida da glutamina (Aceptor) são exemplos dessa classe e, por serem capazes de promover a ligação cruzada entre cadeias de proteínas, são utilizadas na indústria cárnea e de laticínios na formulação de produtos constituídos de géis proteicos.

As hidrolases, que promovem a quebra de ligações químicas do substrato, com a adição dos componentes da água, ou seja, H^+ e OH^-, representam um grupo extremamente importante por sua aplicação na indústria. As várias amilases, lipases e proteases, que são enzimas de ampla aplicação na indústria alimentícia por promoverem modificações no amido, lipídeos e proteínas, respectivamente, são exemplos dessa classe enzimática. O quarto grupo, o das liases, também engloba enzimas que promovem a quebra de ligações químicas do substrato sem, no entanto, envolver a participação de água. Desse modo, na quebra da ligação química não ocorre adição de H^+ e OH^- nas extremidades, mas há formação de uma ligação dupla. A reação catalisada pela pectina-liase, uma enzima que promove a quebra das ligações glicosídicas da pectina, polissacarídeo presente em abundância na casca na polpa das frutas e importante na indústria de sucos, é exemplo típico desse tipo de atividade.

A quinta classe de enzimas é constituída pelas isomerases, que promovem a conversão de substratos em seus isômeros. Essa isomerização pode envolver inversão de grupos assimétricos, levando à produção de epímeros ou misturas racêmicas, ou à transferência de grupos químicos dentro da mesma molécula, recebendo a denominação "mutase".

Enfim, as ligases compõem o sexto grupo de classificação de enzimas e, como o nome sugere, são aquelas que promovem a ligação covalente entre duas moléculas. Essa ligação entre os substratos está associada à quebra da ligação pirofosfato do ATP ou de outra molécula similar contendo também uma ligação trifosfato.

Em razão da grande diversidade de enzimas e das variantes que podem ser encontradas nos organismos, é importante que elas sejam identificadas e classificadas de maneira inequívoca, sem ambiguidades. Por esse motivo, a nomenclatura das enzimas segue as diretrizes da "International Union on Biochemistry and Molecular Biology", por meio de sua "International Enzyme Comission" (EC), que atribui um nome sistemático, nomes triviais, mais breves, e um número sistemático permanente "EC", composto de vários algarismos, que permitem identificar precisamente a enzima e sua ação.

O número sistemático EC é constituído de uma sequência de números separados por pontos, que indicam a classe da enzima, seguido da subclasse, da sub-subclasse e, finalmente, um número serial dentro dessa sub-subclasse. Portanto, a enzima α-amilase, por exemplo, recebe a identificação EC 3.2.1.1, que corresponde a dizer que se trata de uma hidrolase (Primeiro número, "3"), que atua sobre ligações glicosil (Segundo número, "2"), especificamente do tipo O-glicosil (Terceiro número, "1"), sendo o primeiro elemento da série dentro dessa sub-subclasse (Quarto número, "1").

Estrutura e composição das enzimas

Cofatores: coenzimas, grupos prostéticos e íons metálicos

Como mencionado anteriormente, enzimas são proteínas que apresentam atividade catalítica, podendo ser constituídas por apenas um ou por mais de um tipo de cadeia polipeptídica. Embora, em muitos casos, a cadeia ou as cadeias polipeptídicas que compõem as enzimas sejam capazes de prover essa atividade de catálise, muitas vezes isso depende da presença de uma fração não proteica lábil ou covalentemente ligada.

Desse modo, muitas enzimas necessitam de fatores adicionais para manifestar sua atividade de catalisadores de reações químicas. Esses elementos, denominados cofatores, podem ser moléculas orgânicas ou íons metálicos que contribuem para a ligação ou para a correta orientação do substrato no sítio ativo, ou, ainda, para a reação propriamente dita. As oxidorredutases são exemplos típicos de enzimas que exigem a presença de cofatores.

Entre as moléculas orgânicas que constituem cofatores enzimáticos, é importante diferenciar as que estão fortemente ligadas à cadeia peptídica daquelas que são lábeis. A primeira categoria é representada pelos grupos prostéticos de enzimas, como, por exemplo, nucleotídeos da flavina (FMN, FAD), hemina e biotina, caracterizados pelo fato de não se dissociarem facilmente e se apresentarem no mesmo estado químico anterior à catálise, apesar de tomarem parte no processo. Na maioria das vezes, enzimas com grupos prostéticos promovem reações que envolvem a participação de dois substratos, fazendo com que a interação com a segunda molécula regenere o grupo prostético ao seu estado inicial ao final do ciclo catalítico.

No caso dos cofatores orgânicos denominados coenzimas, a ligação com a enzima é transitória, e essas moléculas são consumidas ou modificadas após a reação, fazendo com que muitas vezes sejam tratadas como co-substratos ou substratos intermediários. As coenzimas pirimidínicas, como o NAD/NADP e o ATP, são exemplos de cofatores que sofrem modificação após sua participação na catálise e se diferenciam dos substratos verdadeiros por serem regenerados em uma reação subsequente pela ação de outra enzima.

Os íons também são importantes cofatores de enzimas, e o efeito de ânions é mais genérico que o de cátions, estabilizando a estrutura proteica ou favorecendo a interação com o substrato, como ocorre com o cloreto. Por outro lado, os cátions são destacados cofatores enzimáticos, sobretudo os metálicos, podendo tomar parte na composição ou conformação do sítio ativo de enzimas e serem componentes de grupos prostéticos. Além disso, podem ser parte do substrato verdadeiro, ou seja, a ação da enzima sobre o substrato depende da interação prévia deste com o íon metálico, formando um complexo. Exemplos de íons metálicos que constituem importantes cofatores enzimáticos são: cálcio, cobre, ferro, magnésio e zinco.

Reações catalisadas por enzimas

As enzimas são proteínas com atividade catalítica sobre reações químicas, ou seja, apresentam a característica de facilitar a conversão de substratos em produtos por meio da ativação específica dos reagentes com diminuição da energia necessária (Figura 5.1).

Portanto, reações químicas que espontaneamente não ocorreriam em condições brandas, ou apenas a velocidades muito baixas, a ponto de não serem perceptíveis ou mensuráveis, podem se processar eficientemente na presença de enzimas.

Em comparação com catalisadores químicos, as enzimas têm a grande vantagem de serem extremamente eficientes a baixas concentrações e de serem capazes de converter quantidades expressivas de substratos em produtos antes de serem desnaturadas ou prejudicadas pelas condições da reação.

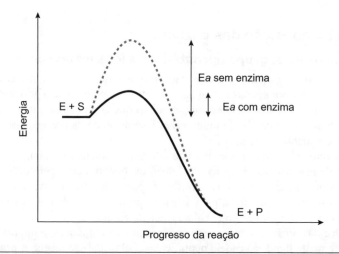

Figura 5.1 Representação esquemática das mudanças de energia de ativação (Ea) associadas com a conversão de substrato (S) a produto (P) em presença ou ausência (Linha tracejada) de enzima (E).

O substrato enzimático é uma molécula que após interagir com a enzima sofre uma modificação química, sendo convertido em um produto. Essa interação se dá em um local específico da enzima, denominado sítio ativo, podendo envolver a participação de outras moléculas, como os cofatores. O sítio ativo de uma enzima resulta de sua sequência primária de aminoácidos e da consequente conformação da cadeia polipeptídica, de modo que é criado um microambiente favorável à interação dos grupos reagentes, em orientação, distância e conformação propícias à ocorrência da reação.

As condições particulares do sítio ativo fazem com que as enzimas, via de regra, sejam bastante específicas em relação ao tipo de reação catalisada, ou seja, há grande previsibilidade em relação ao tipo de produto formado. Além disso, são extremamente seletivas em relação aos substratos utilizados, tendo um poder discriminatório suficiente para não reagir, ou reagir de modo muito menos eficiente, com moléculas bastante similares aos seus substratos. A especificidade e a seletividade de enzimas são características extremamente vantajosas se comparadas à obtenção de moléculas por outras vias, como, por exemplo, a síntese química, pois nesse caso é frequente a obtenção de misturas complexas de diversos produtos.

Quando se pensa no uso tecnológico de enzimas para a modificação de alimentos ou matérias-primas alimentares, as características mencionadas anteriormente, de catálise a condições relativamente brandas, especificidade da reação e seletividade dos substratos são interessantes porque o processamento sob condições amenas favorece a preservação de nutrientes e minimiza a formação de compostos indesejáveis, frequentemente associados ao uso de altas temperaturas. Além disso, a seletividade e a especificidade também garantem maior controle sobre a reação e a formação dos produtos de interesse.

Cinética das reações catalisadas por enzimas

A reação catalisada por uma enzima pode ser representada pela Equação 1, na qual E corresponde à enzima; S, ao substrato; ES, ao complexo enzima-substrato; e P, ao produto da reação.

$$E + S \rightleftharpoons EP \rightleftharpoons E + P \qquad \qquad \textit{Equação 1}$$

Quando toda a enzima está saturada com substrato, ou seja, a concentração do complexo ES é a maior possível, a velocidade da reação catalisada por uma enzima é máxima, e a adição de mais substrato não resulta em aumento da velocidade na mesma proporção. Portanto, o estabelecimento do complexo ES é uma etapa limitante do processo e o fato de ser necessária a sua formação antes da conversão do substrato em produto resulta em uma relação hiperbólica entre a velocidade da reação e a quantidade de substrato disponível, de acordo com o esquema abaixo (Figura 5.2).

Em tempos de reação muito curtos, próximos a zero, mas em condições de equilíbrio em que a velocidade de formação do complexo ES corresponde à sua velocidade de desaparecimento, a velocidade global da reação, tratada como velocidade inicial (V_0), pode ser definida pela equação de Michaelis-Menten (Equação 2), que expressa essa relação hiperbólica entre a velocidade e a concentração de substrato.

$$V_0 = \frac{V_{max}[S]}{K_m + S} \qquad \qquad \textit{Equação 2}$$

Dessa equação surgem dois importantes parâmetros, a $V_{máx.}$ e a K_m, que são característicos de cada enzima e podem ser de utilidade para prever e controlar o progresso de uma reação enzimática (Figura 5.3). A $V_{máx.}$ corresponde à máxima velocidade com que a reação de catálise pode se processar em condições ótimas. Isso implica dizer que as reações catalisadas por enzimas, ainda que sejam extremamente eficientes e específicas, apresentam um máximo, além do qual a adição de moléculas de substrato não resulta na formação adicional de produto de maneira proporcional. Desse modo, a $V_{máx.}$ é dependente da concentração de enzima e, portanto, seu valor muda com a quantidade de enzima ativa presente.

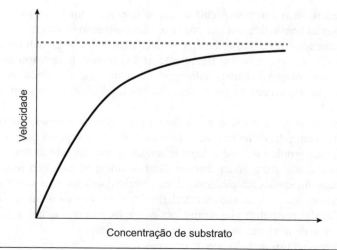

Figura 5.2 Representação esquemática da velocidade de uma reação enzimática em função da concentração do substrato.

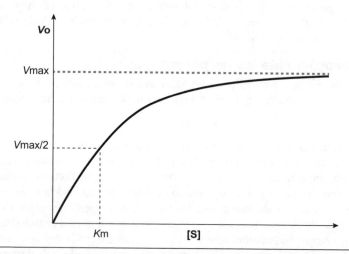

Figura 5.3 Representação esquemática da velocidade de uma reação enzimática em função da concentração do substrato [S], mostrando a velocidade máxima ($V_{máx}$) e a constante de Michaelis-Menten (K_m), concentração de substrato na qual se alcança metade da velocidade máxima.

Outro parâmetro cinético importante é a K_m, que corresponde à concentração de substrato em que se alcança a metade da velocidade máxima da reação. Se forem comparadas em igualdade de condições duas enzimas que catalisam a mesma reação e uma delas apresenta menor K_m que a outra, isso significa que a de menor K_m tem maior afinidade pelo substrato, pois é capaz de alcançar a máxima velocidade com menor concentração deste.

Os parâmetros $V_{máx}$ e K_m são características importantes de uma enzima e seu conhecimento pode ser de interesse no estudo e caracterização de uma enzima implicada em processo deteriorativo ou de uso industrial. Os valores de $V_{máx}$ e K_m podem ser determinados a partir da equação de Michaelis-Menten, mas em condições experimentais eles podem ser mais facilmente obtidos pelo método de Lineweaver-Burk (Equação 3), que pela transformação desses dados em valores

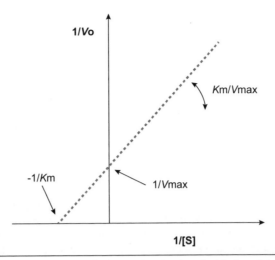

Figura 5.4 Representação esquemática da determinação da velocidade máxima ($V_{máx}$) e da constante de Michaelis-Menten (K_m), a partir da equação de Lineweaver-Burk.

recíprocos, ou seja, 1/V e 1/S, estabelece uma relação linear entre essas variáveis (Figura 5.4). Portanto, o valor da K_m corresponde ao inverso do valor em que a reta intercepta o eixo 1/S, da mesma forma que a $V_{máx}$ pode ser obtida a partir do valor da intersecção com o eixo y.

$$1/V_0 = \frac{K_m}{V_{max}[S]} + 1/V_{max} \qquad \textit{Equação 3}$$

Uma vantagem do método de Lineweaver-Burk é que não é necessário realizar o ensaio de determinação da velocidade da reação em concentrações muito elevadas de substrato, pois pode haver limitações experimentais para o uso de grandes quantidades, ou a enzima pode exibir comportamento anômalo nessas condições. É importante destacar que nem todas as enzimas seguem a cinética de Michaelis-Menten, sendo este o modelo clássico e mais simples de apresentação da cinética enzimática. Enzimas que catalisam reações envolvendo mais de um substrato, por exemplo, podem apresentar comportamentos que seriam mais bem explicados por outros modelos matemáticos.

Principais fatores que afetam a atividade enzimática

Na ausência de uma enzima, as condições favoráveis à ocorrência da reação química teriam probabilidade muito baixa de existir, ou exigiriam o fornecimento adicional de energia ao sistema. No entanto, mesmo quando a enzima está presente, a reação catalisada pode se processar a taxas variáveis, ou seja, há fatores que podem afetar a velocidade de consumo dos reagentes ou de formação dos produtos.

O conhecimento a respeito do progresso da reação catalisada por uma enzima, ou a possibilidade de prever seu andamento, é uma condição importante na área de alimentos. Quando se empregam enzimas exógenas para a modificação de alimentos ou matérias-primas, esse conhecimento é crítico para se alcançar maior eficiência e redução de custos. Do mesmo modo, a velocidade de processos deteriorativos mediados por enzimas pode ser prevista, sendo útil para a tomada de medidas visando o seu controle.

O andamento de uma reação enzimática é dependente de vários fatores, inclusive ambientais. A concentração de enzima no tecido ou meio reacional é o elemento mais óbvio a contribuir para a reação, pois é de se esperar que quanto maior a quantidade presente mais rapidamente poderá ocorrer a conversão do substrato em produto. Portanto, há uma relação linear e diretamente proporcional entre a quantidade de enzima presente e a velocidade da reação. Como mencionado anteriormente, a concentração de enzima está diretamente relacionada com a $V_{máx.}$ da reação.

No entanto, podem existir condições que diminuem essa proporcionalidade entre a concentração de enzima e a velocidade da reação, como, por exemplo, a remoção de um cofator, a presença de um inibidor ou existirem limitações quanto à disponibilidade de substrato, seja pela baixa concentração, seja pela baixa solubilidade. Além disso, condições ambientais, como a temperatura e o pH, podem afetar bastante a reação enzimática, mesmo quando as concentrações de enzimas e reagentes são ideais. Desse modo, é oportuno discutir alguns dos principais fatores capazes de afetar a atividade das enzimas.

Disponibilidade de substrato

A limitação de substrato, fazendo com que nem toda a enzima disponível esteja saturada ou encontre quantidades suficientes de substrato para interagir, é um fator crítico para o andamento da reação enzimática. Em geral, concentrações de substrato muito acima da K_m da enzima são suficientes para fazer com que a reação enzimática ocorra à $V_{máx.}$. No entanto, desvios podem ocorrer, com a observação de atividade enzimática maior ou menor do que o previsto, em razão de excesso de substrato.

Em algumas situações, pode haver também diminuição significativa da velocidade da reação em concentrações elevadas do substrato, devido à inibição da enzima por ligação de uma segunda molécula de substrato em um sítio regulatório que não o catalítico. Do mesmo modo, podem existir enzimas em que a ligação de uma segunda molécula de substrato a um sítio regulatório promova um efeito positivo, resultando na ativação enzimática (Figura 5.5).

Um exemplo de regulação da atividade pela concentração de substrato são as enzimas alostéricas, que podem ser positiva ou negativamente afetadas. Essas enzimas apresentam um comportamento que diverge do previsto pela equação de Michaelis-Menten, em que a relação da velocidade com a concentração do substrato não é hiperbólica, mas sigmoidal (Figura 5.6).

Esse efeito resulta do fato de essas enzimas serem constituídas de subunidades, cada uma com seu sítio de ligação do substrato, mas que apresentam efeito cooperativo, ou seja, a interação da molécula com a primeira subunidade afeta a interação da segunda com uma nova molécula, e assim por diante. Disso pode resultar um efeito de ativação, ou de inibição, crescente com o aumento da concentração do substrato. Na maioria das vezes, as enzimas alostéricas são enzimas

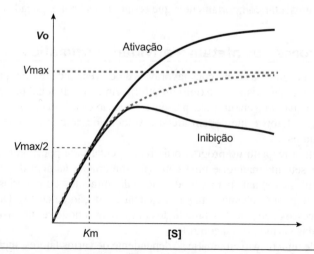

Figura 5.5 Representação esquemática da velocidade de uma reação enzimática em função da concentração do substrato [S], mostrando a ocorrência de inibição ou ativação pelo substrato.

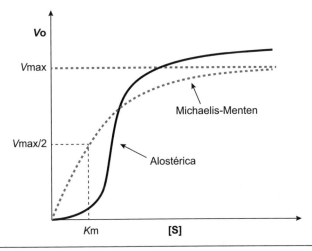

Figura 5.6 Representação esquemática da velocidade de uma reação enzimática em função da concentração do substrato [S] para uma enzima que segue a cinética de Michaelis-Menten e uma enzima com ativação alostérica pelo substrato.

regulatórias de etapas bioquímicas importantes, e essa característica faz com que elas sejam extremamente sensíveis a pequenas concentrações de substrato.

Inibidores

Inibidores são moléculas que interagem com as enzimas e afetam negativamente sua atividade catalítica. Compostos de natureza química diversa, de pequenas moléculas a macromoléculas, podem atuar como inibidores de enzimas e com frequência estão presentes nos alimentos.

Alguns são específicos para determinadas enzimas, como os inibidores proteicos de α-amilase e de tripsina encontrados nas sementes de leguminosas, enquanto outros atuam de modo inespecífico, como compostos fenólicos ou quelantes, que podem interagir de modo não seletivo com proteínas ou diminuir a disponibilidade de cofatores.

Os inibidores também podem ser do tipo reversível ou irreversível, e este último tipo interage fortemente com as enzimas, frequentemente por ligação covalente, não sendo possível a dissociação do complexo enzima-inibidor (EI). Por outro lado, os inibidores reversíveis, ainda que possam ser extremamente potentes, têm como característica o fato de sua interação poder ser desfeita, por exemplo, pela diluição do meio de reação.

A inibição reversível ocorre como resultado de um equilíbrio entre a interação da enzima com o inibidor e sua forma livre, ou seja, a formação do complexo EI é governada por uma constante, denominada inibição (K_i), que revela o grau de afinidade da interação. Quanto menor a constante, maior é a concentração de inibidor complexado em relação à forma livre, e, portanto, mais eficiente é o inibidor.

A natureza da interação dos inibidores reversíveis com as enzimas possibilita dividi-los em três categorias principais: inibidores competitivos, não competitivos e acompetitivos. Esses inibidores apresentam efeitos marcantes sobre o progresso das reações, sendo possível diferenciá-los com base nas mudanças causadas no aspecto das curvas de velocidade inicial.

Inibidores competitivos

Os inibidores competitivos são caracterizados por interagir com o sítio ativo, competindo assim com o substrato pela ligação com a enzima. Em razão desse tipo de ligação, a interação competitiva pode ser desfeita em concentrações elevadas de substrato, de modo que a probabilidade de interação dessa molécula com o sítio ativo da enzima supere com larga vantagem a do inibidor. Como consequência, a velocidade máxima da reação catalisada por uma enzima pode ser alcançada mesmo na presença desse tipo de inibidor, mas à custa de mais substrato.

Quando o progresso da reação catalítica é avaliado com base na curva que relaciona a velocidade com a concentração do substrato, esse efeito fica evidente pela mudança da K_m aparente da enzima, sem haver, no entanto, alteração da $V_{máx.}$ (Figura 5.7). No caso do gráfico de Lineweaver-Burk, a mudança fica evidenciada por uma alteração na inclinação da reta, com novo ponto de intersecção do eixo x.

Inibidores não competitivos

Como o próprio nome indica, esse tipo de inibidor liga-se à enzima sem competir com o substrato, podendo interagir simultaneamente, de maneira independente. Pelo fato de o inibidor se ligar a outro sítio que não o catalítico, a interação pode ocorrer tanto com a enzima livre como com o complexo ES.

Uma vez que não há qualquer perturbação na interação da enzima com o substrato, o efeito do inibidor não competitivo não fica aparente pela K_m, mas pela $V_{máx.}$ (Figura 5.8). Portanto, no gráfico dos recíprocos ocorre uma mudança na inclinação da reta, com novo intercepto no eixo de $1/V_0$.

A presença desse inibidor diminui a quantidade de enzima disponível para a catálise, não sendo possível reverter seu efeito pela adição de mais substrato.

Inibidores acompetitivos

Esse é um tipo menos frequente de inibidor que apresenta a característica de se ligar apenas ao complexo ES. Consequentemente, não há interação com a enzima livre, mas uma dependência da presença do substrato. Nesse caso, o efeito é percebido no gráfico de Lineweaver-Burk pela manutenção da inclinação da reta e alteração das intersecções dos eixos de $1/V_0$ e $1/K_m$ (Figura 5.9).

Efeitos do pH

A concentração hidrogeniônica do meio, indicada pelo valor de pH, tem efeitos marcantes sobre a atividade das enzimas como consequência, sobretudo, da alteração no estado dos grupos ionizáveis das cadeias laterais dos resíduos de aminoácidos que compõem o polipeptídeo.

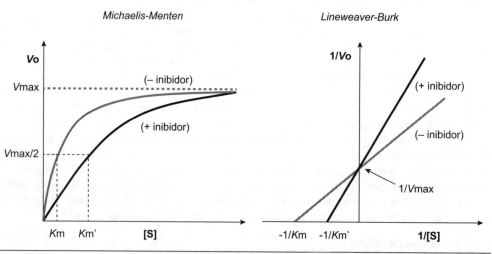

Figura 5.7 Representação esquemática da velocidade de uma reação enzimática em função da concentração do substrato [S], em presença ou ausência de um inibidor "competitivo", apresentada pelos gráficos de Michaelis-Menten e de Lineweaver-Burk.

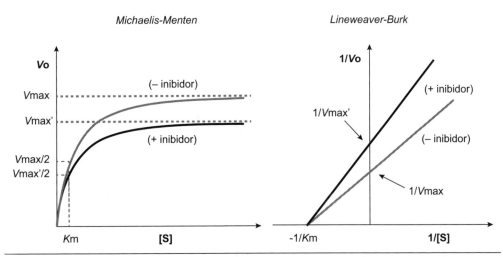

Figura 5.8 Representação esquemática da velocidade de uma reação enzimática em função da concentração do substrato [S], em presença ou ausência de um inibidor "não competitivo", apresentada pelos gráfico de Michaelis-Menten e de Lineweaver-Burk.

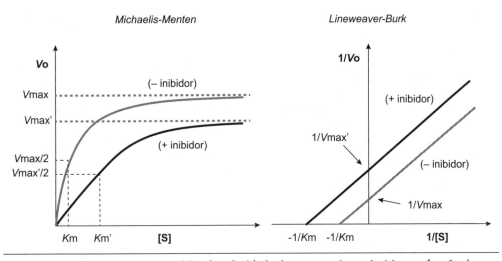

Figura 5.9 Representação esquemática da velocidade de uma reação enzimática em função da concentração do substrato [S], em presença ou ausência de um inibidor "acompetitivo", apresentada pelos gráficos de Michaelis-Menten e de Lineweaver-Burk.

As mudanças na ionização de grupos podem resultar em mudanças conformacionais que diminuem a eficiência de catálise, podendo levar, em última instância, à desnaturação irreversível da enzima. Além disso, independentemente da extensão das mudanças de conformação promovidas pelo pH, a função catalítica do sítio ativo pode depender da presença de grupos ionizáveis específicos, bastante sensíveis a mudanças discretas na concentração de prótons no meio reacional.

Dessas observações dos efeitos do pH sobre as enzimas, pode-se depreender a existência de duas características desses catalisadores biológicos. Primeiro, as enzimas não são estáveis ou mantêm sua conformação adequada em todos os valores de pH, mas toleram uma pequena variação que define a faixa de pH de estabilidade. A segunda característica importante é que uma

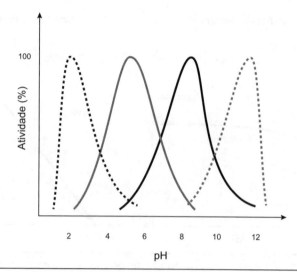

Figura 5.10 Representação esquemática do efeito do pH sobre a atividade de quatro enzimas hipotéticas.

enzima tem um valor de pH ótimo para a atividade, no qual exibe máxima eficiência de conversão de substrato em produto. Na Figura 5.10 são apresentadas curvas de atividade de enzimas hipotéticas em função do pH.

A tolerância das enzimas às variações de pH varia bastante, mas grande parte apresenta maior estabilidade e poder de catálise numa faixa intermediária próxima da neutralidade. No entanto, existem aquelas que resistem e atuam em condições mais extremas, em meios fortemente ácidos ou alcalinos, como ocorre com as enzimas encontradas nos sucos digestivos de animais.

Os efeitos do pH sobre as enzimas podem ser evidenciados pelo formato de sino que, na maioria das vezes, as curvas que relacionam a atividade com a faixa de pH exibem. Fica evidente pelo formato da curva que há um valor de pH em que a atividade é máxima, diminuindo significativamente em direção aos extremos como reflexo de mudanças conformacionais e na ionização de grupos presentes no sítio ativo. É importante destacar que os efeitos do pH sobre as enzimas podem ser significativamente afetados pela presença de outros elementos, como, por exemplo, substrato, cofatores, sais etc., fazendo com que a sensibilidade seja aumentada ou diminuída.

Efeitos da temperatura

Assim como o pH, a temperatura tem ação marcante sobre as reações enzimáticas. Isso resulta de múltiplos efeitos que envolvem a energia de ativação para conversão de substratos em produtos, desnaturação da enzima, ionização de grupos, solubilidade do substrato etc.

Independentemente da multiplicidade de efeitos que explicam sua ação, o fato é que a temperatura é um parâmetro extremamente eficiente para o controle da atividade enzimática e, portanto, para a conservação dos alimentos e modificação de matérias-primas. O armazenamento a baixas temperaturas assim como o tratamento a temperaturas elevadas são bastante eficazes para retardar processos enzimáticos deteriorativos.

Diante da importância da temperatura para o controle da atividade de enzimas em alimentos e matérias-primas, é oportuno discutir mais detalhadamente alguns aspectos dessa relação.

Estabilidade térmica

Enzimas são proteínas e, portanto, constituídas de cadeias polipeptídicas que podem assumir níveis de organização estrutural secundário, terciário e quaternário (Capítulo 4). Isso possibilita

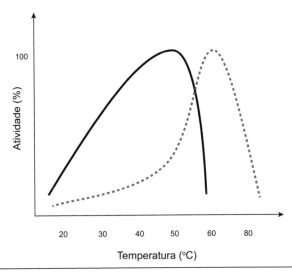

Figura 5.11 Representação esquemática do efeito da temperatura sobre a atividade de duas enzimas hipotéticas, com diferentes estabilidades térmicas.

conformações propícias à catálise enzimática, mas também sujeita as enzimas aos efeitos da desnaturação térmica. O aumento da temperatura afeta as ligações intra e intermoleculares que estabilizam a estrutura proteica, induzindo modificações conformacionais que podem ser incompatíveis com a ação catalítica (Figura 5.11). Levadas a um nível mais extremo pelo uso de temperaturas mais elevadas, essas alterações podem ser irreversíveis e promover a desnaturação da enzima.

Portanto, as enzimas são geralmente estáveis a temperaturas mais baixas e desnaturadas pelo processamento térmico. A sensibilidade das enzimas à temperatura varia, mas normalmente as de maior tamanho e também aquelas constituídas de subunidades são mais sensíveis. Do mesmo modo, aquelas presentes em preparações mais puras ou menos complexas podem ser mais afetadas, como consequência da ausência de cofatores, substratos ou outras macromoléculas que podem ter efeito estabilizador da estrutura enzimática.

O conhecimento a respeito da estabilidade térmica das enzimas é importante em processos de conservação de alimentos. Saber as condições necessárias para promover a desnaturação de enzimas deteriorativas é essencial não só para garantir a eficiência do processamento térmico mas também para minimizar as consequências negativas do aquecimento sobre o valor nutricional e características físico-químicas dos alimentos.

Nesse contexto, conhecer o progresso da desnaturação térmica das enzimas é importante. O fato de seguir uma cinética de primeira ordem, na qual a progressão da desnaturação independe da concentração inicial do reagente, ou seja, da enzima presente, torna possível conhecer a taxa ou constante de desnaturação em uma determinada temperatura. Com isso, pode-se chegar ao cálculo de valores de meia-vida para uma enzima a uma dada temperatura, ou ao valor D, que representa o tempo de incubação necessário para promover redução de 90% nos níveis de atividade.

De tal modo, se o valor D de uma enzima a 60 °C for igual a 10 minutos, isso significa dizer que após dez minutos de incubação a essa temperatura a atividade remanescente será 10% da inicial, ao final do vigésimo minuto será de 1%, ao final do trigésimo será 0,1%, e assim por diante (Figura 5.12). Por outro lado, se a 100 °C o valor D for igual a 1 minuto, após esse tempo de incubação a essa temperatura a atividade remanescente será 10% da inicial, ao final do segundo minuto será de 1%, ao final do terceiro será 0,1%, e assim sucessivamente. O conhecimento do valor D possibilita definir com precisão o tempo necessário para alcançar o efeito desejado ou o mais baixo nível de atividade aceitável para obter a conservação do alimento.

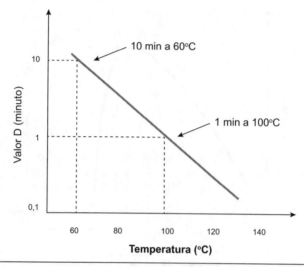

Figura 5.12 Representação esquemática da desnaturação térmica de enzimas a 90% de desnaturação (Valor D).

Temperatura ótima

Como as demais reações químicas, aquelas catalisadas por enzimas também são afetadas pela temperatura. No entanto, essa relação não é linear, havendo uma temperatura ótima, na qual existe um máximo de dependência da atividade enzimática em relação à temperatura.

A existência de uma temperatura em que a eficiência catalítica de uma enzima é máxima, com a maior taxa de conversão de substrato em produto por unidade de tempo, é resultado da combinação de dois efeitos opostos da temperatura.

À baixa temperatura, um incremento de temperatura estimula a atividade enzimática por fornecer a energia de ativação necessária ao processo. Isso ocorre até se alcançar a temperatura ótima de catálise, a partir da qual a atividade começa a diminuir como consequência da inativação da enzima. Como discutido anteriormente, o aumento da temperatura induz modificações conformacionais que prejudicam a ação catalítica e podem resultar na desnaturação da enzima.

Saber a temperatura em que se obtém a máxima ação de uma enzima é de extrema importância tanto em processos tecnológicos de modificação de matérias-primas alimentares quanto de conservação. Se no primeiro caso isso deve ser buscado para que se obtenha a maior eficiência, no segundo é uma condição que deve ser evitada, a fim de minimizar a deterioração de natureza enzimática.

Efeitos da atividade de água

As enzimas normalmente atuam em meio aquoso e, portanto, pode-se esperar uma dependência entre a atividade enzimática e a disponibilidade de água. Enzimas que atuam em interfaces lipídicas, como aquelas presentes em membranas celulares ou matrizes lipídicas, são menos sensíveis, mas ainda assim são afetadas pela atividade de água.

Há correlação positiva entre a atividade de água e a enzimática, ou seja, a maior disponibilidade de água no meio favorece a catálise. Isso pode ser explicado tanto pela completa hidratação da molécula de enzima, favorecendo sua conformação nativa, como pelos efeitos sobre o substrato, inclusive de facilidade de difusão deste no meio reacional e de acesso ao sítio ativo da enzima.

A sensibilidade das enzimas à atividade de água varia, mas para que a atividade enzimática seja totalmente suprimida é necessário, na maioria das vezes, que a atividade de água seja diminuída para níveis muito baixos, bastante próximos da monocamada de hidratação (Capítulo 1).

Portanto, processos de remoção da água para conservação de alimentos podem ser bastante eficientes em diminuir as taxas de deterioração de causa enzimática. No entanto, é importante que a remoção de água se dê até esse nível crítico, caso contrário poderá haver um efeito de concentração de substrato e de enzima que pode favorecer a ocorrência da reação.

De mesmo modo ao que foi dito para a secagem, o congelamento, como forma de minimizar a ação deteriorante de enzimas, também deve ser entendido por seus efeitos em relação ao tipo de água presente na matriz do alimento (Capítulo 1). Não obstante o efeito geral negativo do congelamento para o progresso das reações químicas e enzimáticas, a formação de gelo e a crescente deposição de moléculas de água na estrutura dos cristais promove um efeito de concentração dos solutos na fase aquosa ainda não congelada, na qual podem ficar concentradas enzimas e seus substratos, favorecendo a ocorrência de reações.

Isso é especialmente verdadeiro à temperatura de congelamento ou um pouco abaixo, em que apesar da formação de gelo ainda há considerável parcela de fase aquosa, mesmo que não percebida como líquida. Nesse caso, o efeito positivo da concentração dos reagentes se contrapõe ao efeito negativo da baixa temperatura. Portanto, para que se alcance máxima inibição da atividade enzimática, é importante que o armazenamento se dê abaixo da temperatura de transição vítrea, na qual a mobilidade molecular é mínima e, portanto, não ocorre a difusão do substrato e da enzima no meio.

Uso de enzimas exógenas para a modificação de matérias-primas alimentares

Enzimas que atuam sobre carboidratos

Os carboidratos são abundantes, baratos e representam uma parcela expressiva das matérias-primas alimentares, havendo um grande número de enzimas que são empregadas para promover modificações de propriedades físico-químicas de importância tecnológica, organoléptica ou nutricional.

As enzimas empregadas na modificação de carboidratos são hidrolases, e ainda que muitas delas estejam naturalmente presentes nos tecidos vegetais, elas são obtidas principalmente de micro-organismos. Algumas das principais enzimas dessa classe são as amilolíticas, as que atuam sobre alguns açúcares e aquelas que agem sobre as pectinas, apresentadas mais detalhadamente a seguir.

Enzimas amilolíticas: α-amilase, β-amilase e glicoamilase

O amido é um polissacarídeo abundante, de importância nutricional e tecnológica, contribuindo com parte expressiva das calorias da dieta humana e sendo amplamente utilizado na indústria por suas propriedades físico-químicas, que possibilitam a formulação de géis, pastas, soluções viscosas e o uso como espessante, para dar corpo aos alimentos (Capítulo 2). Além disso, o amido é um componente importante de matérias-primas da indústria cervejeira e de panificação, fazendo com que as modificações enzimáticas desse polissacarídeo sejam de interesse para a produção de pães, massas, biscoitos e cervejas.

As modificações enzimáticas do amido são efetuadas com a finalidade principal de obter dextrinas de diferentes graus de polimerização e xaropes com poder edulcorante, de acordo com o tipo de enzima e da extensão da atividade degradativa.

As α-amilase e β-amilase são duas importantes enzimas amilolíticas que se diferenciam pelo tipo de ação sobre as cadeias do amido e os produtos formados. São obtidas sobretudo de bactérias e leveduras, mas estão presentes também no malte ou em cereais maltados.

A α-amilase (EC 3.2.1.1) apresenta atividade do tipo "endo-hidrolítica", ou seja, ataca o substrato aleatoriamente em posições internas da molécula, com manutenção da configuração anomérica do carbono da extremidade. Portanto, ao atacar as ligações glicosídicas do tipo $\alpha\text{-}1\rightarrow4$, a extremidade redutora da cadeia liberada mantém a configuração axial do grupo OH. Essa enzima apresenta termoestabilidade variada e depende da presença de Ca^{2+} para atividade, produzindo como resultados de hidrólise dextrinas-limite com ramificações α-1$\rightarrow$6 e dextrinas ou oligossacarídeos unidos por ligações α-1$\rightarrow$4 de diferentes graus de polimerização, podendo chegar ao dissacarídeo α-maltose.

A β-amilase (EC 3.2.1.2) é uma enzima com ação do tipo "exo-hidrolítica", ou seja, atua sobre as ligações do tipo α-1$\rightarrow$4 a partir da extremidade não redutora das cadeias polissacarídicas, com inversão da configuração anomérica do grupo, liberando duas unidades glicosídicas. Como consequência, sua ação resulta na produção de β-maltose e a permanência de dextrinas de alto grau de polimerização com ramificações do tipo α-1$\rightarrow$6 nas extremidades. No caso da enzima microbiana glicoamilase ou amiloglicosidase (EC 3.2.1.3) também ocorre ação do tipo exo-hidrolítica sobre as ligações α-1$\rightarrow$4, a partir das extremidades não redutoras das cadeias de amilose e de amilopectina. Contudo, diferentemente da β-amilase, o produto liberado é a β-glicose e, além disso, essa enzima apresenta também atividade contra as ligações do tipo α-1$\rightarrow$6. Como resultado da ação sobre os dois tipos de ligação glicosídica presentes no amido, a glicoamilase pode levar à completa despolimerização do amido, com produção unicamente de glicose.

Invertase e lactase

A enzima β-D-frutofuranosidase (EC 3.2.1.26), ou invertase, promove a chamada inversão da sacarose. Esse processo vem a ser a completa hidrólise desse dissacarídeo, com a formação de uma mistura dos monossacarídeos glicose e frutose, em iguais proporções, resultando na inversão da rotação óptica da solução. Enquanto a sacarose causa um desvio negativo da luz polarizada, a mistura de glicose e frutose, resultante da ação da invertase, resulta num ângulo de desvio positivo. O açúcar invertido tem aplicação na fabricação de doces pelo fato de ter maior solubilidade e poder adoçante do que a sacarose.

A lactase ou β-D-galactosidase (EC 3.2.1.23) de origem fúngica ou de leveduras tem grande aplicação na indústria de laticínios, para obtenção de leite com baixos teores de lactose ou para diminuir a formação de cristais de lactose em sorvetes. A produção do leite com baixo teor de lactose visa a compensar a dificuldade que alguns indivíduos jovens ou adultos têm para digerir esse açúcar em função da deficiência na produção da lactase digestiva, levando a um quadro de intolerância à lactose, com sintomas de diarreia e gases. O prévio tratamento do leite com a lactase microbiana converte o dissacarídeo em seus monômeros glicose e galactose, que podem ser prontamente absorvidos pelos indivíduos intolerantes à lactose.

Enzimas pécticas

Essas enzimas atuam sobre as pectinas, que são polissacarídeos encontrados na lamela média e parede celular dos vegetais, constituídos de unidades de ácido galacturônico com diferentes graus de esterificação. As cadeias desse polissacarídeo podem se apresentar negativamente carregadas e originar soluções viscosas e géis ou, ainda, contribuir para a formação de partículas e agregados com participação de outras macromoléculas (Capítulo 2).

As enzimas pécticas são importantes na produção de derivados de frutas e vegetais, sobretudo na indústria de sucos, pelo fato de facilitar a extração, promover clarificação e diminuir a formação de agregados. Esses efeitos são obtidos pela diminuição do tamanho das cadeias polissacarídicas ou pela desesterificação dos grupos metoxilados. As principais enzimas que atuam sobre as pectinas são as poligalacturonases, as pectatoliases e as pectinesterases.

As poligalacturonases (EC 3.2.15) são enzimas endo-hidrolíticas que atuam quebrando as ligações glicosídicas entre as unidades galactourônicas das pectinas. Ainda que existam formas "exo", as que atuam internamente às cadeias promovem efeitos mais marcantes sobre as pectinas e, consequentemente, sobre a viscosidade das soluções e a capacidade de formação de géis. As pectatoliases (EC 4.2.2.2) também promovem despolimerização das pectinas, contudo, têm ação do tipo liase, em que não há participação de moléculas de água na quebra das ligações.

Enfim, as pectinesterases (EC 3.1.1.11) hidrolisam as ligações éster das unidades galacturônicas das pectinas, dando origem a grupamentos do tipo ácido carboxílico que podem se apresentar desprotonados. Portanto, a ação dessa enzima modifica as cargas da cadeia polissacarídica, favorecendo a ocorrência de interações iônicas, o que pode ser interessante ou prejudicial dependendo da situação. Na formulação de géis com cálcio ou na produção de vegetais em conserva isso pode ser benéfico por conferir maior firmeza. Por outro lado, pelo fato de facilitar a interação com outras macromoléculas com carga positiva, como proteínas, pode favorecer a formação de agregados que levam à turbidez de sucos de fruta, por exemplo, ou dificultam a extração de sucos.

Enzimas que atuam sobre lipídeos

Lipases (EC 3.1.1.3) e lipoxigenases (EC 1.13.11.12) são os principais tipos de enzimas de uso tecnológico com a finalidade de modificar lipídeos de alimentos e matérias-primas. São enzimas mais aptas a atuar na interface água-lipídeo, em razão da natureza de seus substratos. Embora frequentemente associadas a processos degradativos, são empregadas na indústria com a finalidade específica de melhorar atributos sensoriais dos alimentos, como o sabor e a cor.

Lipases

As lipases promovem a hidrólise da ligação éster de triacilgliceróis, liberando ácidos graxos. Apresentam seletividade para o grupo acil-esterificado, com relação ao tamanho da cadeia e posição relativa, bem como quanto ao número de esterificações do glicerol, dentre outras características.

As lipases microbianas são utilizadas na indústria de laticínios para modificar o sabor de queijos pela liberação de ácidos graxos de cadeia curta, e também na panificação, melhorando as características da massa e diminuindo a retrogradação das cadeias do amido. A liberação de mono- e diacilgliceróis facilita a incorporação de ar e o crescimento da massa e interage com a amilose, retardando a reassociação das cadeias do polissacarídeo e, portanto, a retrogradação.

Lipoxigenases

Essas enzimas catalisam a oxidação de ácidos graxos insaturados a mono-hidroperóxidos, principalmente ácidos linolênico e linoleico, que contêm o sistema 1-*cis*,4-*cis*-pentadieno. Esses monoperóxidos podem sofrer decomposição e iniciar reações em cadeia com formação de compostos secundários.

As lipoxigenases podem ser específicas ou não quanto à posição de adição do oxigênio molecular na cadeia do ácido graxo. As lipoxigenases não-específicas ocorrem em abundância em sementes de leguminosas como a soja, justificando o uso da farinha dessa oleaginosa na indústria de panificação.

A farinha de soja pode ser empregada como melhorador ou branqueador de farinha de trigo, em consequência da ação das lipoxigenases endógenas. A atividade das lipoxigenases sobre os lipídeos da farinha leva à formação de espécies químicas oxidantes, que afetam as pontes dissulfeto das proteínas do glúten, alterando as propriedades viscoelásticas da massa. Por outro lado, a ação oxidante introduzida pela farinha de soja promove a oxidação de pigmentos que podem estar presentes na farinha de trigo, como carotenóides ou clorofila, tornando a farinha branca e a massa mais clara.

Enzimas que atuam sobre proteínas

Com relação à aplicação tecnológica, dois tipos de enzimas que atuam sobre proteínas merecem comentários por promover efeitos antagônicos sobre esses substratos. As peptidases diminuem o tamanho das cadeias peptídicas, enquanto as transglutaminases estabelecem ligações intermoleculares, resultando em compostos de maior tamanho.

Peptidases

As enzimas que hidrolisam as ligações peptídicas entre os resíduos de aminoácidos podem ser classificadas em exopeptidases e proteases. As exopeptidases promovem a liberação de aminoácidos ou dipeptídeos a partir da extremidade da cadeia, configurando uma atividade do tipo exo-hidrolítica. Em contraposição, as proteases são endopeptidases, agindo sobre as ligações peptídicas internas da cadeia peptídica.

A renina ou quimosina é um exemplo clássico de endopeptidase largamente utilizada na indústria de laticínios para a fabricação de queijos. Originalmente extraída do estômago de bezerros, hoje em dia essa enzima é de origem recombinante. Ao promover a hidrólise específica da κ-caseína do leite, essa enzima desestabiliza as micelas, levando à formação de um coágulo empregado na fabricação do queijo.

Outro exemplo de uso de proteases na indústria alimentícia diz respeito ao tratamento de carnes ou derivados com a finalidade de modificar a firmeza ou textura. Carnes expostas à papaína, bromelina e ficina, que são extraídas de mamoeiro, abacaxizeiro e figueira, respectivamente, podem se tornar extremamente macias após breve tratamento com essas proteases.

As proteases também podem ser utilizadas na indústria cervejeira como forma de impedir a ocorrência da turbidez da bebida causada pelo frio. A turbidez se deve à diminuição da solubilidade das proteínas induzida pela baixa temperatura, com formação de aglomerados proteicos e outros componentes da cerveja. A ação controlada das proteases vegetais sobre as proteínas diminui a agregação e mantém a bebida com aspecto límpido sob refrigeração.

Transglutaminases

As transglutaminases são enzimas que catalisam a transferência de acil-grupos de aminas primárias (grupo doador) para o grupo carboxiamida da glutamina (grupo aceptor). Como consequência, quando os grupos acima tomam parte em peptídeos, pode haver o estabelecimento de ligações cruzadas entre as cadeias.

Essas ligações cruzadas possibilitam o estabelecimento de uma rede de ligações intermoleculares, que é favorável ao estabelecimento de géis proteicos mais estáveis. Por esse motivo, as transglutaminases podem ser empregadas na indústria cárnea para a formulação de embutidos, na indústria de laticínios para o preparo de queijos e iogurtes e também na panificação, para fortalecimento da massa.

Controle da atividade de enzimas endógenas

Como mencionado na introdução deste capítulo, pelo fato dos alimentos serem essencialmente originados de organismos vegetais ou animais, as enzimas fazem parte naturalmente das matérias-primas alimentares, mantendo quase sempre a sua atividade catalítica. Portanto, elas podem promover a catálise de reações fora do contexto da homeostase dos tecidos de origem, levando a consequências desejáveis ou indesejáveis nos alimentos.

O processo de amadurecimento das frutas é um típico exemplo em que as alterações físico-químicas observadas resultam da ação orquestrada de várias enzimas em um tecido vegetal que se mantém vivo mesmo após a colheita (Capítulo 12). Em contraste, ocorre perda da homeostase no tecido muscular após o abate de animais, mas isso não impede que as proteases endógenas atuem sobre as proteínas das miofibrinas, contribuindo para a reversão do *rigor mortis* (Capítulo 13)

Esses são exemplos de processos decorrentes da ação de enzimas endógenas, mas que, em razão da complexidade, foram discutidos em mais detalhes nos Capítulos 12 e 13. No entanto, algumas enzimas são capazes de promover alterações significativas mesmo em matérias-primas que já passaram por algum processo visando à conservação e que, por isso, merecem intervenções visando seu controle como forma de impedir prejuízo para a qualidade.

Exemplos de enzimas desse tipo são as lipoxigenases e as polifenol oxidases. As lipoxigenases foram mencionadas anteriormente por seu uso como agentes melhoradores e branqueadores da farinha de trigo. No entanto, pelo fato de catalisarem a oxidação de ácidos graxos insaturados, levando à formação de hidroperóxidos, elas podem contribuir para a rancificação de alimentos lipídicos, sobretudo sementes de leguminosas oleaginosas, como a soja. Portanto, é de interesse controlar e minimizar sua ação nesses alimentos a fim de impedir a deterioração.

As polifenol oxidases catalisam a formação de produtos que irão resultar em compostos de cor, respondendo pelo processo conhecido como "escurecimento enzimático". Dada a importância desse fenômeno para a qualidade de vários alimentos, é oportuno comentar mais detalhadamente a respeito dessas enzimas e dos meios de controle de sua atividade.

Polifenol oxidases

As polifenol oxidases estão presentes em micro-organismos, tecidos vegetais e animais, sendo encontradas abundantemente em folhas de plantas, casca e polpa de frutas e cogumelos, dentre outros.

Essas enzimas apresentam dois átomos de cobre em seu sítio ativo e são capazes de catalisar a oxidação de difenóis em *o*-quinonas (Figura 5.13). As polifenol oxidases com atividade de catecol oxidase (EC 1.10.3.1) catalisam exclusivamente essa etapa, enquanto as polifenol oxidases com atividade de tirosinases (EC 1.14.18.1) podem catalisar uma primeira reação de hidroxilação ou desidrogenação de monofenóis a *o*-difenóis, seguida da oxidação desses difenóis em *o*-quinonas. Em ambas as reações, a participação do oxigênio molecular presente na atmosfera é essencial, sendo este considerado um co-substrato dessas enzimas.

As *o*-quinonas formadas pela reação das polifenol oxidases não tem cor, mas são extremamente reativas, podendo sofrer reações de condensação entre si e também com outras moléculas, dando origem a compostos poliméricos de cor amarronzada. Portanto, a sucessão de reações sofridas pelas *o*-quinonas é que leva à formação dos pigmentos que justificam a denominação "escurecimento enzimático".

Controle da atividade de polifenol oxidase

O fato de a atividade da polifenol oxidase levar ao desenvolvimento de cor tem impacto profundo na qualidade dos alimentos, uma vez que essa é uma condição determinante para a aceitação ou rejeição dos alimentos. Dependendo do contexto, a reação da polifenol oxidase é desejável, pois a cor amarronzada do alimento representa um de seus atributos de qualidade. Isso é especialmente verdadeiro para folhas de chá, grãos de café e algumas frutas secas, como uvas-passas. Em contraste, a atividade da polifenol oxidase é extremamente deletéria em frutos do mar, cogumelos, vegetais e frutas frescas, ou produtos minimamente processados que são vendidos descascados ou em pedaços.

Dada a importância dessa reação para a qualidade, o conhecimento a respeito dos fatores que a controlam é uma questão importante na área de alimentos. Como discutido anteriormente, o andamento de uma reação enzimática é dependente de vários fatores, inclusive ambientais. Desse modo, é oportuno destacar alguns fatores envolvidos no controle da atividade da polifenol oxidase.

A concentração de enzima no meio reacional, em que existe a possibilidade de interação com o substrato, é o elemento mais óbvio a ser controlado, e pode ser efetivado pela preservação da integridade celular. Enzimas e substratos celulares usualmente estão localizados em compartimentos celulares ou organelas distintas, mas danos físicos causados aos tecidos por corte, compressão, choques mecânicos e outros podem colocar os reagentes em contato. O escurecimento que ocorre em frutas e vegetais submetidos à injúria é resultado da reação da polifenol oxidase sobre os compostos fenólicos presentes no tecido, facilitada ainda pela maior exposição ao oxigênio trazida pelo dano às barreiras celulares e teciduais.

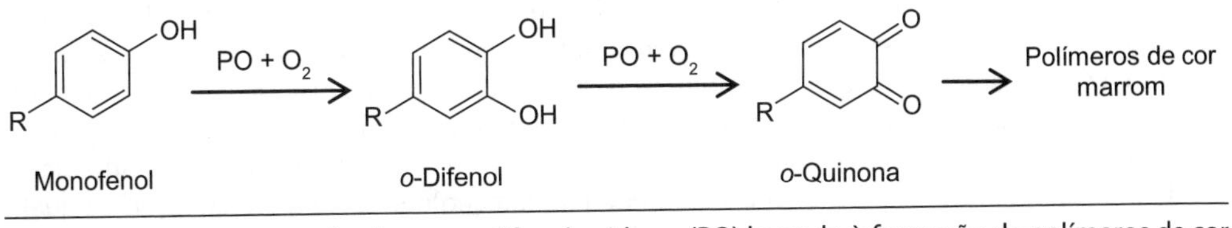

Figura 5.13 Reações catalisadas por polifenol oxidases (PO) levando à formação de polímeros de cor marrom da reação de escurecimento enzimático.

Portanto, ao lado do controle da integridade celular, o acesso do oxigênio também é uma condição importante, e estão frequentemente associadas, uma vez que o dano tecidual favorece a exposição à atmosfera. No entanto, em algumas situações, como no caso de frutas e vegetais minimamente processados, o escurecimento deve ser evitado apesar da óbvia lesão tecidual trazida pela manipulação. Isso pode ser conseguido pela restrição de acesso ao oxigênio, por exemplo, com o uso de filmes plásticos, embalagens com atmosfera modificada, ou pela adição de compostos que de alguma maneira prejudicam a atividade enzimática.

Além da restrição de acesso ao O_2, métodos físicos de conservação, como o controle da temperatura por tratamento térmico ou refrigeração e congelamento, podem ser eficazes. Contudo, podem implicar em alterações de textura e cor incompatíveis com o esperado 'frescor' de alguns produtos. Por esse motivo, outras estratégias de controle da polifenol oxidase podem ser mais apropriadas para impedir o escurecimento enzimático.

A atividade catalítica da polifenol oxidase é dependente da presença de dois átomos de cobre em seu sítio ativo, que devem estar no estado Cu^{2+}. Portanto, a adição de compostos que interagem com esse cofator representa um eficiente modo de inibir a atividade enzimática.

Compostos com ação quelante sobre metais, como o EDTA e ácidos orgânicos dicarboxílicos, como o ácido oxálico, cítrico e málico, são capazes de se ligar aos átomos de cobre e prejudicar a ação catalítica.

A menção aos ácidos orgânicos é oportuna para destacar outra estratégia de controle da atividade e que pode se efetuar de maneira relativamente simples. A adição de acidulantes, como os ácidos orgânicos ascórbico, málico e cítrico, dentre outros, isoladamente ou como componentes de sucos de frutas ácidas, pode causar acidificação suficiente para distanciar o pH do meio reacional do pH ótimo da enzima, ou mesmo promover sua desnaturação.

O ácido ascórbico também pode ser um efetivo inibidor da reação de escurecimento por sua ação como antioxidante, assim como os sulfitos e outros compostos sulfurados ou com grupos tiol. Esses compostos promovem a redução dos produtos das reações catalisadas pela polifenol oxidase, ou seja, a reconversão dos o-difenóis em monofenóis, e de o-quinonas em difenóis. Contudo, pelo fato de esses antioxidantes serem consumidos no processo de redução, sua efetividade é limitada pelas concentrações iniciais, pois poderá haver desenvolvimento de cor caso a atividade da polifenol oxidase permaneça após seu esgotamento.

Não obstante, não é incomum que os agentes redutores também tenham ação negativa diretamente sobre a enzima, levando à sua inativação. A interação dos compostos com os átomos de cobre do sítio ativo pode levar à perda de estabilidade de sua ligação com a cadeia peptídica e consequente remoção da molécula. A perda desses cofatores metálicos resulta na inativação irreversível da polifenol oxidase.

RESUMO

O conhecimento a respeito dos fatores que governam as reações catalisadas por enzimas é tema de extrema relevância para aqueles interessados na composição química dos alimentos, uma vez que da ação enzimática podem resultar alterações diretamente relacionadas com a qualidade sensorial e o valor nutricional dos alimentos. Nesse sentido, o alcance das informações vai do controle das enzimas endógenas implicadas em processos deteriorativos ao uso das enzimas como adjuvantes tecnológicos para a modificação de propriedades de alimentos ou matérias-primas alimentares. O conhecimento sobre as enzimas, seus parâmetros cinéticos e os efeitos de fatores ambientais, adquire importância cada vez maior, sobretudo diante do potencial de uso das ferramentas da moderna biotecnologia para a modificação da qualidade dos alimentos, em que a perspectiva de intervenção reside na manipulação da atividade enzimática endógena ou na obtenção de novas enzimas para uso tecnológico.

? QUESTÕES PARA ESTUDO

5.1. Como as enzimas podem afetar a qualidade das matérias-primas alimentares?

5.2. Como são constituídas as enzimas e o que são cofatores enzimáticos?

5.3. O que difere uma coenzima de um grupo prostético?

5.4. Que fatores tornam as enzimas catalisadores tão eficientes de reações químicas e úteis na indústria de alimentos?

5.5. Como os parâmetros cinéticos $V_{máx.}$ e K_m podem ser de utilidade para prever e controlar o progresso de uma reação enzimática?

5.6. Por que o conhecimento dos fatores que afetam a atividade enzimática é importante para a modificação de alimentos ou matérias-primas?

5.7. Quais os principais fatores que afetam a atividade de enzimas e que podem ser manipulados em condições industriais?

5.8. Quais os tipos de inibidores enzimáticos e como podem ser diferenciados com base nos gráficos de Michaelis-Menten e de Lineweaver-Burk?

5.9. Qual a importância das enzimas amilolíticas para a indústria de alimentos?

5.10. Que efeitos as lipases e lipoxigenases podem ter sobre a qualidade dos alimentos ricos em gorduras?

5.11. Como a atividade de polifenol oxidases endógenas pode ser controlada de modo a impedir o escurecimento de matérias-primas vegetais?

Referências bibliográficas

1. Belitz HD, Grosch W, Schiberle P. Enzymes. In: Food Chemistry. Quarta edição em inglês, revisada e ampliada, Berlin, Garching 2009;93-245.
2. BRENDA (BRaunschweig ENzyme DAtabase, http://www.brenda-enzymes.org) http://www.brenda-enzymes.org
3. Parkin KL. Enzymes. In: Fennema's Food Chemistry. Quarta Edição. Srinivasan Damadoran, Kirk L. Parkin, Owen R. Fennema. CRC Press. 2008.
4. Whitaker JR. Enzymes. In: Food Chemistry. Segunda Edição. Owen R. Fennema. Nova York, Marcel Dekker 1996;431-530.
5. Whitaker JR. Principles of Enzymology for the Food Sciences. Segunda Edição. John R. Whitaker. Nova York. 625. p. 1994.

Sugestões de leitura

Baysal T, Demirdoven A. Lipoxygenase in fruits and vegetables: A review. Enzyme and Microbial Technology 2007;40:491-496.

Bouzas TM, Barros-Velazquez J, Gonzalez VT. Industrial applications of hyperthermophilic enzymes: A review. Protein and Peptide Letters 2006;13:645-651.

Duvetter T, Sila DN, Van Buggenhout S, Jolie R, Van Loey A, Hendrickx M. Pectins. In Processed Fruit and Vegetables: Part I - Stability and Catalytic Activity of Pectinases. Comprehensive Reviews in Food Science and Food safety 2009;8:75-85.

Guzmanmaldonado H; Paredes-Lopez O. Amylolytic enzymes and products derived from starch – A review. Critical Reviews in Food Science and Nutrition 1995;35: 373-403.

Olempska-Beer ZS, Merker RI, Ditto MD, Di Novi, MJ. Food-processing enzymes from recombinant microrganisms – a review. Regulatory Toxicology and Pharmacology 2006;45:144-158.

Schomburg I, Chang A, Placzek S, Söhngen C, Rother M, Lang M et al. Scheer M, Schomburg D. BRENDA in 2013: integrated reactions, kinetic data, enzyme function data, improved disease classification: new options and contents in BRENDA. Nucleic Acids Research 2013;41:764-772.

Sivaramakrishnan S, Gangadharan D, Nampoothiri KM, Soccol CR, Pandey A. Alpha amylases from microbial sources – Na overview on recent developments. Food Technology and Biotechnology 2006;44:173-184.

Sumantha A, Larroche C, Pandey A. Microbiology and industrial biotechnology of food-grade proteases: a perspective. Food Technology and Biotechnology 2006;44:211-220.

Yadav S, Yadav PK, Yadav D, Yadav KDS. Pectin lyase: A review 44. Process Biochemistry 2009;44:1-10.

capítulo **6**

Vitaminas

• Marta de Toledo Benassi • Adriana Zerlotti Mercadante

Objetivos

Considerando a classificação das vitaminas em relação à solubilidade, o objetivo deste capítulo é apresentar as estruturas, funções no organismo humano e recomendações diárias de ingestão bem como as principais fontes de cada nutriente e sua correspondente biodisponibilidade. Além disso, a estabilidade das vitaminas submetidas a diferentes processos e condições de estocagem em diferentes matrizes alimentícias é discutida diante das características estruturais, tornando possível avaliar alternativas para a manutenção dos teores desses compostos essenciais durante o processamento com o intuito de preservar o valor nutricional dos alimentos.

Introdução

As vitaminas compreendem um grupo de compostos orgânicos, encontrados em pequenas concentrações em alimentos, e que são nutricionalmente essenciais. Muitas delas existem como um grupo de constituintes estruturalmente parecidos e que exibem a mesma função nutricional. O interesse pelo assunto pode ser avaliado pelo grande número de informações disponíveis na mídia e seu destaque na pesquisa científica. As vitaminas foram tema de estudo de muitos ganhadores de Prêmio Nobel, como, por exemplo, o prêmio de Química de Richard Kuhn (1938), pelo trabalho com carotenoides e vitaminas, e o de Dorothy C. Hodgkin (1964), pela determinação da estrutura da vitamina B12, e o prêmio de Medicina e Fisiologia de Axel H.T. Theorell (1955) sobre a natureza e modo de ação de enzimas oxidantes.

As vitaminas são necessárias para o crescimento normal e manutenção do funcionamento do corpo humano, atuando *in vivo* como coenzimas ou precursores de hormônios, na regulação genética, como componentes do sistema de defesa do organismo contra a oxidação e em algumas funções específicas.

As necessidades de vitaminas são usualmente obtidas por meio de uma dieta balanceada. A deficiência pode resultar, dependendo da gravidade, em hipo- ou avitaminose, que ocorre não somente em função de fornecimento insuficiente via dieta, mas também em decorrência de distúrbios de absorção e de doenças. A biodisponibilidade de uma vitamina refere-se ao grau com que este nutriente ingerido é absorvido e, posteriormente, utilizado pelo organismo. Em adição ao papel nutricional, é importante considerar a po-

Tabela 6.1 Formas técnicas de produção industrial de vitaminas.

Vitaminas	Síntese química	Fermentação	Extração de fonte natural
vitamina A	+	o	
pró-vitamina A	+	+	o
vitamina B1	+		
vitamina B2	+	+	
vitamina B6	+	+	
vitamina B12		+	
vitamina C	+	+	o
vitamina D3	+	+	
vitamina E	+		+
vitamina K	+		
biotina	+	o	
ácido fólico	+	o	
nicotinamida	+		
ácido pantotênico	+	+	

+: usado comercialmente; o: possível uso comercial.
Fonte: Adaptado de Vandamme.[1]

tencial toxidade de algumas vitaminas, na maioria das vezes associada a episódios de consumo exagerado de suplementos.

Perdas de vitaminas, naturalmente presentes ou adicionadas, são inevitáveis no processamento, estocagem e preparação doméstica dos alimentos. Assim, uma das maiores preocupações é maximizar sua retenção nos produtos, minimizando perdas físicas, associadas à separação de frações e de partes não comestíveis ou extração aquosa (lixiviação), e perdas químicas devido à oxidação, isomerização, outras alterações e interações com outros constituintes. O impacto da redução dos teores das vitaminas de um alimento depende do estado nutricional do indivíduo ou da população para a vitamina de interesse, da importância do alimento em questão como fonte daquela vitamina e da sua biodisponibilidade. A adição de vitaminas para reposição ou enriquecimento tem sido assunto de discussão para avaliação da relação custo/benefício em cada caso específico. A maior parte das vitaminas empregadas comercialmente ainda é obtida por síntese (Tabela 6.1),[1] e o total produzido, cerca de 50%, é aplicado na indústria de rações; 30%, na farmacêutica; e 20%, na alimentícia.

Quimicamente, as 13 vitaminas são usualmente divididas em duas grandes classes, de acordo com sua solubilidade: lipossolúveis – vitaminas A, D, E e K; hidrossolúveis – vitaminas do complexo B (tiamina, riboflavina, niacina, ácido pantotênico, vitamina B6, biotina, folatos, B12); e vitamina C. Entre as hidrossolúveis, optou-se por incluir a colina, que é classificada como vitamina em algumas recomendações de ingestão.

Estruturas, funções bioquímicas, recomendações de ingestão, principais fontes, biodisponibilidade e estabilidade

Vitaminas lipossolúveis

As vitaminas lipossolúveis apresentam em comum algumas características, como serem insolúveis em água, moderadamente solúveis em etanol e facilmente solúveis em acetona, éter etílico, clorofórmio, hexano, gorduras e óleos.

Vitamina A

Os compostos com atividade de vitamina A são representados pelos retinoides (designados como vitamina A) e seus precursores carotenoides pró-vitamínicos A. Os retinoides compreendem retinol, retinal e ácido retinoico, juntamente com os seus análogos sintéticos (Figura 6.1). O isômero predominante, all-*trans*-retinol, tem máxima atividade de vitamina A (100%).

Os carotenoides (Figura 6.2), que podem ser convertidos em vitamina por um processo enzimático no organismo, são chamados de pró-vitamina A. Para apresentar atividade de vitamina A, um carotenoide deve conter na estrutura pelo menos um anel β-ionona não substituído com uma cadeia poliênica de 11 carbonos. A pró-vitamina A mais amplamente distribuída é o β-caroteno, que preenche duplamente o requerimento estrutural, e assim tem máxima atividade vitamínica dentre os carotenoides. Entre os cerca de 700 carotenoides naturais, apenas 50 apresentam atividade de vitamina A com diferentes graus de potência.[2] Os carotenoides também são pigmentos naturais e por isso estão apresentados com detalhes no Capítulo 7.

Em 2001, o Instituto Americano de Medicina mudou a conversão de carotenoides em vitamina A do sistema baseado em equivalente de retinol (μg RE) para outro relacionado com o equivalente de atividade de retinol (μg RAE). A Tabela 6.2 apresenta um resumo dos dois sistemas de conversão para diferentes fontes de carotenoides.[3]

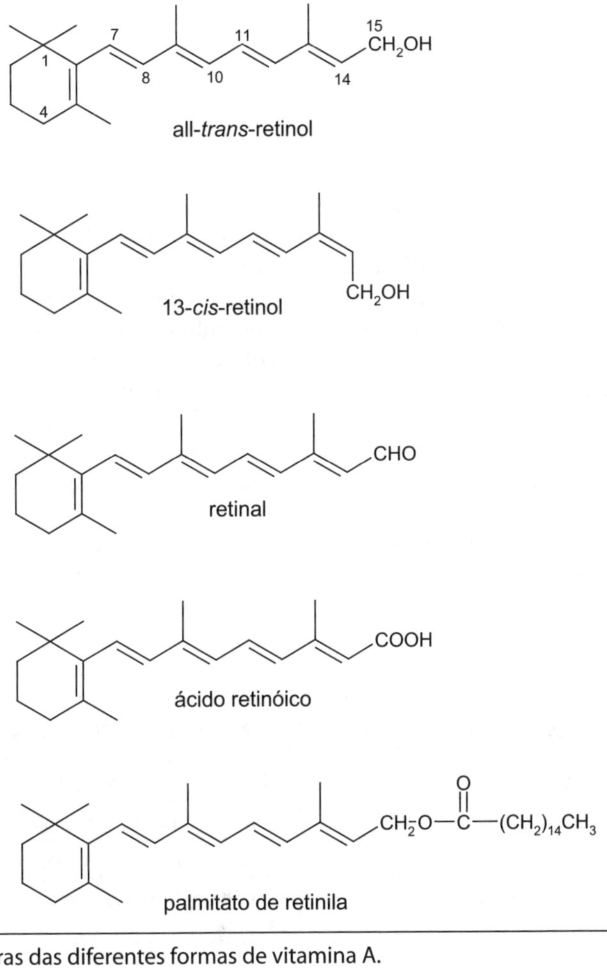

Figura 6.1 Estruturas das diferentes formas de vitamina A.

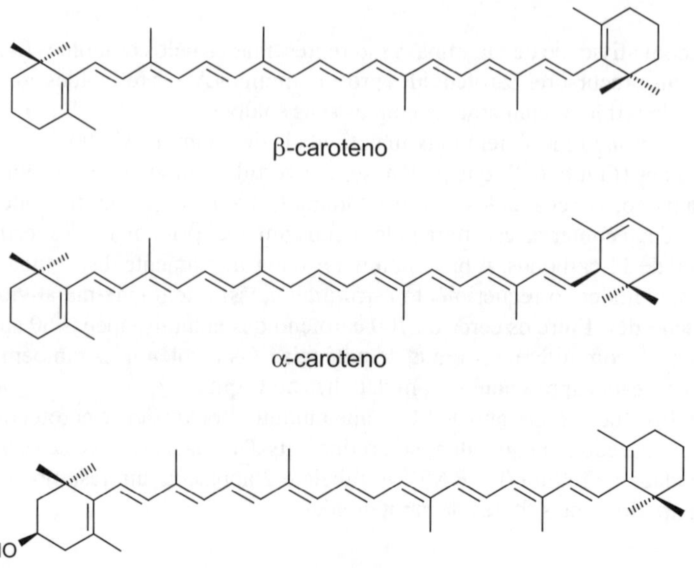

β-caroteno

α-caroteno

β-criptoxantina

Figura 6.2 Estruturas de carotenoides com atividade de vitamina A.

A vitamina A é um fator essencial para a embriogênese, crescimento e diferenciação celular, reprodução, manutenção do sistema imunológico e visão. O termo "transtornos da deficiência de vitamina A", proveniente do inglês *vitamin A deficiency disorders* (VADD) e adotado em 2001 pelo *International Vitamin A Consultative Group* (IVACG), refere-se a um espectro de defeitos fisiopatológicos e manifestações clínicas que podem se atribuídos, pelo menos em parte, à deficiência desse nutriente, e cujos sintomas desaparecem ou são reduzidos com a ingestão de vitamina A. As implicações na saúde pública da VADD incluem xeroftalmia, mortalidade, infecção grave e anemia em pré-escolares e gestantes. Cegueira noturna, a primeira fase clínica, é uma consequência do esgotamento de retinal nas células fotorreceptoras da haste na retina que levam à deficiência visual na presença de pouca luz. Lesões na córnea (xerose, ulcerações, necrose ou queratomalácia) representam xeroftalmia grave e que podem levar potencialmente à cegueira, que é na maioria das vezes acompanhada de outras infecções e desnutrição aguda.[4,5]

Por outro lado, a ingestão em excesso de vitamina A pré-formada, ou seja, na forma de retinoides, é conhecida como hipervitaminose A e produz sintomas agudos e toxicidade crônica no fígado, além de teratogenicidade em fetos em desenvolvimento. Normalmente, a toxicidade é

Tabela 6.2 Sistemas de conversão de carotenoides pró-vitamínicos A em vitamina A.

1 equivalente de retinol (μg RE)	1 equivalente de atividade de retinol (μg RAE)
= 1 μg de all-*trans*-retinol	= 1 μg de all-*trans*-retinol
= 2 μg de suplemento de all-*trans*-β-caroteno	= 2 μg de suplemento de all-*trans*-β-caroteno
= 6 μg de all-*trans*-β-caroteno da dieta	= 12 μg de all-*trans*-β-caroteno da dieta
= 12 μg de outros carotenoides pró-vitamínicos A da dieta	= 24 μg de outros carotenoides pró-vitamínicos A da dieta

Fonte: National Academy of Sciences.[3]

resultado do uso consciente de produtos farmacêuticos ou indiscriminado de suplementos, e não do consumo de retinoides via dieta.

A vitamina A na forma de ésteres de retinila é hidrolisada, liberando retinol que é absorvido através das células da mucosa intestinal (enterócitos). Após re-esterificação com ácido graxo, principalmente na forma de palmitato de retinila, é incorporado nos quilomícrons, excretado nos canais linfáticos e transportado através do sistema linfático e da corrente sanguínea até o fígado, onde é armazenado.[6]

A vitamina A pré-formada é encontrada apenas em fontes animais, principalmente na forma de ésteres de retinila e em suplementos alimentares. A fonte alimentar mais rica em vitamina A pré-formada é o fígado e quantidades apreciáveis também podem ser encontradas em gema de ovo, leite integral, manteiga e queijo (Tabela 6.3). Além dos alimentos usuais na dieta ricos em carotenoides pró-vitamínicos A, como cenoura e folhas verdes, algumas frutas da Amazônia e azeite de dendê contêm quantidades altíssimas de β-caroteno[6] (Tabela 6.4).

Uma alternativa de pró-vitamina A é o arroz dourado, um alimento geneticamente modificado conhecido como *Golden Rice*, devido à sua coloração amarela, que foi obtido pela transformação de uma variedade do arroz *Oryza sativa* (Capítulo 10). Porém, o teor conseguido (1,6 μg/g)[7] era ainda muito baixo para combater a deficiência de vitamina A. Em 2005, uma equipe de pesquisadores da empresa de biotecnologia Syngenta produziu outro arroz denominado *Golden Rice 2*, que contém até 23 vezes mais carotenoides (37 μg/g) do que o original, além de acumular preferencialmente β-caroteno (84%).[8]

Alguns alimentos são suplementados com vitamina A na forma de preparações padronizadas de acetato de retinila, retinal ou ésteres sintéticos do retinol, sendo o palmitato de retinila o mais

Tabela 6.3 Vitaminas lipossolúveis: principais formas, fontes e recomendações de ingestão.

Denominações e principais formas em alimentos	Principais fontes	Recomendação de ingestão diária			Legislação brasileira[d]
		NAC[a]	WHO[b]	NM[c]	
Vitamina A: all-*trans*-retinol, retinal, ácido retinoico e ésteres de retinila	fígado, óleo de fígado de peixe, gema de ovo, leite e derivados	900 μg[e]	600 μg	3.000 μg	600 μg
Vitamina D: colecalciferol (vitamina D3), ergocalciferol (vitamina D2)	óleo de fígado de peixe, músculo de peixe gorduroso, leite e cereais fortificados	15 μg	5 μg	100 μg	5 μg
Vitamina E: α-, β-, γ- e δ-tocoferóis e tocotrienóis	óleos vegetais, grãos, nozes, frutas, vegetais, carnes	15 mg	7 mg	1.000 mg	10 mg
Vitamina K: filoquinona (vitamina K_1), menaquinonas (vitamina K_2), menadiona	vegetais e folhas verdes, repolho, fígado, óleos de soja, azeite de oliva, fígado	120 μg	80 μg	nd	65 μg

[a]Ingestão diária recomendada (RDA) ou ingestão adequada (AI), para homens adultos (31 a 50 anos).[9] Os valores correspondentes a AI estão destacados em negrito.
[b]Ingestão diária recomendada para homens adultos até 50 anos.[10]
[c]Nível máximo de ingestão diária do nutriente que não possui risco de efeitos adversos.[11]
[d]Regulamento técnico sobre rotulagem nutricional.[12]
[e]Inclui pró-vitaminas A.
nd: Não determinada devido à falta de dados.
Fonte de ingestão deve ser de alimentos somente para prevenir riscos.[11]
Fonte: National Academy of Sciences;[11,13] FAO;[10] Penteado;[5] Gregory;[14] Belitz et al.;[15] TACO;[16] LATINFOODS.[17]

Tabela 6.4 Teores de β-caroteno em frutas da região Amazônica.

Nome comum	Nome científico	β-caroteno (μg/g)	valor de vitamina A (μg RAE/g)
Buriti	Mauritia vinifera	372	36,4
Abricó	Mammea americana	20	3,4
Marimari	Geoffrola striata	23	3,0
Pupunha	Bactrys gasipaes	56	7,5
Physalis	Physalis angulata	62	5,5
Tucumã	Astrocaryum aculeatum	47	4,3

Fonte: Adaptado de De Rosso & Mercadante.[6]

utilizado hoje. A vitamina A está comercialmente disponível em cápsulas, tabletes e ampolas, e também é incluída na maioria das preparações multivitamínicas.[18] O β-caroteno está disponível em cápsulas, em tabletes multivitamínicos, formulações de vitaminas antioxidantes e em preparações para colorir alimentos.[18] Margarina e leite são comumente fortificados com vitamina A, entretanto o β-caroteno tem substituído a adição de vitamina A em margarinas, pois proporciona uma atrativa cor amarelada ao produto.

Devido à presença de ligações duplas conjugadas na estrutura, a degradação de todas as formas de vitamina A é acelerada quando elas são expostas ao calor, pH ácido, oxigênio e luz, além de sofrerem oxidação por oxigênio singlete ($^1O_2$) e radicais livres. Porém, a degradação na presença de oxigênio é relativamente lenta quando na ausência de um catalisador, como luz ou radicais livres. Os retinoides sofrem fotodegradação mais rapidamente sob luz ultravioleta A (315-400 nm) do que sob luz ultravioleta B (280-315 nm).[19] A taxa de degradação do all-*trans*-retinol também aumenta com o acréscimo da atividade de água (a_w) na faixa de 0,11 a 0,75, devido ao aumento da mobilidade dos reagentes em a_w acima da monocamada de BET (Capítulo 1). A degradação do β-caroteno é similar à do retinol nas mesmas condições.[20] Os ésteres de retinila são relativamente mais estáveis à oxidação do que o retinol.

O 5,6-epóxido e 5,8-furanoide estão entre os principais produtos formados pela oxidação de retinol. Essas alterações resultam em perda quase total da atividade biológica da vitamina A. Outra modificação comum de ocorrer devido às ligações duplas conjugadas da estrutura é a reação reversível de isomerização *trans↔cis*.

Vitamina D

A vitamina D engloba o colecalciferol (vitamina D3), ergocalciferol (vitamina D2) e seus metabólitos, que têm estruturas similares e são ambos derivados da ação da radiação UV em esteróis pró-vitamínicos D. As formas D2 e D3 diferem estruturalmente apenas na cadeia lateral C-17, na qual a vitamina D2 apresenta uma ligação dupla e um grupo metila adicionais. Ambas as vitaminas também apresentam a ligação dupla entre os carbonos 5 e 6 na configuração *cis* (Figura 6.3).

A vitamina D2 é produzida em plantas e por fungos e leveduras através da irradiação solar do ergosterol, que é inicialmente convertido a pró-vitamina D, seguido de transformação térmica para vitamina D. A exposição da pele à luz solar catalisa a conversão do 7,8-di-desidrocolesterol em vitamina D3 (Figura 6.3), que, ao atingir os capilares sanguíneos da derme, é transportada para o fígado pela proteína ligante de vitamina D (*vitamin D-binding protein*, DBP). No fígado, as vitaminas D2 e D3 são convertidas pela enzima 25-hidroxilase a 25-hidroxicolecalciferol (25-(OH)-D), e posteriormente ocorre no tecido renal outra hidroxilação pela ação da enzima 1α-hidroxilase (1α-OHase), resultando na forma ativa da vitamina D, 1,25-di-hidroxivitamina D (1,25-(OH)-2D).[21] Entretanto, ainda há controvérsia se a vitamina D2 é tão efetiva quanto à forma D3 em seres humanos. O principal metabólito circulante no sangue é o 25-(OH)-D, sendo inclusive utilizado como um indicador do estado nutricional de vitamina D.[21]

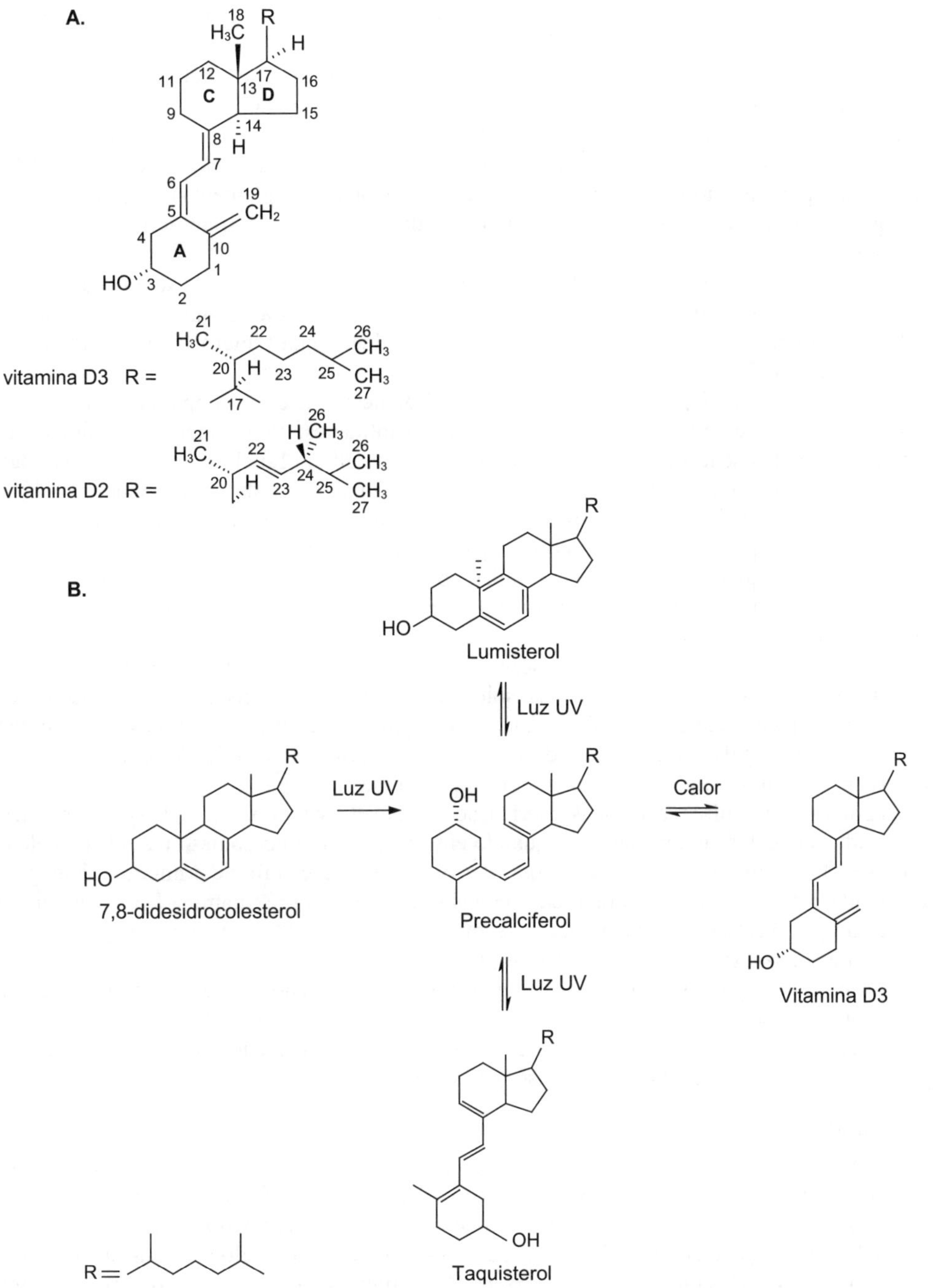

Figura 6.3 Estrutura das vitaminas D2 e D3 (A) e conversões fotoquímicas da pró-vitamina D3 (B).

A vitamina D é conhecida por seu papel na promoção da absorção intestinal, transporte e estocagem de cálcio e em menor extensão de fósforo, controlando a adequada mineralização do esqueleto.[22] Alguns estudos também indicam que a vitamina D está envolvida na modulação da função imunológica, neurológica e pancreática, da saúde cardiovascular e na prevenção do câncer e esclerose múltipla.[23] Em países onde há muita luz natural ao longo do ano, a necessidade de vitamina D pode ser suprida através da biogênese na pele; caso contrário, as populações dependem das fontes alimentares desta vitamina.[24] Atualmente a insuficiência de vitamina D é altamente prevalente, sobretudo nos países industrializados.[25] Por outro lado, a ingestão de grandes quantidades de vitamina D (acima de 250 µg por dia) por longos períodos de tempo é potencialmente tóxica, podendo causar danos permanentes no fígado e em outros tecidos.[9] Além disso, foi reportado também que mulheres em pós-menopausa suplementadas diariamente com 10 µg de vitamina D em associação a 1.000 mg de cálcio apresentaram aumento de 17% na ocorrência de pedras no rim.[26]

Segundo publicação de 2010 da *National Academy of Sciences*[9] (Academia de Ciências Americana), a conversão indicada é 1 µg de colecalciferol para 40 unidades internacionais (UI) de vitamina D, porém recomenda-se evitar o uso de unidades internacionais para indicar o teor de vitamina D.

As pró-vitaminas D, ergosterol e 7,8-didesidrocolesterol, estão amplamente distribuídas nos reinos animal e vegetal, porém em pequenas quantidades, com somente um número limitado de alimentos sendo fontes significativas dessa vitamina (Tabela 6.3). Leveduras, alguns cogumelos, espinafre, repolho e óleo de germe de trigo são abundantes em vitamina D2, e o óleo de fígado de peixe é extremamente rico em vitamina D3, assim como em seu metabólito 25-(OH)-D3. Os peixes gordos, como arenque, sardinha e atum, também são fontes ricas, enquanto menores quantidades são encontradas no fígado de mamíferos, em ovos e laticínios.[15] Os tecidos animais também contêm pequena proporção de vitamina D esterificada com ácidos graxos saturados e insaturados.

Preparações de vitamina D e seus derivados estão disponíveis comercialmente para suplementação na forma de tabletes, cápsulas, soluções oleosas e injetáveis. Na maioria das vezes, a vitamina D é incorporada em combinação com vitamina A, cálcio e em complexos multivitamínicos. Em muitos países, o leite, seus derivados e a margarina são fortificados com vitamina D e se tornam uma importante fonte alimentar desta vitamina.[18]

A pró-vitamina sofre reação de isomerização reversível à vitamina D2 ou D3 correspondente, catalisada pelo calor ou por raios UV, quando em solução, em lipossomas ou ainda na pele (Figura 6.3). Em todos os sistemas descritos anteriormente, a reação foi de primeira ordem, porém a velocidade observada (k_{obs}) para a reação de isomerização da pré-vitamina D3 $\leftrightarrow$ vitamina D3 foi cerca de 10 vezes mais rápida em lipossomas ($k_{obs} = 8,7 \times 10^{-5}$ s^{-1}) e na pele ($k_{obs} = 8,6 \times 10^{-5}$ s^{-1}) do que em *n*-hexano ($k_{obs} = 8,1 \times 10^{-6}$ s^{-1}) (Figura 6.4).[27]

Não obstante a presença das ligações duplas proporcionar maior susceptibilidade à decomposição por oxigênio e luz, a vitamina D é relativamente estável em alimentos mesmo em presença de oxigênio, como, por exemplo, em leite,[28] ou em solução na presença de luz.[29] Em meio ácido pode sofrer isomerização formando os isômeros 5,6-*trans* e isotaquisterol.[30]

Vitamina E

A vitamina E engloba oito compostos, sendo quatro tocoferóis e quatro tocotrienóis, com diferentes potências biológicas e atividades antioxidantes. Os tocoferóis são derivados do tocol substituído por um grupo metila, que compreende um anel 6-cromanol ligado no C-2 a uma cadeia lateral isoprenoide saturada. Os tocotrienóis são estruturas análogas, com cadeias laterais contendo três ligações duplas na forma *trans*. Os tocoferóis, bem como os tocotrienóis correspondentes, são designados com as letras gregas alfa (α), beta (β), gama (γ) e delta (δ), de acordo com o número e posição do substituinte metila no anel cromanol (Figura 6.5).

O tocoferol tem três centros quirais, no C-2, C-4' e C-8', possibilitando a existência de oito estereoisômeros, sendo quatro possíveis pares enantioméricos: *RRR/SSS*, *RRS/RSS*, *RSS/SRR* e *RSR/SRS*. O único isômero de α-tocoferol encontrado na natureza é o 2*R*,4'*R*,8'*R*, denominado trivialmente de *d*-α-tocoferol, e que é a forma vitamínica mais ativa biologicamente. A síntese química de α-tocoferol resulta no 2*RS*,4'*RS*,8'*RS*, *all*-rac-α-tocoferol conhecido como *dl*-α-to-

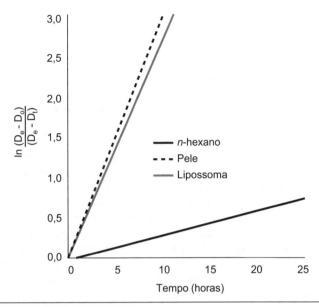

Figura 6.4 Cinética da isomerização da pró-vitamina D3 ⇔ vitamina D3 em *n*-hexano, lipossoma e em pele humana.

Fonte: Adaptado de Tian & Holick,[27] em que D_e, D_o e D_t correspondem à concentração de vitamina em equilíbrio, no tempo zero e em determinado tempo, respectivamente.

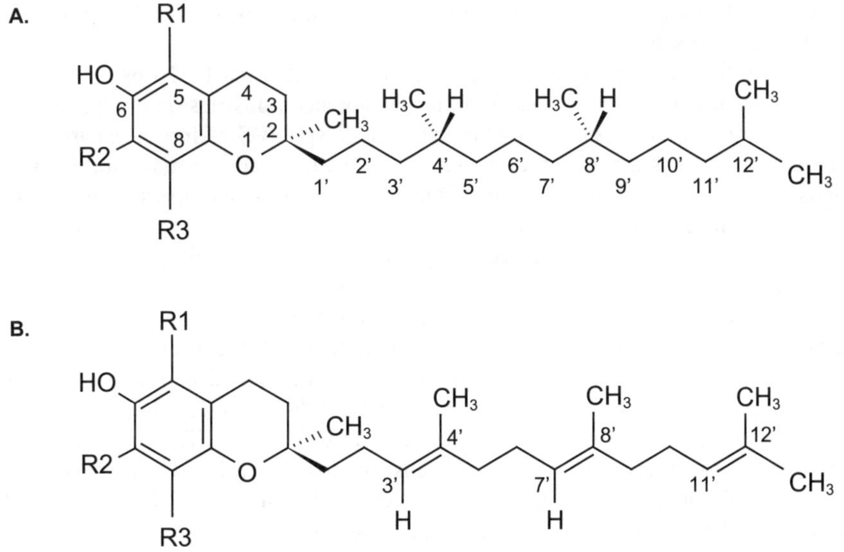

Tocoferol ou tocotrienol
α: R1 = R2 = R3 = CH$_3$
β: R1 = R3 = CH$_3$, R2 = H
γ: R2 = R3 = CH$_3$, R1 = H
δ: R1 = R2 = H, R3 = CH$_3$

Figura 6.5 Estruturas do (A) *R,R,R*-tocoferóis e (B) 2*R*, 3'-*trans*,7'-*trans*,11'-*trans*-tocotrienóis.

coferol, que é uma mistura de todos os oito possíveis diastereoisômeros em proporções praticamente iguais. Os tocotrienóis apresentam apenas um centro quiral no C-2.

Como é lipossolúvel, a vitamina E absorvida da dieta acumula-se especialmente no fígado que é responsável pela secreção do α-tocoferol no plasma. Somente a forma isomérica natural, *RRR*-α-tocoferol, e as formas estereoisoméricas 2*R*- dos ésteres de *all*-rac-α-tocoferol sintético (*RRR, RRS, RSS, RSR*) são mantidas no plasma e atingem os tecidos. Como as formas estereoisoméricas não são intercambiáveis no corpo humano, o *all*-rac-α-tocoferol apresenta 50% da atividade vitamínica do *RRR*-α-tocoferol.[31]

A atividade biológica da vitamina E baseia-se sobretudo em suas propriedades antioxidantes de retardar ou impedir a oxidação lipídica (Capítulo 3), contribuindo assim para a estabilização das membranas celulares bem como protegendo outros compostos bioativos (p. ex., vitamina A, ubiquinona, hormônios e enzimas) contra a oxidação. A vitamina E está também envolvida na conversão do ácido araquidônico em prostaglandinas (Capítulo 3) e na diminuição da agregação das plaquetas no sangue. A deficiência de vitamina E em animais resulta em uma variedade de condições patológicas que afetam os sistemas muscular, cardiovascular, reprodutivo e nervoso central, bem como o rim, o fígado e os glóbulos vermelhos. No entanto, ao contrário das vitaminas A e D, a vitamina E é essencialmente não tóxica, mesmo quando consumida em grande quantidade.

A atividade *in vitro* dos tocoferóis como antioxidante, interrompendo a sequência das reações em cadeia e pela desativação de oxigênio singlete, segue a mesma ordem da atividade biológica *in vivo*, ou seja, $\alpha > \beta > \gamma > \delta$, sendo a capacidade antioxidante do α-tocoferol contra radicais peroxila maior que a da maioria dos antioxidantes sintéticos com estrutura fenólica.[32]

As principais fontes vegetais de vitamina E são os cereais (trigo, milho, cevada, centeio, arroz e aveia), nozes, e demais grãos e sementes ricos em lipídeos (Tabela 6.3). Os óleos vegetais extraídos dessas fontes, como o de soja, são também fontes ricas de vitamina E. Produtos de cereais, de grãos, carne, peixe, ovos, produtos lácteos e folhas verdes também fornecem quantidades significativas dessa vitamina, bem como os alimentos fortificados, como margarina, cereais matinais e óleos de cozinha.

As principais formas disponíveis comercialmente de vitamina E são os ésteres de acetato de *RRR*-α-tocoferol e de *all*-rac-α-tocoferol, utilizados nas indústrias de alimentos, de ração e farmacêutica. Para o consumo direto, a vitamina E está disponível na forma de cápsulas de gelatina, de comprimidos mastigáveis ou efervescentes, e é adicionada na maioria dos suplementos vitamínicos. Os alimentos mais comumente fortificados são os que apresentam maior teor de gordura, como o leite e a margarina, ou os que são comumente ingeridos com alimentos ricos em gordura, como pães e cereais. A forma *all*-rac-α-tocoferol é muito utilizada como antioxidante em óleos comestíveis, gorduras e alimentos ricos em lipídeos.[18]

Todas as formas vitamínicas são lentamente oxidadas pelo oxigênio atmosférico formando principalmente as quinonas que são biologicamente inativas. Os tocotrienóis, devido à presença de ligações duplas na cadeia lateral, são mais susceptíveis à degradação do que os respectivos tocoferóis. A oxidação é acelerada pela luz, calor, alcalinidade e traços de metais de transição. A presença de ácido ascórbico impede o efeito catalisador do ferro (III) e cobre (II) na oxidação da vitamina E, pois mantém estes metais em seus estados de oxidação mais baixos.[15,33] Como no acetato de tocoferol, a hidroxila do C-6 está esterificada, esta forma não apresenta atividade antioxidante e é relativamente estável ao ar e à presença de luz.

Vitamina K

As vitaminas do grupo K são derivadas da naftoquinona, com diferenciações na cadeia lateral (Figura 6.6). A vitamina K1 é sintetizada nos cloroplastos de vegetais na forma de filoquinona e as formas K2, derivados de menaquinonas, são provenientes da síntese bacteriana no trato intestinal. Quando proveniente de fonte natural, a filoquinona tem no C-3 uma cadeia fitol com 20 átomos de carbono, e a ligação dupla do C-2' apresenta configuração *trans*. A menadiona (vitamina K3), obtida por síntese química, é utilizada em ração animal.

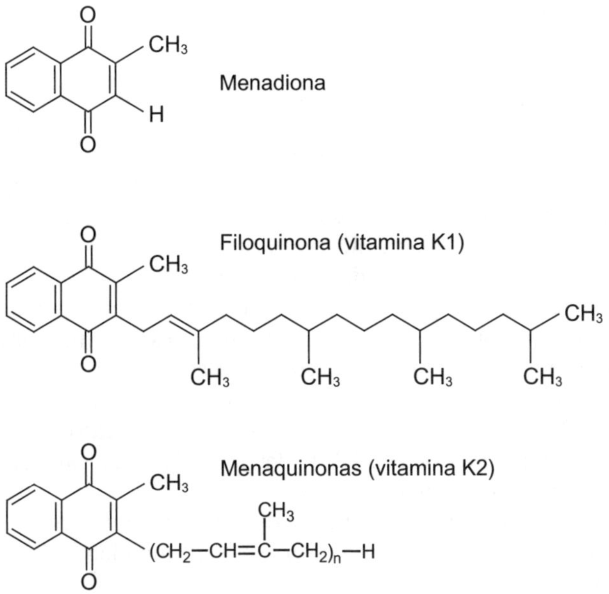

Figura 6.6 Estruturas das diferentes formas de vitamina K.

Pela sua atuação como cofator da γ-glutamilcarboxilase na carboxilação do ácido glutâmico, a vitamina K é essencial para a ativação de proteínas específicas, como a protrombina, envolvida na coagulação do sangue, e a osteocalcina, associada à mineralização dos ossos. Como os fatores de coagulação (protrombina, proconvertina, fator de Natal e de Stuart), pertencem ao grupo das proteínas que são dependentes da vitamina K, a sua deficiência provoca hipotrombinemia, resultando em longo tempo de coagulação e, às vezes, sangramento excessivo.

No humano adulto, um tempo prolongado de coagulação do sangue é o sinal clínico predominante, se não o único, de deficiência de vitamina K. A deficiência de vitamina K é incomum em adultos saudáveis devido à sua síntese pelas bactérias do trato intestinal, mas ocorre em indivíduos com distúrbios gastrointestinais, com má absorção de gordura ou doença hepática, ou após uma terapia prolongada com antibióticos associada ao comprometimento da ingestão alimentar. Mesmo quando grandes quantidades de vitamina K1 e K2 são ingeridas durante um período prolongado, manifestações tóxicas não têm sido observadas. Portanto, ainda não foi estabelecido um nível tolerável de ingestão máxima para a vitamina K.[3]

As maiores concentrações de vitamina K_1 são encontradas em vegetais e folhas verdes, como brócolis, espinafre e couve.[34] Produtos de origem animal (carne, peixe, produtos lácteos e ovos) contêm baixas concentrações de filoquinona, porém apreciáveis quantidades de menaquinonas estão presentes no fígado. Alguns óleos vegetais, como o de soja e o azeite de oliva, são também fontes ricas de filoquinona (Tabela 6.3). O isômero *cis* da filoquinona contribui com cerca de 15% do total de filoquinona presente em alguns alimentos.[33] A suplementação de alimentos com vitamina K é incomum.

Todas as formas de vitamina K são rapidamente degradadas na presença de luz fluorescente, álcalis, ácidos fortes e agentes redutores, mas são razoavelmente estáveis à oxidação e ao calor.[18] No entanto, na hidrogenação, que é um processo comum utilizado pela indústria de alimentos para transformar óleos líquidos em gordura semissólida (Capítulo 3), a vitamina K1 (filoquinona) é parcialmente convertida a 2',3'-di-hidrovitamina K1 (2',3'-di-hidrofiloquinona) devido à saturação da ligação dupla no C-2' da cadeia lateral fitol. Além disso, os níveis absolutos dessas duas formas diminuem com o aumento da hidrogenação.[35]

Vitaminas hidrossolúveis

Vitamina C

O ácido ascórbico (AA) apresenta a estrutura de uma lactona de ácido derivado de monossacarídeo (Figura 6.7). Sua função bioquímica é atuar como cofator em reações que necessitam cobre ou metaloenzimas com ferro, e como antioxidante, destacando seu papel na redução de vitamina E.[11] O AA é essencial na produção e manutenção do colágeno, oxidação da fenilalanina e da tirosina e conversão de folacina em ácido fólico. O ácido ascórbico é facilmente absorvido no intestino humano por um mecanismo ativo e transportado para o sangue por difusão, sendo armazenado, até certa quantidade, em tecidos como fígado e baço.[5,10]

A vitamina C é sintetizada por plantas e por quase todos os animais, mas não por humanos. Ocorre naturalmente em produtos vegetais e em concentrações extremamente baixas em tecidos animais na forma reduzida do ácido L-ascórbico. A oxidação do AA produz o ácido desidroascórbico, altamente instável e susceptível à hidrólise irreversível que leva à formação de uma forma inativa, o ácido 2,3 dicetogulônico (Figura 6.7). A concentração de ácido desidroascórbico em alimentos é sempre muito inferior à de AA, podendo o relato de quantidades significativas ser visto como reflexo de oxidação durante a análise.[15]

A deficiência de vitamina C causa escorbuto e distúrbios neurológicos. A ocorrência de deficiência é citada somente em casos de dietas muito restritas, indivíduos subnutridos e alcoólatras, tendo em vista a alta biodisponibilidade da vitamina e sua presença em um grande número de produtos vegetais (Tabela 6.5). Juntamente com os carotenoides, a vitamina C tem sido proposta, inclusive, como um eficiente biomarcador indicando a ingestão de frutas e hortaliças em estudos de consumo alimentar.[36]

É a única vitamina para a qual existe atualmente divergência nos teores preconizados na legislação nacional (mesma da Organização Mundial da Saúde) e pela *National Academy of Sciences* (Tabela 6.5), que, considerando a importância da vitamina C na absorção de ferro, aumentou sua recomendação de ingestão diária.[13] A suplementação com vitamina C também tem sido muito discutida. Para fumantes ou não fumantes regularmente expostos ao tabaco, uma suplementação diária da vitamina é sugerida. Evidências em testes clínicos e epidemiológicos sugerem que ingestão de vitamina C muito acima da recomendação inibe a síntese de nitrosaminas no conteúdo gástrico e poderia reduzir o risco de doenças cardiovasculares e alguns tipos de câncer, sobretudo em combinação com altas ingestões de vitamina E. No entanto, até que resultados mais conclusivos sejam obtidos, as recomendações são de aumento de ingestão via dieta e não pelo uso de megadoses de suplementos.[1,13,37]

A vitamina C pode ser armazenada no fígado e baço, e teores em excesso são normalmente excretados pela urina. Como efeitos adversos do consumo em doses acima do nível máximo de ingestão (2 g/dia) (Tabela 6.5) são descritos sobretudo distúrbios gastrointestinais. A maior formação de pedras nos rins com consumo excessivo dessa vitamina é também citada por alguns autores, mas não há consenso quanto à ingestão necessária (1, 8 ou 10 g/dia). Além disso, alguns estudos mostram o comportamento oposto, ou seja, correlações negativas entre formação de oxa-

Ácido L-ascórbico   Ácido desidroascórbico   Ácido 2,3-dicetogulônico

Figura 6.7 Oxidação sequencial do ácido L-ascórbico.

Vitaminas

Tabela 6.5 Vitaminas hidrossolúveis: principais formas, fontes e recomendações de ingestão.

Denominações e principais formas em alimentos[a]	Principais fontes	Recomendação de ingestão diária			Legislação brasileira[e]
		NAC[b]	WHO[c]	NM[d]	
Vitamina C: ***ácido L-ascórbico*** e seus sais e ésteres, e ácido L-desidroascórbico	Frutas (cítricos, morango, kiwi, caju, acerola), folhosas, tomate e derivados, crucíferas, pimentão, batata	90 mg	45 mg	2.000 mg	45 mg
Vitamina B1 (aneurina): ***tiamina***, mono, tri e pirofosfato de tiamina, hidrocloreto de tiamina, mononitrato de tiamina	Cereais integrais e produtos de panificação fortificados, extrato de leveduras, carnes (bovina, suína, peixe) e vísceras, gergelim	1,2 mg	1,2 mg	n.d.	1,2 mg
Vitamina B2 (lactoflavina): ***riboflavina***, e como componente do FMN e FAD	Leite e produtos lácteos, carnes e vísceras, ovos, extrato de leveduras, farelo de trigo, produtos de panificação e cereais fortificados	1,3 mg	1,3 mg	n.d.	1,3 mg
Niacina (vitamina B3, fator preventivo de pelagra, PP): ***ácido nicotínico***, nicotinamida e como componente do NAD e NADP	Carne (bovina, peixe, frango, suína) e vísceras, cereais integrais, gergelim, cogumelo, amendoim, mandioquinha, extratos de leveduras	16 mg	16 mg	35 mg	16 mg
Ácido pantotênico (vitamina B5): ***ácido D-pantotênico*** e seu sal de cálcio, pantotenal e como componente da 4-fosfopanteteína e da CoA e seus derivados tioéster	Vísceras (fígado, rim, miolo e coração), carnes, gema de ovo, cereais integrais, batata, produtos de tomate, brócolis, extrato de leveduras	**5 mg**	5 mg	n.d.	5 mg
Vitamina B6: ***piridoxina***, piridoxal, piridoxamina e suas formas fosforiladas e glicosiladas	Vísceras, frango, gema de ovo, cereais integrais e fortificados, castanhas, salsa	1,3 mg	1,3 mg	100 mg	1,3 mg
Biotina (vitamina B7, vitamina H): ***D-biotina*** e biocitina	Vísceras (fígado, rim, coração, pâncreas), geleia real, cereais integrais, frango, gema de ovo, cogumelos, nozes, soja	**30 μg**	30 μg	n.d.	30 μg
Folato (vitamina B9): ***ácido fólico*** como mono, oligo e poliglutamil conjugados	Folhas verdes, vísceras, gema, lentilha, farinha e produtos de panificação, cogumelo, queijos	400 μg	400 μg	1.000 μg	400 μg
Vitamina B12 (fator antianemia perniciosa): ***cianocobalamina***, adenosilcobalamina, metilcobalamina, e 5´-deoxiadenosilcobalamina	Carnes e vísceras, peixes, ovo, queijos, cereais fortificados	2,4 μg	2,4 μg	n.d.	2,4 μg
Colina	Leite, fígado, ovos, amendoins	**550 mg**	s.r.	3.500 mg	550 mg

[a]Forma mais usual destacada em negrito e itálico. [b]Ingestão diária recomendada (RDA) ou ingestão adequada (AI), para homens adultos (31 a 50 anos).[11] Os valores correspondentes a AI estão destacados em negrito. [c]Ingestão diária recomendada para homens adultos até 50 anos.[10] [d]Nível máximo de ingestão diária do nutriente que não possui risco de efeitos adversos.[11] [e]Regulamento técnico sobre rotulagem nutricional.[12]
s.r.: Sem recomendação para esse nutriente. n.d.: Não determinada devido à falta de dados.
Fonte de ingestão deve ser de alimentos somente para prevenir riscos.[11]
Fonte: National Academy of Sciences;[11,13] FAO;[10] Penteado;[5] Gregory;[14] Belitz et al.;[15] TACO;[16] LATINFOODS.[17]

208 Vitaminas

lato e alto consumo de vitamina C (até 1,5 g/ dia). A mesma divergência se observa com respeito à relação entre a alta ingestão desse composto e o excesso de absorção de ferro.[11,37]

Quanto à estabilidade, a oxidação é umas das principais preocupações. A taxa de degradação oxidativa é dependente do pH, e varia devido a diferenças na susceptibilidade à oxidação das formas de vitamina C, mas a estabilidade aumenta em pH abaixo de 4. Altas temperaturas, presença de luz e enzimas (destacando-se a ascorbato oxidase, Capítulo 5) aceleram a degradação. Íons metálicos atuam como catalisadores no processo oxidativo, enquanto a presença de sulfitos e de outros antioxidantes protege a vitamina C. A degradação anaeróbica da vitamina é minimizada em pH bastante ácido (próximo a 2) e aumenta com o acréscimo da concentração de açúcares e sais empregados para redução de atividade de água no processamento. Na presença de aminoácidos, tanto o ácido ascórbico como o desidroascórbico participam de reações de escurecimento do tipo Maillard (Capítulo 2). No processamento de alimentos, muitas vezes a perda de vitamina C por lixiviação é a mais expressiva, sobretudo quando associada ao aquecimento.[13-15,38] Tendo em vista, portanto, a grande susceptibilidade à degradação, o ácido ascórbico é quase sempre utilizado como um bom indicador de alterações observadas em produtos durante o processamento e estocagem.

Em adição à atuação como vitamina, o ácido ascórbico é também frequentemente utilizado em alimentos como antioxidante para inibição de escurecimento enzimático, da formação de nitrosaminas, da perda de outros componentes oxidáveis, e como redutor na formação do glúten. A legislação nacional prevê seu uso na forma de ácido, sal (ascorbato de sódio, cálcio e potássio) ou como éster de ácido graxo (palmitato e estearato de ascorbila); porém o ácido isoascórbico (eritórbico) e seu sal de sódio, também previstos para utilização como antioxidante e estabilizante, não apresentam função como vitamina.[12,14]

Tiamina

A vitamina B1 é uma base nitrogenada, cuja estrutura corresponde a uma pirimidina ligada por metileno a um anel tiazol (Figura 6.8). Esta vitamina é necessária para o adequado funcionamento do sistema nervoso, apresentando função bioquímica no metabolismo de carboidratos e aminoácidos, como coenzima de desidrogenases e descarboxilases de α-cetoácidos, fosfocetolases e transcetolases. A ingestão insuficiente de tiamina diminui o metabolismo de carboidratos e sua conexão com o metabolismo de aminoácidos, trazendo sérias consequências para a formação

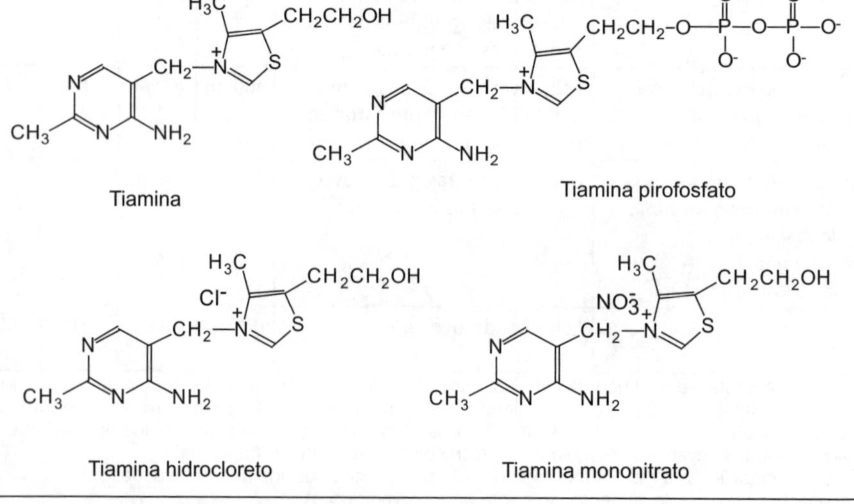

Figura 6.8 Estrutura dos homólogos da vitamina B1.

de compostos com funções neurológicas (como acetilcolina). Portanto, sua deficiência na dieta implica em problemas de memória (síndrome de Wernicke-Korsakoff), beribéri, polineurites e insuficiência cardíaca.[11]

A tiamina é absorvida por um mecanismo duplo: no intestino delgado por um processo de transporte ativo (quando ingerida em pequenas concentrações) e por difusão facilitada (acima de 5 mg/dia). O excesso é excretado na urina, mas a tiamina pode ser acumulada em alguns tecidos (coração, rins, fígado e cérebro), sendo o cérebro o último tecido a perder seus estoques durante períodos de baixa ingestão.[5,10]

Por ser uma coenzima essencial para liberação de energia, a recomendação de ingestão de vitamina B1 é muitas vezes associada à ingestão calórica. Não há relato de efeitos adversos associados a sua ingestão em alimentos ou por suplementação, sendo o excesso principalmente excretado na urina, mas podem ocorrer alterações vasculares, edemas e vasodilatação com o uso de superdosagem. Suplementação de tiamina deve ser considerada no caso de indivíduos em hemodiálise, alcoólatras ou com síndromes de má absorção.[10,11]

A vitamina B1 é largamente distribuída, aparecendo em praticamente todos os tecidos animais e vegetais (Tabela 6.5) e, além disso, ocorrer alguma síntese pela microflora intestinal em humanos. É encontrada com mais frequência na forma de fosfato de tiamina (Figura 6.8), mas também pode ser encontrada na forma livre em produtos vegetais. Há pouca informação sobre a sua biodisponibilidade, porém a ingestão de fibras, compostos fenólicos e álcool pode afetar sua absorção, destacando-se, ainda, a presença de antagonistas, como piritiamina, oxitiamina, amprolio e tiaminases. A vitamina B1 está disponível comercialmente na forma de sais de hidrocloreto ou mononitrato, que são utilizadas para fortificação. A forma cloreto é bastante solúvel, ao contrário da forma nitrato.[5,14,15]

A vitamina B1 é termolábil, sendo mais afetada pela temperatura em pH próximo do neutro. É facilmente oxidada, degradada por tiaminases na presença de proteínas heme (mioglobina e hemoglobina), e a interação da tiamina com nitratos ou sulfitos causa perda de sua atividade biológica.

Riboflavina

A estrutura da vitamina B2 é dada por um anel isoaloxazina ligado a um ribitol (Figura 6.9). Na natureza, esta vitamina é encontrada na forma livre, como riboflavina, ou fosfatada, como flavina mononucleotídeo (FMN) e flavina adenina dinucleotídeo (FAD). Como componente do FMN e FAD, atua como coenzima intermediando a transferência de elétrons em um grande número de reações de oxirredução relacionadas com o catabolismo de proteínas, carboidratos e lipídeos. A falta de vitamina B2 na dieta implica em acúmulo de aminoácidos, enquanto deficiência grave acarreta ariboflavinose, com fissuras e inflamações na boca e língua (queilose e glossite), estomatites, dermatite seborreica e distúrbios oculares.

As formas fosfatadas de riboflavina são hidrolisadas à forma livre por enzimas no intestino e absorvidas por um processo ativo dependente de sódio. Os principais limitantes do transporte pela parede intestinal são sua limitada solubilidade, dificuldade para liberação das matrizes alimentícias e a natureza saturável do processo ativo. Indivíduos com doença celíaca podem sofrer comprometimento na absorção da riboflavina. No organismo, essa vitamina é estocada sobretudo na forma FAD.[5,10]

Na maioria das vezes, a riboflavina pode ser encontrada em pequenas quantidades, em tecidos animais e vegetais, destacando-se como fonte o leite e produtos lácteos, vísceras e extratos de leveduras (Tabela 6.5). Em geral, as formas FAD e FMN podem ser facilmente convertidas à riboflavina no organismo e apresentam alta biodisponibilidade (95%). Para outras formas foi observada menor biodisponibilidade, e alguns derivados da flavina (como lumiflavina) podem ainda atuar como antagonistas.[14]

A deficiência de vitamina B2 é rara em populações com boa disponibilidade de alimentação, e aparece quase sempre associada à deficiência de outras vitaminas do complexo B. Há

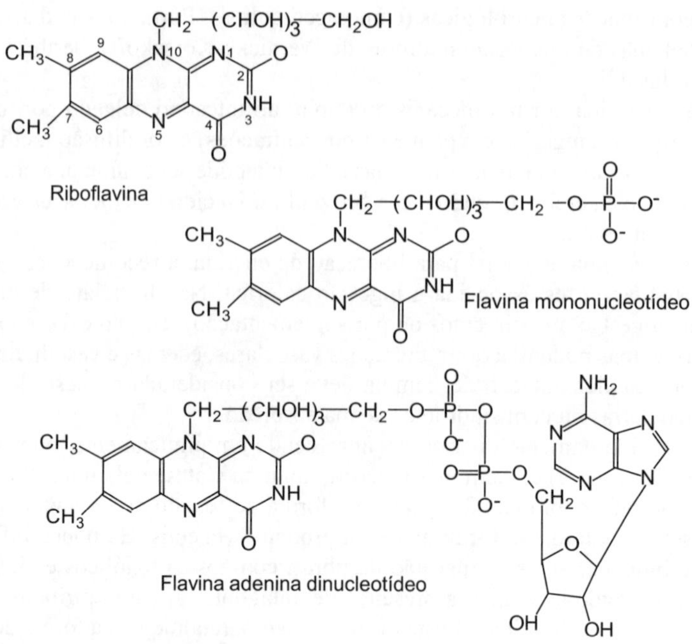

210 Vitaminas

Figura 6.9 Estrutura dos homólogos da vitamina B2.

indicações que a deficiência de riboflavina poderia contribuir para o aumento de homocisteína plasmática, fator de risco para doenças cardíacas.[39] Não existem relatos de efeitos adversos associados à ingestão de alimentos ou suplementação, provavelmente devido à baixa solubilidade e capacidade limitada de absorção. A suplementação pode ser considerada em associação a alguns antidepressivos.[10,11]

Quanto à estabilidade, a vitamina B2 destaca-se pela resistência ao calor, instabilidade aos álcalis e extrema sensibilidade à luz, decompondo-se em lumicromo ou lumiflavina. Além da degradação da vitamina, um dos principais problemas observados na presença de luz é que a riboflavina e seus homólogos atuam como fotossensibilizadores, formando espécies reativas de oxigênio e, desse modo, provocando reações de oxidação lipídica (Capítulo 3), degradação de outras vitaminas (A, C, D e E) e de outros componentes.[40,41] Como mostra a Figura 6.10, as reações de foto-oxidação, em que a riboflavina (Rf) atua como um fotossensibilizador, ocorrem por meio de dois mecanismos. No mecanismo tipo I, a riboflavina no estado triplete excitado ($^3Rf^*$) catalisa a foto-oxidação direta de uma molécula orgânica (RH) por abstração de elétrons ou de hidrogênio e posterior reação das espécies radicais com oxigênio no estado triplete fundamental ($^3O_2$), produzindo espécies reativas de oxigênio, como o ânion superóxido ($O_2^{\cdot-}$) e o peróxido de hidrogênio (H_2O_2). O mecanismo tipo II envolve a transferência de energia eletrônica de excitação da $^3Rf^*$ para o $^3O_2$, produzindo oxigênio singlete ($^1O_2$) que é muito reativo.

Comparativamente a outras vitaminas do complexo B, a riboflavina é pouco solúvel em água, apresentando maior solubilidade em soluções salinas. Na legislação nacional, seu uso também está previsto como corante na forma de riboflavina ou riboflavina 5'-fosfato de sódio.[12]

Niacina

A niacina, também conhecida como vitamina PP, é encontrada na forma livre, como ácido nicotínico no reino vegetal, como nicotinamida no reino animal, ou ainda como componente das coenzimas nicotinamida-adenina-dinucleotídeo (NAD) e nicotinamida-adenina-dinucleotídeo-

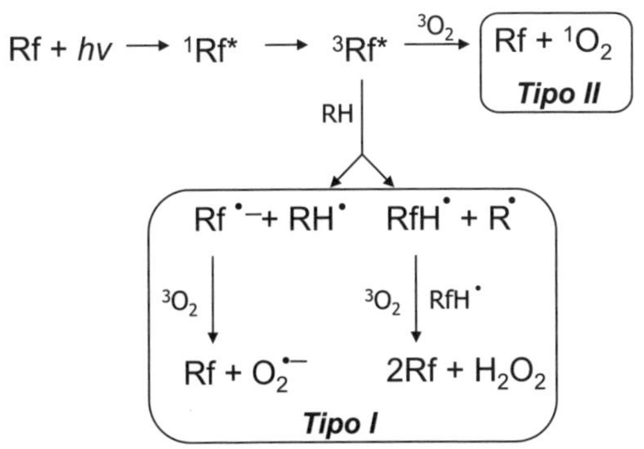

$$Rf + h\nu \longrightarrow {}^1Rf^* \longrightarrow {}^3Rf^* \xrightarrow{\ {}^3O_2\ } \boxed{Rf + {}^1O_2}$$

Tipo II

$$Rf^{\bullet-} + RH^{\bullet} \quad RfH^{\bullet} + R^{\bullet}$$

$$Rf + O_2^{\bullet-} \quad 2Rf + H_2O_2$$

Tipo I

Figura 6.10 Mecanismos do tipo I e tipo II da oxidação fotossensibilizada envolvendo riboflavina em solução na presença de oxigênio. H_2O_2: peróxido de hidrogênio; $O_2^{\bullet-}$: ânion superóxido; $^3O_2$: oxigênio no estado fundamental; $^1O_2$: oxigênio singlete; Rf: riboflavina; $^3Rf^*$: riboflavina no estado triplete excitado; RH: compostos orgânicos, como vitaminas, proteínas e lipídeos.

Fonte: Adaptado de Montenegro et al.[41]

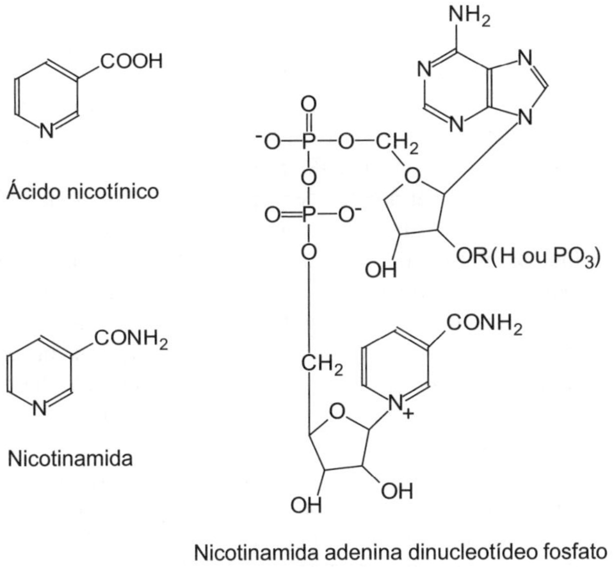

Ácido nicotínico

Nicotinamida

Nicotinamida adenina dinucleotídeo fosfato

Figura 6.11 Estrutura dos compostos de niacina e nucleotídeos de nicotinamida

fosfato (NADP) (Figura 6.11). Após ingestão, as formas coenzimáticas são hidrolisadas a nicotinamida, que é a forma absorvida no intestino delgado por difusão.

Esta vitamina apresenta função bioquímica como coenzima ou cossubstrato em muitas reações de oxidação e redução. A niacina é necessária tanto para o catabolismo da glicose, ácidos graxos, cetonas e aminoácidos, quanto para a síntese de pentoses, ácidos graxos e aminoácidos. A ingestão da niacina tem sido ainda associada à redução dos níveis séricos de colesterol, ácidos graxos e lipídeos totais.[5,10,11]

A recomendação de niacina é dependente tanto da quantidade como da qualidade da proteína na dieta, uma vez que pode ser sintetizada no organismo a partir de triptofano (Figura 6.12). Embora a eficiência do processo seja baixa (60 mg de triptofano para 1 mg de niacina), mais da

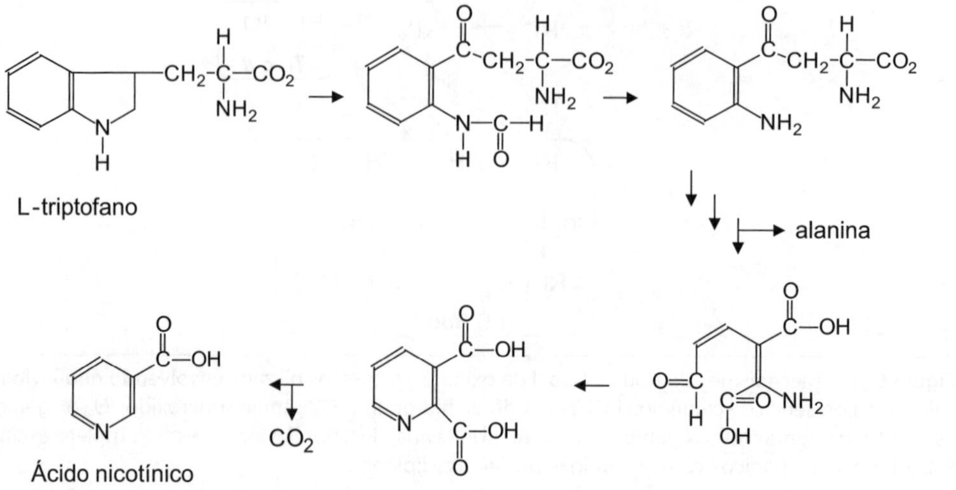

212 Vitaminas

Figura 6.12 Conversão de triptofano a ácido nicotínico.

metade da necessidade de niacina pode ser obtida a partir do triptofano numa dieta normal. A deficiência grave de niacina causa pelagra, conhecida como a doença dos 3 D (dermatite, diarreia e demência) por afetar a pele, os sistemas digestivo e nervoso. Considerando que riboflavina e B6 são necessárias para a conversão de triptofano em niacina, a insuficiência dessas vitaminas também pode contribuir para a ocorrência da doença.

Além da ampla distribuição em alimentos de origem animal (nicotinamida) e vegetal (ácido nicotínico) (Tabela 6.5), a niacina é também adicionada em grãos em programas de fortificação de alguns países. A biodisponibilidade da niacina, por estar normalmente presente na forma de complexos de carboidratos, peptídeos e compostos fenólicos, é muitas vezes reduzida. O tratamento alcalino libera a niacina desses complexos e procedimentos com altas temperaturas podem também converter trigonelina a ácido nicotínico, como pode-se observar no processo de torra de café. Com exceção de populações com dietas muito restritas (à base de milho e sorgo), nos tempos atuais a deficiência de niacina é rara, ocorrendo somente em casos de desordens gastrointestinais crônicas, como em indivíduos com doença de Crohn, uso de medicamentos que reduzam a utilização do triptofano (como anticoncepcionais) e alcoolismo.

Não há evidências de efeitos adversos no consumo excessivo de niacina via alimentos, sendo sugerido um nível máximo de ingestão de 35 mg/dia (Tabela 6.5). Para consumo excessivo via suplementos, são relatados problemas gastrointestinais e diarreia, e, em doses muito elevadas (acima de 1 g/dia), toxicidade para o fígado. Suplementação pode ser necessária para pessoas em tratamento de hemodiálise ou com síndrome de má absorção.[10,11,42]

A niacina destaca-se pela grande estabilidade a condições de processo e estocagem (pH ácido ou alcalino, alta temperatura, presença de O_2 e luz), portanto, em função de sua grande solubilidade em água, a maior causa de perda é a lixiviação.

Ácido pantotênico

A estrutura do ácido pantotênico corresponde ao aminoácido β-alanina ligado a um hidroxiácido, o ácido pantoico (Figura 6.13). Somente o enantiômero D ocorre na natureza, usualmente como parte da estrutura da coenzima A (CoA) e 4-fosfopanteteína. A conversão do ácido pantotênico a CoA acontece numa sequência de reações enzimáticas, sendo necessário, ainda, um resíduo de cisteína e quatro ATPs.[5] Metabolicamente, como componente da CoA, atua no ciclo do ácido tricarboxílico e no metabolismo de lipídeos, e, como grupo prostético de proteína carreadora do

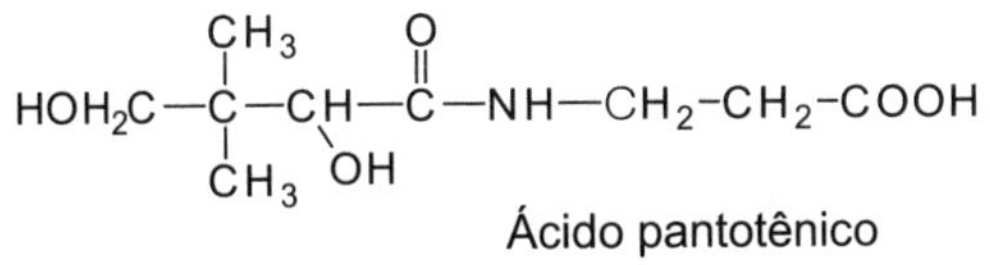

$$HOH_2C-\underset{\underset{CH_3}{|}}{\overset{\overset{CH_3}{|}}{C}}-\underset{\underset{OH}{|}}{CH}-\overset{\overset{O}{\|}}{C}-NH-CH_2-CH_2-COOH$$

Ácido pantotênico

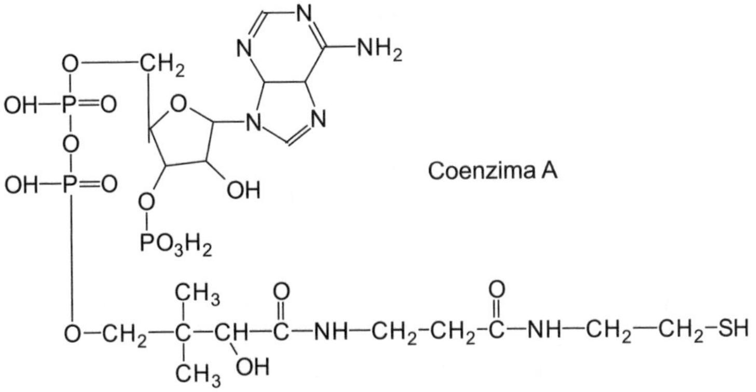

Coenzima A

Figura 6.13 Estrutura do ácido pantotênico e da Coenzima A.

grupo acil, participa da síntese de ácidos graxos. Em altas concentrações, o ácido pantotênico é facilmente absorvido por difusão, e, em pequenas concentrações, por um mecanismo de transporte dependente de sódio.

O ácido pantotênico encontra-se amplamente distribuído em produtos de origem animal, cereais e vegetais frescos, quase sempre na forma de CoA. A forma livre só é encontrada em produtos de origem animal. Na maioria das vezes, para fortificação é empregado o pantotenato de cálcio em alimentos, e o pantotenol, em produtos farmacêuticos.[5,10]

A deficiência em ácido pantotênico pode implicar em problemas de fadiga, distúrbios de sono e de coordenação e náuseas. No entanto, apesar da biodisponibilidade baixa (em torno de 50%), não há evidências de problemas associados à sua falta na dieta, nem relatos de efeitos adversos com sua alta ingestão mediante alimentos ou suplementação.[10,11,14]

A termolabilidade do ácido pantotênico depende do pH, sendo mais estável a tratamentos térmicos em meio próximo ao neutro. Além disso, esta vitamina é perdida por lixiviação, mas não é sensível à oxidação, sendo estável na presença de O_2 e luz.

Vitamina B6

A vitamina B6 compreende um grupo de derivados da 3-hidroxi-2-metilpiridina, que são encontrados na forma livre, como álcool, aldeído ou amina (piridoxina, piridoxal e piridoxamina, respectivamente), esterificados com fosfato (na posição 5) ou como glicosídeos (Figura 6.14). Os diversos homólogos são interconversíveis por ação enzimática no organismo. A absorção das três formas de vitamina B6 ocorre pela difusão passiva no jejuno, havendo necessidade de uma desfosforilação preliminar. O acúmulo dessa vitamina no organismo acontece sobretudo no músculo esquelético.[5]

A vitamina B6 participa como coenzima em um grande número de reações enzimáticas, atuando desde o metabolismo de aminoácidos, eritrócitos, vitaminas (ácido fólico e B12), esfingolipídeos e gluconeogênese até a síntese de neurotransmissores, regulação de hormônios esteroides, formação de compostos porfirínicos e na conversão de triptofano a niacina. Sua deficiência na dieta é raramente verificada, sendo associada à má absorção intestinal, uso de subs-

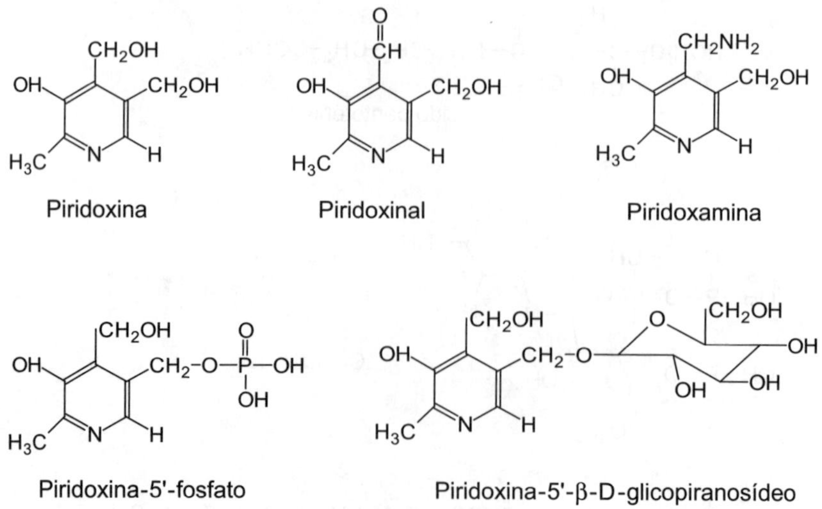

Figura 6.14 Estrutura dos homólogos e derivados da vitamina B6.

tâncias antagonistas ou alcoolismo, casos em que a suplementação pode ser justificada. A falta de B6 pode provocar desordens no metabolismo de proteínas, implicando em seborreia, inflamações na língua (glossite) e neuropatias periféricas (convulsões infantis).[10]

Produtos animais e vegetais são fontes de vitamina B6 (Tabela 6.5), variando, no entanto, a forma predominante em vegetais (piridoxamina) e em produtos cárneos (fosfato de piridoxal e piridoxamina). A forma piridoxina é a mais utilizada para fortificação devido à boa estabilidade, destacando-se ainda a alta biodisponibilidade das formas livres e fosforiladas (75%) em contraste com as formas glicosiladas. Altos teores de proteína na dieta aumentam as necessidades de vitamina B6, e tanto a presença de fibras quanto o uso de medicamentos (penicilina, anticoncepcionais e izoniazida) podem afetar sua biodisponibilidade.[5,10,14]

Não existem relatos de efeitos adversos associados ao consumo excessivo de vitamina B6 a partir de alimentos, sendo sugerido um limite máximo de ingestão de 100 mg/dia (Tabela 6.5). Altas ingestões por meio de suplementos, muitas vezes empregados para tratamento de tensão pré-menstrual, podem ocasionar neuropatias com divergências quanto à dose necessária para desencadear o problema (0,3 a 2 g/dia).[11,42,43]

As diversas formas de vitamina B6 são, em geral, relativamente estáveis em pH ácido, mas termolábeis em meio alcalino, podendo ainda participar de reações do tipo Maillard. A vitamina apresenta, ainda, susceptibilidade à luz e aos radicais livres, e pode ser perdida por lixiviação, tendo em vista sua alta solubilidade em água.

Biotina

Em tecidos animais e vegetais, a biotina (ácido 2`-ceto-3,4,dimidazolido-2-tetra-hidrotiofenil valérico), encontra-se usualmente na forma de biocitina, associada a proteínas (Figura 6.15). Somente a D-biotina é biologicamente ativa, e alguns homólogos atuam inclusive como antagonistas.[5] Essa vitamina atua como coenzima em reações de carboxilação e descarboxilação, na síntese de ácidos graxos, glicogênio e de aminoácidos de cadeia ramificada. A biotina livre é absorvida no jejuno sobretudo por transporte ativo dependente de sódio, enquanto a biocitina necessita ser hidrolisada enzimaticamente para ser absorvida. A biocitina de origem animal é mais biodisponível, pois somente cerca de metade da de origem vegetal parece ser hidrolisada.

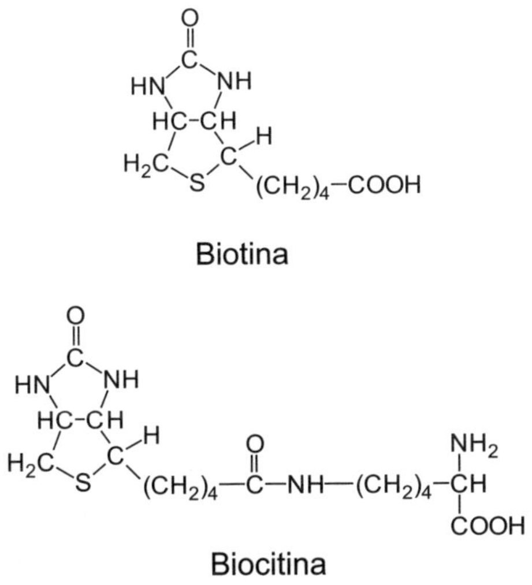

Biotina

Biocitina

Figura 6.15 Estruturas da biotina e biocitina.

A deficiência de biotina, associada a doenças de pele e náuseas, é rara em humanos, provavelmente em função da sua presença em uma ampla gama de alimentos (Tabela 6.5). Há indicações de que a biodisponibilidade dessa vitamina pode não ser muito alta, mas uma fonte adicional é sua síntese pelas bactérias do intestino.[44] Os casos de deficiência documentados estão associados ao consumo contínuo de clara de ovo crua. A avidina, uma glicoproteína da clara de ovo, complexa-se irreversivelmente com a biotina, resistindo inclusive à digestão. O cozimento desnatura a avidina, eliminando sua ligação com a biotina e aumentando a biodisponibilidade dessa vitamina. Por outro lado, não há evidências de efeitos adversos associados ao consumo excessivo de biotina, provavelmente em função de sua limitada absorção intestinal.[10]

Quanto à estabilidade, há poucos dados na literatura, com indicação de sensibilidade à presença de agentes oxidantes, extremos de pH e lixiviação, dada sua grande solubilidade em água. Em geral, os teores de biotina se mantêm em alimentos durante processamento e estocagem, sendo geralmente descrita como termoestável e pouco sensível à presença de luz e de oxigênio.

Folatos

Na estrutura do ácido fólico (ácido pteroilmonoglutâmico), uma molécula de ácido pteroico está ligada a pelo menos uma molécula de ácido glutâmico (Figura 6.16). Os folatos apresentam-se na forma de mono, oligo e poliglutamatos. O folato na forma de monoglutamato é absorvido por processo ativo no jejuno, enquanto poliglutamatos são hidrolisados pela enzima folato conjugase antes da absorção. O armazenamento do ácido fólico ocorre sobretudo no fígado.

Os folatos são importantes como coenzimas no metabolismo de ácidos nucleicos e aminoácidos, atuando como mediadores nas transformações de carbonos (transferência, oxidação e redução de uma unidade), e na prevenção da anemia megaloblástica. Muitos dos processos metabólicos que necessitam de folatos são também dependentes da presença de vitaminas B6 e B12.[10]

O ácido fólico existe em alimentos somente em traços, a maior parte da ocorrência natural (80%) em plantas e em animais e na forma de tetra-hidrofolatos com cinco a sete resíduos de glutamato (Figura 6.16, Tabela 6.5). Devido à facilidade de interação com outros compostos da matriz (biodisponibilidade de 25 a 50%) e grande instabilidade, os folatos são frequentemente considerados como uma das vitaminas mais limitantes.[14,15] A ingestão insuficiente de folatos ocorre com frequência e pode piorar em condições de má absorção, como em indivíduos com doença celíaca.[10]

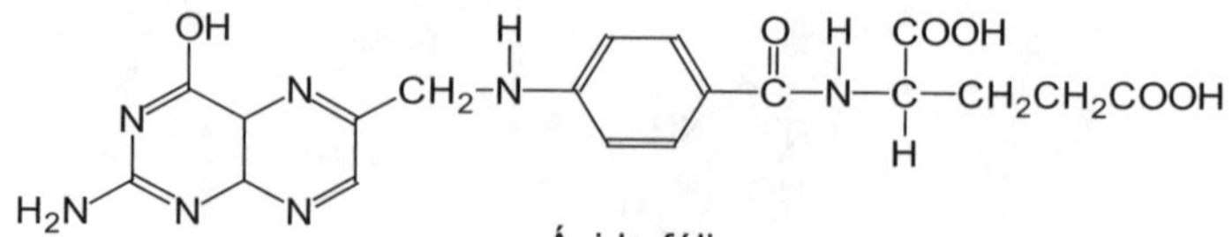

Figura 6.16

Estrutura do ácido fólico e seus mais importantes derivados naturais.

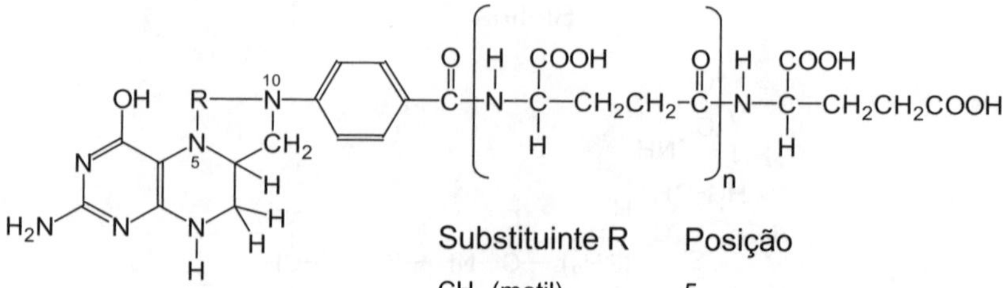

Poliglutamil-tetrahidrofolatos

Substituinte R	Posição
CH_3 (metil)	5
CHO (formil)	5 ou 10
CH=NH (formino)	5
CH_2 (metileno)	5 ou 10
CH= (metenil)	5 ou 10

A deficiência grave de folatos leva à anemia megaloblástica. Por outro lado, muitas evidências sugerem que sua ingestão reduz a concentração de homocisteína plasmática e que pode também exercer efeito protetor contra alguns tipos de câncer. Em virtude da necessidade de aumento do consumo de folatos para a adequada formação do tubo neural em fetos (estima-se que a adequada ingestão da vitamina reduz o risco de defeitos de 50 a 75%), suplementação ou fortificação tem sido sugerida não só para lactantes e grávidas mas também para mulheres com intenção de engravidar.[11,37,45] Esse fato levou vários países, como o Brasil, a incluir na legislação a obrigatoriedade de fortificação de farinhas com folatos.[12]

Efeitos adversos do consumo excessivo de folatos têm sido descritos na literatura, como o risco de mascarar complicações neurológicas em pessoas com deficiência de vitamina B12, diminuição da biodisponibilidade de zinco e interação com substâncias anticonvulsivantes;[11,37,46] no entanto, existem consideráveis divergências quanto aos teores necessários para a ocorrência desses efeitos. O nível máximo de ingestão sugerido é de 1.000 µg/dia (Tabela 6.5).

Os folatos são, em geral, sensíveis à presença de oxigênio e luz, a tratamentos térmicos e extremos de pH. A forma de ácido fólico é a mais aplicada na fortificação, pois apresenta estabilidade muito superior aos hidrofolatos, mais susceptíveis à oxidação. Agentes redutores, como ácido ascórbico e tióis, exercem efeito protetor.

Vitamina B12

A vitamina B12 é a vitamina do complexo B com maior peso molecular (PM > 1.300) e consiste em um anel corrina com quatro grupos pirrólicos e cobalto no centro do anel. Ela atua como coenzima no metabolismo de ácidos nucleicos, carboidratos e lipídeos, sendo essencial para o crescimento e para a prevenção da anemia megaloblástica. A designação de vitamina B12 é atribuída de modo genérico a todas as cobalaminas que apresentam atividade antianemia (Figura 6.17). As cobalaminas são absorvidas principalmente por transporte ativo envolvendo um fator intrínseco específico. Pequenas quantidades de vitamina B12 podem ser estocadas no fígado e músculos, e os estoques corporais variam com a ingestão e aumentam com a idade.[5]

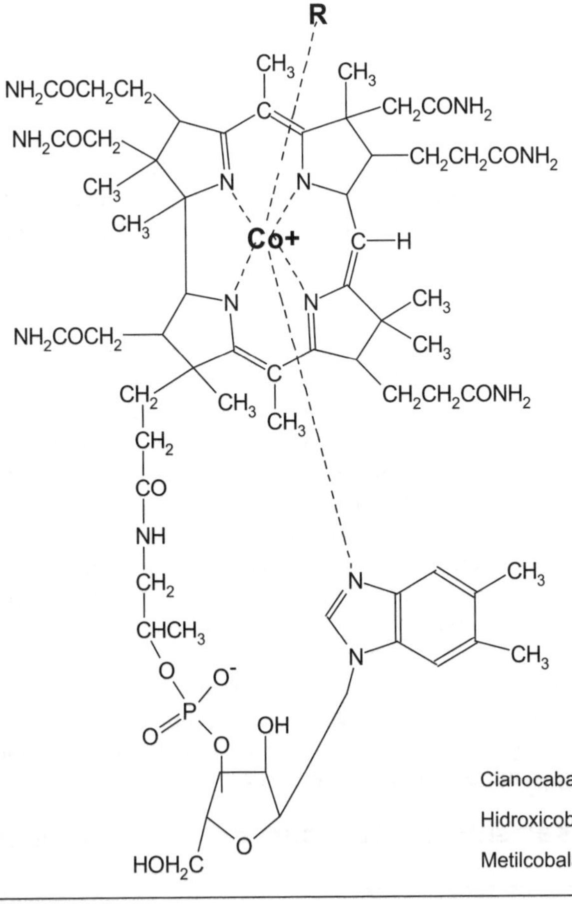

	R
Cianocabalamina	CN
Hidroxicobalamina	OH
Metilcobalamina	CH_3

Figura 6.17 Estruturas das principais formas de vitamina B12.

A vitamina B12 é encontrada em quase todos os produtos de origem animal, na forma de coenzima cobalamina, porém vegetais geralmente não contém a vitamina (Tabela 6.5). Traços podem se encontrados em plantas devido à contaminação microbiológica, e para alguns legumes a literatura reporta que pode ocorrer síntese dessa vitamina pelas bactérias dos nódulos da raiz, mas raramente chega à parte comestível dos produtos. Tecidos que necessitam de vitamina B12 para divisão celular e crescimento podem armazená-la por longos períodos. Assim, ao contrário de outras vitaminas do complexo B, a vitamina B12 pode ser estocada no corpo humano, sobretudo no fígado e músculos. Pessoas com dieta estritamente vegetariana apresentam ingestão insuficiente de vitamina B12, cuja deficiência leva à anemia e neuropatias periféricas. Como observado para os folatos, deficiência de vitamina B12 pode, ainda, elevar as concentrações de homocisteína no plasma. Suplementação de folatos na dieta sem a inclusão de vitamina B12 reduz os sintomas de anemia, porém não impede a degeneração nervosa.

Não obstante a baixa biodisponibilidade (inferior a 50%) e a possibilidade de insuficiência na dieta, a deficiência de vitamina B12 quase sempre se origina de defeito na absorção pela inabilidade de síntese da proteína carreadora específica (fator intrínseco). Problemas de falta de absorção da vitamina, principalmente na população de terceira idade (10 a 30%), vêm sendo associados a disfunções digestivas, como a gastrite atrófica.[47,48] Não há relatos de problemas associados ao consumo de vitamina B12 nos teores usualmente encontrados em alimentos e em suplementos. Considerando-se a alta incidência de problemas de absorção, o consumo de alimentos fortificados ou suplementos com vitamina B12 tem sido recomendado para pessoas acima de 50 anos.[11] A atual fortificação de produtos com ácido fólico pode causar maior risco de desenvolvimento de deficiência de vitamina B12 em populações idosas que muitas vezes já apresentam baixos níveis dessa vitamina.[49]

Devido à maior estabilidade, a forma mais utilizada comercialmente em preparações farmacêuticas e para fortificação de alimentos é a cianocobalamina. A vitamina B12 é estável a altas temperatura em valores de pH de ácido a neutro, mas sensível à presença de luz, agentes oxidantes ou redutores.

Colina

Embora muitos autores não a classifiquem estritamente como uma vitamina, a colina é considerada um nutriente essencial que deve ser obtida via dieta para a manutenção da saúde. Tendo em vista que a legislação nacional[12] cita a colina na tabela dos valores de ingestão diária recomendados para o cálculo da Rotulagem Nutricional de vitaminas, optou-se por incluí-la nesse texto.

A colina apresenta estrutura de amina quaternária (Figura 6.18) e atua metabolicamente como precursora de acetilcolina, fosfolipídeos e betaína.

Embora recomendações de ingestão tenham sido feitas para colina, são escassos os dados a respeito da necessidade diária de suprimento desse nutriente para cada idade e condição fisiológica, havendo suposições que as necessidades de colina possam ser obtidas apenas por síntese endógena em determinadas faixas etárias. Por outro lado, indivíduos com doenças renais e de fígado, depressão e mal de Parkinson sofrem riscos de efeitos adversos (sudorese, salivação, hipotensão e hepatotoxicidade) com ingestões acima do nível máximo de 3.500 mg/dia[11] (Tabela 6.5).

Há pouca informação na literatura sobre a estabilidade da colina, mas a vitamina parece ser sensível apenas à oxidação. Em geral, não é adicionada a alimentos, a não ser como emulsificante (acetato, carbonato, cloreto, citrato, tartarato e lactato de colina).[12]

Perdas com processamento e estocagem de vitaminas lipossolúveis e hidrossolúveis

Os teores de vitaminas em alimentos variam dependendo das espécies e variedades empregadas, condições edafoclimáticas, tratos culturais e estádio de maturação para produtos vegetais e raças, mecanismos de controle dos nutrientes nos tecidos, dieta e tratamento pré-abate para produtos animais.

Por exemplo, os teores de vitamina K1 aumentam durante a maturação de alface, acelga, espinafre e couve, e o repolho contém três a seis vezes mais filoquinona nas folhas externas do que nas folhas internas.[50] Tendências semelhantes são observadas para vitamina E e β-caroteno. No entanto, o teor de ácido ascórbico quase sempre decresce com a maturação na maioria dos frutos devido ao aumento de atividade de enzimas oxidativas, notadamente da ascorbato oxidase.[14]

Mesmo em condições similares de cultivo e edafoclimáticas, fatores como a incidência de sol ou chuva podem influenciar a concentração de vitaminas. Para frutas, o tamanho das árvores, espaçamento, orientação da fila, forma da copa e tipo de sistema adotado influencia na distribuição da luz no interior das plantas. Frutos que se localizam na parte externa da copa de árvores, ficando mais expostos à luz, usualmente apresentam maiores teores de ácido ascórbico.

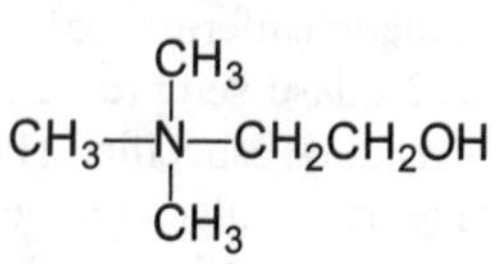

$$CH_3-\underset{\underset{CH_3}{|}}{\overset{\overset{CH_3}{|}}{N}}-CH_2CH_2OH$$

Figura 6.18 Estrutura da colina.

Com relação à tangerina Ponkan, observou-se maior teor de ácido ascórbico em frutos localizados na região da copa com maior incidência solar.[51] Em duas variedades de acerola cultivadas nas mesmas condições, o teor de ácido ascórbico reduziu com a maturação, mas a taxa de decréscimo foi dependente da variedade e da estação do ano, com maiores perdas na estação de chuvas.[52]

A cultivar ou a variedade possuem forte influência nos teores de vitaminas em frutas, sobretudo nas climatéricas. Diferenças nos teores de filoquinona foram encontradas quando cinco tipos de alface foram comparados, enquanto a alface crespa apresentou 127 µg/100 g, a alface *iceberg* continha apenas 24 µg/100 g.[34] O valor de vitamina A foi cerca de três vezes maior na acerola cultivar Olivier do que na Waldy, ambas provenientes da mesma plantação na região de Campinas. Nesses dois cultivares, o β-caroteno foi o principal carotenoide pró-vitamínico A, e seus teores foram maiores na safra de 2004 do que na de 2003, provavelmente devido ao menor período de sol durante o amadurecimento das frutas da safra de 2003.[53] Para 18 genótipos de acerola, cultivados nas mesmas condições edafoclimáticas e colhidos no mesmo estádio de maturação, os teores de ácido ascórbico variaram de 750 a 1.678 mg/100 g de polpa.[54]

Assim como os vegetais, os animais também apresentam diferentes perfis de vitaminas conforme a raça ou espécie. Por exemplo, os teores de vitaminas de 30 diferentes espécies de peixes mais consumidos em Portugal diferiram significativamente entre as espécies. A maior variabilidade foi observada para as vitaminas lipossolúveis, pois os teores variaram mais de 100 vezes para as vitaminas A, E e D, enquanto 20 vezes para as vitaminas B6, B1 e B2, e somente por um fator de 5 para os folatos.[55]

Após colheita, ordenha ou abate, as alterações bioquímicas nos tecidos se iniciam (Capítulos 11 e 12), e procedimentos de estocagem das matérias-primas, pré-tratamentos, processos de conservação, distribuição, estocagem do produto e preparação podem ser também causa de alteração e perda de vitaminas.

Não obstante o grande número de informações disponíveis sobre as propriedades e estabilidade de vitaminas, muitos estudos estão baseados em sistemas-modelo que não conseguem simular a complexidade nas propriedades físicas e a variabilidade da composição observada em sistemas alimentares. Portanto, o efeito de agentes como pH, O_2, luz e calor sobre a estabilidade e generalizações sobre porcentagens de retenção de vitaminas frequentemente são divergentes e imprecisas.

Outra dificuldade na estimativa de perdas de vitaminas devido ao processamento está associada ao fato que muitas delas existem como grupos de compostos, ou seja, várias formas que apresentam a mesma função nutricional, mas diferenças na reatividade e/ou estabilidade. Os folatos, por exemplo, apresentam desde boa estabilidade, como a do ácido fólico (por esse motivo a forma empregada para fortificação), até grande susceptibilidade à oxidação (ácido tetra-hidro-fólico). Este mesmo fato ocorre para compostos com atividade de vitamina C quando se observa a maior estabilidade do ácido ascórbico comparada à do ácido desidroascórbico. Com relação à vitamina B1, a forma tiamina é mais estável a mudanças de pH do que a forma pirofosfato.

Na maioria das vezes, processos industriais causam menor perda de vitaminas que os tratamentos domésticos. Por exemplo, o suco de laranja produzido por extração comercial apresentou 25% mais vitamina C do que quando obtido por extração doméstica, provavelmente devido à contribuição da vitamina C das partes sólidas da laranja na extração comercial.[56] A extração industrial de suco de laranja também possibilita melhor manutenção de maiores teores de vitamina durante estocagem posterior do produto, uma vez que no processamento doméstico há maior contato do suco com óleos essenciais da casca, facilitando posterior oxidação.

Uma extensa compilação de dados referente à alteração de nutrientes com processamento pode ser encontrada no livro *"Nutritional Evaluation of Food Processing"*.[57]

Pré-tratamentos

Na maioria das vezes, pré-tratamentos de produtos vegetais implicam em remoção física, como retirada de cascas, lavagem, beneficiamento de grãos e refino de óleos, e são realizados com o objetivo de facilitar o consumo (vegetais minimamente processados), retirar componentes que podem reduzir a vida de prateleira (lipídeos) ou afetar a aparência do produto (pigmentos), ou ainda reduzir a carga microbiana. Essas operações, no entanto, podem implicar na diminuição dos teores de vitaminas. Por exemplo, o teor de filoquinona diminuiu de 16,4 µg/100 g no pepino com casca para 2,6 µg/100 g quando a casca foi retirada.[34]

Considerando a segurança, a conveniência e a relação custo/benefício, o comércio de hortaliças e frutas já descascadas e muitas vezes já fatiadas e raladas, ou seja, minimamente processadas, têm aumentado significativamente para atender tanto a indústria de *catering* como o consumidor final. Nesse caso, a lavagem e pré-processamento em si não foram responsáveis pela redução no teor de vitaminas C e carotenos em diferentes matérias-primas (cenoura ralada, couve desfiada e batatas descascadas), porém o principal fator de redução foi o tempo de armazenamento.[58]

Para grãos, procedimentos como irradiação podem ser empregados para controle microbiológico e de insetos na estocagem pré-processamento. Adlay irradiado apresentou perdas de tiamina de 7 a 25%, dependendo da dose, mas não ocorreu degradação de riboflavina.[59] Por outro lado, em feijão variedade Carioca, irradiado com diferentes doses da fonte de ^{60}Co, praticamente não ocorreu degradação de tiamina e riboflavina, enquanto a degradação das vitaminas B6 foi dose-dependente, chegando a perdas de 32% para piridoxamina e de 17% para piridoxina a 10 kGy.[60] Embora a vitamina C seja citada como um dos fitoquímicos mais susceptíveis ao efeito da radiação,[61] em abacaxi, banana e goiaba minimamente processados (descascados e cortados em fatias), perdas de ácido ascórbico não foram observadas nos produtos irradiados por diferentes tempos em comparação com os não irradiados.[62]

Como muitas das vitaminas estão localizadas nas camadas mais superficiais dos grãos ou no germe, o processo de beneficiamento de cereais causa perdas expressivas e dependentes do grau de extração. Por exemplo, como os tocoferóis estão concentrados sobretudo nas camadas mais externas dos grãos de arroz, houve 71% de redução nos níveis dessa vitamina durante a moagem de arroz sem casca.[63] As perdas de tocoferóis e tocotrienóis aumentaram significativamente com o acréscimo no grau de moagem do arroz, chegando a até 70% de perdas[64] (Figura 6.19). No beneficiamento de trigo após moagem, somente 43% de tiamina, 67% de riboflavina e 20% de piridoxina foram recuperadas na farinha branca.[65]

Em processos com remoção da gordura, como padronização do leite ou obtenção de leite semi ou totalmente desnatado, ocorrem perdas muito expressivas das vitaminas lipossolúveis A, D e E, originalmente presentes.[14] Para produtos lácteos, outras etapas de remoção física podem também acontecer, como na preparação de queijo, em que as vitaminas hidrossolúveis são significativamente perdidas com a remoção parcial do soro.[66]

Processos de conservação térmicos e não térmicos

Os diferentes processamentos podem causar perdas variáveis de vitaminas, que dependem das características estruturais do composto e do tipo de alimento. Além disso, a degradação de vitaminas depende das características intrínsecas do meio (atividade de água e pH) e dos parâmetros específicos de processo, por exemplo, presença de oxigênio, incidência de luz, e, claro, o binômio tempo/temperatura do tratamento térmico.

Em geral, as vitaminas mais instáveis são o retinol (legumes ferventes, 33% de retenção), vitamina C (os fatores mais prejudiciais são aquecimento e oxidação), folatos (lixiviação na água de cozimento, retenção de 40%) e tiamina (aquecimento, retenção de 20-80%). A niacina, biotina e ácido pantotênico são bastante estáveis, mas informações sobre algumas vitaminas, especialmente as vitaminas D e K, ainda são contraditórias. Nos alimentos, os percentuais de perdas de algumas vitaminas são quase sempre relatados no início e após o tratamento térmico. Porém, a determinação do perfil cinético durante o tratamento térmico é altamente desejável, pois pode ser utilizado para descrever o efeito do tempo e temperatura nesses nutrientes.[67]

O leite cru apresenta predominantemente all-*trans*-retinol, porém ocorre isomerização dessa forma para as formas *cis*-, e a velocidade dessa transformação depende diretamente da intensidade do tratamento térmico. O leite pasteurizado submetido a temperaturas entre 72-76 °C durante

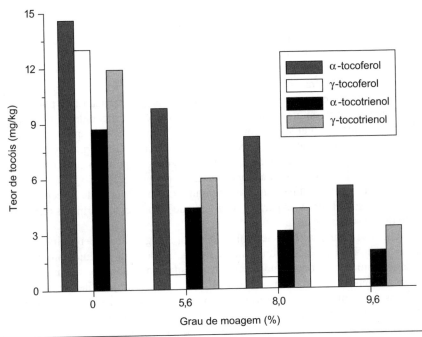

Figura 6.19 Concentração de tocoferóis e de tocotrienóis em arroz submetido a diferentes graus de moagem.
Fonte: Adaptado de Ha et al.[64]

15 segundos apresentou 6% de 13-*cis*-retinol, enquanto com tratamentos térmicos mais severos ocorreu maior grau de isomerização, sendo 15% em leite UHT e 33% em leite esterilizado. A presença de isômeros *cis*- em leite fermentado sugere que processos de fermentação também podem induzir a isomerização. Em diferentes queijos, o grau de isomerização do all-*trans*- para *cis*-retinol variou de 7 a 35%.[68] Por outro lado, para a vitamina D observou-se maior estabilidade. No processo semicontínuo para obtenção de leite em pó fortificado, não ocorreram perdas significativas dessa vitamina quando adicionada ao leite sob agitação, seguido de pré-aquecimento a baixa pressão com injeção direta de vapor (95 °C), evaporação em cinco estágios e atomização (149 °C), seguido por leito fluidizado (107 °C).[69] Além disso, não foi observada degradação de vitamina D3 no processo de pasteurização de queijos.[70] A recuperação da vitamina D3 adicionada ao leite utilizado para fabricação de queijos Cheddar com teor normal e com baixo teor de gordura, ambos fortificados, foi de 91 e 55%, respectivamente; mas as perdas não foram atribuídas ao tratamento térmico e sim ao arraste para o soro.[71]

Comportamento similar de isomerização do retinol à alta temperatura também foi descrito no processo de secagem de ovo pasteurizado por atomização, observando-se pequena conversão do isômero all-*trans*- em 13-*cis*-, enquanto o teor de tocoferol não foi afetado.[72]

O cozimento não acarretou perdas nos teores de vitamina K (filoquinona) de produtos vegetais comercialmente disponíveis em latas ou recipientes de vidro, secos ou congelados.[73] Por outro lado, perdas de vitamina K1 na faixa de 15% em óleos vegetais foram observadas durante aquecimento a 185-190 °C por até 40 min.[74]

Estudos sobre o comportamento de tocóis mostraram que no refino de óleos vegetais os tocoferóis não são apenas parcialmente destilados mas também oxidados durante o processo de desodorização. O efeito da alta temperatura de tratamento (180-260°C) no α-tocoferol em trioleína foi analisado sob uma atmosfera de pressão reduzida (4-40 mbar), simulando a etapa de desodorização do refino de óleos vegetais. Perda de até 14% de α-tocoferol foi observada, a qual foi inibida pela adição do antioxidante sintético TBHQ ou quando o aquecimento foi realizado sob atmosfera de nitrogênio, comprovando a perda por degradação oxidativa. Os produtos de oxidação foram identificados como α-tocoferolquinona, 4a,5-epoxi-α-tocoferolquinona e 7,8-epoxi-α-tocoferolquinona.[75]

Na fabricação de pão francês com diferentes tipos de trigo foram descritas perdas significativas de carotenoides e de vitamina E; no entanto, essa degradação não pode ser atribuída apenas à alta temperatura empregada. Até 66% de perdas de carotenoides e 12% de tocoferóis foram observadas durante o amassamento da massa de pão, indicando que, durante essa etapa, os carotenoides são mais susceptíveis à oxidação pela lipoxigenase do que a vitamina E. Após o assamento, menor degradação de vitamina E (até 30%) em comparação com os carotenoides (36 a 45%, dependendo do tipo de farinha) foi observada[76] (Figura 6.20).

Para as vitaminas hidrossolúveis, que apresentam grande diferença de susceptibilidade à temperatura, no geral são observadas perdas, uma vez que os processos térmicos também facilitam a lixiviação de constituintes do tecido.

Por ser uma das vitaminas mais termolábeis, e por sua grande susceptibilidade à lixiviação, a tiamina é comumente utilizada como índice de qualidade para produtos processados de alta acidez,[77] assim como a vitamina C pode ser considerada como índice para frutas e hortaliças.[78]

No processamento térmico intenso (100 a 130 °C, 90 a 180 min) de filés de salmão acondicionados em latas de alumínio e aquecidos em banho de óleo, observou-se perdas de tiamina de 68 a 92%.[77] No cozimento sob pressão de diferentes variedades de arroz (6 a 7 min, proporção produto: água 1:2,5), observou-se perdas de 29 a 63%.[79] No primeiro caso, a degradação foi atribuída somente à severidade do processo térmico, enquanto no segundo processo, mais brando, além da degradação térmica, as perdas também podem ser relacionadas com a solubilização inerente ao cozimento em água (Figura 6.21).

A degradação de ácido ascórbico também é na maioria das vezes citada como um bom indicador de alterações em produtos submetidos a processamentos térmicos. Ao avaliar a cinética de degradação da vitamina no cozimento em água, destaca-se a importância de seu estudo em cada produto específico. Além da composição, fatores como a distribuição do nutriente no vegetal e área superficial exposta alteram a solubilização. Após 20 min de cozimento a 100 °C na proporção de 1:4 produto:água, tanto para a couve como para a couve-flor praticamente não houve

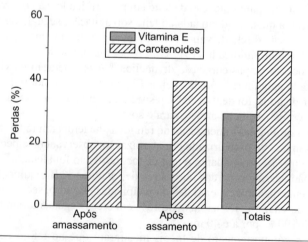

Figura 6.20 Perdas de vitamina E e de carotenoides durante as diferentes etapas de obtenção de pão fabricado com trigo *Durum*.

Fonte: Adaptado de Leenhardt et al.[76]

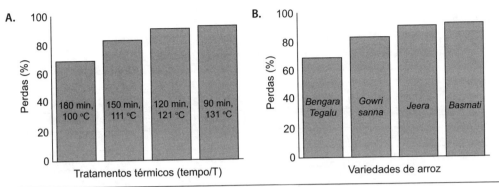

Figura 6.21 Perdas de tiamina no processamento de filés de salmão (A) e cozimento de arroz (B).
Adaptado de Khatoon & Prakash[79] e Kong et al.[77]

degradação térmica, mas uma grande proporção da vitamina perdida do produto foi solubilizada na água. Comparando-se com o cozimento em vapor pelo mesmo tempo, em que não se observa solubilização, houve maior retenção de vitamina nos dois produtos e em torno de 25% de perda associada à degradação térmica[78] (Figura 6.22).

A estabilidade do ácido fólico diante da temperatura tem sido foco de vários estudos, uma vez que com a fortificação obrigatória de farinhas em muitos países é importante definir perdas posteriores em processos para avaliar a relação custo-benefício da fortificação. Anderson et al.[80] relatam perdas de 22 a 32% no assamento de pães elaborados com farinhas fortificadas, estimando-do, então, o teor inicial que deve ser adicionado na farinha para obtenção de pão que seja boa fonte de ácido fólico.

Em paralelo às perdas de ácido fólico, o processo de panificação (fermentação e assamento) empregando diferentes cultivares de trigo e processos de fabricação pode também implicar em perdas expressivas de piridoxina (62%) e tiamina (37 a 65%), porém em menor degradação de riboflavina (0 a 10%).[81,82] Para produtos cárneos assados, foram descritas perdas de tiamina (43 a 80%), riboflavina (33 a 84%), piridoxina (25%), niacina (19 a 55%) e vitamina A (36%).[83,84]

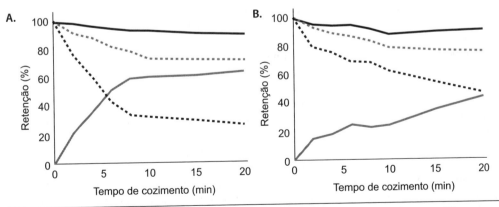

Figura 6.22 Retenção de ácido ascórbico após cozimento em água e vapor de couve (A) e couve-flor (B). Processo em água: ····· retida no produto; ⎯⎯ solubilizada; ⎯⎯ total (retida + solubilizada); Processo no vapor: ····· retida no produto.
Fonte: Benassi.[78]

Tabela 6.6 Perdas (%) de vitaminas lipo e hidrossolúveis devido ao processo de extrusão.

Vitaminas		Perdas no processo (%)	
		Peletização	Extrusão
Lipossolúveis	A	0 - 40	12 - 53
	D	0 - 35	0 - 25
	E	0 - 15	10 - 15
	K	20 - 50	0 - 50
Hidrossolúveis	B1	4 - 50	5 - 100
	B2	0 - 15	0 - 36
	B6	0 - 30	5 - 25
	Niacina	5 - 10	10 - 30
	Ácido pantotênico	10 - 20	10 - 20
	Colina	0 - 5	0 - 5
	Ácido fólico	5 - 45	27 - 100
	Biotina	0 - 35	10 - 28
	B12	0 - 10	0 - 10
	C	30 - 80	55 - 95

Fonte: Adaptado de Riaz et al.[85]

Entre os processos com emprego de alta temperatura, a extrusão se destaca pelas elevadas perdas de vitaminas lipo (de 0 a 50%) e hidrossolúveis (de 0 a 100%). As vitaminas mais sensíveis ao processo de extrusão são A e K dentre as liposolúveis e, entre as hidrossolúveis, as vitaminas C, B1 e ácido fólico (Tabela 6.6). As outras vitaminas do complexo B, como B2, B6, B12, niacina e pantotenato de cálcio, são relativamente estáveis.[85]

O uso de tecnologias emergentes, como alta pressão, ultrassom, irradiação e de campos elétricos pulsantes, tem sido proposto como alternativa a métodos térmicos de conservação para manutenção dos atributos de qualidade devido à eficiência na inativação enzimática e redução da contagem microbiana aplicando processos à temperatura ambiente ou muito baixa.

Ocorre menor perda de vitaminas em processos à alta pressão quando comparado com tratamento térmico convencional, uma vez que a estrutura de moléculas de alto peso molecular (proteínas e polissacarídeos) é afetada, porém moléculas menores, como as vitaminas, usualmente são menos alteradas.[86] O ácido ascórbico, porém, é facilmente oxidado durante o tratamento com alta pressão (perdas de 9 a 89% em produtos variados). As vitaminas B1, B2, B6, niacina e ácido fólico podem também ser degradadas, mas existem poucos dados sobre os efeitos nas vitaminas liposolúveis. No entanto, o tratamento pode levar ao aumento na biodisponibilidade de folatos e ácido ascórbico.[87]

A irradiação, cujo uso foi anteriormente descrito no pré-tratamento de matérias primas vegetais, tem também seu emprego no processamento não térmico de uma larga gama de produtos.[61] Para hambúrgueres enriquecidos com ácido fólico, são descritas perdas em torno de 20 a 30% com o processo de irradiação[88] (Figura 6.23), mas boa estabilidade foi observada para vitamina K (filoquinona) em produtos vegetais irradiados.[73]

Para campos elétricos pulsantes, são relatadas perdas pouco significativas (até 13%) para várias vitaminas, e inferiores às observadas para tratamento em micro-ondas, em que provavelmente também ocorre um pouco de lixiviação (Tabela 6.7).

Tabela 6.7 Perdas (%) de vitaminas lipo e hidrossolúveis no processamento de diferentes alimentos com campos elétricos pulsantes e micro-ondas.

Vitamina	Perdas com processo (%) Campos elétricos	Perdas com processo (%) Micro-ondas
A	7-13	0-10
C	0-13	7-15
B1	nd	23-58
B2	0-4	33-61
B6	nd	38
Niacina	nd	12-21
Ácido fólico	0-6	nd
Biotina	0-4	nd
Ácido pantotênico	0-5	nd

nd: não determinado.
Fonte: Benassi;[78] Kumar & Aalbersberg;[84] Rivas et al.;[89] Ersoy & Ozeren;[83] Odriozola-Serrano et al.;[90] Soliva-Fortuny et al.[91]

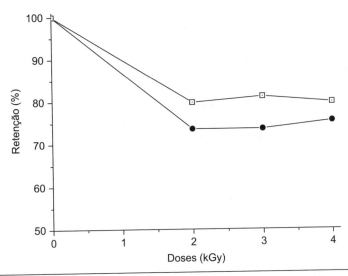

Figura 6.23 Retenção de ácido fólico após irradiação em hambúrguer enriquecido em diferentes níveis: ● 1,2 mg/100 g; □ 2,4 mg/100 g.
Fonte: Adaptado de Galán et al.[88].

Estocagem

Como esperado, as condições de estocagem são fatores determinantes na velocidade de degradação das vitaminas. Em geral, temperaturas mais altas, presença de oxigênio e de luz catalisam a degradação de todas as vitaminas. No entanto, comparadas às alterações sofridas no pré-processamento e processamentos diversos, as perdas na etapa de estocagem são geralmente menos significativas, uma vez que a velocidade das reações é reduzida à temperatura ambiente ou inferiores, e o nível de oxigênio nos tecidos se reduz.[14]

Estudos comparando diferentes temperaturas de armazenamento são os mais frequentes, uma vez que o efeito da temperatura é determinante para a velocidade de todas as reações envolvidas em processos de degradação de vitaminas.

A composição de vitaminas de ovo em pó pasteurizado e seco por atomização não sofreu alteração significativa quando armazenado a 4°C por 12 meses; entretanto, redução de 14% de tocoferóis e de 40% de retinol foi registrada após o mesmo tempo de armazenamento à temperatura de 20°C.[72]

A degradação das vitaminas A (palmitato ou acetato de retinila), E (acetato de α-tocoferila) e C (ácido ascórbico) em fórmulas infantis enriquecidas armazenadas por 18 meses foi maior a 40°C do que a 25 °C. Os produtos (em pó) foram mantidos em atmosfera modificada com N_2 e CO_2 (<2% O_2). No final do armazenamento a 25 °C, ocorreram perdas de 18-21% de vitamina A; 9-19%, de vitamina E; e 20-35%, de vitamina C, enquanto a 40 °C as perdas de vitamina A foram de 28-29%, de vitamina E foram 23-28% e as de vitamina C foram de 28-49%[92]. A diferença entre os tratamentos pode ser observada para as vitaminas A e E notadamente a partir do 3° mês, mas, para vitamina C, o emprego de temperatura mais alta já foi responsável por maiores perdas desde 1° mês de armazenamento (Figura 6.24).

A estabilidade do palmitato de retinila sozinho ou em uma mistura vitamínica adicionada a flocos de milho foi determinada durante o armazenamento à temperatura ambiente (23 °C) e a 45 °C. Após 6-8 semanas de armazenamento, houve perda de mais de 90% do palmitato de retinila em todas as amostras, exceto nos flocos de milho enriquecidos com a mistura vitamínica e mantidos à temperatura ambiente. A presença de outras vitaminas, como vitaminas B1, B6, B12, C e D, reduziu a perda de vitamina A, mas mesmo assim a redução ainda foi significativa.[93]

Perdas de retinol também são verificadas mesmo a baixas temperaturas. Os teores de retinol do fígado de frango das linhagens Cobb e Ross diminuíram de 36 a 44% no armazenamento a -18 °C por 90 dias[94] (Figura 6.25).

Por outro lado, não foi observada degradação de vitamina D3 durante a maturação (3-8 °C) por um ano de queijos Cheddar com teor normal e com baixo teor de gordura, ambos fortificados.[71] Mesmo durante estocagem à temperatura ambiente (21-29 °C) por nove meses, observou-se boa estabilidade da vitamina D em queijos fortificados pasteurizados.[70]

Nos vegetais que sofreram tratamento térmico (conservas) ou irradiação-γ, a vitamina K apresentou boa estabilidade tanto durante o congelamento a -20 °C como durante a estocagem à temperatura ambiente (24-27 °C).[95]

Para frutas e vegetais, o abaixamento de temperatura empregado em conjunto com embalagens de atmosfera modificada, em paralelo ao aumento da vida de prateleira do produto, possibilita menor perda de ácido ascórbico, uma vez que a retenção dessa vitamina está diretamente associada à manutenção da integridade dos tecidos. Para produtos vegetais minimamente processados estocados à temperatura de refrigeração, os sistemas de embalagem empregados (atmosfera modificada) bem como as características de permeabilidade dos filmes ou recobrimento empregados são determinantes na qualidade dos produtos, como retenção de vitaminas.[58,96]

Em alimentos vegetais processados, a manutenção do teor de vitamina C durante a estocagem depende da acidez do meio, pois produtos com baixo pH geralmente exibem taxas de degradação mais baixas. Polpa de acerola pasteurizada comercial manteve o teor de ácido ascórbico constante (1.344 mg/100 g) ao longo de quatro meses de armazenagem congelada, tanto a -12°C como a -18°C.[97] Em suco de laranja natural não pasteurizado (pH inferior a 3,5) obtido em extrator de pequeno porte e acondicionado em embalagem de polietileno, após armazenamento em condições isotérmicas e não isotérmicas a temperaturas entre 4 e 12 °C por 48 h (prazo de validade do produto), observou-se perdas inferiores a 20% do teor inicial de ácido ascórbico.[98]

Para mangas Keitt estocadas a temperaturas de 12 °C, 17 °C e 22 °C sem embalagem ou embaladas em polietileno de baixa densidade, observou-se que a degradação de ácido ascórbico seguiu uma cinética de primeira ordem, com as taxas de degradação (k_{obs}) diminuindo com o

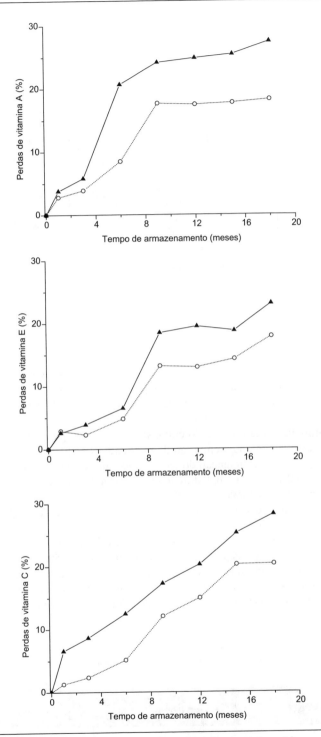

Figura 6.24 Retenção de vitaminas A, E e C em fórmulas infantis enriquecidas em pó à base de leite, armazenadas por 18 meses a 25 °C (○) e a 40 °C (▲), ambas em atmosfera modificada com N_2 e CO_2 (< 2% O_2).

Fonte: Adaptado de Chavéz-Servín et al.[92].

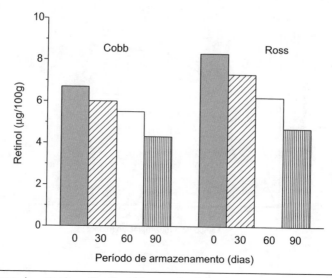

Figura 6.25 Teores de retinol em fígado de frango das linhagens Cobb e Ross armazenados a -18 °C por 90 dias.

Fonte: Adaptado de Dos Santos et al.[94]

decréscimo da temperatura e com o uso da embalagem (Tabela 6.8). No intervalo de 12 °C a 22 °C, um aumento de 10 °C na temperatura de armazenamento triplicou a taxa de degradação de vitamina C (Q_{10} = 2,8) nas mangas controle, enquanto nos frutos embalados o efeito da temperatura sobre o ácido ascórbico não foi significativo (Q_{10} = 1).[99]

Em brócolis minimamente processado embalado em saco de polipropileno e estocado a 12 °C por oito dias, observou-se que o emprego de modulador de etileno, 1-metilciclopropeno (1-MCP), contribuiu para a maior retenção do teor de vitamina C, 65 mg/100 g, nos produtos que continham sachê com 0,14% de 1-MCP diluído em 5 g de amido de mandioca contra 33 mg/100 g no brócolis em embalagem convencional.[100]

Mudanças associadas à presença de luz durante o armazenamento são também muito relevantes para algumas das vitaminas.

Um exemplo interessante são as mudanças de sabor e valor nutricional tanto em leite integral como em leite desnatado causadas pela ação da luz na faixa de 400-500 nm devido à presença de riboflavina. No leite desnatado fortificado com vitaminas A e D_3, essas vitaminas não degradaram quando o leite foi estocado no escuro a 8 °C, porém ocorreu maior degradação da vitamina A (k_{obs} = 0,24 h^{-1}) do que a D (k_{obs} = 0,02 h^{-1}) quando o leite foi armazenado sob luz fluorescente

Tabela 6.8 Constante de velocidade de degradação (k_{obs}) para mangas Keitt armazenadas a 12°C, 17 °C e 22 °C.

Temperatura (°C)	k_{obs} (dia^{-1})	
	sem embalagem	com polietileno
12	-2,27 × 10^{-2}	-1,95 × 10^{-2}
17	-3,06 × 10^{-2}	-2,16 × 10^{-2}
22	-6,39 × 10^{-2}	-2,00 × 10^{-2}

Fonte: Yamashita et al.[99]

nessa mesma temperatura.[41] Para evitar estas alterações, adicionou-se licopeno microencapsulado com goma arábica, que protegeu em cerca de 45% as vitaminas A (k_{obs} = 0,13 h^{-1}) e a D (k_{obs} = 0,01 h^{-1}), agindo por meio da combinação de diferentes mecanismos de fotoproteção: filtro interno, inativação da ^{3}Rf* pela goma arábica e do $^1O_2$ pelo licopeno.[41]

Em amostras de leite UHT com baixo teor de gordura e fortificado com vitaminas A, B2 e D3, embaladas em garrafas de polietileno tereftalato (PET) e estocadas por 12 semanas a 23 °C no escuro, ocorreu perda de 16% de vitamina A, enquanto os níveis das vitaminas B2 e D3 permaneceram praticamente estáveis. Por outro lado, sob armazenamento na presença de luz (700 lux), em garrafas PET claras com alta transmissão luminosa, ocorreu redução de 93% do conteúdo inicial de vitamina A, de 66% de vitamina D3, enquanto a vitamina B2 foi completamente degradada[101] (Figura 6.26).

Grandes perdas de vitamina K1 de óleo de colza em embalagem transparente ocorreram após dois dias de exposição à luz fluorescente (46%) e na presença de luz solar (87%). Após 22 dias de exposição, restaram no óleo apenas 9 e 4% de vitamina K1, nas condições já descritas, respectivamente.[74]

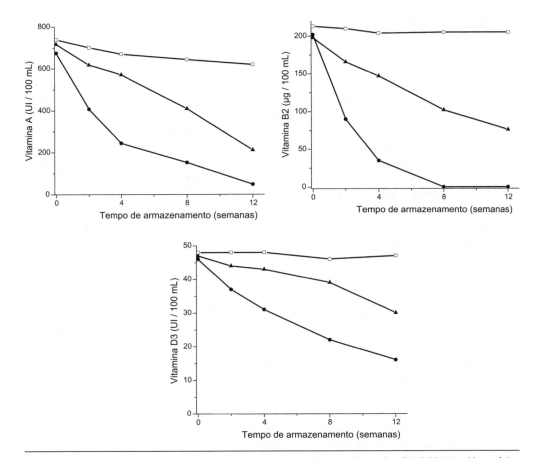

Figura 6.26 Concentração das vitaminas A (UI/100 mL), B2 (μg/100 mL) e D3 (UI/100 mL) em leite desnatado estocado a 23 °C no escuro e sob iluminação (700 lux). Com luz: ● PET claro (baixo nível de pigmentos brancos, 100% transmitância a 500 nm) e ▲ PET pigmentado (pigmentos brancos e amarelos, 5 a 10% de transmitância a 500 nm). Controle: □ PET pigmentado, no escuro.

Fonte: Adaptado de Saffert et al.[101].

Adição de vitaminas e informação de conteúdo na rotulagem nutricional

Para enriquecimento/fortificação com um nutriente recomenda-se escolher como veículos alimentos que sejam consumidos em quantidades tais que contribuam significativamente para a dieta da população-alvo. Deve-se também assegurar que a ingestão do nutriente esteja abaixo dos níveis desejáveis na dieta e que a adição não contribua para criar um desbalanço da dieta nem leve ao perigo de intoxicação devido à ingestão excessiva. Os nutrientes adicionados deverão estar biodisponíveis e ainda ser estáveis às condições de processamento, estocagem, comercialização e uso do alimento enriquecido. No estabelecimento de uma política de enriquecimento, devem ser considerados danos e problemas que a carência do nutriente acarreta, bem como estabelecer relações custo/efetividade e custo/benefício.

Em todo o mundo, a adição de vitaminas aos alimentos é realizada com os seguintes objetivos básicos: restauração, enriquecimento, fortificação e normalização (padronização) ou nutrificação. Restauração envolve a recomposição, no todo ou em parte, de perdas de vitaminas sofridas durante o processamento, como, por exemplo, a adição de vitaminas A e D ao leite em pó desnatado, e de vitamina D ao leite evaporado. Na maioria das vezes, este enfoque também é considerado para adição de vitaminas B1, B2, niacina e ferro à farinha de trigo para compensar as perdas ocorridas na moagem de cereais. O enriquecimento diz respeito à adição de vitaminas em teores acima dos naturais. A fortificação refere-se, mais especificamente, à adição de vitaminas aos alimentos que são portadores apropriados para determinada vitamina, mas que não necessariamente contêm essa vitamina naturalmente, e é geralmente realizada para reproduzir a composição de um alimento que um sucedâneo pretende substituir, como no caso de margarina e fórmulas infantis. Pode visar, além disso, a redistribuição de nutrientes pouco disponíveis por razões econômicas, culturais ou geográficas. Assim, a margarina é enriquecida com vitaminas A e D em muitos países. A fortificação pode ainda ser empregada na produção de alimentos especiais para gestantes, nutrizes, lactentes e outros usos especiais em que uma ingestão maior de nutrientes é recomendada, como no caso do ácido fólico em farinhas. Padronização refere-se à adição para compensar as flutuações naturais dos teores de vitaminas, como, por exemplo, os teores de vitaminas A e D em leite e manteiga estão sujeitos a variações sazonais e, portanto, essas vitaminas podem ser adicionadas a esses produtos para manter os níveis constantes.

No Brasil, a possibilidade de adição de vitaminas está contemplada no "Regulamento técnico para fixação de identidade e qualidade de alimentos adicionados de nutrientes essenciais" (Portaria 31/1998, SVS/MS).[12] A legislação prevê tanto a reposição de nutrientes perdidos pelo processamento e armazenamento (alimento restaurado), como a adição de nutrientes contidos ou não naturalmente no produto original, com o objetivo de aumentar seu valor nutricional e/ou prevenir deficiências de nutrientes numa população (alimento fortificado, enriquecido ou simplesmente adicionado de nutrientes).

Está prevista a adição de vitaminas na forma de sais e derivados de comprovada biodisponibilidade, como vitamina A (β-caroteno ou outra pró-vitamina A ou mistura), tocoferóis, vitaminas D e K, tiamina, riboflavina, ácido pantotênico, niacina (niacinamida ou ácido nicotínico), piridoxina, cianocobalamina, ácido fólico, biotina e ácido ascórbico (e seus sais). Na rotulagem do alimento é proibida qualquer expressão ou alegação de natureza terapêutica.

Desde 2002, a legislação brasileira (Resolução RDC 344/2002, ANVISA/MS) prevê o enriquecimento obrigatório com ácido fólico (em combinação com ferro) nas farinhas de trigo e de milho pré-embaladas na ausência do consumidor, e nas destinadas ao uso industrial, como as para panificação e as adicionadas nas pré-misturas. Devem ser empregados compostos de grau alimentício, e o produto final deve fornecer no mínimo 150 µg de ácido fólico/100 g, garantindo-se a manutenção desses teores nas farinhas dentro do prazo de validade.[12]

Quanto à informação dos teores de vitaminas em alimentos, há, desde 2003, a obrigatoriedade de rotulagem nutricional para produtos embalados na ausência do consumidor (RDC 359 e 360/2003, 163/2006, 31/2012 e 360/2013, ANVISA/MS).[12] Na declaração de nutrientes, são exigidas as seguintes informações: valor calórico, carboidratos, proteínas, gorduras (totais e *trans*-), fibra alimentar e sódio. Os teores de vitaminas podem ser declarados na lista de ingredientes e/ou na Tabela de Informação Nutricional desde que o alimento forneça no mínimo 5% do valor diário da Ingestão Diária Recomendada (IDR) por porção indicada no rótulo. Essa abreviação é utilizada na legislação brasileira, enquanto o termo correspondente em inglês é *Recommended dietary allowances* (RDA). Não há obrigatoriedade de declaração dos teores de vitaminas a não ser nos casos em que se utiliza a Informação Nutricional Complementar, fazendo afirmação ou sugestão que o produto apresenta propriedades nutricionais particulares no que diz respeito a esses nutrientes (RDC 54/2012, ANVISA/MS). É permitida variação de até 20% nos teores declarados no rótulo, e, além dos teores, deve constar o percentual do valor diário da IDR representado por cada porção do alimento (Tabelas 6.3 e 6.5).

A informação nutricional complementar pode ser realizada também de forma comparativa, comparando o alimento a ser rotulado com um alimento de referência do mesmo fabricante ou de mercado (valor médio de três alimentos de referência comercializados no país). Para indicar que um alimento tem um conteúdo aumentado de uma vitamina, deve haver um aumento mínimo de 10%, e a diferença deve ser expressa no rótulo.

Além disso, a legislação (RDC 54/2012, ANVISA/MS) define os conteúdos mínimos/máximos necessários de vitamina para o uso de cada denominação.[12] Para emprego das denominações fonte e alto conteúdo, são necessários um mínimo de 15 e 30%, respectivamente, da IDR por porção ou 100 g/100 mL em pratos preparados.

RESUMO

As vitaminas são micronutrientes essenciais obtidas por meio de uma dieta balanceada. A divisão das vitaminas em duas grandes classes, de acordo com sua solubilidade: lipossolúveis, vitaminas A, D, E e K, e hidrossolúveis, vitaminas do complexo B (tiamina, riboflavina, niacina, ácido pantotênico, vitamina B6, biotina, folatos, vitamina B12), vitamina C e colina são um forte indicativo sobre o seu comportamento durante processos que envolvem água ou retirada dos lipídeos. Além disso, características estruturais, como presença de ligações duplas, são indicativos de susceptibilidade a fatores como luz, oxigênio e alta temperatura. As vitaminas apresentam variabilidade quanto ao pH de maior estabilidade, mas, de um modo geral, são mais estáveis em condições de baixa temperatura, ausência de luz, de oxigênio e de metais. Os teores de vitaminas em alimentos variam dependendo da matéria-prima e principalmente com os processos empregados, e as perdas expressivas podem ocorrer desde as associadas à remoção física no pré-processamento, perdas por oxidação, lixiviação ou degradação térmica durante processamentos, até degradação na estocagem, quando em condições adversas. Retinol, vitamina C ou tiamina podem ser utilizados como indicadores da estabilidade dos nutrientes dependendo do tipo de produto e processo a ser estudado, mas para uma estimativa precisa é importante estudar o composto de interesse na matriz específica.

QUESTÕES PARA ESTUDO

6.1. Assinalar a(s) alternativa(s) **correta(s)**. Com relação às vitaminas:

( ) Apresentam estruturas químicas similares.

( ) A adição de niacina é obrigatória em farinhas no Brasil

( ) Vitamina A é solúvel em água e facilmente oxidada.

( ) O ácido ascórbico previne o escorbuto.

( ) A oxidação é a causa principal da perda de vitamina D no processamento para obtenção de leite desnatado.

6.2. Folhas de espinafre foram cozidas em água por 20 minutos. De acordo com os dados da tabela, responder qual foi a principal causa de perda de cada vitamina e correlacionar com a estrutura química.

a) vitamina A (β-caroteno)

b) folatos

vitaminas	cru	cozido	água de cozimento
folatos (μg/100 g)	150 ± 2	35 ± 3	114 ± 3
vitamina A (β-caroteno) (μg/g)	40 ± 5	33 ± 4	0 ± 1

6.3. Marcar abaixo a alternativa em que as duas vitaminas podem causar problemas se consumidas em excesso.

( ) vitaminas K e C

( ) vitaminas E e D

( ) vitaminas A e D

( ) vitaminas B_{12} e B_6

( ) niacina e tiamina

6.4. Você recomendaria a fortificação nos seguintes casos? Explicar.

a) vitamina A em leite em embalagem plástica transparente.

b) vitamina C em bebida com soja e suco de laranja (pH 3,5).

6.5. Marcar abaixo quais destas vitaminas apresentam atividade antioxidante.

( ) tiamina, riboflavina, niacina

( ) ácido ascórbico, retinol, tocoferol

( ) ácidos pantotênico e fólico, biotina

( ) nenhuma das opções

6.6. Com relação à vitamina A, assinalar a afirmação **incorreta**:

( ) A forma *trans* apresenta maior atividade vitamínica que a *cis*.

( ) A deficiência na dieta pode causar alterações na visão, como cegueira noturna.

( ) A forma retinol é encontrada apenas em vegetais.

( ) A exposição à luz reduz a atividade vitamínica.

( ) A clivagem do β-caroteno produz duas moléculas de vitamina A.

6.7. a) Explicar o comportamento das curvas de retenção de ácido ascórbico em pimentão nos três diferentes processos correlacionando com as propriedades físico-químicas da vitamina C. b) Qual é a principal causa da perda da vitamina em cada processo (cozimento em água, vapor e micro-ondas)?

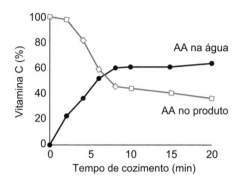
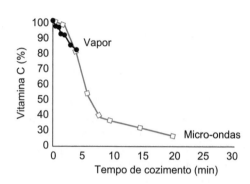

6.8. Relacionar:

vitamina A ( ) transportadores de grupos acílicos
coenzima A ( ) característica de alimentos de origem animal
ácido ascórbico ( ) constituinte do FAD
cianocobalamina ( ) ciclo visual
riboflavina ( ) agente fortemente redutor

6.9. Para os nutrientes abaixo:

a) Relacionar qual dos parâmetros poderia levar a perdas expressivas de cada vitamina:

vitamina E ( ) 1. Degradação enzimática
vitamina A/carotenoides ( ) 2. Presença de SO_2
tiamina (B_1) ( ) 3. Luz
vitamina C ( ) 4. Presença de O_2

b) Se um alimento com esses nutrientes na composição fosse submetido ao enlatamento em salmoura com posterior esterilização, qual você esperaria que fosse o efeito do processamento na retenção de cada nutriente?

6.10. Assinalar as alternativas **corretas**.

( ) A vitamina A é estável na presença de luz fluorescente.

( ) As vitaminas A, D, C e K são lipossolúveis.

( ) Vitaminas são componentes que não são sintetizados pelo organismo, ou o são em quantidades inferiores ao necessário.

( ) Na clara de ovo cru encontramos uma proteína, avidina, que complexa o ácido pantotênico, reduzindo sua absorção pelo intestino.

Referências bibliográficas

1. Vandamme EJ. Vitamins and related compounds via microorganisms: a biotechnological view. In: Biotechnology of vitamins, pigments, and growth factors. Vandamme EJ (ed.). Elsevier Science Publ 1989; 1-14.

2. Bauerfeind JC. Carotenoid, vitamin A precursors and analogs in foods and feeds. Journal of Agricultural and Food Chemistry 1972; 20:456-64.

3. National Academy of Sciences. Dietary Reference Intakes for Vitamin A, Vitamin K, Arsenic, Boron, Chromium, Copper, Iodine, Iron, Manganese, Molybdenum, Nickel, Silicon, Vanadium, and Zinc. Chapter 4 Vitamin A. Washington: National Academy Press 2001; 82-161. Disponível em http://www.nap.edu/openbook.php?isbn=0309072794.

4. Palmer AC, West Jr. KP. A quarter of a century of progress to prevent vitamin A deficiency through supplementation. Food Reviews International 2010; 26:270-301.

5. Penteado MVC. Vitaminas - Aspectos nutricionais, bioquímicos, clínicos e analíticos. São Paulo: Editora Manole 2003; 612 p.

6. De Rosso VV, Mercadante AZ. Identification and quantification of carotenoids, by HPLC-PDA-MS/MS, from Amazonian fruits. Journal of Agricultural and Food Chemistry 2007; 55:5062-72.

7. Ye X, Al-Babili S, Kloti A, Zhang J, Lucca P, Beyer P et al. Engineering the provitamin A (β-carotene) biosynthetic pathway into (carotenoid-free) rice endosperm. Science 2000; 287:303-5.

8. Paine JA, Shipton CA, Chaggar S, Howells R, Kennedy MJ, Vernon G, et al. Improving the nutritional value of Golden Rice through increased pro-vitamin A content. Nature Biotechnology 2005; 23: 482-487.

9. National Academy of Sciences. Institute of Medicine. Food and Nutrition Board. Dietary Reference Intakes for Calcium and Vitamin D, 2010.

10. FAO Human vitamins and mineral requirements. World Health Organization: Rome, 2002. Disponível na Internet: http://www.fao.org/docrep/004/y2809e/y2809e00.htm#Contents.

11. National Academy of Sciences. Dietary Reference Intakes (DRIs): Recommended intakes for individuals, Vitamins. Washington: National Academy Press, 2004. Disponível em http://fnic.nal.usda.gov.

12. ANVISA Agência Nacional de Vigilância Sanitária. Alimentos. Disponível em http://portal.anvisa.gov.br/wps/portal/anvisa/anvisa/home/alimentos/.

13. National Academy of Sciences. Dietary reference intakes for vitamin C, vitamin E, selenium, and carotenoids: a report. Washington: National Academy Press 2000; 507 p.

14. Gregory JF. Vitamins. In Fennema's food chemistry, Damodaran S, Parkin KL, Fennema OR (ed.). Boca Raton: CRC Press 2008;439-521.

15. Grosch W, Schieberle P. Vitamins. In Food Chemistry; Springer: New York, pp. 403-20, 2009.

16. TACO Tabela Brasileira de Composição de Alimentos. 2ª ed. Campinas: NEPA 2006; 19-54.

17. LATINFOODS. Tabla de Composición de Alimentos de América Latina. 2010. Disponível em http://www.rlc.fao.org/bases/alimento.

18. Spitzer V. Vitamin Basics. The Facts about Vitamins in Nutrition. DSM Nutritional Products. 3 ed. 2007; 97 p.

19. Failloux N, Bonnet I, Perrier E, Baron MH. Effects of light, oxygen and concentration on vitamin A. Journal of Raman Spectroscopy 2004; 35:140-7.

20. Manan F, Baines A, Stone J, Ryley J. The kinetics of the loss of all-*trans*-retinol at low and intermediate water activity in air in the dark. Food Chemistry 1995;52:267-73.

21. Picciano MF. Vitamin D status and health. Critical Reviews in Food Science and Nutrition 2010; 50:24-25.

22. Van den Berg H. Bioavailability of vitamin D. European Journal of Clinical Nutrition 1997; 51:S76-9.

23. Vieth R. Vitamin D nutrition and its potential health benefits for bone, cancer and other conditions. Journal of Nutrition and Environmental Medicine 2001; 11:275-91.

24. Gillie O. Sunlight robbery: a critique of public health policy on vitamin D in the UK. Molecular Nutrition & Food Research 2010; 54:1148-63.

25. Grossmann RE, Tangpricha V. Evaluation of vehicle substances on vitamin D bioavailability: a systematic review. Molecular Nutrition & Food Research 2010; 54:1055-61.

26. Jackson RD, LaCroix AZ, Gass M, Wallace RB, Robbins J, Lewis CE, et al. Calcium plus vitamin D supplementation and the risk of fractures. New England Journal of Medicine 2006; 354:669-83.

27. Tian XQ, Holick MFA. Liposomal model that mimics the cutaneous production of vitamin D3. The Journal of Biological Chemistry 1999; 274:4174-9.

28. Renken SA, Warthesen JJ. Vitamin D stability in milk. Journal of Food Science 1993; 58:552-5.

29. Li T-L, Min DB. Stability and photochemistry of vitamin D2 in model system. Journal of Food Science 1998; 63:413-417.

30. Zhang F, Nunes M, Segmuller B, Dunphy R, Hesse RH, Setty SKS. Degradation chemistry of a vitamin D analogue (ecalcidene) investigated by HPLC–MS, HPLC–NMR and chemical derivatization. Journal of Pharmaceutical and Biomedical Analysis 2006; 40:850-63.

31. Traber MG. Regulation of xenobiotic metabolism, the only signaling function of α-tocopherol? Molecular Nutrition and Food Research 2010; 54:661-8.

32. Burton GW, Ingold KU. Autoxidation of biological molecules. 1. The antioxidant activity of vitamin E and related chain-breaking phenolic antioxidants *in vitro*. Journal of the American Chemical Society 1981; 103:6472-7.

33. Ball FMG. Vitamins in foods: Analysis, Bioavailability, and Stability. CRC Press 2006; 770 p.

34. Damon M, Zhang NZ, Haytowitz DB, Booth SL. Phylloquinone (vitamin K1) content of vegetables. Journal of Food Composition and Analysis 2005; 18:751-8.

35. Davidson KW, Booth SL, Dolinokowski GG, Sadowski JA. Conversion of vitamin K1 to 2',3'-dihydrovitamin K1 during the hydrogenation of vegetable oils. Journal of Agricultural and Food Chemistry 1996; 44:980-3.

36. Baldrick FRm Woodside JV, Elborn JS, Young IS, McKinley MC. Biomarkers of fruit and vegetable intake in human intervention studies: a systematic review. Critical Reviews in Food Science and Nutrition 2011; 51:795-815.

37. Hathcock JN, Azzi A, Blumberg J, Bray T, Dickinson A, Frei B, et al. Vitamins E and C are safe across a broad range of intakes. American Journal of Clinical Nutrition 2005; 81:736-45.

38. Rojas AM, Gerschenson LN. Ascorbic acid destruction in aqueous model systems: an additional discussion. Journal of the Science of Food and Agriculture 2001; 81:1433-39.

39. Powers HJ. Riboflavin (Vitamin B-2) and health. American Journal of Clinical Nutrition 2003; 77:1352-60.

40. Choe E, Huang R, Min D. Chemical reactions and stability of riboflavin in foods. Journal of Food Science 2005; 70:28-36.

41. Montenegro MA, Nunes IL, Mercadante AZ, Borsarelli CD. Photoprotection of vitamins in skimmed milk by an aqueous soluble lycopene-gum arabic microcapsule. Journal of Agricultural and Food Chemistry 2007; 55:323-9.

42. Hathcock JN. Vitamins and minerals: efficacy and safety. American Journal of Clinical Nutrition 1997; 66:427-37.

43. Kashanian M, Mazinani R. The evaluation of the effectiveness of pyridoxine (vitamin B6) for the treatment of premenstrual syndrome: a double blind randomized clinical trial. Journal of Nutrition Education and Behavior 2009; 41:S40-41.

44. Zempleni J, Wijeratne SSK, Hassan YI. Biotin. Biofactors 2009; 35:36-46.

45. Lucock M. Is folic acid the ultimate functional food component for disease prevention? British Medical Journal 2004; 328:211-14.

46. Smith AD, Young K, Refsum H. Is folic acid good for everyone? American Journal of Clinical Nutrition 2008; 87:517-533.

47. Allen LH. How common is vitamin B-12 deficiency? American Journal of Clinical Nutrition 2009; 89:693S-696S.

48. Stabler SP, Allen RH. Vitamin B12 deficiency as a worldwide problem. Annual Review of Nutrition 2004; 24:299-326.

49. Smith D, Refsum H. Vitamin B-12 and cognition in the elderly. American Journal of Clinical Nutrition 2009; 89:707S-711S.

50. Ferland G, Sadowski JA. Vitamin K1 (phylloquinone) content of green vegetables: effects of plant maturation and geographical growth location. Journal of Agricultural and Food Chemistry 1992; 40:1874-7.

51. Detoni AM, Herzog NFM, Ohland T, Kotz T, Clemente E. Influência do sol nas características físicas e químicas da tangerina Ponkan cultivada no oeste do Paraná. Ciência e Agrotecnologia 2009; 33:624-8.

52. Nogueira RJMC, Moraes JAPV, Burity HA, Silva Junior JF. Efeito do estádio de maturação dos frutos nas características físico-químicas de acerola. Pesquisa Agropecuária Brasileira 2002; 37:463-470.

53. De Rosso VV, Mercadante AZ. Carotenoid composition of two genotypes of acerola (*Malpighia punicifolia* L.) from two harvests. Food Research International 2005; 38:989-94.

54. Maciel MI, Mélo E, Lima V, Souza KA, Silva W. Caracterização físico-química de frutos de genótipos de aceroleira (*Malpighia emarginata* D.C.). Ciência e Tecnologia de Alimentos 2010; 30:865-869.

55. Dias MG, Sánchez MV, Bártolo H, Oliveira L. Vitamin content of fish and fish products consumed in Portugal. Electronic Journal of Environmental, Agricultural and Food Chemistry 2003; 2:510-3.

56. Gil-Izquierdo A, Gil MI, Ferreres F. Effect of processing techniques at industrial scale on orange juice antioxidant and beneficial health compounds. Journal of Agricultural and Food Chemistry 2002; 50: 5107-14.

57. Karmas E, Harris RS. Nutritional Evaluation of Food Processing. 3ª ed. New York: Van Nostrand Reinhold 1988; 787 p.

58. Alvenainen R. New approaches in improving the shelf life of minimally processed fruit and vegetables. Trends in Food Science & Technology 1996; 71:179-187.

59. Wen HW, Chung HP, Wang YT, Hsieh PC, Lin IH, Chou FI. Efficacy of gamma irradiation for protection against postharvest insect damage and microbial contamination of adlay. Postharvest Biology and Technology 2008; 50:208-215.

60. Villavicencio ALCH, Mancini-Filho J, Delincée H, Bognár A. Effect of gamma irradiation on the thiamine, riboflavin and vitamin B6 content in two varieties of Brazilian beans. Radiation Physics and Chemistry 2000; 57:299-303.

61. Alothman M, Bhat R, Karim AA. Effects of radiation processing on phytochemicals and antioxidants in plant produce. Trends in Food Science and Technology 2009; 20:201-12.

62. Alothman M, Bhat R, Karim AA. UV radiation-induced changes of antioxidant capacity of fresh-cut tropical fruits. Innovative Food Science and Emerging Technologies 2009; 10:512-6.

63. Finocchiaro F, Ferrari B, Gianinetti A, Dall'Asta C, Galaverna G, Scazzina F, et al. Characterization of antioxidant compounds of red and white rice and changes in total antioxidant capacity during processing. Molecular Nutrition and Food Research 2007; 51:1006-19.

64. Ha TY, Kob SN, Leeb SM, Kim H-R, Chung S-H, Kima S-R, et al. Changes in nutraceutical lipid components of rice at different degrees of milling. European Journal of Lipid Science and Technology 2006; 108:175-81.

65. Batifoulier F, Verny MA, Chanliaud E, Remesy C, Demigne C. Variability of B vitamin concentrations in wheat grain, milling fractions and bread products. European Journal of Agronomy 2006; 25: 163-169.

66. Swaisgood HE. Characteristics of Milk. In: Fennema's Food Chemistry. Damodaran S, Parkin KL, Fenemma OR (ed.). Boca Raton: CRC Press 2007; 439-521.

67. Leskova E, Kubikova J, Kovacikova E, Kosicka M, Porubska J, Holcikova K. Vitamin losses: Retention during heat treatment and continual changes expressed by mathematical models. Journal of Food Composition and Analysis 2006; 19:252-76.

68. Panfili G, Manzi P, Pizzoferrato L. Influence of thermal and other manufacturing stresses on retinol isomerization in milk and dairy products. Journal of Dairy Research 1998; 65:253-60.

69. Indyk H, Littlejohn V, Woollard DC. Stability of vitamin D3 during spray-drying of milk. Food Chemistry 1996; 57:283-6.

70. Upreti P, Mistry VV, Warthesen JJ. Estimation and fortification of vitamin D3 in pasteurized process cheese. Journal of Dairy Science 2002; 85:3173-81.

71. Wagner D, Rousseau D, Sidhom G, Pouliot M, Audet P, Vieth R. Vitamin D3 fortification, quantification, and long-term stability in Cheddar and low-fat cheeses. Journal of Agricultural and Food Chemistry 2008; 56:7964-9.

72. Caboni MF, Boselli E, Messia MC, Velazco V, Fratianni A, Panfili G, Marconi E. Effect of processing and storage on the chemical quality markers of spray-dried whole egg. Food Chemistry 2005; 92:293-303.

73. Langenberg JP, Tjaden UR, de Vogel EM, Langerak DI. Determination of phylloquinone (vitamin K1) in raw and processed vegetables using reversed phase HPLC with electrofluorometric detection. Acta Alimentaria 1986; 15:187-98.

74. Ferland G, Sadowski JA. Vitamin K1 (phylloquinone) content of edible oils: effects of heating and light exposure. Journal of Agricultural and Food Chemistry 1992; 40:1869-73.

75. Verleyen T, Verhe R, Huyghebaert A, Dewettinck K De Grey W. Identification of α-tocopherol oxidation products in triolein at elevated temperatures. Journal of Agricultural and Food Chemistry 2001; 49:1508-11.

76. Leenhardt F, Lyan B, Rock E, Boussard A, Potus J, Chanliaud E, et al. Wheat lipoxygenase activity induces greater loss of carotenoids than vitamin E during breadmaking. Journal of Agricultural and Food Chemistry 2006; 54:1710-15.

77. Kong F, Tang J, Rasco B, Crapo C. Kinetics of salmon quality changes during thermal processing. Journal of Food Engineering 2007; 83:510-520.

78. Benassi MT. Análise dos efeitos de diferentes parâmetros na estabilidade de vitamina C em vegetais processados. (Dissertação Ciência de Alimentos). Campinas: UNICAMP 1990; 159 p.

79. Khatoon N, Prakash J. Nutritional quality of microwave and pressure cooked rice (Oryza sativa) varieties. Food Science and Technology International 2006; 12:297-305.

80. Anderson WA, Slaughter D, Laffey C, Lardner C. Reduction of folic acid during baking and implications for mandatory fortification of bread. International Journal of Food Science and Technology 2010; 45:1104-10.

81. Batifoulier F, Verny MA, Chanliaud E, Remesy C, Demigne C. Effect of different bread making methods on thiamine, riboflavin and pyridoxine contents of wheat bread. Journal of Cereal Science 2005; 42:101-8.

82. Martinez-Villaluenga C, Horszwald EA, Frias J, Piskula M, Vidal-Valverde C, Zielinski H. Effect of flour extraction rate and baking process on vitamin B1 and B2 contents and antioxidant activity of ginger-based products. European Food Research and Technology 2009; 230:119-24.

83. Ersoy B, Ozeren A. The effect of cooking methods on mineral and vitamin contents of African catfish. Food Chemistry 2009; 115:419-22.

84. Kumar S, Aalbersberg B. Nutrient retention in foods after earth-oven cooking compared to other forms of domestic cooking. 2. Vitamins. Journal of Food Composition and Analysis 2006; 19:311-20.

85. Riaz MN, Asif M, Ali R. Stability of vitamins during extrusion. Critical Reviews in Food Science and Nutrition 2009; 49:361-68.

86. Rastogi NK, Raghavarao KSMS, Balasubramaniam VM, Niranjan K, Knorr D. Opportunities and challenges in high pressure processing of foods. Critical Reviews in Food Science and Nutrition 2007; 47:69-112.

87. Oey I, Plancken IV, Loey AV, Marc Hendrickx M. Does high pressure processing influence nutritional aspects of plant based food systems? Trends of Food Science and Technology 2008; 19:300-8.

88. Galán I, García ML, Selgas MD. Effects of irradiation on hamburgers enriched with folic acid. Meat Science 2010; 84:437-43.

89. Rivas A, Rodrigo D, Company B, Sampedro F, Rodrigo M. Effects of pulsed electric fields on water-soluble vitamins and ACE inhibitory peptides added to a mixed orange juice and milk beverage. Food Chemistry 2007; 104:1550-1559.

90. Odriozola-Serrano I, Soliva-Fortuny R, Martin-Belloso O. Impact of high-intensity pulsed electric fields variables on vitamin C, anthocyanins and antioxidant capacity of strawberry juice. LWT- Food Science and Technology 2009; 42:93-100.

91. Soliva-Fortuny R, Balasa A, Knorr D, Martin-Belloso O. Effects of pulsed electric fields on bioactive compounds in foods: a review. Trends in Food Science & Technology 2009; 20:544-556.

92. Chávez-Servín JL, Castellote AI, Rivero M, López-Sabater MC. Analysis of vitamins A, E and C, iron and selenium contents in infant milk-based powdered formula during full shelf-life. Food Chemistry 2008; 107:1187-97.

93. Kim Y-S, Strand E, Dickmann R, Wathesen J. Degradation of vitamin A palmitate in corn flakes during storage. Journal of Food Science 2000; 65:1216-19.

94. Dos Santos VVA, Da Costa APM, Soares NKM, Pires JF, Ramalho HM, Dimenstein R. Effect of storage on retinol concentration of Cobb and Ross strain chicken livers. International Journal of Food Sciences and Nutrition 2009; 60:220-31.

95. Richardson LR, Wilkes S, Ritchey SJ. Comparative vitamin K activity of frozen, irradiated and heat-processed foods. Journal of Nutrition 1961; 73:369-73.

96. Sandhya. Modified atmosphere packaging of fresh produce: Current status and future needs. LWT - Food Science and Technology 2010; 43:381-92.

97. Yamashita F, Benassi MT, Tonzar AC, Moriya S, Fernandes JG. Produtos de acerola: estudo da estabilidade de vitamina C. Ciência e Tecnologia de Alimentos 2003; 23:92-4.

98. Souza MCC, Benassi MT, Almeida RF, Silva RSSF. Stability of unpasteurized and refrigerated orange juice. Brazilian Archives of Biology and Technology 2004; 47:391-7.

99. Yamashita F, Benassi MT, Kieckbusch TG. Effect of modified atmosphere packaging on the kinetics of vitamin C degradation in mangos. Brazilian Journal of Food Technology 2:127-130, 1999.

100. Yamashita F, Matias AN, Grossmann MVE, Roberto SR, Benassi MT. Active packaging for fresh-cut broccoli using 1-methylcyclopropene in biodegradable sachet. Semina: Ciências Agrárias 2006; 27:581-586.

101. Saffert A, Pieper G, Jetten J. Effect of package light transmittance on the vitamin content of milk, Part 3: fortified UHT low-fat milk. Packaging Technology Science 2009; 22:31-7.

Sugestões de Leitura

Betoret E, Betoret N, Vidal D, Fito P. Functional foods development: Trends and technologies. Trends in Food Science & Technology 2011;22:498-508.

Corradini MG, Peleg M. Prediction of vitamins loss during non-isothermal heat processes and storage with non-linear kinetic models. Trends in Food Science & Technology 2006;17:24-34.

Davey MW, Van Montagu M, Inze D, Sanmartin M, Kanellis A, Smirnoff N et al. Plant L-ascorbic acid: chemistry, function, metabolism, bioavailability and effects of processing. Journal of the Science of Food and Agriculture 2000;80:825-860.

Dennehy C, Tsourounis C. A review of select vitamins and minerals used by postmenopausal women. Maturitas 2010;66:370-380.

Jones G, Strugnell SA, DeLuca HF. Current understanding of the molecular actions of vitamin D. Physiological Reviews 1998;78:1193-231.

Loveday SM, Singh H. Recent advances in technologies for vitamin A protection in foods. Trends in Food Science and Technology 2008;19:657-68.

Lucock M. Folic Acid: Nutritional biochemistry, molecular biology, and role in disease processes. Molecular Genetics and Metabolism 2000;71:121-138.

Luong K, Nguyen LTH. The beneficial role of vitamin D and its analogs in cancer treatment and prevention. Critical Reviews in Oncology/Hematology 2010;73:192-201.

Miyazawa T, Nakagawa K, Sookwong P. Health benefits of vitamin E in grains, cereals and green vegetables. Trends in Food Science & Technology 2011;22:651-4.

Park S, Johnson MA, Fischer JG. Vitamin and mineral supplements: barriers and challenges for older adults Journal of Nutrition for the Elderly 2008;27:297-317.

Potrykus I. Regulation must be revolutionized. Nature 2010;466:561.

Rébeillé F, Ravanela S, Jabrina S, Doucea R, Storozhenkob S, Van Der Straeten D. Folates in plants: biosynthesis, distribution, and enhancement. Physiologia Plantarum 2006;126:330-42.

capítulo **7**

Pigmentos Naturais

• Adriana Zerlotti Mercadante

Objetivos

Considerando os principais pigmentos encontrados em alimentos, o objetivo deste capítulo é apresentar suas estruturas, características físico-químicas e principais fontes. Noções básicas de espectrofotometria foram incluídas para possibilitar a discussão entre estrutura química, energia, cromóforo e absorção de radiação eletromagnética na região do UV-visível. Além disso, as transformações químicas decorrentes de diferentes processos e condições de estocagem é discutida, bem como as mudanças no cromóforo e consequentes mudanças de cor. Por fim, são apresentadas algumas funções benéficas à saúde que envolvem os pigmentos. A última parte do capítulo apresenta a classificação dos corantes segundo a legislação brasileira e a ingestão diária aceitável de alguns compostos.

Introdução

A cor é considerada o principal atributo que influencia a aceitação e preferência de um alimento por meio da comprovada influência do aspecto visual para a identificação do sabor. A cor também pode indicar o estágio de maturação de uma fruta, além de ser um indicativo da qualidade nutricional do alimento.

O efeito que a cor dos alimentos apresenta sobre o apetite das pessoas foi mostrado em um estudo informal realizado na década de 70.[1] Os provadores foram colocados em uma sala com luzes coloridas especiais; em seguida, receberam um prato contendo bife, ervilhas e batatas fritas. Nesse cenário, a comida parecia ter uma cor normal, mas quando as luzes mudaram e foi revelado que o bife era azul, as ervilhas apresentavam cor cinza e as batatas fritas apresentavam cor verde, alguns participantes chegaram a passar mal.[1] Essa reação pode ser atribuída à nossa aversão instintiva a certas cores em alimentos, como azul, cinza e roxo, uma vez que estas cores não ocorrem naturalmente com muita frequência em alimentos e, na verdade, são muitas vezes associadas à comida estragada e mofada.

Por outro lado, certas cores aumentam o nosso prazer em relação à comida. Um bom exemplo disso é a manteiga, que em seu estado original pode ser quase branca, mas para fins comerciais é colorida com amarelo (muitas vezes utilizando carotenoide), pois esta cor é vista como mais atraente. Um exemplo não tão bem-sucedido foi a introdução da Crystal Pepsi, em 1992, nos EUA. Este refrigerante tipo cola sem cafeína e incolor não se tornou popular, muito provavelmente devido à falta de conexão entre a cor e o sabor esperado pelos consumidores para um refrigerante cola; alguns provadores chegaram inclusive a afirmar que o gosto era de lima ou limão, apesar destes sabores não terem sido adicionados à bebida.

Além disso, a cor pode alterar a quantidade mínima percebida/limiar (*threshold*) de percepção e intensidade dos gostos básicos. A cor pode até "enganar" as nossas papilas gustativas para perceber diferenças de gosto onde não existem. Este fato foi comprovado em um estudo utilizando sucos de laranja, no qual os provadores atribuíram uma maior diferença de gosto entre os sucos de cores diferentes e mesmo teor de açúcar do que entre os sucos com a mesma cor e conteúdos diferentes de açúcares.[2]

Os efeitos da cor sobre a percepção de aroma também são consistentes, pois há evidências de que as pessoas correlacionam cores específicas com determinados aromas, embora as origens dessas correspondências não tenham sido completamente elucidadas.[3] Na maioria das vezes, a cor aumenta a intensidade do aroma percebido via ortonasal enquanto diminui a intensidade do aroma via retronasal.[3]

Além disso, cor pode ser utilizada como um indicativo das transformações que os pigmentos sofrem durante processamento e armazenamento. Por exemplo, durante aquecimento a 60 e 90 °C de um simulador de suco de caju, as constantes de velocidade foram semelhantes tanto para os parâmetros físicos de cor (sistema CIElab) como para os químicos (teores de diversos carotenoides).[4] Este fato indica que os parâmetros de cor, como ΔE^*, podem ser bons preditores da degradação térmica de all-*trans*-β-criptoxantina e all-*trans*-β-caroteno.[4]

Noções básicas de espectrofotometria UV-visível

A radiação eletromagnética é constituída de um campo elétrico associado a um campo de força magnética que se propaga a velocidades altíssimas. O espectro eletromagnético é o intervalo de todas as frequências da radiação electromagnética, que se estende desde as baixas frequências de rádio até a radiação gama, cobrindo comprimentos de onda de 1.000 metros a 0,1 angstrom (Figura 7.1). O espectro eletromagnético de um objeto é a distribuição característica da radiação eletromagnética emitida ou absorvida por esse objeto em particular.

As ondas eletromagnéticas são descritas pelas seguintes propriedades físicas: frequência, velocidade e comprimento de onda. A energia dos fótons é diretamente proporcional à frequência da onda, portanto os raios gama têm a maior energia enquanto as ondas de rádio apresentam energia muito baixa. Como o comprimento de onda é inversamente proporcional à frequência da onda, os raios gama apresentam comprimentos de onda muito pequenos que são frações do tamanho de átomos. Estas relações estão ilustradas nas equações 1 a 3.

$$c = \lambda \times f \qquad \text{(equação 1)}$$

$$E = h \times f \qquad \text{(equação 2)}$$

$$E = h \times c \times \lambda^{-1} \qquad \text{(equação 3)}$$

em que: c = é a velocidade da energia radiante, 3×10^8 metros por segundo no vácuo; λ = comprimento de onda em metros; f = frequência em Hertz; E = energia do fóton em joules; h = é a constante de Planck (constante de proporcionalidade), $6,63 \times 10^{-34}$ joules segundos.

Quando a radiação eletromagnética atravessa um material, a energia eletromagnética absorvida é transferida para os átomos ou moléculas, cujos orbitais passam do estado eletrônico fundamental (E_0) para o estado eletrônico excitado (E^*). Na região do UV-visível, a energia é suficiente para promover transições de elétrons da camada de valência (elétrons em orbitais pi (π)) e de heteroátomos com pares de elétrons não compartilhados; porém, ligações covalentes (C-C, C-H), que envolvem elétrons em orbitais sigma (σ), requerem alta energia, e, portanto, só são medidas

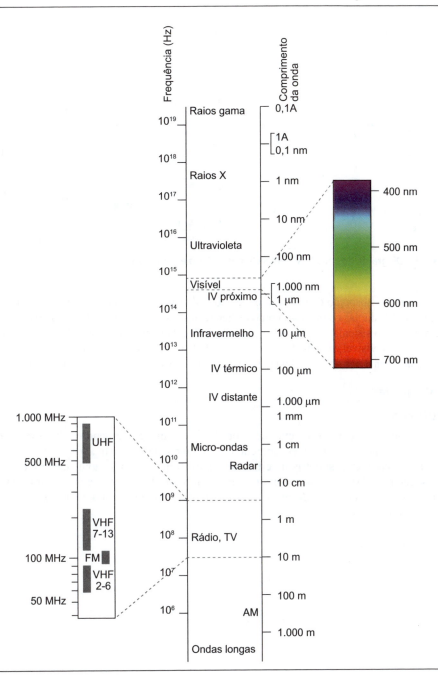

Figura 7.1 Espectro eletromagnético.

em UV de vácuo. Compostos com duas ligações duplas conjugadas absorvem em 217 nm e, à medida que o número de ligações duplas conjugadas aumenta, a energia diminui e, portanto, o comprimento de onda aumenta (Figura 7.2), chegando até a faixa do visível (400 nm a 760 nm). A presença de um heteroátomo que seja capaz de compartilhar pares de elétrons não ligantes, por exemplo o oxigênio, estende a conjugação e, portanto, aumenta o comprimento de onda.

244 Pigmentos Naturais

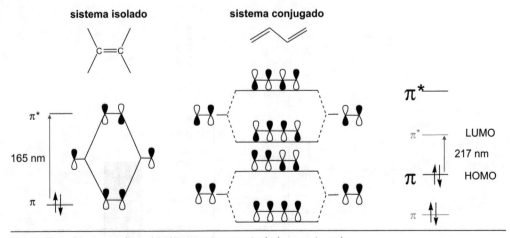

Figura 7.2 Diagrama dos orbitais π em sistemas isolado e conjugado.

Em resumo, a absorção de radiação na região UV-visível de um composto se deve à presença tanto de ligações duplas conjugadas como de heteroátomos com capacidade de compartilhar pares de elétrons com o sistema conjugado. A parte da molécula responsável pela absorção de radiação nas regiões UV e visível é chamada de cromóforo. Este termo surgiu na indústria de tintas, referindo-se originalmente aos grupos e ligações na estrutura que são responsáveis pela cor do corante.[5]

Carotenoides

Estruturas

Os carotenoides são compostos cuja estrutura básica é um tetraterpeno de 40 átomos de carbonos, formado por oito unidades isoprenoides de cinco carbonos, ligados de tal forma que a molécula é linear e com simetria invertida no centro (Figura 7.3). A nomenclatura dos carotenoides segue a IUPAC (*Commission on Nomenclature of Organic Chemistry*) e a IUPAC-IUB (*Commission on Biochemical Nomenclature*), porém, assim como para ácidos graxos, o nome trivial é o mais utilizado[6].

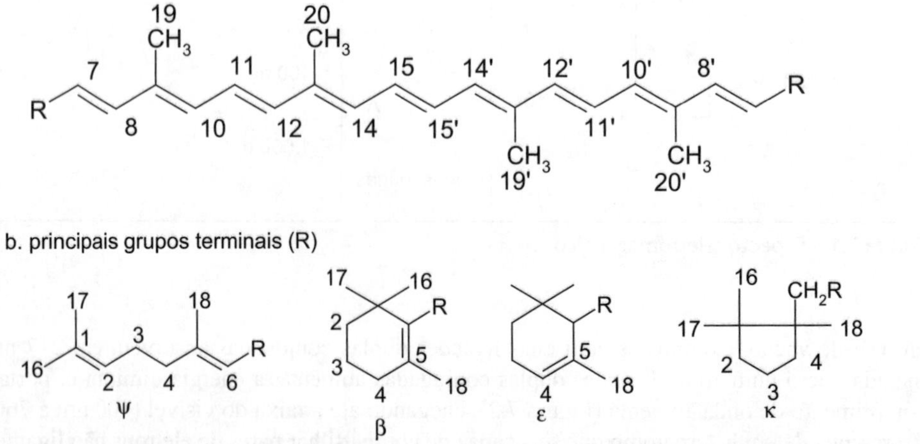

Figura 7.3 Estruturas da cadeia poliênica e de alguns grupos terminais de carotenoides.

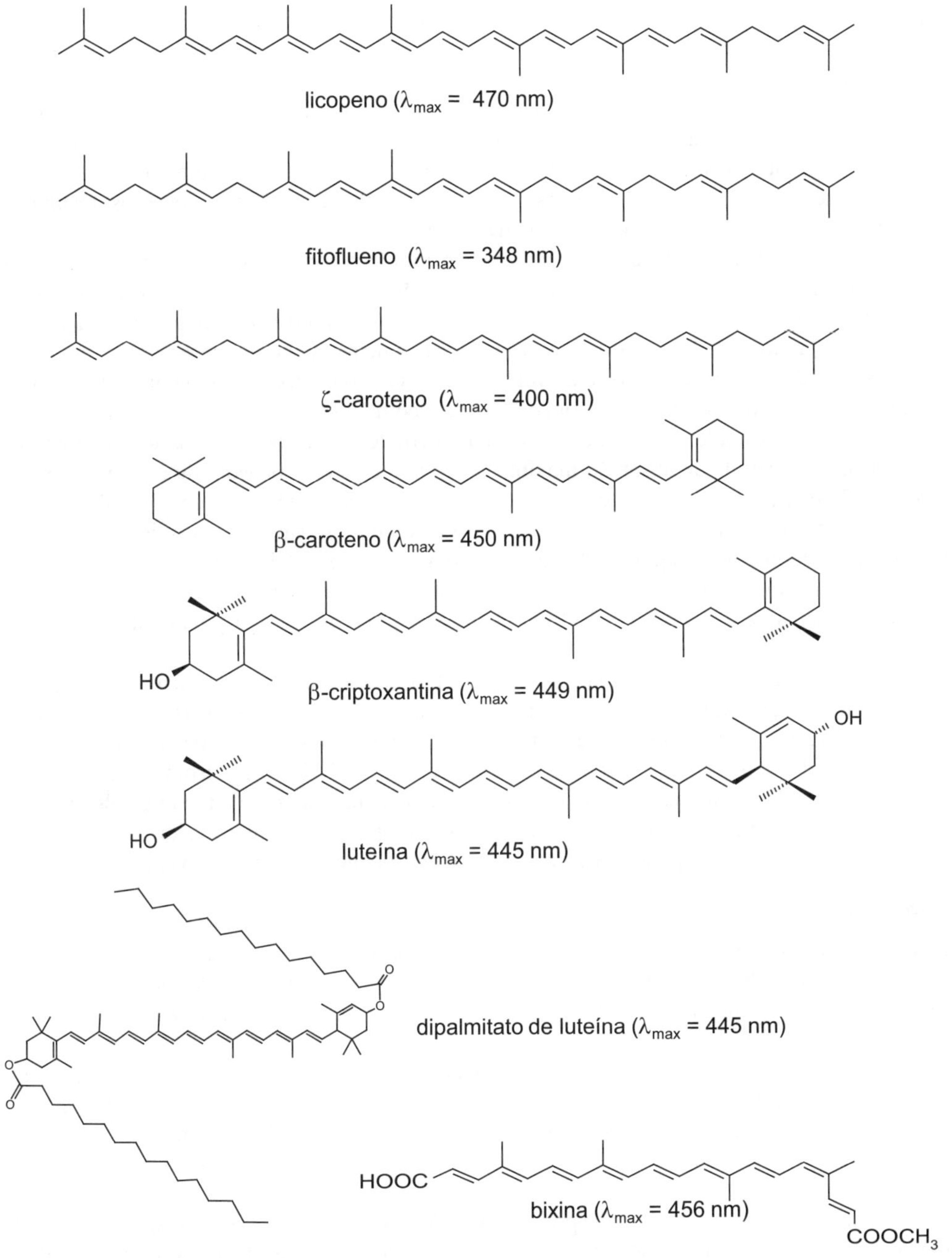

licopeno (λ_{max} = 470 nm)
fitoflueno (λ_{max} = 348 nm)
ζ-caroteno (λ_{max} = 400 nm)
β-caroteno (λ_{max} = 450 nm)
HO
β-criptoxantina (λ_{max} = 449 nm)
OH
HO
luteína (λ_{max} = 445 nm)
O
O
O
O
dipalmitato de luteína (λ_{max} = 445 nm)
HOOC
bixina (λ_{max} = 456 nm)
$COOCH_3$

Figura 7.4 Estruturas de carotenoides e comprimentos de onda de absorção máxima. $\lambda_{máx.}$ = comprimento de onda em que a absorção é máxima; valores em hexano.[7]

Mais de 800 carotenoides diferentes já foram isolados de frutas, vegetais, peixes, crustáceos, pássaros, algas e micro-organismos. Eles são divididos em dois grandes grupos: os carotenos que têm somente carbono e hidrogênio em sua estrutura, e as xantofilas que apresentam diferentes grupos químicos contendo oxigênio, como álcool, cetona, aldeído e epóxido (Figura 7.4). Além disso, em frutas, as xantofilas estão quase sempre esterificadas com ácidos graxos. Independentemente da presença de grupos químicos contendo oxigênio, a quase totalidade dos carotenoides é lipossolúvel.

A principal característica da estrutura dos carotenoides é a presença de várias ligações duplas conjugadas (l.d.c.) na cadeia, chamada de cadeia poliênica. Esse esqueleto básico pode ser modificado por meio de hidrogenação, desidrogenação, ciclização, encurtamento ou extensão da cadeia, isomerização, introdução de substituintes ou combinações destes processos, resultando em mais de 800 carotenoides já isolados na natureza.

As ligações duplas conjugadas e alguns grupos químicos conjugados com estas ligações duplas são a parte da estrutura responsável pela absorção de luz na região do visível, conhecida como cromóforo. Portanto, conforme apresentado no item anterior e segundo a equação 3, à medida que o número de ligações duplas conjugadas aumenta, a energia necessária para promover transições de elétrons da camada de valência diminui e o comprimento de onda de absorção aumenta. Desse modo, carotenoides com cinco l.d.c., como o fitoflueno, apresentam absorção na região do UV e são incolores, e, à medida que o número de ligações duplas conjugadas aumenta, o comprimento de onda de absorção máxima ($\lambda_{máx.}$) aumenta e a cor varia de amarelo claro (ζ-caroteno, 7 l.d.c.), laranja (β-caroteno com 11 l.d.c) a vermelho (licopeno, com 11 l.d.c), Figura 7.4. Apesar de apresentarem 11 l.d.c, o $\lambda_{máx.}$ do β-caroteno é menor que o do licopeno, pois as duas ligações duplas do anel β não estão no mesmo plano que a cadeia poliênica, e necessitam de maior energia para a transição eletrônica. Cabe destacar que, apesar de apresentarem diferentes massas moleculares, o cromóforo do β-caroteno é idêntico ao da β-criptoxantina e, portanto, apresentam valor idêntico de $\lambda_{máx.}$[7,8]

Diferentemente dos ácidos graxos (Capítulo 3), a conformação *trans* de todas as ligações duplas (all-*trans* ou todo-*trans*) de carotenoides é mais estável que a isomeria *cis*, e por isso o isômero all-*trans* é o mais abundante na natureza. Devido ao impedimento estérico provocado pela presença dos grupos metila nas posições C-19, C-20, C19' e C-20', os isômeros 9-*cis*, 13-*cis* e 15-*cis* são os mais comumente encontrados em maiores quantidades. Como exemplo, a Figura 7.5 apresenta os isômeros *cis* de β-caroteno. Os isômeros *cis* apresentam valor de $\lambda_{máx.}$ ligeiramente inferior ao do correspondente isômero all-*trans* quando no mesmo solvente.[9]

Funções

Os carotenoides ocorrem universalmente em tecidos fotossintéticos, nos quais desempenham a dupla função de proteger a clorofila e o aparelho fotossintético contra a fotodegradação e de absorver luz nos comprimentos de onda nos quais a clorofila não absorve, bem como a de transferir esta energia para a clorofila.

Com relação aos efeitos benéficos dos carotenoides à saúde, foi comprovado recentemente que a enzima dioxigenase é responsável pela conversão de carotenoides pró-vitamínicos A em vitamina A em humanos.[10] Para que um carotenoide ofereça atividade de vitamina A, deve conter na sua estrutura a molécula de retinol, ou seja, apresentar um anel β-ionona não substituído ligado à cadeia isoprenoica.

Além dessa reconhecida atividade pró-vitamina A de alguns carotenoides (Capítulo 6), outras funções relacionadas com a saúde humana têm sido atribuídas a esses compostos, como fortalecimento do sistema imunológico e diminuição do risco de câncer, de doenças cardiovasculares, de degeneração macular relacionada com a idade e de formação de catarata (Figura 7.6).[11] Porém, com exceção de seu papel como provitamina A, os demais efeitos dos carotenoides na saúde ainda não foram totalmente comprovados e alguns ainda são considerados controversos.

Existem algumas evidências dos efeitos benéficos do consumo de tomate cozido (contendo licopeno e fitoflueno) em relação à diminuição do risco de câncer de próstata.[12,13] Aparentemente, o mecanismo de ação envolve a melhora do combate ao estresse oxidativo, antiproliferação das células cancerosas, além da modulação na via de sinalização dos receptores andrógenos.

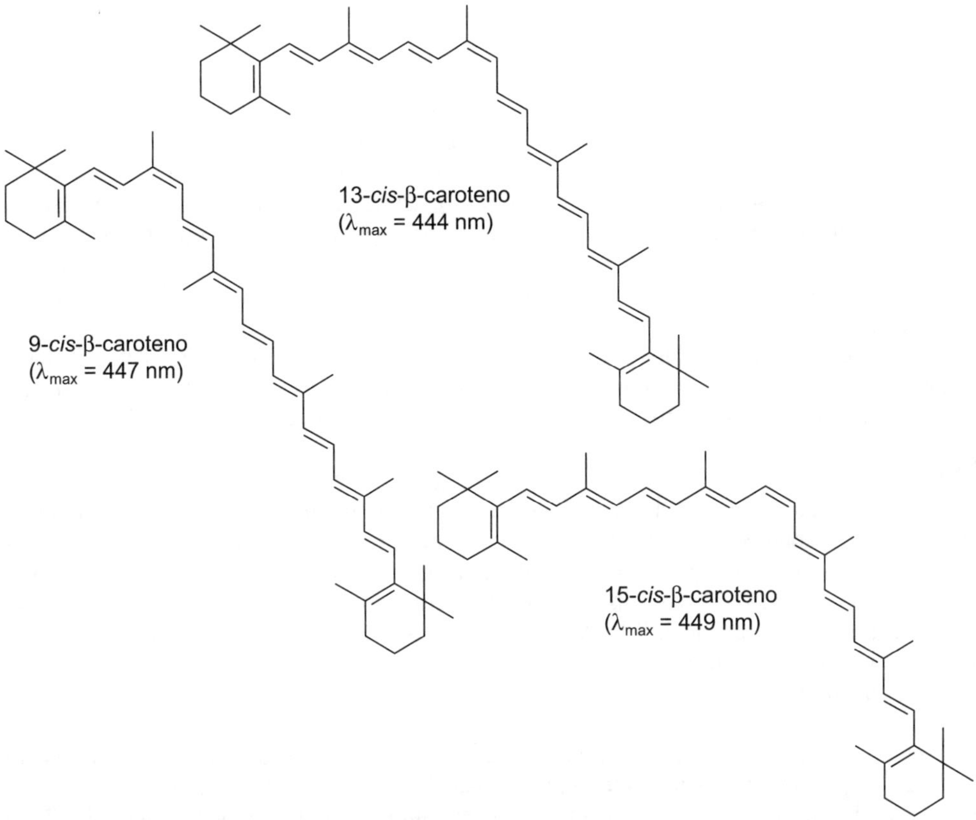

Pigmentos Naturais 247

Figura 7.5 Estruturas dos isômeros *cis* de β-caroteno e comprimentos de onda de absorção máxima. $\lambda_{máx.}$ = comprimento de onda em que a absorção é máxima; valores em metanol/éter em que o $\lambda_{máx.}$ do all-*trans*-β-caroteno é 452 nm.[9]

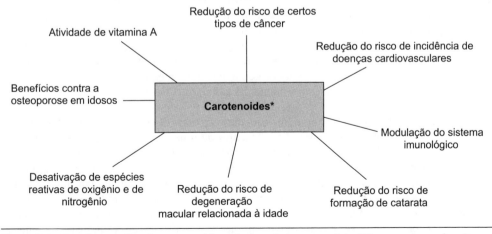

Figura 7.6 Funções e ações de carotenoides relacionadas com a saúde. *Algumas dessas funções estão correlacionadas a um(ns) carotenoide(s) específico(s).

Fonte: Adaptado de Rodrigues et al.[11]

Dentre os carotenoides mais estudados por seus efeitos promotores à saúde, destaca-se a luteína que junto com a zeaxantina se acumulam na mácula lútea da retina humana, responsável pela acuidade visual. A degeneração macular relacionada com a idade (DMRI) é uma doença na mácula que leva à perda da visão central, sendo a principal causa de cegueira irreversível em idosos. O consumo de luteína vem sendo associado à diminuição e prevenção da ocorrência de catarata e de DMRI, com ingestão recomendada de 6 mg de luteína ao dia para a diminuição de mais de 43% do risco de DMRI.[14] O mecanismo de ação está relacionado com a capacidade da luteína de desativar espécies reativas de oxigênio e de nitrogênio e de atuar como filtro reduzindo a incidência de luz azul (~450 nm).[15-17] Resultados dos estudos sobre doenças oculares relacionadas com a idade (*Age-Related Eye Disease Study*, AREDS e AREDS2), conduzidos pelo Instituto Nacional do Olho dos EUA (*National Eye Institute*, NHI), indicaram que indivíduos com baixa ingestão dietária de luteína e zeaxantina que tomaram a formulação AREDS2 contendo estes dois carotenoides apresentaram 25% menor propensão de desenvolver DMRI em comparação com os participantes com dieta semelhante que não receberam esse tipo de suplementação.[18]

Fontes

Os teores de carotenoides nos alimentos variam em função de uma série de fatores, como variedade/cultivar, condições edafoclimáticas, tratamentos pré- e pós-colheita, e tipo do processamento dos alimentos, como pode ser verificado na Tabela 7.1 para acerola,[19] manga[20] e nêspera.[21]

O β-caroteno é o carotenoide mais amplamente distribuído na natureza, e suas principais fontes são as frutas e os vegetais (Tabela 7.1). As verduras verdes[25] e a cenoura[24] são as fontes mais importantes da dieta, uma vez que estes alimentos estão disponíveis praticamente o ano inteiro. Embora sazonal e com disponibilidade apenas regional, algumas frutas da Amazônia, como, por exemplo, buriti, pupunha e tucumã, têm concentrações muito altas de β-caroteno.[9] As folhas verdes frescas apresentam, além de all-*trans*-β-caroteno, 10 a 12% de 9-*cis*-β-caroteno e 4 a 6% de 9-*cis*-β-caroteno. Essa proporção elevada de isômeros *cis* em vegetais verdes é provavelmente devido à capacidade das clorofilas presentes nestes vegetais de atuar como sensibilizador na fotoisomerização do all-*trans*-β-caroteno.[26] Cabe lembrar que, conforme apresentado no Capítulo 6 sobre vitaminas, o β-caroteno é um dos principais carotenoides com atividade de vitamina A da nossa dieta.

O licopeno é o principal carotenoide em tomate[24] e em seus produtos processados, como catchup, molho e extrato de tomate. Melancia[22] e papaia[23] também são excelentes fontes desse caroteno (Tabela 7.1). Entre os vegetais e as frutas comumente consumidos, os vegetais escuros (espinafre, couve, brócolis) são as mais importantes fontes de luteína. Por outro lado, a maioria dos vegetais e frutas de grande consumo são fontes pobres de zeaxantina; milho-verde é um dos poucos vegetais em que esta é a principal xantofila.[27]

Carotenoides com grupo terminal cíclico kappa (Figura 7.3), como capsantina e capsorubina, são encontrados principalmente em variedades vermelhas do gênero *Capsicum*, como a pimenta e o pimentão. Nesses alimentos, capsantina é geralmente o carotenoide principal.[27]

A bixina é um apocarotenoide com somente 25 carbonos (Figura 7.4) encontrado exclusivamente em sementes de urucum (*Bixa orellana* L.), cuja árvore é nativa do norte da América do Sul. As sementes são cobertas por uma fina camada vermelha, de onde o corante natural bixina é obtido. Hoje, os principais produtores de sementes de urucum são os países da América do Sul, sobretudo Brasil, Peru e Equador. Cerca de 60% da produção brasileira é comercializada como "colorífico" no mercado interno brasileiro, 30% utilizado para a produção de corantes e 10% das sementes exportadas.[28] O conteúdo de bixina em colorífico comercializado no Brasil varia de 154-354 mg/100 g.[29]. Preparações comerciais de corante de urucum, com cores variando de amarelo a vermelho, estão disponíveis em diferentes formas, com bixina como o principal agente corante em corante em pó ou solúvel em óleo.[28] A norbixina é o principal pigmento no corante dispersável em água ou ainda em emulsões que podem conter somente norbixina ou uma combinação de bixina e norbixina.[28] Cabe destacar que tanto a bixina como a norbixina não são solúveis em água, porém os sais de sódio ou de potássio de norbixina são hidrossolúveis.

Tabela 7.1 Distribuição de carotenoides em alimentos brasileiros.

alimentos	teor total (mg/100 g peso fresco)	majoritários* (mg/100 g peso fresco)	Referência
abricó	6,3	all-*trans*-β-caroteno (2,0), 10-apo-β-caroten-10-ol (1,5)	De Rosso & Mercadante[9]
acerola cv. Olivier colheita 2003 colheita 2004	1,0 1,8	β-caroteno (0,9) β-caroteno (1,7)	De Rosso & Mercadante[19]
buriti	51,4	all-*trans*-β-caroteno (37,2), 13-*cis*-β-caroteno (5,9), 9-*cis*-β-caroteno (1,9), all-*trans*-γ-caroteno (1,5)	De Rosso & Mercadante[9]
manga cv. Keitt de São Paulo cv. Keitt da Bahia cv. Tommy Atkins de São Paulo	 3,8 5,5 5,1	 all-*trans*-violaxantina (1,8), all-*trans*-β-caroteno (0,7) all-*trans*-violaxantina (2,1), all-*trans*-β-caroteno (1,5) all-*trans*-violaxantina (2,2), 9-*cis*-violaxantina (1,4)	Mercadante & Rodriguez-Amaya[20]
melancia cv. Crimson Sweet	3,9	licopeno (3,6)	Niizu & Rodriguez-Amaya[22]
nêspera cv. Centenária cv. Mizauto cv. Mizuho cv. Mizumo	 1,5 2,0 2,5 3,0	 all-*trans*-β-caroteno (0,9) all-*trans*-β-caroteno (1,0) all-*trans*-β-caroteno (1,1) all-*trans*-β-caroteno (1,4)	Faria et al.[21]
óleo de dendê	12,9	all-*trans*-β-caroteno (6,6), all-*trans*-α-caroteno (2,2), 9-*cis*-β-caroteno (1,7)	De Rosso & Mercadante[9]
papaia cv. Golden	2,2	all-*trans*-licopeno (1,3)	Barreto et al.[23]
pupunha	19,8	all-*trans*-β-caroteno (5,6), all-*trans*-δ-caroteno (4,6), all-*trans*-γ-caroteno (3,5), *cis*-γ-caroteno (2,8)	De Rosso & Mercadante[9]
tucumã	6,3	all-*trans*-β-caroteno (4,7)	De Rosso & Mercadante[9]
cenoura	10,2	β-caroteno (6,2), α-caroteno (3,5)	Niizu & Rodriguez-Amaya[24]
couve cv. Manteiga	12,7-18,7	luteína+violaxantina (7,1-11,1), β-caroteno (3,8-5,4)	Mercadante & Rodriguez-Amaya[25]
tomate	3,9	licopeno (3,5)	Niizu & Rodriguez-Amaya[24]

*Quando não há indicação sobre a isomeria *cis* ou *trans*, o valor engloba a soma dos isômeros.

Outra fonte natural de carotenoides para uso industrial é a *Tagetes*, conhecida no Brasil como cravo-de-defunto, e que compreende uma diversidade de espécies com flores de cor amarela a laranja, chegando a vermelho. Independentemente da espécie, o extrato é composto basicamente por uma mistura de ésteres de luteína, sendo dipalmitato de luteína o principal[30] (Figura 7.4).

Astaxantina (3,3'-di-hidroxi-β,β-caroteno-4,4-diona) é um cetocarotenoide com dois centros quirais idênticos que fornece a cor rosa característica em salmão, truta e camarão. Na natureza, a astaxantina é sintetizada na configuração $3S,3'S$ por bactérias marinhas e microalgas e depois transferida para muitos animais aquáticos pela cadeia alimentar. Como os peixes criados por aquicultura não possuem esta cadeia alimentar natural, a astaxantina deve ser adicionada à sua ração para dar a cor rosa típica de sua carne. Hoje em dia, a astaxantina é produzida comercialmente por síntese química e vendida para adição em ração. A astaxantina sintética tem uma mistura dos estéreo-isômeros (3S,3'S) (3S,3'R) e (3R,3'R).[31]

A produção comercial de β-caroteno sintético teve início em 1954, enquanto o licopeno sintético foi lançado no mercado em 2009. Há ainda outros carotenoides sintéticos idênticos aos naturais comercializados para adição em alimentos e em ração animal.[31]

Transformações químicas decorrentes do processamento e armazenamento

Devido às ligações duplas conjugadas presentes na estrutura dos carotenoides, estes pigmentos apresentam alta reatividade química e absorvem luz na região do visível. Como consequência, os carotenoides podem facilmente sofrer reações de isomerização e de oxidação promovidas por vários fatores, como calor, luz, ácido e enzimas, com consequente modificação da cor e da atividade biológica.

Embora os carotenoides estejam naturalmente estabilizados na matriz vegetal ou animal, o corte ou dano de tecidos favorece a sua exposição ao oxigênio e a enzimas oxidativas, como dioxigenases e lipoxigenases, provocando degradação. A degradação de carotenoides engloba várias transformações simultâneas: isomerização reversível trans↔cis, rearranjo irreversível de epóxido a furanoide e degradação irreversível formando produtos de oxidação, como, por exemplo, epóxidos e apocarotenais, podendo chegar até a compostos voláteis. Estas mudanças globais estão mostradas na Figura 7.7.[32,33] A reação preferencial e a quantidade de cada produto formado dependem de fatores intrínsecos, como estado físico, estrutura do carotenoide e sua localização dentro das organelas celulares, e de fatores extrínsecos, como composição do alimento, temperatura, intensidade de luz, concentração de oxigênio e metais, dentre outros. Por isso a comparação entre os dados publicados a respeito da extensão da degradação dos carotenoides é uma tarefa difícil, já que diferentes condições de processamento e armazenamento de alimentos são normalmente empregadas.[32] Outra dificuldade é que diferentes modelos cinéticos, como primeira ordem, ordem zero e bi-exponencial, têm sido aplicados para descrever a degradação de carotenoides.[32]

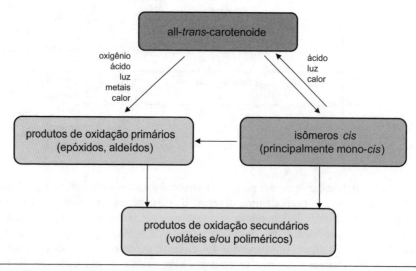

Figura 7.7 Esquema geral de degradação de carotenoides.
Fonte: Adaptado de Borsarelli & Mercadante.[32]

Um exemplo das diversas transformações químicas dos carotenoides pode ser observado após 4 h de aquecimento a 90°C de um sistema simulador de suco de caju, no qual ocorreu degradação acentuada dos dois principais carotenoides all-*trans*-β-caroteno e all-*trans*-β-criptoxantina, acompanhado pelo aumento dos isômeros *cis* (9-*cis*, 13-*cis* e 15-*cis*), rearranjo de 5,6-epóxido para 5,8-furanoide (de violaxantina para auroxantina) e formação de produtos de oxidação, como 5,6-epóxi-β-criptoxantina e 12'-apo-β-carotenal.[33] As proporções iniciais entre os isômeros all-*trans*:Σ*cis* de β-caroteno e de β-criptoxantina foram semelhantes, cerca de 92:8 à temperatura ambiente, e ambos alterados para cerca de 69:31 após aquecimento. No entanto, apenas uma pequena fração dos carotenoides degradados pode ser relacionada com a formação de isômeros e/ou produtos de oxidação, com 36% de perda atribuída principalmente à geração de compostos voláteis de baixo peso molecular.[4,33,34]

Outro exemplo interessante foi verificado em diferentes variedades de tomate submetidas a tratamento térmico em água ou em água: óleo (8:2) a 100 °C durante 30 min. Nestes tratamentos, licopeno, prolicopeno, δ-caroteno e γ-caroteno praticamente não sofreram isomerização, enquanto os isômeros *cis* de β-caroteno aumentaram 21%, e os de luteína, 27%.[35] Essas diferenças de comportamento podem ser explicadas pela forma tridimensional da estrutura de cada carotenoide, que determina a hidrofobicidade, estado cristalino, facilidade de formação de cristais, forma de organização em multicamadas ou agregados, bem como a sua síntese e/ou armazenagem em diferentes locais nas células. Devido à sua estrutura linear, o licopeno está presente na forma agregada ou cristalina, que é mais estável. Por outro lado, o β-caroteno com dois anéis β-ionona volumosos não é capaz de se agregar facilmente em uma estrutura ordenada e estável como o licopeno.[35]

Quando os carotenoides são expostos à luz fluorescente, reações de fotoisomerização e fotodegradação ocorrem concomitantemente. Por exemplo, all-*trans*-β-caroteno degradou cerca de 70% quando armazenado a 28 °C sob luz fluorescente em solvente orgânico, enquanto apenas 15% de 9-*cis* e 13-*cis* foram formados.[36] Na verdade, ocorreu aumento dos isômeros *cis* no início do armazenamento sob luz, com sua subsequente degradação no decorrer do armazenamento. Em outras palavras, a quantidade de isômeros *cis* formados não compensou a quantidade do all-*trans*-β-caroteno degradada, indicando que a fotodegradação de todos os isômeros para formar compostos voláteis e não voláteis com menor número de l.d.c. é a principal reação que ocorre. No escuro, all-*trans*-β-caroteno também sofreu isomerização, mas menos extensivamente do que sob iluminação, e outros produtos de degradação não foram detectados, indicando que a isomerização *trans↔cis* foi a reação predominante neste caso.[36]

Um exemplo de interação física entre carotenoides e compostos apolares ocorre nos crustáceos. O pigmento vermelho astaxantina da lagosta está agrupado em pares dentro das proteínas crustacianinas presentes no exoesqueleto e por isso fica completamente oculto por elas. Esta forte interação causa mudanças nos estados de energia da astaxantina e, desse modo, o complexo proteína-carotenoide absorve em comprimentos de onda de luzes vermelha, azul e verde, tornando a lagosta visualmente com cor cinza-marrom-preto ($\lambda_{máx.} \sim 632$ nm). O calor desnatura as crustacianinas do exoesqueleto, relaxando suas ligações com a astaxantina, que, agora livre, apresenta cor vermelha com $\lambda_{máx.} \sim 488$ nm.

Antocianinas

Estruturas e propriedades

As antocianinas pertencem ao grupo dos compostos fenólicos e devido à estrutura básica C6-C3-C6 são classificadas como flavonoides (Capítulo 8). A estrutura fundamental das antocianinas é o cátion 2-fenilbenzopirilium, conhecido como cátion flavilium (Figura 7.8), que quando na forma de aglicona é denominado antocianidina. Mais de 90% das antocianinas isoladas na natureza são glicosiladas e baseadas apenas nas seguintes seis agliconas: pelargonidina (plg), cianidina (cyd), peonidina (pnd), delfinidina (dpd), petunidina (ptd), e malvidina (mvd). Como pode ser verificado na Figura 7.8, as antocianinas são diferenciadas pelo padrão de substituição no anel B.

252 Pigmentos Naturais

A maioria das antocianinas em alimentos contém uma ou duas unidades de açúcar, ligada mais frequentemente na posição C-3, às vezes no C-3 e C-5, e mais raramente nas posições C-3 e C-7. As moléculas de açúcar estão conectadas a antocianidinas por meio de ligações hemiacetálicas. Os monossacarídeos mais encontrados em alimentos são β-D-glucopiranose, β-D-galactopiranose, α-ramnopiranose, D-arabinopiranose e D-xilopiranose (Figura 7.9A). Os seguintes dissacarídeos também são os mais encontrados em alimentos: α-L ramnopiranosil-(1,6)-β-glicopiranosídeo (rutinose), 2-β-glicopiranosil--glicopiranosídeo (soforose) e 2-α-L-xilopiranosil-glicopiranosídeo (sambubiose) (Figura 7.9B). Os açúcares podem estar acilados com ácidos acíclicos, como malônico, acético, málico, e/ou com ácidos cinâmicos, como cafeico e ferúlico (Figura 7.9C). Devido a esta enorme possibilidade de combinações, mais de 540 antocianinas já foram identificadas na natureza.[38]

Os açúcares têm pouca influência no cromóforo das antocianinas, os ácidos acíclicos não absorvem na região do espectro UV, enquanto os ácidos cinâmicos apresentam absorbância ao redor de 320 nm. O cromóforo das antocianinas é constituido pelo conjunto das oito ligações duplas conjugadas, carga positiva e pares de elétrons desemparelhados dos átomos de oxigênio das hidroxilas (OH) e metoxilas (OCH_3). Desse modo, a pelargonidina 3-glucosídeo com 3 OH apresenta o menor $\lambda_{máx.}$, seguido pela cianidina 3-glucosídeo e peonidina 3-glucosídeo com $\lambda_{máx.}$ similares. Com cinco oxigênios, e portanto maior número de pares de életrons desemparelhados, os derivados de delfinidina, petunidina e malvidina apresentam maior $\lambda_{máx.}$ (Figura 7.8). As antocianidinas exibem comprimentos de onda cerca de 6 a 10 nm maiores que as respectivas antocianinas.[37]

Quando em solução, as antocianinas existem em diferentes formas que estão em equilíbrio, conforme mostra a Figura 7.10. Os valores das constantes de equilíbrio (K) determinam as formas predominantes e, portanto, a cor da solução. Em meio ácido, há predominância do cátion

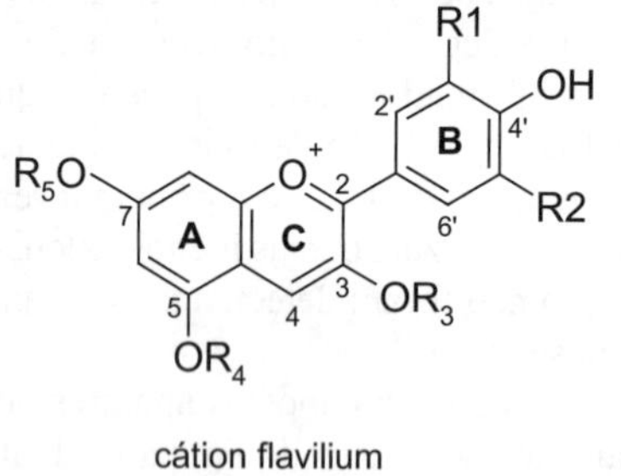

R1, R2 = H, OH ou OCH_3
R3 = açúcar
R4, R5 = H ou açúcar

cátion flavilium

antocianinas	substituição		λ_{max} (nm)
	R1	R2	
pelargonidina (plg)	H	H	502 – 506
cianidina (cyd)	OH	H	524 – 527
delfinidina (dpd)	OH	OH	535 – 542
peonidina (pnd)	OCH_3	H	523 – 527
petunidina (ptd)	OCH_3	OH	534 – 535
malvidina (mvd)	OCH_3	OCH_3	533 – 535

λ_{max}: comprimento de onda de absorção máxima em 0,1% HCl em MeOH.[37]

Figura 7.8 Estruturas de antocianinas e comprimentos de onda de absorção máxima.

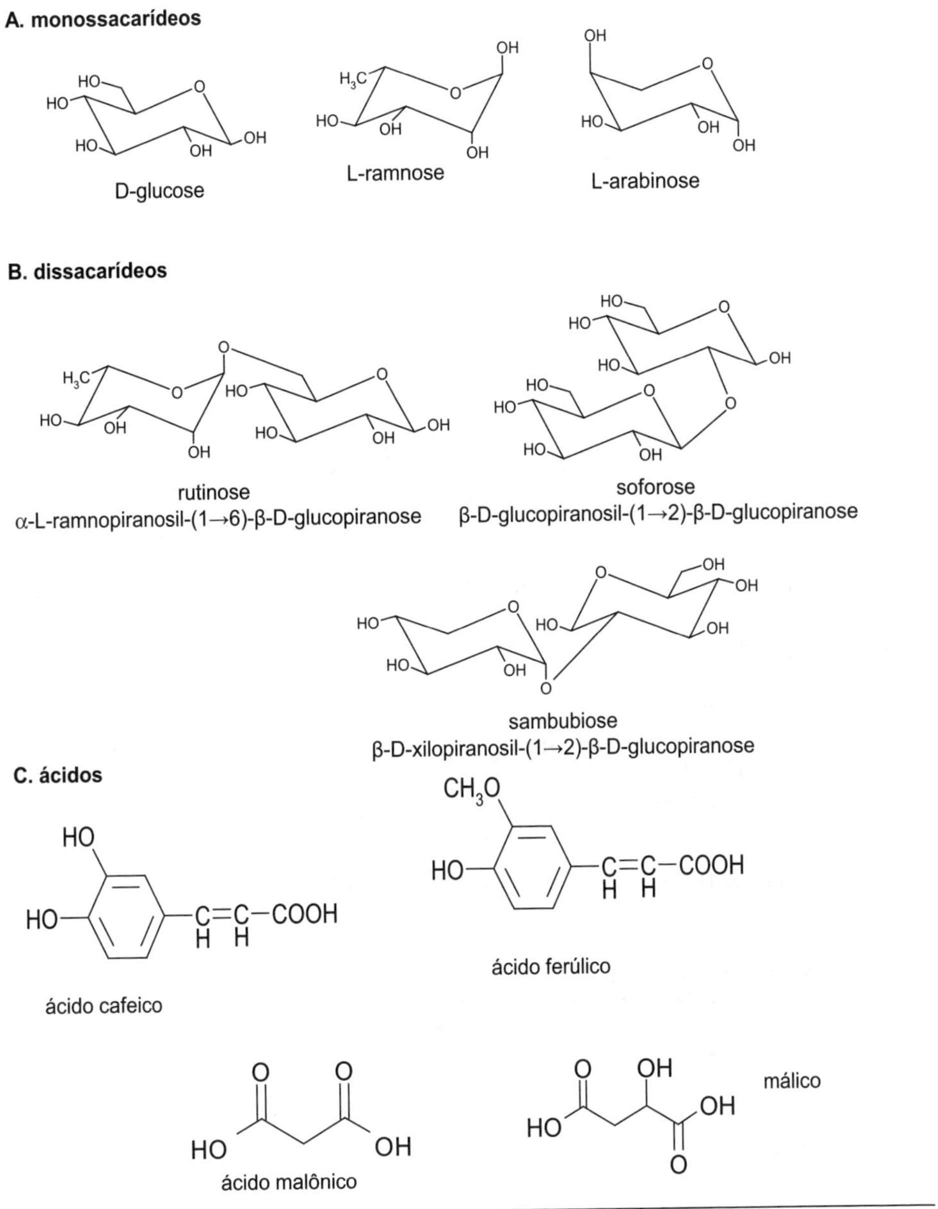

A. monossacarídeos

D-glucose   L-ramnose   L-arabinose

B. dissacarídeos

rutinose
α-L-ramnopiranosil-(1→6)-β-D-glucopiranose

soforose
β-D-glucopiranosil-(1→2)-β-D-glucopiranose

sambubiose
β-D-xilopiranosil-(1→2)-β-D-glucopiranose

C. ácidos

ácido cafeico

ácido ferúlico

ácido malônico

málico

Figura 7.9 Estruturas dos açúcares e dos ácidos mais comumente encontrados em antocianinas identificadas em alimentos.

flavilium que apresenta cor vermelha. Se a constante de equilíbrio de desprotonação (K_a) é maior do que a de hidratação (K_h), o equilíbrio é deslocado para as bases quinonoidais (A), que têm cor azul; e se $K_h > K_a$, o equilíbrio desloca-se para as formas hemiacetálicas ou pseudobase (B), com as formas *R* e *S* em equilíbrio. As formas B estão em equilíbrio com as espécies *cis*- e *trans*-chalcona (C), ambas incolores. Portanto, a estrutura de uma antocianina é fortemente dependente do pH da solução, e como consequência também a sua cor.[39,40] A distribuição entre as diferentes formas de malvidina 3-glucosídeo em função do pH foi relatada por Houbiers et al.[40]

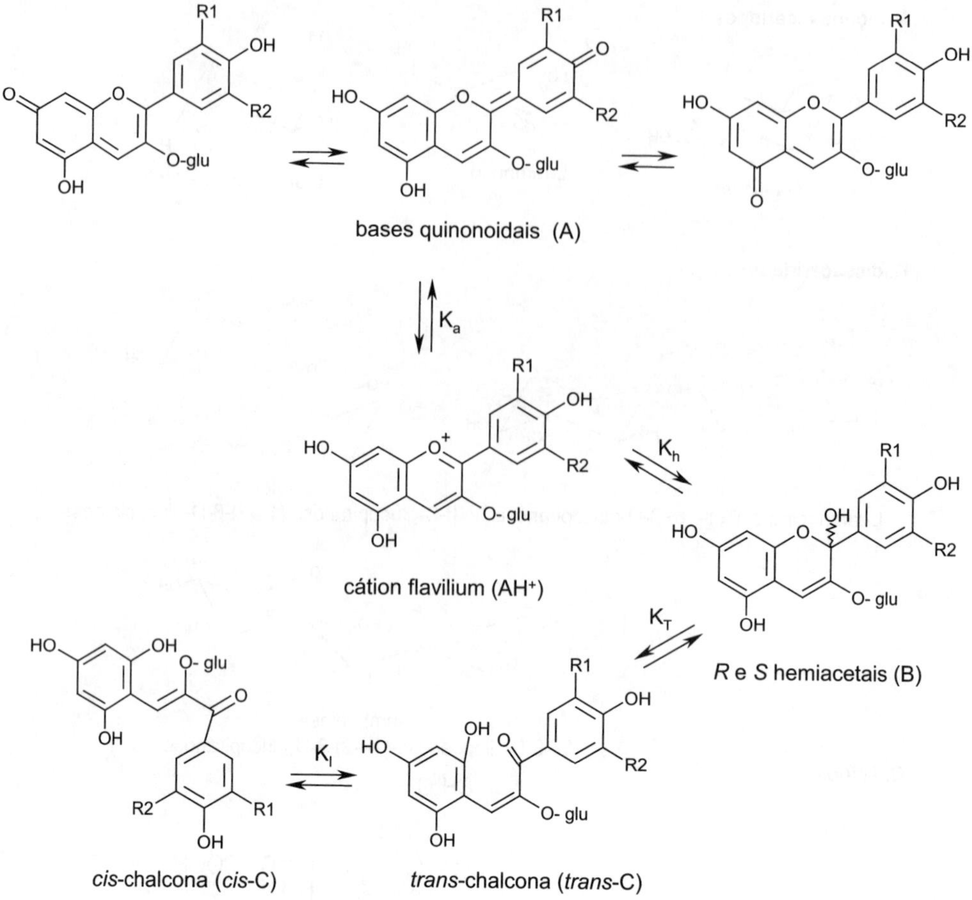

K_a = constante de equilíbrio ácido-base
K_h = constante de equilíbrio de hidratação
K_T = constante de equilíbrio de tautomerização cadeia-anel
K_I = constante de equilíbrio de isomerização

Figura 7.10 Interconversão entre as diferentes formas de antocianinas em solução.
Fonte: Adaptado de Brouillard & Delaporte;[39] Houbiers et al.[40]

As antocianinas também são consideradas pigmentos bioativos, porém as alegações de ações benéficas à saude humana, mostradas na Figura 7.11[11], ainda não foram comprovadas.

Fontes

As antocianinas são encontradas em vários tecidos vegetais, como em frutos, raízes e flores. As frutas vermelhas, sobretudo o mirtilo[41] ou *blueberry* (em inglês), e o açaí[42] têm altas concentrações de antocianinas, que são responsáveis pela cor de vermelho a roxo dessas frutas.

A antocianina mais difundida tanto nas frutas como nos vegetais é a cianidina 3-glucosídeo, como pode ser visto na Tabela 7.2. Açai,[42] amora[43] e camu-camu[44] apresentam cianidina 3-glucosídeo como majoritária. Independentemente do cultivar, as maçãs de casca vermelha[45] apresen-

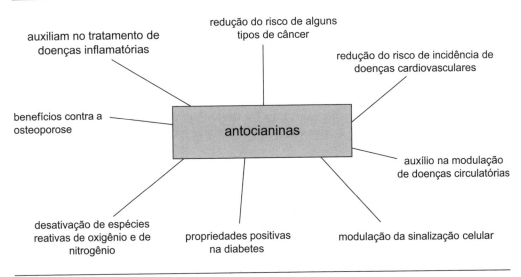

Figura 7.11 Funções e ações de antocianinas relacionadas com a saúde.
Fonte: Adaptado de Rodrigues et al.[11]

Tabela 7.2 Distribuição de antocianinas em alimentos.

alimentos	conteúdo total (mg/100 g peso fresco)	majoritárias	referência
açaí	283-307	cyd 3-glu, cyd 3-rut	De Rosso et al.[42]
acerola	6,5-8,4	cyd 3-ram, plg 3-ram	De Rosso et al.[42]
amora	104	cyd-3-glu	Ferreira et al.[43]
camu-camu	30-54	cyd-3-glu	Zanatta et al.[44]
dovyalis	42	dpd-3-rut, cyd-3-rut	De Rosso & Mercadante[46]
maçã	1-12	cyd-3-gal	Wu et al.[45]
mirtilo	365 - 487	dpd-3-gal, dpd-3-ara, dpd-3-glu, mvd-3-glu, mvd-3-ara	Wu et al.[45]
morango	13-54	plg-3-glu	Cordenunsi et al.[47]
tamarilho	8,5	dpd-3-rut, plg-3-glu-5-ram	De Rosso & Mercadante[46]
uva (*Vitis vinifera*) cv. Cabernet Sauvignon	38	mvd-3-glu, mvd-3-(6''-ace)-glu, mvd-3-(6''-cum)-glu	Cho et al.[48]
uva (*Vitis labrusca*) cv. Bordô	136	mvd-3,5-diglu, mvd-3-(6''-cum)-5-diglu	Lago-Vanzela et al.[49]
cebola roxa	49	cyd-3-(6''-mal)-glu, cyd-3-(6''-mal)-lam, cyd-3-glu	Wu et al.[45]
repolho roxo	322	cyd-3-diglu-5-glu, cyd-3-(sin)-diglu-5-glu, cyd-3-(sin,sin)-diglu-5-glu	Wu et al.[45]

cyd: cianidina; dpd: delfinidina; mvd: malvidina; plg: pelargonidina; ptd: petunidina; ara: arabinosídeo; gal: galactosídeo; glu:glucosídeo lam: laminaribiosídeo; ram: ramnosídeo; rut: rutinosídeo; ace: acetil; cum: cumaril; mal: malonil; sin: sinapil.

tam cianidina 3-galactosídeo, como antocianina majoritária em concentrações em torno de 1-2 mg/100 g na cv. Fuji e cv. Gala, que são as cultivares mais produzidas no Brasil.

A principal fonte de pelargonidia 3-glucosídeo é o morango.[47] A malvidina é encontrada em todos os tipos de uvas, estando glucosilada somente no C-3 em uvas e respectivos vinhos de cultivares de *Vitis vinifera*, por exemplo Cabernet Sauvignon;[48] enquanto está predominantemente diglucosilada nas posições C-3 e C-5 nos cultivares americanos de *Vitis labrusca,* como cv. Bordô e cv. Niágara.[49] Mirtilo,[45] dovyalis[46] e tamarilho[46] apresentam delfinidina como a principal aglicona. Petunidina e peonidina são as agliconas menos encontradas em alimentos (Tabela 7.2).

Fatores que influenciam a estabilidade de antocianinas

Os fatores químicos e físicos mais importantes envolvidos na degradação de antocianinas são pH, alta temperatura e presença de luz, SO_2, metais e oxigênio. Além disso, a concentração de antocianina no meio e sua estrutura química são fatores fundamentais que também influenciam a estabilidade.

Autoassociação, copigmentação e complexação

A associação entre moléculas de antocianinas proporciona aumento na estabilidade deste pigmento. Esse fenômeno, conhecido como autoassociação, é alcançado pelo aumento da concentração de antocianinas no meio.

A copigmentação é outro fenômeno que promove o aumento da estabilidade das antocianinas. A copigmentação pode ser intramolecular e/ou intermolecular. A magnitude da copigmentação é influenciada pela estrutura química da antocianina, pelo pH, tipo e concentração do copigmento, temperatura e força iônica do meio. A copigmentação intramolecular ocorre quando a antocianina apresenta estrutura química mais complexa, com açúcares acilados principalmente com ácidos cinâmicos que podem se dobrar sobre o cátion *flavilium* em um empilhamento tipo sanduíche, favorecendo tanto as interações hidrofóbicas entre os anéis dos ácidos aromáticos e o anel C da antocianina como as ligações de hidrogênio entre as hidroxilas. Desse modo, o cátion *flavilium* é estabilizado, pois há dificuldade de ocorrer hidratação no C-2 para formar os hemiacetais.

Com relação às mudanças de pH, a Figura 7.12 ilustra o comportamento diferente de um extrato de jambolão contendo antocianinas com estruturas mais simples em comparação com um extrato de orquídea que contém antocianinas aciladas.[50,51] Em pH 1, ambos extratos estão coloridos e as antocianinas estão predominantemente na forma de cátion *flavilium*, porém em pH 5 o extrato de jambolão não apresenta cor porque não tem absorção na região do visível e, portanto, as formas predominantes em solução são os hemiacetais e as chalconas. Por outro lado, em pH 4,5, o extrato de orquídea permanece colorido com forte absorção e deslocamento batocrômico, indicando mudança do equilíbrio em direção às bases quinonoidas devido à copigmentação intramolecular que impede a hidratação no C-2.[50,51] Alimentos como repolho vermelho, milho roxo (*purple corn*) e cenoura preta (*black carrot*) apresentam antocianinas aciladas e são, portanto, fontes promissoras de extratos naturais de antocianinas.[52]

A baixa estabilidade de antocianinas com estruturas simples pode ser superada pela reação de copigmentação intermolecular, pela adição de diferentes compostos, sobretudo os compostos fenólicos, pois ocorre associação por meio de interações π-π e de ligações de hidrogênio entre o cátion *flavilium* (pobre em elétrons) e o composto fenólico (rico em elétrons).[53] Um exemplo prático dessa reação é a evolução e manutenção da cor dos vinhos tintos durante o envelhecimento, que é na maioria das vezes atribuída à formação progressiva de novos pigmentos resultantes das interações entre as antocianinas e outros compostos, sobretudo flavan-3-ols (como catequinas) e proantocianidinas, restando apenas pequenas quantidades das antocianinas originais da uva.[54]

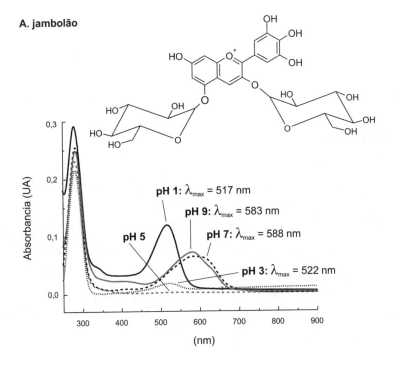

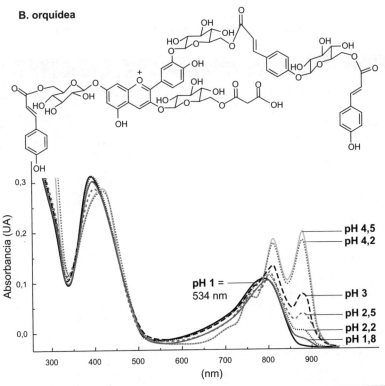

Figura 7.12 Espectros de absorção no UV-visível de extratos de antocianinas de (A) jambolão[50] e de (B) orquídea,[51] ambos em diferentes valores de pH.

Muitos metabólitos da fermentação alcoólica, como ácido pirúvico, acetaldeído e derivados do ácido cinâmico, podem reagir com as antocianinas ou catalisar essas reações.

Os metais podem coordenar ligações entre moléculas de antocianinas e flavonoides, como, por exemplo, o pigmento da flor azul de *Centaurea cyanus*[55] que consiste em seis moléculas da antocianina cianidina 3-*O*-(6'-*O*-succinil glucosídeo)-5-*O*-glucosídeo complexadas com seis unidades da flavona apigenina 7-*O*-glucuronídeo-4-*O*-(6'-*O*-malonil-glucosídeo) por meio de íons de Fe^{+3}, Mg^{+2} e Ca^{+2}.

Calor, luz e oxigênio

Recentemente, foi proposto um mecanismo de degradação térmica de antocianinas que é dependente do pH do meio.[41,56,57] Em pH 1, ocorrem sucessivas hidrólises da ligação glicosídica como primeira etapa, formando antocianidina, que é mais instável que a antocianina correspondente, seguido pela clivagem dos anéis A e B, produzindo, respectivamente, um aldeído fenólico (2,4,6-tri-hidroxibenzaldeído) e um ácido fenólico (ácidos protocatecuico ou 4-hidroxibenzoico). Em pH 3,5, primeiramente ocorre a abertura hidrolítica do anel *pirilium* (anel C), formando uma chalcona glicosilada, seguido de hidrólise da ligação glicosídica para formar uma chalcona, que sofre degradações adicionais nos anéis A e B, produzindo os mesmos aldeído e ácido descritos anteriormente (Figura 7.13), além de dímeros.

É amplamente conhecido que a presença de luz e de oxigênio acelera a degradação de antocianinas. Este efeito pode ser verificado na Tabela 7.3 pela degradação das antocianinas dos extratos de açaí e de acerola que seguiram cinética de primeira ordem. Independentemente da origem do extrato, as antocianinas foram mais estáveis na ausência de oxigênio e de luz.[58]

Tabela 7.3 Efeito da presença de luz e de ar, e adição de ácido ascórbico (AA) na estabilidade de extratos de antocianinas obtidos de frutas.

sistemas	k_{obs} (h⁻¹)	$t_{1/2}$ (h)
extrato de açaí, ar, luz	$7,64 \times 10^{-4}$	909,0
extrato de açaí, N_2, luz	$5,43 \times 10^{-4}$	1275,6
extrato de açaí, ar, escuro	$1,07 \times 10^{-4}$	6456,2
extrato de açaí, N_2, escuro	$8,41 \times 10^{-5}$	8235,0
extrato de acerola, ar, luz	$5,05 \times 10^{-2}$	13,7
extrato de acerola, N_2, luz	$3,70 \times 10^{-2}$	18,7
extrato de acerola, ar, escuro	$3,95 \times 10^{-2}$	17,5
extrato de acerola, N_2, escuro	$3,18 \times 10^{-2}$	21,7
extrato de açaí + AA (276 mg/100 mL), ar, luz	$1,65 \times 10^{-2}$	42,0
extrato de açaí + AA (276 mg/100 mL), N_2, luz	$1,04 \times 10^{-2}$	66,6
extrato de açaí + AA (276 mg/100 mL), ar, escuro	$1,25 \times 10^{-2}$	55,2
extrato de açaí + AA (276 mg/100 mL), N_2, escuro	$9,18 \times 10^{-3}$	75,5
extrato de açaí + AA (138 mg/100 mL), ar, luz	$1,46 \times 10^{-2}$	47,6
extrato de açaí + AA (138 mg/100 mL), ar, escuro	$1,18 \times 10^{-3}$	58,4
extrato de açaí + AA (30 mg/100 mL), ar, luz	$1,03 \times 10^{-2}$	66,9
extrato de açaí + AA (30 mg/100 mL), ar, escuro	$8,87 \times 10^{-3}$	78,1

Os valores de constante de velocidade (k_{obs}) e tempo de meia-vida ($t_{1/2}$) foram obtidos em tampão fosfato-citrato em pH 2,5 a 20 °C. AA: ácido ascórbico.
Fonte: De Rosso & Mercadante.[58]

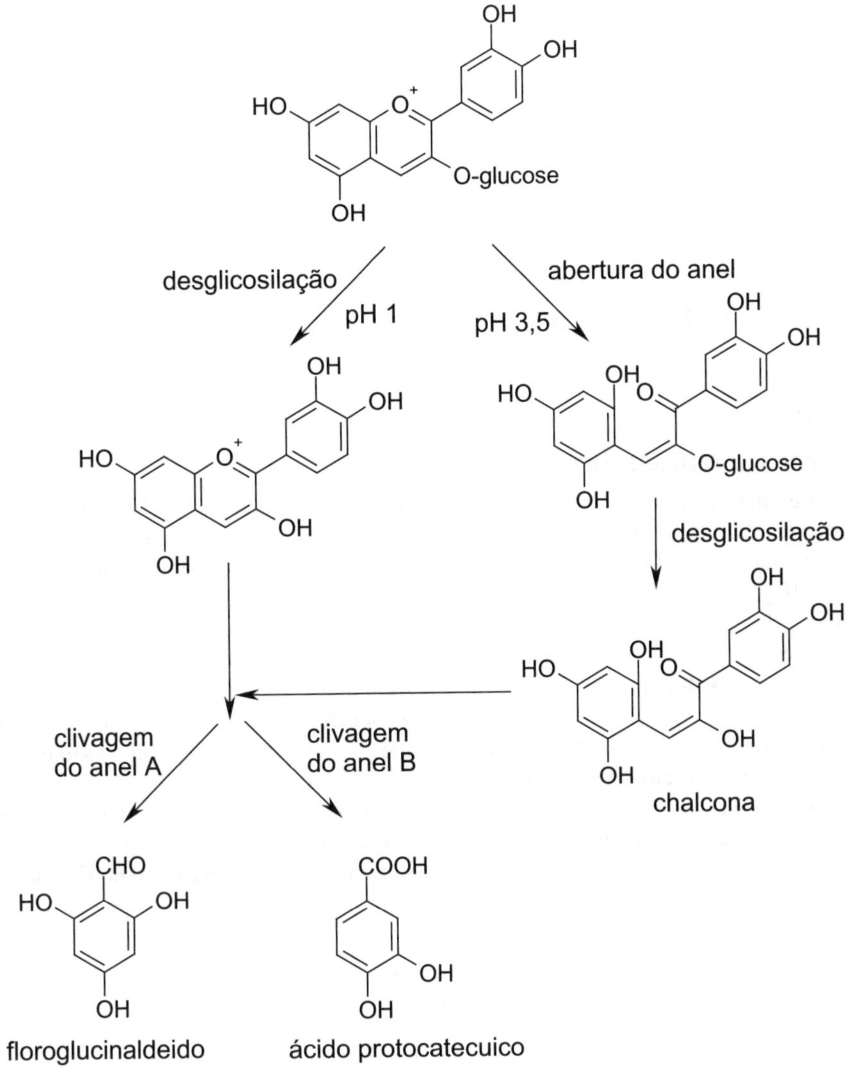

Figura 7.13 Esquema da degradação térmica de antocianinas.

Ácido ascórbico e dióxido de enxofre

A degradação das antocianinas na presença de ácido ascórbico (AA) envolve a condensação direta de AA no C-4 do anel C, causando interrupção do cromóforo e, por conseguinte, descoloração. A acerola é considerada uma das melhores fontes naturais de AA e por isso a estabilidade de antocianinas do extrato de acerola é muito menor que a do extrato antociânico de açaí que não tem AA.[58] A influência deletéria do ácido ascórbico nas antocianinas é dose-dependente e foi confirmada com a adição de AA ao extrato de açaí (Tabela 7.3).

Adição de SO_2 é comumente utilizada para a conservação de produtos de frutas, como, por exemplo, na produção de cereja ao maraschino. Porém, ocorre condensação entre o SO_2 e o C-4 da antocianina, formando um composto sem cor, devido à interrupção do cromóforo (Figura 7.14).

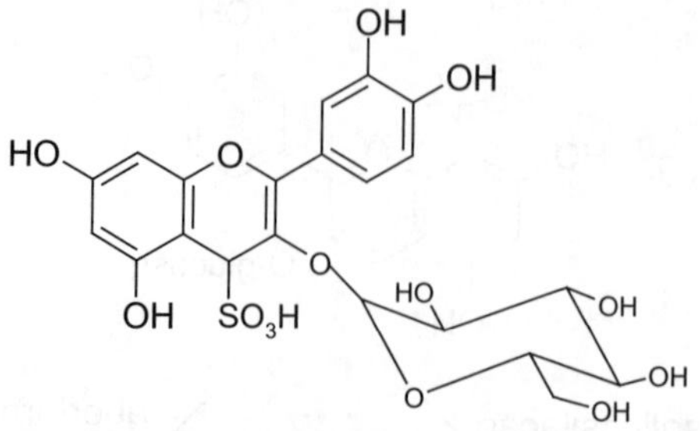

Figura 7.14 Complexo cianidina 3-glucosídeo com SO_2.

Clorofilas

Estruturas e propriedades

A clorofila é uma molécula planar, constituída por 4 anéis pirrólicos (A, B, C e D) unidos por pontes metinas e um átomo de magnésio, localizado no centro do macrociclo, que pode formar quatro coordenações com nitrogênio. O macrociclo da porfirina está esterificado ao álcool diterpênico fitol ($C_{20}H_{39}OH$), tornando a clorofila lipossolúvel, e um quinto anel isocíclico (E) está localizado ao lado do anel C (Figura 7.15). As clorofilas *a* e *b* predominam nas plantas superiores, tipicamente em uma relação de 3 para 1, respectivamente. A clorofila *b* difere da clorofila *a* por apresentar um grupo aldeído no C-7 no lugar do grupo metil. Clorofilas *c*, *d*, e seus derivados são encontrados em todas as algas fotossintéticas e espécies diatômicas, enquanto bactérias fotossintéticas sintetizam várias classes de bacterioclorofilas. Na natureza, as clorofilas são encontradas em complexos com proteínas e sempre acompanhadas por carotenoides.

Segundo a *Joint Commission on Biochemical Nomenclature* da IUPAC-IUB,[59] a numeração dos carbonos do macrociclo é realizada no sentido horário em uma sequência de C-1 a C-20. Os dois carbonos adicionais do anel E, previamente numerados como C-9 e C-10 no sistema Fischer,

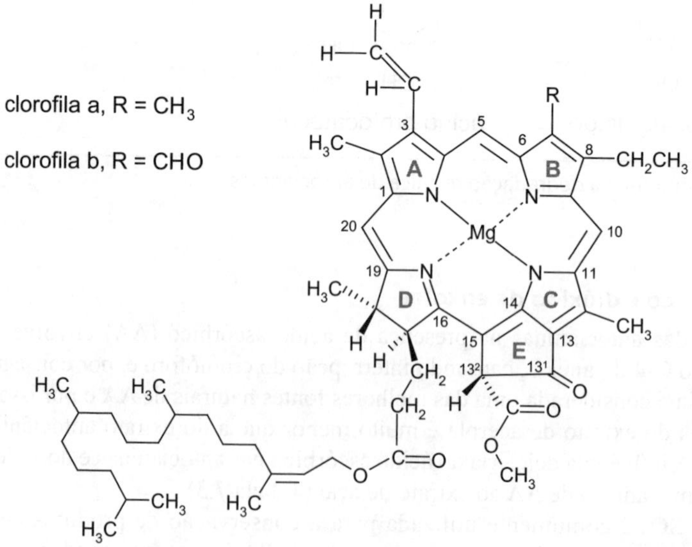

Figura 7.15 Estrutura da clorofila, mostrando a denominação dos anéis e numeração dos carbonos segundo a IUPAC-IUB.

são numerados hoje como C-13[1] e C-13[2], respectivamente. As ligações duplas conjugadas e a coordenação com magnésio constituem o cromóforo das clorofilas, que apresentam duas bandas de absorção em diferentes regiões do espectro visível, entre 400 e 500 nm e entre 600 e 700 nm.

A clivagem da cadeia fitol pela enzima clorofilase ocorre em alimentos não submetidos a tratamentos térmicos, produzindo as clorofilidas (Figura 7.16A) que permanecem com a cor da clorofila, porém são hidrossolúveis. Outra alteração muito comum é a substituição do cátion Mg^{2+} por dois átomos de hidrogênio em condições ácidas e/ou pela ação da enzima Mg-dequelatase, formando as feofitinas e os feoforbídeos, ambos com cor verde-oliva/marrom.

Fontes

Assim como ocorre com os carotenoides e antocianinas, a distribuição e conteúdo de clorofilas em frutas e vegetais são dependentes de uma série de fatores, como variedade/cultivar, condições agroclimáticas, tratamentos pré- e pós-colheita, e tipo do processamento dos alimentos.

Na maioria das vezes, o teor total de clorofilas de vegetais verdes comumente consumidos excede os níveis dos outros pigmentos, como carotenoides, em uma margem de até cinco vezes (Tabela 7.4). Em geral, os maiores teores de clorofilas são encontrados nas folhas verdes[60] e, quanto mais escuro for o vegetal, maior a quantidade de clorofilas. Algumas frutas, como abacate, kiwi e certos cultivares de melão, maçã e pêra, são exceções e retêm clorofilas mesmo no estádio maduro.[61,62]

Transformações químicas decorrentes do processamento e armazenamento

As clorofilas são extremamente sensíveis ao pH baixo e a temperaturas altas. A duração do tratamento térmico, além da presença de sais, enzimas e tensoativos iônicos também influenciam a estabilidade das clorofilas. Em geral, os vegetais verdes submetidos ao processamento térmico exibem cores um pouco desbotadas porque o rompimento das células e tecidos vegetais e a desnaturação de proteínas associadas às moléculas de clorofila expõem esses pigmentos aos componentes do meio.

O branqueamento é muito empregado para inativar enzimas e reduzir as concentrações de oxigênio nos tecidos dos vegetais, porém o ácido do meio ou do próprio alimento promove a substituição do Mg^{+2} por dois átomos de hidrogênio, produzindo as feofitinas (Figura 7.16B). O aquecimento, mesmo em condições brandas, resulta na substituição do grupo carbometoxi do C-13[2] por hidrogênio, formando piroderivados de clorofilas, como as pirofeofitinas (Figura 7.16C) e pirofeoforbídeos. Tratamento térmico mais rigoroso pode resultar em degradação completa da estrutura tetrapirrólica.[53]

O anel E presente em clorofilas também é susceptível a diferentes modificações. A epimerização produz estereoisômeros por inversão da configuração no C-13[2]; e as 13[2]-epiclorofilas, conhecidas como clorofilas *a'* e *b'*, são artefatos formados em pequenas quantidades em vegetais aquecidos e congelados. No sistema de nomenclatura Fischer, estes epímeros eram nomeados

---

Tabela 7.4 Teores totais de clorofilas e de carotenoides em vegetais e frutas.

alimentos	clorofilas totais (mg/100 g peso fresco)	carotenoides totais (mg/100 g peso fresco)	referência
brócolis	8	4	Khachik et al.[60]
couve	187	8	Khachik et al.[60]
espinafre	127	4	Khachik et al.[60]
abacate	3	1	Wang et al.[62]
kiwi	2	1	Cano[61]

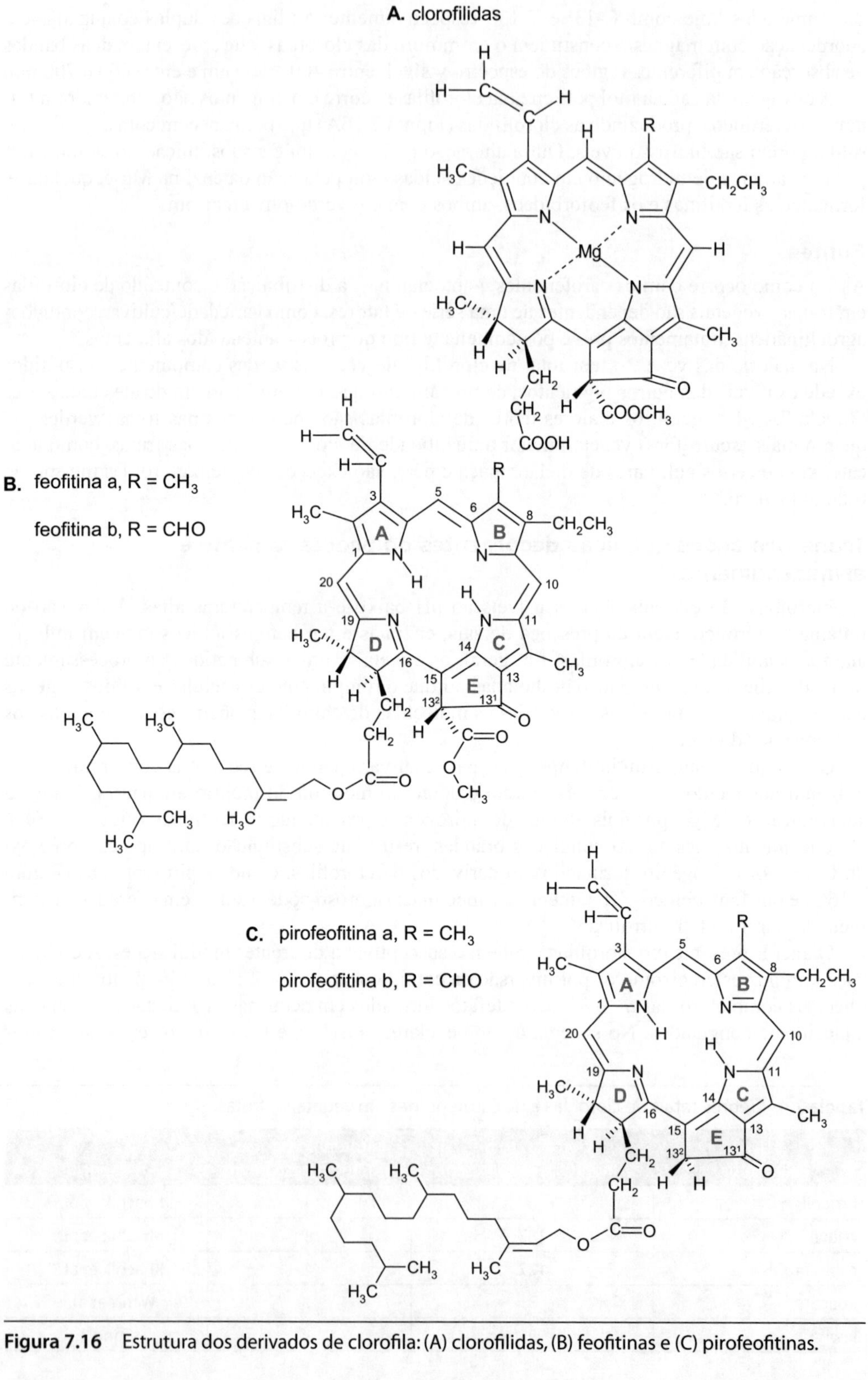

Figura 7.16 Estrutura dos derivados de clorofila: (A) clorofilidas, (B) feofitinas e (C) pirofeofitinas.

10-epiclorofilas. Nos estágios finais da degradação da clorofila, devido à abertura do anel macrociclo entre C-4 e C-5, são fomados vários tetrapirróis incolores ou fluorescentes. Enzimas oxidativas, como lipoxigenases, clorofila oxidase e peroxidases, contribuem para a perda da cor verde e acúmulo de catabólitos de clorofila oxidada (13^2-OH-clorofilas).[64,65]

Um esquema da degradação das clorofilas em alimentos frescos e processados está apresentado na Figura 7.17.

Independentemente da temperatura e pH de processo, a clorofila *a* degrada mais rapidamente do que a clorofila *b*.[66-68] Tendência semelhante ocorre em relação às clorofilidas (Tabela 7.5). Porém, as clorofilidas são mais instáveis ao tratamento térmico do que as respectivas clorofilas, provavelmente porque como são solúveis em água estão em maior contato com o ambiente aquoso prótico do que as clorofilas que são hidrofóbicas. A perda de Mg^{2+} do anel porfirina e deslocamento por dois átomos de hidrogênio também é mais favorecida em compostos solúveis em água, como as clorofilidas. As constantes de velocidade de perda da cor verde, e consequentemente da degradação de clorofila, diminuem com o aumento do pH, indicando que a cor verde é mantida em valores de pH mais elevados.[67]

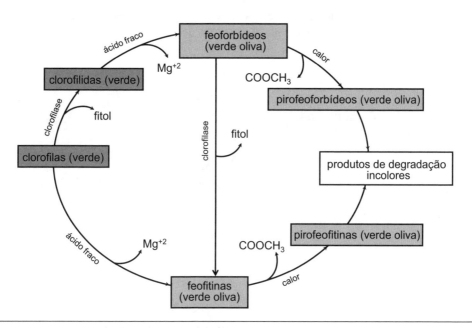

Figura 7.17 Esquema da degradação de clorofila em alimentos frescos e processados.

Tabela 7.5 Degradação de clorofilas e clorofilidas em alimentos submetidos a altas temperaturas.

	taxa de degradação, k_{obs} (min^{-1})			
	clorofila *a*	clorofila *b*	clorofilida *a*	clorofilida *b*
purê de espinafre – 100 °C	1,3 × 10^{-1}	2,4 × 10^{-2}	2,5 × 10^{-1}	1,0 × 10^{-1}
purê de espinafre – 115 °C	3,1 × 10^{-1}	7,2 × 10^{-2}	6,1 × 10^{-1}	3,0 × 10^{-1}
ervilha – 100 °C, pH 5,5	1,3 ×10^{-1}	0,5 × 10^{-2}	não determinado	não determinado
ervilha – 100 °C, pH 6,5	0,7 × 10^{-1}	0,4 × 10^{-2}	não determinado	não determinado

Fonte: Canjura et al.;[66] Koca et al.[67]

Pigmentos Naturais

Considerando diferentes métodos de cozimento de folhas de espinafre, taxas mais elevadas de degradação de ambas as clorofilas foram observadas em forno de micro-ondas e branqueamento em comparação com o espinafre submetido ao vapor ou assamento.[68] Porém, os processos com água (vapor e branqueamento) produziram maior quantidade de feofitinas, provavelmente porque o calor úmido facilita a liberação de ácidos orgânicos que catalisa a transformação clorofilasfeofitinas. Por outro lado, piroclorofilas foram formadas após 1 min de cozimento por micro-ondas, e as pirofeofitinas, após longo tempo de aquecimento.[68]

Derivados estáveis de clorofila

Nos últimos anos, homólogos de clorofilas, clorofilidas ou de feofitinas têm sido produzidos por meio da substituição do Mg^{2+} ou dos dois hidrogênios por íons metálicos. Estes derivados semissintéticos têm sido utilizados comercialmente devido ao maior poder corante e maior estabilidade mediante ácidos diluídos, agentes oxidantes e calor moderado.

Dentre as metaloclorofilas e metaloclorofilinas, a forma mais comum é a clorofilida cúprica de sódio que é sintetizada a partir de extrato bruto de clorofila natural por tratamento com hidróxido de sódio diluído e metanol, seguido por substituição do átomo central de Mg^{2+} por Cu^{2+}. O produto final consiste de uma mistura de inúmeros compostos derivados de clorofila, coletivamente conhecidos como clorinas, sendo os principais Cu-clorina e4 e Cu-clorina e6 (Figura 7.18A). A mistura de clorinas é mais estável, com taxa de degradação (k_{obs}) de $2,94 \times 10^{-2}$ min^{-1}

A. clorina e4

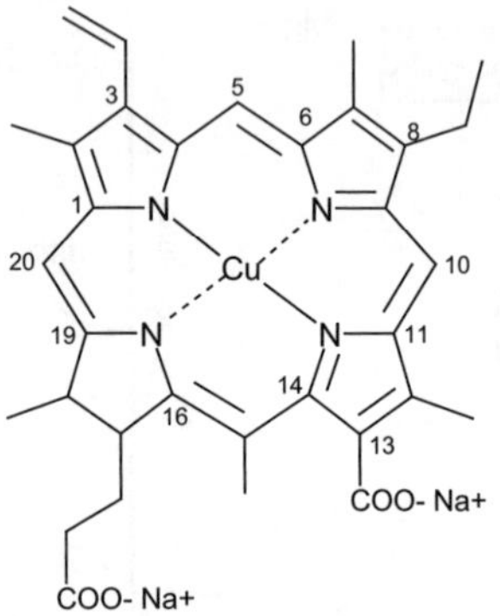

B. zinco-feofitina

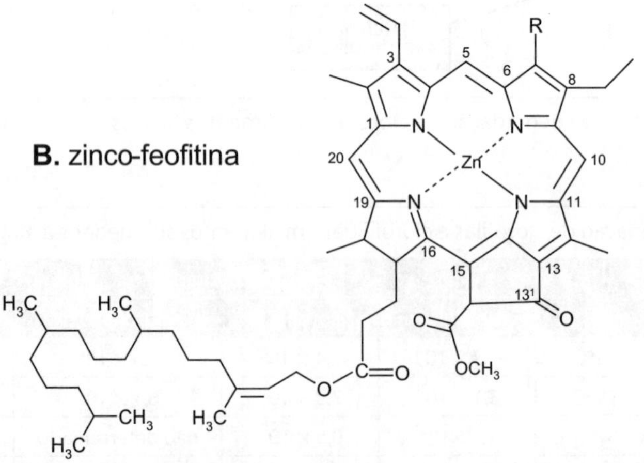

Figura 7.18 Derivados estáveis de clorofilas.

a 100 °C.[69] Este corante com grau alimentício tem sido mais utilizado na Europa e Ásia, enquanto nos EUA as clorinas são comercializadas principalmente como suplemento dietético líquido ou em pó.

Nos EUA, um processo para preservar a cor verde em vegetais enlatados foi patenteado em 1984.[70] Esse processo, com o nome comercial de "Veri-Green", envolve calor e sais de Zn^{2+}, formando complexos mais estáveis de feofitinas e pirofeofitinas com zinco (Figura 7.18B). Tanto a formação como a estabilidade desses complexos são dependentes do pH, concentração iônica, temperatura e tipo de clorofila.

Betalaínas

Estruturas e propriedades

As betalaínas são derivadas do ácido betalâmico com aminas primárias ou secundárias, e são solúveis em água. Dependendo do grupo substituinte, podem ser divididas em dois grupos: as betacianinas, com coloração vermelha a violeta, e as betaxantinas, de cor amarela (Figura 7.19).

As betaxantinas são produtos de condensação do ácido betalâmico com diferentes aminoácidos (p. ex., tirosina) ou aminas (p. ex., glutamina). Dependendo da estrutura da amina, os valores de $\lambda_{máx.}$ das betaxantinas variam entre 460 e 480 nm.[71] As betaxantinas mais comuns são a glutamina-betaxantina (vulgaxantina I, Figura 7.19C), que é a principal betaxantina em beterraba vermelha, e a indicaxantina (prolina-betaxantina), que é o pigmento predominante nos frutos do *cactus Opuntia* ssp.[71]

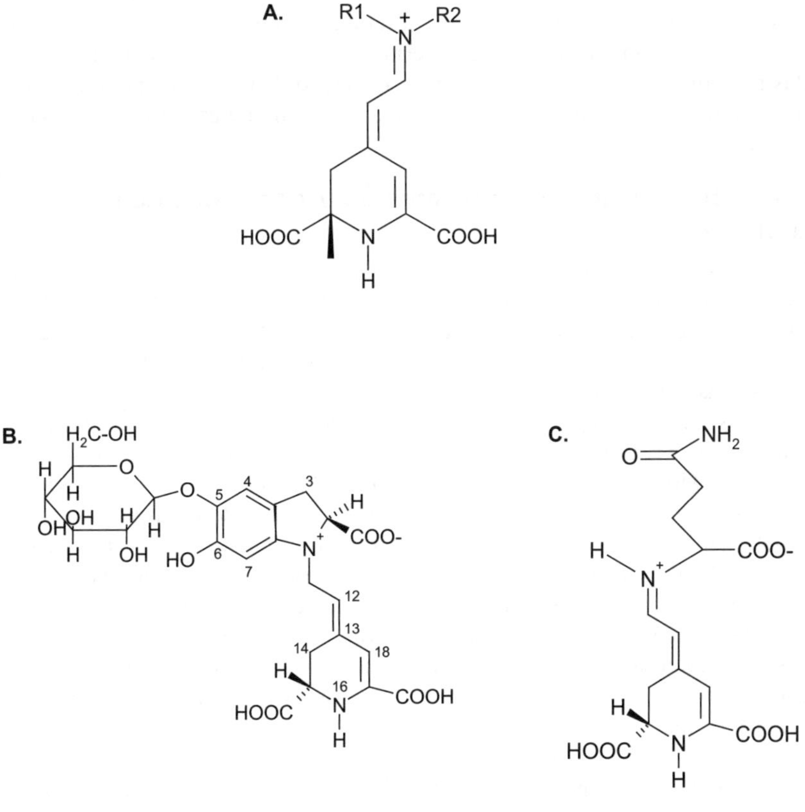

Figura 7.19 Estrutura das betalaínas: (A) estrutura básica, (B) betanina, (C) vulgaxantina I.

As betacianinas são produtos de condensação do ácido betalâmico com o ciclo-dopa [ciclo-3-(3,4-di-hidroxifenilalanina)] e apresentam $\lambda_{máx.}$ em torno de 540 nm. Esse deslocamento batocrômico de 50 a 70 nm em relação às betaxantinas é devido à conjugação com a estrutura aromática do ciclo-dopa, com consequente aumento da extensão do cromóforo. Devido à glicosilação com um ou dois monossacarídeos, assim como acilação, é possível haver grande variedade de estruturas de betacianinas. A betanina (betanidina 5-O-β-glicosídeo, Figura 7.19B) é a betalaína mais abundante em beterraba vermelha (*Beta vulgaris* L.).

Fontes

A ocorrência de betalaínas é restrita às plantas pertencentes à ordem Caryophyllales e a fungos de alguns gêneros dos Basidiomicetes. Por outro lado, as betalaínas estão distribuídas em diferentes órgãos das plantas. Por exemplo, nas flores do gênero *Bougainvillea*, nos frutos de cactus *Opundia* ssp e na raíz de beterraba.[72]

Na maioria das vezes, as betacianinas são encontradas acompanhadas por suas respectivas isobetacianinas (epímero no C-15), em uma proporção dependente da fonte de alimento.[73]

Beterraba é a principal fonte alimentícia de betacianinas, com 300 a 600 mg/kg. Suco de beterraba vermelha, concentrado ou em pó, é autorizado para colorir alimentos na Europa e EUA. Porém, as preparações de beterraba vermelha apresentam algumas propriedades altamente indesejáveis, como o alto teor de nitrato e nitrito e o aroma desagradável devido aos derivados de pirazina e geosmina. Como o nitrato tem sido associado à formação de nitrosaminas, que por sua vez estão relacionadas com a indução de câncer, foram desenvolvidos processos para reduzir o teor de nitrato de preparações de beterraba vermelha, como, por exemplo, a desnitrificação microbiana.[73]

É curioso o fato de as antocianinas e as betalaínas nunca serem encontradas em uma mesma planta, apesar de compartilharem a via biossintética do ácido chiquímico. As betalaínas são encontradas em apenas um grupo de angiospermas, enquanto as antocianinas são amplamente distribuídas no reino vegetal. No entanto, a distribuição dentro da planta e as funções vegetativas e reprodutivas exercidas tanto pelas betalaínas como pelas antocianinas são essencialmente idênticas.

Transformações químicas decorrentes do processamento e armazenamento

A estabilidade das betalaínas é influenciada por inúmeros fatores, tanto relacionados com a estrututa química como com fatores externos. As betalaínas apresentam maior estabilidade em baixa atividade de água (a_w), temperatura baixa, ausência de luz e de oxigênio e quando em alta concentração. Em geral, as betacianinas apresentam maior estabilidade que as betaxantinas.

As betacianinas exibem maior estabilidade em valores de pH entre 6 e 7, enquanto as betaxantinas são mais estáveis em pH de 5,5 a 7.[71] A mudança de pH para valores inferiores a 3 induz a epimerização no C-15. Em meio levemente alcalino, a betalaína é clivada, resultando em seus precursores biossintéticos, ácido betalâmico (cor amarela) e os incolores ciclo-dopa (betacianinas) ou compostos amino (betaxantinas).[71,74] As transformações descritas anteriormente também ocorrem à alta temperatura, porém tratamento térmico prolongado induz a formação de uma grande diversidade de produtos de degradação secundários por meio de reações múltiplas de descarboxilação ou, ainda, combinadas com reações de desidrogenação.[75]

As betalaínas também sofrem degradação na presença de enzimas, como peroxidase e polifenoloxidase, que catalisam a clivagem da betalaína, formando os mesmos precursores de biossíntese descritos anteriormente. Na presença de β-glicosidase, ocorre clivagem da betanina com formação de betanidina e de glucose.

As betalaínas são os pigmentos naturais de escolha para alimentos com pH > 3, considerando a instabilidade das antocianinas em valores de pH acima de 3 e em presença de ácido ascórbico. Além disso, como as betalaínas são estabilizadas por ácido ascórbico, podem ser aplicadas para colorir alimentos com alto teor de vitamina C.[75]

Mioglobina

Estruturas e propriedades

A mioglobina é a principal proteína responsável pela cor da carne, embora outras proteínas heme, como hemoglobina e citocromo C, também desempenhem um papel na cor, sobretudo em carne de cordeiro, porco e aves. A mioglobina é uma proteína globular com estrutura terciária contendo 153 aminoácidos em uma única cadeia arranjada em 8 α-hélices. Além disso, ela contém um grupo prostético (heme) constituído de quatro anéis pirrólicos unidos por pontes metinas com um átomo de ferro, localizado no centro, que pode formar seis coordenações. Quatro dessas coordenações são com os nitrogênios pirrólicos, enquanto o quinto sítio está coordenado com o resíduo de histidina-93 da proteína globina e o sexto está disponível para se ligar de forma reversível a diferentes ligantes que possuam um par de elétrons livres (Figura 7.20). A parte heme está localizada na parte hidrofóbica, em forma de bolso, da proteína globina.[76]

A cor do músculo da carne é determinada pelo estado químico da mioglobina, ou seja, o ligante da sexta coordenação e a valência do ferro. A histidina distal-64 da globina também influencia a dinâmica de cores, pois afeta a estereoquímica dentro do bolso hidrofóbico.[76] O tradicional ''triângulo de cor da carne'' é bem estabelecido, e as interconversões entre desoxi-, oxi- e metmioglobina são influenciadas pela difusão de O_2 nas diferentes condições de armazenamento e embalagem (Figura 7.21).

A desoximioglobina é formada pelo ferro heme na forma ferrosa (Fe^{+2}) e pela presença de água no sexto sítio de coordenação. Essa combinação resulta na cor vermelha escuro ou rosa-arroxeada, normalmente associada ao produto embalado a vácuo ou à parte interior do músculo. Para manter a mioglobina na forma desoxigenada, é necessária pressão de oxigênio muito baixa (<1,4 mmHg), pois ocorre oxigenação quando a desoximioglobina é exposta ao oxigênio, formando oximioglobina − caracterizada pela cor vermelho-cereja brilhante. Não ocorre mudança na valência do ferro durante a oxigenação, que é reversível, embora o sítio da sexta coordenação seja ocupado pelo oxigênio diatômico. Além disso, a histidina distal-64 interage com o oxigênio ligado nessa sexta coordenação, alterando a estrutura proteica e a estabilidade. A profundidade de penetração de oxigênio e a espessura da camada de oximioglobina dependem da temperatura da carne, pressão parcial de oxigênio e pH e competição com outros processos respiratórios pelo oxigênio.

A mudança de cor para vermelho-marrom, conhecida como descoloração, resulta da oxidação dos dois derivados ferrosos de mioglobina (desoximioglobina e oximioglonina) para metmioglobina, que apresenta ferro na forma férrica (Fe^{+3}) e água na sexta coordenação. A formação de metmioglobina depende da pressão parcial de oxigênio, das enzimas do músculo (desativadoras de oxigênio e redutoras) e da reserva de NADH.[76]

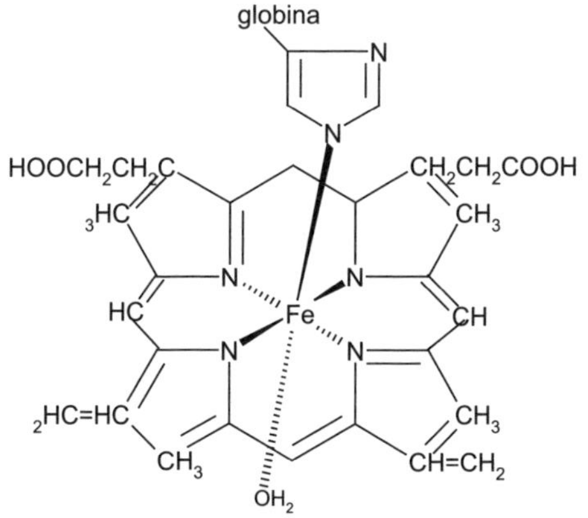

Figura 7.20 Estrutura química da mioglobina, evidenciando a parte heme.

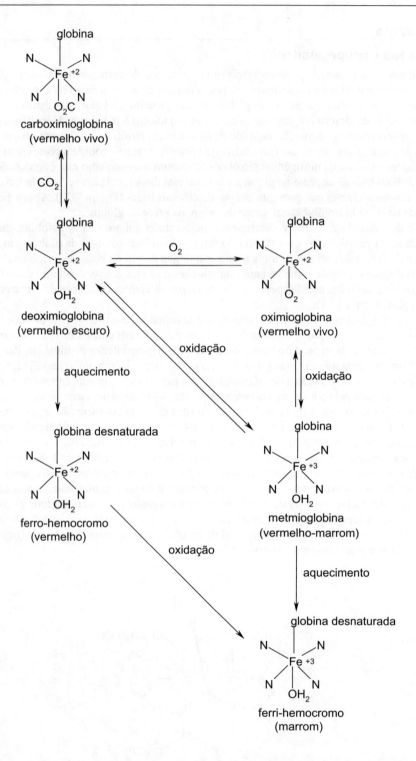

Figura 7.21 Interconversões entre os pigmentos da carne fresca e compostos formados devido ao aquecimento.

Transformações decorrentes do processamento e armazenamento

Não obstante as hemoproteínas, sobretudo mioglobina, constituírem apenas cerca de 0,5% do peso úmido de carnes vermelhas, a resposta desses pigmentos ao calor determina, em grande parte, a cor de carne cozida.[77] O aquecimento provoca a desnaturação da globina, que então precipita com as demais proteínas da carne. A desnaturação da mioglobina e das outras proteínas tem início entre 55 °C e 65 °C, com desnaturação completa a 75 °C ou 80 °C.[78]

As três formas de mioglobina diferem em sua sensibilidade ao calor. Desoximioglobina é a menos sensível à desnaturação pelo calor, seguida pela oximioglobina e então metmioglobina, embora estas duas últimas apresentem sensibilidade similar ao calor.[78] Com a desnaturação da globina, a metmioglobina forma a ferri-hemocromo, também conhecida como globina marrom hemicromogena (Figura 7.21). As outras mioglobinas são desnaturadas para ferro-hemocromo, ou globina vermelho hemocromogena, que é prontamente oxidada para ferri-hemocromo, que está presente em grandes quantidades em carnes cozidas[77] (Figura 7.21).

Devido ao crescente interesse em embalagens com atmosfera modificada, a carboximioglobina tornou-se um importante estado químico da mioglobina em atmosfera com cerca de 0,4% de monóxido de carbono (CO_2). O CO_2 se liga na sexta coordenação, formando na superfície da carne uma cor vermelha muito brilhante que é relativamente estável.[77] Acredita-se que a desoximioglobina seja mais facilmente convertida em carboximioglobina do que a oxi- e metmioglobina. No entanto, o CO_2 vai lentamente se dissociando da mioglobina após a exposição da carboximioglobina a ambientes livres de CO_2, devido provavelmente à maior afinidade da mioglobina ao oxigênio.[79]

As carnes curadas são atraentes e populares devido à cor, textura e sabor característicos, além de combinarem essas características com a conveniência da estabilidade prolongada durante o armazenamento. Na maioria das vezes, o nitrito é adicionado em carnes na forma de sal sódico, e seu papel no processo de cura é multifuncional, pois atua na modificação da cor e textura, desenvolvimento do sabor característico de carnes curadas e na prevenção da deterioração da carne devido à ação como agente antimicrobiano. A capacidade de oxidação do nitrito aumenta com a diminuição do pH da carne, mas o próprio nitrito também pode ser parcialmente oxidado para nitrato durante a cura ou armazenamento. Desoximioglobina e oximioglobina são oxidadas para metmioglobina pelo íon nitrito (NO_2^-), que por sua vez é reduzido a óxido nítrico (NO). Esses produtos podem se combinar entre si para formar um pigmento intermediário, a nitrosil-metmioglobina, que é instável. A nitrosil-metmioglobina sofre autorredução e na presença de redutores endógenos e exógenos do músculo produz a forma ferrosa correspondente, relativamente estável, conhecida como nitrosil-mioglobina ou mioglobina óxido nítrico[80] (Figura 7.22).

A cor vermelha característica das carnes curadas (ou seja, antes do processo térmico) é devido à formação de nitrosil-mioglobina, que apresenta na sua estrutura um grupo NO ligado na sexta coordenação ao átomo de ferro reduzido. Após o processamento térmico, ocorre desnaturação das proteínas e a globina desnaturada envolve o grupo heme, formando nitrosil-hemocromo que confere a cor rosada característica de carnes curadas cozidas, como, por exemplo, a do presunto[80] (Figura 7.22). Porém, a carne curada é mais susceptível à oxidação que a carne fresca porque o NO é um melhor aprisionador de elétrons que o O_2. Além disso, a mudança na textura do produto final é promovida pela reticulação de proteínas. Apesar de todos os seus efeitos desejáveis, o nitrito pode reagir sob certas condições com aminas e aminoácidos da carne, produzindo N-nitrosaminas, que são compostos cancerígenos presentes em alguns produtos curados cozidos.[80]

Curcuma

Os pigmentos presentes nos extratos obtidos dos rizomas de *Curcuma longa* L., pertencente à família Zingiberaceae, são conhecidos coletivamente como curcuminoides, sendo a curcumina o principal constituinte, juntamente com pequenas quantidades de desmetoxi-curcumina e bis-desmetoxi-curcumina (Figura 7.23).

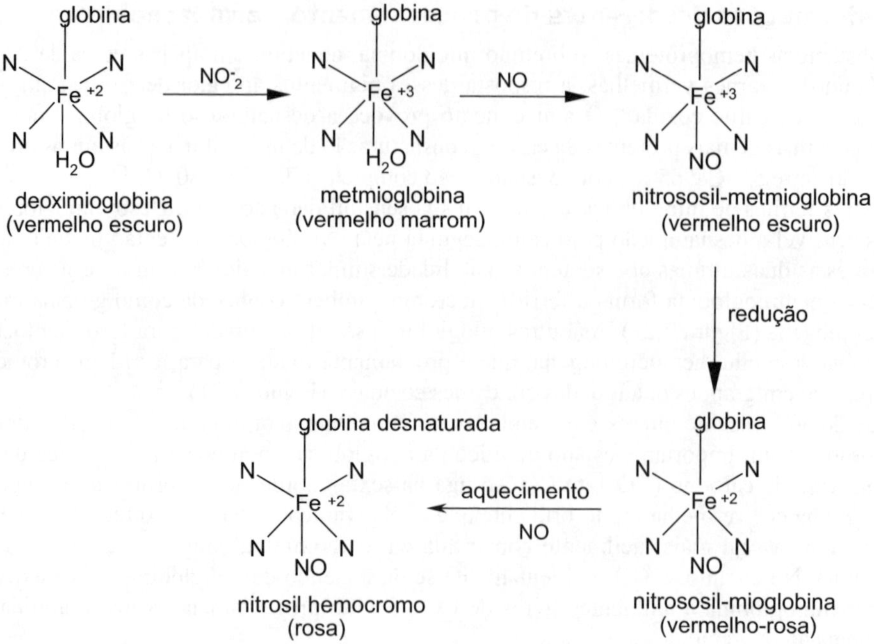

Figura 7.22 Reações dos pigmentos da carne durante o processo de cura.

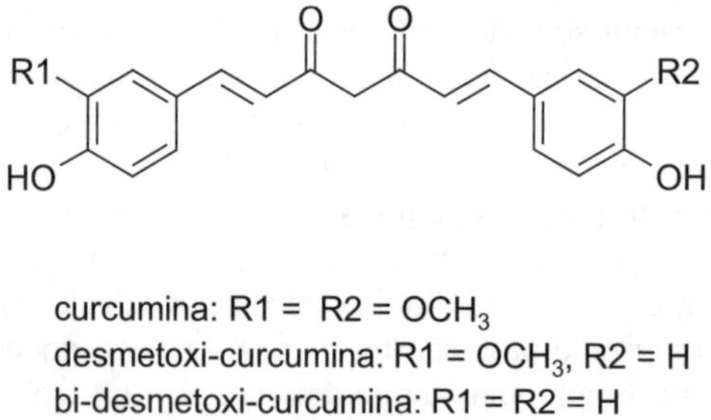

Figura 7.23 Estrutura química de curcuminoides.

Esses pigmentos são insolúveis em água e solúveis em solventes orgânicos, como etanol. A curcumina é extremamente estável em pH < 7 à temperatura ambiente, enquanto em pH > 7 é muito instável, mesmo à temperatura ambiente. Em meio neutro e alcalino, a curcumina degrada a derivados de ácido ferúlico, os quais formam novos produtos de condensação com coloração de amarela a amarela-marrom.[81,82]

Os níveis de curcuminoides em cúrcuma cultivada no Brasil variam de 1,4 a 6,1 g/100 g de matéria seca, enquanto a quantidade da fração de óleo volátil está entre 1,0 e 7,6 mL/100 g.[83]

O Brasil tem condições favoráveis para o cultivo de curcuma; no entanto, o país precisa melhorar a tecnologia para a obtenção de oleorresinas de boa qualidade (livre de voláteis). Para suprir a demanda interna brasileira, os rizomas de cúrcuma triturados são largamente comercializados como tempero com o nome de "açafrão brasileiro". A Índia é o maior exportador tanto do tempero como da oleorresina de cúrcuma, fornecendo pelo menos 60% dos dois produtos ao mercado mundial.[84]

Carmim de cochonilha

Cochonilha é o nome utilizado para descrever tanto a cor como a sua fonte, que são as fêmeas secas de insetos da espécie *Dactylopius*, especialmente *D. coccus* Costa. Os principais hospedeiros espontâneos desses insetos são algumas espécies de cactos da família Opuntioideae, como o *Opuntia spp.*[84] As regiões áridas dos trópicos e subtrópicos do oeste e sul da América do Sul têm condições climáticas ideais para o crescimento dos cactos, que quando cultivados comercialmente são inoculados com uma ninhada de insetos. O Peru é o maior produtor e exportador mundial de cochonilha, sendo responsável por cerca de 90% do mercado.

O pigmento principal da cochonilha é o ácido carmínico, uma hidroxi-antraquinona unida por ligação C-glicosídeo a uma unidade de glucose (Figura 7.24), sendo muito solúvel em água. O teor de ácido carmínico em cochonilhas de boa qualidade pode chegar a 18-20% do peso seco de insetos.[85] O tratamento do ácido carmínico com sal de alumínio produz carmim, uma laca de alumínio, que é insolúvel em água, enquanto carmim precipitado pela adição de sal de cálcio é solúvel em água.[84,86]

A cor do ácido carmínico muda em função do pH, laranja em pH até 5,5, vermelho de 6,5 a 8 e violeta em pH acima de 9. As mudanças de cor do carmim se assemelham às do ácido carmínico, exceto que em pH abaixo de 7 permanecem os tons vermelho em vez do laranja.[86] É o corante natural mais estável a altas temperaturas e presença de luz.

Legislação de corantes para alimentos

A Resolução 44, de 25 de novembro de 1977, da Comissão Nacional de Normas e Padrões para Alimentos (CNNPA) do Ministério da Saúde, define corante alimentício como "A substância ou a mistura de substâncias que possuem a propriedade de conferir ou intensificar a coloração de alimento (e bebida)".[87] Esta definição não inclui sucos, extratos vegetais ou outros ingredientes utilizados na elaboração de alimentos que já possuam coloração própria, a menos que eles sejam adicionados com a finalidade de intensificar a coloração própria do produto. Os corantes para uso em alimentos são classificados de acordo com a sua origem, tipo de síntese e compostos obtidos, como mostra a Tabela 7.6.[87]

Os corantes tipo caramelo são obtidos por meio de tratamento térmico controlado de carboidratos com diferentes catalisadores que definem as quatro classes de caramelo. Os caramelos classe I, conhecidos como simples, são preparados com ácidos, álcalis ou sais de grau alimentício, apresentam carga iônica negativa fraca e são compatíveis com bebidas de alto teor alcoólico, como uísque e licores. O caramelo II é preparado pelo processo sulfito cáustico, e como também tem carga líquida negativa é compatível com produtos de alto teor alcoólico, especialmente com extratos aromatizantes que contenham vegetais (alguns xaropes e licores). Os caramelos I e II apresentam pI entre 4 e 6. O caramelo classe III, obtido pelo processo amônia, tem carga líquida positiva (pI 5-7) e é compatível para adição em produtos não ácidos, como cerveja, produtos de padaria e confeitarias. Já o caramelo classe IV, obtido pelo processo sulfito-amônia, apresenta boa propriedade emulsificante e carga iônica líquida negativa (pI<3), sendo utilizado principalmente em refrigerantes.[88,89]

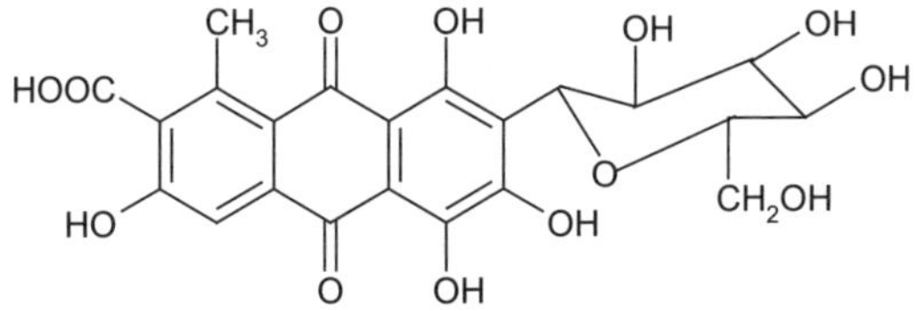

Figura 7.24 Estrutura química do ácido carmínico.

Tabela 7.6 Classificação, obtenção e exemplos de corantes alimentícios.

Corante	Definição	Exemplos
orgânico natural	aquele obtido a partir de vegetal, ou eventualmente, de animal, cujo princípio corante tenha sido isolado com o emprego de processo tecnológico adequado	curcumina, carotenoides (β-caroteno, bixina, norbixina, luteína, licopeno etc.), vermelho de beterraba (betanina), antocianinas, cochonilha etc.
orgânico sintético	aquele obtido por síntese orgânica mediante o emprego de processo tecnológico adequado:	
	orgânico sintético idêntico ao natural: é o corante orgânico sintético cuja estrutura química é semelhante à do princípio ativo isolado de corante orgânico natural	β-caroteno, licopeno, β-apo-8'-carotenal, cantaxantina, complexo cúprico da clorofila e clorofilina, caramelo amônia
	artificial: é o corante orgânico sintético não encontrado em produtos naturais	amarelo crepúsculo, amaranto, tartrazina, vermelho 2G, vermelho 40, indigotina, eritrosina, ponceau 4R, azul brilhante
inorgânico (emprego limitado à superfície)	aquele obtido a partir de substâncias minerais e submetido a processos de elaboração e purificação adequados a seu emprego em alimento	carbonato de cálcio, dióxido de titânio, alumínio, prata, ouro
caramelo	é o corante natural obtido pelo aquecimento de açúcares à temperatura superior ao ponto de fusão	classe I, classe II, classe IV
caramelo (processo amônia)	é o corante orgânico sintético idêntico ao natural obtido pelo processo amônia, desde que o teor de 4-metilimidazol não exceda 200 mg/kg	classe III

Fonte: Adaptado de Brasil.[87]

A ingestão diária aceitável (IDA), do inglês *acceptable daily intake* (ADI), já foi estabelecida para vários corantes alimentícios, porém estes valores têm sido revisados e reavaliados nos últimos anos pelo *Joint FAO/WHO Expert Committee On Food Additives* (JECFA).[90-97] A Tabela 7.7 apresenta os valores de IDA para corantes de diferentes origens. Para a maioria dos corantes com IDA especificada, a ingestão alimentar não apresenta um problema de saúde. Uma IDA "não especificada" é atribuída a um aditivo alimentar de toxicidade muito baixa, com base nos dados disponíveis (químicos, bioquímicos, toxicológicos e outros), e a sua ingestão alimentar não representa um perigo para a saúde quando utilizada nos níveis necessários para atingir os efeitos desejados. No entanto, a sua adição deve considerar as Boas Práticas de Fabricação.

Tabela 7.7 Ingestão diária aceitável de alguns corantes naturais e sintéticos.

Corante	Ingestão diária aceitável (mg/kg peso corpóreo)	Referência
β-caroteno sintético ou do fungo *Blakeslea trispora*	0 a 5	FAO/JECFA[90]
licopeno proveniente de todas fontes (sintético, do fungo *Blakeslea trispora* e de extrato de tomate)	não especificado quando utilizado de acordo com as boas práticas de fabricação	FAO/JECFA[92]
ésteres de luteína proveniente de *Tagetes erecta*	não especificado, temporário	FAO/WHO[97]
extratos de urucum (obtidos por extração com solvente ou com água ou álcali; ou ainda norbixina precipitada com ácido ou não)	0 a 12 para bixina 0 a 0,6 para norbixina e seus sais de sódio ou de potássio	FAO/JECFA[91]
extrato de páprica	0 a 1,5, expresso como carotenoides totais	FAO/WHO[97]
extrato de casca de uva (antocianinas como princípio corante)	0 a 2,5	FAO/WHO[96]
complexos de clorofila com cobre	0 a 15	FAO/WHO[94]
sais de sódio e de potássio de complexos de clorofilidas cúpricas	0 a 15	FAO/WHO[95]
Ponceau 4R	0 a 4	FAO/JECFA[90]
amarelo crepúsculo	0 a 4	FAO/JECFA[90]
tartrazina	0 a 7,5	FAO/WHO[93]
corante caramelo	não especificado – classe I 0 a 160 – classe II 0 a 200 – classe III 0 a 200 – classe IV	FAO/JECFA[90]

RESUMO

A cor é considerada o principal atributo que influencia a aceitação e preferência de um alimento. Os pigmentos são coloridos a olho nu, pois absorvem radiação na região do UV-visível devido sobretudo ao longo sistema de ligações duplas conjugadas presente na estrutura química. Os pigmentos podem ser lipossolúveis, como, por exemplo, carotenoides e clorofilas, ou hidrossolúveis, como antocianinas e betalaínas. A estabilidade diante de fatores como luz, oxigênio e alta temperatura varia de acordo com a classe do pigmento. Os teores de pigmentos em alimentos variam dependendo da matéria-prima; enquanto as antocininas estão presentes somente em produtos de origem vegetal, os carotenoides estão distribuídos nos mais diversos reinos. A legislação brasileira classifica os corantes para uso em alimentos em função da sua origem, tipo de síntese e compostos obtidos. Os corantes, quando utilizados nos níveis necessários para atingir os efeitos desejados, apresentam toxicidade muito baixa e sua ingestão alimentar não apresenta um problema de saúde.

QUESTÕES PARA ESTUDO

7.1. Dar uma explicação para cada uma das observações a seguir, apontando o(s) composto(s), e se pertinente a transformação química, envolvido(s) em cada caso.

a) A cor da lagosta mudou de marrom/azul para vermelho/laranja após cozimento.

b) Durante o cozimento, a cor do espinafre mudou de verde para verde-oliva.

7.2. Explicar o que ocorre com a cor e a estrutura dos pigmentos quando a carne é armazenada a vácuo à temperatura de refrigeração, indicando os nomes dos pigmentos envolvidos.

7.3. Colocar em ordem crescente de comprimento de onda máximo de absorção os seguintes carotenoides. Justifique a sua resposta identificando o cromóforo de cada carotenoide e discutindo as diferenças entre eles.

7.4. Definir/explicar em poucas palavras:

a) cromóforo

b) deslocamento batocrômico

c) carotenoide com atividade de vitamina A

7.5. O quadro a seguir mostra os valores de tempo de meia vida ($T_{1/2}$) de antocianinas purificadas de diferentes fontes após aquecimento a 95 °C em pH 3,5. Dentre as antocianinas indicadas, qual a mais estável? Discutir os resultados.

pigmento	fonte	$T_{1/2}$ (h)
pel-3-glu-	morango	2,12
cyd-3-gal-xyl-glu	cenoura preta	2,18
cyd-3-gal-xyl-glu-fer	cenoura preta	3,43

pel: pelargonidina; cyd: cianidina; gal: galactose; glu: glucose, xyl: xilose; fer: ácido ferúlico.
Fonte: Sadlova et al.[68]

7.6. Cite as formas de uma antocianina em equilíbrio em solução aquosa ácida. Com base na estrutura química, indique a cor característica de cada forma.

7.7. Você irá utilizar o seguinte esquema de extração de compostos bioativos de um "baby food": extração com acetona, filtração, re-extração do resíduo com água, filtração e partição para éter de petróleo. No final você terá uma fase aquosa (com acetona) e uma fase etérea. Em qual fase você encontrará os seguintes compostos:

a) clorofilas

b) antocianinas

d) carotenoides

e) curcuminoides

7.8. Discuta as diferentes possibilidades de aplicação de extrato de antocianinas e de betalaínas como corante em alimentos.

7.9. Explique as interconversões que ocorrem entre os pigmentos da carne fresca em diferentes atmosferas de oxigênio.

7.10. Explique as diferentes características e usos das quatro classes de corante caramelo.

Referências bibliográficas

1. Clydesdale FM. Color as a factor in food choice. Critical Reviews in Food Science and Nutrition 1993;33:83-101.

2. Hoegg J, Alba JW. Taste perception: more than meets the tongue. Journal of Consumer Research 2007;33:490-8.

3. Zellner DA. Color–odor interactions: a review and model. Chemosensory Perceptio 2013;6:155-169.

4. Zepka LQ, Borsarelli CD, Da Silva MAAP, Mercadante AZ. Thermal degradation kinetics of carotenoids in a cashew apple juice model and its impact on the system color. Journal of Agricultural and Food Chemistry 2009;57:7841-7845.

5. IUPAC Compendium of Chemical Terminology - the Gold Book. Release 2.2. Disponível em: http://goldbook.iupac.org/C01076.html. Acessado em 01/12/2014.

6. IUPAC Commission on Nomenclature of Organic Chemistry and the IUPAC-IUB Commission on Biochemical Nomenclature Nomenclature of Carotenoids (Rules Approved 1974). Pure and Applied Chemistry 41, 405-431, 1975. Disponível em: http://www.chem.qmul.ac.uk/iupac/carot/. Acessado em 01/12/2014.

7. Britton G. UV/Vis Spectroscopy. In: *Carotenoids: Spectroscopy*, vol 1B. G. Britton, S. Liaaen-Jensen, H. Pfander (eds). Birkhauser, Basel. p. 13-62. 1995.

8. Mercadante AZ. Analysis of carotenoids. In: Food Colorants: Chemical and Functional Properties, C. Socaciu (ed.). CRC Press, Boca Raton, p. 447-478, 2008.

9. De Rosso VV, Mercadante AZ. Identification and quantification of carotenoids, by HPLC-PDA-MS/MS, from Amazonian fruits. Journal of Agricultural and Food Chemistry 2007;55:5062-5072.

10. dela Sena C, Riedl KM, Narayanasamy S, Curley RW, Schwartz SJ, Harrison EH. The human enzyme that converts dietary provitamin A carotenoids to vitamin A is a dioxygenase. Journal of Biological Chemistry 2014;289:13661-13666.

11. Rodrigues E, Mariutti LRB, Mercadante AZ. Alimentos Funcionais. In: Atualidades em Ciências de Alimentos e Nutrição para Profissionais de Saúde, E.C.P. de Martinis, G. Henrique (eds). Editora Varela, São Paulo, p. 25-57, 2014.

12. Chen JY, Song Y, Zhang LS. Lycopene/tomato consumption and the risk of prostate cancer: A systematic review and meta-analysis of prospective studies. Journal of Nutritional Science and Vitaminology 2013;59:213-223.

13. Meléndez-Martínez AJ, Mapelli-Brahm P, Benítez-González A, Stinco CM. A comprehensive review on the colorless carotenoids phytoene and phytofluene. Archives of Biochemistry and Biophysics 2015;572:188-200.

14. Seddon JM, Ajani UA, Sperduto RD. Dietary carotenoids, vitamins A, C, and E, and advanced age-related macular degeneration. Eye Disease Case-Control Study Group. Journal of the American Medical Association 1994;272:1413-1320.

15. Hammond Jr. BR, Fletcher LM. Influence of the dietary carotenoids lutein and zeaxanthin on visual performance: application to baseball. American Journal of Clinical Nutrition 2012;96:1207S-1213S.

16. Rodrigues E, Mariutti LRB, Mercadante AZ. Scavenging capacity of marine carotenoids against reactive oxygen and nitrogen species in a membrane-mimicking system. Marine Drugs 2012;10:1784-1798.

17. Rodrigues E, Mariutti LRB, Chisté RC, Mercadante AZ. Development of a novel micro-assay for evaluation of peroxyl radical scavenger capacity: application to carotenoids and structure-activity relationship. Food Chemistry 2012;135:2103-2111.

18. NIH. National Eye Institute. NIH study provides clarity on supplements for protection against blinding eye disease. 2013. Disponível em: <http://www.nei.nih.gov/news/pressreleases/050513.asp>. Acesso em 12/02/2014.

19. De Rosso VV, Mercadante AZ. Carotenoid composition of two genotypes of acerola (*Malpighia punicifolia* L.) from two harvests. Food Research International 2005;38:989-994.

20. Mercadante AZ, Rodriguez-Amaya DB. Effects of ripening, cultivar differences, and processing on the carotenoid composition of mango. Journal of Agricultural and Food Chemistry 1998;46:128-130.

21. Faria AF, Hasegawa PN, Chagas EA, Purgatto RPE, Mercadante AZ. Cultivar influence on carotenoid composition of loquats from Brazil. Journal of Food Composition and Analysis 2009;22:196-203.

22. Niizu PY, Rodriguez-Amaya DB. A melancia como fonte de licopeno. Revista Instituto Adolfo Lutz 2003;62:195-99.

23. Barreto GPM, Fabi JP, De Rosso VV, Cordenunsi BH, Lajolo FM, Nascimento JRO et al. Influence of ethylene on carotenoid biosynthesis during papaya postharvesting ripening. Journal of Food Composition and Analysis 2011;24:620-624.

24. Niizu PY, Rodriguez-Amaya DB. New data on the carotenoid composition of raw salad vegetables. Journal of Food Composition and Analysis 2005;18:739-749.

25. Mercadante AZ, Rodriguez-Amaya DB. Carotenoid composition of a leafy vegetable in relation to some agricultural variables. Journal of Agricultural and Food Chemistry 1991;9:1094-1097.

26. Mercadante AZ. Carotenoids in foods: sources and stability during processing and storage. In: Food Colorants: Chemical and Functional Properties, C. Socaciu (ed.). CRC Press, Boca Raton, p. 213-240, 2008.

27. Rodriguez-Amaya DB, Kimura M, Godoy HT, Amaya-Farfan J. Updated Brazilian database on food carotenoids: factors affecting carotenoid composition. Journal of Food Composition and Analysis 2008;21:445-463.

28. De Rosso VV, Mercadante AZ. Dyes in South America. In: Handbook of Natural Colorants. Eds. Bechtold, T; Mussak, R., John Wiley & Sons, Sussex, pp. 53-64, 2009.

29. Tocchini L, Mercadante AZ. Extração e determinação, por CLAE, de bixina e norbixina em coloríficos. Ciência e Tecnologia de Alimentos 2001;21:310-313.

30. Young JC, Abdel-Aal El-SM, Rabalski I, Blackwell BA. Identification of synthetic regioisomeric lutein esters and their quantification in a commercial lutein supplement. Journal of Agricultural and Food Chemistry 2007;55:4965-4972.

31. DSM http://www.dsm.com/markets/foodandbeverages/en_US/products/carotenoids .html acessado em 11/11/2014.

32. Borsarelli CD, Mercadante AZ. Thermal and photochemical degradation of carotenoids. In: Carotenoids: Physical, Chemical, and Biological Functions and Properties. Ed. J. Landrum, CRC Press, p.229-253, 2009.

33. Zepka LQ, Mercadante AZ. Degradation compounds of carotenoids formed during heating of a simulated cashew apple juice. Food Chemistry 2009;117:28-34.

34. Zepka LQ, Garruti DS, Sampaio KL, Mercadante AZ, Da Silva MAAP. Aroma compounds derived from the thermal degradation of carotenoids in a cashew apple juice model. Food Research International 2014;56:108-114.

35. Nguyen M, Francis D, Schwartz S. Thermal isomerisation susceptibility of carotenoids in different tomato varieties. Journal of the Science of Food and Agriculture 2001;81:910-917.

36. Pesek CA, Warthesen JJ. Kinetic Model for photoisomerization and concomitant photodegradation of β-carotenes. Journal of Agricultural and Food Chemistry 1990;38:1313-1315.

37. Hong V, Wrolstad RE. Use of HPLC separation/photodiode array detection for characterization of anthocyanins. Journal of Agricultural and Food Chemistry 1990;38:708-715.

38. Mercadante AZ, Bobbio FO. Anthocyanins in foods: occurrence and physicochemical properties. In: Food Colorants: Chemical and Functional Properties, C. Socaciu (ed.). CRC Press, Boca Raton, p. 241-276, 2008.

39. Brouillard R, Delaporte B. Chemistry of anthocyanin pigments.2. Kinetic and thermodynamic study of proton-transfer, hydration, and tautomeric reactions of malvidin 3-glucoside. Journal of The American Chemical Society 1977;99:8461-8468.

40. Houbiers C, Lima JC, Maçanita AL, Santos H. Color stabilization of malvidin 3-glucoside: self-aggregation of the flavylium cation and copigmentation with the Z-chalcone form. The Journal of Physical Chemistry B, 1998;102:3578-3585.

41. Sun J, Bai W, Zhang Y, Liao X, Hua X. Identification of degradation pathways and products of cyanidin-3-sophoroside exposed to pulsed electric field. Food Chemistry 2011;126:1203-1210.

42. De Rosso VV, Hillebrand S, Montilla EC, Bobbio FO, Winterhalter P, Mercadante AZ. Determination of anthocyanins from acerola (Malpighia emarginata DC.) and açai (Euterpe oleracea MART.) by HPLC-PDA-MS/MS. Journal of Food Composition and Analysis 2008;21:291-299.

43. Ferreira DS, De Rosso VV, Mercadante AZ. Compostos bioativos presentes em amora-preta (*Rubus* spp.). Revista Brasileira de Fruticultura 2010;32:664-674.

44. Zanatta CF, Cuevas E, Bobbio FO, Winterhalter P, Mercadant AZ. Determination of anthocyanins from camu-camu (Myrciaria dubia) by HPLC-PDA, HPLC-MS and NMR. Journal of Agricultural and Food Chemistry 2005;53:9531-9535.

45. Wu X, Beecher GR, Holden JM, Haytowitz DB, Gebhardt SE, Prior RL. Concentrations of anthocyanins in common foods in the United States and estimation of normal consumption. Journal of Agricultural and Food Chemistry 2006;54:4069-4075.

46. De Rosso V.V, Mercadante AZ. HPLC-PDA-MS/MS of anthocyanins and carotenoids from dovyalis and tamarillo fruits. Journal of Agricultural and Food Chemistry 2007;55:9135-9141.

47. Cordenunsi BR, Do Nascimento JRO, Genovese MI, Lajolo FM. Influence of cultivar on quality parameters and chemical composition of strawberry fruits grown in Brazil. Journal of Agricultural and Food Chemistry 2002;50:2581-2586.

48. Cho MJ, Howard LR, Prior RL, Clark JR. Flavonoid glycosides and antioxidant capacity of various blackberry, blueberry and red grape genotypes determined by high-performance liquid chromatography/mass spectrometry. Journal of the Science of Food and Agriculture 2004;84:1771-1782.

49. Lago-Vanzela ES, Da-Silva R, Gomes E, García-Romero E, Hermosín-Gutiérrez I. Phenolic composition of the edible parts (flesh and skin) of bordô grape (vitis labrusca) using HPLC-DAD-ESI-MS/MS. Journal of Agricultural and Food Chemistry 2011;59:13136-13146.

50. Faria AF, Marques MC, Mercadante AZ. Identification of bioactive compounds from jambolão (*Syzygium cumini*) and antioxidant capacity evaluation in different pH conditions. Food Chemistry 2011;126:1571-1578.

51. Figueiredo P, George F, Tatsuzawa F, Toki K, Saito N, Brouillard R. New features of intramolecular copigmentation by acylated anthocyanins. Phytochemistry 1999;51:125-132.

52. Cevallos-Casals B, Cisneros-Zevallos L. Stability of anthocyanin-based aqueous extracts of Andean purple corn and red-fleshed sweet potato compared to synthetic and natural colorants. Food Chemistry 2004;86:69-77.

53. Sweeny JG, Wilkinson MM, Iacobucci GA. Effect of flavonoid sulfonates on the photobleaching of anthocyanins in acid solution. Journal of Agricultural and Food Chemistry 1981;29:563-567.

54. He J, Carvalho ARF, Mateus N, De Freitas V. Spectral features and stability of oligomeric pyrano-anthocyanin-flavanol pigments isolated from red wines. Journal of Agricultural and Food Chemistry 2010;58:9249-9258.

55. Shiono M, Matsugaki N, Takeda K. Structure of the blue cornflower pigment. Nature 2005;436:791-791.

56. Sadilova E, Stintzing FC, Carle R. Thermal degradation of acylated and nonacylated anthocyanins. Journal of Food Science 2006;71:C504-C512.

57. Sadilova E, Stintzing FC, Carle R. Thermal degradation of anthocyanins and its impact on color and in vitro antioxidant capacity. Molecular Nutrition & Food Research 2007;51:1461-1471.

58. De Rosso VV, Mercadante AZ. The high ascorbic acid content is the main cause of the low stability of anthocyanin extracts from acerola. Food Chemistry 2007;103:935-943.

59. IUPAC-IUB International Union of Pure and Applied Chemistry and International Union of Biochemistry. Joint Commission on Biochemical Nomenclature (JCBN). Nomenclature of Tetrapyrroles (Recommendations 1986). Disponível em: http://www.chem.qmul.ac.uk/iupac/tetrapyrrole/. Acessado em 01/12/2014.

60. Khachik F, Beecher GR, Whittaker NF. Separation, identification, and quantification of the major carotenoid and chlorophyll constituents in extracts of several green vegetables by liquid chromatography. Journal of Agricultural and Food Chemistry 1986;34: 603-616.

61. Cano MP. HPLC separation of chlorophyll and carotenoid pigments of four kiwi fruit cultivars. Journal of Agricultural and Food Chemistry 1991;39:1786-1791.

62. Wang W, Bostic TR, Gu L. Antioxidant capacities, procyanidins and pigments in avocados of different strains and cultivars. Food Chemistry 2010;122:1193-1198.

63. Marquez UML, Sinnecker P. Chlorophylls: properties, biosynthesis, degradation and functions. In: Food Colorants: Chemical and Functional Properties, C. Socaciu (ed.). CRC Press, Boca Raton, p. 25-49, 2008.

64. Heaton JW, Marangoni AG. Chlorophyll degradation in processed foods and senescent plant tissues. Trends in Food Science & Technology 1996;7:8-15.

65. López-Ayerra B, Murcia MA, Garcia-Carmona F. Lipid peroxidation and chlorophyll levels in spinach during refrigerated storage and after industrial processing. Food Chemistry 1998;61:113-118.

66. Canjura FL, Schwartz SJ, Nunes RV. Degradation kinetics of chlorophylls and chlorophyllides. Journal of Food Science 1991;56:1639-1643.

67. Koca N, Karadeniz F, Burdurlu HS. Effect of pH on chlorophyll degradation and colour loss in blanched green peas. Food Chemistry 2006;100:609-615.

68. Teng SS, Chen BH. Formation of pyrochlorophylls and their derivatives in spinach leaves during heating. Food Chemistry 1999;65:367-373.

69. Ferruzzi MG, Schwartz SJ. Thermal degradation of commercial grade sodium copper chlorophyllin. Journal of Agricultural and Food Chemistry 2005;53:7098-7102.

70. Segner WP, Ragusa TJ, Nank WK, Hoyle WC. Process for the preservation of green color in canned green vegetables, U.S. Patent 4473591, September 25, 1984.

71. Stintzing FC, Schieber A, Carle R. Identification of betalains from yellow beet (*Beta vulgaris* L.) and cactus pear [*Opuntia ficus-indica* (L.) Mill.] by high-performance liquid chromatography-electrospray ionization mass spectrometry. Journal of Agricultural and Food Chemistry 2002;50:2302-2307.

72. Delgado-Vargas F, Jiménez AR, Paredes-Lopéz O. Natural pigments: carotenoids, anthocyanins, and betalains – characteristics, biosynthesis, processing, and stability. Critical Reviews in Food Science and Nutrition 2000;40:173-289.

73. Stintzing FC, Carle R. Betalains in Food: Occurrence, Stability, and Postharvest Modifications. In: Food Colorants: Chemical and Functional Properties, C. Socaciu (ed.). CRC Press, Boca Raton, p. 277-299, 2008.

74. Schliemann W, Kobayashi N, Strack D. The decisive step in betaxanthin biosynthesis is a spontaneous reaction. Plant Physiology 1999;119:1217-1232.

75. Herbach KM, Stintzing FC, Carle R. Betalain stability and degradation – Structural and chromatic aspects. Journal of Food Science 2006;71:R41-R50.

76. Mancini RA, Hunt MC. Current research in meat color. Meat Science 2005;71:100-121.

77. King NJ, Whyte R. Does it look cooked? A review of factors that influence cooked meat color. Journal of Food Science 2006;71: R31-R40.

78. Hunt MC, Sørheim O, Slinde E. Color and heat denaturation of myoglobin forms in ground beef. Journal of Food Science 1999;64:847-51.

79. Jayasingh P, Cornforth DP, Carpenter CE, Whittier D. Evaluation of carbon monoxide treatment in modified atmosphere packaging or vacuum packaging to increase color stability of fresh beef. Meat Science 2001;59:317-324.

80. Pegg RB, Shahidi F. Unraveling the chemical identity of meat pigments. Critical Reviews in Food Science and Nutrition 1997;37:561-589.

81. Tonnesen HH, Karlsen J. Studies on curcumin and curcuminoids- VI: kinetics of curcumin degradation in aqueous solution. Zeitshrung fur Lebensmittel und Unters Forschung 1985;180:402-404.

82. Tonnesen HH, Karlsen J. Studies on curcumin and curcuminoids- V: alkaline degradation of curcumin. Zeitshrung fur Lebensmittel und Unters Forschung 1985;180:132-134.

83. Souza CRA, Gloria MBA. Chemical analysis of turmeric from Minas Gerais, Brazil and comparison of methods for flavour free oleoresin. Brazilian Archives of Biology and Technology 1998;41:218-224.

84. FAO/WHO. Major colourants and dyestuffs mainly produced in horticultural systems, in Natural Colourants and Dyestuffs, Non-Wood Forest Products Series, Rome, 1995.

85. Salas-Guerra L. La tuna: derivados, precios y aproveichamiento en el Perú, monografia in la Facultad Ciencias Administrativas y Gestión de Recursos Humanos de la Universidad San Martín de Porres, Lima, Peru, 2007. Disponível em www.monografias.com.

86. Dapson RW. A method for determining identity and relative purity of carmine, carminic acid and aminocarminic acid. Biotechnic and Histochemistry 2005;80:201-205.

87. Brasil. Ministério da Saúde. Comissão Nacional de Normas e Padrões para Alimentos. Resolução n. 44, 1977. Estabelece condições gerais de elaboração, classificação, apresentação, designação, composição e fatores essenciais de qualidade dos corantes empregados na produção de alimentos e bebidas e revoga as Resoluções 20/70 e 8/72. (Ementa elaborada pelo CD/MS). Diário Oficial [da] República Federativa do Brasil, Brasília, DF, 02 fev. 1978. Disponível em: <http://www.anvisa.gov.br/legis/resol/44_77.htm>. Acesso em 17/11/2014.

88. Myers DV, Howell JC. Characterization and specifications of caramel colours: an overview. Food and Chemical Toxicology 1992;30:359-363.

89. Sengar G, Sharma HK. Food caramels: a review. Journal of Food Science and Technology-Mysore 2014;51:1686-1696.

90. FAO/JECFA Monographs 11. Compendium of Food Additive Specifications. Joint FAO/WHO Expert Committee on Food Additives, 74th Meeting, 2011.

91. FAO/JECFA Monographs 3. Compendium of Food Additive Specifications. Joint FAO/WHO Expert Committee on Food Additives, 67th Meeting, 2006.

92. FAO/JECFA Monographs 7. Compendium of Food Additive Specifications. Joint FAO/WHO Expert Committee on Food Additives, 71st Meeting, 2009.

93. FAO/WHO. Joint FAO/WHO Expert Committee on Food Additives, 8th Meeting, 1964.

94. FAO/WHO. Joint FAO/WHO Expert Committee on Food Additives, 13th Meeting, 1969.

95. FAO/WHO. Joint FAO/WHO Expert Committee on Food Additives, 22nd Meeting, 1978.

96. FAO/WHO. Joint FAO/WHO Expert Committee on Food Additives, 26th Meeting, 1982.

97. FAO/WHO. Joint FAO/WHO Expert Committee on Food Additives, 79th Meeting, 2014.

Sugestões de leitura

Alvarez R, Vaz B, Gronemeyer H, de Lera AR. Functions, therapeutic applications, and synthesis of retinoids and carotenoids. Chemical Reviews 2014;114:1-125.

Britton G, Liaaen-Jensen S, Pfander H. Handbook, Carotenoid Series. Birkhauser Verlag, Berlin, 2004.

Fernandes I, Faria A, Calhau C, de Freitas V, Mateus N. Bioavailability of anthocyanins and derivatives. Journal of Functional Foods 2014;7:54-66.

Maiani G et al. Carotenoids: Actual knowledge on food sources, intakes, stability and bioavailability and their protective role in humans. Molecular Nutrition & Food Research 2009;53:S194-S218.

Marquez UML, Sinnecker P. Chlorophylls in Foods: Sources and Stability. In: Food Colorants: Chemical and Functional Properties, C. Socaciu (ed.). CRC Press, Boca Raton, p. 195-211, 2008.

Newsome AG, Culver CA, van Breemen RB. Nature's Palette: The Search for Natural Blue Colorants. Journal of Agricultural and Food Chemistry 2014;62:6498-6511.

Sant'Anna V, Gurak PD, Marczak LDF, Tessaro IC. Tracking bioactive compounds with colour changes in foods – A review. Dyes and Pigments 2013;98:601-608.

capítulo **8**

Compostos Fenólicos

• Neuza Mariko Aymoto Hassimotto • Adriana Zerlotti Mercadante

Objetivos

Este capítulo apresenta as principais classes de compostos fenólicos presentes em alimentos, com enfoque nas características estruturais, principais fontes vegetais e efeito do processamento doméstico e industrial dos alimentos sobre a composição e teor de compostos fenólicos. Além disso, são discutidos o mecanismo de ação antioxidante destes compostos e algumas funções biológicas promotoras da saúde, atribuídas ao seu consumo regular pela dieta.

Introdução

Os compostos fenólicos são constituintes de plantas superiores encontrados numa enorme gama de alimentos de origem vegetal, como frutas, hortaliças, legumes, folhas e cereais, além de estarem presentes em bebidas preparadas com matéria-prima vegetal, como café, chá e vinho. Estes compostos são metabólitos secundários de plantas, envolvidos na sua adaptação e proteção a condições de estresse ambiental, combate a patógenos e defesa contra radiação UV-B. Além disso, os compostos fenólicos estão envolvidos parcialmente na qualidade sensorial (Capítulo 9) e nutricional de alimentos de origem vegetal.

Mais de 10.000 compostos fenólicos já foram encontrados no reino vegetal, e podem ser agrupados de acordo com a estrutura química básica em diferentes grandes classes: ácidos fenólicos, flavonoides, estilbenos, cumarinas e taninos (Figura 8.1). Por sua vez, estas classes podem ser subdivididas considerando substituições específicas na estrutura básica, associação com proteínas e formas polimerizadas (Figura 8.1). Dos compostos fenólicos encontrados em alimentos, os mais abundantes são os ácidos fenólicos, contribuindo com cerca de 30%, e os flavonoides, com cerca de 60%.

A determinação da composição de compostos fenólicos nos alimentos vegetais é bastante complexa devido à grande variedade estrutural e a inúmeros fatores que podem afetar seu conteúdo. Estes fatores incluem desde a variedade (fator genético), o grau de maturação, fatores ambientais (insolação) e agronômicos (cultivo convencional, hidropônico, orgânico, entre outros), processamento e estocagem. De modo geral, a exposição à luz induz à síntese de muitos flavonoides, como as flavonas, flavonóis e antocianinas; enquanto com o amadurecimento ocorre redução de ácidos fenólicos com o concomitante aumento de alguns flavonoides, como as antocianinas. Em geral, é observada uma mistura

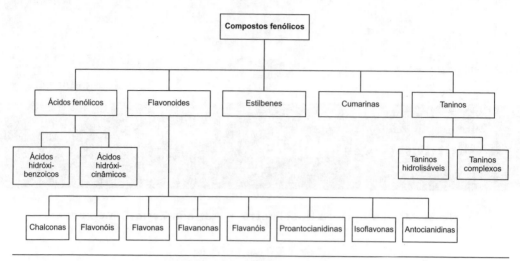

Figura 8.1 Classes de compostos fenólicos encontrados em alimentos.

de diversos compostos fenólicos em um mesmo vegetal. Certos compostos fenólicos, como o flavonol quercetina, são encontrados na maioria dos vegetais, enquanto outros são mais específicos, como as flavanonas em citrus e as isoflavonas em soja.

Biossíntese de compostos fenólicos

A biossíntese de flavonoides, estilbenos e ácidos fenólicos envolve uma complexa rede de rotas biossintéticas, as quais compreendem a via do ácido chiquímico (C6-C1), a via fenilpropanoídica (C6-C3) e a via dos flavonoides (C6-C3-C6). Os precursores da via do ácido chiquímico, eritrose-4-fosfato e fosfoenol-piruvato, são derivados da glucose-6-fosfato e dão origem aos aminoácidos tirosina e fenilalanina. Este último, por meio das três enzimas (PAL, C4H e 4CL) da via fenilpropanoídica, dá origem aos ácidos hidroxicinâmicos e ao p-coumaroil-CoA (precursor dos flavonoides). Os ácidos fenólicos (hidroxicinâmicos e hidroxibenzoicos) e os taninos hidrolisáveis são formados a partir da via do ácido chiquímico e fenilpropanoídica (Figura 8.3).

A família dos flavonoides, C6-C3-C6, é formada a partir da condensação de 3 unidades de acetato que formam o anel A (via do acetato-malonato), enquanto o anel B e os três carbonos do anel central constituem uma unidade fenilpropanoide a partir do p-cumaroil-CoA (via fenilpropanoídica), que por ação da chalcona sintase forma o precursor comum aos flavonoides, a chalcona (Figura 8.2). A partir da chalcona formam-se os sete maiores subgrupos de flavonoides encontrados na maioria das plantas superiores: chalconas, flavonas, flavonóis, flavanonas, antocianidinas, flavanóis e isoflavonas (Figura 8.2). As três enzimas da via fenilpropanoídica envolvidas na síntese de flavonoides são coordenadas em resposta à radiação ultravioleta. Além disso, pela condensação do acetato com o p-cumaroil-CoA, são formados os estilbenos e as proantocianidinas.

Ácidos fenólicos

Há basicamente duas classes de ácidos fenólicos (Figura 8.1): os derivados do ácido benzoico, contendo sete átomos de carbono (C6-C1), e os derivados do ácido cinâmico, com nove átomos de carbono (C6-C3). Esses compostos existem predominantemente na forma hidroxilada, portanto denominados, respectivamente, ácidos hidroxibenzoicos e ácidos hidroxicinâmicos e apresentam importante papel devido à sua abundância e diversidade.

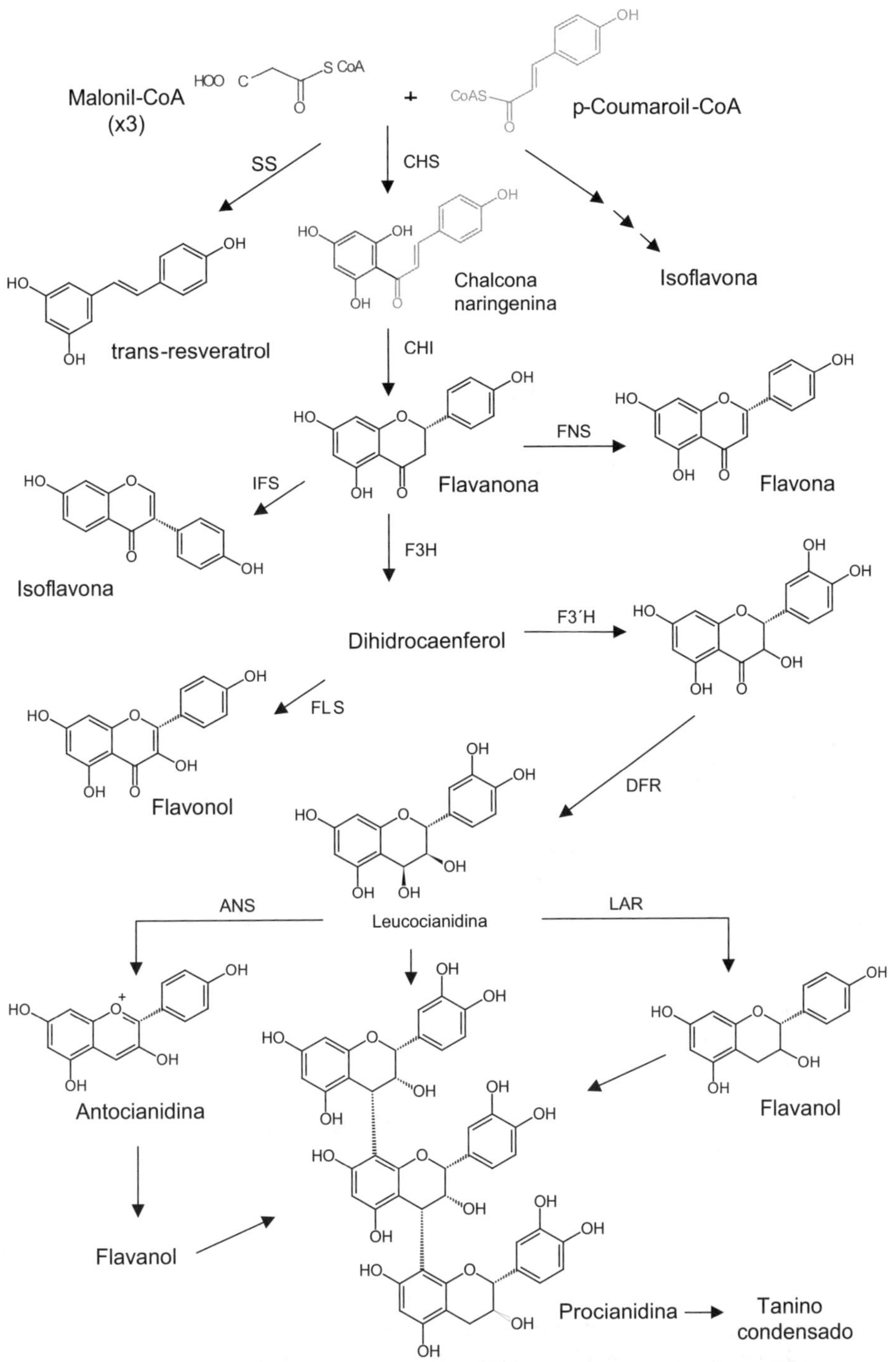

Figura 8.2 Diagrama esquemático da biossíntese de estilbenos e flavonoides. Enzimas – SS: estilbeno sintase; CHS: chalcona sintase; CHI: chalcona isomerase; IFS: isoflavona sintase; FNS: flavona sintase; F3H: flavanona 3-hidroxilase; F3´H: flavonoide 3´-hidroxilase; DFR: dihidroflavonol 4-hidroxilase; LAR: leucoantocianidina 4-redutase; ANS: antocianidina sintase.

Fonte: Adaptado de Crozier et al.[1]

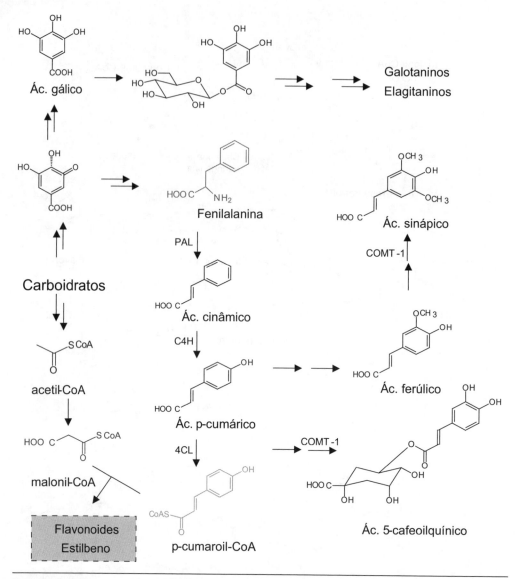

Figura 8.3 Diagrama esquemático da biossíntese de ácidos fenólicos e taninos hidrolisáveis. Enzimas – PAL: fenilalanina amônia liase; C4H: cinamato 4-hidroxilase; 4CL: p-cumarato:CoA ligase; COMT-1: cafeico/5-ác.hidroxiferúlico-O-metil transferase.

Fonte: Adaptado de Crozier et al.[1]

Os derivados do ácido hidroxibenzoico, como os ácidos elágico e gálico na forma livre (Figura 8.4), encontram-se em baixa concentração nos vegetais e frutas, mas são componentes de estruturas complexas denominadas taninos hidrolisáveis (elagitaninos e galotaninos, respectivamente).

O morango é uma fonte rica em ácido elágico (AE) e elagitaninos (expressos como AE total, após hidrólise ácida), com conteúdo entre 0,6-2,6 mg AE livre/100 g e 17-47 mg AE total/100 g, respectivamente, ambos em base úmida (b.u.).[2] O ácido elágico é também encontrado em

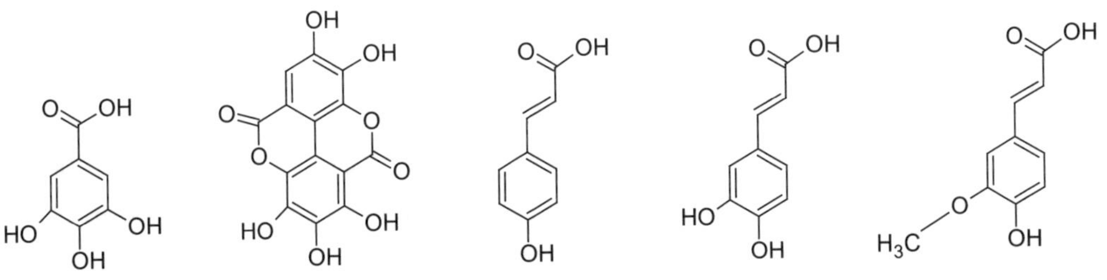

Figura 8.4 — Ácidos fenólicos encontrados em alimentos.

Os nomes sob as estruturas: Ácido gálico, Ácido elágico, Ácido cumárico, Ácido cafeico, Ácido ferúlico.

frutas da família Myrtaceae (p. ex., goiaba, jabuticaba e camu-camu), Rosaceae (p. ex., morango e amora-preta) e em romã, em conteúdo que varia entre 0,28 e 8,5 mg AE livre/100 g b.u.[3] Já os elagitaninos variam, nestes mesmos frutos, entre 22 e 311 mg AE total/100 g b.u, sendo a jabuticaba a principal fonte. Outros vegetais ricos em elagitaninos são as nozes (41 mg AE livre /100 g e 823 mg AE total /100 g) e a pecan (15 mg AE livre /100 g e 301 mg AE total /100 g).[3]

Dentre os ácidos hidroxicinâmicos, os ácidos *p*-cumárico, cafeico, sinápico e ferúlico (Figura 8.4) são os mais encontrados, geralmente na forma glicosilada ou esterificados ao ácido chiquímico, quínico ou tartárico. Por exemplo, a esterificação do ácido quínico ao ácido cafeico forma diferentes isômeros do ácido clorogênico, rico no café (70-350 mg/xícara) e no chá-mate. A uva também é uma fonte rica em ácidos hidroxicinâmicos (2-15 mg/100 g).

Flavonoides

Os flavonoides têm uma estrutura básica de 15 carbonos, composta por dois anéis aromáticos (anel A e B) unidos por uma cadeia linear de três carbonos que pode formar um anel heterocíclico (anel C) (Figura 8.5). Na maioria dos flavonoides, o anel B está ligado na posição 2 do anel C, cuja estrutura básica é o 2-fenilbenzopirano. Entretanto, em alguns casos, o anel B pode estar ligado na posição 3 do anel C (estrutura básica 3-fenilbenzopirano), grupo este denominado isoflavonoides, ou pode ainda estar ligado na posição 4 do anel C (estrutura básica 4-fenilbenzopirano) conhecida como neoflavonoides.

Dependendo da oxidação do anel central C, os flavonoides são divididos em diversas subclasses. As principais subclasses de flavonoides presentes na dieta são os flavonóis, as flavonas, os flavanóis ou flavan-3-óis, as antocianinas, as flavanonas e as isoflavonas. Comparativamente, os menos frequentes na dieta são os di-hidroflavonóis, os flavan-3,4-dióis, as chalconas e as di-hi-

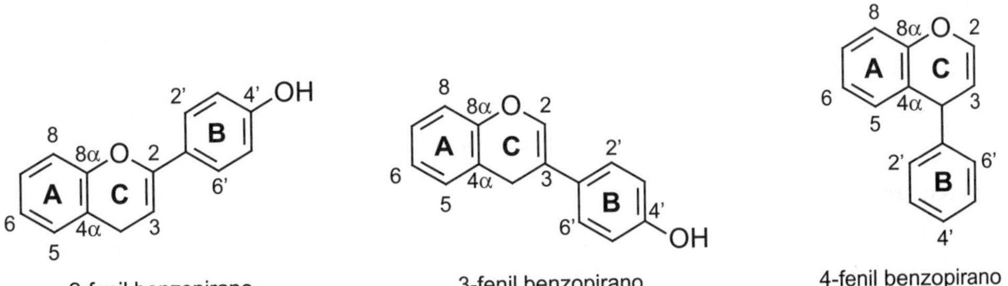

As estruturas básicas são identificadas como: 2-fenil benzopirano (flavonoides), 3-fenil benzopirano (isoflavonoides), 4-fenil benzopirano (neoflavonoides).

Figura 8.5 — Estrutura básica de flavonoides, isoflavonoides e neoflavonoides.

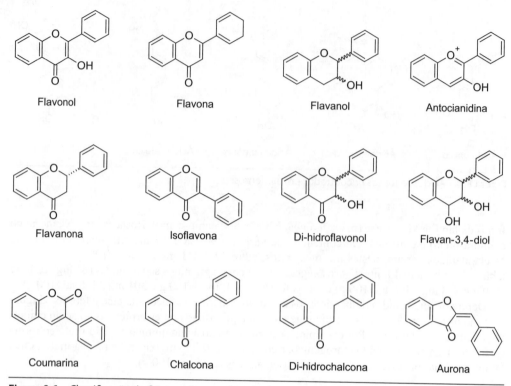

Figura 8.6 Classificação de flavonoides encontrados em alimentos.

drochalconas (Figura 8.6). Os compostos individuais dentro de cada subclasse são diferenciados pelo número e posição de hidroxilas e metoxilas presentes nos dois anéis aromáticos.

Os flavonoides ocorrem como agliconas ou ligados a moléculas de carboidratos (forma glicosilada). Os flavonoides glicosilados mais comuns são os O-glicosídeos, nos quais um ou mais grupos hidroxílicos estão ligados a um ou mais açúcares por uma ligação hemicetal, os quais podem também estar acilados ou não. Na maioria das vezes, os açúcares conjugados aos flavonoides são a D-glicose e a rutinose, mas outros açúcares também podem estar presentes, como a galactose, xilose e arabinose. A glicosilação proporciona aos flavonoides menor reatividade e maior solubilidade em água. Nos vários grupos de flavonoides é muito comum a acilação nos glicosídeos com ácidos aromáticos, como os ácidos hidroxicinâmicos, ou com ácidos alifáticos, como o ácido malônico.

Dentre as subclasses, as antocianinas diferem das outras por apresentarem carga positiva no anel C em pH ácido e por serem coloridas. Portanto, estão apresentadas no Capítulo 7 – Pigmentos Naturais.

As Tabelas 8.1 e 8.2 apresentam a composição e o conteúdo dos flavonoides mais representativos de algumas frutas e hortaliças cultivadas e analisadas no Brasil.

Chalconas

A chalcona, primeiro intermediário na via de síntese dos flavonoides, é uma estrutura de cadeia aberta (não apresentando o anel C) encontrada sobretudo no epicarpo do tomate (chalconaringenina) e na maçã (floridzina) (Figura 8.7 e Tabelas 8.1 e 8.2). Na maçã, a floridzina, forma glicosilada da floretina, está presente no tegumento, polpa e especialmente na semente, e contribui com cerca de 60% do conteúdo total de compostos fenólicos.[4]

Tabela 8.1 Conteúdo de flavonoides em frutas e seus derivados industrializados comercializados no Brasil (mg/100 g ou mg/100 mL, expresso como aglicona).

	quercetina	caenferol	catequina	EC	naringenina	hesperetina	chalcona
Acerola (*Malpighia glaba*)							
cv. Longa Vida	2,3-5,4	0,6-1,2	-	-	-	-	-
cv. Olivier	5,0-5,5	0,8-1,1					
Caju (*Anacardium occidentale* L.)	1,0-1,9	-	-	-	-	-	-
Figo (Ficus carica)	0,8-1,9	-	-	-	-	-	-
Jabuticaba (*Palinia Cauiflora*)	0,8-1,3	-	-	-	-	-	-
Pitanga (*Eugenia uniflora*)	5,1-7,3	0,3-0,6	-	-	-	-	-
Laranja (*Citrus siensis* (L.) Osbeck	-	-	-	-			-
Pera, polpa	0,9	-	-	-	16-62	133-399	
Pera, casca	4,1				37	109	
Lima, polpa	0,8				22-19	111-223	
Lima, casca	3,6				25	80	
Natal	n.a.				24-44	104-295	
Valência	n.a.				35-80	194-321	
Hamlin	n.a.				70-142	253-537	
Baía	n.a.				69-135	265-427	
Suco de laranja Pera**					62-98*	531-690*	
Suco de laranja Pera***					16-62*	133-399*	
Morango (*Fragaria ananassa* Duch.)							
cv. Camarosa	0,7-0,9/2,7	0,6-0,8	n.d.	n.d.	-	-	-
cv. Oso Grande	0,8-1,4/2,8	0,6-1,3	2,8	1,4			
cv. Sweet Charlie	0,7-1,0/2,3	0,6-1,0	n.d.	n.d.			
cv. Dover	3,3	2,3	2,7	2,2			
cv. Toyonaka doce	4,4	1,1	3,3	2,2			
cv. Piedade	1,2	0,6	3,0	2,1			
Uva (*Vitis lambrusca*)							
Niágara rosada	1,5-2,6	0,5-0,5	28-35	21-22			
Folha de Figo	1,2-1,4	n.d.	10-16	10-34			
Uva (*Vitis vinifera*)	0,7	n.d.	2,2	1,7			
Moscato	0,9-1,2	n.d.	23,1	12,8			
Syrah	0,9	n.d.	1,3	7,4			
Merlot							
Amora silvestre (*Morus nigra*)	12-14						
Maçã (*Malus domestica* Borkh)							
cv. Golden, polpa	0,3	-	6,9	-	-	-	1,1
cv. Golden, tegumento	36		4,4				21,5
cv. Gala, polpa	0,1		13,7				2,3
cv. Gala, tegumento	71		6,5				15,3

EC, epicatequina; *rutinosídeo; **congelado e concentrado (12°Brix); ***obtido manualmente; n.d., não detectado; n.a., não analisado.

Fonte: Abe et al.;[5] Arabbi et al.;[6] Hassimotto;[7] Hoffmann-Ribani et al.;[8] Pinto et al.;[2] Pupin et al.[9]

Tabela 8.2 Conteúdo de flavonoides em hortaliças comercializados no Brasil (mg/100 g, expresso como aglicona).

	quercetina	caenferol	chalcona	luteolina
Alface (*Lactuca sativa* L.)				
lisa	2-3	-	-	0,1-1
crespa	18-21			0,2
roxa	37-45			3-8,8
Pimentão (*Capsicum anuum* L. var. Annuum)				
vermelho	0,3-1,2	-	-	0,5-0,6
amarelo	0,8-2			0,9-1,1
verde	1,8-4			1,2-2,1
Cebola (*Allium cepa* L. var. cepa)				
branca	48-56	-	-	-
roxa	38-94			
Almeirão (*Cichrium intybus* L.)	3,7-25	4-11	-	-
Rúcula (*Eruca sativa* Mill.)	n.d.-14	41-104	-	-
Agrião (*Nasturtium officinale*)	1,0	0,3	-	-
Couve	1,3	21	-	-
Tomate (*Lycopersicum esculentum* Mill.)				
Salada (var. esculentum)	0,5		1,7	
Caqui (cv. Momotaro)	1,3		1,3	
Cereja (var. cerasiforme)	4,2		4	

n.d., não detectado.
Fonte: Arabbi et al.[6]

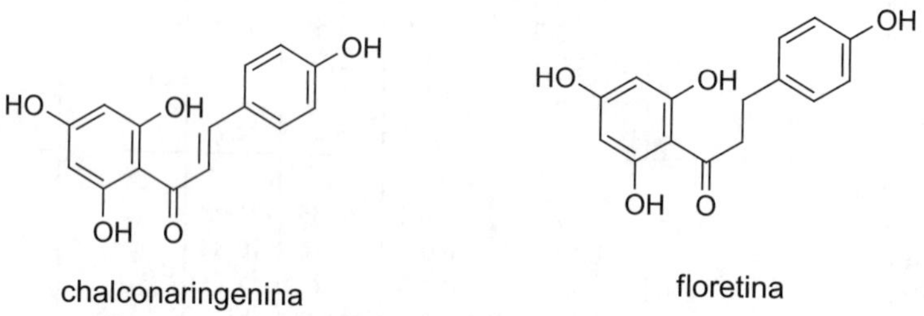

chalconaringenina

floretina

Figura 8.7 Principais chalconas encontradas em alimentos.

Flavonóis

Dentre os flavonoides, os flavonóis são os mais difundidos nas plantas, e os principais representantes da dieta são a quercetina, caenferol, isoramnetina e miricetina (Figura 8.8). As glicosilações ocorrem principalmente no C3 do anel C, mas substituições também podem ocorrer nos carbonos 5, 7, 4' e 3'. As fontes mais ricas são a cebola, a alface (acima de 40 mg/100 g b.u.) e a maçã (Tabelas 8.1 e 8.2). Os flavonóis acumulam-se preferencialmente na parte mais externa (tegumento e folhas) do vegetal devido à sua síntese ser estimulada pela luz, como é o caso da maçã. Portanto, a casca e as folhas de vegetais, ou aqueles alimentos caracterizados pela alta relação casca/fruto inteiro, como, por exemplo, tomate cereja em comparação ao tomate normal, contém alto conteúdo desses compostos (Tabela 8.2). De maneira semelhante, em hortaliças

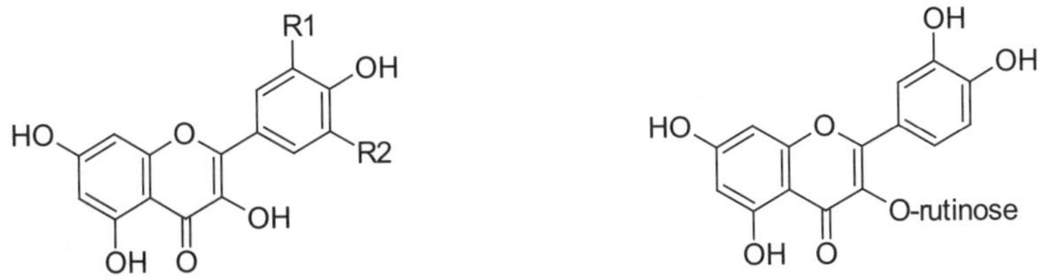

Figura 8.8 Principais flavonóis encontrados em alimentos.

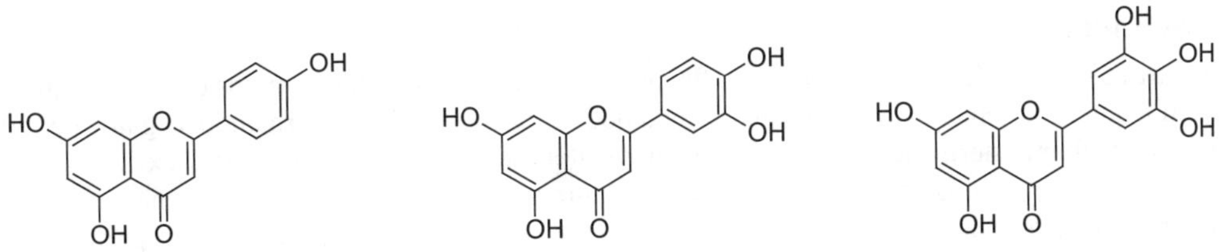

caenferol: R1=R2=H
quercetina: R1=OH, R2=H
miricetina: R1=R2=OH

rutina

Figura 8.9 Principais flavonas encontradas em alimentos.

apigenina

luteolina

tricetina

como a alface a concentração de flavonoides é 10 vezes maior nas folhas verdes externas do que nas mais internas e claras.

Embora a quercetina seja o flavonol mais comum em frutas vermelhas, a miricetina, tanto na forma aglicona como ligada a diferentes açúcares, foi identificada em jambolão.[10]

Flavonas

As flavonas são menos comuns em alimentos quando comparado aos flavonóis, e são representadas sobretudo pelos glicosídeos de luteolina e apigenina (Figura 8.9). As flavonas não possuem hidroxilação no C3, mas apresentam uma grande variação de substituição nos anéis A e C, como a hidroxilação, metilação, O- e C- alquilação e glicosilação.

As principais fontes de flavonas detectadas na dieta, mas em baixa concentração (< 2 mg/100 g b.u), são pimentão, almeirão e algumas ervas.

Flavanonas

As flavanonas são encontradas especialmente em citrus e em tomate. As principais agliconas dessa classe de flavonoides são a naringenina em *grapefruit*, hesperitina em laranjas e eriodictiol em limão (Figura 8.10). As flavanonas geralmente estão glicosiladas com os dissacarídeos neo-hesperidose ou rutinose, como a narirutina (naringenina 7-O-rutinosídeo).[11] Os neo-hesperidosídeos, como a hesperetina-7-O-neo-hesperidose e a naringenina-7-O-neo-hesperidose, são intensamente amargas, enquanto aquelas conjugadas à rutinose são insípidas (Capítulo 9). A fruta inteira contém cinco vezes mais flavanonas do que o suco de laranja, uma vez que estes compostos se concentram mais nas partes sólidas da laranja, como o albedo. Além disso, a concentração de flavanonas em laranja é maior na casca (Tabela 8.1), podendo ser considerada uma

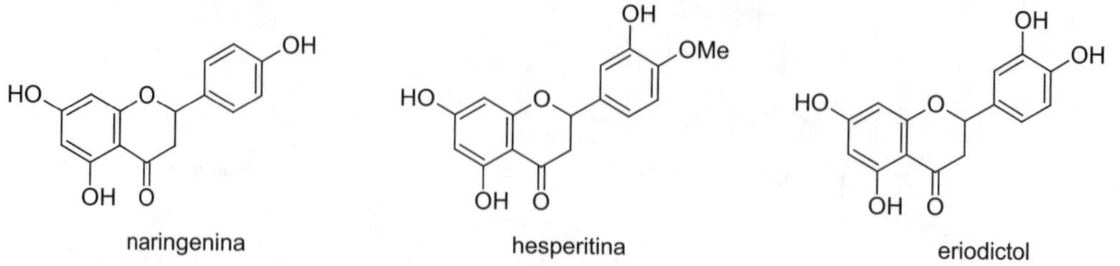

290 Compostos Fenólicos

Figura 8.10 Principais flavanonas encontradas em alimentos.

fonte desses flavonoides com o desejável reaproveitamento desse subproduto da indústria de suco de laranja.

Flavanóis

Os flavanóis, também conhecidos como flavan-3-ol, existem como monômeros de (+)-catequina e seu isômero (-)-epicatequina, os quais ainda podem ser hidroxilados formando as galocatequinas, ou também esterificados com o ácido gálico, além de formar estruturas complexas, como as proantocianidinas oligoméricas e poliméricas. A grande maioria dos flavanóis é encontrada na natureza na forma de isômero 2R, e para diferenciar dos isômeros 2S adiciona-se o prefixo ent. Quando o outro carbono quiral está na forma 3R, usa-se o prefixo epi (Figura 8.11).

As catequinas são encontradas em diversas frutas, especialmente na uva e no vinho (acima de 300 mg/L), mas as principais fontes são o chá verde e o chocolate.[12-14] Podem ser encontradas livres (frutas) ou esterificadas ao ácido gálico, que é a forma mais frequente na folha de chá (*Camellia sinensis*) e na uva.

O chá preparado a partir das folhas de *Camellia sinensis* é uma das bebidas mais consumidas no mundo. Dependendo do processamento, e consequente nível de oxidação dos compostos fenólicos, os chás podem ser categorizados em chá verde, chá *oolong* e chá preto. No processamento do chá verde, as folhas são processadas no vapor ou por secagem a quente, logo após a colheita, para a inativação das enzimas oxidativas, como a polifenoloxidase (PPO), inibindo, assim, a oxidação das catequinas e mantendo a cor original de suas folhas. Já no processamento do chá preto, as folhas são trituradas e deixadas expostas ao ar, permitindo a

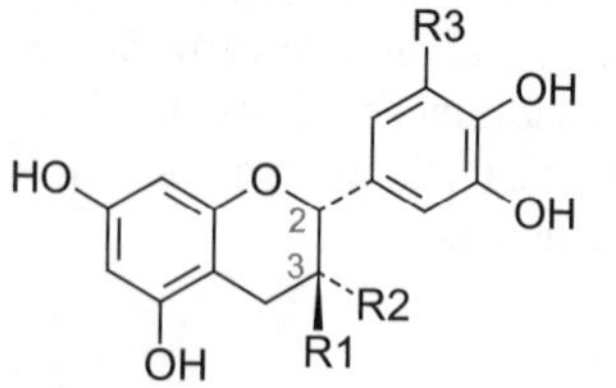

	R1	R2	R3
2R, 3S → (*)-catequina (C)	OH	H	H
(-)-epigalocatequina (EGC)	H	OH	OH
(-)-epigalocatequina galato (EGCG)	H	galato	OH
2R, 3R (-)-epicatequina (EC)	H	OH	H
(-)-epicatequina galato (ECG)	H	galato	H

Figura 8.11 Principais flavanóis encontrados em alimentos.

oxidação das catequinas pela PPO, a qual é importante para o desenvolvimento do sabor e da cor avermelhada, característica desse chá. O chá *oolong* é um chá parcialmente fermentado, com características intermediárias entre o chá verde e o chá preto. Logo após a colheita, as folhas frescas são ricas em compostos fenólicos (~30% base seca) e esta concentração se reduz, mesmo no processamento do chá verde, progressivamente nos chás semifermentados e chá preto (> 90% oxidação).

As catequinas são os compostos predominantes na folha fresca da *Camellia sinensis*. Geralmente a (-)-epigalocatequina-3-*O*-galato (EGCG) predomina sobre as demais, ocasionalmente seguida pela (-)-epicatequina-3-*O*-galato (ECG), junto com pequena quantidade de (+)-catequina, (-)-epicatequina (EC) e (-)-epigalocatequina (EGC). Todas as marcas de chá verde e pretas analisadas e comercializadas no Brasil apresentaram EGCG e EGC como catequinas principais (Figura 8.12).

Em geral, o chá preto contém menor quantidade de monômeros de catequinas, os quais são oxidados enzimaticamente formando compostos fenólicos condensados conhecidos como tea-

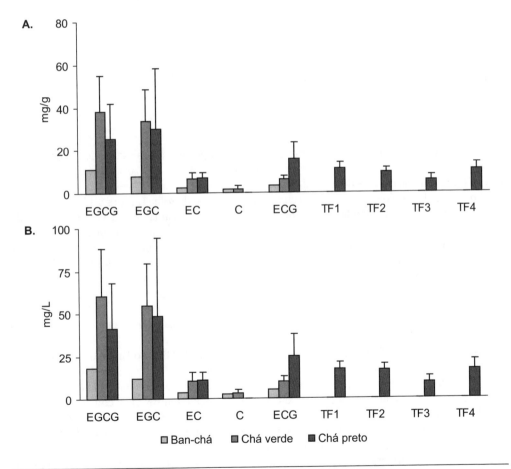

Figura 8.12 Conteúdo de flavanóis em diferentes tipos de chás (*Camellia sinensis*) comercializados no Brasil (n = 7). (A) folha de chá (base seca); (B) infusão de chá (5 g folha/500 mL água fervente por 5 min). Abreviações: C, catequina; EGC, epigalocatequina; EGCG, epigalocatequina galato; EC, epicatequina; ECG, epicatequina galato; TF, teaflavina.

Fonte: Adaptado de Matsubara & Rodriguez-Amaya.[15]

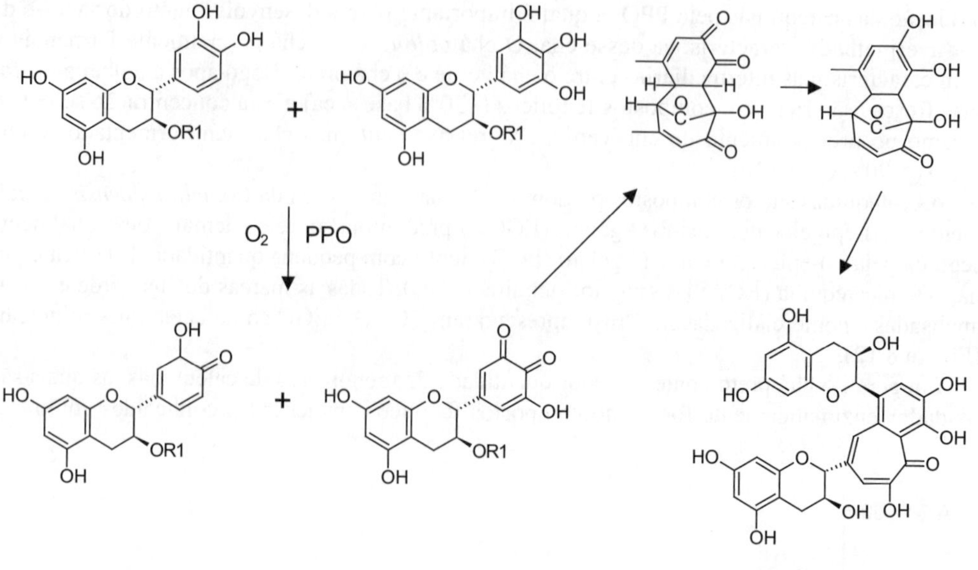

Teaflavina

Figura 8.13 Mecanismo proposto para a formação das teaflavinas no chá preto. PPO: polifenoloxidase.
Fonte: Adaptado de Wang & Ho.[14]

flavinas (dímeros) e tearubiginas (polímeros). Estes compostos são característicos por sua cor avermelhada (Figura 8.13). De maneira geral, o chá preto contém de 3-10% de catequinas, 2-6% de teaflavinas e mais de 20% de tearubiginas.[1]

O perfil de flavonoides da infusão do chá é semelhante ao da folha (Figura 8.12). A *American Dietetic Association* recomenda o consumo de quatro a seis xícaras de chá verde/dia a fim de se obter os efeitos benéficos do seu consumo na saúde, sugerindo que seja consumido entre as refeições para que não prejudique a biodisponibilidade de nutrientes provenientes das principais refeições. Segundo dados da USDA (Release 3.2, 2015), uma xícara de 100 mL de chá verde contém cerca de 12,7-29,8 mg de EGCG, o maior constituinte polifenólico deste chá, enquanto o chá preto apresenta entre 0,68-40,66 mg. Este valor é muitas vezes superior ao encontrado na infusão de chá verde (43,2 mg/240 mL) comercializado no Brasil (Figura 8.12). Deve-se ressaltar ainda que o chá verde contém ao redor de 10-80 mg de cafeína/xícara,[14] o que é considerável quando se avalia seu efeito fisiológico sobre o organismo.

Segundo o Instituto Brasileiro de Geografia e Estatística (IBGE), no Brasil o chá mate (*Ilex paraguariensis*) é a infusão mais consumida, especialmente na Região Sul do País, como chimarrão ou tererê. O principal flavonoide encontrado no chá mate é a quercetina (2,0-3,3 mg/g folha seca), não apresentando catequinas em sua composição. Outros chás comercializados no Brasil, como o de frutas (maçã) e o de ervas (erva doce, erva cidreira, hortelã), não apresentam flavonoides detectáveis. Já as folhas de boldo e camomila apresentam baixo conteúdo de quercetina e caenferol (< 2 mg/g folha seca) como principais flavonoides.[16]

Outra fonte importante de flavanol é o cacau. A semente fresca é composta principalmente por catequina e epicatequina, além de proantocianidinas (dímeros a decâmeros). O conteúdo de catequinas encontrado no cacau em pó é ao redor de 300 mg/100 g.[12] Durante a fermentação e processamento, ocorre a conversão de muitos compostos fenólicos a compostos marrons e insolúveis, com redução de até 90% dos compostos fenólicos solúveis.[1] Desse modo, o conteúdo de monômeros de catequinas e de proantocianidinas no cacau comercial e no chocolate são variáveis.

Proantocianidinas

Proantocianidinas são também conhecidas como procianidinas, flavan-3-óis poliméricos ou taninos condensados. O uso do termo tanino deve ser utilizado com cautela para não ocorrer confusão com as outras classes de polifenóis, como os taninos hidrolisáveis e os taninos complexos. Entretanto, alguns autores classificam as proantocianidinas como uma das classes de taninos. As proantocianidinas são dímeros, oligômeros ou polímeros de (+)-catequinas ou (-)-epicatequinas, unidos por diferentes tipos de ligações (Figura 8.14).[1,17] A maioria das proantocianidinas solúveis apresenta peso molecular entre 1.000 e 6.000, podendo alcançar às vezes 20.000.

Por meio da complexação com proteínas salivares, as proantocianidinas são responsáveis pela adstringência de algumas frutas e bebidas (p. ex., uva, maçã, vinho, chá, cerveja) e do sabor amargo do chocolate. A adstringência geralmente diminui ou desaparece por completo com o amadurecimento do fruto. É difícil estimar o conteúdo de proantocianidinas uma vez que estes compostos apresentam grande variação na estrutura e no peso molecular. Em chocolate preto, o teor foi estimado em 517 mg/40 g com uma capacidade antioxidante de 9.100 equivalente de Trolox/40 g.[13]

Isoflavonas

A soja é a principal fonte de isoflavonas na dieta. As principais isoflavonas encontradas na soja são a genisteína, daidzeína e gliciteína (Figura 8.15), cada uma delas encontradas em quatro formas químicas: forma aglicona (genisteína, daidzeína e gliciteína), forma β-glicosídeo (genistina,

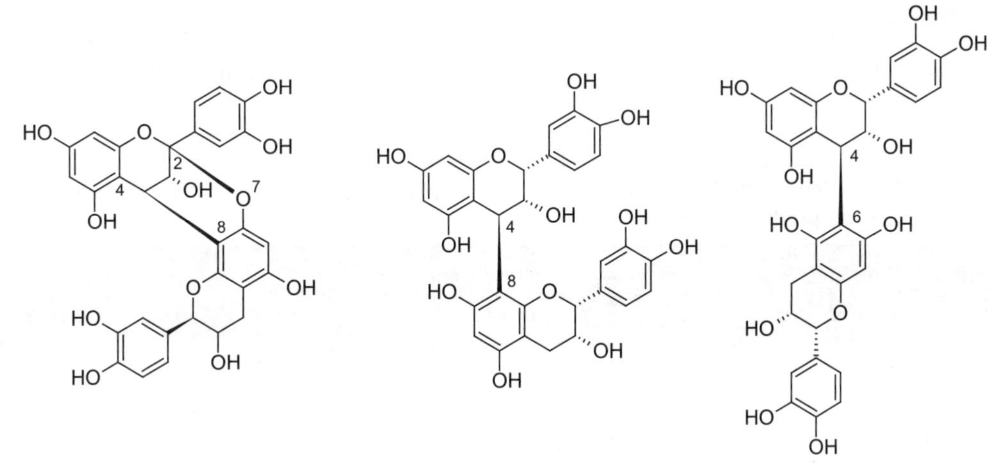

Procianidina A1
epicatequina-(2β→O→7, 4β→8)-catequina

Procianidina B2
epicatequina-(4β→8)-epicatequina

Procianidina B5
epicatequina-(4β→6)-epicatequina

Figura 8.14 Estruturas de dímeros de proantocianidinas demonstrando as diferentes ligações possíveis.

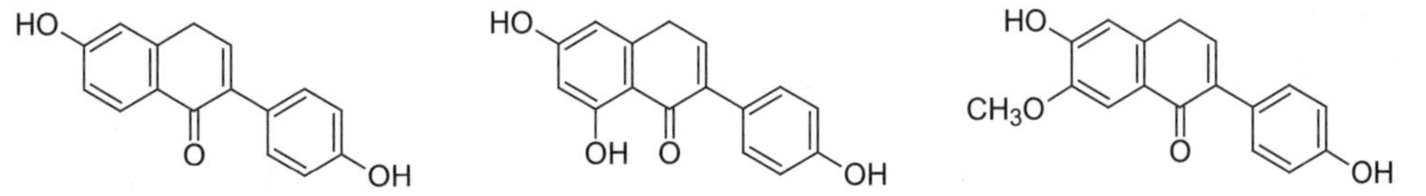

daidzeína

genisteína

gliciteína

Figura 8.15 Estruturas de isoflavonas encontradas em alimentos.

daidzina e glicitina), forma malonil-glicosídeo (6"-*O*-malonil-β-genistina, 6"-*O*-malonil-β-daidzina, 6"-*O*-malonil-β-glicitina), e a forma acetilglicosídeo (6"-*O*-acetil-β-genistina, 6"-*O*-acetil-β-daidzina, 6"-*O*-acetil-β-glicitina).

A Tabela 8.3 apresenta o conteúdo de isoflavonas totais e o perfil das suas formas químicas em soja e nos principais ingredientes funcionais derivados da soja. O conteúdo de isoflavonas na soja varia entre 57 e 188 mg/100 g, presente principalmente na forma de derivados glicosilados (90-95%). A porcentagem de cada isoflavona, correspondendo à somatória das quatro formas químicas, está entre 39 a 57% de genisteína, 34 a 47% de daidzeína e 8 a 17% de gliciteína. O cotilédone representa cerca de 90% do total da soja, enquanto o hipocótilo, 2-3%, e o tegumento, 6% da massa total. Entretanto, o conteúdo de isoflavonas no hipocótilo é de 2 a 10 vezes maior quando comparado com o cotilédone, porém com perfil semelhante nessas duas porções do grão.[18]

A farinha de soja desengordurada (FDS) comercial apresenta teor de isoflavona total superior ao do isolado proteico de soja (IPS), devido a perdas no processo de precipitação das proteínas de soja para a obtenção do IPS. As formas químicas predominantes na FDS são os β-glicosídeos e os malonil-glicosídeos, enquanto a forma aglicona é predominante no IPS. A proteína texturizada de soja é caracterizada pelo alto conteúdo de acetil-glicosídeos, formação esta associada às drásticas condições envolvidas no processo de extrusão. Para bebidas à base de extrato aquoso de soja, a adição de suco, quando comparado com a mesma bebida pura, leva a uma diluição de três a seis vezes no conteúdo de isoflavonas totais. Outros produtos processados derivados de soja, como molho de soja, miso e tofu, também apresentam baixo conteúdo de isoflavonas.[19]

Além da soja, outra fonte dietética de isoflavonas é o grão de bico com 3,1 mg isoflavona total/100 g de farinha desengordurada, composta somente por genisteína,[18] e o tremoço que contém somente genisteína e seu derivado glicosilado, com conteúdo variando entre 13,6 e 34,8 mg/100 g grão inteiro. Diferentemente da soja, o cotilédone do tremoço concentra o maior conteúdo de isoflavonas (16-30 mg/100 g), enquanto o hipocótilo contribui com 1,3 a 6,1 mg isoflavonas/100 g.[20]

Tabela 8.3 Conteúdo e perfil de isoflavonas de soja em grão, de ingredientes funcionais e de produtos derivados da soja produzidos no Brasil.

Amostra (n analisada)	Perfil de isoflavonas (%)				Isoflavonas totais (mg/100 g ou L)
	β-glicosídeo	malonil-glicosídeo	acetil glicosídeo	aglicona	
Soja (18 cv.)	31	67	n.d.	2	71-174
Soja (30 cv.)	50-59	29-39	3,7-6,8	4,6-10	57-188
FDS (2)	37-38	44-55	4,4-8,3	3,7-9,5	101-340
IPS (3)	22-23	25-40	4-11	32-48	85-154
PTS (3)	43-48	20-32	17-23	8-10	87-100
Suco a base de extrato aquoso de soja (8)	63-97	n.d-39	n.d.-0,9	0,3-4	12-33 (87*)
Hipocótilo	45	43	n.a.	12	240
Cotilédone	44	46	n.a.	9	40
Molho de soja	n.a.	n.a.	n.a.	n.a.	5,7
Misô	n.a.	n.a.	n.a.	n.a.	20
Tofu	n.a.	n.a.	n.a.	n.a.	7

FDS: farinha de soja desengordurada; IPS: isolado proteico de soja; PTS: proteína texturizada de soja; *Extrato aquoso puro; c.v.: cultivar; n.a.: dado não apresentado; n.d.: não detectado.
Fonte: Aguiar et al.;[18] Genovese e Lajolo;[19] Genovese et al.;[21] Genovese et al.;[22] Pinto et al.;[23] Ribeiro et al.[24]

Estilbenos

Os estilbenos são pouco frequentes na dieta alimentar, mas encontrados principalmente em uvas e vinhos e em pequenas concentrações no repolho roxo e no espinafre. Estima-se que a ingestão de estilbenos totais pela população brasileira seja de 5,3 mg/dia indivíduo, com base em um consumo regular de 160 mL/dia de vinho.[25]

Entre os monômeros estilbenos, o resveratrol é o mais conhecido e estudado, podendo ser encontrado sob duas formas isoméricas, o *trans*-resveratrol e o *cis*-resveratrol (Figura 8.16). Além da forma aglicona, o resveratrol pode também ser encontrado na forma de 3-*O*-β-glicosídeo (*trans*-piceid e *cis*-piceid).

Em sucos de uva produzidos no Brasil foram encontrados valores entre 0,2 e 0,75 mg *trans*-resveratrol/L e de 0,2-1,4 mg *cis*-resveratrol/L.[26] O conteúdo de resveratrol no vinho tinto tende a ser maior quando comparado ao vinho branco e ao suco de uva (Tabela 8.4), uma vez que o processo de maceração do mosto durante a fermentação é o fator determinante em sua extração. A concentração de seu 3-*O*-β-glicosídeo (*trans*-piceid) alcança valores de 5-20 mg/L em vinhos

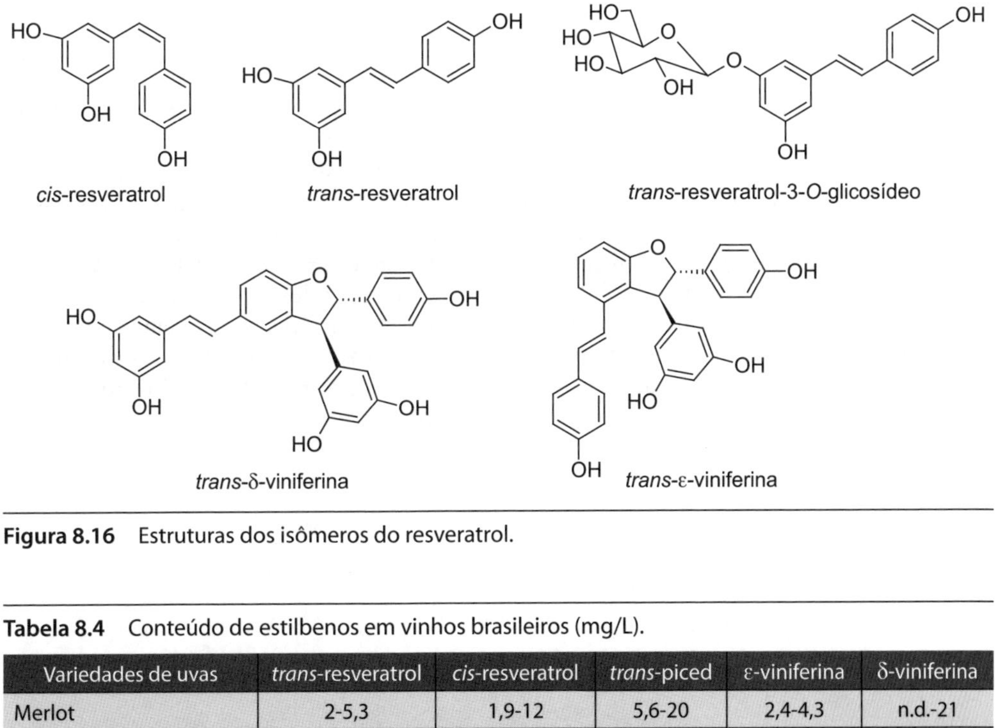

Figura 8.16 Estruturas dos isômeros do resveratrol.

Tabela 8.4 Conteúdo de estilbenos em vinhos brasileiros (mg/L).

Variedades de uvas	*trans*-resveratrol	*cis*-resveratrol	*trans*-piced	ε-viniferina	δ-viniferina
Merlot	2-5,3	1,9-12	5,6-20	2,4-4,3	n.d.-21
Cabernet Sauvignon	n.d.-2,4	4,2-7	n.d.-7,4	n.d.-1,6	n.d.-6,1
Cabernet Franc	1,07-2,3	8,4	nd	1,9	n.d.
Pinot Noir	1,07-4,21	n.a.	n.a.	n.a.	n.a.
Gamay	1,27-1,64	n.a.	n.a.	n.a.	n.a.
Pinotage	3,43	n.a.	n.a.	n.a.	n.a.
Sangiovese	5,75	n.a.	n.a.	n.a.	n.a.
Tannat	n.d.-4,17	1,9	n.d.	0,64	n.d.

n.d.: não detectado ; n.a.: dado não apresentado.
Fonte: Souto et al.;[27] Vitrac et al.[25]

brasileiros, e pode ser hidrolisado pelas β-glicosidases intestinais liberando sua forma livre, *trans*-resveratrol,[27] de significado biológico.

Basicamente, para a fabricação do vinho tinto, as uvas são esmagadas e o suco, juntamente com o bagaço, é submetido a uma primeira fermentação alcoólica (5-10 dias). Posteriormente, os sólidos são removidos e o suco é novamente submetido a uma segunda fermentação maloláctica, na qual o ácido málico é transformado em ácido láctico e CO_2. O vinho é então transferido para a maturação em barris de inox ou de carvalho. Já o vinho branco é produzido a partir de uvas de variedades brancas, no qual as bagas são gentilmente esmagadas, evitando-se a quebra das sementes e galhos. Os sólidos são removidos antes da fermentação alcoólica, o que reduz a extração de compostos fenólicos a partir da casca e semente. Deve-se ainda salientar que, além da concentração inicial dos fenólicos na uva, a concentração desses compostos nos sucos e vinhos depende de vários fatores. Neste caso, fatores agronômicos, como insolação, localização geográfica, condições pluviométricas e grau de maturação, também contribuem para a variação no conteúdo de compostos fenólicos.

Alguns dímeros oxidados do resveratrol, as viniferinas (Figura 8.16), também foram encontrados em altas concentrações no vinho tinto, sobretudo na variedade Merlot, mas sua relevância biológica ainda não é conhecida.

Curcumina

A curcumina é um pigmento amarelo naturalmente encontrado em rizomas de açafrão-da-índia (*Curcuma longa* L.), também denominado cúrcuma. O rizoma contém uma mistura de pigmentos, conhecidos como curcuminoides, composto por três estruturas com diferentes grupos funcionais no anel aromático (Figura 8.17), a curcumina, a desmetoxicurcumina e a bisdesmetoxicurcumina.[28] O teor de pigmentos curcuminoides encontrados na cúrcuma em pó varia entre 4,1 e 9 g/100 g na proporção aproximada de 60% de curcumina, 30% de desmetoxicurcumina e de 10% de bisdesmetoxicurcumina.[29,30] Os pigmentos curcuminoides apresentam um grande espectro de propriedade biológica, entre elas atividade anti-inflamatória, antioxidante, quimiopreventiva e quimioterapêutica. A curcumina atua como sequestrante de radicais livres e doador de hidrogênio, além de atuar como quelante de metais, sobretudo ferro e cobre. Não é tóxica, mas exibe limitada biodisponibilidade e pode atuar como pró-oxidante.[28]

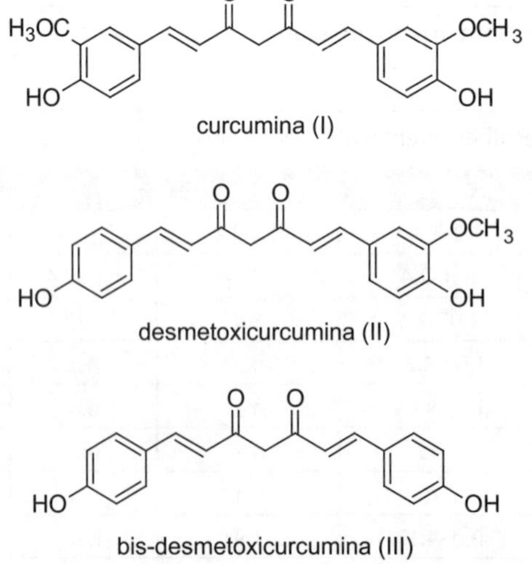

curcumina (I)

desmetoxicurcumina (II)

bis-desmetoxicurcumina (III)

Figura 8.17 Estrutura química dos pigmentos curcuminoides da *Curcuma longa* L.

Taninos

Os taninos são definidos como um grupo de compostos fenólicos de peso molecular relativamente alto, com capacidade de complexar fortemente com carboidratos e proteínas.[16] Os taninos podem ser classificados em taninos hidrolisáveis e taninos complexos de acordo com a estrutura química, ou segundo a sua solubilidade (Quadro 8.1).

Os taninos hidrolisáveis são poliésteres formados por açúcares (ou outros compostos poliidroxilados não aromáticos) e ácidos fenólicos. Estes compostos são denominados taninos hidrolisáveis devido ao fato de produzirem as unidades de açúcar e ácido fenólico ao sofrerem hidrólise com ácido fraco. Na maioria das vezes, o açúcar é a glicose, embora frutose, xilose e sacarose também possam ser encontradas. Quando o componente ácido é o ácido gálico, são denominados galotaninos, enquanto os ésteres com ácido hexa-hidroxidifênico, que formam ácido elágico por eliminação de água quando hidrolisados, são conhecidos como elagitaninos. A maioria dos elagitaninos contém os ácidos hidroxidifênico e gálico (Figura 8.18).

Os taninos complexos contêm os ácidos hidroxidifênico e gálico, (+)-catequinas e (-)-epicatequinas, que podem reagir com uma diversidade de compostos formando macromoléculas complexas com proteínas e polissacarídeos.

Influência do processamento nos compostos fenólicos de alimentos

A composição dos flavonoides e demais compostos fenólicos pode ser afetada sensivelmente durante o processamento doméstico e industrial de alimentos. Embora resistente ao calor, ao oxigênio e ao moderado grau de acidez, a manipulação dos vegetais para fins alimentares pode acarretar desde perdas mecânicas, degradação e até mesmo produzir alterações químicas e enzimáticas que influenciam a composição de compostos fenólicos do alimento.

Quadro 8.1 Classificação de taninos considerando estrutura química e técnica de extração.

Grupos segundo classificação por estrutura química	Monômero	
taninos hidrolisáveis	ácido gálico ácido hexa-hidroxidifênico ácido elágico (formado após hidrólise)	ácido hexa-hidroxidifênico
taninos complexos	contêm estruturas de outros taninos, proantocianidinas e outras macromoléculas	

Grupos segundo classificação por estrutura química	Técnica de extração	Análise
taninos extraíveis	solvente aquoso-orgânico	quantificação com Folin-Ciocalteu, cloreto férrico, vanilina-HCl
taninos não extraíveis	hidrólise ácida e básica	quantificação dos monômeros

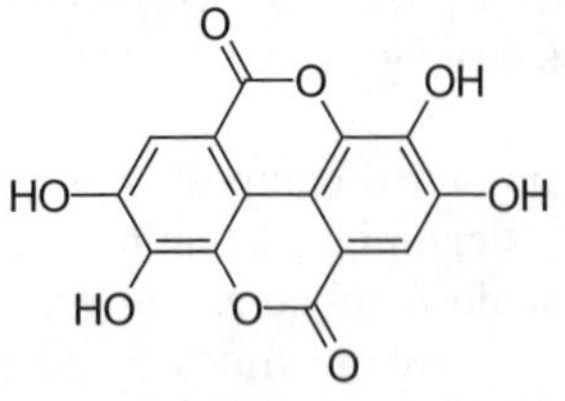

ácido elágico

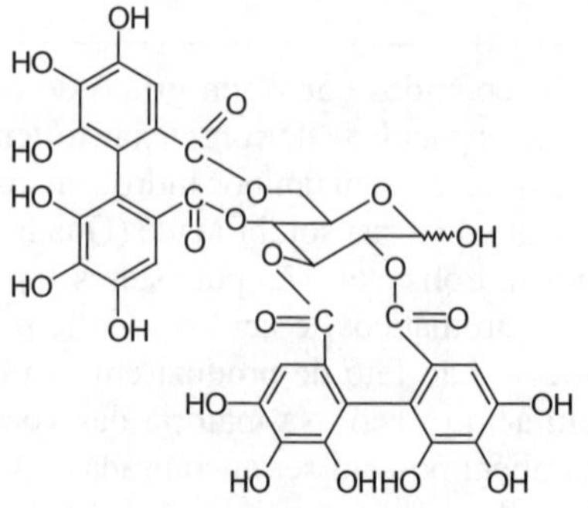

pedunculagina

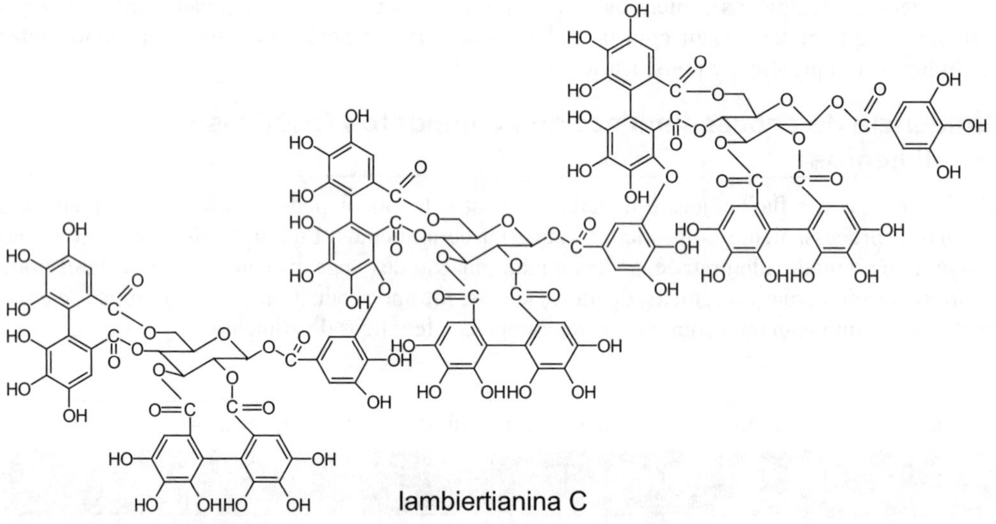

lambiertianina C

Figura 8.18 Estrutura do ácido elágico e dos elagitaninos pedunculagina (monômero) e lambertianina C (trímero), isolados de amora-preta (*Rubus* sp. cv Apache).

As manipulações que envolvem a remoção da casca do vegetal ou da fruta podem reduzir o conteúdo de compostos fenólicos totais, uma vez que estes compostos estão presentes em maior proporção nas partes externas do vegetal em relação às partes internas, devido à síntese ser induzida pela luz. Por exemplo, a remoção das camadas externas da cebola reduz drasticamente o conteúdo de flavonoides (derivados glicosilados de quercetina) uma vez que cerca de 90% do conteúdo de quercetina estão presentes na primeira e na segunda camada.[31] Outro exemplo é a maior concentração de flavonoides na casca da maçã em relação à polpa (Tabela 8.1).

Os métodos de pré-processamento (p. ex., branqueamento) e de cozimento podem ter um efeito negativo muito maior no conteúdo de compostos fenólicos dos alimentos vegetais. Em geral, o cozimento leva a perdas no conteúdo de compostos fenólicos devido, principalmente, ao lixiviamento, onde ocorre a transferência dos compostos fenólicos polares do alimento para a água, perda esta que poderia ser minimizada pela recuperação da água de cozimento. A intensidade do lixiviamento varia de acordo com o tipo de vegetal (p. ex., folhas ou tubérculo), o método de cozimento (imersão em água, vapor, micro-ondas, fritura), tamanho da amostra e o tempo de exposição a altas temperaturas. No caso de brócolis,[32] tomate[33] e cebola,[33] estas perdas podem

Compostos Fenólicos **299**

representar entre 19-70% no conteúdo de fenólicos totais, 20-80% no conteúdo de flavonoides totais e 30-55% no conteúdo de ácidos fenólicos após o cozimento com imersão em água. Além disso, a utilização de micro-ondas reduz drasticamente o conteúdo de quercetina e de fenólicos totais em brócolis, tomate e cebola, entre 40-70%.[32-34] Já no cozimento a vapor, o lixiviamento é minimizado, sendo, portanto, preferível aos demais métodos.

O procedimento de manter o feijão de molho em água antes do cozimento pode levar a uma maior perda no conteúdo de antocianinas (84%) e de derivados do ácido hidroxicinâmico (64%) quando comparado ao cozimento sem prévio molho (72 e 55%, respectivamente).[35] Nesse caso, para a manutenção do maior conteúdo de fenólicos, as melhores condições de cozimento do feijão são: sem molho prévio, em panela de pressão ou cozimento normal e sem a drenagem do líquido de cozimento, em que grande quantidade dos fenólicos se concentra devido ao lixiviamento.

O cozimento de morangos com açúcar para a obtenção de geleias resulta em pequena perda de quercetina (15%) e caenferol (18%). Por outro lado, somente 15% de quercetina e 30% de miricetina da concentração original do fruto são retidas no suco de groselha preta. A maior retenção no conteúdo de flavonoides observada na geleia de morango é devido ao fato de o fruto ser processado inteiro, acarretando menor perda de flavonoides, e também à inativação da polifenoloxidase (PPO), inibindo a oxidação dos compostos fenólicos.[36]

Embora seja observada redução no conteúdo de compostos fenólicos após processamento térmico, em alguns casos, este processo leva a um aumento da biodisponibilidade e/ou aumento aparente em seu conteúdo. Este fato está provavelmente relacionado com o amolecimento e o rompimento da matriz alimentar, o qual facilitaria a liberação dos compostos fenólicos livres e ligados à parede celular. Este comportamento foi observado após cozimento por 15 min de tomate cereja que, mesmo com perdas de 12% de naringenina e de 31% do ácido clorogênico, teve aumento da biodisponibilidade destes compostos quando comparado à ingestão de tomate cru.[37] Fato similar também foi evidenciado no aumento aparente do conteúdo de fenólicos e flavonoides de brócolis expostos ao vapor.[38]

Além da quantidade, o processamento pode também alterar o perfil dos compostos. Por exemplo, o perfil de isoflavonas de produtos derivados de soja varia de acordo com os diferentes tipos de processamento. Em geral, sob calor seco observa-se aumento da forma acetil em detrimento à forma malonil. Por outro lado, sob calor úmido ou pela ação das β-glicosidases, há predomínio da forma aglicona sobre as demais. A forma aglicona das isoflavonas, por sua vez, é estável ao calor.[39] Produtos de soja fermentados podem ser comparativamente ricos em isoflavonas na forma aglicona devido à hidrólise enzimática dos glicosídeos. Por outro lado, produtos que envolvem aquecimento a 100 °C, como extrato aquoso de soja e tofu, contêm reduzida quantidade de isoflavonas, sendo os glicosídeos de daidzeína e genisteína os componentes principais (Tabela 8.2), resultado da degradação das formas malonil e acetilglicosídeos, sensíveis ao calor.[40]

Alguns processos industriais que envolvem a maceração e a ruptura do tecido vegetal podem levar à oxidação dos compostos fenólicos devido à descompartimentalização, o qual facilita o contato entre a enzima PPO e o substrato fenólico presente nos vacúolos. Os compostos fenólicos sofrem polimerização em diferentes graus e são, então, transformados em pigmentos escuros. Novamente, este processo não é necessariamente visto de modo negativo ou que acarrete perda na qualidade do alimento, como é o caso da coloração avermelhada do chá preto formada pela oxidação das catequinas, já discutido anteriormente.

O processo de maceração também facilita a difusão dos compostos fenólicos do fruto para o suco, como ocorre durante a vinificação do vinho tinto.

O tipo de processamento para a obtenção de sucos de frutas pode também influenciar no conteúdo de flavonoides, uma vez que o processo de extração pode liberar os flavonoides da casca. Por exemplo, a concentração de flavanonas glicosiladas (narirutina e hesperidina) em suco de laranja concentrado e congelado e em outros sucos de laranja industrializados geralmente é maior quando comparado ao obtido por extração manual (Tabela 8.1). Isso ocorre porque a pressão mecânica exercida na planta industrial é maior do que aquela aplicada manualmente, levando a uma maior extração de flavanona glicosilada da parede celular e do albedo da laranja.

A irradiação, processo geralmente utilizado para a conservação de alimentos, não apresenta nenhum efeito sobre a capacidade antioxidante de chá verde;[41] entretanto, em alguns casos os alimentos irradiados mantêm por mais tempo o conteúdo de fenólicos e de suas propriedades antioxidantes, como ocorre em preparações de suco de cenoura e couve irradiados em comparação ao mesmo produto sem tratamento.[42] Esse efeito é atribuído sobretudo à inativação da PPO.

Pouco se sabe sobre o efeito da estocagem no conteúdo de flavonoides em alimentos, e os dados existentes são controversos. Foi observado que o conteúdo de quercetina reduziu 40% em arando (um tipo de mirtilo) estocado a -20 °C, porém aumentou em 32% em morangos.[43] Por outro lado, a estocagem de maçã à baixa temperatura (4 °C) e sob atmosfera controlada (1,5 °C e 1,2% O_2 e 2,5% CO_2) durante 40 semanas não afetou a concentração dos flavonoides quercetina, cianidina, catequina e floridzina, bem como do ácido clorogênico.[44] O mais interessante é que a exposição das cebolas à luz fluorescente branca por 24 e 48 h induziu um aumento, tempo-dependente, do conteúdo de flavonoides.[45] Por outro lado, a exposição à luz de folhas de alface por 48 h resultou em grande perda no conteúdo de flavonoides de 6 a 94%, dependendo da variedade estudada.[46]

Além de influenciar no conteúdo, a estocagem também pode afetar o perfil de flavonoides. Por exemplo, a estocagem de farinha desengordurada (FDS) e de isolado proteico de soja (IPS) à temperatura de -18 °C e de 42 °C, durante um ano, não afetou o conteúdo de isoflavonas total, mas o perfil foi drasticamente alterado naquelas amostras armazenadas a 42 °C, com redução significativa de malonilglicosídeos e aumento proporcional de beta-glicosídeos. Efeito semelhante foi observado em IPS estocado durante um mês em atividade de água 0,87. Por outro lado, em FDS foi observado grande aumento da forma aglicona das isoflavonas, provavelmente devido à ação das β-glicosidases favorecida pela alta atividade de água.[21]

Hoje, existem poucas tabelas de composição de compostos fenólicos devido ao grande número de estruturas e dos diversos fatores que podem influenciar seu conteúdo nos alimentos. Desde março de 2003 uma compilação de dados foi disponibilizada pelo Departamento de Agricultura dos Estados Unidos (USDA database), pelo *site* www.nal.usda.gov/fnic/foodcomp/Data/Flav/flav.html. No Brasil também se desenvolve um projeto de compilação de dados de flavonoides em alimentos brasileiros pela TBCA-USP, disponível *on line* (HTTP://www.fcf.usp.br/tabela/). Além disso, é possível também acessar o banco de dados denominado *Phenol Explorer Database on polyphenol content in foods,* pelo *site* http://www.phenol-explorer.eu/, como fonte de informações sobre os compostos fenólicos. Esses dados são importantes para calcular o consumo diário de compostos fenólicos e correlacioná-los com a incidência de certas doenças em estudos epidemiológicos, o qual torna possível o estudo do papel desses compostos no efeito protetor de certas doenças e na promoção à saúde.

Compostos fenólicos e saúde

Os compostos fenólicos, apesar de não apresentarem importância nutricional direta, têm recebido muita atenção da comunidade científica, principalmente por seu potencial na promoção e manutenção da saúde. O interesse foi estimulado sobretudo por estudos epidemiológicos, indicando uma relação inversa entre a ingestão de alimentos ricos nestes compostos e a redução do risco de desenvolvimento de doenças crônicas não transmissíveis, como câncer, doenças cardiovasculares, Alzheimer e diabetes *mellitus* tipo 2. Entretanto, o mecanismo de ação destes compostos tem se demonstrado mais complexo que o originalmente esperado, pois envolve, além da propriedade antioxidante, a capacidade em complexar metais pró-oxidantes (p. ex., Fe, Cu), capacidade em modular certas enzimas do sistema antioxidante endógeno e de detoxificação, modulação do processo inflamatório, modulação de vias de sinalização celular, modulação do ciclo celular e da apoptose.[47-49]

As Tabelas 8.5 e 8.6 apresentam os possíveis mecanismos de ação propostos para os compostos fenólicos. De modo geral, quase todos os compostos fenólicos apresentam propriedades químicas e biológicas semelhantes: (1) potentes antioxidantes, (2) habilidade em sequestrar espécies

Tabela 8.5   Possíveis mecanismos de ação dos flavonoides e estilbenos.

	Flavonoides						Estilbeno
	flavonol	flavanol	flavanol	teaflavina	isoflavona	flavona	
	Q, M	C, EC	EGC, ECG, EGCG	T, T3G, T3´G, T3,3´dG	genisteína	Lut, Apig	resveratrole *trans*-piceid
Atividade antioxidante	•	•		•	•		•
Atividade anti-inflamatória	•	•			•	•	•
Indução da apoptose	•		•	•	•	•	•
Retarda ciclo celular	•		•		•	•	•
Supressão da ativação do fator de transcrição NF-κB	•		•	•		•	•
Supressão da ativação do fator de transcrição AP-1			•	•			•
Supressão da angiogênese					•		•
Supressão da proteína quinase	•				•		•
Inibição da telomerase	•	•	•	•			
Redução de oxidação do LDL	•				•		
Acentua a detoxificação de carcinógenos	•						
Redução da agregação plaquetária							•
Inibição da expressão e da atividade COX-2	•					•	•
Inibição da expressão e da atividade de iNOS	•						
Modulação da atividade hormonal					•		
Fontes principais	Chá, vinho tinto, tomate, cebola, hortaliças	Casca de maçã, cebola, cacau, chá verde	Chá verde	Chá preto	Soja, tremoço	Brócolis, legumes, chá, cereja	Uva, vinho

Q, quercetina; M, miricetina; C, catequina; EC, epicatequina; ECG, epicatequina galato; EGC, epigalocatequina, EGCG, epigalocatequina galato; T, teaflavina; TG, teaflavina galato; T3G, teaflavina-3-galato; T3´G, teaflavina-3´-galato; T3,3´dG, teaflavina-3,3´-digalato; Lut, luteonina; Apig, apigenina.
Fonte: Patil et al.;[48] Fresco et al.;[50] Pan et al.[51]

Tabela 8.6   Possíveis mecanismos de ação dos ácidos fenólicos, taninos e cumarinas.

	Cumarina	Curcumina	Tanino	Ácidos fenólicos				
	Esc, Esp		AcT	ARos	Capsaicina	AHc	AHb	Tirosol
Atividade antioxidante	•	•	•	•	•	•	•	•
Atividade anti-inflamatória	•	•	•	•		•		
Indução da apoptose	•	•	•		•	•	•	•
Retarda ciclo celular	•	•	•			•	•	
Supressão da ativação do fator de transcrição NF-κB		•				•	•	
Supressão da ativação do fator de transcrição AP-1			•					
Supressão da angiogênese		•				•		
Supressão da proteína quinase		•						
Inibição da telomerase								
Redução de oxidação do LDL	•							
Acentua a detoxificação de carcinógenos		•						
Inibição da expressão e da atividade COX-2		•						
Inibição da expressão e da atividade de iNOS								
Fontes principais	Café, vinho, chá, frutas	Cúrcuma	Vinho tinto, nozes	Café, vinho, chá, frutas	Pimenta	Café, vinho	Frutas, hortaliça	Azeite de oliva, vinhos

Esc, esculetina; Esp, escopoletina; AcT, ácido tânico; ARos, ácido rosimarínico; AHc, ácido hidroxicinâmico (ácido cafeico, ácido ferúlico; ácido sináptico); AHb, ácido hidro-xibenzoico (ácido gálico, ácido protocatecúico).

Fonte: Patil et al.;[48] Fresco et al.;[50] Pan et al.[51]

reativas de oxigênio (EROs ou ROS em inglês) e de nitrogênio (ERNs ou RNS em inglês), (3) capacidade em sequestrar metais pró-oxidantes, e (4) modulação de vias de sinalização celular.

Capacidade antioxidante

O mecanismo antioxidante dos compostos fenólicos é fundamentado em sua capacidade de doar hidrogênio a um radical livre e formar um radical fenoxila (FL-O•) que, posteriormente, se estabiliza pela liberação de outro hidrogênio ou pela reação com outro radical, como esquematizado a seguir.

$$FL\text{-}OH + R \quad FL\text{-}O^{\bullet} + RH$$

A capacidade antioxidante é influenciada por diversas características da estrutura do flavonoide (FL-OH), estando principalmente correlacionada com o número de grupos hidroxilas presentes no anel aromático A e B, e com a presença da ligação dupla entre C2-C3 do anel C.[52] Estudos de relação estrutura-atividade indicam algumas características estruturais importantes para explicar a atividade antioxidante dos flavonoides, como (Figura 8.19):

1. Estrutura O-di-hidroxi no anel B, que confere alta estabilidade ao radical formado e participa na deslocalização de elétrons;
2. Presença do grupo 3-hidroxi ligado à ligação dupla entre C2-C3 e adjacente à função 4-oxo do anel C, o qual permite a deslocalização de elétrons do radical fenoxila (FL-O•), quando formado no anel B;
3. Padrão de hidroxilação, principalmente nas posições C5 e C7 do anel A, com função 4-oxo do anel C.

A ausência ou a substituição de algumas das características estruturais citadas anteriormente, como, por exemplo, a glicosilação ou metoxilação das hidroxilas, reduzem ou levam à perda da capacidade antioxidante.

Outro mecanismo de ação antioxidante dos flavonoides está relacionado com a sua capacidade de quelar metais de transição, como o ferro e o cobre, prevenindo a formação de radicais livres catalisados pela presença destes (Reação de Fenton). Esta característica é principalmente associada à presença do grupo O-di-hidroxi presente no anel B, grupo 3-hidroxi e 4-oxo no anel C, e grupos 4-oxo e 5-hidroxi entre os anéis C e A (Figura 8.19).

Uma vez que diversas condições patológicas, como o câncer, doenças cardiovasculares, diabetes e o envelhecimento, apresentam forte associação com danos oxidativos às macromoléculas, e os compostos fenólicos presentes em frutas e vegetais exibem potente capacidade antioxidante *in vitro*, seu principal papel *in vivo* foi inicialmente associado à ação antioxidante na proteção contra a peroxidação lipídica e a oxidação do DNA, além de inativação das EROs e ERNs. As EROs (ânion superóxido, radical hidroxila, radical peroxila, peróxido de hidrogênio) e ERNs (óxido

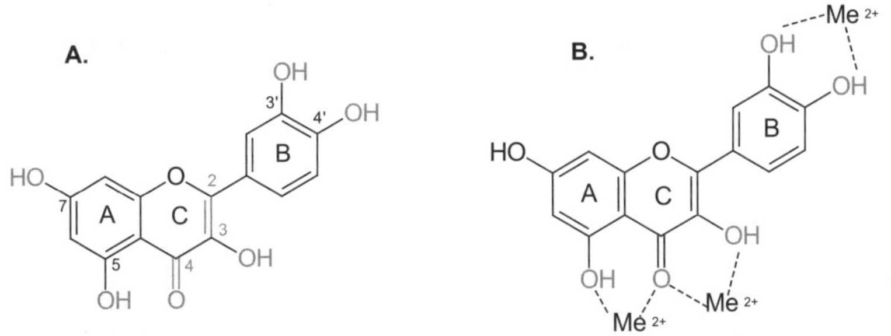

Figura 8.19 Características estruturais importantes para a ação antioxidante dos flavonoides. (A) Capacidade antioxidante, (B) capacidade quelante de metais divalentes.

Fonte: Pietta.[52]

nitroso, ácido hipocloroso e peroxinitrito), Figura 8.20, são moléculas altamente reativas, formadas constantemente durante o metabolismo aeróbico normal e necessários para a manutenção do funcionamento da célula. Em condições normais, as EROs são formadas em baixas concentrações e são constantemente neutralizadas pelos antioxidantes endógenos (vitaminas C e E, glutationa, entre outras) e pelo sistema enzimático antioxidante (catalase, superóxido dismutase e glutationa peroxidase) evitando danos nocivos à célula. No entanto, diversos fatores de risco, como tabagismo, excesso de ingestão de álcool, hipercolesterolemia e diabetes, podem levar à ruptura da sinalização e do controle redox endógeno celular provocando um desbalanço entre estes dois sistemas, o de geração e o de remoção, acarretando aumento excessivo de EROs, conhecido como estresse oxidativo. O estresse oxidativo, por sua vez, está envolvido na fisiopatologia de diversas doenças citadas anteriormente. Portanto, devido às suas propriedades, os compostos fenólicos da dieta podem atuar auxiliando o sistema antioxidante endógeno de maneira a minimizar esse estado.

Diversos estudos de intervenção clínica com humanos demonstram que a suplementação com quercetina influencia alguns marcadores antioxidantes, como a redução no nível de 8-hidroxi 2'-deoxiguanosina na urina (marcador da oxidação de DNA), aumento da capacidade antioxidante plasmática, aumento da resistência à oxidação do LDL e do DNA de linfócitos.[53] Não obstante a falta de estudos que demonstrem a consistência dos efeitos da quercetina *in vivo*, há inúmeros estudos que comprovam essas propriedades *in vitro*. Essa diferença na avaliação dos efeitos biológicos em modelos *in vivo* e *in vitro* pode ser parcialmente atribuída à absorção e metabolismo desse composto. Em diversos estudos com humanos, verificou-se que o consumo de alimentos, sucos ou cápsulas contendo compostos fenólicos, em uma única dose, pode elevar a capacidade antioxidante plasmática entre 6-30%,[54,55] além de aumentar significativamente a atividade da catalase plasmática (8-12 vezes a atividade basal).[55]

Uma grande variedade de efeitos benéficos à saúde é atribuída ao consumo dos compostos fenólicos do chá, sobretudo de chá verde. Um estudo realizado com 40 homens fumantes na

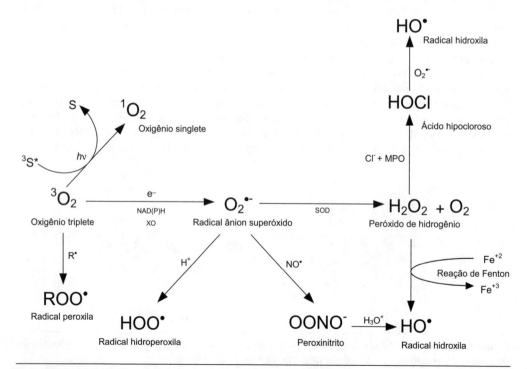

Figura 8.20 Principais espécies reativas de oxigênio e de nitrogênio.

China e 27 homens e mulheres (fumantes e não fumantes) nos EUA demonstrou que os danos oxidativos ao DNA e aos lipídeos, bem como a formação de radicais livres, foram reduzidos com o consumo diário de cerca de seis xícaras de chá verde/dia durante sete dias,[56] possivelmente devido à proteção contra os danos oxidativos. Em outro estudo, após a ingestão de 1 L de chá verde/dia, durante quatro semanas, observou-se redução significativa nos níveis de dois marcadores da peroxidação lipídica no soro, o malonaldeído (redução de 31%) e o 4-hidroxi-2-*trans*-nonenal (redução de 39%), além de um marcador de alteração oxidativa em membrana de eritrócito, denominado *membrane bound haemoglobin* (redução de 25%).[57]

Os compostos fenólicos podem também atuar como indutores das enzimas de detoxificação, modulando a expressão gênica das enzimas de fase II, como a glutationa-S-transferase e quinona redutase, que na maioria das vezes atuam na proteção de células e de tecidos contra xenobiótios ou intermediários endógenos potencialmente prejudiciais[49] (Tabelas 8.5 e 8.6).

Proteção contra doenças cardiovasculares

Uma das propostas para a ação protetora dos flavonoides contra as doenças cardiovasculares é a sua habilidade em prevenir a oxidação do LDL à sua forma aterogênica oxidada, além de reduzir o estresse oxidativo inibindo a ação deletéria das EROs e ERNs sobre a parede vascular e pela ação anti-inflamatória. O papel dos flavonoides no desenvolvimento e progressão da aterosclerose foi recentemente discutido por Siasos et al.[58]

Alguns mecanismos propostos para a redução do risco de desenvolvimento de doenças cardiovasculares são: inativação do ânion superóxido ($O_2^{\cdot-}$), promovendo a vasodilatação e a redução da agregação plaquetária; como antioxidante, prevenindo a oxidação do LDL; inibição do processo inflamatório pela modulação das vias de sinalização celular; habilidade na redução de formação de trombos; melhora na função endotelial; alteração nos níveis de lipídeos plasmáticos; regulação no metabolismo da glicose; e redução na pressão arterial.[59]

Um aspecto relevante das doenças cardiovasculares, como a aterosclerose, é o envolvimento da resposta inflamatória. Alguns compostos fenólicos parecem apresentar propriedade anti-inflamatória pela modulação da expressão de genes pró-inflamatórios. Essa modulação ocorre mediante inibição de fatores de transcrição, como, por exemplo, NF-κB e AP-1. O fator nuclear -κB (NF-κB) é um fator de transcrição que regula a expressão de vários genes envolvidos no processo inflamatório e da carcinogênese, presente no citosol ligado ao inibidor κB (I-κB). A fosforilação do I-κB, que ocorre devido à ativação de diversas vias de sinalização, leva à sua degradação liberando o NF-κB, o qual pode então se translocar para o núcleo ativando a expressão de genes pró-inflamatórios, como óxido nítrico sintase (iNOS) e a ciclo-oxigenase-2 (COX-2), bem como genes relacionados com a proliferação celular e inibidores de apoptose. Alguns compostos fenólicos são potentes inibidores da ativação do NF-κB e podem interferir com essa via de sinalização, entre eles, o resveratrol, quercetina, antocianinas, ácido elágico, carnosol, EGCG e curcumina.[60,61]

Efeito antiestrogênico

As isoflavonas são conhecidas como fitoestrógenos devido à similaridade estrutural com o hormônio estrogênio, e muitos dos seus efeitos estão relacionados com a ligação com o receptor de estrogênio (RE), como antagonistas competitivos. A estrutura química das isoflavonas na forma aglicona é muito semelhante ao do estrógeno 17-β-estradiol (Figura 8.21). As características que conferem similaridade entre esses compostos são a presença do anel fenólico, pré-requisito na ligação com o receptor, peso molecular semelhante e distância equivalente (11,5 Å) entre as hidroxilas do C4' e C7.[62] Como as isoflavonas não apresentam atividade estrogênica ao se ligarem ao RE da célula, atuam de maneira competitiva, alterando a síntese ou a ativação de proteínas específicas (fatores de transcrição) dentro das células. Essas proteínas migram para o núcleo e se ligam aos sítios regulatórios do DNA, modulando a síntese de proteínas pelo aumento ou redução da expressão de genes específicos.

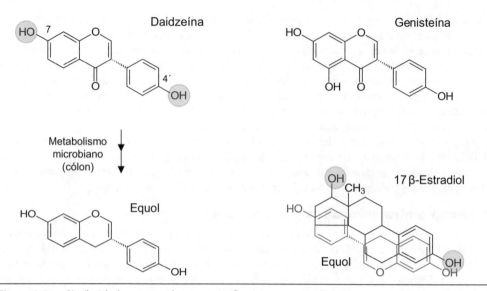

Figura 8.21 Similaridade estrutural entre as isoflavonas e o estradiol.

Estudos envolvendo o consumo de isoflavonas por mais de um ano demonstram melhora nos biomarcadores dos ossos, como aumento significativo na densidade e conteúdo mineral dos ossos e aumento da concentração sérica de osteocalcina. Outros efeitos observados foram alterações nas concentrações de LDL e HDL, bem como aumento da fase lag de oxidação do LDL, além da atenuação dos sintomas da menopausa.[53] Em estudos *in vitro*, a genisteína demonstrou capacidade em inibir o desenvolvimento de vários tipos de células cancerosas, sobretudo as hormônio-dependentes. Os mecanismos de ação propostos envolvem a inibição de várias enzimas relacionadas com o desenvolvimento do tumor, a indução da apoptose (morte celular programada), além da ação antioxidante.

RESUMO

Os compostos fenólicos são metabólitos secundários de plantas, com mais de 10.000 já identificados. De acordo com a estrutura química básica, são divididos em diferentes classes, com os ácidos fenólicos e os flavonoides como os mais abundantes em alimentos. Em geral, os compostos fenólicos apresentam relativa estabilidade às condições de processamento e estocagem comumente empregados em alimentos, porém, perdas grandes ocorrem por lixiviação, visto que a maioria é hidrossolúvel. Os flavonoides apresentam diversos mecanismos de ação biológica, sendo as frutas e hortaliças as principais fontes dietéticas desses compostos. Efeitos protetores, como o de quimioprevenção e redução do risco de desenvolvimento de doenças cardiovasculares e de doenças relacionadas com desordens neurológicas, são algumas das ações biológicas atribuídas ao consumo regular desses compostos pela dieta. A atividade antioxidante e a interação com sistemas enzimáticos e vias de sinalização são os principais mecanismos exercidos por esses compostos. Entretanto, são necessárias mais pesquisas para o desenvolvimento de modelos apropriados ou de sistemas para a avaliação da ingestão e do metabolismo dos compostos fenólicos, bem como para a comprovação das alegações dos benefícios à saúde. As antocianinas, uma das classes dos flavonoides, são abordadas no Capítulo 7 – Pigmentos Naturais.

? QUESTÕES PARA ESTUDO

8.1. Os flavonoides são encontrados nos vegetais principalmente em sua forma glicosilada, ou seja, ligada a carboidratos simples. Explicar qual a importância dessa glicosilação na planta e em nosso organismo.

8.2. Os compostos fenólicos são denominados, do ponto de vista nutricional, compostos bioativos. Definir o termo composto bioativo e explique se outros compostos, além dos compostos fenólicos, também podem ser assim denominados. Citar exemplos.

8.3. Os compostos fenólicos apresentam elevada capacidade antioxidante, ou seja, apresenta alto poder redutor. Descrever qual a(s) característica(s) estrutural dos ácidos fenólicos, flavonoides e estilbenos que conferem essa propriedade.

8.4. Os flavonoides são classificados em sete subclasses de acordo com sua estrutura. Qual a diferença estrutural básica que os diferenciam nas diferentes subclasses?

8.5. Como mencionado no texto, diversos efeitos biológicos são atribuídos aos compostos fenólicos, entretanto, ainda é difícil estabelecer uma recomendação nutricional. Quais são as maiores barreiras que dificultam essa recomendação?

8.6. Com relação à estrutura química, porque as isoflavonas são consideradas fitoestrógenos? Quais são as melhores fontes desses compostos?

8.7. Discutir o papel da microbiota intestinal na biodisponibilidade dos compostos fenólicos.

8.8. Considerando os efeitos benéficos à saúde da ingestão dos compostos fenólicos, poderia o uso crônico levar a uma adaptação metabólica?

8.9. Qual a principal característica química dos compostos fenólicos que influencia a sua retenção em alimentos processados? Qual o processo térmico que você recomenda empregar para que as perdas desses compostos sejam mínimas?

8.10. A distribuição de fenólicos nas diferentes partes do alimento é homogênea? Explicar.

Referências bibliográficas

1. Crozier A, Jaganath IB, Clifford MN. Dietary phenolics: chemistry, bioavailability and effects on health. Natural Product Reports 2009; 26:1001-43.

2. Pinto MS, Lajolo FM, Genovese MI. Bioactive compounds and quantification of total ellagic acid in strawberries (*Fragaria* x ananassa Duch.). Food Chemistry 2008; 107:1629-35.

3. Abe LT. Ácido elágico em alimentos regionais brasileiros. Dissertação de mestrado, FCF-USP. 2007; 90p.

4. Tomás-Barberán FA, Clifford MN. Flavanones, chalcones, and dihydrochalcones: nature, occurrence and dietary burden. Journal of the Science of Food and Agriculture 2000; 80:1073-80.

5. Abe LT, da Mota RV, Lajolo FM, Genovese MI. Compostos fenólicos e capacidade antioxidante de cultivares de uvas *Vitis labrusca* L. e *Vitis vinifera* L. Ciência e Tecnologia de. Alimentos 2007; 27:394-400.

6. Arabbi PR, Genovese MI, Lajolo FM. Flavonoids in vegetable foods commonly consumed in Brazil and estimated ingestion by the Brazilian population. Journal of Agricultural and Food Chemistry 2004; 52:1124-31.

7. Hassimotto NMA. Atividade antioxidante de alimentos vegetais. Estrutura e estudo de biodisponibilidade de antocianinas de amora silvestre (*Morus* sp). Tese de doutorado. 2005; 158p.

8. Hoffmann-Ribani R, Huber LS, Rodriguez-Amaya DB. Flavonols in fresh and processed Brazilian fruits. Journal of Food Composition and Analysis 2009; 22:263-8.

9. Pupin AM, Dennis MJ, Toledo MCF. Flavanones glycosides in Brazilian orange juice. Food Chemistry 1998; 61:275-80.

10. Faria AF, Marques MC, Mercadante AZ. Identification of bioactive compounds from jambolão (*Syzygium cumini*) and antioxidant capacity evaluation in different pH conditions. Food Chemistry 2011; 126: 1571-8.

11. Tripoli E, La Guardia M, Santo G, Di Majo D, Giammanco M. Citrus flavonoids: molecular structure, biological activity and nutritional properties: A review. Food Chemistry 2007; 104:466-79.

12. Lamuela-Raventós M, Romero-Pérez AI, Andrés-Lacueva C, Tornero A. Review: Health effects of cocoa flavonoids. Food Science and Technology International 2005; 11:159-76.

13. Ramiro-Puig E, Castell M. Cocoa: antioxidant and immunomodulator. British Journal of Nutrition 2009; 101:931-40.

14. Wang Y, Ho C-T. Polyphenolic Chemistry of tea and coffee: A century of progress. Journal of Agricultural and Food Chemistry 2009; 57:8109-14.

15. Matsubara S, Rodriguez-Amaya DB. Teores de catequinas e teaflavinas em chás comercializados no Brasil. Ciência e Tecnologia de Alimentos 2006; 26:401-7.

16. Matsubara S, Rodriguez-Amaya DB. Conteúdo de miricetina, quercetina e kaempferol em chás comercializados no Brasil. Ciência e Tecnologia de Alimentos 2006; 26:380-5.

17. Serrano J, Puupponen-Pimiä R, Dauer A, Aura A-M, Saura-Calixto F. Tannins: Current knowledge of food sources, intake, bioavailability and biological effects. Molecular Nutrition and Food Research 2009; 53:S310-29.

18. Aguiar CL, Baptista AS, Alencar SM, Haddad R, Eberlin MN. Analysis of isoflavonoids from leguminous plant extracts by RPHPLC/DAD and electrospray ionization mass spectrometry. International Journal of Science and Nutrition 2007; 58:116-24.

19. Genovese MI, Lajolo FM. Isoflavones in soy-based foods consumed in Brazil: levels, distribution, and estimated intake. Journal of Agricultural and Food Chemistry 2002; 50:5987-93.

20. Ranilla LG. Grãos latino-americanos tradicionais: compostos polifenólicos, capacidade antioxidante e potencial anti-hiperglicêmico e anti-hipertensivo in vitro. Tese de doutorado, FCF/USP, 2008; 276p.

21. Genovese MI, Hassimotto NMA, Lajolo FM. Isoflavone profile and antioxidant activity of Brazilian soybean varieties. Food Science and Technology International 2005; 11:205-11.

22. Genovese MI, Barbosa ACL, Pinto MS, Lajolo FM. Commercial soy protein ingredients as isoflavone sources for functional foods. Plant Foods for Human Nutrition 2007; 62:53-8.

23. Pinto MS, Lajolo FM, Genovese MI. Effect of storage temperature and water activity on the content and profile of isoflavones, antioxidant activity, and in vitro protein digestibility of soy protein isolates and defatted soy flours. Journal of Agricultural and Food Chemistry 2005; 53:6340-6.

24. Ribeiro MLL, Mandarino JMG, Carrão-Panizzi MC, de Oliveira MCN, Campo CBH, Nepomuceno AL, et al. Isoflavone content and β-glucosidase activity in soybean cultivars of different maturity groups. Journal of Food Composition and Analysis 2007; 20:19-24.

25. Vitrac X, Bornet AL, Vanderlinde R, Valls J, Richard T, Delaunay J-C, et al. Determination of stilbenes (viniferin, *trans*-astringin, *trans*-piceid, *cis*- and *trans*-resveratrol, ε-viniferin) in Brazilian wines. Journal of Agricultural and Food Chemistry 2005; 53:5664-9.

26. Sautter CK, Denardin S, Alves AO, Mallmann CA, Penna NG, Hecktheuer LH. Determinação de resveratrol em sucos de uva no Brasil. Ciência e Tecnologia de Alimentos 2005; 25:437-42.

27. Souto AHA, Carneiro MC, Seferin M, Senna MJH, Conz A, Gobbi K. Determination of *trans*-resveratrol concentrations in Brazilian red wines by HPLC. Journal of Food Composition and Analysis 2001; 14:441-5.

28. Hatcher H, Planalp R, Cho J, Torti FM, Tort SV. Curcumin: From ancient medicine to current clinical trials. Cellular and Molecular Life Sciences 2008; 65:1631-52.

29. Péret-Almeida L, Naghetini CC, Nunan EA, Junqueira RG, Glória MBA. Atividade antimicrobiana *in vitro* do rizoma em pó, dos pigmentos curcuminóides e dos óleos essenciais da *Curcuma longa* L. Ciência e Agrotecnologia 2008; 32:875-81.

Compostos Fenótipos **309**

30. Silva Filho CRM, Souza AG, Conceição MM, Silva TG, Silva TMS, Ribeiro APL. Avaliação da bioatividade dos extratos de cúrcuma (*Curcuma longa* L., Zingiberaceae) em *Artemia salina* e *Biomphalaria glabrata*. Brazilian Journal of Pharmacognosy 2009; 19:919-23.

31. Mizuno M, Tsuchida H, Kozukue N, Mizuno S. Rapid quantitative analysis and distribution of free quercetin in vegetables and fruits. Nippon Shokuhin Kogyo Gakkaishi 1992; 39:88-92.

32. Price KR, Casuscelli F, Colquhoun IJ, Rhodes MJC. Composition and content of flavonol glycosides in broccoli florets and their fate during cooking. Journal of the Science of Food and Agriculture 1998; 77:468-72.

33. Crozier A, Lean MEJ, McDonald MS, Black C. Quantitative analysis of the flavonoid content of commercial tomatoes, onions, lettuce and celery. Journal of Agricultural and Food Chemistry 1997; 45:590-5.

34. Zhang D, Hamauzu Y. Phenolics, ascorbic acid, carotenoids and antioxidant activity of broccoli and their changes during conventional and microwave cooking. Food Chemistry 2004; 88:503-9.

35. Ranilla LG, Genovese MI, Lajolo FM. Effect of different cooking conditions on phenolic compounds and antioxidant capacity of some selected Brazilian bean (*Phaseolus vulgaris* L.) cultivars. Journal of Agricultural and Food Chemistry 2009; 57:5734-42.

36. Häkkinen SH, Kärenlampi SO, Mykkänen HM, Törrönen AR. Influence of domestic processing and storage on flavonol contents in berries. Journal of Agricultural and Food Chemistry 2000; 48:2960-5.

37. Bugianesi R, Salucci M, Leonardi C, Ferracane R, Catasta G, Azzini E, et al. Effect of domestic cooking on human bioavailability of naringenin, chlorogenic acid, lycopene and beta-carotene in cherry tomatoes. European Journal of Nutrition 2004; 43:360-6.

38. Gliszczyska-wigo A, Ciska E, Pawlak-Lemaska K, Chmielewski J, Borkowski T, Tyrakowska B. Changes in the content of health-promoting compounds and antioxidant activity of broccoli after domestic processing. Food Additives and Contaminants 2006; 23:1088-98.

39. Mathias K, Ismail A, Corvalan CM, Hayes KD. Heat and pH effects on the conjugated forms of genistin and daidzin isoflavones. Journal of Agricultural and Food Chemistry 2006; 54:7495-502.

40. Liggins J, Bluck LJC, Runswic S, Atkinso C, Coward WA, Bingham SA. Daidzein and genistein content of vegetables. British Journal of Nutrition 2000; 84:717-25.

41. Lee NY, Jo C, Sohn SH, Kim JK, Byun MW. Effects of gamma irradiation on the biological activity of green tea byproduct extracts and a comparison with green tea leaf extracts. Journal of Food Science 2006; 71:C269-C74.

42. Song H-P, Kim D-H, Jo C, Lee C-H, Kim K-S, Byun M-W. Effect of gamma irradiation on the microbiological quality and antioxidant activity of fresh vegetable juice. Food Microbiology 2006; 23:372-8.

43. Häkkinen S, Törrönen AR. Content of flavonols and selected phenolic acids in strawberries and *Vaccinium* species: influence of cultivar, cultivation site and technique. Food Research International 2000; 33:517-24.

44. Van der Sluis A, Dekker M, Jager A, Jongen WMF. Activity and concentration of polyphenolic antioxidants in apple: effect of cultivar, harvest year, and storage conditions. Journal of Agricultural and Food Chemistry 2001; 49:3606-13.

45. Lee SU, Lee JH, Choi SH, Lee JS, Kameyama MO, Kozukue NK, et al. Flavonoid content in fresh, home-processed, and light-exposed onions and in dehydrated commercial onion products. Journal of Agricultural and Food Chemistry 2008; 56:8541-8.

46. DuPont MS, Mondin Z, Williamson G, Price KP. Effect of variety, processing, and storage on the flavonoid glycoside content and composition of lettuce and endive. Journal of Agricultural and Food Chemistry 2000; 48:3957-64.

47. Chen D, Dou QP. Tea polyphenols and their roles in cancer prevention and chemotherapy. International Journal of Molecular Sciences 2008; 9:1196-206.

48. Patil BS, Jayaprakasha GK, Murthy KNC, Vikram A. Bioactive compounds: historical perspectives, opportunities, and challenges. Journal of Agricultural and Food Chemistry 2009; 57:8142-60.

49. Rossi L, Mazzitelli S, Arciello M, Capo CR, Rotilio G. Benefits from dietary polyphenols for brain aging and alzheimer's disease. Neurochemical Research 2008; 33:2390-400.

50. Fresco P, Borges F, Diniz C, Marques MPM. New insights on the anticancer properties of dietary polyphenols. Medicinal Research Reviews 2006; 26:747-66.

51. Pan M-H, Lai C-S, Dushenkov S, Ho C-T. Modulation of inflammatory genes by natural dietary bioactive compounds. Journal of Agricultural and Food Chemistry 2009; 57:4467-77.

52. Pietta PG. Flavonoids as antioxidants. Journal of Natural Products 2000; 63:1035-42.

53. Williamson G, Manach C. Bioavailability and bioefficacy of polyphenols in humans. II. Review of 93 intervention studies. The American Journal of Clinical Nutrition 2005; 81:243S-55S.

54. Fernandez-Panchon MS, Villano D, Troncoso AM, Garcia-Parrilla MC. Antioxidant activity of phenolic compounds: from *in vitro* results to *in vivo* evidence. Critical Reviews and Food Science and Nutrition 2008; 48:649-71.

55. Hassimotto NMA, Pinto MS, Lajolo FM. Antioxidant status in humans after consumption of blackberry (*Rubus fruticosus* L.) juices with and without defatted milk. Journal of Agricultural and Food Chemistry 2008; 56:11727-33.

56. Klaunig J, Xu Y, Han C, Kamendulis L, Chen J, Heiser C, et al. The effect of tea consumption on oxidative stress in smokers and nonsmokers. Proceedings of the Society for Experimental Biology and Medicine 1999; 220:249-54.

57. Coimbra S, Castro E, Rocha-Pereira P, Rebelo I, Rocha S, Santos-Silva A. The effect of green tea in oxidative stress. Clinical Nutrition 2006; 25:790-6.

58. Siasos G, Tsigkou V, Tousoulis D, Kokkou E, Oikonomou E, Vavuranakis M, Basdra EK, Papavassiliou AG, Stefanadis C. Flavonoids in atherosclerosis: An overview of their mechanisms of action. Current Medicinal Chemistry 2013; 20:2641-60.

59. Huang WY, Davidge ST, Wu J. Bioactive natural constituents from food sources-potential use in hypertension prevention and treatment. Critical Reviews and Food Science and Nutrition 2013; 53:615-30.

60. Aggarwal S, Takada Y, Singh S, Myers JN, Aggarwal BB. Inhibition of growth and survival of human head and neck squamous cell carcinoma cells by curcumin via modulation of Nuclear Factor-kappaB signaling. International Journal of Cancer 2004; 111:679-92.

61. Hassimotto NM, Moreira V, do Nascimento NG, Souto PC, Teixeira C, Lajolo FM. Inhibition of carrageenan-induced acute inflammation in mice by oral administration of anthocyanin mixture from wild mulberry and cyanidin-3-glucoside. BioMed Research International 2013; 2013:146716.

62. Dixon RA, Ferreira D. Molecules of interest: genistein. Phytochemistry 2002; 60:205-11.

Sugestões de leitura

Kay CD. The future of flavonoids research. British Journal of Nutrition 2010; 104:S91-5.

Crozier A, Del Rio D, Clifford MN. Bioavailability of dietary flavonoids and phenolic compounds. Molecular Aspects of Medicine 2010; 31:446-467.

Fardet A. New hypotheses for the health-protective mechanisms of whole-grain cerelas: what is beyond fibre? Nutrition Research Review 2010; 23:65-134.

De la Iglesias R, Milagro FI, Campión J, Boqué N, Martínez JA. Healthy properties of proanthocyanidins. Biofactors 2010; 36:159-68.

Del Rio D, Borges G, Crozier A. Berry flavonoids and phenolics: bioavailability and evidence of protective effects. British Journal of Nutrition 2010; 3:S67-90.

Visioli F, De La Lastra CA, Andres-Lacueva C, Aviram M, Calhau C, Cassano A et al. Polyphenols and human health: a prospectus. Crit Rev Food Sci Nutr 2011; 51:524-46.

Tomás-Barberan FA, Andrés-Lacuerva C. Polyphenols and Health: Current State and Progress J. Agric Food Chem 2012; 60:8773-8775.

Giovannini C, Masella R. Role of polyphenols in cell death control. Nutr Neurosci 2012; 15:134-49.

Assini JM, Mulvihill EE, Huff MW. Citrus flavonoids and lipid metabolism. Curr Opin Lipidol 2013; 24:34-40.

capítulo **9**

Sabor

• Adriana Zerlotti Mercadante

Objetivos

O objetivo deste capítulo é apresentar o conceito de sabor, mecanismos e exemplos de compostos responsáveis pelos gostos básicos e respostas quinestéticas, além da formação de aromas tanto desejáveis como indesejáveis. Essas informações são úteis para o entendimento de como preservar estes atributos de qualidade em operações bem-sucedidas de manipulação de alimentos *in natura*, conservação, processamento e formulação de novos produtos alimentícios.

Introdução

A percepção do sabor resulta do estímulo simultâneo dos sentidos do gosto (gustação), do olfato (olfatação) e do nervo trigêmeo (quinestese). Portanto, o uso da palavra sabor é inadequado para expressar gosto, pois sabor é a soma de diferentes sensações, quais sejam:[1,2]

a) gostos básicos: doce, salgado, amargo, ácido e umami, todos produzidos pelo estímulo dos receptores de gosto pelas moléculas solúveis não voláteis liberadas na boca durante a mastigação;

b) milhares de diferentes sensações de aroma, como floral, frutado, assado, podre etc., causadas por compostos voláteis minoritários que são liberados da matriz alimentícia durante a mastigação; e

c) as percepções de adstringência, pungência, frescor, temperatura etc., que resultam do estímulo do nervo trigêmeo presente na boca e nariz humano. A percepção sensorial conhecida como resposta trigeminal é atualmente denominada quinestese, pois está associada tanto ao nervo trigêmeo (cavidade oral anterior, língua, cavidade nasal, face, e partes do couro cabeludo) como ao nervo glossofaríngeo (língua posterior e faringe oral) e ao vago (faringe nasal e oral).

Portanto, sabor é a resposta integrada de gosto, aroma e percepções quinestéticas, como mostra a Figura 9.1. Quando um alimento é escolhido, a cor, a forma, o tamanho e a textura são avaliados de modo consciente ou inconsciente. Essas informações são processadas no cérebro, ativando a memória de longo termo, identificando o alimento e a afeição/experiência passada com o intuito de enviar um comando para comer ou rejeitar aquele alimento específico. Quando o alimento é mordido, imediatamente as glândulas salivares produzem enzimas para a digestão e água para a solubilização e detecção dos

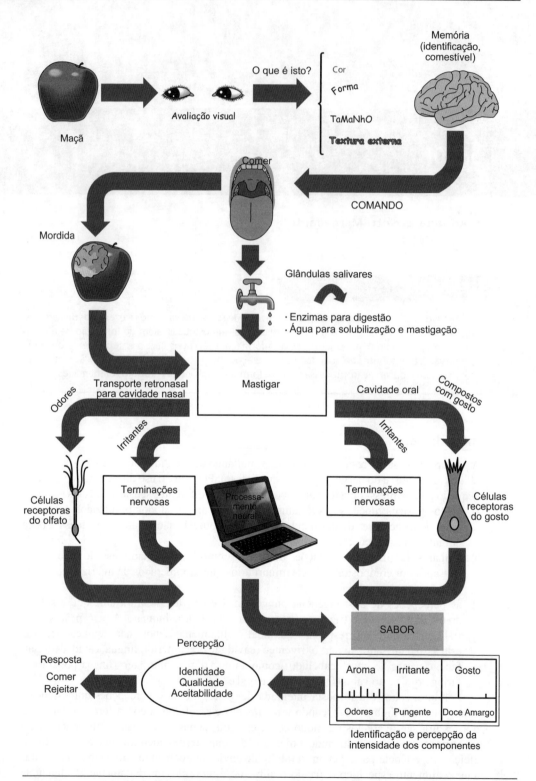

Figura 9.1 Visão geral da resposta integrada de gosto, aroma e percepções quinestéticas.

compostos de gosto/aroma e para auxiliar a mastigação. Quando as células dos alimentos são rompidas ocorre liberação simultânea de compostos de aroma e de gosto. Os compostos voláteis responsáveis pelo aroma são transportados via retronasal para a cavidade nasal onde são detectados pelas células neurais olfatórias de aroma. Ao mesmo tempo, compostos de gosto não voláteis ligam-se aos receptores de gosto, conhecidos como células do gosto que estão localizadas nos botões gustativos. Outros compostos, como os responsáveis pela pungência, são percebidos por nervos quimicamente sensíveis. Todas essas interações produzem impulsos elétricos que são transmitidos por uma cadeia de neurônios, que formam o sistema nervoso, até o cérebro. Este, por sua vez, interpreta esse conjunto de dados, resultando na identidade e intensidade percebida de diversos compostos de odor, gosto e percepção quinestética. A percepção desse conjunto complexo de informações, denominado perfil de sabor, torna possível identificar o alimento bem como a sua qualidade e aceitabilidade, emitindo uma resposta para continuar ou parar de comê-lo.

No início do século XX, ainda era muito difundido o "mapa da língua", apregoando que cada gosto é melhor detectado em uma região específica da língua humana (Figura 9.2). Nos dias de hoje, sabe-se que todos os gostos básicos podem ser sentidos em todas as regiões da língua, pois os botões gustativos estão localizados por toda a cavidade oral, na língua, palato, faringe e laringe.[3] Porém, a maioria dos botões gustativos está localizada nas papilas da língua, agrupados em número de 20 a 250, dependendo da papila. A papila mais abundante, a filiforme, não tem botões gustativos, mas está envolvida na sensação ao tato, enquanto as outras três, que contêm os botões gustativos, são as papilas fungiformes, foliadas e circunvaladas. A estrutura do botão gustativo lembra a de uma cebola, e cada botão gustativo contém de 50 a 150 células de gosto que são os receptores sensíveis aos cinco gostos básicos.

Com a sequenciação do genoma humano completo e a descoberta recente dos genes envolvidos em alguns gostos, estudos sobre a arquitetura molecular de receptores de gosto, o impacto da variabilidade genética nas diferenças de percepção na população e seu impacto sobre o comportamento alimentar humano vêm sendo realizados por pesquisadores das mais diferentes áreas. Além disso, com o conhecimento dos detalhes sobre a comunicação entre os botões gustativos e os receptores de gosto com o sistema nervoso, bem como a codificação e processamento da informação gustativa, pode-se explicar algumas preferências alimentares individuais. Já se sabe que os indivíduos diferem em sua capacidade de perceber vários aromas e estudos estão revelando que algumas dessas diferenças são de origem genética. Entretanto, ainda há uma grande lacuna em nossa compreensão de como os mecanismos gustativos estão ligados ao humor, apetite, obesidade e saciedade. Juntos, esses conhecimentos irão indicar o impacto do gosto e do aroma sobre a nutrição e a saúde.

Figura 9.2 Mapa da língua. Adaptado de Smith & Margolskee.[3]

Gosto

A história mostra que é possível traçar um paralelo entre os avanços nas teorias sobre gosto e as teorias químicas.[4] A teoria sobre a formação das formas iônicas proposta por Faraday e Arrhenius levou à primeira tentativa de relacionar a estrutura química à percepção do gosto por Cohn em 1914, em um livro intitulado *Die Organischen Geschmacksstoffe* (O gosto de compostos orgânicos). Cohn associou os gostos ácidos e salgados a substâncias que ionizam em solução, os gostos doces e amargos a compostos que não ionizam; também propôs que para que uma substância apresentasse gosto doce era necessária a presença de pares de grupos químicos funcionais, que foram denominados glucógenos.

Com base na teoria de cor, cinco anos mais tarde, Oertly e Myers propuseram a presença de grupos químicos que fossem complementares, denominados glucógeno e glucóforo. Em 1920, Kodama reconheceu que era necessária a presença de um "próton vibratório" para que a substância fosse doce e, desse modo, o glucógeno funcionaria como doador de prótons e o glucóforo como receptor de prótons. Porém, naquela época Kodama não tinha ciência da teoria das ligações de hidrogênio que se tornou conhecida somente na metade do século passado. A teoria de ressonância estava sendo desenvolvida por Linus Pauling e, em 1954, Tsuzuki observou que compostos com maior doçura apresentavam maior energia de ressonância. Paralelamente, em 1960, Ferguson e Childers utilizaram essa teoria para explicar a potência de doçura e amargor de algumas substâncias em uma série de publicações.

Em humanos, a ordem da sensibilidade para gosto decresce do amargo para o ácido, seguido do salgado e a menor sensibilidade é em relação ao gosto doce de açúcares. A Tabela 9.1 apresen-

Tabela 9.1 Valores de *threshold* de vários compostos que apresentam gosto.

Qualidade do gosto principal	Composto	*Threshold* (mol/L)	Referência
doce	sacarose	$3,4 - 6,8 \times 10^{-3}$	5, 6, 7
	frutose	$5,1 \times 10^{-3}$	7
	sacarina de sódio	$8,6 - 10,1 \times 10^{-6}$	7
	aspartame	$1,8 - 2,1 \times 10^{-5}$	7
	sorbitol	$2,2 - 3,7 \times 10^{-2}$	7
ácido	ácido acético	$1,1 \times 10^{-4}$	7
	ácido cítrico	$0,3 - 2,0 \times 10^{-4}$	5, 6, 7
	ácido málico	$7,2 \times 10^{-5}$	7
	ácido tartárico	$4,8 \times 10^{-5}$	7
	ácido clorídrico	$1,6 \times 10^{-4}$	7
salgado	NaCl	$1,0 - 2,9 \times 10^{-3}$	5, 6, 7
	KCl	$6,3 \times 10^{-3}$	7
	$CaCl_2$	$8,0 \times 10^{-6}$	8
	$MgCl_2$	$3,0 \times 10^{-4}$	7
	NH_4Cl	$8,4 - 9,6 \times 10^{-4}$	7
	$CaPO_4$	2×10^{-5}	8
amargo	cafeína	$1,3 - 12,0 \times 10^{-4}$	5, 6, 7
	quinino.HCl	$1,4 \times 10^{-6}$	7
umami	monoglutamato de sódio	$5,0 - 11,0 \times 10^{-4}$	5

ta os valores de *threshold*, definido como limiar de percepção ou detecção, de várias substâncias que apresentam gosto.

Gosto doce

Considerando a teoria das ligações de hidrogênio e os conhecimentos já divulgados sobre as características dos compostos que apresentam gosto doce, em 1967, Shallenberger e Acree descreveram a teoria molecular do gosto doce que considera necessária a presença de pelo menos um grupo doador (AH) e outro receptor (B) de hidrogênio.[9] Nesta teoria, conhecida como teoria AH-B, estes grupos localizados a uma distância entre 0,25 e 0,4 nm interagem por meio de ligações de hidrogênio com os seus pares complementares do receptor, criando dois pontos de interação (Figura 9.3A). Dois anos mais tarde, Shallenberger e colaboradores[10] refinaram esse modelo adicionando uma "barreira estérica" que explica a observação de que muitos D-aminoácidos são doces, enquanto os L-aminoácidos correspondentes não apresentam essa característica. Em 1972, Kier[11] associou todas essas descobertas sobre relação entre estrutura química e gosto, reconhecendo outro grupo glucóforo como lipofílico (X), localizado estereoquimicamente, de modo a formar um triângulo esqualeno, que interage com o receptor de gosto por meio de interações de Van der Waals, criando três pontos de interação (Figura 9.3B). Essa teoria ficou conhecida como teoria AH-B-X. Como o grupo X pode ter um efeito como sítio de dispersão, ou como grupo apolar ou lipofílico ou rico em elétrons, em 1977 Shallenberger e Lindley[12] denominaram este grupo γ, criando a teoria conhecida como AH-B-γ.

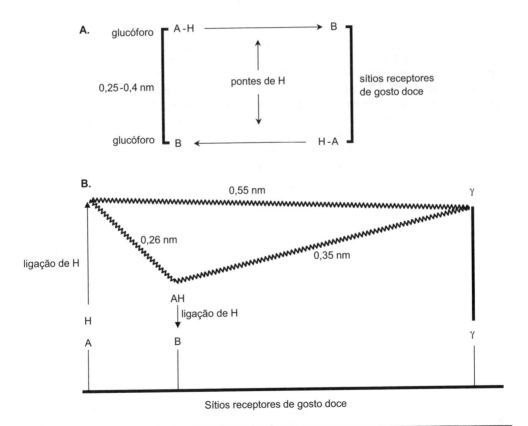

Figura 9.3 Pontos de interação entre glucóforo e receptor gosto doce, segundo a teoria AH-B (A) e AH-B-X ou AH-B-γ (B).

Tabela 9.2 Gosto das formas isoméricas L- e D- de aminoácidos.

Aminoácido	Gosto do isômero D	Threshold (M)	Gosto do isômero L	Threshold (M)
alanina	doce	$1,12 \times 10^{-2}$	doce, *after taste* amargo	$1,62 \times 10^{-2}$
asparagina	doce	$9,77 \times 10^{-3}$	insípido a fracamente amargo	$1,62 \times 10^{-3}$
fenilalanina	doce, *after taste* amargo	$1,55 \times 10^{-3}$	amargo	$6,61 \times 10^{-3}$
isoleucina	insípido, fracamente amargo	$1,25 \times 10^{-3}$	insípido a fracamente amargo	$7,41 \times 10^{-3}$
leucina	moderadamente doce	$5,01 \times 10^{-3}$	insípido a fracamente amargo	$6,45 \times 10^{-3}$
metionina	alcalino, velho, amargo, azedo, levemente doce	$5,01 \times 10^{-3}$	insípido para amargo, levemente sulfuroso e doce	$3,72 \times 10^{-2}$
triptofano	doce	$0,48 \times 10^{-3}$	insípido a fracamente amargo	$2,29 \times 10^{-3}$
valina	moderadamente doce	$2,95 \times 10^{-3}$	amargo, fracamente doce	$4,16 \times 10^{-3}$

Fonte: Schiffman et al.[13]

As teorias com três pontos de interação também podem explicar o gosto doce dos aminoácidos da série D quando a cadeia lateral não é uma barreira estérica que impede a interação com os receptores de gosto (Tabela 9.2). Porém, há aminoácidos cujas formas isoméricas são praticamente insípidas, como isoleucina e lisina, enquanto as duas formas enantioméricas dos aminoácidos sulfurados têm gosto desagradável.[13]

Partindo da teoria AH-B-γ, em 1996 Nofre e colaboradores[14] propuseram um modelo muito mais complexo, conhecido como teoria de interação multiponto (*multipoint attachment theory*), composto por oito sítios fundamentais de interação (B, AH, XH, G1, G2, G3, G4 e D). Como cada sítio se desdobra em dois pontos de interação com o receptor, com exceção do sítio D, esse modelo apresenta um máximo de 15 pontos de interação (Figura 9.4). Os sítios interagem com o receptor por meio de ligações de H, iônica, apolar e/ou estérica, pois o sítio B pode ser um grupo

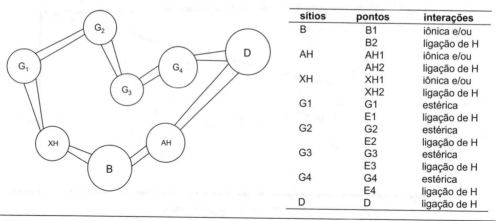

Figura 9.4 Arranjo espacial dos sítios de interação de compostos com gosto doce, pontos de interação e respectivas interações químicas, segundo a teoria de interação multiponto. Adaptado de Nofre & Tinti.[14]

aniônico ou receptor de H, os sítios AH e XH são doadores de H, enquanto G1, G2, G3 e G4 são sítios com propriedades estéricas, enquanto o sítio D (grupo ciano) é receptor de H. Esse modelo considera também que a presença de sítios com alta afinidade, capazes de formar ligações de H (CO_2^-, CN, amônia ou guanidínio), ou de grupos rígidos (geralmente cíclico), é muito importante para aumentar a intensidade do gosto doce. O grupo de Nofre sintetizou e obteve patentes de diversos compostos com gosto doce, sendo lugduname (Figura 9.5) um dos mais potentes edulcorantes conhecidos.

A Figura 9.5 mostra a localização dos glucóforos em diversos compostos que apresentam gosto doce, considerando as teorias apresentadas anteriormente.

Em resumo, todas as teorias sobre a relação entre estrutura química e gosto doce têm como pontos em comum: (a) sítios de interação AH-B e (b) a intensidade de doçura fortemente correlacionada com a modulação dos efeitos hidrofílicos, hidrofóbicos, eletrostáticos e indutivos na

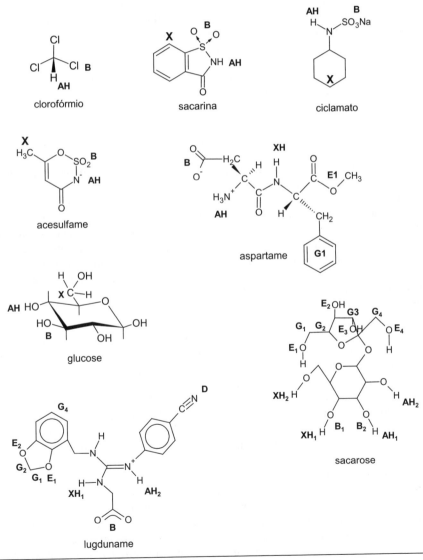

Figura 9.5 Localização dos glucóforos em diversos compostos com gosto doce.

substância e suas consequentes interações com as células de gosto. O gosto doce e umami são percebidos por nucleotídeos da família T1R conectados às proteínas-G dos receptores de gosto.[15] Outra característica interessante é que os mais de 10.000 compostos doces conhecidos pertencem às mais diversas classes químicas, porém são capazes de se ligar ao mesmo tipo de receptor.

Gosto amargo

A maioria dos consumidores apreciam o gosto doce, mas não o amargo, embora nem todos os gostos descritos como amargo sejam desagradáveis. Em alguns alimentos, certo grau de amargor é esperado e desejado, sobretudo quando não é a sensação dominante, como em chá, café, chocolate, sucos de frutas e outras bebidas. Assim como as substâncias que proporcionam gosto doce, os principais compostos presentes em alimentos que apresentam gosto amargo também apresentam estruturas químicas bem diferentes, como aminoácidos, peptídeos, ésteres, lactonas, polifenóis, flavonoides, metil xantinas e alguns sais. Porém, devido a essa diversidade de compostos com diferentes características estruturais, não há uma clara definição sobre as propriedades da molécula responsáveis pelo gosto amargo.[16] Acredita-se que é necessária a presença de um grupo polar, que pode ser eletrofílico ou hidrofílico, e outro hidrofóbico para que compostos apresentem gosto amargo.[17] Os estímulos amargos são detectados por nucleotídeos da família T2R conectados às proteínas-G dos receptores de gosto.[18]

Além disso, a percepção do gosto amargo varia muito entre indivíduos, indicando uma variação genética em humanos na percepção de algumas moléculas específicas devido a formas alternativas dos genes (alelos) dos receptores de gosto.[16] Um dos exemplos mais conhecidos é a sacarina que, dependendo do provador, é descrita tanto como somente doce ou como doce com leve amargo, ou ainda como doce com um amargo forte. A presença de alelos do gene receptor TAS2R38 é responsável pela diferença entre indivíduos na percepção do gosto da feniltiocarbamida, conhecida como PTC, pois 60% dos americanos sentem gosto amargo ao provarem esta substância, enquanto 40% não o percebem.

A geometria da molécula, com possibilidade de orientação na interação com o receptor, parece ser importante, como no caso dos aminoácidos da série L que apresentam gosto amargo (Tabela 9.2). Na maioria das vezes, aminoácidos com cadeia lateral ramificada são mais amargos que os aminoácidos com o mesmo número de carbonos, porém com cadeia linear. Cadeia lateral aromática também aumenta a intensidade do gosto amargo, por exemplo L-fenilalanina e L-triptofano estão dentre os aminoácidos mais amargos.[17] Em resumo, o gosto amargo de aminoácidos está relacionado com a disposição espacial de um grupo polar amônia (eletrofílico) e outro grupo hidrofóbico (cadeia lateral).

O quinino (Figura 9.6) é geralmente utilizado como padrão para o gosto amargo, com *threshold* de 10 ppm e intensidade relativa de 100. Esse composto é adicionado em refrigerantes porque contribui para o atributo amargo-doce, e estimula a sensação refrescante. A cafeína (Figura 9.6) encontrada em café, chá, chocolate está geralmente presente em baixas concentrações (mmol/L), nas quais não é o composto amargo majoritário. Por exemplo, a cafeína contribui para o amargo de café mais suave; porém, o gosto amargo de café aumenta com o grau de torra e está associado à presença de ácidos fenólicos. Por outro lado, a cafeína tem um perfil temporal amargo diferente do quinino, com percepção mais rápida, porém com um *after taste* muito mais prolongado. Devido a essas qualidades, a cafeína é adicionada a refrigerantes do tipo cola, sendo moderadamente amarga em concentrações entre 150 e 200 ppm.[19] A teobromina presente em cacau tem gosto muito semelhante ao da cafeína.

O lúpulo *(Humulus lupulus* L.) tem importância especial no processamento de cerveja, pois é uma das principais fontes do amargor característico dessa bebida. Os ácidos amargos são formados por homólogos da série de humulones (Figura 9.6) e de lupulones, além dos humulinones e hulupones.[17] Durante a fabricação da cerveja, os humulones e lupulones são convertidos a isohumulones (*cis* e *trans*), que são mais solúveis e mais amargos, e a hulupones e luputriones, menos amargos.

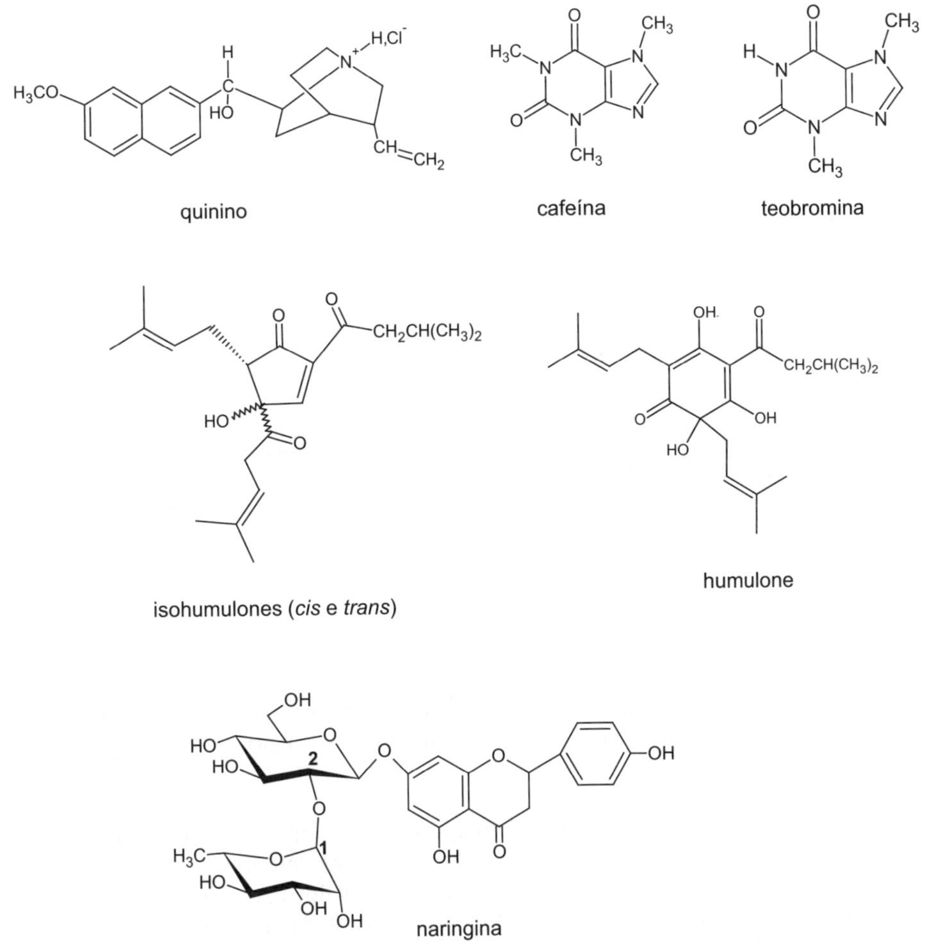

Figura 9.6 Estruturas químicas de diversos compostos com gosto amargo.

Por outro lado, o gosto amargo é um problema na indústria de *citrus*, pois a ruptura física dos tricomas (sacos) das frutas inicia a transformação bioquímica dos precursores insípidos limonoides não glicosilados (p. ex., limonoato anel-A lactona) em limonina não glicosilada que é amarga.[20] A reação de fechamento do anel-A ocorre em pH abaixo de 6,5 e é acelerada pela enzima limonina anel-D lactona hidrolase, tanto durante o processamento como por injúrias no fruto (Figura 9.7). Um teor acima de 6 ppm de limonina já causa um nível de amargor preocupante para a laranja e seus produtos processados. O gosto amargo da limonina está relacionado com a presença do anel fechado D, do epóxido na posição C14-C15, do grupo cetônico no C-7 e do grupo éster acetílico no C-1 em um anel de sete membros.[20] Enzimas, como a limonina glicosil transferase, catalisam a glucosilação dos precursores produzindo compostos insípidos e, portanto, são responsáveis pela retirada natural do gosto amargo de *citrus* (Figura 9.7). A indústria faz uso de adsorventes poliméricos para a remoção da limonina.

Outra classe de compostos amargos encontrados em *citrus* são as flavanonas glicosiladas na posição 7 com os açúcares neohesperidose ou rutinose. Naringina (Figura 9.6), ponciri- na e neohesperidina formadas por neohesperidosídeos são responsáveis pelo gosto amargo de *grapefruit* (*Citrus paradisi* Macfad), pomelo *(C. maxima* Burm. Merr.) e laranja azeda

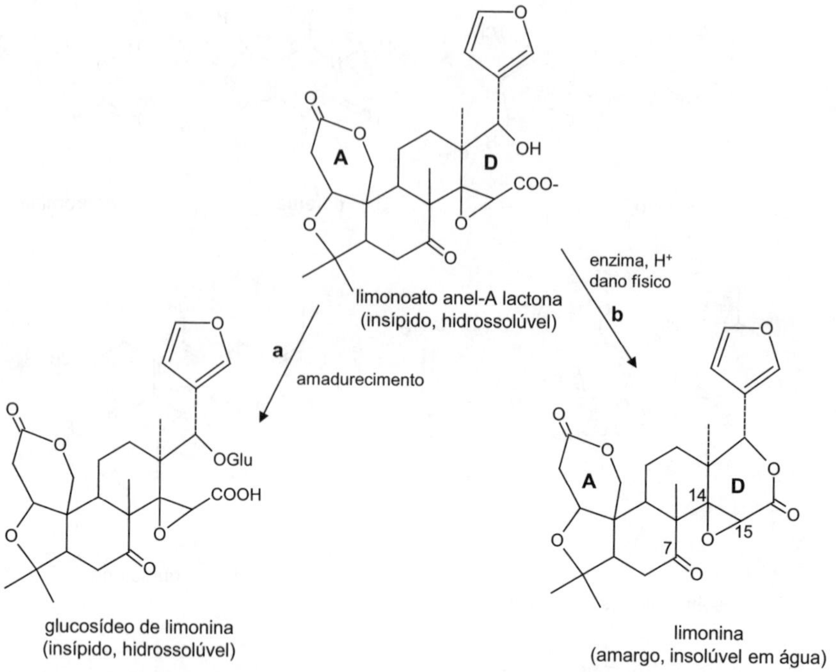

Figura 9.7 Transformações bioquímicas dos limonoides: (a) retirada natural do amargo pela enzima limonina glicosil transferase, e (b) limonina anel-D lactona hidrolase em pH ácido.

(C. aurantium L. ssp. aurantium). O gosto amargo desses compostos está relacionado com a ligação glucosídica 1,2 entre a γ-L-ramnose e D-glucose presente na neohesperidose. Naringina e poncirina têm amargor relativo de 20, enquanto o valor para neohesperidina é 2. Por outro lado, laranja (*C. sinensis* L. Pers.), limão (*C. limon* L. Burm. f.) e tangerina (*C. reticulata* Blanco) contêm as flavanonas glicosiladas com rutinose que não são amargas.[17]

Pequenas mudanças na estrutura química podem converter compostos amargos em intensamente doces, e vice-versa. A flavanona neohesperidina amarga, abundante em espécies de *citrus* não comestíveis, é o substrato para a produção comercial de neohesperidina di-hidrochalcona, que tem doçura cerca de 1.500 vezes maior que a da sacarose.

Gosto ácido

O gosto ácido está restrito somente a uma classe de compostos, os ácidos. Porém, há diferentes descritores para esse gosto (Tabela 9.3), como a acidez de vinagre (ácido acético), do leite azedo (ácido lático), do limão (ácido cítrico), da maçã (ácido málico) e do vinho (ácido tartárico).[21,22]

É evidente que há uma relação entre intensidade do gosto ácido e concentração de íons de hidrogênio, e como todos os ácidos se dissociam em água, parcial ou totalmente, em ânions e prótons (H+), é esperada uma relação direta entre gosto ácido e pH. Soluções de ácidos fortes com a mesma molaridade por litro são sempre mais ácidas e com valores de pH mais baixos que as de ácidos fracos. Porém, ácidos orgânicos, como os ácidos acético e cítrico, apresentam gosto ácido mais intenso que o ácido clorídrico em um mesmo pH, indicando que os ânions tanto protonados como dissociados também têm importante papel na intensidade do gosto ácido.[21,23,24] A acidez titulável (acidez total) é uma medida de íons de hidrogênio ligados ou livres presentes em solução, e estudos mostram que a intensidade do gosto ácido aumenta com o aumento da acidez total em um mesmo pH.[25] Entretanto, soluções de ácidos cítrico, málico, tartárico, láctico

Tabela 9.3 Propriedades de alguns ácidos em solução equimolares.

Ácido[a]	Potência do gosto ácido[b]	Concentração (g/L)	pH	Constante de ionização	Descritor do gosto
clorídrico	+ 1,43	1,85	1,70	-	-
tartárico	0	3,75	2,45	$1,04 \times 10^{-3}$	forte
málico	- 0,43	3,35	2,65	$3,9 \times 10^{-4}$	verde
fosfórico	- 1,14	1,65	2,25	$7,52 \times 10^{-3}$	intenso
acético	- 1,14	3,00	2,95	$1,75 \times 10^{-5}$	vinagre
lático	- 1,14	4,50	2,60	$1,26 \times 10^{-4}$	azedo, acre
cítrico	- 1,28	3,50	2,60	$8,4 \times 10^{-4}$	fresco
propiônico	- 1,85	3,70	2,89	$1,34 \times 10^{-5}$	azedo, queijo

[a]Solução com 0,05 mol/l.
[b]Ácido tartárico foi considerado como referência.
Fonte: Reineccius.[22]

e acético com valores de pH e acidez total equivalentes têm intensidades de gosto ácido significativamente diferentes.[21,26] A hipótese mais recente relaciona diretamente a intensidade do gosto ácido com a concentração molar total de todas as espécies orgânicas ácidas com um ou mais grupos carboxílicos protonados em conjunto com a concentração de todos os íons hidrogênios.[27]

Os ácidos também apresentam adstringência. Mantendo a mesma concentração de ácido, as intensidades tanto do gosto ácido como da adstringência aumentam com a diminuição do pH. Além disso, a acidez aumenta com o acréscimo da concentração do ácido, porém a adstringência não se altera.[28]

A percepção do gosto ácido envolve a interação dos prótons que agem nos receptores do gosto por meio de três vias: pela entrada direta no canal iônico PKD2L1, pelo bloqueio dos canais de íons potássio e pela ligação e abertura do canal, que permite que outros íons positivos entrem na célula.[29]

Gosto salgado

Os sais apresentam gostos complexos, consistindo de uma mistura de percepções de salgado, doce, amargo e ácido. Por exemplo, uma solução 1 mM de $CaCl_2$ é classificada como 35% amarga, 32% ácida, 29% doce e 4% salgada, enquanto em concentrações mais altas o componente doce diminui e o salgado aumenta; a 100 mM a solução de $CaCl_2$ é 44% amarga, 20% ácida, 1% doce e 35% salgada.[8]

Acredita-se que os cátions sejam responsáveis pelo gosto salgado e que os ânions modificam esse gosto. Porém, somente o sódio (Na^+) e o lítio (Li^+) produzem apenas gosto salgado, o potássio (K^+) apresenta gosto salgado e levemente amargo e os metais alcalinos terrosos produzem gosto salgado e amargo (Tabela 9.4). O ânion cloreto (Cl^-) é o que menos inibe o gosto salgado, enquanto os ânions citrato e fosfato diminuem a percepção do gosto salgado do Na^+ e influem

Tabela 9.4 Percepção do gosto de diversos sais.

Sais	Gosto
LiCl, LiBr, LiI, NaNO$_3$, NaCl, NaBr	salgado
KCl, KBr, NH$_4$I, CaCl$_2$	salgado e amargo
CsCl, CsBr, KI, Mg$_2$SO$_4$	amargo

no sabor do alimento, como em requeijão. Um outro exemplo bem conhecido de como os ânions modificam o gosto salgado do cátion é o gosto de sabão de sais sódicos de ácidos graxos de cadeia longa, detergentes e sulfatos de cadeia longa.[30]

A sensação do gosto salgado envolve a passagem de Na^+ por meio de um canal iônico na membrana das células receptoras de gosto. O canal é específico e Li^+, que também passa facilmente pelo canal, apresenta gosto salgado; enquanto outros cátions (p. ex., K^+) que não cabem perfeitamente no canal não são estritamente salgados. Essa especificidade explica a dificuldade em se encontrar um substituto para o $NaCl$[31] e a intensidade do gosto salgado depende da concentração de sódio. O "sal light", disponível no mercado brasileiro, é composto de 50% $NaCl$ e 50% KCl, o que é vantajoso para os hipertensos e para as pessoas que retêm líquidos. No entanto, não é recomendado para pessoas com doença renal.

Gosto umami

A palavra umami vem do idioma japonês e significa delicioso, ou seja, a habilidade de melhorar ou aumentar o sabor de alimentos. Este gosto foi descrito há cerca de 100 anos, e embora tenha sido reconhecido como qualitativamente diferente dos gostos doce, amargo, ácido e salgado, além de não poder ser reproduzido pela mistura de compostos com diferentes gostos, ainda há alguma resistência em reconhecer umami como o quinto gosto básico.[16]

L-glutamato monossódico (MSG) combinado com ribonucleotídeos, como 5'-inosina monofosfato (IMP), Figura 9.8, apresentam sinergismo. Estes são os únicos compostos utilizados comercialmente, e em concentrações acima do *threshold* apresentam gosto umami, enquanto em níveis abaixo do *threshold* são utilizados como realçadores do sabor. O D-glutamato monossódico e os 2'- ou 3'-ribonucleotídeos não apresentam gosto umami.

Além do gosto umami, o glutamato tem ação como estimulador do ato de comer. O glutamato exógeno age nos receptores de gosto, enquanto o glutamato endógeno tem efeito de excitação nos neurônios do cérebro como um gatilho para facilitar a alimentação.[32]

O gosto umami é percebido pela ligação do glutamato aos nucleotídeos da família T1R conectados às proteínas-G dos receptores de gosto, que são compartilhados com receptores do gosto doce.[15,16]

Percepções quinestéticas

As respostas quinestéticas resultam da irritação química e/ou física do sistema nervoso que detecta as sensações de calor, frio e dor. Do ponto de vista de sabor, as respostas quinestéticas são mais pronunciadas nos lábios, língua e região olfatória quando o estimulante é volátil. Em geral, a percepção de adstringência, pungência ou frescor cresce vagarosamente após ingestão e persiste por um tempo maior que as percepções de gosto.

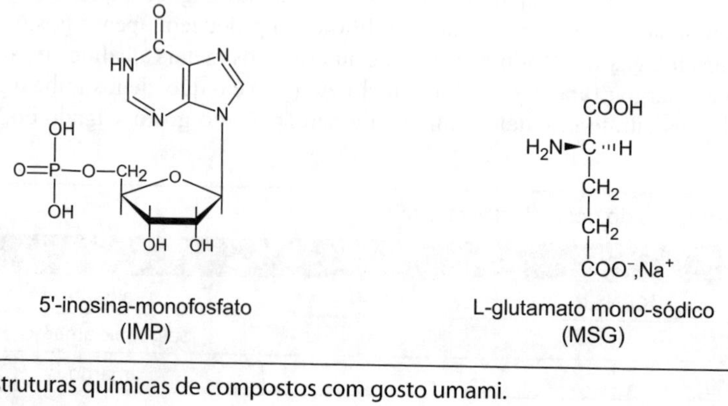

5'-inosina-monofosfato
(IMP)

L-glutamato mono-sódico
(MSG)

Figura 9.8 Estruturas químicas de compostos com gosto umami.

Tabela 9.5 Alimentos e seus compostos responsáveis pela percepção de pungência.

Alimento	Composto ativo	Percepção
pimentas vermelhas (*Capsicum sp*)	capsaicina, di-hidrocapsaicina, homocapsaicina	intensamente pungente, quente, picante
pimenta preta (*Piper nigrum*)	piperina, piperanina, piperilina	pungente, quente, picante
gengibre (*Zingiber officinale*)	zingibereno	aromático, pungente, picante
mostarda (*Brassica hirta*)	isotiocianato alílico, sinigrin, sinalbin	pungente, levemente acre
cebola (*Allium cepa*)	dissulfeto propílico tiofeno	pungente, amargo
alho (*Allium sativum*)	dissulfeto dialílico	pungente, sulfuroso

Fonte: Reineccius.[22]

Um número limitado de componentes de alimentos apresenta pungência (Tabela 9.5), que é a sensação de quente e picante. Os compostos presentes na pimenta vermelha, pimenta do reino e gengibre são pouco voláteis, causando irritação do nervo trigêmeo da região oral, enquanto os compostos relativamente voláteis presentes em mostarda, cebola, alho, cravo-da-Índia e raiz-forte ativam os nervos da região oral e da nasal.

No caso da piperina (Figura 9.9), geralmente utilizada como referência para pungência, essa sensação está relacionada com a isomeria *trans* das ligações duplas, pois a isomerização para a forma *cis*, que ocorre quando há exposição à luz e durante o armazenamento, leva à perda de pungência.

A adstringência é sensorialmente descrita como uma sensação áspera, que "amarra na boca", ou de "boca seca". Essa sensação é causada por taninos ou outros compostos fenólicos que se associam com proteínas ricas em prolina da saliva, formando complexos tanto insolúveis (poli-fenóis de alto peso molecular) como solúveis (compostos com peso molecular < 500 daltons).[33] O hábito europeu de adicionar leite ao chá causa diminuição da adstringência pela ligação dos polifenóis presentes no chá (Capítulo 8) com proteínas do leite, removendo a interação destes compostos com as proteínas da saliva. Outro exemplo de interação é o decréscimo da adstringência do ácido tânico e do vinho tinto na presença de sacarose, possivelmente pela interferência da ligação dos taninos com as proteínas salivares.

Muitos taninos e polifenóis causam sensação de adstringência e amargo, causando confusão na descrição dessa sensação ou gosto, respectivamente. Em geral, a adstringência aumenta e o amargor diminui com o aumento do grau de polimerização. Além disso, pequenas diferenças nas estruturas de flavonoides podem produzir significativas diferenças nas propriedades sensoriais. A (-)-epicatequina é mais amarga e adstringente que o seu epímero (+)-catequina.[35,35] A literatura sugere que tanto o estímulo químico como o mecânico contribuem para a sensação de adstringência de diferentes compostos.

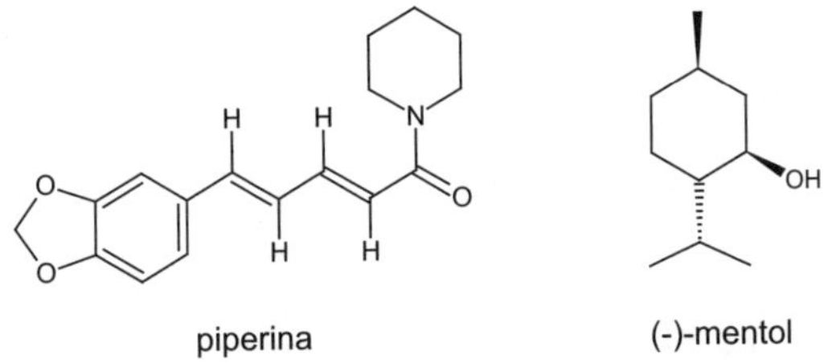

piperina   (-)-mentol

Figura 9.9 Estruturas químicas de compostos que causam percepção de pungência e frescor.

Os efeitos da sensação de frescor estão comumente associados ao consumo de menta e hortelã, que apresentam 1R,3R,4S-mentol, ou simplesmente (-)-mentol (Figura 9.9), como o composto responsável por essa sensação. Como esse composto é volátil, o efeito de frescor é menor quando a boca está fechada, porém a respiração pela boca aumenta a evaporação, aumentando, assim, a sensação de frescor. O efeito de frescor do (-)-mentol é dependente da concentração.[22]

Aroma

Os compostos voláteis alcançam o epitélio olfatório por meio de dois caminhos: via ortonasal, quando inspiramos o ar externo pelo nariz, ou via retronasal, ou seja, pela cavidade bucal, quando os voláteis liberados da matriz alimentícia são transportados pela faringe até o nariz. O aroma é considerado uma percepção muito complexa, pois mais de 7.500 compostos que potencialmente contribuem para a percepção do aroma já foram identificados em alimentos.

Características dos compostos voláteis do aroma

Em geral, os compostos voláteis encontrados em alimentos apresentam as seguintes características:

a) São encontrados em número muito grande nos diferentes alimentos; este número é maior ainda nos alimentos processados. Por exemplo, mais de 500 compostos diferentes já foram detectados em café, cerveja, vinho branco, vinho tinto, chá e cacau.

b) Apresentam baixo peso molecular e variam largamente quanto à natureza química, pois pertencem a diferentes classes químicas, como álcool, éster, ácido, cetona, hidrocarboneto, pirazina e outros. Por exemplo, de 85 compostos voláteis com descrição de frutado, 41% são ésteres, 24% cetonas, 9% aldeídos, 7% lactonas, e o restante de outras naturezas químicas. Além disso, certos compostos sulfurados, mesmo em baixas concentrações, são importantes constituintes do aroma de alimentos e bebidas, como frutas, carne, pão, alho, batata, cerveja e café.

c) Estão presentes em concentrações muito baixas (ppm, ppb, ppt).

d) Alguns compostos, mesmo isoladamente, são capazes de evocar o aroma característico de um determinado alimento, como os exemplos apresentados na Tabela 9.6. Esses compostos são conhecidos como *character impact compounds*, aqui referidos como compostos com caráter de impacto.

e) Apresentam grande diferença nos valores de *threshold*, definido como a menor concentração de um composto que é suficiente para detectar o seu aroma. O ser humano é extremamente sensível a alguns voláteis, como, por exemplo, 2-isobutil-3-metoxipirazina, que apresenta *threshold* em água de 0,002 ppb e de 0,015 ppb em vinho, enquanto é menos sensível a muitos outros compostos, como etanol com *threshold* de odor de 100.000 ppb e *threshold* de gosto de 52.000 ppb, ambos em água.[22]

Tabela 9.6 Compostos com caráter de impacto e seu aroma característico.

Composto	Descrição do aroma	Fonte
(*R*)-limoneno	cítrico	suco de laranja
2-*trans*,4-*cis*-decadienoato de etila	pera	pera
neral e geranial (mistura conhecida como citral)	limão	limão
(*R*)-(-)-1-octen-3-ol	champignon	champignon, queijo camembert
2-*trans*,6-*cis*-nonadienal	abóbora	abóbora
geosmin	terra/terroso	beterraba
4-hidroxi-2,5-dimetil-3(2H)-furanona	caramelo	biscoito, café, cerveja
4-acetil-1-pirrolina	assado	crosta de pão branco

O valor de *threshold* depende da estrutura química da substância, da pressão de vapor ou coeficiente de partição, que por sua vez são influenciados pela temperatura, composição da matriz ou, ainda, pela presença de outro composto com aroma, como o etanol (Tabela 9.7). Os alimentos são geralmente matrizes multifásicas e a partição dos compostos depende da sua afinidade pelas diferentes fases líquida, sólida ou gasosa e a sua liberação final para a fase gasosa.

f) Tanto a percepção como a descrição do aroma e *threshold* são muito influenciados pela natureza da estrutura química.[36-38] A Tabela 9.8 mostra exemplos de pares de compostos com estruturas químicas similares que apresentam diferentes descritores de aroma e de valores de *threshold*.

O contrário também ocorre, ou seja, diferentes estruturas que apresentam aromas similares. O aroma de cânfora é dado pela cetona bicíclica conhecida como cânfora (Figura 9.10), que é obtida naturalmente do óleo de madeira de cânfora ou sinteticamente a partir de pineno. Entretanto, o odor característico de cânfora não é restrito a um determinado composto ou classe química, pois, como mostra a Figura 9.10, as diferentes estruturas químicas apresentam tamanho e forma molecular como as únicas características em comum.[39]

Tabela 9.7 Influência da matriz nos valores de *threshold* (ppb) de diversos compostos voláteis.

Compostos	Água	Cerveja	10% etanol em água (v/v)
n-butanol	0,5	200	-
3-metil butanol	0,25	70	-
sulfeto dimetílico	0,00033	0,05	-
trans-2-nonenal	0,00008	0,00011	-
acetaldeído	10	-	500
ácido acético	22000	-	200000
trans-β-damascenona	0,001	-	0,05
linalool	1,5	-	15
geraniol	7,5	-	30

Fonte: Belitz et al.[40]

Tabela 9.8 Influência da isomeria na percepção e *threshold* de compostos de aroma.

Compostos	Descrição do aroma	*Threshold*
2-*trans*-octenal	fruta seca (nozes)	7 ppb[a]
5-*trans*-octenal	pepino	0,15 ppb[a]
2-*trans*-heptenal	amêndoa amarga	14 ppb[a]
2-*cis*-heptenal	verde, melão	-
(+)-nootcatona	*grapefruit* (forte)	0,6-1,0 ppm[b]
(-)-nootcatona	muito fraco, madeira	400-800[b]
(R)-1-octen-3-ol	frutal, verde, cogumelo forte	1 ppm
(S)-1-octen-3-ol	erva, musgo, cogumelo fraco	10.000 ppm

[a]Em óleo de parafina.[38]
[b]Em água.[36]

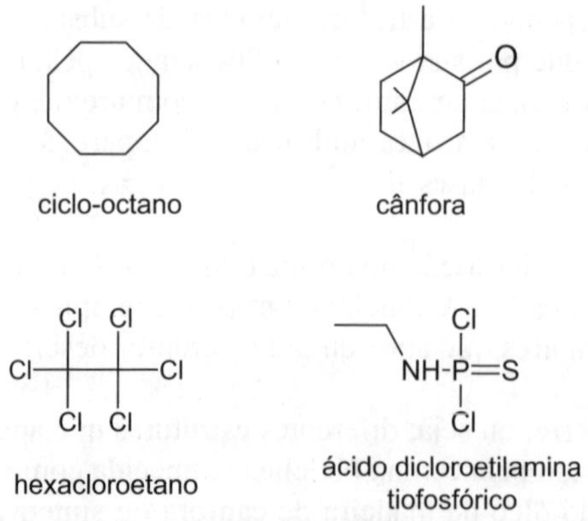

Figura 9.10 Estruturas químicas de compostos com aroma de cânfora.

Tabela 9.9 Relação entre concentração e percepção do aroma do 2-*trans*-nonenal em café solúvel e em água.

	Descrição do aroma	
Concentração (µg/L)	em café solúvel (60-71 °C)	em água (25 °C)
0,2	não detectado	plástico
0,4 a 2	madeira	madeira
8	madeira	óleo
16	sebo	óleo
40	queimado, rancificado	óleo desagradável
1.000	não descrito	pepino

Fonte: Parliment et al.[41]

g) A percepção do aroma depende da concentração do composto, e um dos exemplos clássicos são os tióis, que quando em altas concentrações exibem um odor sulforoso desagradável, enquanto em concentrações muito baixas têm um aroma agradável frutado com notas de *grapefruit*, abacaxi ou maracujá. Outro exemplo é o 2-*trans*-nonenal, cujo aroma depende da concentração (Tabela 9.9).[41]

Formação de voláteis em frutas e verduras

O processo que leva à biossíntese de aroma em frutas é muito diferente do responsável pela formação de aroma em vegetais, apesar de terem em comum que a maioria dos compostos de aroma resulta de reações de degradação. Enquanto em frutas os compostos de aroma são produzidos durante o amadurecimento e a senescência, nos vegetais, o aroma é desenvolvido devido à ruptura celular.

Biogênese de compostos voláteis de aroma em frutas

Como detalhado no Capítulo 12, durante o período de crescimento dos frutos, ocorre síntese de compostos de alto peso molecular, como polissacarídeos, proteínas e lipídeos, que são os substratos para as posteriores reações de catabolismo que ocorrem durante o amadurecimento, produzindo vários compostos de aroma.

Por meio de experimentos com isótopos,[42] foram propostas as principais rotas pelas quais os compostos voláteis são formados em frutas (Figura 9.11). Algumas vias metabólicas estão conectadas entre si, os terpenos, por exemplo, são derivados do metabolismo de carboidratos e lipídeos, uma vez que poucos compostos de aroma são somente derivados do metabolismo de carboidratos.

Uma das vias mais importantes é a produção de compostos voláteis a partir de lipídeos que ocorre por diferentes rotas: α- e β-oxidação de ácidos graxos de cadeia longa e oxidação de ácidos graxos insaturados por enzimas lipoxigenases. Dessas rotas, a oxidação dos ácidos graxos

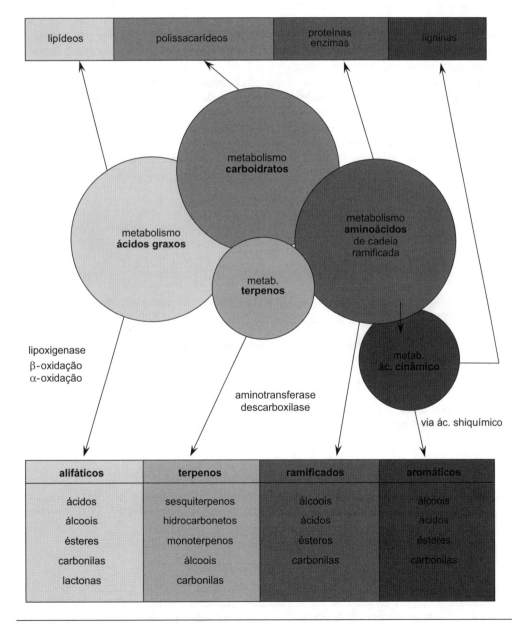

Figura 9.11 Esquema geral das vias metabólicas responsáveis pela biogênese de voláteis em frutas.

linoleico e linolênico pela ação das lipoxigenases é a responsável pela formação da gama mais ampla de compostos voláteis alifáticos, como ésteres, alcoóis, ácidos e cetonas. Na presença de oxigênio e lipoxigenase, ocorre formação de 9- e 13-hidroperóxidos derivados desses ácidos graxos, que são clivados pelas hidroperóxido liases, dando origem a aldeídos, principalmente com seis (C6) e nove (C9) átomos de carbono (Figura 9.12). Pela ação das enzimas álcool desidrogenase e *cis-trans* isomerases os aldeídos são, respectivamente, convertidos aos correspondentes alcoóis e isômeros *trans*.[43] Em geral, os compostos C6 apresentam aroma de planta verde, como grama recém-cortada, enquanto os compostos C9 têm aromas que lembram pepino e melão.

A formação de compostos voláteis com 6 a 12 carbonos ocorre via β-oxidação do derivado CoA de ácidos graxos de cadeia longa pela diminuição de 2 carbonos da cadeia, cada vez, com a subsequente formação de ésteres e hidróxi-alcoóis. Alguns desses ésteres são compostos com caráter de impacto, como o etil deca-2-*trans*,4-*cis*-dienoato, que é responsável pelo aroma característico de pera. Os hidróxi-alcoóis (C8-C12) sofrem ciclização, fomando γ- e δ-lactonas, responsáveis pelo aroma de coco e pêssego.[30]

Durante o amadurecimento de muitas frutas, aminoácidos com cadeia ramificada, como leucina e valina, são transformados em aldeídos, alcoóis, ácidos e ésteres ramificados, com cadeias 3-metilbutila e 2-metilpropila, respectivamente. Como pode ser visto na Figura 9.13, a etapa inicial é a desaminação, seguida da descarboxilação e várias reduções e esterificações. Todos esses compostos contribuem para o aroma de frutas maduras, porém os ésteres formados constituem os compostos com caráter de impacto de muitas frutas, como banana e maçã.[22,30,42]

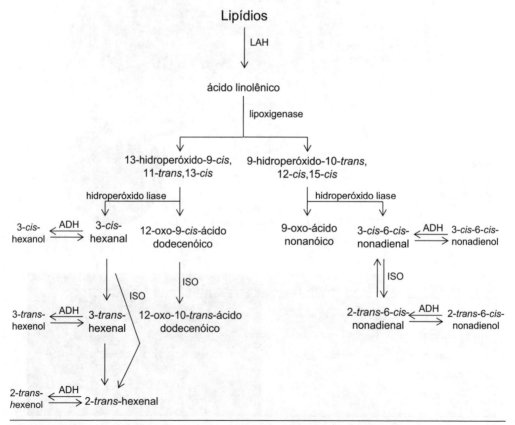

Figura 9.12 Rota biossintética da formação de compostos de aroma a partir de ácidos graxos com 18 carbonos. LAH: acil hidrolase lipolítica; ADH: álcool desidrogenase; ISO: *cis-trans* isomerases.

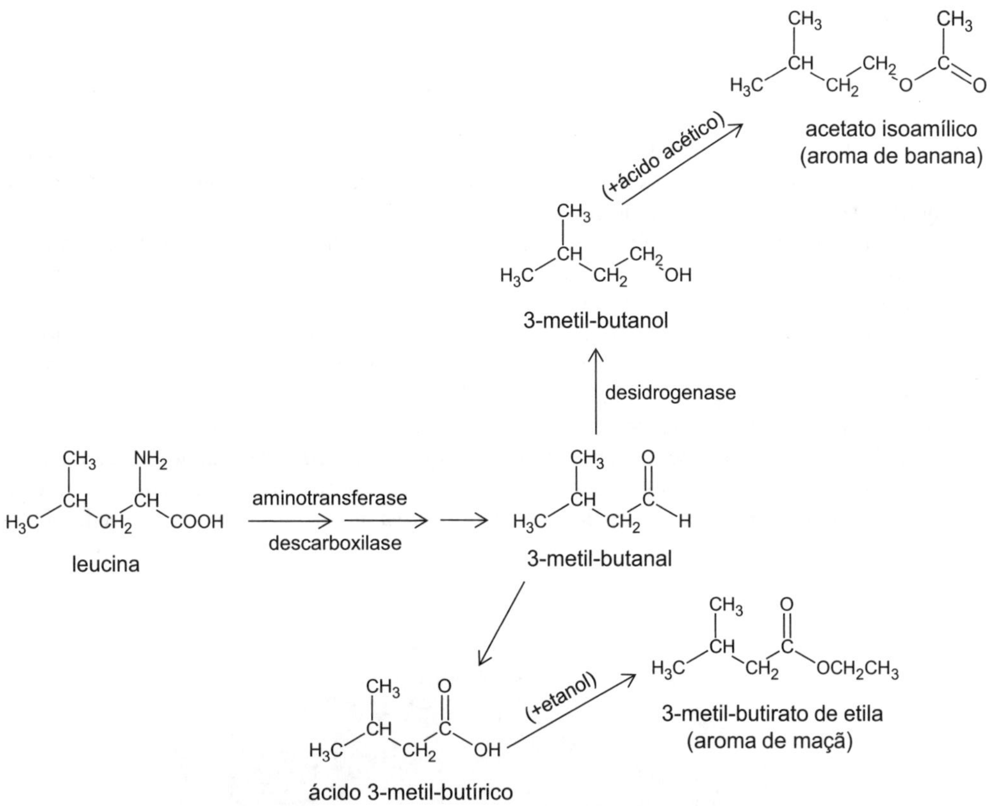

Figura 9.13 Conversão enzimática de leucina em compostos de aroma que ocorre durante amadurecimento de frutas.

Os aminoácidos com cadeia lateral aromática, como tirosina e fenilalanina, são precursores de alcoóis, ácidos, ésteres e outros compostos carbonílicos aromáticos. Além desses compostos de aroma, a via do ácido shiquímico é responsável pela formação de aromas com características de fenol e picante, associados a óleos essenciais, tendo os ácidos cinâmicos como intermediários na formação de seus derivados, como eugenol e vanilina. A remoção do grupo acetato dos ácidos cinâmicos produz ácidos benzoicos que podem ser transformados em fenóis, como p-cresol e p-vinil guaiacol. O esqueleto fenil propanoide das ligninas é também formado por meio dessa via.[22,30]

Os terpenos, importantes nas indústrias de óleos essenciais e de perfumes, são responsáveis pelo aroma de diversas frutas cítricas, ervas e vinhos. Estes compostos são classificados de acordo com o número de unidades isoprenoides em: monoterpenos (C10), sesquiterpenos (C15) e diterpenos (C20). Destes grupos, os diterpenos não são voláteis devido ao maior peso molecular e, portanto, não contribuem diretamente para o aroma. Os monoterpenos oxigenados são geralmente responsáveis pelo aroma característico de frutas cítricas, apesar de estarem presentes em quantidades menores que 5% no óleo essencial. Por outro lado, o limoneno (C10), que apresenta menor contribuição para o aroma, perfaz até 95% em alguns óleos essenciais.

Os carboidratos também são precursores de furanonas em plantas, como o 2,5-dimetil-4-hidroxi-2H-furan-3-ona, formado a partir da 6-deoxi-D-frutose, e que é um aroma importante em morango.[22]

Formação de compostos voláteis de aroma em vegetais

Diferentemente das frutas, os vegetais não têm período de amadurecimento, e durante o seu crescimento desenvolvem sabor (grande parte dos compostos de gosto, porém número limitado dos responsáveis pelo aroma); entretanto, o sabor final (sobretudo aroma) desenvolve-se durante a ruptura celular devido ao contato entre enzimas e substratos. As exceções são aipo (contém ftalidos e selinos), aspargo (contém ácido 1,2-ditiolano-4-carboxílico) e pimentão (contém 2-metil-3-isobutilpirazina), cujos aromas são formados durante o crescimento.

A Figura 9.14 apresenta uma visão geral das vias de degradação responsáveis pela formação de compostos voláteis de aroma em vegetais. Assim como ocorre na biogênese de voláteis em frutas, os lipídeos, carboidratos e aminoácidos também são precursores do aroma de vegetais, porém os voláteis contendo enxofre são muito mais importantes para o aroma de vegetais do que para o de frutas. Essa característica é devido à presença de precursores contendo enxofre em vegetais *in natura*, como tioglucosinolatos e sulfóxidos de cisteína, além de S-metilmetionina ser um precursor importante em alguns vegetais cozidos, como, por exemplo, em milho.

A cebola intacta não apresenta nenhum odor até que ocorra ruptura celular (corte, agitação, mastigação etc.) e, segundos após o dano celular, aparece o aroma característico de cebola. Essa rápida formação de aroma é característica do gênero *Allium*, no qual os precursores predominan-

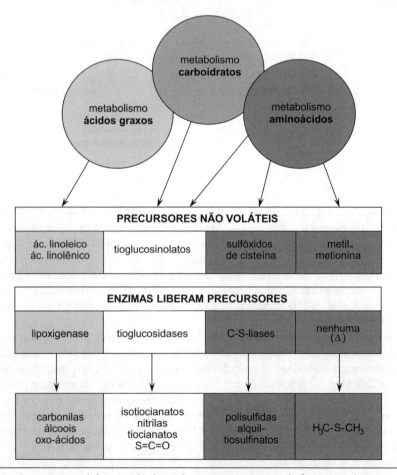

Figura 9.14 Esquema geral das vias de degradação responsáveis pela formação de compostos voláteis em vegetais.

tes são os sulfóxidos de L-cisteína: S-1-propenil- em cebola, S-2-propenil- em alho, e S-metil- em alho-porró, cebolinha, couve-de-bruxelas, brócolis, repolho e couve-flor. A rota para a formação do precursor inicia-se com a desaminação da valina seguida pela descarboxilação, produzindo metacrilato, que, por sua vez, reage com L-cisteína, seguido de descarboxilação formando sulfóxido de 1-propenil-L-cisteína. Em cebola, a rápida hidrólise do sulfóxido de 1-propenil-L-cisteína pela enzima allinase forma um intermediário instável extremamente reativo, ácido sulfênico, além de piruvato e amônia (Figura 9.15). O ácido sulfênico sofre diversos rearranjos químicos, formando tiopropanal-S-óxido, que é o composto responsável pelas lágrimas e também associado ao aroma de cebola fresca.[30] Com o aquecimento, tanto o ácido sulfênico como o tiopropanal-S-óxido se transformam em compostos sulfurados acíclicos e cíclicos com valores de *threshold* na faixa de 1,3 ppb a 5 ppm, descritos como aroma de cebola cozida (Figura 9.15).

A formação do aroma em alho ocorre por mecanismo semelhante, porém o precursor é diferente – há formação de alicina (aroma de alho), compostos voláteis sulfurados como sulfeto de hidrogênio (H_2S), mas não há formação do composto que causa lágrimas.

Os glucosinolatos, que são precursores não voláteis de vários vegetais da família *Cruciferae*, são hidrolisados enzimaticamente pela glucosinolase formando compostos voláteis de aroma quando ocorre ruptura celular (Figura 9.16). O composto formado é extremamente instável e rapidamente se rearranja em isotiocianatos, nitrilas e HSO_4^-, que podem resultar em tióis, sulfetos, dissulfetos e trissulfetos. Os isotiocianatos são importantes para o aroma e pungência, como, por exemplo, o alilisotiocianato em repolho e o 4-metil-tio-3-*t*-butenil-isotiocinato em rabanete.[30]

Muitos vegetais *in natura* apresentam um aroma potente e penetrante descrito como verde terroso que está relacionado com a presença de metoxi alquilpirazinas, formadas a partir de aminoácidos com cadeia ramificada. O aroma de batata e ervilha cruas está associado à presença de 2-metóxi-3-isopropril-pirazina, *threshold* de 0,002 ppb, e o de beterraba crua, a 2-metóxi-3-*sec*-butil-pirazina.[30]

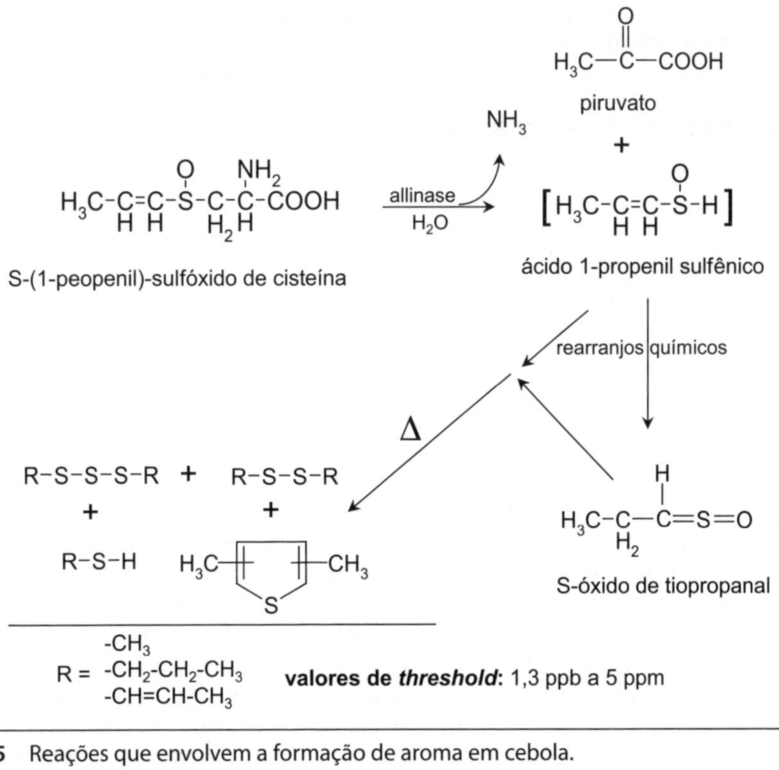

Figura 9.15 Reações que envolvem a formação de aroma em cebola.

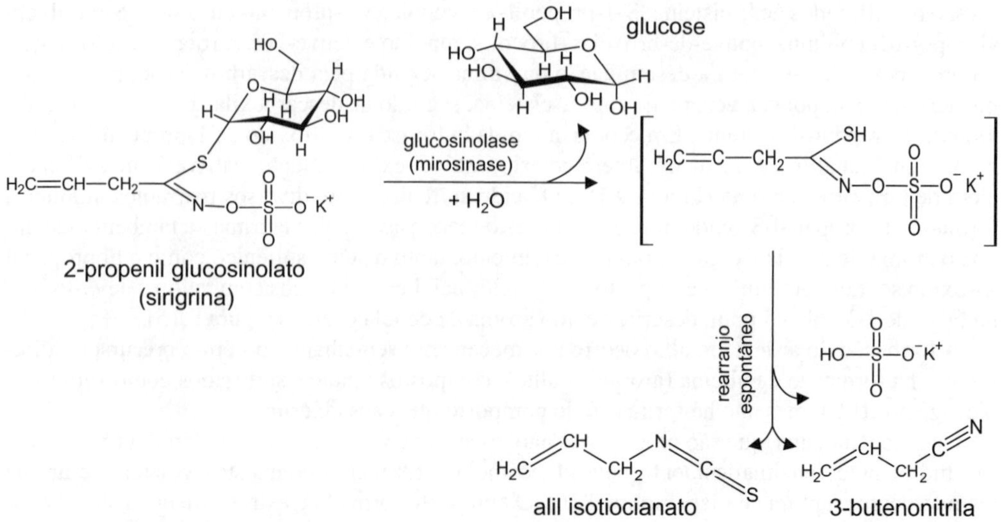

332 Sabor

Figura 9.16 Reações de formação de aroma em *Cruciferae*.

Em resumo, o desenvolvimento do aroma tanto em frutas como em vegetais ocorre por meio de diversas vias enzimáticas similares formando alcoóis, aldeídos, cetonas e ácidos, e dentre essas rotas a oxidação de lipídeos catalisada por enzimas é particularmente importante. Entretanto, há também várias diferenças no desenvolvimento do aroma em frutas e em vegetais. O aroma das frutas se desenvolve durante o curto período de amadurecimento, enquanto o aroma de vegetais desenvolve-se sobretudo durante a ruptura celular. Outra diferença está relacionada com a natureza química dos compostos aromáticos; os ésteres são muito importantes nas frutas enquanto nos vegetais os compostos sulfurados apresentam maior importância.

Aroma proveniente do processamento

Reação de Maillard

Das reações responsáveis pelo escurecimento não enzimático (caramelização, reação de Maillard e escurecimento do ácido ascórbico), a reação de Maillard é responsável por alguns dos aromas mais agradáveis apreciados pelo homem.

Como apresentado no Capítulo 2, a reação de Maillard envolve carbonilas e aminas, respectivamente, açúcares redutores e aminoácidos ou proteínas. Na indústria, compostos mais simples são empregados, como diacetil e amônia, para a produção de aromas.

Os compostos majoritários dessa reação são as melanoidinas e outros compostos não voláteis; porém, mais de 3.500 compostos voláteis são formados, e inúmeros apresentam valores de *threshold* muito baixos. Portanto, apesar destes voláteis estarem presentes em concentrações muito mais baixas do que a dos outros produtos coloridos formados na reação de Maillard, eles são os responsáveis pelo aroma de alimentos processados.

A Figura 9.17 apresenta uma visão geral da formação de compostos de aroma via reação de Maillard. Os compostos voláteis formados mais abundantes são os aldeídos, cetonas, dicetonas alifáticas e ácidos graxos, todos de baixo peso molecular. Entretanto, compostos heterocíclicos contendo oxigênio, nitrogênio, enxofre ou suas combinações são em maior número e mais significativos para o aroma de alimentos processados termicamente. A rota principal que leva à formação de compostos carbonílicos é a degradação de Strecker, que tem como produtos finais CO_2, aldeído com um carbono a menos que o aminoácido correspondente e α-aminocetona (Capítulo 2). Os aldeídos sempre foram considerados importantes para o aroma de produtos aquecidos,

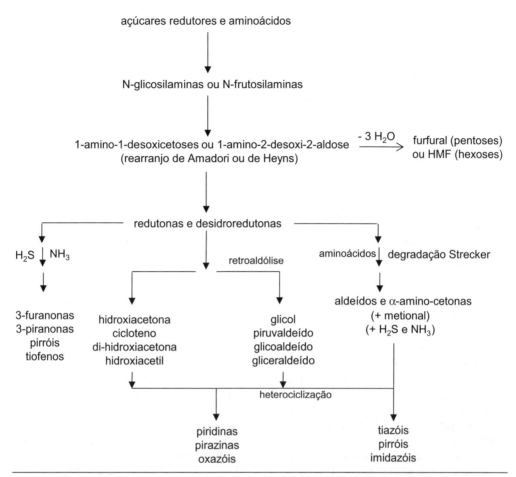

Figura 9.17 Formação de compostos de aroma via reação de Maillard e degradação de Strecker. HMF: hidroximetil-5-furfural.

porém, hoje, a α-aminocetona é considerada um importante intermediário na formação dos compostos heterocíclicos (pirazinas, oxazóis e tiazóis) responsáveis pelo aroma de assado.

A temperatura é um dos fatores mais importantes que influem na formação de compostos de aroma via reação de Maillard. Por exemplo, o aroma característico da carne assada é diferente da cozida. Nesse caso, o produto cozido apresenta atividade de água próxima a 1 e a temperatura nunca excede os 100 °C, enquanto na carne assada a atividade de água na superfície é menor que 1 e a temperatura pode exceder os 100 °C. Não obstante a presença dos mesmos reagentes, somente estas últimas condições favorecem a produção de compostos voláteis com notas de assado.

Mais de 100 diferentes pirazinas já foram identificadas em vários produtos alimentícios, e os grupos substituintes na estrutura química desses compostos apresentam grande influência nos descritores de aroma (caráter de queimado, assado, grelhado e/ou animal). Na maioria das vezes, as pirazinas têm notas de assado e nozes, enquanto as metoxipirazinas apresentam notas de terra e vegetal (Figura 9.18). Os pirróis (Figura 9.18) apresentam notas diferentes, como odor de milho verde do 2-formilpirrol, aroma de caramelo do 2-acetilpirrol e de pimenta picante das lactonas pirróis. Assim como as demais classes de compostos voláteis heterocíclicos contendo nitrogênio, as piridinas (Figura 9.18) também apresentam grande diversidade sensorial de odores, embora as notas verdes predominem. A contribuição das piridinas para o aroma proveniente

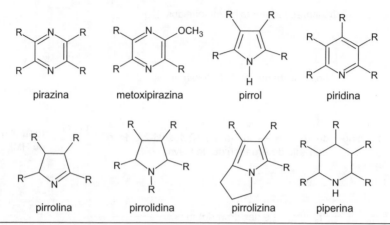

Figura 9.18 Exemplos de algumas classes de compostos voláteis heterocíclicos contendo nitrogênio, formados via reação de Maillard.

do aquecimento também depende da concentração no alimento, pois em baixas concentrações as piridinas tipicamente contribuem com notas muito agradáveis. Entretanto, esses compostos geralmente se tornam desagradáveis e ofensivos quando em altas concentrações.[22]

Acredita-se que os pirróis sejam formados pela reação entre prolina ou hidróxi-prolina e α-dicarbonilas via degradação de Strecker. Esses compostos englobam as classes pirrolinas, pirrolidinas, pirrolizinas e piperidinas (Figura 9.18) com aromas de cereal ou assado.

As classes dos compostos de aroma das furanonas e piranonas são associadas às reações de caramelização e Maillard, e geralmente descritas como caramelo, doce, frutado, *butterscotch*, nozes ou queimado. O furaneol (4-hidroxi-2,5-dimetil-3(2H)-furanona, Figura 9.19) é amplamente utilizado na indústria, assim como o maltol (Figura 9.19) e etil-maltol, para intensificar o gosto e aroma doce de alimentos. O cicloteno® (Figura 9.19) tem aroma com caráter de impacto de *maple* e é utilizado na indústria como aromatizante de caramelo, xarope de *maple* e outros.

Numerosos compostos heterocíclicos com enxofre são produzidos a partir de aminoácidos sulfurados via reação de Maillard, sendo os tiazóis e tiofenos majoritários (Figura 9.19). Os tiazóis

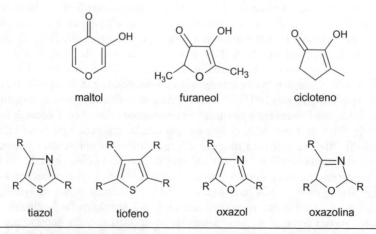

Figura 9.19 Exemplos de algumas classes de compostos voláteis heterocíclicos contendo oxigênio e enxofre, formados via reação de Maillard.

têm propriedades sensoriais similares às das pirazinas. Os tiofenos apresentam caráter pungente, e o 2,4-dimetiltiofeno é muito importante para o aroma de cebola frita.

Os oxazóis e oxazolinas (Figura 9.19) são encontrados somente em sistemas alimentícios que sofreram reação de Maillard. Os oxazóis têm aroma verde, doce, floral ou de vegetal, e as oxazolinas apresentam grande variedade de odores, como a 2-isopropil-4,5,5-trimetil-3-oxazolina com nota aromática de rum e a 2-isopropil-4,5-dietil-3-oxazolina com aroma de cacau.

A importância da fermentação e subsequente reação de Maillard para o aroma de um produto processado pode ser exemplificado pelo chocolate. As sementes cruas de cacau têm quantidades substanciais de vários nutrientes (lipídeos, carboidratos, proteínas), gosto amargo e de vinagre devido à presença de ácidos e alcaloides estimulantes, como teobromina. Os frutos de cacau são fermentados durante dois a cinco dias, ocorrendo redução significativa do amargor, oxidação dos compostos fenólicos adstringentes e formação dos precursores de cor e aroma mediante hidrólise enzimática da sacarose, pela ação da invertase, formando glucose e frutose, além de liberação de aminoácidos por ação da proteinase e carboxipeptidase.[44] A seguir, na secagem dos frutos até 6-8% de umidade, as polifenoloxidases oxidam os polifenóis, produzindo novos componentes de aroma. Nessa etapa também ocorre perda da integridade da membrana e formação da cor. A torrefação, realizada por 5 a 120 min em temperaturas variando de 120 a 150 °C, é essencial para o desenvolvimento do aroma de chocolate a partir dos precursores formados durante a fermentação e secagem. Na etapa de torrefação, a umidade é reduzida para cerca de 3%, os voláteis indesejáveis, como ácido acético, são removidos e novos compostos de aroma são formados via reação de Maillard, com destaque para as pirazinas e aldeídos. O consumo de aminoácidos e somente de açúcares redutores e a manutenção dos teores de sacarose[45] confirmam que a formação de aroma em chocolate ocorre preferencialmente via reação de Maillard, e não por caramelização e pirólise (Tabela 9.10). O estágio final na fabricação do chocolate é a conchagem, realizada durante 10 a 24 h a 49-60 °C para chocolate ao leite, considerada essencial para o desenvolvimento do sabor final e textura apropriada. Nessa etapa, ocorre a remoção de umidade, aldeídos, ácidos e fenóis voláteis residuais, os cristais de açúcares angulares e a viscosidade são modificados e a cor é alterada devido à emulsificação e oxidação de taninos.[44]

Oxidação térmica de lipídeos

Os alimentos fritos, como batata frita, são muito apreciados pelos consumidores não somente pelas propriedades físicas (suculência e textura) mas sobretudo pelo sabor característico e único de fritura. Este sabor é proveniente das mudanças induzidas termicamente, desenvolvidas pela reação de Maillard e principalmente pela oxidação térmica de lipídeos. Como já apresentado no Ca-

Tabela 9.10 Comportamento dos precursores de aroma em semente de cacau fermentada submetida à torrefação.

Precursores	mmol/kg[a]		% diminuição
	antes torrefação	após torrefação	
aminoácidos livres	717	364	49
peptídeos	1.868	1.789	4
glucose	167	0	100
frutose	557	14	98
sacarose	32	30	6
ácido cítrico	378	367	3

[a]Sementes fermentadas e secas.
Fonte: Adaptado de Rohan.[45]

pítulo 4, à temperatura ambiente ou moderada, a auto-oxidação que ocorre por meio de reações em cadeia de radicais livres é relativamente lenta, os hidroperóxidos são os principais produtos formados e a sua concentração aumenta até estágios avançados de oxidação. Entretanto, a oxidação a altas temperaturas que ocorre nos processos de fritura de alimentos é muito mais complexa, pois envolve reações simultâneas oxidativas e térmicas. Nesse caso, a formação de novos compostos é muito rápida, a pressão de oxigênio é reduzida e os hidroperóxidos se decompõem rapidamente e estão praticamente ausentes acima de 150 °C, indicando que a decomposição de hidroperóxidos é mais rápida do que a sua formação. Como resultado, já na fase inicial de fritura ocorre formação de dímeros e oligômeros de triacilgliceróis e de maior variedade de compostos de aroma, inclusive com caráter de impacto de fritura (2-*trans*,4-*cis*-nonadienal, 2-*trans*,4-*trans*--decadienal), devido à combinação de temperatura alta e baixa tensão de oxigênio.[46,47]

Fermentação

Uma variedade de aromas desejáveis em vários alimentos é formada via fermentação, como em molho de soja, queijo, iogurte, pão, cerveja e vinho. Os aromas resultam do metabolismo primário de micro-organismos, como em bebida alcoólica, ou da atividade enzimática residual após lise da célula microbiana, como no desenvolvimento do aroma de queijo maturado (Tabela 9.11).

Os micro-organismos associados à formação de ácido lático são classificados em homofermentativos, como *Lactobacillus bulgaricus*, que produzem somente ácido lático (86%), acetaldeído e etanol (< 1 ppm) ou heterofermentativos, como *Leuconostoc* sp., que produzem uma combinação de ácidos lático e acético, etanol, acetil e diacetil. Em leite e seus derivados, o diacetil (aroma de manteiga) é o composto com caráter de impacto proveniente da fermentação mista com bactérias láticas, enquanto o ácido lático, por não ser volátil, contribui somente para a acidez em produtos lácteos fermentados. Além de diacetil, ácido butanoico (aroma de queijo) e δ-decalactona (aroma de pêssego) são importantes para o aroma de creme de leite azedo (*sour-cream*), enquanto o acetaldeído é o composto com caráter de impacto de iogurte.[48]

A fermentação por leveduras para produção de cerveja, vinho e pão não produz voláteis com caráter de impacto. Porém, devido à alta concentração de etanol em bebidas alcoólicas, este composto pode apresentar caráter de impacto, pois as leveduras produzem sobretudo etanol como produto final de seu metabolismo.

Off-flavor em alimentos

Uma das razões mais comuns para o consumidor rejeitar um alimento é a presença de um aroma indesejável, termo mais conhecido como *off-flavor*. Ele também pode significar que o alimento não apresenta a percepção esperada pelo consumidor devido à perda de um aroma de impacto ou modificações na concentração de algum aroma. Este problema pode começar pela formação de *off-flavor* no produto ou, ainda, pela escolha incorreta de um aroma para ser adicionado ao produto processado.

Tabela 9.11 Precursores e compostos de aroma formados por fermentação.

Precursores	Micro-organismos	Produtos
Lactose	*Lactobacillus bulgaricus, Leuconostoc* sp., *L. acidophilus*	Ácidos lático, propiônico e acético, diacetil, acetaldeído, etanol
Citrato	*Leuconostoc citrovorum, L. creamoris, L. dextranicum, Streptococcus lactis* subspecies *diacetylactis, S. thermophilus*	Ácido acético, diacetil, acetaldeído, etanol
Proteínas	*Lactococcus lactis, Saccharomyces cerevisiae, Saccharomyces carlsbergensis*	Peptídeos, aminoácidos, aminas, compostos sulfurados

A presença de *off-flavor* em alimentos pode ser devido a inúmeros fatores, como contaminação ambiental pelo ar, água, pesticidas, herbicidas e desinfetantes, migração de compostos da embalagem, ou ser ainda de origem desconhecida.

Contaminação ambiental

Cloroanisóis e clorofenóis, *off-flavors* quase sempre encontrados em alimentos, são responsáveis, respectivamente, pelo odor de bolor/mofo e remédio/desinfetante/sabão. Os clorofenóis são provenientes da contaminação direta por desinfetantes e sanitizantes e são formados pela reação entre fenol e cloro presente na água. Os cloroanisóis resultam da metilação microbiana dos correspondentes clorofenóis. Essas duas classes de compostos (Figura 9.20) apresentam valores baixíssimos de *threshold* de gosto em água.[49]

Os defeitos de sabor podem facilmente ser incorporados em produtos de origem animal pela via respiratória dos animais, contaminando leite, ovos e carnes. Por exemplo, é amplamente reconhecido que o odor de leite descrito como de estábulo ou de vaca é proveniente de vacas criadas em currais pouco ventilados. Hoje em dia, esse problema não tem sido mais detectado devido ao melhor manejo dos animais. Outro defeito no leite está relacionado com a alimentação do gado com ração com cheiro ruim (ensilagem, grama ou ração oxidadas) 4 a 5 horas antes da ordenha.

A contaminação de produtos processados pelo ar está na maioria das vezes restrita a produtos assados, com textura macia, que são resfriados em ambientes abertos e/ou expostos em embalagens com baixa barreira ao ar. Nestes casos, é muito difícil identificar a fonte de contaminação, pois esta ocorre aleatoriamente, dependendo da direção e velocidade do vento, da programação da produção do alimento e da fonte de contaminação. Na maioria das vezes, compostos com valores de *threshold* muito baixos são os responsáveis pelo odor desagradável e mofado de medicamento nesses alimentos. Um exemplo dessa dificuldade é o tempo de 11 anos que se levou para identificar que a fonte causadora de odor desagradável de desinfetante, antisséptico e sabão em biscoito era uma fábrica de herbicida localizada a 8 km de distância da padaria.[50] Nesse caso, o *off-flavor* foi causado pelo cloro-*o*-cresol com *threshold* de 0,05 ppb.

Grandes quantidades de água são normalmente empregadas no processamento de alimentos, e podem conter contaminantes com potencial para serem transferidos ao produto processado. O problema geralmente não ocorre, exceto quando a água se torna um constituinte significativo do

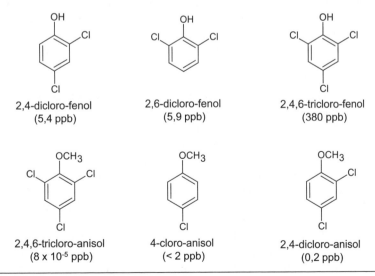

Figura 9.20 Clorofenóis e cloroanisóis, causadores de *off-flavor* em alimentos, e seus respectivos valores de *threshold* de odor em água.

alimento e/ou o contaminante está em grande quantidade. A absorção de contaminantes de água poluída por peixes e moluscos produz um aroma de querosene nesses animais, devido aos altos níveis de hidrocarbonetos.

Contaminação pela embalagem

A contaminação do alimento raramente é proveniente do componente majoritário da embalagem. Na maioria dos casos, a causa de *off-flavor* é devido à presença de quantidades traços de solventes residuais, de monômeros da polimerização (como estireno) ou contaminantes do material da embalagem (p. ex., etil benzeno em plásticos e tinta residual em papel reciclado) e degradação de algum componente da embalagem.

A contaminação pode ter início na embalagem cartonada fabricada com papel reciclado contendo altos níveis de clorofenóis que são convertidos a cloroanisóis durante o transporte por navio. Os cloroanisóis atravessam a embalagem e contaminam as frutas, por exemplo. Embalagens de papel não reciclado armazenadas em uma área limpa com desinfetantes contendo altos teores de cloro também apresentam esse problema, pois o cloro reage com lignina degradada da embalagem cartonada, produzindo cloroanisóis.[22] Os laminados utilizam adesivos para juntar as camadas de diferentes materiais, e os adesivos podem conter solventes residuais que causam *off-flavor*.

O processo para obtenção de plástico sempre tem início com a polimerização de materiais monoméricos. Quantidades muito pequenas de unidades monoméricas restam no polímero, e, portanto, há poucas chances de contaminar o alimento, com exceção de monômeros que apresentam *threshold* muito baixo como o estireno (37 ppb em água). O estireno, que também pode resultar da degradação térmica, é facilmente reconhecido pelo sabor de plástico no alimento. Dos polímeros utilizados em bebidas, cloreto de polivinil (PVC) e polietileno tereftalato (PET), são os que causam a menor incidência de *off-flavor* em água mineral. Por exemplo, os monômeros ácido tereftálico ou dimetil tereftalato que formam o PET praticamente não apresentam odor, e portanto não causam *off-flavor*.

Contaminação decorrente de alterações químicas

A reação de oxidação lipídica é a fonte mais comum de *off-flavor* em alimentos armazenados, apresentando odores desagradáveis descritos como papelão (suave), seboso ou gorduroso (moderado), metálico, de tinta, peixe (severo), feijão, sabão, além de verde, oleoso, amargo, frutado, rancificado, gorduroso ou oxidado.[51] Os compostos responsáveis pelo *off-flavor* são formados a partir dos hidroperóxidos, produtos secundários da oxidação de lipídeos que são muito instáveis e continuam a degradar-se formando compostos voláteis de baixo peso molecular, como aldeídos, cetonas, ácidos, alcoóis, hidrocarbonetos, lactonas e ésteres (Capítulo 4). Dentre esses compostos voláteis, os aldeídos e cetonas insaturados apresentam os valores mais baixos de *threshold* e, portanto, são frequentemente citados como responsáveis pelo *off-flavor* (Tabela 9.12).[37,38,52] Por exemplo, a rápida deterioração de alimentos contendo ácido linolênico não é causada somente pela oxidação preferencial deste ácido graxo, mas também devido aos baixos valores de *threshold* dos compostos voláteis derivados desse ácido graxo.

Outro exemplo de reação de oxidação é a formação de *off-flavor* conhecida como terpênico, proveniente da autoxidação do limoneno (aroma de *citrus*), que apresenta ligações duplas e é o componente majoritário em óleo essencial de laranja. Ocorre formação de hidroperóxidos muito instáveis, dando origem a uma mistura de compostos oxigenados, como carvona (aroma de cúmel, hortelã), que alteram o aroma de sucos de laranja processado ou "velhos" (fresco guardado na geladeira por algumas horas). Esse *off-flavor* terpênico, semelhante a rançoso, também pode ser proveniente do rearranjo do linalool com formação do α-terpineol em meio ácido.[53] Portanto, na indústria, o óleo essencial passa pelo processo de desterpenação com os objetivos de concentrar o aroma e aumentar a estabilidade, tornando-o menos suscetível à oxidação.

Tabela 9.12 Compostos voláteis formados durante a oxidação de ácidos graxos insaturados, respectivos descritores de aroma e valores de *threshold* de odor (µg/kg).

Aldeído	Ácido graxo precursor	Descritor do aroma	*Threshold* em óleo nasal	*Threshold* em óleo retronasal	*Threshold* em água nasal
hexanal	linoleico	folha verde, seboso, gorduroso	320	75	12
3-*cis*-hexenal	linolênico	verde, folha	14	3	0,25
2-*trans*-heptenal	linoleico	amêndoa amarga, gorduroso	14.000	400	51
2-*trans*,4-*cis*-heptadienal	linolênico	fritura, seboso, gorduroso	4.000	50	-
octanal	oleico, linoleico	sabão, oleoso, gorduroso	320	50	0,8
1-octen-3-ona	linoleico	cogumelo, peixe	10	0,3	1
1,5-*cis*-octadien-3-ona	linolênico	gerânio, metálico	0,45	0,03	$1,2 \times 10^{-3}$
nonanal	oleico	seboso, gorduroso, sabão, frutado	13.500	260	5
2-*trans*,6-*cis*-nonadienal	linolênico	abóbora	4	1,5	-
2-*trans*,4-*trans*-decadienal	linoleico	fritura	180	40	0,2

Fonte: Meijboom;[37,38] Morales.[52]

Em alimentos contendo carotenoides também pode ocorrer formação de *off-flavor* devido à oxidação desses pigmentos, produzindo compostos altamente insaturados e/ou cíclicos. A formação de *off-flavor* com caráter floral em cenoura desidratada é um dos exemplos antigos mais conhecidos.[54] Nesse caso, foram identificados α-ionona, β-ionona e 5,6-epóxi-β-ionona, provenientes de β-caroteno e α-caroteno que são os carotenoides majoritários em cenoura (Capítulo 7). Em cerveja, β-damascenona, produto de foto-oxidação de carotenoides, é responsável pelo *off-flavor* de velho com nota de uva-passa em concentração na faixa de ppb.[30]

A reação de Maillard é muito importante para a produção de aromas desejáveis, porém também pode ser uma fonte de aromas indesejáveis em alimentos processados submetidos ao aquecimento. Alimentos enlatados não têm sabor igual ao respectivo produto *in natura* devido, entre outros fatores, à formação de benzotiazol e O-aminoacetofenona via reação de Maillard, que são responsáveis pelo *off-flavor* descrito como *stale* (velho, não fresco) em leite em pó.[55]

A exposição à luz induz várias reações de oxidação, responsáveis pela formação de diversos compostos de *off-flavor*, sobretudo em cerveja e em leite e seus derivados.

Em leite e seus derivados, a luz induz a oxidação de proteínas e de lipídeos, formando *off-flavor* com notas de "pena queimada" e de oxidado, respectivamente. Presente em quantidades apreciáveis em todos os produtos lácteos, a riboflavina (Rf) age como fotossensibilizador ao absorver luz e passar do seu estado singlete fundamental (^{1}Rf) para o estado singlete excitado (^{1}Rf*), que é convertido ao estado triplete excitado (^{3}Rf*), através de cruzamento entre sistemas, o qual pode seguir dois mecanismos de reação, Tipo I ou Tipo II (Figura 9.21). No mecanismo Tipo I, ^{3}Rf* reage com proteínas ou lipídeos formando espécies reativas de oxigênio, ditirosina e hidroperóxidos de lipídeos.[56,57] No mecanismo Tipo II, a ^{3}Rf* transfere energia para o oxigênio molecular triplete, O_2 ($^3\Sigma_g^-$), gerando oxigênio singlete (O_2 ($^1\Delta_g$)). O O_2 ($^1\Delta_g$) é responsável pela oxidação da metionina em metional, que a seguir é convertido em mercaptanas, sulfetos e dissul-

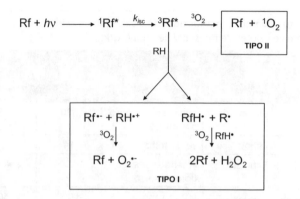

Figura 9.21 Mecanismo de foto-oxidação da riboflavina (Rf) em solução.

fetos, todos com valores de *threshold* muito baixos e descritos com aroma de *sunlight*, queimado, "pena queimada", repolho e cogumelo.[57] A fim de evitar essas alterações, como a degradação das vitaminas, carotenoide microencapsulado pode ser adicionado ao leite, agindo como desativador de $^3Rf^*$ e de O_2 ($^1\Delta_g$) ou como filtro.[58]

Em cerveja, as mudanças no sabor induzidas pela luz são resultado de várias reações, como oxidação de lipídeos, descarboxilação e desaminação de aminoácidos, e fotólise dos iso-α-ácidos, responsáveis pelo gosto amargo (item 3.2). A isomerização, desidratação e clivagem da cadeia lateral de *trans*-isohumulones inicia-se tanto por absorção direta da luz UV como indiretamente por fotossensitização, com as flavinas como sensibilizador, formando vários derivados e 3-metil-2-butenotiol em baixa concentração. Porém, esse tiol apresenta baixíssimo *threshold*, 7 ng/L ou 10^{-11} mol/L em cerveja, e odor de *lightstruck* ou *sunstruck*, popularmente conhecido como *skunky* (caracterizado como aroma de mofo, semelhante à borracha queimada ou almíscar de gato).[59] Os defeitos que ocorrem na cerveja estão resumidos na Tabela 9.13.

Defeitos causados por reações enzimáticas

As enzimas lipoxigenases são muito comuns em plantas, e como a soja contém quantidades substanciais dessa enzima; provavelmente são responsáveis pela formação de 2-pentilfurano, *off-flavor* de reversão em óleo de soja.

Off-flavors também podem ser formados por lipases que hidrolisam os triacilgliceróis liberando ácidos graxos, que quando têm menos que 12 carbonos apresentam aroma indesejável (Tabela 9.14). O coco contém ácido láurico, como ácido graxo majoritário, que apresenta

Tabela 9.13 Reações e compostos responsáveis por diferentes odores indesejáveis em cerveja.

Tipo de defeito	Reações/processo causadores do defeito	Compostos responsáveis pelo *off-flavor*
manteiga	fermentação	2,3-butanediona e 2,3-pentanediona
sunstruck, lightstruck, skunky	fotólise de iso-α-ácidos	3-metil-2-butenotiol
velho, oxidado	oxidação lipídica	aldeídos insaturados
papelão	oxidação lipídica	*trans*-2-nonenal
floral	fermentação	ésteres

Tabela 9.14 Características de aroma de ácidos graxos livres em leite e em óleo.

Ácidos graxos	Descritor de aroma	*Threshold* (ppm)	
		leite	óleo
ácido butírico (C4:0)	butírico	24	0,6
ácido caproico (C6:0)	vaca, cabra	14	2,5
ácido caprílico (C8:0)	vaca, cabra	7	200
ácido láurico (C12:0)	rancidez, sabão amargo	8	700

Fonte: Jeon.[60]

aroma de sabão quando livre, porém não tem quantidades significativas de lipases. Os derivados de coco são comumente utilizados como ingrediente em uma variedade de produtos que contribuem com lipases, que são razoavelmente estáveis ao calor. Um exemplo interessante é a bebida *pina colada*, cujos ingredientes principais são coco e abacaxi, que pode apresentar aroma de sabão durante armazenamento prolongado, pois o abacaxi é uma excelente fonte de lipases estáveis ao calor.[22]

Defeitos causados por micro-organismos

Os *off-flavors* formados via micro-organismos em produtos alimentícios podem ser resultado de uma fermentação planejada que deu errada, como, por exemplo, falha do fermento lático com consequente acidificação insuficiente no tanque de leite, causando menor produção de ácidos e oportunidade para crescimento de outros micro-organismos indesejáveis.

Uma segunda via de contaminação são as enzimas produzidas por micro-organismos, geralmente estáveis ao calor, que catalisam reações em alimentos levando à formação de *off-flavors*. Desse modo, um processamento térmico pode destruir os micro-organismos, mas ser incapaz de desnaturar lipases ou proteases, que por sua vez podem ser responsáveis pela produção de *off-flavor* durante o armazenamento.

A última via pela qual os micro-organismos podem produzir *off-flavor* em alimentos é a mais comum, que é a contaminação durante o transporte, processamento e armazenamento. Peixes *in natura* e derivados de leite são muito susceptíveis à contaminação microbiana. Por exemplo, quando o pescado está fresco, o seu aroma é muito suave, porém, quando armazenado em temperaturas acima da de congelamento, desenvolve um aroma forte de peixe que depois passa a desagradável e podre. Esse aroma forte em peixe está relacionado com a produção de trimetilamina, via ação bacteriana.

Nos dias de hoje, as bactérias psicrotróficas são responsáveis pelo *off-flavor* em leite, pois estes micro-organismos se multiplicam em temperaturas abaixo de 7° C e, portanto, podem crescer em temperatura de refrigeração. Embora elas sejam destruídas durante a pasteurização, produzem lipases e proteases estáveis ao calor que formam *off-flavor* durante o armazenamento do produto. Por exemplo, o *off-flavor* descrito como frutado é formado pelas lipases produzidas por *Pseudomonas fragi* que, a princípio, hidrolisam os triacilgliceróis liberando ácidos graxos de cadeia curta, seguido de esterificação desses ácidos aos correspondentes ésteres, como butirato de etila e caproato de etila.[22]

Perspectivas

No Brasil, o Ministério da Saúde tem coordenado estratégias nacionais relacionadas com a alimentação e saúde. Dentre essas ações, destaca-se o Plano de Ações Estratégicas para o Enfrentamento das Doenças Crônicas Não Transmissíveis no Brasil 2011-2022.

Como no Brasil o consumo médio de sódio excede em mais de duas vezes a ingestão máxima recomendada pela Organização Mundial da Saúde (OMS), de 2 g por dia, e dados da Pesquisa de Orçamentos Familiares de 2002 e 2003 mostraram que 76% do sódio consumido no país tem como origem o sal de cozinha e condimentos à base desse sal, o Plano Nacional de Redução do Consumo de Sódio envolve um conjunto de medidas como ações educativas para a redução do sódio, elaboração de guias de boas práticas nutricionais, articulação com outros programas governamentais e ações em ambientes, como escolas e trabalho. Um acordo de cooperação técnica entre o Governo Federal e a Associação das Indústrias da Alimentação (ABIA), assinado em 2007, retirou dos alimentos industrializados 7.652 toneladas de sódio desde 2011, o que representa uma redução média de 10% nos 839 produtos monitorados (Plano de Redução do Sódio em Alimentos Processados). Em 2014, cerca de 95% desses produtos atingiram as metas estabelecidas pelo Ministério da Saúde.

Essas ações nacionais são muito importantes considerando que a terceira edição da Pesquisa Nacional de Saúde, coordenada pelo IBGE e FIOCRUZ, divulgou em 2015 que a proporção de brasileiros adultos (com 20 anos ou mais) com excesso de peso chegou a 58,6%, e que 21,4% das pessoas com mais de 18 anos já foram diagnosticadas com hipertensão.

RESUMO

A cor e aparência geral de um alimento é o atributo inicial de qualidade que nos atrai na escolha de um produto alimentício (Capítulo 7), porém o sabor é de longe o atributo de maior impacto na aceitabilidade e desejo de consumi-lo novamente. Estudos mostram que algumas diferenças nas preferências alimentares individuais são de origem genética, porém é praticamente desconhecido como os mecanismos gustativos estão ligados ao humor, apetite, obesidade e saciedade.

Sabor é a resposta integrada de gosto, aroma e percepções quinestéticas. O sabor resulta da estimulação simultânea dos sentidos do gosto (gustação), do olfato (olfatação) e do nervo trigeminal (quinestese). Os gostos básicos (doce, salgado, amargo, ácido e umami) são produzidos por compostos não voláteis; enquanto as diferentes sensações de aroma são produzidas por compostos voláteis minoritários liberados da matriz alimentícia durante a mastigação, e as percepções quinestéticas de adstringência, pungência, frescor, temperatura associam-se à estimulação dos nervos trigeminal, glossofaríngeo e vagus.

Os compostos das classes dos sais (NaCl), ácidos e ribonucleotídeos são responsáveis pelos gostos salgado, ácido e umami, respectivamente. Por outro lado, os compostos que proporcionam gosto doce, como açúcares, sacarina, aspartame, e gosto amargo, como quinino, taninos e metilxantinas, são provenientes de diversas classes químicas. Centenas de aromas agradáveis são biossintetizados durante o amadurecimento das frutas climatéricas ou corte de vegetais, ou formados em alimentos submetidos ao calor, fermentação ou fritura. Porém, aromas indesejáveis, conhecidos como *off-flavor*, podem contaminar os alimentos através do ar, água de processamento, embalagem ou reações indesejáveis.

? QUESTÕES PARA ESTUDO

9.1. Discutir as evidências de que o modelo proposto por Shallenberger & Acree em 1967 para percepção do gosto doce pode ser inadequado.

9.2. Quais são os glucóforos, e suas respectivas funções, necessários para que um composto seja doce? Mostrar no composto abaixo a localização de cada um desses glucóforos e suas interações com o receptor de gosto.

9.3. Qual o composto mais utilizado para dar gosto salgado aos alimentos? Considerando as teorias de gosto, explicar porque é difícil substituí-lo.

9.4. Explicar a diferença entre o gosto amargo e doce. Dar exemplos que ilustrem estas teorias.

9.5. O que é um realçador de sabor? Dar exemplos de produtos nos quais este ingrediente pode ser adicionado para conquistar públicos específicos (como idosos), explicando a finalidade de sua adição.

9.6. Descrever as características gerais dos compostos responsáveis pela percepção de gosto e de aroma.

9.7. Discutir as similaridades e diferenças entre desenvolvimento de aromas em frutas e em vegetais.

9.8. Quais são as características estruturais comuns dos compostos de aroma formados pela Reação de Maillard?

9.9. Qual a definição para compostos com caráter de impacto? Quais são as principais rotas biossintéticas e reações para a formação de compostos com caráter de impacto? Qual a importância desses compostos para a indústria de aroma para alimentos?

9.10. Discutir as possíveis causas de formação de *off-flavor* em leite, desde a ordenha até o armazenamento e comercialização.

Referências bibliográficas

1. Breslin PAS. Human gustation and flavour. Flavour Fragrance Journal 2001; 16:439-56.
2. Da Silva MAAP, Cendes F. Sensory: human biology and physiology. In: Handbook of meat, poultry and seafood quality. Nollet LML (ed.), Blackwell Publishing 2007; 45-59.
3. Smith DV, Margolskee RF. Making sense of taste. Scientific American 2001; 284:32-9.
4. Shallenberger RS. Taste Chemistry. Blackie Academic & Professional 1993; 613 p.
5. Horio T, Kawamura Y. Influence of physical exercise on human preferences for various taste solutions. Chemical Senses 1998; 23:417-21.
6. James CE, Laing DG., Oram NA. Comparison of the ability of 8–9-year-old children and adults to detect taste stimuli. Physiology & Behavior 1997; 62:193-7.
7. Stevens J. Detection of very complex taste mixtures: generous integration across constituent compounds. Physiology & Behavior 1997; 62:1137-43.
8. Tordoff MG. Some basic psychophysics of calcium salt solutions. Chemical Senses 1996; 21:417-24.
9. Shallenberger RS, Acree TE. Molecular theory of sweet taste. Nature 1967; 216:480-2.
10. Shallenberger RS, Acree TE, Lee CY. Sweet taste of D and L-sugars and aminoacids and the steric nature of their chemo-receptor site. Nature 1969; 221:555-6.
11. Kier LB. Molecular theory of sweet taste. Journal of Pharmaceutical Sciences 1972; 61:1394-7.

12. Shallenberger RS, Lindley MG. Lipophilic-hydrophobic attribute and component in stereochemistry of sweetness. Food Chemistry 1977; 2:145-53.

13. Schiffman SS, Sennewald K, Gagon J. Qualities and thresholds of D- and L-amino acids. Physiology & Behavior 1981; 27:51-9.

14. Nofre C, Tinti JM. Sweetness reception in man: the multipoint attachment theory. Food Chem 1996; 56:263-74.

15. Zhao GQ. The receptors for mammalian sweet and umami taste. Cell 2003; 115:255-66.

16. Reed DR, Tanaka T, McDaniel AH. Diverse tastes: genetics of sweet and bitter perception. Physiology & Behavior 2006; 88:215-26.

17. Belitz H-D, Wieser H. Bitter compounds: occurrence and structure-activity relationships. Food Reviews International 1985; 1:271-354.

18. Mueller KL, Hoon MA, Erlenbach I, Chandrashekar J, Zuker CS, Ryba NJP. The receptors and coding logic for bitter taste. Nature 2005; 434:225-9.

19. Drewnowski A. The Science and complexity of bitter taste. Nutrition Reviews 2001; 59:163-9.

20. Manners GD. Citrus limonoids: analysis, bioactivity, and biomedical prospects. Journal of Agricultural and Food Chemistry 2007; 55:8285-94.

21. Noble AC, Philbrickz KC, Boulton RB. Comparison of sourness of organic acid anions at equal pH and equal titratable acidity. Journal of Sensory Studies 1986; 1:1-8.

22. Reineccius G. Flavor Chemistry and Technology, 2nd edition, Taylor & Francis Group 2006; 465 p.

23. Lugaz O, Pillias AM, Boireau-Ducept N, Faurion A. Time-intensity evaluation of acid taste in subjects with saliva high flow and low flow rates for acids of various chemical properties. Chemical Senses 2005; 30:89-103.

24. Neta ERC, Johanningsmeter SD, Feeyters RE. The chemistry and physiology of sour taste - a review. Journal of Food Science 2007; 72:R33-8.

25. Norris MB, Noble AC, Pangborn RM. Human saliva and taste responses to acids varying in anions, titratable acidity, and pH. Physiology & Behavior 1984; 32:237-44.

26. CoSeteng MY, McLellan MR, Downing DL. Influence of titratable acidity and pH on intensity of sourness of citric, malic, tartaric, lactic and acetic acid solutions on the overall acceptability of imitation apple juice. Canadian Institute of Food Science and Technology Journal 1989; 22:46-51.

27. Johanningsmeier SD, McFeeters RE, Drake MA. A hypothesis for the chemical basis for perception of sour taste. Journal of Food Science 2005; 70:R44-8,.

28. Sowalsky RA, Noble AC. Comparison of the effects of concentration, pH and anion species on astringency and sourness of organic acids. Chemical Senses 1998; 23:343-9.

29. Huang AL, et al. The cells and logic for mammalian sour taste detection. Nature 2006; 442:934-8.

30. Damodaran S, Parkin KL, Fennema OR. Flavors. In: Fennema's Food Chemistry, 4th ed. CRC Press 2008; 639-687.

31. Mattes RD. The taste for salt in humans. American Journal of Clinical Nutrition 1997; 65S:692-7.

32. Bellisle F. Glutamate and the umami taste: sensory, metabolic, nutritional and behavioural considerations. A review of the literature published in the last 10 years. Neuroscience and Biobehavioral Reviews 1999; 23:423-38.

33. Lesschaeve I, Noble AC. Polyphenols: factors influencing their sensory properties and their effects on food and beverage preferences. American Journal of Clinical Nutrition 2005; 81S:330-5.

34. Kallithraka S, Bakker J, Clifford MN. Evaluation of bitterness and astringency of (+)-catechin and (-)-epicatechin in red wine and in model solution. Journal of Sensory Studies 1997; 12:25-37.

35. Robichaud JL, Noble AC. Astringency and bitterness of selected phenolics in wine. Journal of the Science of Food and Agriculture 1990; 53:343-53.

36. Krings U, Berger RG. Biotechnological production of flavours and fragrances. Applied Microbiology and Biotechnoilogy 1998; 49:1-8.

37. Meijboom PW. Relationship between molecular structure and flavor perceptibility of aliphatic aldehydes. Journal of the American Oil Chemists Society 1964; 41:326-8.

38. Meijboom PW, Jongenotter GA. Flavor perceptibility of straight chain, unsaturated aldehydes as a function of double-bond position and geometry. Journal of the American Oil Chemists Society 1981; 58: 680-2.

39. Rossiter KJ. Structure-odor relationships. Chemical Reviews 1996; 96:3201-40.

40. Belitz H-D., Grosch W, Schieberle P. Aroma Compounds. In: Food Chemistry, 4th edition. Springer 2009; 340-402.

41. Parliment TH, Clinton W, Scarpellino R. trans-2-Nonenal: coffee compound with novel organoleptic properties. Journal of Agricultural and Food Chemistry 1973; 21:485-7.

42. Tressl R, Drawert F. Biogenesis of banana volatiles. Journal of Agricultural and Food Chemistry 1973; 21:560-5.

43. Hatamaka A, Kajiwara T, Sekiya J. Fatty acid hydroperoxide lyase in plant tissues: volatile aldehydes formation from linoleic and linolenic acid. In: Biogeneration of Aromas. ACS Symposium Series 1986; 317:167.

44. Afoakwa EO, Paterson A, Fowler M, Ryan S. Flavor formation and character in cocoa and chocolate: a critical review. Critical Reviews in Food Science and Nutrition 2008; 48:840-57.

45. Rohan TA. Precursors of chocolate aroma: a comparative study of fermented and unfermented cocoa beans. Journal of Food Science 1964; 29:456-9.

46. Marmesat S, Morales A, Velasco J, Dobarganes MC. Action and fate of natural and synthetic antioxidants during frying. Grasas y Aceites 2010; 61:333-40.

47. Wagner R, Grosch W. Evaluation of potent odorants of french fries. Lebensm.-Wiss. u.-Technol. 1997; 30:164-9.

48. Mallia S, Escher F, Schlichtherle-Cerny H. Aroma-active compounds of butter: a review. European Food Research Technology 2008; 226:315-25.

49. Young WF, Horth H, Crane R, Ogden T, Arnott M. Taste and odour threshold concentrations of potential potable water contaminants. Water Research 1996; 30:331-40.

50. Goldenberg N, Matheson HR. Off-flavors in foods: a summary of experience. Chemistry & Industry 1975; 5:551-7.

51. Kochhar S. Oxidative pathways to the formation of off-flavours. In: Food Taints and Off-Flavours, M. Saxby (ed.). Blackie Acad Prof 1996; 168.

52. Morales MT, Rios JJ, Aparicio R. Changes in the volatile composition of virgin olive oil during oxidation: flavors and off-flavors. Journal of Agricultural and Food Chemistry 1997; 45:2666-73.

53. Perez-Cacho PR, Rouseff R. Processing and storage effects on orange juice aroma: a review. Journal of Agricultural and Food Chemistry 2008; 56:9785-96.

54. Ayers JE, Fishwick MJ, Land DG, Swain T. Off-flavor in dehydrated carrot stored in oxygen. Nature 1964; 203:81-2.

55. Parks OW, Schwartz DP, Keeney M. Identification of O-aminoacetophenone as a flavour compound in stale dry milk. Nature 1964; 202:185-7.

56. Dalsgaard TK, Otzen D, Nielsen JH, Larsen LB. Changes in structures of milk proteins upon photo-oxidation. Journal of Agricultural and Food Chemistry 2007; 55:10968-76.

57. Mortensen G, Bertelsen G, Mortensen BK, Stapelfeldt H. Light-induced changes in packaged cheeses - a review. International Dairy Journal 2004; 14:85-102.

58. Montenegro MA, Nunes IL, Mercadante AZ, Borsarelli CD. Photoprotection of vitamins in skimmed milk by an aqueous soluble lycopene-gum arabic microcapsule. Journal of Agricultural and Food Chemistry 2007; 55:323-9.

59. Weedon AC, Morrison JS. The photochemistry of trans-isohumulone, a bitter flavouring component of beer. Canadian Journal of Chemistry 2008; 86:791-8.

60. Jeon J. Flavor Chemistry of Dairy Lipids - Review of free fatty acids. In Lipids in Food Flavors. Ho CT, Hartman TG (ed.). ACS Symposium Series 1994; 196-207.

Sugestões de leitura

Chandrashekar J, Hoon MA, Ryba NJP, Zuker CS. The receptors and cells for mammalian taste. Nature 2006;444:288-94.

Chandrashekar J et al. The taste of carbonation. Science 2009;326:443-5.

Forss DA. Review of the progress of dairy science: mechanisms of formation of aroma compounds in milk and milk products. Journal of Dairy Research 1979;46:691-706.

Vanderhaegen B, Neven H, Verachtert H, Derdelinckx G. The chemistry of beer aging – a critical review. Food Chemistry 2006;95:357-81.

Vasta V, Priolo A. Ruminant fat volatiles as affected by diet. A review. Meat Science 2006;73:218-28.

Zellner DA. Color–odor interactions: a review and model. Chemosensory Perception , 2013;6:155-169.

capítulo **10**

Biotecnologia de Alimentos

• João Roberto Oliveira do Nascimento • Franco Maria Lajolo

Objetivos

Este capítulo tem por objetivo apresentar conceitos básicos relativos à biotecnologia de alimentos, com ênfase no desenvolvimento de matérias-primas vegetais derivadas de organismos geneticamente modificados. As principais etapas envolvidas no desenvolvimento desses alimentos, assim como alguns exemplos de variedades de plantas com benefícios agronômicos ou nutricionais, são apresentados. Ao final são discutidas questões relativas à segurança e à rotulagem desses alimentos.

Introdução

A biotecnologia pode ser conceituada, de modo bastante abrangente, como o conjunto de tecnologias de manipulação de seres vivos, tecidos ou organelas para obtenção de produtos ou processos de alguma utilidade.

No contexto alimentar, exemplos típicos de produtos biotecnológicos são os alimentos obtidos por fermentação, como queijo, vinho, pão e cerveja. Nesses casos, o processo natural de fermentação microbiana é utilizado com o propósito de modificar a composição química e características sensoriais de matérias-primas alimentares. A inoculação e o desenvolvimento de micro-organismos específicos leva ao consumo de substratos, sobretudo açúcares, e consequente formação de produtos da fermentação, como ácidos orgânicos e etanol, que além de terem ação autolimitante sobre o crescimento do micro-organismo fermentador dificultam ou retardam o crescimento de micro-organismos deteriorantes. Portanto, uma matéria-prima como o suco de uvas, extremamente perecível por ser rico em açúcares e outros nutrientes, é convertido em vinho, pelo acúmulo de etanol derivado da fermentação, resultando em um produto que pode ser armazenado à temperatura ambiente por longos períodos.

A manipulação de seres vivos com a finalidade de melhor atender às necessidades alimentares humanas é algo que acompanha a história da civilização, e não se restringiu à obtenção pura e simples de alimentos por fermentação. Não bastou às populações ancestrais fazerem uso deliberado de micro-organismos específicos para conservar matérias-primas perecíveis ou sazonais e, consequentemente, dispor de seus nutrientes por períodos mais longos. Empiricamente foram identificados e selecionados os micro-orga-

347

nismos mais adequados às demandas humanas por maior produtividade, resistência a condições adversas e armazenamento, e também que resultassem em produtos com melhores características organolépticas, como gosto e aroma. Da mesma maneira, a manipulação de seres vivos para melhor atender às necessidades humanas não se restringiu a seres unicelulares.

O desenvolvimento da agricultura e da pecuária mostra clara manipulação das características observáveis ou mensuráveis (fenótipo) de seres mais complexos, como plantas e animais, com a finalidade última de satisfazer às demandas populacionais por alimentos. Plantas foram selecionadas por sua produtividade, maior resistência a pragas ou intempéries, pelo valor nutricional, ou pela segurança para consumo, traduzida por níveis reduzidos de compostos indesejáveis, sejam tóxicos ou antinutricionais. De modo análogo, animais foram selecionados por sua carne, porte, resistência a doenças, temperamento tolerante ao manejo humano, e pelo ciclo reprodutivo compatível com as condições de cativeiro, dentre outras características.

Essa manipulação empírica, conduzida e aprimorada ao longo de milênios em várias partes do globo, baseada no intercâmbio de espécies, no cruzamento de indivíduos selecionados e na fixação de características de interesse, resultou na grande diversidade de espécies e variedades de animais e plantas atualmente utilizadas como matérias-primas alimentares.

O melhor entendimento da base genética por trás de várias características de interesse em animais e plantas utilizados com alimentos ajudou a direcionar o aprimoramento dessas espécies. Portanto, novas variedades de animais e plantas utilizadas com matérias-primas alimentares foram desenvolvidas por meio do que se convencionou chamar melhoramento genético convencional. Nesse caso, as características de interesse são buscadas em meio ao acervo genético disponível na espécie, pela observação e triagem acurada de indivíduos, e também por meio de cruzamentos programados, com seleção da progênie resultante. No caso das espécies vegetais, processos como a mutação induzida por agentes químicos e por radiação ionizante foram bastante utilizados, sobretudo em meados do século XX, resultando em variedades amplamente utilizadas como alimentos. A importância da abordagem mutagênica para a obtenção de variedades de interesse pode ser ilustrada, no Brasil, pela criação do Centro de Energia Nuclear na Agricultura (CENA-USP), que tinha entre suas atribuições originais empregar a radiação ionizante como elemento indutor de mutações para a obtenção de variedades de plantas com características agronômicas superiores.

Em que pese o sucesso dessas abordagens na obtenção de variedades de animais e plantas, o fato é que o processo de melhoramento convencional apresenta limitações em razão da natureza das modificações genéticas efetuadas. O cruzamento de indivíduos, por meio da reprodução sexuada, resulta em um embaralhamento genético que torna pouco previsível a manifestação das características agronômicas de interesse. Da mesma maneira, os processos de mutação química ou por radiação são inespecíficos, afetando um grande número de genes, e eventualmente os potencialmente relevantes. Dessa forma, o melhoramento genético convencional pode ser considerado um processo de manipulação de características genéticas com um significativo grau de imprevisibilidade, de difícil controle, e bastante afetado pelos limites impostos pela reprodução sexuada ou pela disponibilidade da característica de interesse no acervo genético da espécie.

Expressão gênica

Tendo sido apresentada a importância que a genética tem para as características de interesse em animais e plantas utilizadas com alimentos, é oportuno destacar alguns aspectos do processo de expressão dos genes.

A informação genética de um organismo está compilada em seu genoma, fisicamente representado pelos pares de cromossomos. Estes são estruturas presentes nas células de procariotos e eucariotos (células com núcleo), constituídos por fitas duplas de DNA – a molécula carreadora da informação gênica. Os genes são segmentos das fitas duplas de DNA que representam unidades de informação genética, levando à síntese de proteínas. Essas proteínas podem desempenhar

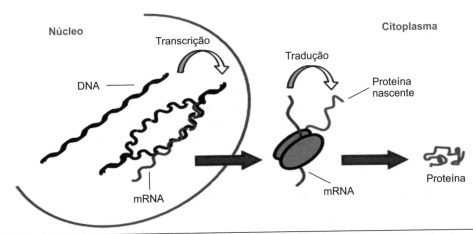

Figura 10.1 Esquema ilustrativo das etapas da expressão gênica em um organismo eucarioto com material genético no núcleo.

as mais diversas funções, estruturais, catalíticas, de defesa, regulatórias, dentre outras, levando à manifestação da respectiva característica codificada pelo gene.

O fluxo da informação genética se propaga na direção da formação de proteínas, passando pelas etapas de transcrição e tradução, de acordo com a Figura 10.1. Na transcrição, a informação contida no DNA é repassada a uma molécula de RNA mensageiro (mRNA), por meio de uma RNA polimerase. Essa molécula de mRNA consiste numa fita simples de nucleotídeos que serve de molde para a síntese de proteínas, no processo conhecido por tradução.

A tradução de proteínas se dá pela interação das moléculas de mRNA com os ribossomos e a participação de pequenas moléculas de RNA transportador (tRNA), que são os carreadores de aminoácidos. No ribossomo, ocorre a junção dos aminoácidos e a síntese da proteína, a partir da sequência predeterminada pelo mRNA, que por sua vez deriva da informação contida no DNA. As proteínas podem ainda sofrer modificações adicionais depois da tradução, como, por exemplo, pela remoção específica de parte de sua sequência de aminoácidos, pela adição de grupos, como carboidratos ou fosfato.

O conhecimento sobre o fluxo da informação gênica proporcionou a base para o desenvolvimento da tecnologia do DNA recombinante, que possibilitou a manipulação dos genes dos organismos.

A tecnologia do DNA recombinante e o desenvolvimento de alimentos

Os significativos avanços trazidos pela elucidação da estrutura do DNA e pelas técnicas de manipulação de ácidos nucleicos resultaram na chamada tecnologia do DNA recombinante, em que moléculas de DNA de um organismo podem, de maneira bastante específica e precisa, ser isoladas, fragmentadas e recombinadas, copiadas e transferidas de um organismo a outro por via assexuada, tornando possível, inclusive, a transferência de genes entre espécies. O entendimento de que o código genético é uma base de informação universal entre os seres vivos, assim como os avanços técnicos que resultaram na reação em cadeia da polimerase (PCR), e no sequenciamento em larga escala que possibilita a descrição de genomas completos, possibilitaram levar a capacidade de manipulação de sequências gênicas a um nível sem precedentes. A tecnologia do DNA recombinante, ao possibilitar a modificação das características de um organismo em um grau mais apurado, por meio da manipulação genética mais precisa e direta, forma a base da chamada transgenia.

A produção de novas variedades de animais e plantas de interesse agronômico é um importante capítulo da biotecnologia moderna, sendo os alimentos geneticamente modificados (GM) a face mais em evidência. Um alimento geneticamente modificado pode ser definido como aquele derivado de um animal ou planta que passou por um processo de modificação genética, com introdução, remoção ou modificação de sequências gênicas, originadas da mesma espécie ou de outra, por meio da tecnologia do DNA recombinante, com a finalidade de conferir características desejáveis do ponto de vista agronômico e industrial ou benefícios diretos para o consumidor final. Em que pese o fato de que no melhoramento convencional também ocorre o desenvolvimento de organismos com características genéticas de interesse, o termo geneticamente modificado é restrito àqueles alimentos obtidos por transgenia, ou seja, derivados da manipulação de sequências gênicas por técnicas de DNA recombinante.

Etapas do desenvolvimento de novas matérias-primas alimentares

O desenvolvimento de novas matérias-primas alimentares por transgenia (Figura 10.2) resulta da combinação de êxitos nas seguintes etapas técnicas: 1) identificação do determinante genético da característica fenotípica de interesse; 2) manipulação *in vitro* e obtenção das novas sequências gênicas; 3) transferência das novas moléculas de DNA para células do organismo receptor; 4) regeneração de organismos viáveis a partir das células modificadas; 5) seleção do organismo modificado com manifestação da característica de interesse. Os detalhes dessas etapas são discutidos a seguir.

Identificação do determinante genético da característica fenotípica de interesse

A etapa de identificação do determinante genético por trás da característica fenotípica de interesse é essencial para o sucesso no desenvolvimento de um alimento GM, pois do conhecimento dos genes envolvidos depende a subsequente manipulação das sequências. Essa etapa é resultante do acúmulo de uma grande quantidade de informação biológica, em geral obtida a partir de estudos básicos de fisiologia, bioquímica, genética e biologia molecular. Se, por exemplo, pretende-se desenvolver uma variedade vegetal com níveis aumentados de um determinado nutriente, é preciso, antes de tudo, conhecer as rotas metabólicas que levam à sua síntese, identificar os genes

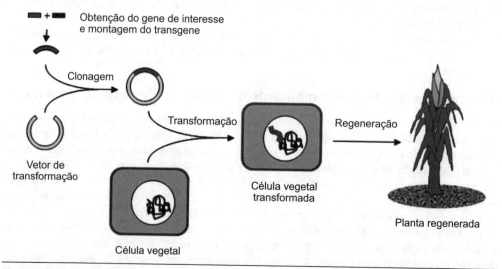

Figura 10.2 Esquema ilustrativo das etapas de desenvolvimento de uma planta geneticamente modificada.

responsáveis e os fatores ou condições que modulam a sua expressão. Ao final, espera-se que o gene determinante para a expressão da característica seja inequivocamente identificado e que haja suficiente conhecimento sobre a regulação de sua expressão.

Manipulação *in vitro* e obtenção das novas sequências gênicas

Uma vez definido o gene que será modificado para a obtenção da variedade geneticamente modificada, é necessário proceder à sua manipulação *in vitro*. A expressão de um gene depende da presença de elementos gênicos regulatórios, como a sequência promotora e a sequência terminadora, além de outros motivos envolvidos com a destinação subcelular da proteína produzida, como as sequências de peptídeo-sinal ou de peptídeo de trânsito, por exemplo. A região promotora apresenta os elementos necessários para o início da transcrição do respectivo mRNA, e geralmente apresenta motivos ou trechos de interação com fatores de transcrição, os quais são capazes de modular o processo de transcrição. A região terminadora determina o fim do processo de transcrição e, portanto, o tamanho da molécula de mRNA produzida pela RNA polimerase.

A modificação genética capaz de conferir uma característica de interesse envolve a manipulação de trechos de DNA originados de diferentes organismos, de modo a resultar numa sequência gênica que seja efetivamente expressa. Essas diferentes moléculas de DNA devem ser manipuladas e ordenadas numa sequência funcional, perfazendo o que se convencionou chamar construção, transgene ou cassete de transformação. Na Figura 10.3, é apresentado esquema do transgene de uma soja GM. Na montagem dessa nova molécula de DNA são necessárias, além da região codificadora dos aminoácidos, as regiões promotoras e terminadoras e, eventualmente, trechos de DNA responsáveis pela destinação subcelular da proteína produzida. Essa nova construção gênica, produzida com as técnicas de DNA recombinante, pode ser montada num vetor de transformação, que consiste numa molécula circular de DNA, derivada de segmentos de plasmídeos e DNA de vírus bacteriófagos, para posterior transferência para o organismo hospedeiro. Em geral, a montagem da construção de interesse no vetor de transformação é associada a um gene marcador, que pode ser um gene que propicia ao organismo receptor resistência a um determinando antibiótico. A finalidade do gene marcador é indicar a presença do transgene no organismo receptor, uma vez que, por estarem montados no vetor, ambos serão despachados para as células durante o processo de transformação. A utilização de um gene marcador se faz necessária porque nem sempre a característica de interesse, conferida pelo transgene, pode ser manifestada em etapas iniciais do trabalho, em que são manipuladas apenas células e não um organismo complexo, como uma planta ou animal.

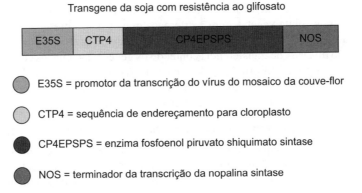

Figura 10.3 Representação esquemática da composição do transgene da soja resistente ao glifosato.

Transferência das novas moléculas de DNA para células do organismo receptor

Uma vez que o transgene foi preparado com todos os elementos necessários para a expressão da proteína de interesse em um vetor de transformação, deve ser feita a sua introdução em células do organismo hospedeiro. Ao processo de transferência dessa nova molécula de DNA a células hospedeiras, com passagem para o núcleo e integração no genoma, dá-se o nome de transformação. No âmbito da produção de novas matérias-primas alimentares, esse processo pode ser feito por método físico ou biológico. A escolha de um ou outro depende em grande medida do material biológico objeto da transformação, pois alguns são eficientemente transformados por um método, mas não por outro.

Transformação por biobalística

A transferência das novas moléculas de DNA para células do organismo receptor por método físico diz respeito ao uso da biobalística. Nesse caso, as moléculas de DNA da construção ou transgene são adsorvidas na superfície de micropartículas de material inerte, com tungstênio ou ouro, e aceleradas contra células ou tecido do organismo a ser modificado geneticamente. Essa aceleração se dá em um equipamento específico, por meio do disparo de uma carga de gás comprimido, de modo que as partículas ao serem disparadas em alta velocidade penetrem nas células e possam alcançar o núcleo. Nessa organela, as moléculas de DNA são liberadas das partículas e, por meio de recombinação aleatória, podem se integrar ao material genético do organismo alvo da transformação.

Nesse processo, muitas células são danificadas e mortas, mas uma parcela pode receber o novo material genético sem grandes danos. Dentre essas células receptoras das partículas carreando DNA, algumas poderão ter o material genético integrado em posições no genoma que não comprometam severamente suas funções biológicas, havendo a possibilidade de expressão do transgene.

Transformação por agrobactéria

O método de transformação genética por agente biológico diz respeito ao uso do micro-organismo *Agrobacterium tumefasciens*. Essa bactéria do solo é capaz de infectar tecidos vegetais, com transferência de material biológico para as células hospedeiras, que passam então a se multiplicar e a produzir opinas, aminoácidos não proteicos que não são utilizados pelo vegetal, mas que podem ser metabolizados pelo micro-organismo. Esse é um processo natural de patogenia vegetal que leva à formação de deformidades nos tecidos, normalmente conhecidas por galha de coroa em caules e raízes, cujo elemento chave é um plasmídeo presente nas células da agrobactéria.

O processo biotecnológico de transformação vegetal por meio da agrobactéria lança mão de um fenômeno que ocorre na natureza — a eficiente transferência de material genético do micro-organismo para a célula vegetal, com a diferença que os genes presentes no plasmídeo são previamente manipulados *in vitro*. O plasmídeo é modificado pelas técnicas de recombinação, de modo que a região do DNA de transferência contendo os genes relacionados com a biossíntese de opinas e hormônio vegetal é substituída pelo transgene. Assim, em vez de indução de um tumor vegetal capaz de produzir o alimento da agrobactéria, ocorre a transferência e integração dos genes presentes na construção genética no genoma do vegetal.

Regeneração de organismos viáveis a partir das células modificadas

Uma vez que o transgene tenha sido transferido, seja carreado em partículas veiculadas por biobalística, seja por intermédio da agrobactéria, é necessário identificar quais dessas células o receberam e o tiveram integrado em seu genoma. Nessa etapa do trabalho, as células transformadas são cultivadas em meio seletivo, ou seja, em meio de cultura contendo um agente químico para o qual o gene marcador confere resistência. Esse agente pode ser um antibiótico, herbicida, ou algum metabólito específico, e a sobrevivência das células transformadas indica a presença do transgene integrado ao genoma, pois na montagem da construção o gene de interesse foi associado ao gene marcador.

A seleção das células transformadas possibilita passar à próxima etapa do processo, que é a regeneração de organismos viáveis. A princípio, as células são individualmente cultivadas em meio nutritivo adicionado do agente de seleção para que haja multiplicação e formação de uma massa de células indiferenciadas. Frações da biomassa originada de uma única célula transformada são então transplantadas para meio nutritivo adicionado de hormônios vegetais. Do balanço entre esses hormônios são criadas as condições que propiciam a indução do desenvolvimento de raízes e caules. A manipulação das condições de cultura dos tecidos resulta na formação de uma plântula, que ao ser adequadamente adaptada a condições ambientais mais severas pode resultar numa planta com plena capacidade de ser cultivada em condições de campo.

Seleção do organismo modificado com manifestação da característica de interesse

Feita a regeneração das plantas transformadas, é necessário não apenas identificar aquelas que receberam o transgene mas também as que são capazes de expressar a nova característica de interesse, sem, no entanto, perda de suas qualidades agronômicas. Isso se justifica pelo caráter aleatório da integração no genoma, fazendo com que a modificação genética possa resultar na incorporação do transgene em uma posição desfavorável do genoma, causando a interrupção de sequências gênicas que podem de algum modo comprometer a viabilidade da planta em condições de campo, ou prejudicar o seu crescimento e produtividade.

A transferência e integração do material genético em uma célula compõem um evento único, em que a probabilidade de ocorrência idêntica em outra célula transformada é bastante baixa. Diante disso, os experimentos de transformação partem de um número relativamente grande de indivíduos para a triagem, de modo que possa ser encontrado um indivíduo que apresente o melhor compromisso entre a manifestação da nova característica introduzida pela modificação genética e a preservação das qualidades agronômicas. Para isso, a identificação de um evento de transformação que possa resultar numa variedade geneticamente modificada depende da avaliação de seu desempenho em condições de cultivo comercial, estando sujeito às condições ambientais reais, ou seja, intempéries, insetos, micro-organismos etc. Deve ser avaliada não só a manifestação da nova característica de interesse como, por exemplo, a resistência a insetos, mas também se foi preservada a taxa de crescimento, o porte, a produtividade etc.

Variedades vegetais com vantagens agronômicas ou tecnológicas

As variedades da primeira geração de geneticamente modificados foram desenvolvidas, em sua maioria, com o objetivo de prover matérias-primas alimentares com propriedades tecnológicas ou características agronômicas superiores a de seus análogos convencionais. Um exemplo clássico é o tomate, que apresenta significativas perdas pós-colheita em razão da polpa extremamente macia quando maduro. Uma vez que as características organolépticas ou tecnológicas mais valorizadas, como cor, gosto e aroma, são alcançadas quando a fruta está madura e, portanto, mais frágil e susceptível a injúrias, a colheita do fruto plenamente maduro resultaria em um produto de qualidade superior, mas com alto grau de perecibilidade. Desse modo, foi desenvolvida uma variedade de tomate com uma modificação genética para suprimir a expressão do gene da poligalacturonase (PG), uma enzima que atua sobre a pectina, um polímero da parede celular vegetal que contribui para a firmeza do tecido vegetal. O bloqueio da expressão dessa enzima durante o amadurecimento do tomate resulta num fruto mais firme, que pode ser colhido maduro, mais tardiamente, e, portanto, com as características desejáveis de cor e sabor plenamente desenvolvidas. Essa variedade de tomate recebeu o nome fantasia de "Favr-Savr" e tem valor histórico por ter sido o primeiro produto vegetal geneticamente modificado com aprovação para consumo humano nos EUA, em 1994. Embora a expressão do gene da PG tenha sido inibida em 98%, ainda assim houve algum amaciamento da polpa, o que, no entanto, não impediu que o tomate pudesse permanecer na planta por mais tempo e a polpa derivada desses frutos apresentasse propriedades reológicas distintas.

Dois exemplos bastante importantes de estratégias de modificação genética visando à obtenção de vantagens agronômicas são as variedades de plantas resistentes a herbicidas e aquelas que expressam proteínas inseticidas, algumas das quais já autorizadas para plantio e comercialização no Brasil.

A soja resistente ao herbicida glifosato foi a primeira variedade geneticamente modificada liberada para cultivo comercial no país. Essa variedade diferencia-se da convencional por ter recebido uma variante do gene da enzima 5-enolpiruvil-shiquimato-3-fosfato sintase (EPSPS), que é insensível ao herbicida. Plantas que são mortas pelo glifosato sofrem os efeitos nocivos justamente pelo fato de essa enzima, responsável pela biossíntese de aminoácidos aromáticos, ser inibida pelo herbicida. No caso das plantas resistentes, a presença de uma versão do gene EPSPS insensível à inibição, introduzida pela modificação genética, garante a biossíntese dos aminoácidos, ainda que a enzima original seja prejudicada pela presença do composto. Desse modo, a aplicação do herbicida leva as ervas-daninhas ou mesmo soja convencional à morte, mas não causa prejuízo às variedades geneticamente modificadas. Hoje em dia, já existem diversos vegetais com esse tipo de resistência ou similares aprovados para cultivo. No Brasil, há variedades comerciais aprovadas de soja, milho e algodão.

O ataque de insetos causa prejuízos significativos às lavouras de diversas culturas e há grande interesse em controlar a proliferação dessas pragas. Um controle eficiente pode ser alcançado por meio da introdução nas plantas de genes que codificam proteínas com ação tóxica apenas sobre insetos, mas não sobre seres humanos e outros animais. Existem proteínas produzidas pelo micro-organismo *Bacillus thuringiensis*, conhecidas pelas siglas Cry1 (Cry1Aa, Cry1Ab, Cry1Ac), que têm ação inseticida especificamente sobre larvas de borboletas e mariposas que infestam as lavouras. As plantas das variedades conhecidas como *Bt*, ou seja, resistentes por expressarem proteínas de *Bacillus thuringiensis*, dispensam a aplicação de inseticidas químicos e são nocivas apenas aos insetos que delas se alimentam. Assim como para a resistência a herbicidas, há no Brasil variedades de milho, soja e algodão com a característica *Bt* aprovadas para cultivo.

Variedades vegetais com vantagens nutricionais ou funcionais

Embora as plantas modificadas para obtenção de vantagens agronômicas sejam uma realidade em vários países, o futuro aponta para o crescimento de novas variedades, capazes de proporcionar benefícios para o consumidor final em termos nutricionais. Exemplos dessa nova geração de alimentos geneticamente modificados são: o arroz dourado e as variedades de soja com modificação da composição de seu óleo, dentre outros.

O arroz dourado vem a ser uma variedade do cereal, desenvolvida por pesquisadores das universidades de Zurique (Suíça) e Freiberg (Alemanha), capaz de produzir β-caroteno (provitamina A), o que explica sua denominação, em razão da marcante mudança de cor dos grãos de branco para amarelo-laranja.[1] A produção do pigmento foi conseguida por meio da introdução dos genes das enzimas fitoeno sintase e licopeno ciclase (obtidas de uma flor) e fitoeno desaturase (obtida da bactéria *Erwinia uredovora*), que a partir dos precursores disponíveis proporcionaram a síntese de β-caroteno (Figura 10.4). Posteriormente, uma nova versão do arroz dourado foi obtida com a introdução da fitoeno sintase de milho, resultando num teor de carotenoides superior ao da primeira versão do arroz.[2]

O consumo do arroz dourado representa uma importante arma no combate à deficiência de vitamina A na dieta em razão do aumento da ingestão de β-caroteno (Capítulo 6). Contudo, a importância desse grão para o combate à desnutrição vai além do arroz dourado, pois sendo um alimento consumido por quase metade da população mundial, e relativamente deficiente em

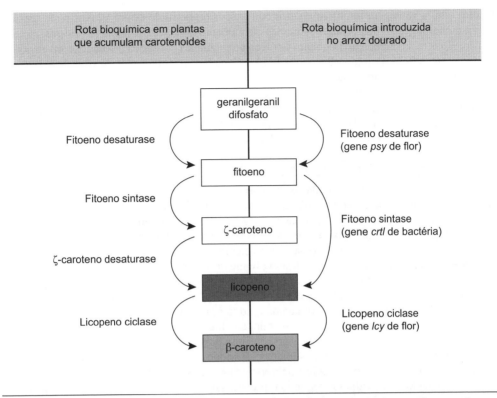

Figura 10.4 Representação esquemática parcial da biossíntese de carotenoides em plantas até a etapa de produção de β-caroteno, e rota de síntese do β-caroteno em arroz dourado resultante da introdução de três genes exógenos.

alguns nutrientes, oferece a possibilidade de biofortificação pela transgenia. Abordagens biotecnológicas voltadas para a melhoria do valor nutricional do arroz envolvem o desenvolvimento de variedades com maiores teores de folato, ferro e aminoácidos essenciais, como metionina, cisteína, lisina e o triptofano.

Há grande interesse na modificação da composição de óleos vegetais de modo a proporcionar vantagens nutricionais ou menor exposição a compostos nocivos decorrentes do processamento, como os produtos da oxidação e os ácidos graxos *trans*. Nesse sentido, vários tipos de modificação genética de soja podem contribuir para que esse objetivo seja alcançado.

Uma soja transgênica com alto teor de um ácido graxo ω3 polinsaturado de cadeia longa, o ácido estearidônico-(SDA) (18:4(n-3)), que é um intermediário metabólico na conversão do ácido linolênico em ácido eicosapentaenoico (EPA; 20:5(n-3)) e ácido docosahexaenoico (DHA; 22:6(n-3)), foi considerada segura para consumo pela FDA (Food and Drug Administration), a agência americana responsável pela regulamentação de alimentos e medicamentos. O consumo desse óleo pode ser uma importante contribuição para a redução do risco de desenvolver doenças cardiovasculares, como alternativa ao consumo de óleo de peixe (fonte abundante de ω3), pois proporciona aumento dos níveis de EPA nos eritrócitos. No organismo humano, ocorre síntese de EPA a partir de outro ácido da classe ω3, o linolênico, mas isso se processa muito mais eficientemente a partir do SDA.

O melhor desempenho do óleo de soja frente ao processamento térmico pode ser conseguido pela modificação genética levando ao menor teor de ácido linolênico (C18:3, Δ9,12,15), ou maiores teores de ácido oleico (C18:1, Δ9), que possibilitam maior estabilidade à oxidação lipídica. Outra vantagem importante das modificações do perfil de ácidos graxos pode ser também a menor ingestão de gorduras saturadas e o aumento de gorduras mono- e poli-insaturadas, consideradas mais saudáveis. Enquanto os óleos produzidos a partir de variedades convencionais de soja contêm 24% de ácido oleico, nos EUA e Canadá existem óleos derivados de variedades geneticamente modificadas que fornecem óleo com 80% desse ácido graxo.

Uma importante contribuição da modificação da composição de óleos por transgenia pode ser também a menor ingestão de ácidos graxos *trans*. Além disso, nos EUA e Canadá já existe disponível um óleo de canola com alto teor de ácido esteárico, o que diminui a necessidade de hidrogenação de óleo para a obtenção de gordura, amplamente utilizada na indústria de alimentos.

Segurança de alimentos geneticamente modificados

Novas tecnologias provocam dúvidas e por isso despertam desconfianças nos consumidores, e com os alimentos geneticamente modificados a situação não é diferente. Contudo, a preocupação com a garantia da segurança das matérias-primas alimentares derivadas da moderna biotecnologia está presente nas várias etapas de seu desenvolvimento, da concepção da ideia da nova variedade vegetal até a fase de aprovação para cultivo comercial e liberação para consumo humano.

Em essência, todo o trabalho de desenvolvimento é feito não apenas para que haja a expressão da nova característica, com a necessária preservação das qualidades agronômicas da variedade parental, mas sobretudo que o produto final se mostre seguro para o ambiente e para o consumidor. A nova variedade derivada da modificação genética deve apresentar um nível de segurança similar ao da variedade convencional que lhe deu origem. Para isso, é necessário que os potenciais efeitos nocivos associados ao consumo dessa nova variedade sejam avaliados e as probabilidades de ocorrência sejam estimadas, de modo que o risco oferecido seja considerado aceitável por ser similar ao oferecido pela variedade parental. Assim, os alimentos geneticamente modificados são avaliados segundo o processo de análise de risco, que consiste na busca sistemática de informações científicas sobre um determinado efeito adverso, de modo a avaliar o risco envolvido e tornar possível a adoção de medidas para eliminar ou controlar sua ocorrência.

Os potenciais riscos das matérias-primas alimentares derivadas da transgenia, e que são objeto de avaliação científica durante seu desenvolvimento e aprovação para consumo, estão relacionados com a possibilidade de ocorrência de efeitos não intencionais da modificação genética. Esses efeitos não previstos, e eventualmente indesejáveis, podem resultar do fato de que a moderna biotecnologia, apesar de ser um avanço significativo em relação ao melhoramento genético convencional, pois ao contrário deste envolve um número infinitamente menor de sequências gênicas, ainda assim comporta certa dose de imprevisibilidade. Não obstante envolver a transferência de alguns poucos genes muito bem caracterizados, não é possível prever com exatidão o sítio do genoma hospedeiro em que se dará a integração do transgene, bem como as consequências dessa inserção na expressão de outros genes. Logo, as consequências da modificação genética são avaliadas caso a caso, uma vez que cada organismo modificado deriva de um evento único de transformação.

Os principais pontos a serem considerados no processo de avaliação de segurança de alimentos geneticamente modificados, e que devem ser tomados com base no melhor conhecimento científico disponível, são: (1) o organismo objeto da modificação genética, (2) a construção genética ou transgene envolvido, (3) os produtos da expressão dos novos genes introduzidos, (4) a composição química do organismo resultante, (5) o valor nutricional e o potencial tóxico ou alergênico da nova matéria-prima alimentar.

Organismo objeto da modificação genética

O conhecimento detalhado acerca do organismo a ser modificado é importante, pois possibilita antever eventuais pontos do desenvolvimento da nova variedade que podem merecer estudos mais aprofundados. Por exemplo, se o organismo objeto da modificação é sabidamente rico em elementos tóxicos ou antinutricionais, é importante verificar como a introdução de novos genes poderia afetar os níveis desses compostos indesejáveis. Esse conhecimento é importante nas etapas iniciais do desenvolvimento, pois permite que projetos que poderiam levar a matérias-primas potencialmente mais perigosas sejam abortados, possibilitando significativa economia de tempo e recursos, e também na etapa final de aprovação para consumo, por parte de entidades ou órgãos regulatórios incumbidos dessa função. No caso de plantas, a caracterização deve abranger histórico de uso, cultivo, taxonomia, reprodução, composição química e toxicológica etc. Em suma, o organismo objeto da modificação genética deve ser conhecido em profundidade, de modo a subsidiar etapas posteriores da avaliação de segurança.

Construção genética ou transgene envolvido

A caracterização do transgene envolvido na modificação genética implica em profundo conhecimento a respeito das sequências gênicas envolvidas na montagem da construção. Ainda que o DNA, *per se*, seja considerado seguro, uma vez que está naturalmente presente nos alimentos convencionais, é importante conhecer detalhadamente as sequências que compõem o transgene. É preciso saber a fonte ou organismo de origem dos fragmentos de DNA utilizados, as suas sequências de nucleotídeos, com identificação das regiões codificadoras, a presença de elementos regulatórios da transcrição e a eventual ocorrência de elementos de transposição.

Embora o DNA seja facilmente degradado durante o processamento ou no trato digestivo, também é importante verificar a capacidade de resistência do transgene a essas condições, pois esse pode ser um dado importante na estimativa do potencial de transferência horizontal das sequências envolvidas. A passagem de fragmentos de genes do alimento geneticamente modificado para células do trato digestivo ou para bactérias intestinais é um evento de baixa probabilidade de ocorrência e sem consequências importantes, como atesta o fato de que não nos tornamos transgênicos com o consumo de alimentos convencionais, apesar das grandes quantidades de DNA ingeridas. No entanto, uma vez que muitos genes marcadores da modificação genética são genes de resistência a antibióticos, convém assegurar a baixa resistência dessas sequências gênicas ao processamento ou à digestão a fim de garantir a segurança para o consumidor.

Estratégias mais atuais de triagem de células transformadas devem levar, num futuro bastante próximo, ao abandono do uso de genes de resistência a antibióticos, ou à sua eliminação após a etapa de seleção das células modificadas, quando deixam de cumprir qualquer finalidade nos organismos delas derivados.

Produtos da expressão dos novos genes introduzidos

As proteínas resultantes da expressão dos novos genes introduzidos também merecem atenção no processo de avaliação de segurança. É preciso conhecer detalhadamente essas proteínas, tanto do ponto de vista estrutural, em relação à sua sequência primária, bem como conformação e interações, quanto em relação à sua função. As novas proteínas devem ser avaliadas quanto à função biológica desempenhada nos organismos de origem e de que maneira a sua presença poderia afetar o organismo receptor. Se apresentar função catalítica, os principais aspectos cinéticos e sua especificidade quanto a potenciais substratos utilizados devem ser conhecidos. Se a nova proteína for uma toxina, seu mecanismo de ação bem como seu espectro de ação devem ser claramente definidos.

Composição química do organismo resultante

Após serem analisados os elementos diretamente resultantes da modificação genética, ou seja, as novas sequências de DNA do transgene e seus respectivos produtos de expressão, as proteínas derivadas, é preciso buscar por efeitos não intencionais na composição química do organismo geneticamente modificado. A análise química de um organismo obtido por modificação genética pode ser extremamente complexa e resultar infrutífera se forem empregados conceitos toxicológicos utilizados na avaliação de compostos químicos individuais, como pesticidas. Assim, foi estabelecido o princípio da equivalência substancial para nortear o processo de avaliação de segurança de alimentos derivados da biotecnologia. Esse princípio preconiza uma ampla caracterização química em relação aos principais macro e micronutrientes, e aos metabólitos secundários com potencial atividade biológica, de modo a subsidiar avaliações toxicológicas posteriores mais dirigidas ou específicas. A finalidade da aplicação desse conceito é estimar o grau de similaridade da variedade geneticamente modificada em relação à variedade convencional que lhe deu origem quanto a aspectos nutricionais e toxicológicos.

É importante destacar que eventuais diferenças de composição química observadas entre a variedade geneticamente modificada e sua análoga convencional devem ser analisadas em relação à variabilidade observada na espécie em relação às condições de cultivo e entre as diferentes variedades convencionais. Pode ser que eventuais diferenças notadas entre a modificada e a parental sejam muito menores do que aquelas que se observam quando se comparam duas diferentes variedades convencionais, ou quando uma mesma variedade convencional é cultivada em regiões geográficas distintas, por exemplo.

Valor nutricional e o potencial tóxico ou alergênico da nova matéria-prima alimentar

Não obstante as diferenças intencionais decorrentes da presença do transgene, o que se espera da modificação genética é que resulte numa variedade tão segura quanto a variedade convencional que lhe deu origem. Isso implica dizer que as variedades convencionais, apesar do amplo histórico de segurança, oferecem algum risco para o consumidor. Esse risco trazido pelas variedades convencionais pode ser exemplificado pela presença de toxinas, fatores antinutricionais e compostos tóxicos inerentes em muitas plantas utilizadas como alimentos e sobre as quais não pairam quaisquer dúvidas quanto à segurança para consumo humano ou animal. Portanto, o risco trazido pelo consumo de uma matéria-prima alimentar geneticamente modificada deve ser equivalente ao da sua análoga convencional, cujo risco não é zero, mas que apresenta um amplo histórico de segurança para consumo.

Embora os dados de composição química apontem significativa equivalência entre a matéria-prima convencional e a geneticamente modificada, ou as diferenças existentes serem pequenas ou não trazerem consequências negativas, pode ser necessário, às vezes, atestar o valor nutricional e a segurança dessas matérias-primas por meio de ensaios com animais de experimentação. O valor nutricional de uma matéria-prima geneticamente modificada pode ser confirmado não só pela avaliação criteriosa de sua composição química mas sobretudo pela sua eficácia em proporcionar macro e micronutrientes a animais alimentados com rações derivadas dessas matérias-primas. Se, por exemplo, filhotes de aves ou suínos forem divididos em dois grupos, sendo um deles alimentado com ração feita a partir da variedade convencional e o outro grupo alimentado com a ração derivada da matéria-prima geneticamente modificada, é possível comparar as taxas de ganho de peso durante o período, bem como incidência de doenças, manifestação de eventuais efeitos adversos, mortalidade etc.

A utilização de animais em fase de crescimento e com desenvolvimento acelerado tem a vantagem de ser um modelo extremamente sensível às diferenças nos teores de nutrientes ou à presença de eventuais fatores tóxicos ou antinutricionais. Nesse sentido, é importante destacar que a análise sistemática de estudos de longa duração e de estudos multigeracionais com animais, ou seja, envolvendo o acompanhamento de duas a cinco gerações alimentadas com rações GM, não apontou nenhum efeito nocivo para a saúde com base em parâmetros bioquímicos, hematológicos, histológicos e de incorporação de DNA. Ainda, quando foram notadas pequenas diferenças elas estiveram dentro da faixa de variação normal dos indivíduos.[15] De fato, a utilização de matérias-primas GM para a produção de rações para alimentação animal atesta a segurança das variedades geneticamente modificadas aprovadas para cultivo e comercialização, pois até o presente não foram observadas diferenças de desempenho no crescimento dos animais. Não obstante essas evidências de segurança para o consumo, a perspectiva de aumento de alimentos

GM de segunda geração, com alteração significativa de sua composição química, sinaliza uma demanda permanente de aprimoramento nos modelos experimentais com animais.[6]

Alergenicidade

Com relação à alergenicidade dos alimentos obtidos por transgenia, é preciso considerar tanto a presença das novas proteínas introduzidas pela modificação genética quanto a eventual mudança nos teores de proteínas alergênicas inerentes à matéria-prima convencional. Com relação às novas proteínas, é possível, ainda em fases bastante preliminares do desenvolvimento da nova variedade, comparar as suas sequências de aminoácidos e sua estrutura com aquelas de alérgenos de importância por meio de recursos de bioinformática. Qualquer similaridade que implique na reprodução de trechos com o potencial de desencadear a resposta imune (epítopos) observados em proteínas alergênicas deve ser evitado e isso pode ser suficiente para abortar o desenvolvimento de uma nova variedade.

Além disso, se a nova proteína apresentar resistência a desnaturação térmica ou ao pH, ou à digestão com pepsina ou tripsina em ensaios de simulação de fluidos gástrico e intestinal, isso pode ser suficiente para que sejam levantadas suspeitas quanto à sua segurança. No caso de a modificação genética ser feita em uma espécie sabidamente alergênica, é necessário investigar como os níveis das proteínas alergênicas foram afetados. Ainda que indivíduos diagnosticados como alérgicos a determinados alimentos devam evitá-los, independente da origem, se convencionais ou derivados da biotecnologia, é importante que a modificação genética não seja um fator que implique potencial aumento de risco para o desenvolvimento de alergia na fração saudável da população, como consequência do aumento dos teores e, portanto, dos níveis de exposição a proteínas alergênicas.

Rotulagem de alimentos geneticamente modificados

A segurança de que o uso da moderna biotecnologia não causará danos à saúde humana ou ao meio ambiente implica no estabelecimento de normas adequadas de manipulação, análise de riscos de produtos biotecnológicos, assim como de mecanismos e instrumentos de monitoramento e rastreabilidade.

No Brasil, a questão da biotecnologia é regulamentada desde 1995 (Lei nº 8.974/1995), e a nova Lei de Biossegurança (Lei nº 11.105/2005) autoriza o uso dessa tecnologia no país e estabelece normas de segurança e fiscalização de atividade com organismos geneticamente modificados (OGM) e derivados. Além disso, essa lei criou o Conselho Nacional de Biossegurança (CNBS) e o Sistema de Informação de Biossegurança (SIB), bem como ratificou a criação da Comissão Técnica Nacional de Biossegurança (CTNBio) e suas competências.

Um aspecto importante da regulamentação de produtos biotecnológicos diz respeito à rotulagem dos alimentos. O Decreto nº 4.680, de 24 de abril de 2003, estabelece que tanto os produtos embalados como os vendidos a granel ou *in natura* produzidos a partir de OGM, com presença acima do limite de um por cento do produto, deverão ser rotulados, e o consumidor deverá ser informado sobre a espécie doadora do gene objeto da modificação.

Diferentemente do que pode sugerir esse valor de 1% para rotulagem, isso não tem qualquer relação com a segurança dos produtos, pois uma vez que eles foram liberados para a comercialização eles são considerados seguros. Prova disso é o fato de que os limites para a rotulagem variam ao redor do mundo, havendo controles mais ou menos estritos.

Na União Europeia é preconizada a rotulagem de todos os produtos derivados de matérias-primas geneticamente modificadas. Os produtos destinados à alimentação humana ou animal devem ser rotulados caso seja ultrapassado o limite de tolerância de 0,9%. Em contraste, ovos, leite e carne de animais alimentados com essas matérias-primas não necessitam de rotulagem. No Japão existe o nível para rotulagem de 5% para a soja, mas não para o milho, enquanto na Austrália e Nova Zelândia vigora o valor de 1% acima do qual a rotulagem é obrigatória.

No caso dos EUA, não há obrigação para a rotulagem de alimentos derivados da moderna biotecnologia. Contudo, isso não significa que os produtos aprovados não tenham sido avaliados quanto à sua segurança. O fato é que a FDA considera que a rotulagem deve ser justificada pela composição e não pelo processo de obtenção do alimento. Uma vez que os alimentos geneticamente modificados são substancialmente equivalentes aos seus análogos convencionais, não se faz necessária nenhuma rotulagem. Caso tenham conteúdo nutricional muito diferente ou tenham potencial alergênico, aí sim a rotulagem seria justificada.

Expansão do plantio e uso comercial

Desde o início do plantio comercial de culturas geneticamente modificadas nos EUA, em meados da década de 1990, a área plantada tem aumentado significativamente em todo o mundo, assim como o número de países produtores de culturas modificadas.

A soja geneticamente modificada responde pela primeira posição, seguida do milho, algodão e canola, e os principais tipos de modificação dizem respeito à resistência a herbicidas ou a insetos.

Dados de 2011 do Serviço Internacional para a Aquisição de Aplicações em Agrobiotecnologia (ISAAA) apontam o Brasil como o país com a segunda maior área dedicada ao cultivo de transgênicos, depois dos EUA, com 30,3 milhões de hectares ocupados por soja, milho e algodão geneticamente modificados.[8] Atualmente (2013), apenas quatro culturas, algodão, milho, soja e feijão estão liberadas para comercialização no Brasil, mas a lista de pedidos de autorização para liberação comercial torna possível vislumbrar um futuro com inúmeros produtos derivados da moderna biotecnologia. Das culturas geneticamente modificadas aprovadas para comercialização no Brasil, apesar da soja ter sido a primeira e atualmente contar com o total de cinco variedades, o maior número é de milho, com 18, seguido do algodão com 12 variedades. No caso do feijão, a única variedade autorizada é um produto desenvolvido pela Empresa Brasileira de Pesquisa Agropecuária (EMBRAPA), comercialmente denominado EMBRAPA 5.1, que tem como característica a resistência ao vírus do mosaico dourado do feijoeiro.[2]

A diversidade de produtos comerciais geneticamente modificados deverá crescer nos próximos anos, assim como a complexidade das matérias-primas, em razão da recente tendência de combinação de mais de um transgene em um mesmo organismo. Nesse sentido, o melhoramento genético convencional pode ser combinado à transgenia para obtenção de novas variedades comerciais.

Variedades contendo vários transgenes podem ser desenvolvidas a partir do cruzamento entre variedades parentais geneticamente modificadas, resultando no "empilhamento" ou "piramidização" de genes ("*gene stack*"). Genes "piramidados" são, portanto, aqueles originados de OGM, mas combinados por meio de melhoramento genético clássico. Exemplo disso é o milho "*SmartStax™*", desenvolvido nos EUA, que resulta do cruzamento de quatro produtos aprovados dos seguintes eventos: MON 89034 x TC1507 x MON 88017 xDAS-59122-7.[8] Essa variedade apresenta um total de oito transgenes diferentes (*cry2Ab, cry1A.105, cry1F, cry3Bb1, cry34, cry35Ab1, cp4, e bar*) que resultam na manifestação de três características, uma de tolerância a herbicidas e duas de resistência a pragas.

No Brasil, a primeira variedade com genes piramidados data de 2009, sendo um milho com resistência a insetos e tolerância aos herbicidas glifosato e glufosinato, obtido da combinação dos eventos BT11 e GA21, desenvolvido por cruzamento do milho com o transgene para expressar a proteína Cry1A e o milho expressando as proteínas PAT e mEPSPS.[2]

Além da "piramidização", há ainda a possibilidade de obtenção de híbridos geneticamente modificados, obtidos do cruzamento de uma linhagem recombinante com uma linhagem não transgênica. Essa estratégia pode ser útil para a transferência da característica conferida pelo transgene para uma variedade convencional mais adaptada ao cultivo em determinada região. Contudo, qualquer que seja a origem da variedade geneticamente modificada, é necessária a avaliação caso a caso de sua segurança para o consumidor, de acordo com o que foi apresentado nos tópicos anteriores.

Perspectivas

O desenvolvimento de novas matérias-primas alimentares com o uso da tecnologia do DNA recombinante é uma importante faceta da moderna biotecnologia e oferece a perspectiva de inovações que poderão contribuir significativamente para a obtenção de alimentos menos perecíveis, mais saudáveis e mais seguros. Ainda que a biotecnologia não resolva todos os problemas da agricultura e da fome, é uma ferramenta tecnológica a mais, bastante poderosa e precisa, que irá se somar ao melhoramento convencional de plantas, acelerando esse processo e abrindo novas perspectivas.

? QUESTÕES PARA ESTUDO

10.1. Como o desenvolvimento da pecuária e da agricultura modificou as características fenotípicas dos animais e plantas?

10.2. Como se dá a modificação de características de animais e plantas por meio do melhoramento genético convencional?

10.3. Em que a moderna biotecnologia se diferencia do conceito original de uso de seres vivos com finalidade de obtenção de produtos tecnológicos?

10.4. Que vantagens a tecnologia do DNA recombinante trouxe para o processo biotecnológico de desenvolvimento de novas matérias-primas alimentares?

10.5. Comentar as principais etapas envolvidas no desenvolvimento de uma planta geneticamente modificada.

10.6. Como uma bactéria capaz de transferir naturalmente material genético para vegetais pode ser utilizada no desenvolvimento de alimentos geneticamente modificados?

10.7. Quais os riscos potenciais das matérias-primas alimentares derivadas da moderna biotecnologia?

10.8. Quais os principais pontos considerados no processo de avaliação de segurança de alimentos geneticamente modificados?

10.9. Como os diferentes países lidam com a questão da rotulagem das matérias-primas alimentares derivadas da moderna biotecnologia?

10.10. De que forma a "piramidação" ou a obtenção de híbridos pode contribuir para ampliar a diversidade de produtos comerciais geneticamente modificados nos próximos anos?

Referências bibliográficas

1. Bhullar NK, Gruissem W. Nutritional enhancement of rice for human health: The contribution of biotechnology. Biotechnology Advances 2013;31:50-57.

2. CTNBIO. *Comissão Técnica Nacional de Biossegurança.* Disponível na internet: http://www.ctnbio.gov.br

3. De Schrijvera A, Devos Y, Van den Bulcke M, Cadot P, De Loose M, Reheul et al. Risk assessment of GM stacked events obtained from crosses between GM events. Trends Food Sci. Tech 2007;18:101-109.

4. DU PONT Petition 97-008-01p for Determination of Nonregulated Status for Transgenic High Oleic Acid Soybean Sublines G94-1, G94-19 and G168. Environmental Assessment and Finding of no Significant Impact. May 1997. APHIS-USDA.

5. FAO/WHO. Codex principles and guidelines on foods derived from biotechnology. Codex alimentarius Commission, joint FAO/WHO Food standards Programme. Second edition. Rome. Food and Agriculture Organisation, 2009.

6. Flachowsky F, Schafft H, Meyer M. Animal feeding studies for nutritional and safety assessments of feeds from genetically modified plants: a review. J Verbr Lebensm 2012;7:179-194.

7. ILSI. International. Life Sciences Institute. Nutritional and safety assessments of foods and feeds nutritionally improved through biotechnology. Comp Rev Food Sci Food Safety 2004;3:36-104.

8. ISAAA. International Service for the Acquisition of Agri-biotech Applications. Disponível na internet: http://www.isaaa.org

9. Lajolo FM. Alimentos funcionais, genômica e biotecnologia. In: *Genômica,* São Paulo. Editora Atheneu 2004;785-800.

10. Nordlee JA, Taylor SL, Townsend JA, Thomas LA, Bush RK et al. Identification of a Brazil-nut allergen in transgenic soybeans. N Engl J Med 1996;334:726-728.

11. Nutti MR, Lajolo, FM. Transgênicos: Bases Científicas da sua Segurança. 2ª edição. São Paulo, SBAN, 2010.

12. Padgette SR, Taylor NB, Nida DL, Bailey MR, MacDonald J, Holden LR et al. The composition of glyphosate-tolerant soybean seeds is equivalent to that of conventional soybeans. Journal of Nutrition 1996;126:702-716.

13. Paine JA, Shipton CA, Chaggar S, Howells RM, Kennedy MJ, Vernon G et al. Improving the nutritional value of Golden Rice through increased pro-vitamin A content. Nature Biotechnology 2005;23:482-487.

14. Potrykus I. Golden rice and beyond. Plant Physiology 2001;125:1157-1161.

15. Snell C, Bernheim A, Berge JB, Kuntz M, Pascal G, Paris A et al. Assessment of the health impact of GM plant diets in long-term and multigenerational animal feeding trials: A literature review. Food and Chemical Toxicology 2012;50:1134-1148.

16. Ye X, Al-Babili S, Klöti A, Zhang J, Lucca P, Beyer P et al. Engineering the provitamin A (beta-carotene) biosynthetic pathway into (carotenoid-free) rice endosperm. Science 2000;287:303-305.

17. Zanettini MHB, Pasquali G. Plantas transgênicas. In: *Genômica.* São Paulo Editora Atheneu 2004; 721-736.

Sugestões de leitura

Chassy B, Egnin M, Cao Y, Glenn K, Kleter GA, NesteL P et al. Nutritional and safety assessments of foods and feeds nutritionally improved through biotechnology: case studies. Compreh Rev Food Sci Food Safety 2008;7:50-112.

Delaunois B, Cordelier S, Conreux A, Clément C, Jeandet P. Molecular engineering of resveratrol in plants. Plant Biotechnol J 2009;7:2-12.

König A, Cockburn A, Crevel RWR, Debruyne E, Grafstroem R, Hammerling U et al. Assessment of the safety of foods derived from genetically modified (GM) crops. Food Chem Toxicol 2004;42:1047-1088.

Kuiper HA, Kleter GA, Noteborn HP, KIok EJ. Assessment of the food safety issues related to genetically modified foods. Plant J 2001;27:503-528.

capítulo 11

Fisiologia Pós-colheita

- Eduardo Purgatto • Beatriz Rosana Cordenunsi-Lysenko
- João Roberto Oliveira do Nascimento

Objetivos

A Fisiologia Pós-colheita compreende um campo particular do conhecimento que congrega conceitos tanto da Fisiologia Vegetal como da Ciência dos Alimentos. Este capítulo tem por objetivo introduzir estes conceitos, enfatizando os mecanismos bioquímicos envolvidos nas alterações que os órgãos vegetais comestíveis (folhas, frutos, raízes, tubérculos etc.) sofrem após serem destacados das plantas às quais estão ligados.

O ato da colheita dispara uma série de sinais que levam o tecido/órgão a um programa de adaptação fisiológica à brusca interrupção no aporte de nutrientes e outros compostos, antes veiculados pela planta à qual estavam ligados. Neste ponto, pode-se separar os frutos dos demais tipos de órgãos em função de seu comportamento pós-colheita. Enquanto nos frutos uma série de vias metabólicas tem sua atividade modificada, culminando em mudanças que os tornam agradáveis ao consumo, nos demais órgãos as modificações nestes atributos tendem a torná-los menos atrativos.

As mudanças fenotípicas observadas durante o amadurecimento de frutos, embora variem de espécie para espécie, incluem modificações de textura, cor, aroma e sabor. As alterações observadas em hortaliças e verduras, por outro lado, são consequência do estresse provocado pela redução de água e nutrientes e de injúrias mecânicas decorrentes da separação da parte comestível (folhas, tubérculos, raízes) da planta-mãe.

Dentre os diversos fatores que influenciam as mudanças pós-colheita observadas em frutos e hortaliças, os papéis do etileno e da respiração ocupam posição destacada, embora outros hormônios e também metabólitos devam contribuir para o desenvolvimento dessas características. A identificação dos diversos passos das vias metabólicas associadas às mudanças em frutos e hortaliças torna possível, por sua vez, desenvolver estratégias e tecnologias que visam aumentar o tempo de prateleira desses produtos com a menor perda de qualidade possível.

Introdução: etileno, o hormônio do amadurecimento

O etileno é um fitormônio envolvido em diversos processos do ciclo de vida das plantas, dentre os quais se incluem a germinação, crescimento, polinização, floração, estabelecimento dos frutos, amadurecimento, senescência (envelhecimento celular e tecidual) de frutos e folhas e respostas a estresses bióticos e abióticos. Esses três últimos aspectos da ação do etileno compreendem a maior parte do foco de interesse da Fisiologia Pós-colheita. Os efeitos decorrentes da ação desse hormônio nos tecidos vegetais são resultantes de complexos mecanismos de regulação de sua biossíntese, percepção e sinalização cuja compreensão avançou rapidamente na última década em função de estudos em sistemas modelos, sobretudo em frutos de tomateiro (*Solanum lycopersicum*). A identificação de proteínas e de seus respectivos genes codificadores lançou as bases para o desenvolvimento de diversas tecnologias, cujo objetivo final é regular os efeitos do etileno sobre os frutos e hortaliças de interesse comercial, retardando a senescência.

Biossíntese

O etileno é sintetizado a partir de intermediários do ciclo da metionina, também conhecido por ciclo de Yang-Hoffman[1] (Figura 11.1). O passo limitante na sua produção é a conversão da S-adenosil-metionina (SAM) em ácido 1-aminociclopropano-1-carboxílico (ACC) pela ACC sintase (ACS, *S*-adenosil-L-metionina metiltioadenosina liase, E.C. 4.4.1.14). Em seguida, o ACC é convertido pela ACC oxidase (ACO, 1-aminociclopropano carboxilato oxidase, E.C. 1.14.17.4) em etileno, gás carbônico e ácido cianídrico, na presença de oxigênio. O ácido cianídrico formado é rapidamente detoxificado pela ação da cianoalanina sintase (E.C. 4.4.1.9), formando cianoalanina e água.

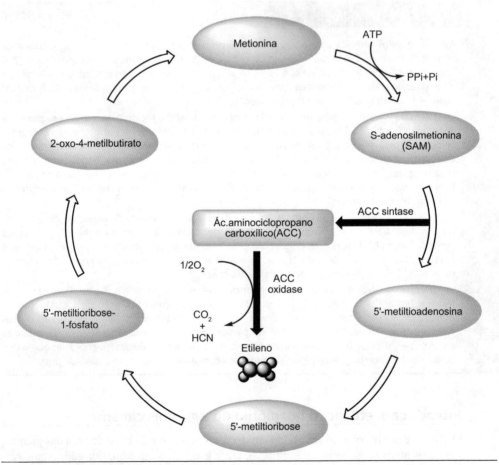

Figura 11.1 O ciclo de Yang e a biossíntese do etileno. A partir da metionina, uma série de reações leva à formação de S-adenosilmetionina, precursor de diversos outros metabólitos. SAM é substrato da ACC sintase na formação do ACC que é oxidado pela ACC oxidase formando etileno, gás carbônico e cianeto de hidrogênio. Modificado de Pech et al.[2]

Hoje em dia, sabe-se que tanto a ACS quanto a ACO compreendem uma família de enzimas cuja expressão gênica, tanto espacial quanto temporal, tanto espacial quanto temporal, compõe parte do mecanismo de regulação da produção de etileno nos tecidos vegetais. Em tomateiro, foram identificadas seis isoformas de ACS e quatro isoformas de ACO, e no fruto apenas as isoformas LeACS6, LeACS1A, LeACS2 e LeACS4 são expressas durante o crescimento e amadurecimento.[2] As isoformas são diferentes formas de uma mesma enzima, catalisam a mesma reação, mas diferem na estrutura primária e propriedades cinéticas. Todas as isoformas de ACO foram identificadas em tomates em diferentes momentos do ciclo de vida do fruto. Em bananas (*Musa acuminata*) foram identificadas quatro isoformas de ACS e três isoformas de ACO, que a exemplo do tomate e de outros frutos também apresentam expressão diferencial durante o desenvolvimento.

Não obstante as diferenças temporais na expressão das isoformas de ACS e ACO, o que a princípio indicava apenas um mecanismo redundante de síntese de etileno, revelou-se um complexo sistema de regulação da produção do hormônio.

Sabe-se há muito tempo que o etileno apresenta dois níveis de síntese: um dito basal, caracterizado pela produção constante de baixas quantidades do hormônio (até aprox. 0,03 µL/kg/h), encontrado na maior parte dos tecidos vegetais em praticamente todo o ciclo de vida da planta. O segundo nível de produção compreende quantidades 10 a 300 vezes maiores do que os encontrados na produção basal e ocorre em estágios definidos do desenvolvimento, sendo característico dos tecidos reprodutivos (flores e frutos). Esses dois níveis são conhecidos como Sistema I e Sistema II de produção de etileno, segundo a definição proposta por McMurchie.[3]

Porém, nem todos os frutos são capazes de produzir etileno nos níveis do Sistema II e nisso reside a classificação dos frutos em não climatéricos e climatéricos (que apresentam Sistema II de síntese de etileno). Mais do que uma simples classificação para estudos fisiológicos, essa diferenciação foi fundamental para o desenvolvimento de tecnologias de conservação adequadas a cada tipo de fruto.

De fato, antes de se ter conhecimento a respeito das diferenças nos níveis de produção de etileno, sabia-se que os frutos apresentavam dois diferentes tipos de padrão respiratório após a colheita: um padrão característico de diminuição contínua da respiração, até a senescência e outro no qual um súbito aumento na taxa respiratória coincidia com o início das mudanças de cor, textura, aroma e sabor. Daí deriva a classificação dos frutos em não climatéricos e climatéricos. Outras diferenças entre esses dois grupos de frutos também os caracterizam como, por exemplo, o fato de os frutos não climatéricos não amadurecerem após a colheita, o contrário do que ocorre com os climatéricos.

Com o desenvolvimento de equipamentos mais sensíveis de cromatografia a gás, foi possível estabelecer o padrão de produção de etileno em uma grande gama de frutos, e notou-se que os não climatéricos não apresentam aumento de produção de etileno, mesmo após a colheita. Os frutos climatéricos, por outro lado, após a colheita produzem elevadas quantidades do hormônio (em comparação com o nível basal) e esse aumento ocorre antes ou em paralelo com o aumento respiratório.

A Tabela 11.1 mostra alguns exemplos dos frutos climatéricos e não climatéricos.

Hoje em dia, a identificação de frutos com comportamento pós-colheita e padrão respiratório inconsistentes com a classificação não climatérico/climatérico tem imposto uma revisão nos critérios que definem os grupos. Em certas variedades de frutos antes classificadas como climatéricas (como melões), a produção de etileno, o aumento respiratório e as mudanças do amadurecimento parecem eventos separados e parcialmente independentes. Do mesmo modo, outra noção solidificada até meados dos anos 90 indicava que o etileno não apresentaria papel significativo no amadurecimento dos frutos não climatéricos. No entanto, uvas tratadas com 1-metilciclopropeno (1-MCP), um potente inibidor da ação do etileno, produziram menor quantidade de antocianinas e maior decréscimo na acidez durante o amadurecimento em comparação com uvas não tratadas.[4] Da mesma forma, morangos tratados com 1-MCP também produziram quantidades muito menores de antocianinas em comparação com morangos não tratados.[5] Am-

Tabela 11.1 Exemplos de frutos classificados como climatéricos e não climatéricos.

Climatéricos	Não climatéricos
Banana	Morango
Caqui	Uva
Mamão	Limão
Manga	Laranja
Pêssego	Cereja
Maçã	Amora
Pera	Mirtilo
Figo	Framboesa
Atemoia	Lichia
Tomate	Azeitona
Maracujá	Pepino
Pêssego	Pimentão
Abacate	Berinjela

bos são exemplos típicos de frutos não climatéricos, porém os resultados indicam um papel claro do etileno na regulação do desenvolvimento da cor durante o amadurecimento, mesmo na ausência de um pico de produção do hormônio.

Embora vários grupos tenham se ocupado em compreender quais os mecanismos responsáveis pelo aumento do etileno nos frutos climatéricos, somente 30 anos após a sua proposição Barry e colaboradores[6] estabeleceram as bases do mecanismo tomando o tomate por modelo. A chave do processo reside na expressão de duas isoformas de ACS, ACS2 e ACS4. A síntese dessas enzimas induz a produção de altos níveis de etileno. Adicionalmente foi demonstrado que o próprio etileno é capaz de regular a expressão dessas isoformas, num processo denominado autocatalítico, ou seja, o próprio hormônio regula as enzimas que o produzem. Outras isoformas de ACS não têm esse tipo de regulação, ocorrendo em alguns casos justamente o contrário, ou seja, o etileno inibe sua expressão em um mecanismo de *feedback* negativo. Embora com variações quanto às isoformas, a essência do mecanismo parece ser conservada em outros frutos.

Percepção e sinalização

O mecanismo de ação do etileno consiste na sua ligação a uma molécula receptora que, por meio de fosforilação e outros processos ainda não totalmente identificados, sinaliza para o núcleo regulando a formação de novos RNAs e, portanto, novas proteínas. Essas modificações na expressão gênica acarretam mudanças nas respostas fisiológicas e bioquímicas no fruto.

Em função dos estudos realizados em mutantes de tomates defectivos no amadurecimento, muitos progressos foram obtidos no entendimento dos mecanismos de percepção ao etileno, sendo um dos principais a identificação e caracterização dos receptores de membrana, responsáveis pela sinalização do hormônio.

Os receptores de etileno constituem-se em uma pequena família de proteínas transmembrana diméricas que guardam semelhança com os receptores de dois componentes encontrados em bactérias. Suas ações dependem da interação com um tipo de proteína quinase, similar às Raf-quinases encontradas em células de mamífero, que foi denominada *Constitutive Triple Response 1* (CTR1). Ambas as proteínas (receptor e CTR1) formam um complexo localizado na membrana do retículo endoplasmático das células vegetais.[7]

O *Ethylene Responsive 1* (ETR1), primeiro receptor de etileno a ser caracterizado, é semelhante ao sistema de dois componentes da histidina quinase de bactérias, que consistem de um domínio sensor com atividade de histidina quinase e um domínio regulador de resposta. Estudos subsequentes, além de indentificarem outros cinco diferentes tipos de receptores de etileno no tomate, levaram à observação de que os receptores estão normalmente ativos quando na ausência de etileno e que sua função, nessa situação, é bloquear a rota de sinalização que leva à resposta. A ligação do etileno desativa os receptores, possibilitando que a sinalização e a consequente resposta do tecido ocorram.[8]

Vários modelos de transdução de sinal para o etileno foram propostos nos últimos anos em função da descoberta de novos elementos participantes dessa cascata de sinalização hormonal. O esquema básico compreendendo os elementos essenciais é apresentado na Figura 11.2.

No modelo proposto, a sinalização segue a seguinte sequência de eventos: na ausência do etileno, o ETR1 e outros receptores de etileno interagem com a proteína quinase CTR1 que, por meio de fosforilação, inativa a proteína *Ethylene Insensitive 2* (EIN2), componente situado abaixo na cascata de transdução de sinal.

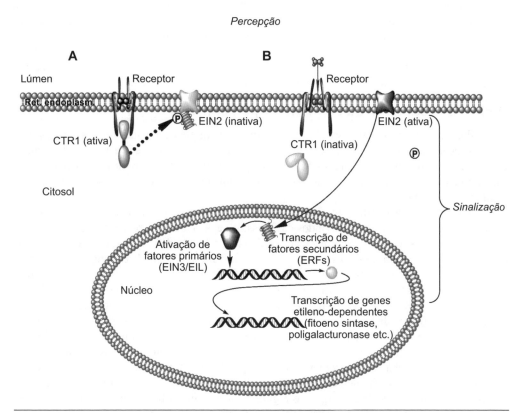

Figura 11.2 Esquema básico da sinalização do etileno em tecidos vegetais. (A) Na ausência de etileno, o complexo receptor de etileno+CTR1 inativa o fator EIN2, sem a qual não há indução de transcrição nuclear. (B) A ligação do etileno ao receptor inativa o complexo, promovendo o desligamento da proteína CTR1 e a cessação da fosforilação da EIN2. Desse modo, a inibição da cadeia de sinalização é removida, promovendo a ativação do fator EIN2, que atua promovendo a ativação nuclear de fatores de resposta primários. Esses fatores se ligam ao DNA promovendo a transcrição de outros fatores (ditos secundários) que, por seu turno, promoverão a transcrição de genes etileno-dependentes, incluindo aqueles relacionados com os processos do amadurecimento de frutos. P – Fosfato inorgânico.

A ligação do etileno ao dímero ETR1 resulta na sua inativação que, por sua vez, inativa a CTR1. Com esta última inativada, a proteína transmembrana *Ethylene Insensitive 2* (EIN2) deixa de ser fosforilada e fica livre da inibição de sua atividade. A ativação da EIN2 aciona a família *Ethylene Insensitive 3/Ethylene Insensitive-Like* (EIN3/EIL) de fatores de transcrição primários por um mecanismo ainda desconhecido, mas que envolve a clivagem da porção C-terminal de EIN2 e migração desta para o núcleo, onde estão localizadas as proteínas EIN3/EIL.[8] Estas últimas, quando ativadas induzem a expressão da família dos fatores de transcrição secundários *Ethylene Response Factor 1* (ERF1). A ativação dessa cascata transcripcional leva a mudanças em larga escala da expressão dos genes relacionados com o amadurecimento de frutos e a senescência dos tecidos vegetais (folhas e raízes).

Além desses processos, o etileno tem papel fundamental nas respostas de defesa do tecido vegetal em função de estresses bióticos, ou seja, aqueles provocados por outros organismos, ou abióticos, de natureza física (temperatura, umidade, luz intensa etc.) ou mecânica (danos produzidos por choques, cortes etc.). A forma como o etileno induz seletivamente respostas relativas ao amadurecimento em lugar de uma resposta de defesa ainda é desconhecida. No entanto, há um consenso de que a existência de múltiplos receptores, isoformas de CTR1 e dezenas de fatores de transcrição primários e secundários pode ser a chave para a compreensão de como o mesmo hormônio é capaz de induzir respostas diversas a processos celulares tão diferentes. Essa plasticidade da resposta hormonal nos tecidos vegetais representa o mais novo desafio para a ciência fundamental na área e um futuro campo de exploração para tecnologias, cujo objetivo será o controle seletivo das respostas ao etileno. Em outras palavras, melhorar a capacidade do sistema de defesa do fruto, sem afetar as respostas ao amadurecimento, por exemplo.

Padrões respiratórios em frutos após colheita

O amadurecimento é um processo de alto consumo energético e tal fato pode ser observado no pico respiratório que acompanha a evolução do amadurecimento em determinados frutos. Como mencionado anteriormente, os frutos que apresentam tal característica são denominados climatéricos, enquanto aqueles que apresentam diminuição gradual na taxa respiratória são denominados não climatéricos.

Os açúcares e açúcares-fosfato, produzidos durante o processo de mobilização do amido ou da parede celular, bem como os advindos da fotossíntese, são metabolizados através da glicólise e do ciclo de Krebs. O termo "mobilização" refere-se à ativação de vias enzimáticas específicas que utilizam os carboidratos de reserva (Capítulo 5) para fornecimento de energia e carbono para a formação de outros metabólitos. Paralelamente, a via das pentoses-fosfato provê poder redutor para as reações biossintéticas na forma de NADPH. Fundamentalmente, os passos da glicólise e do ciclo do ácido cítrico são os mesmos observados em outros organismos. No entanto, diferenças quanto à regulação de algumas enzimas são exclusividade de tecidos vegetais. A presença de duas isoformas da fosfofrutoquinase, uma citosólica e outra plastidial, é uma das mais evidentes. Ambas controlam o fluxo de carbono e sua partição entre o conjunto de hexoses-fosfato e o de pentoses-fosfato. Ambas são fortemente inibidas por fosfoenolpiruvato e fortemente ativadas por fosfato e, desse modo, pode-se dizer que, em última instância, a razão entre as concentrações de fosfoenolpiruvato e fosfato inorgânico regula a partição de carbono entre a glicólise e a via das pentoses-fosfato. Outro passo a ser destacado na glicólise em plantas diz respeito ao destino do piruvato e sua conversão em acetil-CoA. Esta última é substrato fundamental na formação de um grande número de compostos do metabolismo secundário em vegetais, influenciando os níveis de fenilpropanoides, terpenos e isoprenoides. Portanto, a regulação do fluxo de carbono na glicólise ocupa papel central no metabolismo vegetal, com consequências muito maiores do que apenas o aporte energético para o anabolismo verificado em processos como o amadurecimento.

Outro aspecto importante da respiração em frutos é a presença de isoformas de uma proteína especial ligadas à cadeia respiratória mitocondrial e conhecidas como oxidases alternativas

(AOX). Tais isoenzimas quando expressas provêm uma rota alternativa para o transporte de elétrons na cadeia mitocondrial, reduzindo o consumo de oxigênio e a produção de ATP e dissipando energia na forma de calor. Essa rota também é conhecida como a via resistente ao cianeto, visto que este ânion não é capaz de bloquear a atividade da AOX. A indução da expressão de AOX parece prover maior resistência a estresses bióticos e abióticos por um mecanismo ainda desconhecido. O contrário, ou seja, a inibição da expressão de isoformas de AOX, por sua vez, aumenta a susceptibilidade dos tecidos vegetais a vários tipos de estresse.[9] O aumento de expressão de AOX é particularmente notado em frutos no amadurecimento, o que parece ir de encontro às hipóteses sobre sua função em plantas, as quais postulam que a AOX protegeria o tecido de danos decorrentes de estresse oxidativo em situações de alta carga energética, exatamente a situação observada no climatério.

Uma vez que a respiração está ligada ao consumo de substratos energéticos (açúcares, ácidos orgânicos etc.) é natural supor que altas taxas respiratórias signifiquem uma curta vida de prateleira para o fruto. Isso é um fato facilmente perceptível em mangas, bananas, mamão e maracujá. Por conseguinte, a redução forçada da taxa respiratória reduzirá também a atividade metabólica do fruto, aumentando sua vida pós-colheita.

Ainda não foi esclarecido o papel fisiológico do aumento respiratório observado durante o amadurecimento de frutos climatéricos, apesar de ser estudado desde o início do século XX pelos pioneiros da fisiologia pós-colheita Kidd e West.[10] Sabe-se que este acompanha o aumento na produção de etileno nos frutos climatéricos (Figura 11.3) e que frutos não climatéricos expostos ao hormônio respondem aumentando sua respiração. Assim, poderia ser dito que o climatério é apenas uma reação à sinalização hormonal. Por outro lado, como anteriormente citado, o aumento respiratório está acoplado à maior geração de energia no tecido, sendo esta necessária para as reações anabólicas observadas no período pós-colheita. Ou seja, o climatério é consequência da demanda por energia durante o amadurecimento. Qualquer que seja o caso, do ponto de vista prático, a taxa respiratória continua sendo um parâmetro importante para a avaliação da eficácia de técnicas que visam reduzir a atividade metabólica, como forma de desacelerar o amadurecimento e a senescência de frutos e hortaliças.

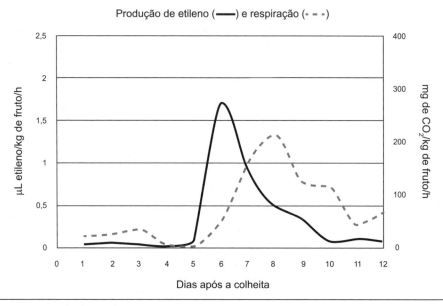

Figura 11.3 Perfis de produção de etileno e respiração (medida pela liberação de CO_2) em um fruto climatérico.

Fisiologia Pós-colheita

Alterações pós-colheita em frutos

Aroma

Os compostos voláteis produzidos pelos frutos durante o amadurecimento são decisivos na qualidade final do produto, uma vez que contribuem para as sensações tanto do aroma como do gosto. Ambas as sensações são praticamente indissociáveis, porém, para além dos sabores básicos conhecidos, os compostos voláteis imprimem forte característica sensorial para cada fruto.

O aroma é resultado de uma mistura complexa de compostos que incluem sobretudo os ésteres, aldeídos, cetonas, alcoóis, terpenos e furanonas[11] (Capítulo 9). Embora a quantidade de um composto específico, em meio a outros, influencie a sensação do aroma e lhe confira uma característica (aroma típico de banana, típico de pêssego etc.), muitos compostos presentes em pequenas quantidades, dentro do perfil de substâncias que formam um aroma, podem ter influência tão ou mais intensa quanto às substâncias majoritárias. Isso decorre da capacidade do aparelho olfativo perceber mais intensamente uma ou outra substância, tendo em conta, obviamente, as variações na capacidade olfativa de cada indivíduo. Desse modo, a variabilidade quantitativa e qualitativa encontrada no perfil de compostos voláteis é responsável pelas diferenças no aroma de cada fruto permitindo, inclusive a distinção de cultivares de um mesmo fruto. Somado a isso, o perfil de voláteis é influenciado por fatores ambientais, tratos culturais e manipulação pós-colheita. Assim, tem-se uma medida dos desafios enfrentados pelos pesquisadores que visam melhorar a qualidade aromática dos frutos comerciais, dado o grande número de variáveis a serem levadas em conta em seu trabalho de seleção varietal.

Os compostos voláteis dos aromas podem ser divididos segundo as classes de seus precursores, a saber: derivados do metabolismo de carboidratos, do metabolismo de aminoácidos e do metabolismo lipídico. Detalhes a respeito dos produtos formados e suas estruturas químicas são discutidos no Capítulo 9 (Sabor). Nas seções seguintes, os principais aspectos da regulação da expressão das principais enzimas envolvidas na síntese de aromas durante a pós-colheita são abordados.

Lipoxigenases

Diferentes isoformas de lipoxigenases (LOX E.C. 1.13.11.12) podem ser encontradas nos frutos, porém, de modo geral, podem ser classificadas em dois grandes grupos, com base em diferenças estruturais: as enzimas que não têm peptídeo de trânsito (sequência da proteína que as direciona para compartimentos celulares específicos) e as que têm. Neste último caso, tais enzimas são direcionadas aos plastídeos. Em tomates há, ao menos, cinco isoformas de LOX, e apenas uma delas apresenta peptídeo de trânsito.[12] As LOX catalisam a incorporação de moléculas de oxigênio em ácidos graxos polinsaturados, como os ácidos linoleico e linolênico, convertendo-os em hidroperóxidos (Capítulo 5). Essa atividade contribui para a formação de compostos voláteis, porém a extensão do papel de cada isoforma é uma incógnita. Estudos em tomates transgênicos, nos quais várias das isoformas foram inibidas individualmente por técnicas de silenciamento gênico, não demonstraram haver impactos significativos no perfil geral de compostos voláteis. Isso parece indicar que, à luz do conhecimento atual, haveria um certo grau de redundância entre as atividades das isoformas.

Por outro lado, variações em relação a compostos específicos decorrem da maior atividade de algumas isoformas que, preferencialmente, incorporam oxigênio na posição 9 ou 13 dos ácidos linoleico e linolênico. Desse modo, o silenciamento de isoformas que tenham afinidade por um ou outro substrato acaba produzindo impacto nas quantidades de certos compostos do aroma. Essas mesmas variações também são encontradas em diferentes cultivares de frutos em função da maior atividade de uma ou outra forma da enzima. A via de LOX é responsável pela produção de uma gama de compostos, como o hexanal e o hexenol, que conferem notas aromáticas classificadas como "verdes" e a sensação de frescor ao fruto maduro (Capítulo 9).

Hidroperóxido liase

A clivagem dos peróxidos produzidos pela LOX, mediada pela atividade da hidroperóxido liase (HPL), dá origem a aldeídos voláteis, sendo os derivados com seis (C6) e com nove (C9) carbonos os mais abundantes.[13] A HPL é uma enzima ligada à membrana pertencente à superfamília das proteínas do citrocromo P450. Sua atividade é mais dependente da disponibilidade de seus substratos do que propriamente de alterações na taxa de sua expressão gênica, visto que todas as evidências a apontam como sendo uma enzima constitutiva.[14] A superexpressão da HPL em tomates não causou alterações significativas na composição de voláteis do fruto maduro,[13] o que reforça a tese da disponibilidade do substrato como o fator limitante na atividade da HPL. Contudo, as diferenças de especificidade da HPL para um ou outro tipo de substrato têm impacto direto no perfil do aroma produzido no fruto. Em peras, por exemplo, embora as isoformas de LOX formem principalmente 13-hidroperóxidos, a HPL desse fruto tem maior especificidade pelos 9-hidroperóxidos.[15] Em pepinos, as isoformas de LOX produzem tanto 13 quanto 9-hidroperóxidos em uma razão de 8:2 aproximadamente, mas a HPL nesses frutos tem alta especificidade para este último substrato, o que resulta no alto índice de derivados C9 encontrados no aroma de pepinos no ponto de colheita.[13]

Álcool desidrogenases

Os álcoois encontrados em meio aos compostos voláteis derivados do metabolismo de lipídeos são produtos das atividades das álcool desidrogenases (ADHs E.C.1.1.1.1), metaloproteínas que têm grupos sulfidrilas no sítio catalítico e atuam reduzindo aldeídos, preferencialmente os de cadeia média (C6 e C9). Várias isoformas de ADH são reguladas transcripcionalmente pelo etileno[16] e aumentam sua expressão durante o amadurecimento dos frutos.

Álcool aciltransferases

Os alcoóis produzidos pelas ADH são prontamente utilizados pelas álcool aciltransferases (AATs) formando ésteres voláteis, a maior classe de compostos presentes no aroma da maior parte dos frutos. As AATs catalisam a transferência de grupos acila a partir de intermediários acil-CoA para o álcool correspondente, conforme a especificidade da AAT envolvida na catálise. A expressão das AATs em frutos está claramente correlacionada com a progressão do amadurecimento, independente de o fruto ser climatérico ou não climatérico. Embora o etileno induza a transcrição do gene codificador de isoformas de AAT, o hormônio não parece ser o único fator necessário ao aumento na expressão desses genes.[17] Em morangos, um fruto não climatérico, ao menos uma isoforma de AAT, parece ser fundamental para a síntese de ésteres e o desenvolvimento do aroma. A especificidade das AATs por seus substratos é o principal fator na diversidade de ésteres normalmente encontrados entre os compostos voláteis de frutos. Em melões, por exemplo, ao menos três isoformas de AAT (CmAAT1, CmAAT3 e CmAAT4) concorrem para a grande diversidade dos ésteres encontrados no aroma desses frutos.[16]

Gosto

Três classes de compostos são decisivas no desenvolvimento do gosto dos frutos durante o amadurecimento: os açúcares, os ácidos orgânicos e os compostos fenólicos. Cada classe provê uma sensação gustativa básica (doce, ácido e amargo, respectivamente), e do equilíbrio dessas percepções advêm o sabor característico do fruto, complementado pelo caráter conferido pelos compostos voláteis (Capítulo 9). Os açúcares acumulados nos frutos maduros provêm do metabolismo fotossintético da planta ao qual o fruto se encontra ligado, sendo armazenados preferencialmente como sacarose ou amido, dependendo do fruto. A partir da clivagem e metabolismo desses carboidratos, surgem outros açúcares, sendo os principais a glicose e a frutose (Capítulo 2). Os ácidos orgânicos em sua maioria provêm do ciclo dos ácidos tricarboxílicos, sendo estocados nos vacúolos. Outros como o ácido ascórbico provêm de rotas metabólicas específicas, cujos substratos são derivados da parede celular. Durante o amadurecimento, os níveis de ácidos diminuem em boa parte pela conversão dos mesmos em açúcares (gluconeogenêse). Os compostos fenólicos, grande parte desses flavonoides, desempenham funções antioxidantes e de defesa nos frutos, principalmente durante seu desenvolvimento. Tais compostos, além do gosto amargo, conferem adstringência ao fruto, sobretudo quando polimerizados formando um grupo de compostos denominados taninos. Estes são formados principalmente por várias unidades de catequina, epicatequina e ácidos fenólicos (cumárico, cafeico, cinâmico, gálico, entre outros) condensados em grandes estruturas. Detalhes sobre a estrutura química e a síntese de compostos fenólicos são descritos no Capítulo 8.

Nas seções seguintes estão detalhados aspectos do metabolismo das substâncias citadas.

Metabolismo de carboidratos

Amido

O amido representa uma das formas de reserva de carboidratos mais encontradas nas plantas superiores (Capítulo 2). A estrutura dos grãos de amido varia de planta para planta e mesmo de tecido para tecido na mesma planta e, embora muitos estudos tenham se concentrado na elucidação do processo de formação do grão de amido, a forma como ocorre o empacotamento das cadeias de amilose e amilopectina para sua formação ainda não está clara.

Várias vias parecem contribuir com a formação dos substratos para síntese do amido, porém a sequência de reações dada como a mais significativa é a formação do precursor adenosina 5'-difosfo-glicose (ADPGlc) pela adenosina 5'-difosfo-glicose pirofosforilase (AGPase; glicose-1-fosfato adenilil-transferase - E.C. 2.7.7.27):

$$\text{Sacarose} \quad + \quad \text{UDP} \quad \xrightarrow{\text{Sacarose sintase}} \quad \text{UDPGlc} \quad + \quad \text{Fru}$$

$$\text{UDPGlc} \quad + \quad \text{PPi} \quad \xrightarrow{\text{UDPGlc-pirofosforilase}} \quad \text{G-1-P} \quad + \quad \text{UTP}$$

$$\text{G-1-P} \quad + \quad \text{ATP} \quad \xrightarrow{\text{ADPGlc-pirofosforilase}} \quad \text{ADPGlc} \quad + \quad \text{PPi}$$

$$\text{ADPGlc} \quad + \quad \alpha(\text{Glc})_n \quad \xrightarrow{\text{Amido sintase}} \quad \text{amido}$$

Durante o desenvolvimento, frutos como o kiwi, manga, maçã, pera e banana acumulam amido, podendo atingir massas que vão de 5 a mais de 20% do peso fresco do fruto.[18,19] Tal reserva é rapidamente mobilizada durante o amadurecimento, podendo cair para níveis abaixo de 1%. A queda pode acontecer de modo abrupto, logo após o pico de produção de etileno e paralelo ao pico respiratório. Neste mesmo período, a concentração de sacarose sobe rapidamente podendo atingir, no caso da banana, 12% ou mais do peso do fruto fresco.[18] Em kiwis, contudo, foi demonstrado que a degradação de amido precede o pico respiratório, havendo, neste caso, dissociação entre os dois eventos.[20]

Várias enzimas que parecem contribuir para a degradação do amido têm sido descritas e suas atividades detectadas em diversos tecidos vegetais, porém o modo pelo qual a ação destas enzimas é coordenada para converter o amido em malto-oligossacarídeos ainda não foi totalmente compreendido, sobretudo nos frutos.

As hipóteses acerca do mecanismo de degradação do amido em tecidos vegetais receberam contribuições significativas na última década. Em cereais e sementes de leguminosas, o modelo estabelecido coloca a α-amilase em posição chave no processo. Já em folhas, o modelo proposto difere em muito, principalmente quanto ao papel da α-amilase, que não parece ser relevante para a degradação do amido durante o ciclo diuturno. Não há um modelo de consenso para a mobilização do amido em frutos, embora a expressão gênica e/ou atividade das enzimas descritas em folhas tenha sido identificada em bananas, ervilhas e tomates. Diante disso, o mais provável é que a via de metabolismo do amido em frutos deva se assemelhar ao descrito em folhas (Figura 11.4), porém com diferenças quanto à regulação e a relevância de cada enzima para o processo. Detalhes acerca da atividade catalítica e utilização de algumas das enzimas descritas a seguir podem ser encontrados no Capítulo 5 – Enzimas. Mais infomações a respeito da estrutura dos grânulos de amido e do seu mecanismo de degradação estão no Capítulo 2 – Carboidratos.

Alfa-amilases

Até o momento, a maioria das α-amilases de plantas (Capítulo 5) descritas demonstrou capacidade de atacar grãos de amido intactos. O aumento da atividade dessa enzima no amadurecimento de frutos foi detectado em kiwi, maçãs, bananas e mangas. Seu papel na degradação do amido pela visão corrente seria o de iniciar o ataque aos grãos intactos, permitindo, assim, a ação de outras enzimas (β-amilases, por exemplo) sobre os glicanos liberados.

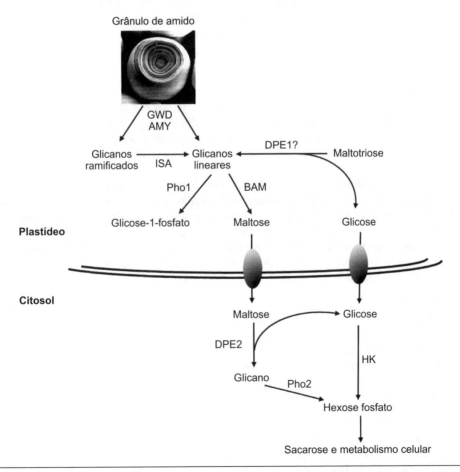

Figura 11.4 Modelo esquemático da degradação do amido em folhas. Os mesmos elementos foram identificados em frutos, exceto por aqueles marcados com ponto de interrogação. GWD – Glicano-água diquinase; PWD – Fosfoglicano-água diquinase; AMY – α-amilase; ISA – isoamylase; BAM – β-amilase; DPE1 – transglicosidase1; Pho1– amido fosforilase plastidial; DPE2 – transglicosidase2; HK – hexokinase; Pho2 – amido fosforilase citosólica. Adaptado de Sonnewald & Kossmann.[21]

Beta-amilases

No modelo proposto para a degradação de amido transitório em folhas, a β-amilase (para descrição da atividade catalítica, ver Capítulo 5) tem papel significativo, uma vez que plantas modificadas de *Arabidopsis thaliana*, com expressão reduzida da enzima, apresentam acúmulo de amido nas folhas devido à baixa taxa de degradação noturna do polissacarídeo.[21] Em frutos, o papel dessa enzima ainda não é claro, mas há evidências que sugerem que possam ter um papel tão relevante quanto o desempenhado em folhas. A inibição da mobilização do amido pelo hormônio ácido indol-acético em bananas foi correlacionada à inibição de expressão gênica da β-amilase, o que parece sugerir um papel relevante para esta enzima nesse processo.[22]

Isoamilases

Outro grupo de glicosídeo-hidrolases ligado à degradação do amido é o das α-1,6-glicosidases, enzimas que catalizam a quebra das ligações α-1,6-glicosídicas da amilopectina e também em β-dextrinas limite. Estudos em bananas indicam aumento na expressão gênica e atividade de ao menos uma isoforma de isoamilase durante o amadurecimento.[23] Essas enzimas, a exemplo do que ocorre em folhas,[21] muito provavelmente desempenham importante papel na degradação do amido em frutos devido à grande proporção de amilopectina geralmente encontrada nos grânulos (70 a 100%) e também pelo fato de as demais enzimas envolvidas não serem capazes de atuar em ligações α-1,6-glicosídicas.

Fosforilases

A maioria dos estudos tem apontado a presença de duas formas das fosforilases: uma citossólica e outra associada aos plastídeos. Essa compartimentalização parece apontar diferenças em relação a atividade, uma vez que as fosforilases também são capazes de catalisar a transferência de glicose da glicose-1-fosfato a cadeias de α-1,4-glicanos liberando fosfato inorgânico, promovendo o alongamento dessas cadeias e contribuindo, desse modo, para a síntese do amido.

A atividade de amido-fosforilases em frutos como banana, manga e abóbora-moranga. Mota e colaboradores[24] caracterizaram duas formas de fosforilase em polpa de bananas. Os resultados não mostraram variação pronunciada da atividade de ambas as isoformas durante o amadurecimento de bananas, embora a atividade detectada tenha sido alta.

O papel das fosforilases de amido não foi elucidado, provavelmente pelo fato de essas enzimas serem capazes de atuar tanto na síntese como na degradação do amido, o que sugere diferentes funções, dependentes do estádio de desenvolvimento do fruto.

Transglicosidases

As transglicosidases ou DPEs (do inglês, *disproportionating enzyme,* E.C. 2.4.1.25) são capazes de remodelar malto-oligossacarídeos liberados durante a mobilização do amido; o menor doador identificado é a maltotriose, e a menor molécula aceptora, a glicose,[21] produzindo substratos mais adequados para a ação das β-amilases e fosforilases do amido. Atividades de DPEs foram identificadas em ervilhas e bananas, porém a real extensão do seu papel no metabolismo do amido em frutos ainda está por ser determinado.

Glicano-água diquinase

A glicano-água dikinase (GWD *glucan,water dikinase* – E.C. 2.7.9.4) catalisa a transferência de grupos fosfato a partir de ATP para a posição C6 de resíduos de glicose da amilopectina. Tal atividade fosforolítica seria capaz de alterar a compactação das cadeias glicosídicas na superfície do grânulo de amido, expondo terminais não redutores ao ataque de outras enzimas, como a β-amilase. Embora a atividade da GWD ainda esteja por ser determinada em frutos, a sua expressão reforça a hipótese da conservação do mecanismo de degradação do amido entre as folhas e os frutos.

Sacarose, glicose e frutose

Concomitantemente à degradação do amido em frutos, há o aumento na produção de sacarose, mediada pela sacarose-fosfato sintase (SPS). O açúcar formado pode, então, sofrer clivagem pelas diferentes isoformas de invertase (produzindo glicose e frutose) ou pela sacarose sintase (SuSy).

Sacarose-fosfato sintase

Cordenunsi e Lajolo[18] demonstraram que a atividade da SPS aumenta durante a síntese de sacarose em bananas. Esta enzima é atualmente apontada como a principal enzima de síntese de sacarose, sendo encontrada amplamente distribuída pelos tecidos vegetais.

Além da banana, a SPS foi detectada em outros frutos, como tomates, pêssegos, morangos, mangas, kiwis, abóboras, berinjelas. A regulação da atividade de SPS parece contar com mecanismos distintos. A SPS de folhas de espinafre é ativada alostericamente por glicose-6-fosfato, inibida por fosfato inorgânico e pela fosforilação. A incidência de luz provoca a ativação de uma fosfatase que, ao remover o grupo fosfato do referido resíduo de serina, ativa novamente a enzima. Esse mecanismo de controle está, portanto, coordenando a formação de sacarose durante a fotossíntese. A fosforilação da SPS foi proposta como mecanismo de regulação também em kiwis,[20] porém o sinal envolvido não seria luz, mas outro não evidenciado pelos autores.

Outro mecanismo de regulação da atividade da SPS, proposto em kiwis e bananas, envolve a síntese *de novo* da enzima, conforme evidenciado pelo aumento do seu mRNA e também do aumento da proteína SPS. Durante o amadurecimento de bananas, Nascimento e colaboradores[25] encontraram pronunciado aumento de transcrição do gene da SPS correlacionado com aumento na síntese da proteína e de sua atividade.

Vários mecanismos de regulação para a mesma enzima poderiam ser a consequência da necessidade de flexibilizar a síntese de sacarose, processo fundamental para o desenvolvimento vegetal, atendendo, assim, a necessidades específicas de cada tecido.

Invertase

Na maior parte das plantas são encontradas três diferentes isoformas de invertase: citosólica, vacuolar e ligada à parede celular. A clivagem de sacarose (Capítulo 5) derivada da síntese catalisada pela SPS no fruto é, em grande parte, mediada pelas isoformas citosólica e vacuolar. A isoforma ligada à parede celular é relacionada com a captação celular da sacarose proveniente da fotossíntese. Durante o amadurecimento, o aumento da expressão e da atividade das invertases foi detectado em banana, manga, tomate, melões, entre outros frutos. A função das formas vacuolar e citosólicas têm sido associadas a processos nos quais a demanda de energia é alta, correspondendo, no caso dos frutos, à fase pós-climatérica, na qual o nível da atividade sintética é elevado.

Ácidos orgânicos

Os principais ácidos orgânicos encontrados em frutos são os ácidos málico, cítrico, succínico, tartárico, ascórbico e oxálico. Os três primeiros são formados principalmente como intermediários do ciclo de Krebs. O ácido ascórbico provém da atividade de vias metabólicas que utilizam açúcares provenientes da parede celular para sua formação. O ácido tartárico é formado a partir do ácido ascórbido em uma via cujos elementos ainda não foram totalmente estabelecidos, e o ácido oxálico é um dos produtos da via de oxidação do ácido ascórbico. A maior parte dos ácidos orgânicos é acumulada no vacúolo de onde podem ser mobilizados para a produção de açúcares (gliconeogênese). Durante o amadurecimento dos frutos, o ácido málico é convertido a oxalo-acetato pela malato desidrogenase NADP-dependente; em maçãs parte de sua conversão a piruvato é catalisada pela enzima málica NADP-dependente. O oxalo-acetato proveniente da ação da malato desidrogenase é convertido a fosfoenolpiruvato pela PEP carboxiquinase, o qual é direcionado para a síntese de glicose.

De modo geral, os conteúdos dos ácidos orgânicos diminuem durante o amadurecimento dos frutos, o que, associado ao aumento no nível de açúcares, contribui para o aumento da sensação de dulçor deles.

Textura

Embora varie quanto ao grau, a maior parte dos frutos climatéricos e não climatéricos muda de textura quando maduros. Frutos como a manga, o mamão, a banana, o tomate, o morango apresentam um alto grau de amaciamento quando da passagem do estágio verde para o maduro, enquanto outros frutos, como maçã, pera, laranja, limão e algumas variedades de melão, sofrem um processo menos drástico de amaciamento. No caso do primeiro grupo, esse fator é decisivo para a susceptibilidade desses frutos a injúrias mecânicas e a ataques por patógenos e, portanto, causa de grandes perdas pós-colheita.

As alterações de textura devem-se, em grande parte, a modificações nos polissacarídeos da parede celular dos frutos e também à mobilização do amido para os frutos que o acumulam em quantidades significativas (banana, manga, kiwi, atemoia, entre outros).

Parede celular

De modo geral, os polissacarídeos que compõem as paredes celulares da polpa dos frutos encontram-se divididos em duas partes distintas da sua ultraestrutura: a parede primária e a lamela média. Enquanto a primeira provê força mecânica, à segunda é atribuída a função de adesão célula-célula. A extensão das modificações que ocorrem nessas duas subestruturas durante o amadurecimento é variável entre as espécies e mesmo entre variedades de frutos da mesma espécie.

No modelo mais aceito hoje, a parede primária é composta de um domínio de hemiceluloses formado sobretudo por xiloglucanos (cadeia principal composta de xilose com ramificações de glicose) que por meio de pontes de hidrogênio que interage com as microfibrilas de celulose reforçando a parede primária. Esta rede, por sua vez, encontra-se embebida em uma matriz péctica que provê flexibilidade à estrutura como um todo. Pectina é um termo genérico atribuído a diversos tipos de polissacarídeos que compõem essa fração da parede, cuja característica comum é a solubilidade em água quente. Esta fração é formada principalmente por polímeros ácidos compostos por ramnogalacturonanos I, homogalacturonanos (HG) e xiloglacturonanos (XGA) e neutros, constituídos por galactanos e arabinogalactanos. Completam a parede proteínas estruturais, compostos fenólicos e enzimas. A lamela média, por sua vez, é formada basicamente de pectinas (Capítulo 2).

A taxa de amaciamento que cada fruto sofre durante o amadurecimento é resultado direto da composição em polissacarídeos da parede e da atividade das enzimas que atuam sobre eles. Tais modificações podem compreender a solubilização, despolimerização (que pode ou não ser extensiva) e rearranjos na estrutura. No caso do mamão, por exemplo, boa parte das modificações ocorre em função da solubilização das pectinas, com limitada despolimerização de qualquer componente da parede celular.[26] O mesmo ocorre durante o amadurecimento da maçã. Em tomates, por outro lado, tanto a solubilização como a despolimerização de poliuronídeos (que formam a fração péctica) e xiloglucanos da fração hemicelulósica estão associados às mudanças na textura do fruto durante o amadurecimento.

Em vista do acúmulo de informações sobre as modificações sofridas pela parede celular de variadas espécies de frutos, que incluem, além dos já citados, o abacate, o figo, o kiwi, o pêssego e o morango, o consenso atual é de que as mudanças texturais observadas nos frutos maduros são decorrentes na maior parte da perda de adesão celular, como consequência da solubilização das pectinas e hidratação da parede celular. Assim sendo, termos como "degradação" da parede celular, que carregam a ideia do desaparecimento da estrutura (mais condizente com a ideia de senescência), caíram em desuso ao tratar-se de amadurecimento de frutos. O quadro atual aponta para um mecanismo bastante sofisticado que compreende algo que pode ser chamado de rearranjo da parede celular.

Enzimas de modificação da parede celular

O amaciamento observado no amadurecimento de frutos ocorre devido à ação concertada e por vezes sinérgica de diferentes isoformas de hidrolases, esterases, transglicosidases. Essas proteínas pertencem às mesmas famílias de enzimas implicadas nas modificações da parede celular de outros tecidos vegetais que ocorrem durante o desenvolvimento das plantas. A expressão de isoformas com regulação fruto-específica é o mais provável mecanismo que diferencia a atividade das enzimas de parede celular que atuam no amadurecimento.

Dentre as hidrolases, encontram-se as endo e exopoligalacturonases (endoPG e exoPG, respectivamente): enzimas que atuam nas ligações α-(1-→4)-glicosídicas do ácido poligalacturônico (AG), que forma a espinha dorsal dos polissacarídeos pécticos (mais detalhes no Capítulo 5). As endoPG atuam de maneira aleatória sobre resíduos não esterificados das pectinas. Géis de pectinas submetidos à ação da endoPG perdem rapidamente sua viscosidade devido à hidrólise provocada pela enzima. As exoPGs, quando não esterificadas, atuam na extremidade não redutora das cadeias. Ao contrário das endoPGs, sua atividade não altera substancialmente a viscosidade de géis de pectina. Os frutos diferem quanto à presença das duas isoformas: maçãs, mangas, certas variedades de melões e kiwi apresentam apenas endoPGs, enquanto mamão, maracujá, pêssego e peras expressam as duas formas. O aumento da expressão e atividade de PGs concomitante ao maior grau de solubilização de pectinas e o decréscimo de firmeza foi observado na maioria dos frutos. A regulação da expressão de PGs parece ser dependente de etileno na maior parte dos frutos, mesmo em frutos não climatéricos, como morango, nos quais o tratamento do fruto com 1-MCP inibiu a expressão de uma exoPG, inibindo a perda de firmeza do fruto maduro. Os padrões de expressão de uma PG de mamão altamente dependente de etileno foram modificados com o tratamento com 1-MCP, que inibiu fortemente o aparecimento de seu mRNA.[27] A atividade dessa enzima também estava diretamente correlacionada com a transcrição, o que parece indicar que este é o mecanismo principal de sua regulação.

Uma vez que as PGs são capazes de atuar apenas em ligações α-1→4-glicosídicas do ácido poligalacturônico em resíduos não esterificados, muitos trabalhos têm associado a ação das PGs à ação prévia das pectina-metilesterases (PMEs, Capítulo 5). Tais enzimas catalisam a desmetilação de pectinas desbloqueando as posições que podem servir para a ação de PGs. No entanto, os padrões de expressão gênica e atividade de PMEs reportado em diversos trabalhos apresentam resultados contraditórios. Em tomates e bananas já foi observado aumento na atividade de PMEs precedendo o decréscimo da firmeza no fruto, porém, em manga e papaia foi observado o decréscimo de atividade durante o amadurecimento.

De modo mais consistente, observaram-se padrões de expressão e atividade de β-galactosidases (β-gal) muito semelhantes entre diversos frutos e bem correlacionados com a progressiva diminuição na firmeza. As β-gals catalisam a hidrólise das ligações galactosídicas existentes em galactanos e arabinogalactanos. Um dos principais alvos da ação das β-gals é o ramnogalacturonano do tipo 1 (RG1), polissacarídeo péctico composto por um esqueleto de ácido galacturônico e ramnose com ramificações de galactose e arabinose.

Uma parte expressiva do processo do amaciamento de frutos provém de modificações nos domínios de hemicelulose, sobretudo sobre xiloglucanos. Dentre várias enzimas envolvidas em alterações da estrutura desses polissacarídeos, a mais intimamente correlacionada ao amadurecimento de frutos é a xiloglucano endo-transglicosidase/hidrolase (XTH – E.C. 2.4.1.207). A XTH cliva xiloglucanos transferindo pequenos fragmentos da molécula para xiloglucanos de menor peso molecular. O resultado de tal atividade é o remodelamento das ligações celulose-xiloglucano, podendo tanto aumentar a rigidez da parede celular quanto relaxá-la. Tais enzimas também são capazes de despolimerizar os xiloglucanos atuando, nesse caso, como xiloglucano hidrolases. O direcionamento para um ou outro resultado dependerá da fase de desenvolvimento do fruto. No caso de tomates, por exemplo, há dez isoformas de XTH, e todas são encontradas no tomate maduro, mas apenas duas, XTH5 e XTH8, aumentam os níveis de mRNAs transcritos com o avançar do amadurecimento. Acredita-se que a expressão diferencial das isoformas é que regula o resultado final sobre as ligações celulose-xiloglucano, ou seja, aumento ou diminuição na rigidez, visto que algumas isoformas são preferencialmente transglicosidases, outras hidrolases e outras têm as duas atividades na mesma proporção.

Completam o quadro de enzimas que estão, de modo geral, presentes em todas as paredes celulares de frutos, as β-1,4-glucanases (celulases – E.C. 3.2.1.74) que atuam clivando as ligações β-1→4 das cadeias de celulose. A atividade de β-1,4-glucanases aumenta no amadurecimento de tomate, morango e peras, pêssego, mamão e abacate.

Cor

As alterações de cor nos frutos são na maior parte consequência da degradação da clorofila e da síntese de carotenoides e antocianinas. As duas primeiras alterações refletem em grande parte o processo de diferenciação dos cloroplastos em cromoplastos (Figura 11.5), enquanto a terceira decorre de mudanças no padrão de expressão e atividade das enzimas da via de síntese de flavonoides e os pigmentos são, em grande parte, acumulados nos vacúolos.

A degradação da clorofila começa com a ação da clorofilase sobre o fitol, a parte da molécula que ancora o anel macrocíclico na membrana tilacoidal. O íon $Mg2^+$ das clorofilidas, formadas pela ação da clorofilase, é removido pela atividade da clorofila-$Mg2^+$ dequelatase, resultando na formação do feoforbídeo (Capítulo 7) que, por sua vez, serve de substrato para a feoforbídeo oxidase. A ação de outras enzimas subsequentes na via sobre a estrutura tetrapirrólica derivada da etapa anterior resultará na perda de fluorescência completando o catabolismo da clorofila. Em vários frutos, como o tomate, a manga e o mamão, tal processo é acompanhado no aumento da expressão gênica das enzimas da via de síntese de carotenoides, sendo a etapa limitante a formação do fitoeno pela atividade da fitoeno-sintase. O licopeno, carotenoide intermediário no processo é convertido a β-caroteno pela ação da β-licopeno ciclase. Durante o amadurecimento do tomate e da melancia, no entanto, a expressão gênica dessa enzima diminui, promovendo o acúmulo de licopeno e conferindo cor vermelha a esses frutos.[28] Em outros frutos, como variedades amarelas de tomate, a diminuição na atividade da β-licopeno ciclase não ocorre, e outros carotenoides, como α-caroteno, δ-caroteno, luteína e violaxantina, também acumulam na polpa e na casca.

A biossíntese de antocianinas começa na condensação de três moléculas de malonil CoA com *p*-coumaril CoA formando a tetra-hidroxichalcona (Figura 11.6). Tal reação é considerada o passo chave na via de formação de flavonoides e é catalizada pela chalcona sintase. A tetra-hidroxichalcona contém a estrutura básica C_6-C_3-C_6 pelo qual os flavonoides são conhecidos (mais detalhes no Capítulo 8). A atividade da chalcona isomerase, promovendo o fechamento do anel da tetra-hidroxichalcona, leva à formação do primeiro flavonoide da série, a naringenina.

As atividades das hidroxilases e redutases convertem a naringenina em diversas formas de leucoantocianidinas, precursores das antocianinas. Estas são formadas a partir da atividade da antocianina sintase, glicosil e metiltransferases. A cor conferida aos frutos varia conforme a combinação das diversas antocianinas formadas e também pelo pH, metais e outros flavonoides encontrados nos frutos maduros. O acúmulo de antocianinas é altamente influenciado pelo nível de açúcares, incidência de luz, temperatura e etileno.[28]

Alterações pós-colheita em hortaliças

As hortaliças, raízes e tubérculos produzem quantidades muito pequenas de etileno (menos de $0,1$ $\mu l.kg^{-1}.h^{-1}$). A colheita representa um fator de estresse para os órgãos vegetativos citados anteriormente em função da redução da disponibilidade de nutrientes, de injúrias mecânicas próprias da colheita etc. Diferentemente dos frutos, a manutenção da integridade textural é um dos fatores mais importantes para a qualidade de vegetais comestíveis. Desse modo, boa parte das técnicas de conservação busca minimizar a perda de água durante o armazenamento, evitando o murchamento do vegetal e mantendo as características de textura observadas no ponto de colheita.

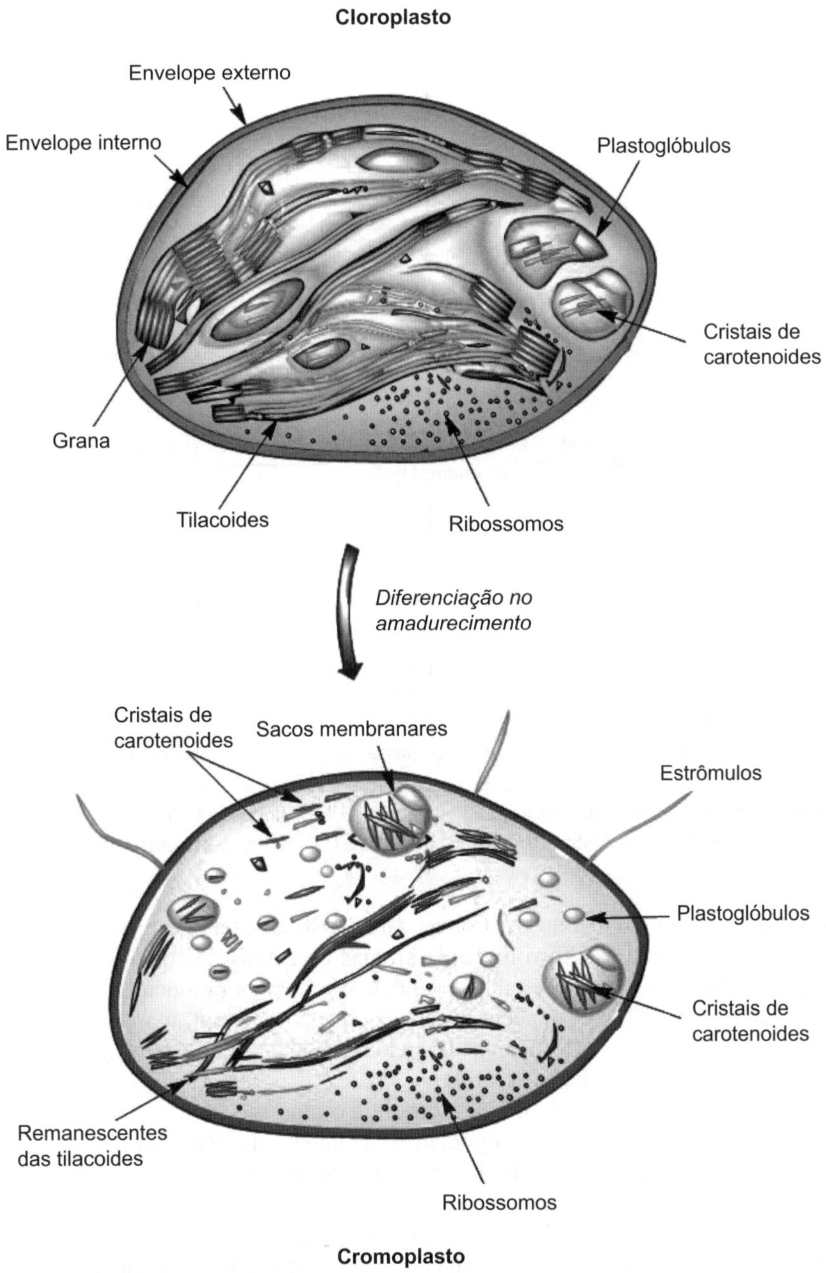

Cloroplasto

Diferenciação no amadurecimento

Cromoplasto

Figura 11.5 Diferenciação do cloroplasto a cromoplasto durante o amadurecimento de frutos. No ponto de colheita, frutos como tomate, banana, manga, mamão, entre outros, apresentam no epicarpo e/ou pericarpo, cloroplastos ricos em clorofila que, ao longo do processo de amadurecimento, diferenciam-se em cromoplastos cujas ultraestruturas guardam remanescentes da estrutura do cloroplasto, mas em grande parte desenvolvem outras estruturas internas. No processo, a síntese de clorofila cessa e as estruturas internas (tilacoides, grana etc.) vão sendo desmontadas. Nos cromoplastos, o conteúdo de carotenoides aumenta drasticamente, formando estruturas cristalinas que em grande parte são armazenadas nos plastoglóbulos e nos sacos membranares. No esquema, a cor vermelha indica um cromoplasto que armazena sobretudo licopeno, tipicamente encontrado no tomate, melancia e goiaba vermelha.

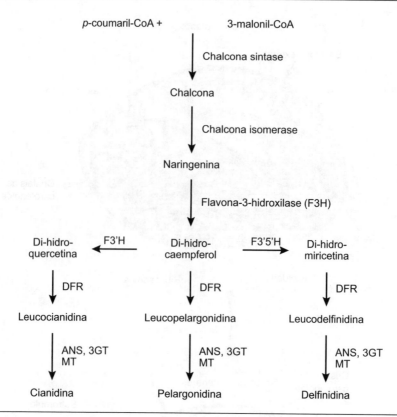

Figura 11.6 Biossíntese das antocianinas. F3'H: flavona-3' hidroxilase; F3'5'H: flavona-3'-5' hidroxilase; DFR: di-hidroflavonol redutase; ANS: antocianina sintase; 3GT: 3-glicosil transferase; MT: metil-transferase.

Além disso, o desenvolvimento de aromas característicos afeta de maneira significativa a preferência dos consumidores. A evolução de aromas derivados de compostos sulfurados em crucíferas, como brócolis e couve, é um exemplo, assim como a produção de óleos essenciais, ricos em terpenos, nas folhas de especiarias como orégano, alecrim, manjericão e hortelã. As notas aromáticas "fresco" e "verde" conferidas pelo hexanal também são desejáveis no ponto de colheita de hortaliças, como alface e escarola.

Dentre os membros do gênero *Allium*, a cebola e o alho são de longe os mais comercializados. As diversas variedades de cebola podem ser colhidas em diversos estágios de desenvolvimento, porém para uma grande parte da produção isso ocorre quando as folhas externas do bulbo secam. Após a colheita, as cebolas permanecem dormentes por um período de semanas, que pode ser prolongado por meio de radiação ionizante a fim de evitar o brotamento. As cebolas de coloração amarelada têm vida de prateleira entre dois e três meses, enquanto os de coloração vermelha têm somente entre dois a quatro semanas. A principal característica desses vegetais é sua pungência originária de compostos que contêm enxofre como dissulfetos e ácidos sulfônicos. Dos compostos voláteis que produzem o aroma característico do alho e da cebola, os principais são a aliicina, a aliina, o dialisulfeto e o ajoeno. Os dois primeiros são substratos para a alinase, e o produto formado, o tiopropanal-*S*-óxido, é o fator que provoca a irritação ocular ocasionando lágrimas, descrito em detalhes no Capítulo 9.

Boa parte das hortaliças e raízes consumidas na alimentação humana são crucíferas, incluindo a família *Brassicaceae*. Exemplos mais conhecidos são as diversas variedades de couve, o brócolis, a couve-flor, o repolho, o rabanete, entre outros. Particularmente abundantes nas crucíferas, os glicosinolatos compõem um grupo de mais de 120 compostos de particular interesse para a saúde humana em função de suas propriedades anticancerígenas. Tais compostos são derivados de aminoácidos alifáticos (valina, leucina, isoleucina, alanina e meitonina), benzênicos (fenilalanina e tirosina) e indólicos (triptofano), e sua biossíntese é induzida sob estresses bióticos e abióticos.

A cenoura, a mandioquinha e o aipo são os mais conhecidos representantes da família das Umbelíferas. Sob refrigeração, as cenouras têm sua vida pós-colheita prolongada por mais de seis meses, diferentemente da mandioquinha e do aipo, cujo tempo de vida não ultrapassa duas semanas nessas condições. A exposição ao etileno, mesmo a baixas temperaturas, pode levar as cenouras a desenvolver sabor amargo principalmente pelo aumento na produção de 6-metoximeleína.[29]

Muitas das Cucurbitáceas consumidas na alimentação são frutos e, portanto, compartilham alguns dos aspectos da fisiologia pós-colheita tratados nas seções anteriores. Como exemplos podem ser citadas as diversas variedades de abóboras e abobrinhas. O mesmo vale para os vegetais da família das Solanáceas, que inclui o tomate, as pimentas, o pimentão e a berinjela. Embora seja também desta família, a batata tem aspectos diferenciados, visto que a parte comestível da planta são os tubérculos e, portanto, compartilha particularidades de alterações pós-colheita com a mandioca, a batata-doce, o cará, o inhame, entre outros. Destaca-se no caso específico da batata o adoçamento que o tubérculo sofre quando colocado sob baixa temperatura. Esse fenômemo decorre da degradação parcial do amido, mediada pela indução na expressão e atividade de enzimas amilolíticas acompanhada pelo aumento na atividade biossintética de sacarose no tubérculo. A sacarose atua como crioprotetor em diversos tecidos vegetais estabilizando membranas lipídicas por um mecanismo ainda não claramente compreendido. Essa é a mais provável função da ativação desse mecanismo quando os tubérculos são expostos a baixas temperaturas.

Armazenamento pós-colheita

O manejo pós-colheita visa diminuir a velocidade de deterioração de frutos e hortaliças, porém as práticas não são capazes de melhorar a qualidade inerente dos produtos. Dentre as práticas mais utilizadas estão o armazenamento a baixas temperaturas, o uso de atmosfera modificada ou atmosfera controlada, tratamento com agentes químicos e a irradiação. Tais técnicas têm sido utilizadas isoladamente ou em combinação, de modo a maximizar os efeitos de conservação.

Efeitos da temperatura

O uso da baixa temperatura para controle do amadurecimento de frutos e aumento da vida de prateleira de hortaliças é amplamente difundido na cadeia de produção desses alimentos. Para cada produto há uma temperatura ótima de resfriamento capaz de reduzir a atividade metabólica no tecido, que pode ser constatada pela diminuição na taxa respiratória. No entanto, para fins comerciais utiliza-se uma margem de segurança, também variável em função do produto, para evitar assim que, por flutuações na temperatura de armazenamento, esta desça próximo à temperatura que causa injúria pelo frio no fruto ou hortaliça. O efeito mais visível dessas injúrias é o escurecimento da casca do fruto (ou das folhas, no caso de hortaliças), o que compromete a qualidade e, portanto, a aceitação do produto.

A exposição ao frio também pode trazer melhoras na qualidade de certos produtos ou até mesmo ser indispensável para o desenvolvimento dos atributos de qualidade de outros. No primeiro caso, por exemplo, certas variedades de morango podem reter melhor seus compostos do aroma ou até mesmo aumentar a produção deles, quando expostos a temperaturas próximas a 0 °C. A capacidade antioxidante dessas frutas também pode ser aumentada pela exposição ao frio, embora o desenvolvimento da cor decorrente da síntese e acúmulo de antocianinas pós-colheita seja prejudicado.[30] No segundo caso, utiliza-se normalmente temperaturas em torno de 2°C para o armazenamento de peras e início do processo de amadurecimento. Após certo período de indução, que pode variar em função da cultivar, as peras são retiradas das baixas temperaturas e colocadas à temperatura ambiente, onde amadurecerão normalmente. Peras que não foram submetidas a esse tipo de indução podem não desenvolver todos seus atributos de qualidade em função de um amadurecimento incompleto.

Foram também observadas melhoras no desenvolvimento da textura e do aroma em frutos de Anonáceas mantidos a 15 °C, assim como em pêssegos que, mantidos a baixas temperaturas, antes de amadurecerem também desenvolvem aromas mais bem definidos. Esse aumento na liberação de voláteis pode inclusive servir como parâmetro para avaliação do bom desenrolar do amadurecimento do pêssego.

Atmosfera modificada

O uso de atmosfera modificada (AM) envolve a alteração do ambiente gasoso no qual se encontra o produto de modo a prolongar sua vida de prateleira. Nesse caso, empregando embalagens com permeabilidade seletiva a gases ou, então, revestimentos comestíveis, a alteração do ambiente é obtida gradualmente pelo processo respiratório do fruto ou hortaliça. A permeabilidade ao O_2 diminui a concentração do gás no microambiente da embalagem, enquanto a retenção de CO_2 aumenta sua concentração, promovendo redução na atividade respiratória e, portanto, da atividade metabólica. O desenvolvimento de diversos tipos de filmes plásticos, sacos ou coberturas comestíveis difundiu amplamente o uso da AM, que vem recebendo inovações constantes, como a incorporação de substâncias com atividade antimicrobiana nos filmes plásticos ou o uso de sequestrantes de etileno.

Atmosfera controlada

A atmosfera controlada (AC) é utilizada para estender a vida de prateleira de produtos perecíveis e se refere à manutenção de atmosfera artificial com baixa tensão de O_2 ou elevada concentração de CO_2 nos ambientes onde são mantidos os produtos. Para tal, a atmosfera precisa ser constantemente verificada e automaticamente corrigida durante todo o período de armazenamento e/ou transporte. Essa técnica tem sido empregada com mais frequência em frutos cujo tempo de armazenamento antes da comercialização é muito longo, como é o caso de maçãs, peras e kiwis, sendo frequentemente associada à baixa temperatura. Esse tipo de método é compensatório do ponto de vista econômico apenas quando empregado em grandes câmaras de armazenamento. Com isso é possível atingir tempos de conservação que podem chegar a vários meses.

Agentes químicos

O uso de substâncias capazes de interfertir na produção ou percepção ao etileno é corrente nas pesquisas em fisiologia pós-colheita. Porém, o uso comercial de muitos desses compostos nunca foi possível em função do potencial tóxico para seres humanos. A aminoetoxivinilglicina (AVG), inibidora da ACC sintase, é um dos poucos compostos que teve o uso comercial liberado como retardador de amadurecimento, sob o nome de Retain®. Há pouco mais de uma década, a liberação comercial do 1-metilciclopropeno (1-MCP), um bloqueador de percepção ao etileno (sob o nome de SmartFresh®), trouxe avanços significativos não apenas para a agroindústria mas também para as pesquisas da área. Desde então, a produção de maçãs, peras, abacates, nectarinas, pêssegos, ameixas tem se beneficiado da aplicação desse composto e de seus efeitos inibitórios sobre o amadurecimento. Em bananas e mamões, o 1-MCP também vem sendo testado, porém, devido a efeitos indesejados, como o escurecimento da casca e a excessiva retenção da firmeza, respectivamente, protocolos especiais de aplicação vêm sendo otimizados.[31]

O 1-MCP é um gás a temperatura ambiente e pode ser utilizado em baixas concentrações na maioria das aplicações. As formulações comerciais trazem o composto na forma de seu sal de lítio que, em contato com água, libera o gás dentro da câmara ou recipiente onde os frutos são tratados. Sua alta difusibilidade tanto em meio aquoso como em meio lipídico faz com que o 1-MCP atinja rapidamente os receptores de etileno nos tecidos vegetais expostos. Contribui também o fato de que seu K_m para o receptor é cerca de 10 vezes inferior ao do etileno.[31]

Irradiação

A irradiação com raios gama tem sido empregada para alguns frutos com fins de desinfestação. Contudo, estudos demonstraram que os efeitos, mesmo em baixas doses, comprometem parâmetros da qualidade, apesar dos benefícios em termos de conservação. Por outro lado, a irradiação com raios gama é quase sempre empregada em batatas, com o intuito de evitar o brotamento, e em especiarias, para diminuir a contaminação microbiana. Mais recentemente, o uso de irradiação com luz ultravioleta C (UVC – 254 nm) tem se mostrado um método bastante eficiente para diminuição da contaminação por micro-organismos na superfície de frutos.

Biotecnologia no controle do amadurecimento

Técnicas de manipulação gênica (Capítulo 10) têm sido desenvolvidas para a obtenção de frutos cujo amadurecimento possa ser estendido sem o emprego de outros meios. A maior parte das tentativas nesse sentido produziu plantas cujos frutos têm resposta alterada, sobretudo quanto à produção de etileno.

A ACC sintase (ACS) e a ACC oxidase (ACO) são as enzimas-chave na via de biossíntese do etileno. Altos níveis de inibição na produção de etileno (> 99%) foram atingidos pela expressão de mRNAs antissentido (Capítulo 10) para a ACS em tomates ou para a ACO em melões. Com isso, observou-se a inibição no desenvolvimento da cor, do amaciamento da polpa e da produção de aromas, e o tratamento com etileno restaurou o amadurecimento normal, exceto por uma diminuição no nível dos compostos voláteis do aroma.[32]

Outras estratégias consistiram na remoção do precursor da síntese do ACC, a S-adenosil metionina (SAM), pela expressão, em tomates, da enzima SAM hidrolase encontrada em bactérias, ou da conversão de SAM em ácido α-cetobutírico e amônia pela SAM deaminase. Em ambos os casos obteve-se frutos com reduzidas produção de etileno (< 1%) que recuperavam a capacidade de amadurecer quando expostos ao hormônio.[33] Porém, a inibição total dos processos do amadurecimento ainda não foi obtida, visto que vários deles continuam lentamente a se desenvolver, apesar da baixa produção de etileno. Um exemplo é o amaciamento que continua a ocorrer, porém em velocidade menor do que a observada em frutos não transgênicos.[34] Isso sugere que o nível de etileno residual deve ser suficiente para induzir baixos níveis de expressão das enzimas de modificação de parede celular e também que esse processo é parcialmente independente de etileno, ou seja, parte das enzimas envolvidas no amaciamento de frutos deve ser regulada por outros fatores que não o etileno.

RESUMO

- Após a colheita, uma série de transformações bioquímicas ocorrem nos órgãos vegetais.
- Para os frutos, essas transformações constituem um conjunto de processos que compõe o que denominamos amadurecimento. Tais transformações tornam o fruto mais agradável ao consumo. Para os demais tecidos vegetais comestíveis, tais mudanças pós-colheita normalmente representam perda da qualidade sensorial e, portanto, precisam ser inibidas.
- As alterações de textura, cor, aroma e sabor que ocorrem nos frutos são reguladas por hormônios vegetais, sendo o etileno um dos principais envolvidos.
- As alterações de textura ocorrem em função de modificações na estrutura dos polissacarídeos que formam a parede celular vegetal.
- As mudanças de cor são consequência da degradação de pigmentos, como a clorofila, e síntese de novas classes, como os carotenoides e as antocianinas.
- As alterações do aroma decorrem de complexas e variadas reações enzimáticas, cujos precursores básicos são carboidratos, lipídeos, aminoácidos e carotenoides, que produ-

zem compostos voláteis com notas aromáticas diversas. O aroma típico de um fruto pode ser composto por mais de cinquenta diferentes compostos voláteis, membros de variadas classes orgânicas (aldeídos, cetonas, alcoóis, ésteres, terpenoides, entre outros).

- O desenvolvimento do sabor básico de frutos e hortaliças decorre de mudanças nas vias de síntese e mobilização de polissacarídeos, como o amido, síntese de açúcares solúveis, síntese/degradação de ácidos orgânicos (cítrico, málico etc.), polimerização de taninos, entre outras.
- Diversas técnicas baseadas em métodos físicos, químicos e biotecnológicos podem ser utilizadas, isoladas ou em combinação, para garantir maior vida pós-colheita aos frutos e hortaliças.

? QUESTÕES PARA ESTUDO

11.1. Quais as diferenças entre os frutos climatéricos e não climatéricos? Dê exemplos de três frutos de cada grupo.

11.2. Qual o papel do etileno no amadurecimento de frutos?

11.3. Qual o mecanismo de ação do 1-metilciclopropeno, um inibidor de ação do etileno?

11.4. Descreva, por meio de um esquema, as principais vias de formação dos compostos voláteis do aroma.

11.5. Quais são as principais enzimas envolvidas nas alterações de textura em frutos? Descrever as reações catalisadas por essas enzimas.

11.6. Descrever a via de biossíntese dos carotenoides em plantas.

11.7. De modo geral, como ocorre a conversão do amido em açúcares solúveis durante o amadurecimento?

11.8. Entre os frutos e hortaliças, como se diferencia os objetivos da aplicação técnica dos conhecimentos da Fisiologia pós-colheita?

11.9. Como a biotecnologia pode auxiliar na conservação pós-colheita de frutos e hortaliças?

11.10. Quais as diferenças entre a conservação por atmosfera modificada e atmosfera controlada?

Referências bibliográficas

1. Yang SF, Hoffman NE. Ethylene biosynthesis and its regulation in higher plants. Annual Review of Plant Physiology 1984;35:155-89.
2. Pech JCP, Bouzayen M, Latché A. Ethylene biosynthesis. *In: Plant hormones*.2nd ed., Dordrecht, Kluwer Academic Publishers, 2005.
3. McMurchie EJ, McGlasson WB, Eak IL. Treatment of fruit with propylene gives information about the biogenesis of ethylene. Nature 1972;237:235-6.
4. Chervin C, El-Kereamy A, Roustan JP, Latche A, Lamon J, Bouzayen M. Ethylene seems required for the berry development and ripening in grape, a non-climacteric fruit. Plant Science 2004;167:1301-5.
5. Trainotti L, Pavanello A, Casadoro G. Different ethylene receptors show an increased expression during the ripening of strawberries: does such an increment imply a role for ethylene in the ripening of these non-climacteric fruits? Journal of Experimental Botany 2005;56:2037-46.

Fisiologia Pós-colheita **385**

6. Barry CS, Llop-Tous MI, Grierson D. The regulation of 1-aminocyclopropane -1-carboxylic acid synthase gene expression during the transition from System-1 to System-2 ethylene synthesis in tomato. Plant Physiology 2000;123:979-86.

7. Guo HW, Ecker JR. Plant responses to ethylene gas are mediated by SCF (EBF1/EBF2)-dependent proteolysis of EIN3 transcription factor. Cell 2003;115:667-77.

8. Ju C, Yoon GM, Shemanskya JM, Lina DY, Ying ZI, Chang J et al. CTR1 phosphorylates the central regulator EIN2 to control ethylene hormone signaling from the ER membrane to the nucleus in Arabidopsis. Proceedings of the National Academy of Sciences of The United States of America 2012;109:19486-91.

9. Afourtit C, Albury MS, Crichton PG, Moore AL. Exploring the molecular nature of alternative oxidase regulation and catalysis. FEBS Letters 2002;510:121-6.

10. Laties GG. Kidd, Franklin, West, Charles and Blackman, FF - The start of modern Postharvest Physiology. Postharvest Biology and Technology 1995;5:1-10.

11. Mathieu S, Cin VD, Fei ZJ, Li H, Bliss P, Taylor MG et al. Flavour compounds in tomato fruits: identification of loci and potential pathways affecting volatile composition. Journal of Experimental Botany 2009;60:325-37.

12. Klee H, Giovannoni JJ. Genetics and control of tomato fruit ripening and quality attributes. Annual Reviews of Genetics 2011;45:41-59.

13. Matsui K, Fukutomi S, Wilkinson J, Hiatt B, Knauff V, Kajwara T. Effect of overexpression of fatty acid 9-hydroperoxide lyase in tomatoes (*Lycopersicon esculentum* Mill.). Journal of Agricultural and Food Chemistry 2001;49:5418-24.

14. Vancanneyt G, Sanz C, Farmaki T, Paneque M, Ortego F, Castanera P et al. Hydroperoxide lyase depletion in transgenic potato plants leads to an increase in aphid performance. Proceedings of the National Academy of Sciences of The United States of America 2001;98:8139-44.

15. Kim IS, Grosch W. Partial-purification and properties of a hydroperoxide lyase from fruits of pear. Journal of Agricultural and Food Chemistry 1981;29:1220-5.

16. El-Sharkawy I, Manriquez D, Flores FB, Regad F, Bouzayen M, Latche A et al. Functional characterization of a melon alcohol acyl-transferase gene family involved in the biosynthesis of ester volatiles. Identification of the crucial role of a threonine residue for enzyme activity. Plant Molecular Biology 2005;59:345-62.

17. Olias R, Perez AG, Sanz C. Catalytic properties of alcohol acyltransferase in different strawberry species and cultivars. Journal of Agricultural and Food Chemistry 2002;50:4031-6.

18. Cordenunsi BR, Lajolo FM. Starch breakdown during banana ripening - Sucrose synthase and sucrose-phosphate synthase. Journal of Agricultural and Food Chemistry 1995;43:347-51.

19. Silva APFB, do Nascimento JRO, Lajolo FM, Cordenunsi BR. Starch mobilization and sucrose accumulation in the pulp of Keitt mangoes during postharvest ripening. Journal of Food Biochemistry 2008;32:384-95.

20. Macrae E, Quick WP, Benker C, Stitt M. Carbohydrate metabolism during postharvest ripening in kiwifruit. Planta 1992;188:314-23.

21. Sonnewald U, Kossmann J. Starches – from current models to genetic engineering. Plant Biotechnology Journal 2013;11:223-32.

22. Purgatto E, Lajolo FM, Nascimento RO, Cordenunsi BR. Inhibition of β-amylase activity, starch degradation and sucrose formation by indole-3-acetic acid during banana rinpenig. Planta 2001;212:823-8.

23. Bierhals JD, Lajolo FM, Cordenunsi BR, Nascimento JRO. Activity, cloning, and expression of an iso-amylase-type starch-debranching enzyme from banana fruit. Journal of Agricultural and Food Chemistry 2004;52:7412-18.

24. Mota RV, Cordenunsi BR, Nascimento JRO, Purgatto E, Rosseto MR, Lajolo FM. Activity and expression of banana starch phosphorylases during fruit development and ripening. Planta 2002;216:325-33.

25. Nascimento JRO, Cordenunsi BR, Lajolo FM, Alcocer MJC. Banana sucrose-phosphate synthase gene expression during fruit ripening. Planta 1997;203:283-8.

26. Shiga TM, Fabi JP, do Nascimento JRO, Petkowicz CLD, Vriesmann LC, Lajolo FM et al. Changes in cell wall composition associated to the softening of ripening papaya: evidence of extensive solubilisation of large molecular mass galactouronides. Journal of Agricultural and Food Chemistry 2009;57:7064-71.

27. Fabi JP, Cordenunsi BR, Seymour GB, Lajolo FM, do Nascimento JRO. Molecular cloning and characterization of a ripening-induced polygalacturonase related to papaya fruit softening. Plant Physiology and Biochemistry 2009;47:1075-81.

28. Paliyath G, Murr DP. Biochemistry of fruits. *In: Postharvest Biology & Technology of Fruits, Vegetables, & Flowers*, Ames, Wiley-Blackwell Publishing p.19-51, 2008.

29. Schmiech L, Uemura D, Hofmann T. Reinvestigation of the bitter compounds in carrots (*Daucus carota* l.) by using a molecular sensory science approach. Journal of Agricultural and Food Chemistry 2008;56:10252-60.

30. Cordenunsi BR, Nascimento JRO, Lajolo FM. Physico-chemical changes related to quality of five strawberry fruit cultivars during cool-storage. Food Chemistry 2003;83:167-73.

31. Watkins CB. The use of 1-methylcyclopropene (1-MCP) on fruits and vegetables. Biotechnology Advances 2006;24:389-409.

32. Pech JC, Bouzayen M, Latche A. Climacteric fruit ripening: Ethylene-dependent and independent regulation of ripening pathways in melon fruit. Plant Science 2008;175:114-120.

33. Brummell DA, Labavitch JM. Effect of antisense suppression of endopolygalacturonase activity on polyuronide molecular weight in ripening tomato fruit and in fruit homogenates. Plant Physiology 1997;115:717-725.

34. Good X, Kellogg JA, Wagoner W, Langhoff D, Matsumura W, Bestwick RK. Reduced ethylene synthesis by transgenic tomatoes expressing S-adenosylmethionine hydrolase. Plant Molecular Biology 1994;26:781-790.

Sugestões de leitura

Seymour G, Tucker GA, Poole M, Giovannoni J. *The Molecular Biology and Biochemistry of Fruit Ripening*, Ames, Wyley-Blackwell Ltd, 2013.

Thompson AK. *Fruit and vegetables harvesting, handling and storage*, Oxford, Blackwell Publishing Ltd, 2003.

Kanellis AK, Chang C, Klee H, Bleecker AB, Pech JC, Grierson D. *Biology and Biotechnology of the plant hormone ethylene II*, Dordrecht, Kluwer Academic Publishers, 2012.

capítulo **12**

Transformações Bioquímicas dos Tecidos Animais Empregados na Alimentação Humana

• Eliana Badiale Furlong

Objetivos

Este capítulo apresenta informações úteis sobre a composição química e as transformações bioquímicas dos tecidos animais após o abate, para que os profissionais envolvidos com o setor de alimentos possam interferir nos processos de transformação natural e obter produtos cárneos seguros aplicáveis à alimentação humana em todo o potencial nutricional e funcional da matéria-prima.

Introdução

O consumo de produtos de origem animal está difundido entre diferentes culturas tendo como intuito comum satisfazer necessidades nutricionais humanas, mais especificamente como fonte de proteínas, vitamina B12, ácido fólico, ferro e zinco. Visando garantir a qualidade, a quantidade desses componentes na dieta e a palatabilidade dos produtos cárneos, uma série de procedimentos e operações tecnológicas foram estabelecidas para o manuseio de animais e suas carcaças após o abate.[1-5]

Bases científicas contribuíram para a disponibilização desses produtos com qualidade para a população e, em algumas regiões, o consumo excessivo também foi possibilitado graças às condições adequadas de manuseio dos animais de criação, adequação de armazenamento e distribuição.[6-9] Desse modo, são necessários novos estudos sobre os riscos e benefícios dessa fonte de nutrientes no contexto atual, pois o custo da produção dessa matéria-prima, ou seja, a criação de animais domésticos, é elevado e seus impactos no meio ambiente são conhecidos. Portanto, há uma demanda para condições de uso dessa matéria-prima em todo seu potencial nutricional e funcional.[5,8]

Para fins de comercialização e industrialização, são empregadas algumas espécies de animais de criação de interesse no agronegócio mundial, para os quais são observadas regras comuns de qualidade e segurança para consumo humano. O preparo de alimentos a partir de tecidos animais em nível industrial e doméstico é diversificado, abrangendo tendências regionais específicas e hábitos alimentares fortemente arraigados nas diferentes culturas.[2,3,6,7]

Em geral, após o abate do animal são retirados os tecidos de proteção e as vísceras restando os tecidos muscular e conjuntivo associados, além de algumas vísceras para preparo e consumo como alimento. A constitução média das porções comestíveis de tecidos animais distribui-se em 75% de água, dos quais 10-15% estão diretamente ligados, e o restante, chamado "água livre", imobilizado nos músculos, mantido pela estrutura física das proteínas (Capítulo 1). Outros constituintes químicos também estão presentes nesses tecidos e, apesar de suas menores concentrações, têm papel relevante nas características nutricionais, sensoriais e tecnológica do alimento.[10-14]

Na carcaça do animal também são encontrados, além dos nutrientes, compostos químicos capazes de prevenir doenças por meio da modulação do funcionamento dos sistemas fisiológicos, atuando como anticarcinogênicos, antimutagênicos ou antioxidantes. Os conjugados do ácido linoleico (CLA, do inglês "*conjugated linoleic acid*", Capítulo 3), a carnosina, a carnitina, a taurina, creatinina e glutationa estão sendo estudados pelo fato de contribuírem para a elaboração de produtos cárneos com alegação de funcionalidade.[8,15]

A matéria-prima proveniente do tecido animal é formada por compostos químicos cujas interações metabólicas possibilitam ao tecido ou órgão exercer uma função definida no "ser vivo" de onde provém. No caso específico das porções comestíveis do tecido animal, os grandes eventos bioquímicos são obtenção de energia para degradação e síntese de biomoléculas características das células que constituem os tecidos, cuja principal função é mecânica.[2,16-19]

Esses diferenciais de função, espécie animal ou o próprio tratamento pré e pós-abate, o preparo para consumo de carne ou de um produto derivado resultam em uma ingesta de alimento com valor nutricional variado, ainda que sejam empregados apenas os tecidos musculares. Além disso, a composição química e a origem desses tecidos os torna muito susceptíveis à contaminação microbiana, que pode ser controlada, dentro de um intervalo de tempo limitado, a partir de procedimentos operacionais que garantam as condições de higiene sanitária do material.[2,5,13,20,21]

Neste capítulo, não foram considerados os aspectos tecnológicos da obtenção de produtos cárneos, a não ser para ilustrar as transformações químicas na estrutura do tecido ocasionadas pelas operações unitárias que afetam a disponibilidade de nutrientes ou o valor funcional.

Características histológicas das porções comestíveis da estrutura animal

Os conceitos estabelecidos em 1938 pela *Food and Drug Adminstration* (FDA) são os mais observados para definir a qualidade de produtos cárneos no mercado mundial. O termo produto alimentício à base de carne é a denominação adequada para qualquer produto destinado à alimentação humana que contenha em sua composição parte ou todos os constituintes provenientes de porções da carcassa do animal.[2,3,20]

O termo "animal" pode ser aplicado a carcaça mamíferos, aves, peixes, crustáceos, moluscos ou qualquer outro da classe que venha a ser utilizado como alimento. Simplificando a definição da FDA para o termo, pode-se considerar que "carne" é a porção comestível do músculo de animais abatidos que sofreu alterações físicas, químicas e bioquímicas antes de sua utilização para consumo.[1,5,22]

Histolologicamente, os indivíduos do reino animal são organizados em tecidos que exercem funções específicas no conjunto da estrutura, sendo os mais conhecidos os tecidos epitelial, ósseo, sanguíneo, circulatório, nervoso, imunológico, conjuntivo e muscular. Os dois últimos juntos constituem a maior fonte de nutrientes a partir de carcaça de animais.[23]

Tecidos musculares

Os tecidos musculares conforme suas características e função podem ser classificados em três tipos: estriado, liso e cardíaco que possibilitam a execução de trabalhos mecânicos distintos. Para tal contam com estrutura celular e composição química adequada para o trabalho a ser realizado. As características histológicas específicas dos tecidos musculares são descritas em vários textos, sendo o mais clássico Junqueira e Carneiro, em que poderão ser verificados os detalhes estruturais celulares que possibilitam observar claramente a relação entre a composição e a função deles.[22,23]

Músculo estriado

A função biológica do tecido muscular estriado é possibilitar o trabalho mecânico de locomoção em animais, por isso é também denominado tecido muscular voluntário. Ele é o constituinte principal da "carne" e perfaz cerca de 50% do peso dos animais de criação.[4,9,18] Todos os tecidos musculares estriados, independentemente da espécie ou localização na estrutura corporal, são constituídos por células cilíndricas longas, chamadas fibras musculares, que se dispõem paralelamente umas às outras para compor um conjunto denominado músculo, com funções e nomenclatura específicas.[9,13,23-25]

As células, denominadas "sarcômeros", caracterizam-se por apresentar núcleos próximos à borda externa, junto à membrana, o sarcolema. A presença de vários núcleos é atribuída à sua origem durante a divisão celular e à contínua necessidade de síntese de proteínas estruturais e metabólicas para cumprimento da função celular.[,2,23,25]

No sarcoplasma (citoplasma) preenchido por fibras paralelas, as miofibrilas, está uma mistura complexa de proteínas, e as mais abundantes são as responsáveis pela contração muscular, seguidas pelas que exercem função catalítica (enzimas). Ainda são encontrados lipídeos, primordialmente do tipo fosfolipídeos; carboidratos, em especial glicogênio; sais minerais; e vitaminas do complexo B. Como todas as células eucarióticas, as fibras musculares apresentam retículo endoplasmático e organelas típicas, como mitocôndrias, ribossomos e lisossomos em número variável, conforme a função biológica.[2,9,23,25]

As fibras musculares, que em algumas espécies animais são facilmente distinguidas a olho nu, podem ser classificadas, em função de sua cor, em fibras brancas e vermelhas, distribuídas conforme a ação mecânica do músculo em que se encontram. As fibras vermelhas são mais longas que as brancas, apresentam um número maior de mitocôndrias, sarcolema mais espesso, sarcoplasma menos viscoso, retículo sarcoplasmático menos desenvolvido e linha Z (conjunto de proteínas associada à contração) mais grossa.[2,9,20,23,26] Com essas características, elas estão mais adequadas para a obtenção de energia por via oxidativa aeróbica e sustentam contrações mais prolongadas.[16,17]

As fibras brancas apresentam maior conteúdo de glicogênio e de proteínas com função de catalisar a via glicolítica. Histologicamente, seu sarcoplasma apresenta um menor conteúdo de mitocôndrias e de mioglobina. Em função destas características histológicas e químicas, estão mais adequadas para realização de contração vigorosa e rápida.[16,17,23]

As fibras musculares estão organizadas em feixes envolvidos por uma membrana externa de tecido conjuntivo, o **epimísio**, cujos septos finos, **perimísio**, se invaginam para o interior do tecido muscular organizado em fascículos. Cada fibra muscular é rodeada por uma camada muito fina de fibras reticulares que constituem o **endomísio**.[5,9,23,27]

A função do tecido conjuntivo é manter as fibras musculares unidas fazendo com que a força de contração produzida em cada fibra atue individualmente sobre o músculo todo. Ainda por intermédio desse tecido, a força da contração é transmitida a outras estruturas, como tendões, ligamentos e aponeuroses. Outra função é possibilitar a penetração dos vasos sanguíneos e terminais nervosos por meio de seus septos, organização que propicia a nutrição das células e a transmissão dos estímulos das redes neurais para contração.[9,23,28]

Na Figura 12.1, encontra-se a forma esquematizada de uma célula muscular e de sua organização como fibra muscular estriada vista ao microscópio óptico − a imagem fotográfica pode ser mais bem visualizada na bibliografia mencionada ao final do capítulo.

Músculo cardíaco

O músculo cardíaco é constituído por células alongadas, porém com dimensões inferiores às do tecido estriado, que se unem de maneira irregular, em alguns pontos semelhantes às fibras musculares esqueléticas, mas, em vez disso, têm um sarcoplasma mais desenvolvido, maior número de mitocôndrias e concentração de glicogênio. Ao microscópio ocular podem ser visualizadas

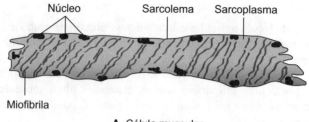

A. Célula muscular

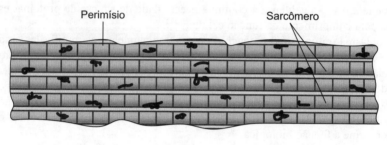

B. Feixe muscular

Figura 12.1 Representação esquemática de uma célula (A) e de corte longitudinal de feixe muscular estriado (B) visto ao microscópio óptico.
Fonte: Furlong.[1]

estrias transversais e apenas dois núcleos centrais. A direção da organização estrutural dessas células é irregular, porém aparecem também extensas áreas com organização definida que se assemelham a feixes ou colunas. O conjunto é revestido por uma bainha de tecido conjuntivo onde se invagina uma rede de capilares sanguíneos entre as células.[23] Na Figura 12.2 está esboçada a organização histológica das células do tecido muscular cardíaco vista ao microscópio óptico.

Músculo liso

As células do tecido muscular liso são longas e fusiformes, atingindo dimensões entre 50 e 100 µm de diâmetro por 80 a 200 µm de comprimento. Elas constituem as paredes de órgãos ocos, como tubo digestivo, vasos sanguíneos e outros, onde se encontram distribuídas em camadas mantidas juntas e revestidas por uma rede de fibras reticulares. Nelas são encontrados vasos e nervos que se ramificam entre as células do tecido muscular liso.[23] A Figura 12.3 representa um esquema da forma morfológica das fibras do tecido muscular liso visto ao microscópio óptico, em corte longitudinal.

Tecidos conjuntivos

Os tecidos conjuntivos têm por função unir as porções intra e intercelulares nos demais tecidos, além de contribuírem para a sustentação, preenchimento, defesa e nutrição. Para isso, apresentam formas diversas de células separadas por abundante material intercelular sintetizado por elas mesmas. Esse material intercelular contém proteínas fibrosas, as fibras do tecido conjuntivo, e uma porção não estruturada, conhecida por substância estrutural amorfa. Banhando o conjunto de fibras e a substância amorfa, encontra-se uma pequena quantidade de fluido, o plasma intersticial, constituído por uma mistura de carboidratos, proteínas e lipídeos que variam com a idade, raça e sexo do animal.[1,2,23]

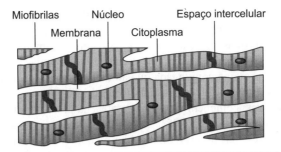

Figura 12.2 Representação esquemática de um corte longitudinal de músculo cardíaco visto ao microscópio óptico.
Fonte: Furlong.[1]

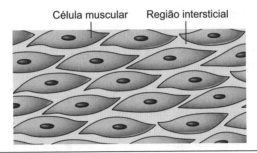

Figura 12.3 Representação esquemática de um corte longitudinal de músculo liso visto ao microscópio óptico.
Fonte: Furlong.[1]

Para excercer a função de sustentação, as células do tecido conjuntivo se organizam em redes ou em forma de cápsulas que revestem os órgãos e a malha tridimensional interna que suporta as células, tendões, ligamentos e células dos tecidos que preenchem os espaços entre os órgãos. A diferenciação também resulta em cartilagens que sustentam a estrutura do animal, por conterem em seu citoplasma teores mais elevados de proteínas fibrosas associadas a minerais. A função de defesa é exercida por células fagocitárias e outras produtoras de anticorpos.[23]

A classificação dos tecidos conjuntivos é baseada nos constituintes básicos predominantes (fibra, célula e substância fundamental amorfa) ou na organização estrutural do tecido. Para a ciência de alimentos são de fundamental interesse as fibras colágenas, reticulares e elásticas, pois determinam as características nutricionais organolépticas e funcionais dos produtos cárneos.[12,23]

Características químicas dos tecidos animais

A porção comestível do tecido animal é constituída sobretudo por músculos e o residual do tecido conjuntivo, portanto as principais biomoléculas presentes são proteicas.[26,20] As proteínas musculares, mais especificamente as miofibrilares, são responsáveis pela transformação da energia química em energia mecânica.[2,17,18,9] Sob o aspecto tecnológico, a estrutura proteica e as suas propriedades determinam o valor nutricional, as características sensoriais (sobretudo de textura e cor) e seu comportamento diante dos diferentes métodos de cocção ou conservação, transformações bioquímicas e perda de sucos intersticiais.[8,25,26]

O tecido múscular contém, em média, 75% de água, 20% de proteína, 3% de lipídeos (podendo chegar a maiores teores em pescado), dos quais 0,3 a 1% são fosfolipídeos; 1,2%, carboidratos; 0,7%, sais minerais, dos quais 38% são íons potássio intracelular e 7% são íons sódio extracelular.[29,28,12,2,14] Os constituintes proteicos dos tecidos musculares podem ser divididos em:

a) **proteínas sarcoplasmáticas**: presentes no citoplasma do sarcômero, solúveis em água e perfazem um total de 25 a 30% do total proteico, onde estão contidas as enzimas intracelulares e a mioglobina, uma proteína conjugada que atua como reservatório de oxigênio celular e como principal responsável pela cor da carne (Capítulo 7);

b) **proteínas miofibrilares**: compõem em torno de 50% da proteína total do tecido de animais terrestres, podendo atingir entre 65 e 75% em pescado. Nestas, 54% são miosina e 27% actina, e as demais são proteínas de massa molecular menor, como a actinina e a tropomiosina, que desempenham papéis fundamentais para que as proteínas de maiores massas moleculares realizem o processo de contração. Para extraí-las é necessário o uso de tampões com concentrações superiores a 0,5 M;

c) **proteínas do tecido conjuntivo**: aparecem em níveis entre 10 e 15% do total de proteínas e são constituídas sobretudo por colágeno, elastina, e outras em menores concentrações.

Proteínas miofibrilares

O músculo esquelético tem capacidade de adaptação a diversos fatores genéticos, nutricionais e ambientais a que é submetido, dentre eles a atividade física ou mesmo alimentação. O tipo de miofibrila presente num tecido é um fator determinante na qualidade da carne, pois afeta a cor, a capacidade de retenção de água, a maciez e o sabor.[10,12,14]

As miofibrilas são estruturas cilíndricas de 1 a 2 µm de diâmetro e correm longitudinalmente à fibra muscular, preenchendo quase todo o interior do sarcoplasma, perfazendo entre 75 e 90% do volume do tecido muscular. Elas representam um conjunto heterogêneo de proteínas que diferem estruturalmente em função de suas propriedades contráteis, metabólicas e fisiológicas, cuja massa molecular varia entre 33 e 1.000 KDa, ilustrando a diversidade delas entre os tecidos animais.[10,11]

Ao microscópo óptico, as miofibrilas aparecem como estriações transversais que são resultantes da alternância de faixas claras e escuras. A faixa escura é anisotrópica (banda A), onde estão a miosina, proteína C, miomesina, proteína F, I e X. %).[20,23,26] A faixa clara é isotrópica (banda I), constituída por actina (22%), troponina, tropomiosina, β e γ-actinina, nebulina e vinculina, atravessadas por linha transversal escura a linha Z. As proteínas constituintes da linha Z são a α actinina, proteína Z e filina, a de maior peso molecular (250 KDa).[20,23,30]

A disposição do sarcômero coincide nas várias miofibrilas de uma fibra muscular, de modo que possam ser visualizadas ao microscópio como um conjunto de estriações transversais paralelas, característico das fibras musculares estriadas. Cada miofibrila é rodeada por um meio rico em cálcio e retículo sarcoplasmático com canais que se comunicam com o sarcolema, participando, assim, da transmissão de impulsos nervosos e trocas iônicas.[23,26,31]

Os filamentos grossos são formados de miosina e as outras três proteínas são encontradas nos filamentos finos. A actina e a miosina constituem 55% das proteínas do músculo estriado. Elas podem ser caracterizadas pelo seu número total, área de secção transversal, comprimento e propriedades contráteis ou metabólicas.[10,14,16,17,20]

A miosina é uma proteína complexa de alta massa molar em forma de bastão com 20 nm de comprimento. As cadeias proteicas são enroladas entre si em forma de hélice. Numa das extremidades, a miosina apresenta uma saliência globular ou cabeça formada por grupos SH, que propiciam as interações com o ATP e a atividade de hidrolisá-lo; também é o local onde ocorre a interação com a actina. Cada filamento de miosina tem cerca de 10 nm de diâmetro e 1,5 µm de comprimento organizado de modo que as extremidades volumosas formem projeções ou dedos que oscilam durante a contração muscular e se encaixam nos centros ativos da actina.[10,12,18,20]

As proteínas denominadas actina caracterizam-se por suas formas longas (actina F) formada por duas cadeias enroladas em dupla hélice resultante da polimerização de 300 a 400 monômeros

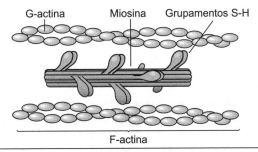

Figura 12.4 Representação esquemática das proteínas miofibrilares actina e miosina.

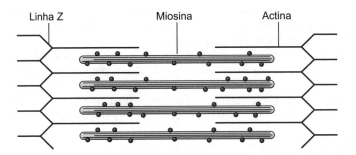

Figura 12.5 Representação esquemática da organização das proteínas miofibrilares.

de actina G orientados no mesmo sentido. A forma globular é a actina G que tem peso molecular de 50 a 60 KDa.[13,18,20] Os filamentos de actina F tem 5 nm de diâmetro e 2 um de comprimento. Outras proteínas ficam dispostas ao redor de uma hélice de actina F e são elas: tropomiosina, troponina e α-actinina, sendo as duas primeiras sensíveis ao cálcio e participam do início da contração, e a última intervém na união entre filamento de actina e da linha Z.

A Figura 12.4 apresenta um esboço da organização das proteínas miofibrilares, com destaque para a actina e miosina.

Duas proteínas menores, também denominadas filamentos finos, são encontradas nas fibras musculares e têm papel no processo de contração muscular. A tropomiosina, formada por duas cadeias enroladas em α-hélice, recobre os sulcos das duas hélices de actina, onde se liga outra proteína, a troponina, composta por três subunidades: TnC, que se associa a cálcio; TnI, que se liga à actinina; e a TnT, ligada à tropomiosina.[16,17,19]

A Figura 12.5 apresenta um esquema da organização das proteínas miofibrilares no interior da fibra muscular, em corte longitudinal.

Proteínas do tecido conjuntivo

O principal constituinte do tecido conjuntivo é uma escleroproteína denominada colágeno, porque quando fervida em meio aquoso por longos períodos forma a gelatina, que pode ser utilizada como cola.[2,24] No estado nativo, as fibras do colágeno são brancas e têm por principal função manter unidas as fibras musculares. O colágeno compõe em torno de 30% da proteína total dos tecidos animais, portanto é a mais abundante, e se caracteriza por uma distribuição de aminoácidos diferenciada pelo percentual elevado de três tipos de aminoácidos, contendo 33,5% de glicina, 12% de prolina e 10% de hidroxiprolina, que conferem rigidez à molécula, de acordo com as suas proporções; o percentual restante é dado por outros aminoácidos. Esta é a única proteína que contém o aminoácido hidroxiprolina em níveis consideráveis, tornando possível a quantificação do colágeno na matriz alimentícia.[5,10,11]

O **tropocolágeno** é a unidade básica do polímero das fibras de colágeno, tem massa molecular em torno de 300 KDa e constitui-se de uma hélice de três cadeias polipeptídicas enroladas com dimensões de 280 nm de comprimento e 1,5 nm de diâmetro. Os grupamentos hidroxilas da serina, carboxilas, grupos ε-amino da lisina, grupos carbonílicos e pontes dissulfídricas dos aminoácidos da cadeia proteica propiciam interações intra e intermoleculares que mantém as hélices do tropocolágeno unidas.[16-18]

Os grupos externos do tropocolágeno são ionizados e orientados numa única direção, promovendo a associação em fibrilas que dão a cristalinidade, observada ao microscópio, e a resistência oferecida à mastigação. Essas características variam com a idade do animal e são decorrentes do conteúdo de colágeno e do número das interações intra e intermoleculares, que se acentuam com o envelhecimento, resultando em maior número de ligações de hidrogênio inter e intracadeias que tendem a aumentar com a idade do animal.[2,11,12,20,21] As associações entre as hélices e a sequência de aminoácidos são as características empregadas para classificar os diferentes tipos de colágeno encontrados nos tecidos animais para exercer funções distintas de união, revestimento e sustentação em vários pontos da estrutura animal.[23,26]

O aquecimento do colágeno em água leva à dissociação das fibrilas e o deslocamento das hélices triplas. A temperatura crítica varia com o tipo de hélice, por exemplo, para a carne de gado está em torno de 64 °C, e para pescado, entre 30 e 45 °C. Temperaturas superiores por intervalos mais prolongados solubilizam o colágeno formando gelatina. O colágeno é hidrolisado pela pepsina e colagenases bacterianas, respectivamente, durante o processo digestivo, maturação e envelhecimento da carne.[28,12,2,3,5]

As fibras elásticas aparecem constuindo as paredes das artérias, veias, nos ligamentos das vértebras e na pele. São filamentosas e a proporção e espessura variam com o tipo de tecido em que se encontram. A elastina é a principal proteína das fibras elásticas, que diferem das do colágeno por serem mais delgadas e por não apresentarem estriações longitudinais. As fibras elásticas são ramificadas e se ligam umas às outras formando tramas e malhas irregulares. Como apresentam um pigmento amarelo, a desmosina, são denominadas fibras amarelas do tecido conjuntivo, que está unido a cadeias proteicas principalmente pelos grupos ε amino da lisina.[29,32,12,13,5]

A composição aminoacídica da elastina se assemelha à do colágeno, pois também é rica em prolina e glicina, porém os níveis de valina e alanina são mais elevados. A elastina é uma escleroproteína mais resistente aos processos extrativos que o colágeno. Durante a cocção, ela incha e se estira, mas não se dissolve. Sua hidrólise ocorre preferencialmente por ação da elastase pancreática, embora a pepsina também participe nesse processo digestivo. A papaína comercial empregada para amaciamento da carne também pode hidrolisar a elastina.[2,27]

Dessa diversidade de proteínas presentes no tecido muscular resulta em um aporte de aminoácidos essenciais em proporções adequadas para satisfazer os requerimentos necessários para a dieta humana.[10,31,12-14] A Tabela 12.1 apresenta a composição de aminoácidos essenciais das principais proteínas presentes nas porções comestíveis do tecido animal.

Lipídeos

Os lipídeos presentes no tecido muscular ou no adiposo influenciam na qualidade da carne, pois determinam as características de textura, sabor e aroma de produtos cárneos, pois, além do aspecto quantitativo, propiciam associação entre o tecido adiposo e as as porções comestíveis (tecido muscular), além do efeito do estado de oxidação dos ácidos graxos insaturados no desenvolvimento do flavor do material processado.[10,19,20]

Até a década de 70 a maioria dos relatos científicos se referia ao conteúdo total de lipídeos, pois que o perfil de ácidos graxos em produtos de origem animal começou a ser considerado com maior ênfase a partir da década de 80, sobretudo naqueles nos quais o tecido adiposo era empregado no processo industrial para formulação de produtos alimentícios e farmacêuticos. Recentemente o foco do interesse no perfil lipídico está dirigido para aqueles em que predomina o tecido muscular, devido ao seu maior significado na dieta humana, além de seu conteúdo em ácidos graxos de cadeia longa do tipo ômega 3 e ômega 6 (Capítulo 3).[19]

Transformações Bioquímicas dos Tecidos Animais Empregados na Alimentação Humana 395

Tabela 12.1 Conteúdo de aminoácidos essenciais (g/16 g de N) nas principais proteínas das porções comestíveis do tecido.

Aminoácidos	Actina	Miosina	Colágeno
Cisteina	1,0	1,3	Traços
Fenilalanina	4,5	4,6	2,2
Histidina	2,2	2,8	0,7
Isoleucina	5,3	7,2	4,8
Leucina	9,9	7,9	Traços
Lisina	11,9	7,3	3,9
Treonina	4,7	6,7	2,1
Triptofano	0,8	2,0	Traços
Valina	4,7	4,7	2,9

Fonte: Belitz & Grosh.[10]

Enquanto no tecido adiposo propriamente dito (gordura subcutânea e intervisceral) 90% dos lipídeos aparecem na forma de triglicerídios, no tecido muscular a maior proporção está na forma de fosfolipídeo, que contém as maiores quantidades de ácidos graxos poli-insaturados. Em carne de mamíferos, o ácido graxo mais abundante é o ácido oleico (C18:1), presente de modo predominante nos lipídeos neutros, formado a partir da dessaturação do ácido esteárico (C18:0). O ácido graxo C18:2n-6 é mais abundante nos fosfolipídeos do que nos lipídeos neutros. Em suínos, o ácido graxo C18:3n-3 é ligeiramente mais abundante nos lipídeos neutros que nos fosfolipídeos, enquanto em bovinos e ovinos ocorre o inverso.[8,19]

Em pescado, poucas espécies apresentam porções de tecido adiposo nitidamente separados do tecido muscular, nas quais predominam os ácidos graxos poli-insaturados, em especial os essenciais, do tipo ômega 3, de cadeia longa (20, 22 átomos de carbono) que são mais abundantes em espécies de águas frias, podendo constituir até 25% dos lipídeos, como é o caso de tainha e anchova.[3,33]

Nos lipídeos de origem animal, as ligações duplas dos ácidos graxos insaturados aparecem na forma *cis*, mas em ruminantes, em decorrência da bio-hidrogenação no rúmen, ocorre uma porção elevada de ácidos graxos do tipo *trans*, que apresentam ponto de ebulição menor que seus homólogos com o mesmo número de carbonos e, portanto, afetam o aroma do produto pronto para consumo. Nos animais não ruminantes, uma enzima, a desaturase do tecido adiposo, pode produzir os CLA, contribuindo em parte para conferir funcionalidade (Capítulo 3).[8,15]

O conteúdo total de lipídeos e seu perfil de ácidos graxos são influenciados por fatores, como espécie, raça, modificação genética, dieta, idade, sexo, atividade física e ambiente de desenvolvimento (Tabela 12.2). Um exemplo da variação da distribuição de ácidos graxos nos lipídeos neutros e nos fosfolipídeos em relação à espécie foi apresentado por Wood et al.[19]

Tabela 12.2 Distribuição de ácidos graxos nos lipídeos neutros e fosfolipídeos em diferentes espécies.

Animal	Lipídeos neutros		Fosfolipídeos	
	Ácido graxo	%	Ácido graxo	%
Ovino	C16:0	27	C16:1	15
Ovino	C18:1	44	C18:1	22
Suíno	C18:0	16	C18:3	31

Fonte: Belitz & Grosh.[10]

O ácido graxo C20:5n não foi encontrado em lipídeos neutros de nenhuma espécie, mas foi detectado em fosfolipídeos de ovinos.[2,19,20]

Componentes de produtos cárneos com potencial funcional

A elaboração de produtos cárneos com alegação "funcional" pode ser obtida por meio de modificações na composição da carcaça, na manipulação da matéria-prima ou da formulação de produtos com teor reduzido de gordura, modificação do perfil de ácidos graxos, redução de sódio e nitritos e incorporação de ingredientes funcionais.[15] No entanto, especificamente no Brasil, seria interessante disponibilizar compostos bioativos naturalmente presentes no tecido animal, pois o consumo de carne bovina e suína predomina sobre o consumo de produtos processados na maioria das regiões do planeta.

Dentre os compostos bioativos encontrados nos produtos de origem animal, estão os CLA, a carnosina, a anserina, a L-carnitina, a glutationa, a taurina e a creatina, cujos teores e formas podem ser influenciados pela dieta do animal, manuseio da carcaça e forma de preparo. Alguns desses compostos são estudados pela sua frequência de ocorrência e pelos informes sobre seus efeitos benéficos já demonstrados.[6,8,15,31]

CLA é a denominação dos isômeros geométricos e posicionais do ácido octadecadienoico (C18:2) (Capítulo 3), que podem ser produzidos a partir de ácido linoleico por ação de bactérias do rúmen, o que o torna mais abundante no tecido adiposo destes animais, atingindo níveis entre 3 e 8 mg por grama de gordura, conforme a raça, idade e composição da dieta. Os tratamentos térmicos de preparo do alimento podem aumentar esses valores resultando principalmente na forma de C18:2 (9, *t*11), o qual demonstrou em estudos epidemiológicos potencial para a redução do câncer colorretal. Outros efeitos benéficos atribuídos a eles decorrem de sua ação antioxidante que beneficia a imunomodulação, o controle da obesidade e o diabetes.[8,15,19]

As biomoléculas mais abundantes na maioria dos tecidos animais são as proteínas, o que os torna uma fonte de peptídeos bioativos após a ação de enzimas hidrolíticas de diversas fontes, inclusive as endógenas. Durante as transformações do músculo em carne, a concentração de peptídeos aumenta por ação das catepsinas, tendo como consequência a melhora das características sensoriais, mas são poucos os estudos que demonstram a formação de compostos bioativos ao longo do "amadurecimento" da carne.[8,15]

Durante processos fermentativos ou pelo uso de enzimas proteolíticas, vem sendo relatada formação de peptídeos com atividade anti-hipertensiva, pela inativação da enzima conversora de angiotensina (ACE, do inglês "angiotensin I-converting enzyme"). Vários peptídeos vem sendo associados a esse efeito, como leucina-lisina-alanina, leucina-lisina-prolina, leucina-alanina-prolina, fenilalanina-glicina-lisina-prolina-arginina, dentre outros que funcionam como inibidores dessa enzima. Não foram demonstrados ainda a formação de peptídeos opioides ou imunomoduladores a partir de hidrólise de proteína animal, porém essa possibilidade ainda precisa ser mais bem avaliada. Peptídeos prebióticos também precisam ser pesquisados.[15]

A carnosina (β-alanil-histidina) e anserina (N-β-alanil-1-metil-histidina) são denominadas histidil dipeptídeos e são os compostos antioxidantes mais abundantes nos tecidos animais. A concentração desses peptídeos varia com a espécie animal numa ampla faixa; por exemplo, a carnosina varia de 50 mg/kg em frangos a 2.700 mg/kg em suínos, enquanto a anserina é mais abundante na carne de frango. A atividade antioxidante desses peptídeos decorre de sua capacidade de quelar metais de transição, e em consequência prevenir o estresse oxidativo e o envelhecimento precoce.[15,20]

A L-carnitina (ácido β-hidroxil-γ-trimetil-aminobutírico) tem função metabólica de transportar ácidos graxos de cadeia longa pela membrana mitocondrial para serem metabolizados pela via da β oxidação. A carnitina é sintetizada principalmente no fígado e no rim de animais, mas é também encontrada no músculo esquelético para propiciar a obtenção de energia durante a prática de exercício prolongado quando pode atingir até 1.300 mg/kg. Dentre as pesquisas sobre outros efeitos dela no organismo, destaca-se a propriedade de interferir na absorção de cálcio e cromo bem como manutenção dos níveis de histamina e prevenção de miopatias.[16,18,20]

Bioquímica das contrações musculares

A contração muscular é desencadeada pela despolarização dos terminais nervosos para dar início a reações de liberação de energia dirigida para a alteração de estrutura proteica, em especial das miofibrilas. A sequência de reações é considerada complexa por envolver elementos químicos distintos localizados em diferentes compartimentos celulares.[1,9]

Estímulos diversos desencadeiam a despolarização dos terminais nervosos, decorrente da alteração do potencial eletronegativo na superfície das células nervosas que estão em contato com o sarcolema. O desbalanço de cargas elétricas da superfície celular se propaga para o interior da fibra muscular através das invaginações no retículo sarcoplasmático, causando a diminuição da concentração de cálcio em resposta à repulsão eletrostática decorrente da alteração do potencial elétrico da membrana.[2,9,17,20,30]

No músculo em repouso, a concentração de cálcio no retículo está em torno de 10^{-3} M, e no citoplasma, em torno de 10^{-7} M; com a despolarização causada pelo estímulo nervoso o cálcio migra para o citoplasma atingindo concentrações em torno de 10^{-5} M. Esse aumento na concentração de cálcio propicia a transformação da energia química em energia mecânica, ou seja, a contração muscular, o deslizamento dos filamentos finos entre os filamentos grossos da fibra muscular.[9,16,17,28] Na Figura 12.6 está a representação esquemática da organização das proteínas no músculo em relachamento (acima) e contraído (abaixo) para demonstrar o encurtamento da distância entre duas linhas Z sucessivas durante a contração muscular.

Quimicamente, esse processo consiste na ligação do cálcio à subunidade TnC da troponina, alterando sua conformação que em consequência "empurra" a tropomiosina dos sulcos da actinina, deixando-os expostos às cabeças da miosina. Neste ponto ocorre a alteração da energia livre do local, pois o ATP ligado à cabeça da miosina é hidrolisado a ADP e fosfato inorgânico (Pi), propiciando a interação da actina com a miosina. A energia liberada é empregada para que a cabeça da miosina empurre o filamento fino da actinina, no sentido contrário, em decorrência da mudança de seu ângulo de ligação. A cada ciclo uma nova molécula de ATP se liga ao enxofre da cabeça da miosina e ocorre um novo deslizamento.[9,16,17,31]

A finalização da contração muscular é ocasionada pelo término do estímulo nervoso e retorno do cálcio para o interior do retículo sarcoplasmático por meio de bombeamento ativo, ou seja, com gasto de energia. Quando o cálcio retorna ao seu local de origem, a subunidade TnC não desloca mais a tropomiosina dos sulcos da actina, impossibilitando a interação entre a miosina e a actina.[2,9,20,28]

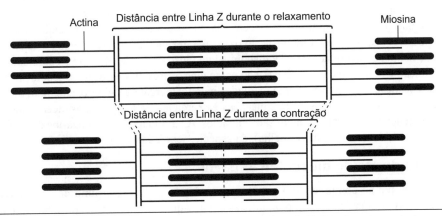

Figura 12.6 Representação esquemática da organização das miofibrilas durante o relachamento (acima) e contração muscular (abaixo).

Fonte: Furlong.[1]

Bioquimicamente, pode-se dizer que quando **o músculo** está **relachado** o ATP e cátions magnésio (Mg^{++}) estão presentes no citoplasma, próximos à região miofibrilar, o cálcio (Ca^{++}) está retido no retículo sarcoplasmático, a miosina não manifesta atividade ATPásica, possibilitando o deslizamento dos filamentos de actina ao longo da linha Z por ação de uma força externa (ATP). Quando o retículo sarcoplasmático cede o Ca^{++}, devido ao estímulo nervoso, manifesta-se a atividade hidrolítica da miosina sobre o ATP, sempre em presença de ATP e Mg^{++}. Para desencadear a contração, a concentração de íons Ca^{++} precisa atingir, em média, 10^{-7} M e cessa quando esse nível diminui. A hidrólise de ATP libera energia que torna possível a interação momentânea entre miosina e actina, ou seja, a formação de actomiosina (músculo contraído). Quando o retículo sarcoplasmático recobra a concentração do íon Ca^{++}, cessa a contração com a condição fundamental de que fiquem ATP e Mg^{++} disponíveis nos mesmos níveis iniciais na região das miofibrilas.[1,9,28,30]

Para manter constante os níveis de ATP, o tecido muscular dispõe de três mecanismos na seguinte ordem decrescente de velocidade:[1,16-18]

1. O ADP formado é regenerado pela ação de uma enzima, a fosfocreatina quinase, que retira o fósforo da fosfocreatina (reservatório de fósforo de potencial energético semelhante ao ATP) e cede o fósforo para o ADP, resultando em creatina livre e ATP.
2. A reação entre duas moléculas de ADP é catalisada pela enzima adenilato quinase, que transfere o fósforo de um ADP para regenerar o outro a ATP, resultando em uma molécula de AMP, que, por sua vez, funciona como sinalizador para o início de reações oxidativas para obtenção de energia aerobicamente, especialmente a partir de lipídeos.
3. A terceira possibilidade, a mais lenta, é a formação de ATP a partir da glicólise, que consiste na oxidação anaeróbica da glicose em 11 etapas enzimáticas que têm como principais produtos duas moléculas de lactato e duas de ATP para cada molécula de glicose.

As duas primeiras reações ocorrem imediatamente após o estímulo nervoso que desencadeia a contração, enquanto o terceiro mecanismo somente ocorre quando a contração rápida permanece por um intervalo prolongado. A contração muscular pode ser acompanhada pela evolução da concentração de creatina e formação de ácido láctico.[5,11,12] Na recuperação aeróbica, durante repouso ou trabalho moderado, o ácido láctico é transportado para o fígado ou regenerado a ácido pirúvico, que segue para o ciclo de Krebs e cadeia respiratória, a partir da qual se forma ATP suficiente para o restabelecimento dos níveis de fosfocreatina.[1,9,16-18]

Um processo prolongado de contração e descontração em condições aeróbicas leva à depleção das reservas de glicogênio da fibra muscular. Para a regeneração do ATP, os lipídeos são movimentados do tecido adiposo para serem oxidados no conjunto de reações denominadas β-oxidação, que fornece substrato (acetil-coenzima A) para a continuidade do ciclo de Krebs, tornando possível a sequência da fosforilação oxidativa, resultando em ATP, água e CO_2.[16,17]

A fim de manter a quantidade de ATP disponível no músculo *in vivo* durante o exercício muscular (contração e descontração contínua), são acionados os três processos de regeneração dele, que são desencadeados sucessivamente mediados pela fosfocreatina quinase, adenilato quinase e conjunto de enzimas da glicólise. Em situações de exercícios prolongados, os mecanismos aeróbicos de obtenção de energia também são acionados. A habilidade de empregá-los depende do tipo de fibra muscular (branca ou vermelha), da espécie, sexo e idade do animal.[17,20]

Conversão do tecido muscular a "carne"

No intervalo de tempo compreendido entre a morte do animal e o consumo de suas porções musculares ocorrem transformações bioquímicas e físico-químicas. Macroscopicamente, todo o processo pode ser simplificado em três estágios:

1. O estado de pré-rigor, no qual o músculo está macio e flexível, e se caracteriza bioquimicamente por uma queda nos níveis de ATP e de creatina fosfato, além de glicólise intensa.

2. A condição de dureza e rigidez, conhecida como *"rigor mortis"*, que pode durar entre 8 e 12 horas, 15 e 20 horas e 1 e 7 horas após a morte do animal, respectivamente nos mamíferos de grande porte, como suínos e bovinos, e em pescado. Em todos os casos, diversos fatores intrínsecos e extrínsecos determinam a duração e intensidade da contração observada.[2,5] Para o caso da indústria de pescado, esse período é de grande importância porque tem a vantagem de retardar o desenvolvimento microbiano, além de constituir uma vantagem pois torna o produto atrativo, em geral, a rigidez para o consumidor é um índice de boa qualidade. Como desvantagem está a maior dificuldade para o fileteamento, o que faz com que algumas vezes essa operação seja efetuada antes do desenvolvimento do processo de *"rigor mortis"*.

3. O estado de pós-rigor é aquele em que o músculo gradualmente se torna macio e sensorialmente aceitável. A carne de mamíferos atinge um ótimo de aceitabilidade se armazenada a 2 °C por duas a três semanas, após o desaparecimento do *"rigor mortis"*.

Durante o processo de abate dos animais terrestres, a maior parte do sangue é retirada para minimizar a contaminação, pois este é um meio rico em nutrientes para o desenvolvimento microbiano.[2,5,22] No caso de peixes, a coagulação é sempre mais rápida que em mamíferos, impossibilitando o escoamento completo do sangue na maioria das espécies.[3,20,24]

O efeito imediato após o abate e parada da circulação sanguínea é a consequente diminuição do fornecimento de oxigênio para os tecidos, resultando na incapacidade das células ressintetizarem o ATP na cadeia respiratória com consequente queda do potencial de oxirredução nos tecidos.[2,3,12,20,21]

A glicólise não tem sequência no ciclo de Krebs e o acúmulo de ácido láctico leva ao abaixamento do pH, desnaturando as proteínas, inclusive das membranas de organelas, liberando enzimas nelas contidas, especialmente as proteolíticas, catepsinas e capstaltinas. A ação dessas enzimas promove o amaciamento do tecido muscular não pela desativação do complexo actomiosina mas por degradação de outras regiões das cadeias proteicas que compõem as fibras musculares, como a linha Z.[2,12,22,28] O curso das principais transformações pode ser descrito separadamente, mas cabe salientar que todas as transformações ocorrem simultaneamente e que os efeitos que afetam a velocidade de uma reação vão contribuir para outra também.

O nível de ATP, após o abate, é particularmente importante para a manutenção do músculo macio e flexível, pois funciona como um "colchão" entre a actina e a miosina, evitando que as duas se associem para formar o complexo actomiosina, que é inextensível e macroscopicamente visualizado como rigidez (*"rigor mortis"*). Logo após o abate do animal, o ATP continua sendo hidrolisado para manter os mecanismos de contração e descontração, mas não é reposto, pois a parada da circulação sanguínea impossibilita a parte aeróbica das reações de obtenção de energia.[1,16,28,30]

O ADP em presença da enzima mioquinase é hidrolisado à inosina monofostato (IMP), que por sua vez é decomposto em NH_3, e IMP; este último ainda pode ser decomposto em inosina e fósforo inorgânico. Os produtos formados por degradação da inosina são ribose e hipoxantina, provenientes de duas vias distintas (hidrolítica ou fosforolítica). A presença de derivados de ATP tem sido sugerida como um índice químico do frescor e qualidade da carne de pescado e de outros animais, mas os caminhos hidrolíticos são distintos entre as espécies e ainda pode ocorrer a contribuição microbiana no processo de degradação dos componentes do tecido muscular. De todo modo, esses derivados contribuem para o desenvolvimento do sabor durante o tratamento térmico dos tecidos animais.[13,20,25,28]

Em animais de sangue quente, o pH fisiológico abaixa de 7,4-7,2 para 5,5-5,3 em decorrência do acúmulo de ácido láctico, que retarda o crescimento microbiano, auxiliando na conservação e manutenção da cor da carne. A queda de pH é mais acentuada em animais descansados e alimentados, pois, no momento do abate, o glicogênio muscular se encontra nos seus níveis máximos. Quando o animal passa por condições adversas antes da morte, estão fatigados e com o nível de glicogênio muscular menor; a diminuição do pH pode atingir valores em torno de 6,0 a 6,6.

Nesse caso, a carne poderá se apresentar escura, seca, com textura desagradável e susceptível ao ataque microbiano. Por outro lado, os animais que puderam repousar antes do abate raramente apresentam valores de pH inferiores a 5,3, pois as enzimas glicolíticas são inativadas nessa faixa. Os músculos dorsais de algumas variedades de suínos são uma exceção a essa característica, pois os valores de pH baixam até 5,1 a 4,8.[2,12,13,20,22,31]

A concentração de ácido láctico na carne de pescado também depende do glicogênio no momento da pesca, mas, em geral, os valores de pH finais são mais altos, em torno de 6,2 a 6,6, que os dos animais de sangue quente. Os músculos desses animais pelo seu comportamento natural ou pelas condições da captura apresentam pequenas reservas de glicogênio.[2,20,21,33]

Em resumo, o pH final após o abate ou captura é muito dependente do estado fisiológico do músculo, do tipo do músculo, da espécie do animal, desencadeando mudanças características para cada tipo e corte de carne. Alguns desses efeitos podem ser observados macroscopicamente, como, por exemplo, as mudanças na cor do músculo de suínos, do vermelho escuro para o rosa brilhante.[2,5,10,21]

As características macroscópicas são afetadas pelo abaixamento do pH, destacando-se a exudação ou perda de água, devido à diminuição da capacidade de retenção de água pelas proteínas desnaturadas, tornando o tecido ligeiramente empacotado em "rugoso". A velocidade de abaixamento do pH é outro fator importante para a qualidade da carne em termos de textura, cor e contaminação microbiana.[2,3,13,29] Cabe lembrar que todas as transformações descritas são catalisadas enzimaticamente, portanto, a temperatura é um fator crítico para a velocidade dessas reações.[1,2,5,21,22]

Logo após a morte do gado, a temperatura pode aumentar para 37,6 a 39,5 °C na carcaça, e mesmo sob refrigeração continua o metabolismo exotérmico (animal quente), possibilitando mudanças nas proteínas do músculo, resultante da alta temperatura e do baixo pH. As mudanças facilmente visíveis são perda de cor e diminuição da capacidade de retenção de água, pois as proteínas sarcoplasmáticas são desnaturadas, levando à perda de sólidos solúveis que torna visível a perda de cor do músculo em transformação.[12,13,20,21,28]

A carne alcança um ótimo de aceitabilidade e maciez depois de um período entre 10 e 18 dias armazenada a temperaturas entre 0 e 5 °C, conforme a espécie, porte do animal e condições pré e pós-abate. Armazenamento prolongado a 2 °C após duas a três semanas resulta em alterações provocadas pela ação de micro-organismos psicrofílicos e pela desnaturação das proteínas que levam ao desenvolvimento de sabor desagradável.[5,20-22,27]

Ao lado da influência das mudanças na capacidade de retenção de água durante o amaciamento da carne, outros fatores importantes estão envolvidos. Por exemplo, o aumento da maciez da carne está associado a um aumento do nível de nitrogênio não proteico (peptídeos e aminoácidos), derivado da proteína do músculo pela ação de enzimas proteolíticas, que são liberadas quando as lipoproteínas das membranas dos lisossomas são rompidas pelo abaixamento de pH.[2,5,13,21,22,28]

Não ocorrem mudanças no tecido conjuntivo (colágeno) cujas cadeias permanecem aparentemente imutáveis, pois a principal atividade das catepsinas é sobre as proteínas do sarcômero. Uma característica das catepsinas é que são ativas em pH próximo a 5,5, em temperaturas próximas a 37 °C. Os processos que transformam o músculo em carne podem ser acelerados pelo aumento da temperatura, mas esse recurso não é adequado para aplicação em carcaças de suínos, ou espécies de pescado ricas em lipídeos, pois pode ocorrer oxidação dos lipídeos com maior facilidade que em outras espécies.[1,14,21,30,31]

As mudanças resultantes da atividade microbiana inerentes à vida do animal são diferentes daquelas resultantes da contaminação da carcaça após o abate. Os danos podem ocorrer por manipulação inadequada. No animal vivo, o tecido muscular é estéril ou quase, e os micro-organismos estão nos nódulos linfáticos. Após o abate, cessa a ação de fagócitos, possibilitando a multiplicação e o espalhamento da microbiota pelos tecidos.[18,21,22]

No pescado fresco, há um número considerável de bactérias presentes na superfície, e com a inativação dos sistemas de defesa a entrada delas para o interior dos tecidos e a propagação por todo o sistema vascular é facilitada. Um indicativo da contaminação bacteriana em pescado é o óxido de trimetilamina (TMAO) que é reduzido por ação bacteriana a trimetilamina (TMA) e junto com as bases voláteis totais, que também pode ser encontrada em carcaças de outras espécies de animais.[2,3,12,22,24,33]

Efeito de tratamentos sobre as proteínas da carne

Os efeitos do cozimento nas características da carne são difíceis de serem estudados separadamente, pois as temperaturas empregadas não são bem homogêneas em toda a extensão do músculo. As alterações tecnológicas, nutricionais ou funcionais observadas vão depender da temperatura e da velocidade de propagação na carcaça. Em geral, a 50°C ocorre a desnaturação das proteínas plasmáticas e sarcoplasmáticas que se agregam ou coagulam; a 63°C, o colágeno se solubiliza parcialmente pela destruição das ligações de hidrogênio.[2,10,11,21]

A elastina incha durante o cozimento, porém a configuração muda pouco. A actomiosina é firme e pouco solúvel, portanto diminui a capacidade de retenção de água sob altas temperaturas (acima de 50 °C). Com a cocção sob pressão, o colágeno e a elastina tornam-se mais macios e a actomiosina tende a enrijecer em função da formação de ligações dissulfeto (S-S). Isso porque, dependendo do corte da carne, o cozimento pode causar amaciamento ou endurecimento, conforme a composição de aminoácidos e as proporções entre as fibras brancas, vermelhas e de colágeno.[5,10,12]

Durante a produção de conservas, na etapa de esterilização, todo o colágeno é solubilizado, ocasionando fragmentação do tecido muscular, que pode ser evitada por um processo alternativo envolvendo salga, acidificação e posterior pasteurização. O tratamento térmico propicia a formação de compostos sensorialmente importantes, como H_2S e grupamentos sulfurados formados a partir de cisteína, compostos carbonílicos e aminas, além de ocorrer a transformação de açúcares e nucleotídeos.[3,21,24]

O congelamento da carne provoca a desnaturação e agregação de proteínas e ainda a ruptura de células musculares. Porém, quando o congelamento é rápido e as temperaturas atingidas são baixas, as modificações são pequenas. Grandes modificações ocorrem com o congelamento lento e temperaturas de armazenamento entre 10 e 15 °C. Quando o congelamento é lento, são formados blocos de gelo que rompem organelas, favorecendo o contato entre lipídeos e lipases, liberando ácidos graxos livres que são mais susceptíveis à oxidação.[12] Com o descongelamento, ocorre exudação, com perda de aminoácidos, vitaminas e sais minerais, tendo por consequência a diminuição do valor nutritivo e considerável perda de peso do corte de carne.[3,11,14,22] Para evitar essas perdas, pode-se utilizar sacarose, cujo efeito protetor geral minimiza a exudação e controla alterações de pH e força iônica.[5,20-22]

As alterações de cor na carne e o efeito do processamento podem ser encontrados no Capítulo 7 (Pigmentos Naturais).

Especificamente, recomenda-se buscar o curso de livre acesso "*Molecular, Cellular and Tissue Biomechanic*" (BE.410J) no *site* do *Massachusetts Institute of Technology* (MIT), no qual são discutidas e ilustradadas as bases do conhecimento sobre o funcionamento dos tecidos com habilidades mecânicas. O curso "*The Meat We Eat*", disponível no *site* da Universidade da Flórida, pode ser realizado gratuitamente para ampliar os conhecimentos sobre a evolução dos aspectos científicos e tecnológicos aplicados à qualidade da carne, exigências sanitárias, controle e outros aspectos.

RESUMO

Ao longo deste capítulo foram enfatizadas as transformações endógenas dos componentes do tecido muscular. As evidências apresentadas demonstraram que as transformações são consequências de reações catalisadas enzimaticamente, cuja velocidade é afetada pela disponibilidade inicial de substrato e de outras variáveis bióticas e abióticas durante o pré e pós-abate do animal.

O texto mostrou que nos últimos 20 anos foram detalhados conhecimentos histológicos e químicos sobre o tema que elucidaram os fundamentos já propostos em diferentes áreas que estudam os tecidos animais e suas propriedades. O desafio está voltado para outros componentes, além dos proteicos, e suas propriedades funcionais.

A interferência correta nessas reações, aliada às características inerentes do animal, é a melhor estratégia para produzir um alimento com valor nutricional, funcional e organoléptico adequados para garantir a segurança dos alimentos. A busca de informações mais detalhadas na literatura citada a seguir ou em outras mais específicas é indispensável para o aprofundamento do tema e para dar início à busca por inovações no setor.

QUESTÕES PARA ESTUDO

12.1. Quais as consequências do processo respiratório no tecido animal após o abate?

12.2. Descrever quimicamente os componentes estruturais do tecido animal.

12.3. Quais as reações degradativas mais importantes para a transformação do tecido muscular em "carne"?

12.4. Por que se diz que a oxidação da mioglobina é um tipo de "oxidação particular"?

12.5. Por que as variações de pH durante a maturação são determinantes da qualidade da carne?

12.6. O que ocorre com o ATP durante a conversão do músculo em "carne"?

12.7. Quais as transformações nas proteínas miofibrilares quando a concentração de cálcio atinge 10^{-7}M na região?

12.8. Quais são os caminhos metabólicos disponíveis para manter a concentração de ATP constante na região das proteínas miofibrilares?

12.9. Explicar:

a) constituintes da carne e os efeitos causados pelo cozimento;

b) diferenças entre miosina e colágeno.

12.10. Sabe-se que a intensidade dos fenômenos que ocorrem durante a rigidez cadavérica e a maturação do músculo dependem do estado nutricional do animal no momento do abate e da temperatura de armazenamento da carne. Como se explica isso?

Referências bibliográficas

1. Furlong EB. Bioquímica: um enfoque para alimentos, 1ª ed; Rio Grande, RS. Edgraf FURG: 172p, 2000.
2. Lawrie RA. Ciência da Carne, trad, Jane Maria Rubensam, 6ª ed. Porto Alegre, RS. Ed. Artmed: 384p, 2005.
3. Linden G, Lorient D. Bioquimica Agroindustrial: Revalorizacion alimentaria de la produccion agrícola, 1ª Ed. Zaragoza, Espanha. Ed. Acribia: 428p, 1996.
4. Speedy AW. Global production and consumption of animal source foods. Journal of Nutrition 2003;133(1):4048S-4053S.
5. Bobbio FO, Bobbio PA. Introdução à Química de Alimentos, 3ª ed. São Paulo, Ed Varela: 238p, 2003.
6. Delgado CL. Rising consumption of meat and milk in developing countries has created a new food revolution. Journal of Nutrition 2003;133:3907S-3910S.
7. Mann N. Dietary lean red meat and human evolution. European Journal of Clinical Nutrition 2000;53:895-899.
8. Mc Afee AJ, McSorley EM, Cuskelly GJ, Moss BW, Wallace JMW, Bonham MP et al. Red meat consumption: An overview of the risks and benefits. Meat Science 2010;84:1-13.
9. Rosegrant MW, Leach N, Gerpacio RV. Alternative futures for world cereal and meat consumption. Proceedings of the Nutrition Society 1999;58(2):219-234.
10. Belitz HD, Grosch W. Quimica de los Alimentos 2ªed. Zaragoza, Espanha, Ed. Acribia: 1134p, 1997.
11. Bobbio PA, Bobbio FO. Química do Processamento de Alimentos, 3ªed, São Paulo, Ed. Varela: 143p. 2000.
12. Fennema OR. Química de los Alimentos, 2ª ed. Zaragoza, Espanha, Ed. Acribia: 1280 p, 2000.
13. Fennema OR. Introduccion a la Ciencia de los Alimentos. 1ª ed, Barcelona, Espanha, Ed. Reverté AS: 917p, 1982.
14. Sgarbieri WC. Proteínas em Alimentos Protéicos: Propriedades, Degradações, Modificações. 1ª ed. São Paulo, Ed. Varela: 518p, 1996.
15. Arihara K. Strategies for designing novel functional meat products. Meat Science 2006;74:219-229.
16. Campbell MK, Farrel SO. Bioquímica, COMBO. 1ª ed, São Paulo, Thomson Learning: 840p, 2007.
17. Marzzoco A, Torres BB. Bioquímica Básica. 3ª ed, Rio de Janeiro, Ed. Guanabara Koogan: 388p, 2007.
18. Nelson DL, Cox M. Lehninger: Princípios de Bioquímica. 4ª ed. São Paulo, Ed. Almed: 1202p, 2006.
19. Wood JD, Enser M, Fisher AV, Nute GR, Sheard PR, Richardson RI et al. Fat deposition, fatty acid composition and meat quality: A review. Meat Science 2008;78:343-358.
20. Ordóñez JA, Rodriguez MIC, Álvarez LF, Sanz MLG, Minguillón GDF, Perales LH et al. Tecnologia de Alimentos, vol. 2 Alimentos de Origem Animal, Porto Alegre, RS, Ed. Artmed: 279p, 2005.
21. Shimokomaki M, Olivo P. Atualidades em Ciência e Tecnologia de Carnes, 1ª ed. São Paulo, Ed. Varela: 230p, 2006.
22. Terra NN. Apontamentos de Tecnologia de Carnes, São Leopoldo, RS. Ed. UNISINOS: 130p, 1998.
23. Junqueira LC e Carneiro J. Histologia Básica, 11ª ed, Rio de Janeiro, Ed. Guanabara Koogan: 542p, 2008.
24. Cheftel JC, Cuq JL, Lorient D. Proteínas Alimentarias. Bioquímica. Propriedades Funcionales Valor nutritivo Modificaciones químicas, Zaragoza, Espanha, Ed. Acribia: 421 p, 1989.
25. Lefaucheur L. A second look into fibre typing – Relation to meat quality. Meat Science 2010;84:257-279.
26. Guegeuen N, Lefaucher L, Fillaut M, Vincent A, Herpin P. Muscle fiber contractile type influences the regulation of mitochondrial function. Molecular and Cellular Biochemistry 2005;276:15-20.
27. Koblitz MGB. Bioquímica dos Alimentos. Teoria e Aplicações Práticas, 1ª ed. Rio de Janeiro, Ed. Guanabara Kogan: 242p, 2008.
28. Eskin N, Henderson HM, Townsend RJ. Biochemistry of Foods, New York and London, Academic Press: 239p, 1971.
29. Cheftel JC, Chetel H. Introcuccion a la bioquímica y tecnologia de los alimentos, vol I, Zaragoza, Espanha, Ed. Acribia: 323p. 1976.

30. Koolman J, Roehm KH. Color Atlas of Biochemistry, 2ª ed. Thieme, Malburg, Alemanha.
31. Damodaram S, Parkin KL, Fennema OR. Química de Alimentos de Fennema, 4ª ed. Ed. Artmed, Porto Alegre, RS: 900p, 2010.
32. Deman J. Principles of Food Chemistry, 2nd, Westport, Connecticut, The AVI Publishing Company Inc: 382p, 1976.
33. Iahnke NG. Determinação de Vitamina A em Pescado: Um método alternativo, dissertação Engenharia de Alimentos, FURG, Rio Grande, RS: 126p, 2001.

Sugestões de leitura

Arihara K. Strategies for designing novel functional meat products. Meat Science 2006;74:219-229.

Lawrie RA. Ciência da Carne, trad, Jane Maria Rubensam, 6ª Ed. Porto Alegre, RS. Ed. Artmed: 384p, 2005.

Mc Afee AJ, McSorley EM, Cuskelly GJ, Moss BW, Wallace JMW, Bonham MP et al. Red meat consumption: An overview of the risks and benefits. Meat Science 2010;84:1-13.

Ordóñez JA, Rodriguez MIC, Álvarez LF, Sanz MLG, Minguillón GDF, Perales LH et al. Tecnologia de Alimentos, vol. 2 Alimentos de Origem Animal, Porto Alegre, RS, Ed. Artmed: 279p, 2005.

Shimokomaki M, Olivo P. Atualidades em Ciência e Tecnologia de Carnes, 1ª ed. São Paulo, Ed. Varela: 230p, 2006.

http://ocw.mit.edu/courses/biological-engineering/20-410j-molecular-cellular-and-tissue-biomechanics-be-410j-spring-2003/ (recuperado em junho de 2014).

https://www.coursera.org/course/meatweeat (recuperado em junho de 2014).

Índice Remissivo

13-*cis*-retinol, estrutura, 197

A

Abacate
  teor de carotenoide, 261
  teor de clorofila, 261
Abricó, teor
  de carotenoide em, 249
  de β-caroteno, 200
Absorção no UV-visível de extratos de antocianinas
  de jambolão, 257
  de orquídea, 257
Açaí, 254
  conteúdo de antocianinas em, 255
Acerola
  conteúdo de antocianinas em, 255
  flavonoide em, 287
  teor de carotenoide em, 249
Ácido(s)
  2,3-dicetogulônico, 206
  ascórbico, 109, 206
    adição na estabilidade de extratos de antocianinas obtidos de frutas, 258
    degradação das antocianinas na presença de, 259
    degradação de, 222
    perda em dois alimentos distintos, 27
  aspártico, 122
  cafeico, estrutura, 253
  carboxílicos, 95
    dímero de, 74
  carmínico, estrutura química do, 271
  cítrico, 109
  desidroascórbico, 206
  elágico, 284
    estrutura do, 298
  em solução equimolares, propriedades de alguns, 321
  eritórbico, 109
  fenólicos
    biossíntese de, diagrama, 284
    encontrados em alimentos, 285
    possíveis mecanismos de ação dos, 302
  ferúlico, estrutura, 253
  fólico, 215
    estabilidade do, 223
    estrutura do, 216
    retenção após cozimento, 223
  fosfórico, 85
  gálico, 284
  glutâmico, 122
  graxo(s), 64
    absorção na região ultravioleta, 77
    conjugados, 69
    cis, 66
    da série
      anteiso, 71
      iso, 71
    de cadeia ramificada, 71
    de camarão, 74
    efeito do número, configuração e posição das ligações duplas no ponto de fusão dos, 76
    encontrados em alimentos, nome comum, nome sistemático e abreviação, 67
    essenciais, 70
    furanoides, 72
    insaturado(s), 64
      estrutura e respectivo ponto de fusão, 75
      reações de, 77
    livres, aroma em leite e em óleo, 341
    nomenclatura, 65
      comum, 68
      de acordo com o IUPAC, 66
      ômega, 68
    oxigenados, 72
    ponto de ebulição e fusão dos, 74
    propriedades físicas, 74
    propriedades químicas, 77
    saturado(s), 64
      com números par e ímpar de carbonos, estrutura e respectivos pontos de fusão, 76
      em gordura e tecidos animais, teor, 73

406 Índice Remissivo

estrutura e ponto de fusão, 76
solubilidade dos, 77
trans, 66, 69
hidroxibenzoico, 284
L-ascórbico, oxidação sequencial do, 206
linoleico
conjugado, 69
estruturas do, 69
malônico, estrutura, 253
micólico, 72
nicotínico, estrutura do, 211
oleico, oxidação do, 97
orgânicos, 375
pantotênico, 212
estrutura do, 213
termolabilidade do, 213
pteroilmonoglutâmico, 215
retinoico, estrutura, 197
Ácido-base dos aminoácidos, propriedades
dos, 121
Acilação, 163
de proteínas, modelo de reação de, 163
Acilglicerídeos, 79
Acilglicerois, 79
Açúcares, 242
estruturas dos, 253
Adaptabilidade conformacional, 130, 131
Adenosina-5'-trifosfato, 37
Adsorção, 14
Agentes desnaturantes
detergentes, 134
foça de cisalhamento, 133
força iônica, 134
pH, 133
pressão hidrostática, 132
solutos orgânicos, 133
solventes orgânicos, 133
temperatura, 131
Agliconas, 251
Agrião, conteúdo de flavonoides, 288
Agrobactéria, transformação por, 352
Água, 1-35
atividade de
aplicações da, 26
conceito, 6
como solvente, 5
como um reagente, 26
constantes físicas da, 5
estrutura química da, 2
líquida, 4

nos estados sólido e líquido, 4
propriedades
termodinâmicas da, predição das, 30
termofísicas, 30
"únicas", da, 2
volume específico em função da
temperatura, 3
Albuminas, 137, 138
Álcool(is), 95
aciltransferases, 371
desidrogenase, 371
valor da temperatura de desnaturação,
132
Aldeídos, 95
Aldo-hexoses, 39
Aldose, 38, 39
modelos das projeções de Fisher para, 40
Alergenicidade, 359
α-amilase, 187, 373
em cadeia de amilopectina, representação
esquemática da ação das, 54
α-tocoferol como antioxidante primário,
mecanismo de ação, 108
Alface, conteúdo de flavonoides na, 288
Alimento(s)
ácidos graxos encontrados em, 73
biotecnologia de, 347-362
composição de lipídeos de alguns
alimentos, 90
compostos lipídicos presentes no, 63
estabilidade de um, taxas de reação que
podem alterar a, 26
geneticamente modificados
rotulagem, 359
segurança de, 356
oligossacarídeos encontrados em, 49
polissarídeos de glicose encontrados em,
49
responsáveis pela percepção de pungência,
323
tecnologia do DNA recombinante e o
desenvolvimento de, 349
teor(es)
de fitosterois totais em, 89
de ácido linoleico conjugado em, 70
All-rac-alfa-tocoferol, 204
All-*trans*-retinol, estrutura, 197
Almeirão, conteúdo de flavonoides, 288
Alquilação, 162
de proteínas, modelo de reação de, 163

Índice Remissivo

Alterações pós-colheita em hortaliças, 378
Alveógrafo, 151
Amadurecimento
  biotecnologia no controle do, 383
  de frutas, conversão enzimática de leucina
    nos compostos de aroma durante o, 329
  hormônio do, 363
Amarelo crepúsculo, ingestão diária
  aceitável, 273
"Amarra na boca", 323
Amido, 48, 49, 187, 372
  carboximetilado, 56
  de banana Nanicão, 51
  de manga Keith, 51
  de pinhão, grânulos de, 51
  em folhas, degradação do, 373
  éter, 56
  gelatinização do, 52
  gelificação do, 26
  hidrólise do, 53, 54
  modificados, 53, 55, 56
  retrogradação do, 26, 52
Amiloglicosidase, ação numa cadeia de, 55
Amilopectina, 50
Amilose, 48
Aminoácido(s)
  capacidade de hidratação dos, 135
  classificação dos, 118
  com cadeia lateral aromática, 329
  enantiômeros de, 120
  estrutura química geral dos, 118, 119
  hidrofobicidade dos, 122
  propriedades ácido-base dos, 121
Amora, 254
  conteúdo de antocianinas em, 255
  conteúdo de flavonoides, 287
Análise *head-space*, 14
Anel
  de hemiacetal, 41
  E, presente em clorofilas, 261
Anemia megaloblástica, 216
Antioxidante(s)
  ação como desativador de radical livre,
    mecanismos de, 106
  classificação, 105
  na oxidação lipídica, interação dos, 110
  primários, mecanismos de ação dos, 106
  radical, 106
  secundários, 109
  sintéticos, 106
    estruturas dos principais, 107

Antocianidina, 286
Antocianina(s)
  biossíntese das, 380
  degradação térmica de, 259
  distribuição em alimentos, 255
  em solução, interconversão entre as
    diferentes formas de, 254
  estabilidade de, fatores que influenciam
    a, 256
  estrutura, 251, 252
  fontes, 254
  propriedades, 251
Ar, efeito na estabilidade de extratos de
  antocianinas obtidos de frutas, 258
Arabinose, 41
Armazenamento
  de alimentos, 1
  pós-colheita
    agentes químicos, 382
    atmosfera
      controlada, 382
      modificada, 382
    efeitos da temperatura, 381
    irradiação, 383
Aroma
  compostos voláteis do, 324
  de cânfora, estruturas químicas de
    compostos de, 326
  de semente de cacau, comportamento dos
    precursores de, 335
  do 2-*trans*-nonenal em café solúvel com
    água, relação entre concentração e
    percepção, 326
  em cebola, reações que envolvem a
    formação de, 331
  em *Cruciferae,* reações de formação de,
    332
  em vegetais, formação de compostos
    voláteis de, 330
  proveniente de processamento, 332
Arroz *Oryza sativa*, 199
Associação, 14
Astaxantina, 249
Atividade(s)
  da polifenoloxidase, 27
  da sacarose, variação da, 10
  de(a) água
    aplicações da, 26
    conceito, 6
    definição, 14

determinação da, 16

diminuída por diversos mecanismos, 28

isotermas de sorção, 16

métodos de

determinação, 19

predição, 20

papel nos processos de

congelamento, 28

por meio de diagrama de mistura,

determinação da, 10

sensibilidade das enzimas à, 186

taxas de reações típicas que podem

ocorrer nos alimentos em função

da, 26

velocidades de reação em função da, 27

determinação da, 9

e concentração, relação entre, 6

enzimática, fatores que afetam a, 179

Aurona, 286

Autoassociação, 256

Autoxidação

de ácido graxo insaturado pela ação da

lipoxigenase, mecanismo de, 103

de compostos lipídicos, etapas principais

do mecanismo de, 94

de metil ésteres de ácidos graxos, produtos

secundários formados da, 95

B

Base de Schiff, 44

"Beany flavor", 147

Beribéri, 209

β-amilase, 187, 374

ação numa cadeia de amilopectina, 55

β-caroteno

como supressor de oxigênio *singlete*,

mecanismo de ação do, 110

sintético, ingestão diária aceitável, 273

Betalaína(s)

estabilidade das, 266

estrutura, 265

fontes, 266

propriedades, 265

transformações químicas, 266

β-sitosterol, estrutura do, 87

Beterraba, 266

BHA (*t*-butil-hidroxianisol), 107

BHT (di-*t*-butil-hidroxitolueno), 107

Biobalística, transformação por, 352

Biocitina, estrutura da, 215

Biogênese de voláteis em frutas, 327

Biossíntese

das antocianinas, 380

de carotenoides, em plantas, 355

de compostos fenólicos, 282

de flavonoides, 282

do etileno, 364

Biotecnologia de alimentos

etapas do desenvolvimento de novas

matérias-primas alimentares, 350

expansão do plantio e uso

comercial, 360

expressão gênica, 348

rotulagem de alimentos geneticamente

modificados, 359

segurança de alimentos geneticamente

modificados, 356

tecnologia do DNA recombinante e o

desenvolvimento do alimento, 349

variedades vegetais com vantagens

agronômicas ou tecnológicas, 353

nutricionais ou funcionais, 354

Biotina, 214

estrutura da, 215

deficiência, 215

bis-desmetoxicurcumina, estrutura química

da, 296

Bixina, 248

Blueberry, 254

"Boca seca", 32

Brócolis, teor de

carotenoide, 261

clorofila, 261

Buriti, teor

carotenoide em, 249

β-caroteno, 200

C

Cadeia

em hélice, 50

poliênica, estrutura, 244

Café torrado, 48

Cafeína, estrutura química, 319

Caju, flavonoide em, 287

Calor, 258

Campesterol, estrutura do, 87

Campo elétrico, 14

Camu-camu, 254

conteúdo de antocianinas em, 255

Caramelização, 46

Carboidrato
  classificação de acordo com sua estrutura
    oligossacarídeos, 48
    polissacarídeos, 48
  em alimentos, 37
  definição, 37
  metabolismo de, 372
Carbono(s)
  assimétricos, 39
  quiral, 39
Carboximetilcelulose, 57
Carmim de cochonilha, 271
Carne fresca, interconversões entre os
  pigmentos da, 268
Carotenoide(s)
  degradação de, esquema geral, 250
  em alimentos brasileiros, distribuição
    de, 249
  estruturas, 244, 245
    cadeia de alguns grupos terminais de,
      244
  funções e ações relacionados com a saúde,
    247
  funções, 246
  nos alimentos, teores de, 248
  teores totais em vegetais e frutas, 261
  transformações químicas dos, 251
Casca de uva, extrato, ingestão diária
  aceitável, 273
Caseína, 164
  micela de, 165
Catequinas, 290
Cátion *flavilium*, 256
Cebola
  conteúdo de flavonoides, 288
  roxa, conteúdo de antocianinas em, 255
Celulose, 37, 49, 56
  microcristalina, 56
  modificada, 56
  purificada, 56
Cenoura
  preta, 256
  teor de carotenoide em, 249
Ceras, 84
Cerveja, odores indesejáveis em, reações e
  compostos responsáveis por, 340
Cetoácido graxo, 72
Cetose, 38, 39
Chá
  oolong, 290
  preto, 290

Chalconas, 286
  encontradas em alimentos, 288
Cianidina, 251
Ciclização, 39
  da D-glicose, 39
Ciclo de Yang, 364
Cinética
  das reações catalisadas por enzimas,
    177
  de isomerização da pró-vitamina D3 ↔
    vitamina D3, 203
  de Michaelis-Menten, 179
Cisteína, produtos da oxidação da, 158
Cistina, formação pela oxidação de dois
  resíduos de, 120
Clorofilas
  degradação em alimentos
    frescos e processados, 263
    submetidos a altas temperaturas, 263
  derivados de, estrutura dos, 262
  derivados estáveis de, 264
  estruturas, 260
  fontes, 261
  propriedades, 260
  teores totais em vegetais e frutas, 261
  transformações químicas, 261
Clorofilidas, estrutura das, 262
Cloroplasto a cromoplasto durante o
  amadurecimento de frutos,
  diferenciação, 379
Coalescência, 145
Coezima(s), 175
  A, estrutura da, 213
Colecalciferol, 200
Colesterol
  em alimentos comercializados
    no Brasil, 88
  epoxidação, 104
  estrutura do, 87
  oxidação, 102
Colina, 218
  estrutura da, 218
Complexação, 256
Complexo
  cianidina 3-glucosídeo com SO_2, 260
  enzima-inibidor, 181
  proteína-lipídeo-radicais, 161
Composto(s)
  com aroma, ligação com, 147

com caráter de impacto e seu aroma característico, 324
de ácidos graxos com 18 carbonos
rota biossintética da formação de, 328
fenólico(s)
biossíntese de, 282
capacidade antioxidante, 303
classes, 282
determinação nos alimentos vegetais, 281
encontrados em alimentos, 290
reações com, 161
saúde e, 300
hidrofílicos, 6
que causam percepção de pungência e frescor, estruturas químicas, 323
voláteis
de aroma de frutas, biogênese de, 326
de aroma em vegetais, formação de, 330
formados durante a oxidação de ácidos graxos insaturados, 339
heterocíclicos, 334
Concentração, recalculando as, 7
Configuração
cis da ligação peptídica, 126
trans da ligação peptídica, 126
Constante(s)
de Michaelis-Menten, 179
de Planck, 242
de velocidade de degradação de ácido ascórbico para mangas Keitt armazenadas, 228
físicas da água, 5
Construção genética, 357
Contaminação
ambiental, 337
devido a alterações químicas, 338
pela embalagem, 338
Conversão
de triptofano a ácido nicotínico, 212
enzimática de leucina em compostos de aroma que ocorre durante amadurecimento de frutas, 329
Convulsões infantis, 214
Copigmentação, 256
Cor
dos frutos, 378
nos alimentos, efeito, 241
sobre a percepção de aroma, efeitos, 242
Corante(s)
alimentícios, classificação, obtenção e exemplos, 272

caramelo, ingestão diária aceitável, 273
ingestão diária aceitável de alguns, 273
para alimentos, legislação de, 271
Coumarina, 286
Couve
conteúdo de flavonoides, 288
teor de carotenoide em, 249, 261
teor de clorofila, 261
Cravo-de-defunto, 249
Creamming, 145
Crescimento microbiano, 27
taxa em função da atividade de água, 28
Cristal de gelo
estrutura do, 4
Cross-linking, 55
Curcumina, 296
estrutura química da, 296
Curcuminoides, estrutura química de, 270
Curva
de solubilidade de uma amostra de farinha integral de soja, 140
de titulação de um aminoácido, 121

D

Decomposição de hidroperóxido lipídico, 99
Deficiência de vitamina C, 206
Degradação
das vitaminas, 26
de Strecker, 44, 45, 334
Delfinidina, 251
Desmetoxicurcumina, estrutura química da, 296
Desnaturação
conformacional, 130
principais interações responsáveis pela estabilidade estrutural, 128
térmica de enzimas, 186
Desoximioglobina, 267
Despolimerização, 53
Detergente, 134
Dextrinas, 53
Dextrose, 41
D-frutose, 39
desidratação da, 47
D-glucose, estrutura, 253
Diastereoisômeros, 39
Difusão, 28
Di-hidrochalcona, 286
Di-hidroflavonol, 286
Dímeros de proantocianidinas, estruturas de, 293

Dióxido de enxofre na conservação de produtos de frutas, 259
Ditirosina, 159
Doenças cardiovasculares, flavonoides contra, 305
Dovyalis, conteúdo de antocianinas em, 255
Driving-force, 7
Dynamic light scattering, 143

E

Ebulição dos ácidos graxos, ponto de, 74
Elagitanino, 284
   pedunculagina, 298
Elastase, valor da temperatura de desnaturação, 132
Elipsometria, 143
Embalagem, contaminação pela, 338
"Empilhamento" de genes, 360
Emulsão, 143
   óleo em água
      formação de uma, 141
      microfotografia de uma, 144
Emulsifying activity index, 143
Enantiômero de aminoácidos, 120
Enedióis, formação de, 41
Energia
   de ativação, mudanças de, 176
   livre, 122
      na estabilidade estrutural, 130
Enolização da molécula de glicose, esquema, 42
Enzima(s)
   amilolíticas, 187
   características, 174
   classes, 174
   classificação, 174
   composição, 175
   desnaturação térmica de, 186
   endógenas, controle da atividade de, 190
   estrutura, 175
   exógenas, 187
   hidrolases, 174, 175
   isomerases, 174, 175
   liase, 174
   ligases, 174, 175
   lipoxigenase, 99
   oxirredutoras, 174
   pécticas, 188

que atuam
   sobre carboidratos, 187
   sobre lipídeos, 189
   sobre proteínas, 189
que atuam sobre carboidratos, 187
reações catalisadas por, 176
sensibilidade à atividade de água, 186
tolerância às variações de, 184
transferases, 174
Enzimas em alimentos, 173
Equação
   de Clausius-Claperyon, 30
   de Henderson-Hasselbach, 121
   de Hildebrand, 8
      para o cálculo da proporção molar, 9
   de Lineweaver-Burk, 179
Equivalência
   "em dextrose", 54
Ergocalciferol, 200
Ergosterol, estrutura do, 87
Escurecimento enzimático, 26, 27
Esfingomielina, 86
Esfingosina, estrutura da, 84
Espectro eletromagnético, 243
Espectrofotometria UV-visível, noções básicas, 242
Espinafre, teor
   de carotenoide, 261
   de clorofila, 261
Espumabilidade, 146
Estabilidade estrutural
   energia livre na, 130
   principais interações responsáveis pela, 128
Éster de luteína da *Tagetes erecta*, ingestão diária aceitável, 273
Estereoisômero do gliceraldeído, 38
Ésteres, formação de, 44
Esterois
   concentração em óleos vegetais e azeites, 89
   estrutura dos principais, 87
Estigmasterol, estrutura do, 87
Estilbenos, possíveis mecanismos de ação dos, 301
Estilbenos, 295
   biossíntese de, diagrama, 283
   em vinhos brasileiros, conteúdo, 295
Estocagem, condições de, 225

412 Índice Remissivo

Estrutura
 helicoidal, 127
 proteica, 123
Ethylene Responsive, 367
Etileno
 em tecidos vegetais, sinalização do, 367
 o hormônio do amadurecimento, 363
Evaporação, 28
Expressão gênica, 349
 etapas, 349

F

Farinha
 de soja desengordurada, 294
 integral de soja, curva de solubilidade de
  uma amostra de, 140
Feofitinas, estrutura das, 262
Fermentação, 336
 de semente de cacau, comportamento dos
  precursores de, 335
 precursores e compostos de aroma
  formados por, 336
Fibra alimentar, 59
 alimentar, 59
 solubilidade em água dos compostos da, 59
Fisiologia pós-colheita, 363
Fitosterois totais, teor em alimentos, 89
Flavan-3,4-diol, 286
Flavanóis, 286, 290
 em diferentes tipos de chá, conteúdo, 291
 encontrados em alimentos, 290
Flavanonas, 286, 289
 encontrados em alimentos, 290
Flavina
 adenina dinucleotídeo, estrutura da, 210
 mononucleotídeo, estrutura da, 210
Flavonas, 286, 289
 encontrados em, 289
Flavonoides, 288, 288
 ação antioxidante dos, características
  estruturais, 303
 classificação encontrados em alimentos,
  286
 diagrama, 283
 em frutas, conteúdo, 287
 em hortaliças, conteúdo de, 287
 estrutura básica de, 285
 possíveis mecanismos de ação dos, 301
 proteção contra doenças
  cardiovasculares, 305

Flavonol, 286, 288
Floculação, 145
Fluidos newtonianos, 148
Folato, 215
 consumo excessivo, efeitos adversos, 216
 deficiência grave de, 216
Força
 de cisalhamento, 133
 de Van der Waals, 128
 iônica, 134
Formas estruturais proteicas, esquema, 125
Fórmulas infantis
 degradação de vitaminas em, 226
 retenção de vitaminas A, E e C em, 227
FOS (frutooligossarídeos), 49
Fosfolipídeo, 65, 84
 exemplos de, 85
Fosforilação, 163
 de proteínas, modelo de reação de, 164
Foto-oxidação, 91
Frações proteicas, de uma amostra de
 farinha de arroz, separação das diferentes,
 139
Frutas da região Amazônica, teores de
 β-caroteno em, 200
Frutanos, fragmento de estrutura de, 58
Fruto(s)
 alterações pós-colheita em, 370
 amadurecimento de diferenciação do
  cloroplasto a cromoplasto durante,
  379
 após colheita, padrões respiratórios, 368
 climatéricos, 366
 não climatéricos, 366
Frutooligossarídeos (FOS), 49
Frutose, 41, 375
 polímeros de, 58
Funcionalidade proteica, 162
Furanos, 46
Fusão dos ácidos gráxos, ponto de, 76

G

Galactose, 41
Géis, 149
 formados em soluções proteicas, tipos, 149
Gelatinização
 do amido, 52
 processo de, 52
Gelificação, 148
Gema de ovo, 167

Índice Remissivo   413

Gene stack, 360
Glicano-água diquinase, 374
Gliceraldeído, 39
Glicerofosfolipídeo, nomenclatura, 85
Gliceroglicolipídeo, estruturas de, 86
Glicinina da soja, valor da temperatura de
  desnaturação, 132
Glicoamilase, 187
Glicogênio, 49
Glicolipídeos, 65, 86
Glicose, 41, 375
Glicosídeo, formação de, 43
Glicosilamina, 44
Globulinas, 137
Glossite, 214
Glucóforos, localização dos, em diversos
  compostos com gosto doce, 317
Glutelinas, 137, 138
Glúten, força do, avaliação pelo
  alvéografo, 151
Golden Rice, 199
Goma(s), 58
  guar, 58
  xantana, 59
Gosto
  ácido, 320
  amargo, 318
    estruturas químicas de diversos
      compostos com, 319
    aroma e percepções quinestéticas, resposta
      integrada, 312
  de formas isoméricas L- e D- de
    aminoácidos, 316
  doce, pontos de interação entre glucóforo e
    receptor de, 315
  dos frutos durante o amadurecimento, 371
  salgado, 321
  umami, 322
    estruturas químicas de compostos com,
      323
Gosto, 314
  valores de *threshold* de vários compostos
    que apresentam o, 314
Grânulo de amido de pinhão, 51
Grupo(s)
  carbonila, reações do, 43
  carboxila, metilação do, 77
  cetona, 72
  hidroxila, reações do, 44
  prostéticos, 175

H

Halogênio, reação de adição de, 78
Hemiacetal, 43
Hemoglobina, valor da temperatura de
  desnaturação, 132
Hexadecil oleato, estrutura do, 84
Hidratação de uma proteína globular, 136
Hidrocarbonetos, 95
Hidrofobicidade dos grupamentos radicais
  dos aminoácidos, valores de, 122
Hidrogenação, 43, 78
Hidrólise, 53
  ácida, 81
    dos triacilglicerídeos, 82
  alcalina, 82
  controlada, 57
  enzimática, 83
  química, 81
  rancificação por, 90
Hidroperóxido, 91
  derivados dos ácidos oleico, linoleico e
    linolênico na oxidação por oxigênio
    singlete, 93
  liase, 371
Hidroxiácido graxo, 72
Hidroximetilfurfural, 46
Hortaliças, alterações pós-colheita, 378
Humulone, estrutura química, 319
Humulus lupulus L., 318

I

Idealidade, desvio da, 13
Imidazo-quinolinas, estrutura de, 155
Índice
  de atividade emulsificante de algumas
    proteínas alimentícias, 144
  de comportamento do fluxo, 148
Informação
  de conteúdo na rotulagem nutricional, 230
  genética de um organismo, 348
Ingestão diária aceitável de alguns corantes
  naturais e sintéticos, 273
Inibidor(es), 181
  competitivos, 181
  de tripsina valor da temperatura de
    desnaturação, 132
  enzimática, velocidade em função da, 8
  não competitivos, 182
Insolação, 281
Insuficiência cardíaca, 209

Insulina, valor da temperatura de
desnaturação, 132
Interação(ões)
eletrostáticas, 129
hidrofóbicas, 129
exemplos de, 130
iônicas, 129
proteína-proteína, 149
Interesterificação, 83
dos triacilglicerídeos, 83
enzimática, 84
Interface, propriedades funcionais
de, 141
Invertase, 188, 375
Íons
metálicos, 175
Na$^+$ e Cl$^-$, hidratação ao redor dos, 5
Irradiação, 225
retenção de ácido fólico após, 225
Isoamilases, 374
Isoflavonas, 286, 293
de soja, conteúdo e perfil, 294
encontradas em alimentos, estrutura
de, 293
similaridade estrutura com o estradiol, 306
Isoflavonoides, estrutura básica de, 285
Isohumulones, estrutura química, 319
Isômero
cis de β-caroteno, estrutura dos, 247
de resveratrol, estruturas do, 295
Isomeria, influência na percepção e *threshold*
de compostos de aroma, 325
Isoterma de sorção de umidade, 26
IUPAC (*International Union of Pure and
Applied Chemists*), 65

J

Jabuticaba, flavonoide em, 287

K

Kiwi, teor
de carotenoide, 261
de clorofila, 261

L

Lactase, 188
Lactose, 49
L-arabinose, estrutura, 253
Laranja, flavonoide em, 287
Lecitina, 85

Legislação de corantes para alimentos,
271
Lei
de biossegurança, 359
de Raoult, 11
Leite, 164
Lesão na córnea, 198
Levulose, 41
Licopeno proveniente de várias fontes
ingestão diária aceitável, 273
Ligação
CO-NH-, 126
cruzada, 55, 155
envolvendo o grupo ε-amino da lisina,
156
de hidrogênio, 2, 128
exemplos em moléculas de importância
biológica, 3
em proteínas, 129
de transaminação entre Lis e Gln, 156
de Van der Waals, 128, 128
dipolo induzida, 128
duplas não conjugadas, sistema de, 68
glicosídica, 43, 47
peptídica, 125
Limonoides, transformações bioquímicas
dos, 320
Língua, mapa da, 313
Lipases, 189
Lipídeo(s), 63
alterações químicas de, 90
classificação de acordo com a(s)
características do grupo acil, 65
estrutura, 65
polaridade, 64
composição em alguns alimentos, 90
compostos, 65
derivados, 65
funções tecnológicas, 64
neutros, 64
oxidação térmica de, 335
polares, 64
simples, 65
Lipoxigenase, 99, 189, 370
Lisozima, valor da temperatura de
desnaturação, 132
Lixiviação, 225
L-ramnose, estrutura, 253
Lúpulo, 318

Luteína, consumo de, 248
Luz, 258
    efeito na estabilidade de extratos
      de antocianinas obtidos de
      frutas, 258

M

Maçã, conteúdo de
    antocianinas em, 255
    de flavonoides, 287
Málico, estrutura, 253
Malonaldeído, formação do, mecanismo
    de, 96
Maltose, 49
Malvidina, 251
Manga, teor de carotenoide em, 249
Marimari, teor de β-caroteno, 200
Matérias-primas alimentares, etapas do
    desenvolvimento de novas, 350
Melancia, teor de carotenoide em, 249
Melanoidinas, 44
Membrana semipermeável, 12
Metilação do grupo carboxila, 77
Método de Lineweaver-Burk, 179
Micela de caseína, 165
Microfibrila, 56
    fragmento de, 56
Micro-organismos, defeitos causados
    por, 341
Milho roxo, 256
Mioglobina
    estruturas, 267
    propriedades, 267
Mirtilo, 254
    conteúdo de antocianinas em, 255
"Mobilização", 368
Molécula(s)
    de ácido galacturônico, 57
    de amilopectina, 51
    de amilose, 50
    de D-glucitol, estrutura de uma, 43
    de D-sorbitol, estrutura de uma, 43
    propriedades físicas e químicas da, 2
Monossacarídeo, 38
    encontrados em alimentos, 41
    reações dos, 40
Morango, 284
    conteúdo de antocianinas em, 255
    conteúdo de flavonoides, 287

Morfologia estrutural de frações proteicas
    farinha de ervilha, 138
    isolado proteico de ervilha, 138

N

Naringenina em *grapefruit*, 289
Naringina, estrutura química, 319
Narirutina, 289
Neoflavonoides, estrutura básica de, 285
Nêspera, teor de carotenoide em, 249
Niacina, 210
    estrutura dos compostos de, 211
Nicotinamida
    adenina dinucleotídeo fosfato, estrutura
      do, 211
    estrutura do, 211
Nitrito, reações com, 161
Nitrogênio, espécies reativas de, 304
Norbixina, 248

O

Off-flavor em alimentos, 336
    clorofenóis e cloroanisóis causadores
      de, 337
Óleo(s)
    comestíveis, ácidos graxos de, 73
    de dendê, teor de carotenoide em, 249
    de fritura, alterações em, 104
    vegetais, 73
Oligossacarídeo, 48
    encontrados em alimentos, 49
Ondas eletromagnéticas, 242
o-quinonas, 191
Orbital π em sistemas isolado
    e conjugado, 244
Organismos viáveis a partir das células
    modificadas, regeneração de, 352
Ovoalbumina, valor da temperatura de
    desnaturação, 132
Ovos, 167
Ovotransferrinas, 167
Oxidação, 40, 157
    de ácido graxo
      por oxigênio triplete e singlete,
        mecanismo de, 94
    de ácido graxo por oxigênio singlete,
      mecanismo de, 92
    do ácido linoleico, 98
      etapa da terminação, 101
      etapas de iniciação e propagação, 102

por oxigênio triplete etapas da iniciação
e propagação da, 100
do ácido linolênico, 99
do ácido oleico, 97
por oxigênio triplete
etapa da iniciação, 97
etapa da propagação, 98
do caroteno em páprica seca, 27
do colesterol, 102
produtos da, 103
fotossensibilizada envolvendo riboflavina,
mecanismos do tipo I e do tipo II da, 211
lipídica, 26, 90
mecanismos de, 91
pelo oxigênio
singlete, 91
triplete, 92
térmica de lipídeos, 335
Oxigênio, 258
espécies reativas de, 304
singlete, 91

P

Palmitato de retinila
estrutura, 197
estabilidade do, 226
Pão francês produzido
com farinha de trigo com aditivos
oxidantes, 151
com farinha de trigo sem aditivos
oxidantes, 151
Ponceau 4R, ingestão diária aceitável, 273
Papaia, teor de carotenoide em, 249
Parede celular dos frutos, 376
Pectinas, 57
fragmento de estrutura de, 58
Pelargonidina, 251
Peonidina, 251
Peptidases, 189
Percepção de pungência
alimentos e seus compostos responsáveis
pela, 323
quinestéticas, 322
Perda de vitaminas
lipossolúveis e hidrossolúveis devido ao
processo de extrusão, 224
lipossolúveis e hidrossolúveis no
processamento de diferentes alimentos
em campos elétricos pulsantes e
micro-ondas, 225

Perfil viscoamilográfico de amidos de pinhão
e de milho, 52
Petunidina, 251
PG (galato de propila), 107
pH
das proteínas, 133
efeito sobre a atividade de quatro enzimas
hipotéticas, 184
efeitos sobre a atividade das enzimas, 182
Physalis, teor de β-caroteno, 200
Pigmento(s)
curcuminoides de Curcuma longa L.,
estrutura química dos, 296
da flor azul de Centaurea cyanus, 258
naturais
antocianinas, 251
betalaínas, 265
carmim de cochonilha, 271
carotenoides, 244
clorofilas, 260
cúrcuma, 269
espectrofotometria UV-vísivel, 242
mioglobina, 267
Pimentão, conteúdo de flavonoides, 288
"Piramidização"
de genes, 360
Piranose, 41
Piridoxamina, estrutura da, 214
Piridoxamina-5'-β-D-glicopiranosídeo
estrutura da, 214
Piridoxamina-5'-fosfato, estrutura da, 214
Piridoxina, estrutura da, 214
Pirofeofitinas, estrutura das, 262
Pirólise, 154
Pitanga, flavonoide em, 287
pI dos grupamentos radicais dos
aminoácidos, valores, 122
Planta geneticamente modificada, etapas de
desenvolvimento, 350
Polifenol oxidases, 191
Polifenol oxidase, atividade da, 27
Poligalacturonases, 188
Polimerização de cadeias
polipeptídicas, 157
Polímero de glicose, 48
Polimorfismo, 80
Polineurites, 209
Polissacarídeos, 48
de glicose, encontrados em alimentos, 49
Ponte dissulfeto, 130

Ponto
  de congelamento
    determinação do abaixamento do, 11
    valores estimados da depressão do, 13
  isoelétrico, 140
Potencial químico, 6
Pressão
  hidrostática, 132
  osmótica, 11
Princípio de Laplace, 146
Proantocianidinas, 293
Processo
  de conservação, térmicos e não térmicos, 220
  de extrusão, perdas de vitaminas lipossolúveis e hidrossolúveis devido ao, 224
Produto(s)
  da oxidação do colesterol, 103
  vegetais pré-tratamento de, 219
Projeção
  de Fisher para aldoses, modelos, 40
  de Haworth, 41
Prolaminas, 137, 138
Prolina, 120
Propriedade(s)
  físicas dos ácidos graxos, 74
  química dos ácidos graxos, 77
  viscoelásticas das proteínas, 150
Proteína(s), 177
  alimentares
    caseínas, 164
    das leguminosas, 167
    do soro, 166
    dos cereais, 166
    leite, 164
    ovos, 167
    vegetais, 166
  capacidade de retenção de água de algumas, 137
  classificação de acordo com a solubilidade, 137
  das leguminosas, 167
  de origem animal, 154
  "de reserva", 166
  decorrentes do processamento, alterações físicas, químicas e funcionais das, 153
  desnaturação de, 26
  direcionadas a aplicações na área de alimentos, 117

do leite, 165
do soro, 166
dos cereais, 166
globular, distribuição de resíduos hidrofóbicos em uma, 142
naturais, 120
propriedades
  funcionais, 134
  nutricionais das, 152
vegetais, 166
Pró-vitamina D, 202
Pupunha, teor de carotenoide em, 249

Q

Queratomalácia, 198
Quimiotripsina, valor da temperatura de desnaturacção, 132
Quinino, 318
  estrutura química, 319

R

R,R,R-tocoferóis, estrutura, 203
Racemização, 154
  de L-aminoácidos, 154
Radiação eletromagnética, 242
Radiólise da água, 157
Rafinose, 49
Rancificação
  por hidrólise, 90
  por oxidação, 90
Reação(ões)
  catalisadas por enzimas, 176, 177
    cinética das, 177
  com compostos fenólicos, 161
  com fluorescamina, 124
  com lipídeos, 161
  com nitritos, 161
  de ácidos graxos insaturados, 77
  de acilação de proteinas, modelo de, 163
  de adição de halogênios, 78
  de alquilação de proteínas, modelo de, 163
  de aminoácido
    com ninidrina, 123
    com o O-ftalaldeído, 124
  de β-eliminação de carbânion, 155
  de escurecimento enzimático, 44
  de esterificação, 77
  de formação de sais alcalinos de ácidos graxos, 78
  de fosforilação de proteínas, modelo de, 164

de geração de oxigênio singlete por
metais, 91
de hidrogenação
do ácido linoleico, 79
do ácido oleico, 79
de Maillard, 26, 44, 159, 332
etapas iniciais da, 45, 160
formação de compostos de aroma
via, 333
do grupo carbonil, 40, 43
do grupo hidroxila, 44
dos monossacarídeos, 40
envolvendo aminoácidos, 123
enzimática
em função da concentração do substrato,
178, 182
velocidade em função da concentração
do substrato, 180
enzimáticas, 26
defeitos causados por, 340
que ocorrem durante a fritura, 105
Reagente
de Benedict, 41
de Fehling, 41
de Tollens, 41
Rearranjo de Amadori, 44
Reatividade química, água pode influenciar,
26
Redução, 43
Redutores, 41
Repolho roxo, conteúdo de antocianinas
em, 255
Resíduo
acil, 85
hidrofóbicos, 142
Respiração, produção de etileno e, perfis,
369
Resposta integrada de gosto, aroma e
percepções quinestéticas, 312
Ressonância de nêutrons, 143
Retinal, estrutura, 197
Retinol em fígado de frango, teores de,
228
Retrogradação do amido, 52
Riboflavina, 209
em solução, mecanismo de foto-oxidação
da, 340
estrutura da, 210
Ribose, 37
Rigor mortis, 173

Rotação
da estrutura proteica, 126
teórica, 126
Rotulagem de alimentos geneticamente
modificados, 359
Rúcula, conteúdo de flavonoides, 288
Rutinose, estrutura, 253

S

Sabor, percepção do, 311
Sacarose, 49, 375
aquecimento da, 46
Sacarose-fosfato sintase, 375
Sal(is)
de sódio, ingestão diária aceitável, 273
formação de, 77
percepção do gosto de diversos, 321
Sambubiose, estrutura, 253
Saúde, compostos fenólicos e, 300
Secagem por difusão, 28
Sequências gênicas, obtenção das novas, 351
Set-back, 53
Síndrome de Wernicke-Korsakoff, 209
Sinergismo entre BHA e BHT, mecanismo
de, 108
Sistema
de conversão de carotenoides
pró-vitamínicos A em vitamina A, 199
de ligação duplas não conjugadas, 68
Sítios de interação de compostos de gosto
doce, pontos de interação e respectivas
interações químicas, arranjo espacial
dos, 316
Soforose, estrutura, 253
Solubilidade, 8
de uma proteína, 136
dos ácidos graxos, 77
força iônica e, 140
solventes orgânicos e, 140
temperatura e, 140
Solução proteica, 141
Soluto(s)
altas concentrações de um, 13
orgânicos, 133
Solventes orgânicos, 133
Soroalbunina bovina, valor da temperatura de
desnaturação, 132
Substrato
disponibilidade de, 180
enzimático, 177

Sulfitólise, 164
de proteínas, modelo de reação de, 164
Sulfolipídeo, 65, 86
estruturas de, 87
Supressor de oxigênio singlete, 109
Surfactante de baixo peso molecular, 145

T

Tagetes, 249
Tamarilho, conteúdo de antocianinas em, 255
Taninos, 297
classificação, 297
complexos, 297
extraíveis, 297
hidrolisáveis, 297
hidrossolúveis, biossíntese de, 284
não extraíveis, 297
Tartrazina, ingestão diária aceitável, 273
Taxa
de oxidação lipídica
pela hidratação de traços de metal, efeito
da, 27
por ligações de hidrogênio de
hidroperóxidos com água, 27
de oxidação lipídica pela hidratação de
traços de metal, efeito da, 27
relativa de crescimento microbiano em
função da atividade de água, 28
TBHQ (*t*-butil-hidroxiquinona), 107
Teaflavinas no chá preto, mecanismo
proposto para a formação, 292
Tearubiginas, 292
Tecidos vegetais, sinalização do etileno em,
367
Tecnologia do DNA recombinante e o
desenvolvimento de alimentos, 349
Temperatura, 131
de desnaturação, 131, 132
efeito sobre a atividade de duas enzimas
hipotéticas, 185
ótima, 186
Teobromina, estrutura química, 319
Termodinâmica, potencial químico e, 8
Terpenos, 329
Textura dos frutos, 376
Tiamina(s), 208
hidrocloreto, estrutura da, 208
homólogos da, estrutura dos, 208
mononitrato, estrutura da, 208
perda em duas temperaturas diferentes, 27
perdas no cozimento de arroz, 223

perdas no processamento de filés de
salmão, 223
pirofosfato, estrutura da, 208
Tirosina, soluções contendo, 159
Tocoferois, concentração de, 221
estruturas de, 203
Tocotrienóis, concentração de, 221
estruturas de, 203
Tomate
conteúdo de flavonoides, 288
teor de carotenoide em, 249
Toxina, produção por micro-organismos,
26
Transformação
por agrobactéria, 352
por biobalística, 352
Transgene, 357
de soja resistente ao glifosato, 351
Transglicosidases, 374
Transglutaminases, 150, 189
Trans-tocotrienóis, estrutura, 203
"Transtorno da deficiência de vitamina A",
198
Tratamento térmico intenso, 154
Triacilglicerídeo
distribuição dos, 81
formas polimórficas dos, 81
hidrólise
ácida dos, 82
alcalina dos, 82
interesterificação dos, 83
numeração estéreo-específica, 80
propriedades dos, 80
reações dos, 80
"Triângulo de cor da carne", 267
Tripsinogênio, valor da temperatura de
desnaturacção, 132
Tucumã, teor de
β-caroteno, 200
carotenoide, 249
Turnover proteico, 118

U

Umidade
migração de, mecanismos de, 29
relativa de equilíbrio (URE), 29
Urucum, 248
extrato de, ingestão diária aceitável, 273
Uva, conteúdo de
antocianinas em, 255
flavonoides, 287

V

Valor de *threshold*
de diversos compostos voláteis, influência da matriz nos, 325
de vários compostos que apresentam o gosto, 314
Variedades vegetais com vantagens
agronômicas ou tecnológicas, 353
nutricionais ou funcionais, 354
Vegetal minimamente processado, 219
Velocidade máxima, determinação da, 179
Vias de degradação responsáveis pela formação de compostos voláteis em vegetais, 330
Viscosidade, 148
Vitamin A deficiency disorders (VADD), 198
Vitamina(s)
A, 197
concentração das, em leite desnatado, 229
estruturas carotenoides com atividade de, 18
pré-formada, 199
adição de, 230
B1, 206
B12, 216
estruturas das principais formas de, 217
B2, homólogos da, estrutura dos, 210
B6, 213
derivados da, estrutura dos, 214
falta da, 214
homólogos da, estrutura dos, 214
produtos animais e vegetais fontes de, 214
D, 200
D2, 201
estruturas, 201
D3, estruturas, 201
degradação em fórmulas infantis, 226

E, 202, 222
hidrossolúveis
ácido pantotênico, 212
B12, 216
B5, 213
biotina, 214
C, 206
colina, 218
folatos, 215
niacina, 210
riboflavina, 209
tiamina, 208
K, 204
estruturas das diferentes formas de, 205
K1 de óleo de colza, grandes perdas em embalagem transparente, 229
lipossolúveis, 196
A, 196
D, 200
E, 202
formas, fontes e recomendações de ingestão, 199
K, 204
necessidades de, 195
perdas de, 196
produção industrial de, formas técnicas de, 196
teor nos alimentos, 196
toxicidade de algumas, 196
Voláteis em frutas e verduras, formação de, 326

W

Waxy starches, 50

X

Xanthomonas campestris, 59
Xerose, 198